现代物理基础丛书·典藏版

高等结构动力学

（第二版）

李东旭　编著

科学出版社

北京

内 容 简 介

本书立足于研究引起结构系统振动的深层内因，以及外因与内因相互作用的机理；侧重于结构动力学的基本原理和基本理论；涉及工程实际中的复杂结构系统和复杂结构动力学问题。本书由15章组成。第1章，绪论，主要介绍结构动力学基本思想、主要研究内容及研究方法。第2章，单自由度系统的动力学特性，介绍结构振动的基本概念、基本理论和基本分析方法。第3~8章，主要介绍多自由度结构系统的动力学特性、动力学建模、数值分析、系统辨识、敏感度分析、部件模态综合等的基本理论与分析方法。第9章和第10章，介绍求解多自由度系统动力学响应的各种方法，包括数值积分方法和模态叠加法。第11章和第12章，介绍典型结构单元的建模与分析方法，以及它们各自所特有的动力学特性。第13~15章，介绍复杂结构系统的动力学建模与分析的基本理论与方法，包括固液耦合系统的动力学建模与分析、航天器空间桁架结构动力学建模与分析、航天器太阳能电池翼结构动力学建模与分析。

本书较系统和全面地阐述了结构动力学的基础理论和基本方法，不仅为认识结构振动的物理本质、分析结构动力学特性、设计动力学环境下的承载结构提供了理论依据和实用方法，也为解决结构的振动控制问题奠定了分析的理论基础，提供了设计的技术途径。

本书可作为研究生教材，也可供相关工程技术人员的参考。

图书在版编目(CIP)数据

高等结构动力学/李东旭编著. –2版. —北京：科学出版社，2010
(现代物理基础丛书・典藏版)
ISBN 978-7-03-028955-1

I. ①高… II. ①李… III. ①结构动力学 IV. ①O342

中国版本图书馆CIP数据核字(2010)第176435号

责任编辑：刘凤娟/责任校对：陈玉凤
责任印制：赵 博/封面设计：陈 敬

科学出版社 出版
北京东黄城根北街 16 号
邮政编码：100717
http://www.sciencep.com
北京厚诚则铭印刷科技有限公司印刷
科学出版社发行 各地新华书店经销
*
1997 年 10 月第一版 开本：720 × 1000 1/16
2010 年 9 月第二版 印张：32 1/4
2025 年 1 月印 刷 字数：630 000

定价：178. 00 元

(如有印装质量问题，我社负责调换)

第二版前言

任何事情的发生与发展都是既有其内在的甚至是深层次的原因，又有其外在的多方面的激扰和诱导因素的作用。结构动力学问题是典型的由外界干扰与结构本身固有特性相互作用而产生的特殊物理问题。在日常生活和工程实践中常见的一些振动现象(如树枝在风中的摇动、汽车在行驶中的颠簸、打夯机打夯等)以及不常见的一些现象(如飞机或直升机机翼的颤振、地震、航天器太阳能电池翼的振动等)，都属于结构动力学研究的范畴。当然，结构动力学研究的问题绝不仅限于这些。高等结构动力学立足于研究引起结构动力学问题的深层内因，以及外因与内因相互作用的机理；侧重于结构动力学的基本原理和基本理论；涉及工程实际中的复杂结构系统和复杂结构动力学问题。

本书较系统和全面地阐述了结构动力学的基础理论和基本方法，包括结构的本征值问题和动力响应问题，不仅为认识结构振动的物理本质、分析结构动力学特性、设计动力学环境下的复杂结构提供了理论依据和实用方法，也为解决结构的振动控制问题奠定了分析的理论基础，提供了设计的技术途径。

基于我们在长期教学实践中的认识与发现，以及我们在解决多类工程实际问题时的体会与经验，本书第二版相对于第一版，在保留原有内容的基础上增加了一些新的内容，也作了一些局部的修改。主要是：

(1) 在论述多自由度系统特性之前，增加了新的一章，即第 2 章“单自由度系统的动力学特性”。单自由度振动理论是多自由度振动分析的基础。在出版第一版时，考虑读者为已经具有一定基础的本专业研究生，所以略去这部分。但在这些年的教学中发现许多选这门课的学生并没有这个基础，使得后面的教学变得很吃力。另外，在解决一些工程实际问题中还发现有些工程技术人员因为没有了解这方面的基本概念而难以理解工程中出现的一些现象，也不能有效地给出解决问题的措施和方法。因此决定在第二版中增加这部分内容，并将第一版中的第 10 章合并于此，以期较系统地给出单自由度系统的动力学特性以及建模与分析的方法。

(2) 第一版中的第 11 章在第二版中被拆分为两章，即现在的第 11 章和第 12 章。这两章较系统地介绍了常见的基本结构或结构单元的动力学模型和动力学特性。由于这些结构在几何构型上所具有的共性和个性，以及由此带来的不同的动力学特性，又可以分类地去研究它们的动力学特性。因此，将一维结构(即在某一维度上的几何尺寸远大于其他维度上尺寸的结构)，如弦、杆、梁等的结构动力学问题归于一类，这些在第 11 章中讨论。而将二维结构，如膜、板、壳等的结构动力学问题归于另一类，这些在第 12 章中讨论。

(3) 在第一版的最后增加了两章内容，即第 14 章“航天器空间桁架结构动力学建模与分析”、第 15 章“航天器太阳能电池翼结构动力学建模与分析”。一般，有关机械振动或结构动力学的专著或教材中，只讲到简单结构或单元部件的结构动力学建模与分析，而不涉及复杂结构系统的建模与分析的理论与方法。然而，在我们长期的科学研究和工程实践中认识到，许多真正的实际结构往往具有复杂的结构外形、多样化的连接关系、不同类型单元部件的组合与构造等，分析和解决这些复杂结构的结构动力学问题的能力是未来的科学工作者和工程技术人员应该具备的。因此，增加了这两章的内容。本书第二版以两类典型的航天结构为例，介绍了复杂结构系统的动力学建模与分析的基本方法，由此可推广应用到分析和解决其他复杂结构的动力学问题中，包含了复杂结构系统的动力学建模与分析，也是高等结构动力学与一般结构动力学的区别之一。

(4) 与第一版的另一个重要区别是在每一章的后面适当增加了一些思考题与习题。这对于帮助研究生课后复习或工程技术人员的自学无疑带来极大的好处。这些题目的选取基本上来源于多部国外优秀教材和我们在教学中的一些经验积累。

(5) 这一版还增加了课程设计的题目。参考我在国外研究和学习的经历，研究生不仅应完成书本上基本理论和基本方法的学习，还应有针对性地安排一些实践环节，运用书中的知识尝试性地提出和解决一些相关的问题。这些问题可能是具体的，也可能是抽象的。设计这个环节的目的是既帮助学生提高解决实际问题的能力，又期望能激发学生的想象力、启动发明创造的潜能。

本书以线性系统为对象，从基本理论到分析方法，从简单结构到复杂结构，较系统、全面地研究了结构的本征值问题和动力响应问题，分析了结构动力学系统的固有特性以及结构动力学特性对各种影响因素的敏感度等。在第一版的基础上经过修改和增加后，第二版主要由 15 章组成。章节安排特点为：

第 1 章，绪论。主要介绍结构动力学基本思想、主要研究内容及研究方法。

第 2 章，单自由度系统的动力学特性。介绍结构振动的基本概念、基本理论和基本分析方法。本章是今后分析多自由度结构系统动力学特性的基础。

第 3~8 章，主要介绍多自由度结构系统的基本特性、动力学建模、数值分析、系统辨识、敏感度分析、部件模态综合等的基本理论与分析方法。

第 9 章和第 10 章，介绍求解多自由度系统动力学响应的各种方法，包括数值积分方法和模态叠加法。

第 11 章和第 12 章，介绍典型的结构单元，如弦、杆、梁、膜、板、壳、环等的建模与分析方法，以及它们各自所特有的动力学特性。这些结构既是工程中最常见的又是结构动力学中最基本的。通常，一个复杂结构系统都能分解为它们中某些结构单元的组合。

第 13~15 章，介绍复杂结构系统的动力学建模与分析的基本理论与方法，包括固液耦合系统的动力学建模与分析、航天器空间桁架结构动力学建模与分析、航天器太阳能电池翼结构动力学建模与分析。这三章内容均来自我们近年来课题研究的成果。

最后，附录 A 是课程设计题目，附录 B 是部分习题的答案。书中涉及的参考文献附于本书最后，期望引导读者学习到更宽广的知识。

1982 年以来，高等结构动力学就一直是力学、机械、建筑、航空、航天等相关领域研究生的必修课程。直到 1997 年 10 月本书的第一版出版，这门重要的研究生课程才有了专门的教材。出版之初，因为当时研究生人数不多，也未充分考虑到其他相关高等学校和科研院所的需要，仅印了 2000 册。到 2000 年，在市面上就很难找到这本书了。在 2002 年当我知道了有些学校和研究所的研究生在用此书的复印本当教材或参考书时，我就开始计划此书再版的事情。但是，主要还是由于科研工作太忙的原因，再版的事情一拖再拖。2008 年底，才开始本书的再版修订工作。经过一年多的努力，再版修订稿终于可以交付出版了。希望本书第二版能在 2010 年的秋季学期与广大读者见面。

这里要特别地感谢国防科技大学的雷勇军教授！雷教授编排了本书的全部习题、思考题和课程设计题目，并给出了部分习题的答案。由于原书稿没有留下电子版，雷教授组织完成了本书的全部录入和全部图片的绘制工作，并完成了全书的校对修订工作。雷教授在我们课题组中长期从事航天器太阳能电池翼结构动力学分析的研究工作，也担任了三期本课程的主讲，积累了一定的课堂教学经验和分析复杂结构动力学问题的经验。本书最后一章即来自他的部分研究成果。他为本书的再版作出了大量艰苦卓越的贡献，在此再次表示崇高的敬意和衷心的感谢！

衷心感谢全体参与本书的文字录入、插图绘制、文献索引等的老师和研究生！在本书的再版过程中，还得到了许多来自各方面的帮助和支持，在此一并表示感谢。

本书初衷是为本专业研究生提供一本内容较系统的教材。但其中的基本理论和基本方法，也可供相关专业研究生和相关工程技术人员参考。

限于作者水平，书中难免存在不足之处。真诚欢迎读者批评指正。

李东旭

2010 年 6 月

国防科学技术大学

第一版前言

随着科学与现代工程技术的飞速发展，以及人们对物质生活需求的增加，各种各样的结构应运而生，如飞机、火箭、卫星、大路拱桥、多跨铁路桥、斜拉索桥、高层楼房、各种机床、海上平台、舰船等。许多结构或者庞大或者复杂，或者既庞大又复杂，无论哪种结构都不可避免地将受到动载荷的作用。例如，地震作用于楼房，台风作用于海上钻井平台，发动机推力作用于火箭，对接碰撞作用于空间站，惯性力作用于汽车等。动载荷对结构造成的影响完全不同于静载荷的影响。大量工程实际问题表明，结构的破坏往往源于动载荷，有时虽然未直接造成灾难性事故，但也使得结构不能按设计所要求的性能正常工作。因此，为了很好地利用各种结构为人类服务，无论是在设计时，还是在使用时，常常需要准确而迅捷地分析和预测它们的动态性能。

研究结构动态性能的科学就是结构动力学，它的一个非常重要的特点就是其数学概念完全与物理现象相协调，这些物理现象是人们可以体验得到和测量得出的。结构动力学是一门发展较为完备的学科。

结构动力学问题包含激励(泛称输入)、系统(弹性结构体本身)和响应(泛称输出)三个要素。已知激励和系统的问题归结为响应预测；已知系统和响应求激励是测量问题；已知激励和响应的问题是系统辨识问题。但不论是哪一类问题，系统所固有的内在品质是事物的内因，激励是外因，结构在外在激励的作用下所发生的响应就是外因通过内因起作用而产生的现象。内因是矛盾的主要方面，在结构的动态性能中起主要作用。因此结构动力学研究的内容在本质上分为两大类：一类是结构的固有特性问题；另一类是强迫响应问题，需要对激励和固有特性进行综合考虑。

高等结构动力学正是从理论的高度揭示结构动力学的本质。它不是仅介绍结构动力学中的各种物理现象及一般分析方法，而是把重点放在对问题本质的剖析上。它所研究的对象也不是某一具体的结构而是一般的振动系统。高等结构动力学在内容上更侧重于基本原理、基本方法和基本理论的论述和推证，因而它所阐述的论点或结论对研究结构的动态性能具有更普遍的指导意义。

考虑到本书的阅读对象主要是已经具有一定基础的研究生，因此在内容的选择上较侧重于理论的深度。作为教材，为便于自学，在内容的编排上遵从由浅入深、循序渐进的原则。为了适应不同读者的需要，在内容上不受教学时数的限制，可以根据情况选用其中的章节，也可将其中的某些章节安排自学。同时，考虑到该书应对工程实际有一定参考价值，有鉴于此，该书在系统上分为三大部分，包含三篇共12章。

第1章引言，主要介绍结构动力学基本思想、主要研究内容及研究方法。

第一篇，共6章(第2~7章)。针对结构动力学第一类大问题，着重介绍与固有特性有关的基本概念、基本理论与分析方法，包括定理证明、数值分析与参数辨识原理。

第二篇，共3章(第8~10章)。针对结构动力学的第二类大问题，着重介绍动力响应的基本概念及求解动力响应的各种方法，主要是数值积分方法和模态叠加法。介绍了动力响应所包含的基本内容、数学表达式及其物理实质，以及各种方法本身所依据的基本理论。

第三篇，共2章(第11章和12章)。这一篇在前两篇基本理论与基本方法的基础上介绍了结构动力学在实际应用中的一些有代表性的实例，对工程应用有一定的参考价值。所涉及的弦、杆、梁、环、膜、板、壳的振动问题，既是工程中最常见的问题，又是结构动力学中最基本的问题。本篇还介绍了较复杂的固液耦合振动问题。

本书的编写吸收了许多中外科学家的研究成果和工程界大量的实践成果。作者在总结了他人研究成果的基础上，结合自己多年从事结构动力学研究的成果以及实际授课的经验和体会编写了本书。本书的内容曾作为国防科技大学航天技术系有关专业三届研究生课程的讲授内容。

本书主要的读者为研究生，也可作为工程技术人员的参考书。

由于作者水平有限，书中难免存在不妥之处，欢迎各界同仁批评指正。

感谢所有关心、支持、帮助本书出版的人们。

编著者

1997年6月

国防科学技术大学

目　　录

第 1 章　绪　　论

1.1　结构动力学研究的基础内容

1．结构动力学的任务

一个结构受到随时间变化的动载荷与仅受到不随时间变化的静载荷时所表现的力学现象是不同的。一个幅值为 p_0 的静载荷作用于结构时，可能远不至于使它产生破坏，但同样幅值的动载荷作用于同样的结构就完全有可能使结构破坏，即使不造成结构的破坏，由于动载荷所引起的结构振动也可能会影响结构的正常工作。比如，1958 年发射的美国第一颗人造地球卫星 Explorer I，卫星入轨后，悬在星体外面的四根鞭状天线的弹性振动造成系统的内能耗散，最后导致卫星状态失稳而翻滚。又如，1982 年日本发射的技术实验卫星，由于挠性太阳能电池翼的微小振动干扰了姿态控制系统，使卫星无法正常工作。当然，振动也有它有利的一面，如采煤钻、打夯机等，其工作原理就是直接利用了振动的特点。凡此种种，无一不说明结构的动力特性与静力特性是完全不一样的。然而要使结构不受动载荷的作用是难以保证的。因此对于工程实际结构，无论是在设计还是在使用时，常常需要准确而迅速地分析或预测它们的动力特性。

研究结构在动载荷作用下所表现出来的动态特性就是结构动力学的基本任务。结构动力特性中最基本的两个特性就是自由振动和强迫响应。前者取决于初始条件，反映了结构本身的固有特性，后者将取决于外部对结构的输入。

高等结构动力学的任务不仅要研究结构在动载荷作用下表现出的各种各样的物理现象，而且要揭示现象背后的物理实质和内部规律。它从结构动力学的一般性问题出发，从理论上研究结构动力特性的本质问题。

2．结构动力学的三个要素

结构动力学的三个要素是输入(激励)、系统(结构本身)和输出(响应)。

(1) 输入是动态的，即随时间变化的；变化规律可以是周期的、瞬态的和随机的；输入的形式是多样的，可以是力、位移、能量等；输入可以是单点输入，也可以是多点输入。

(2) 系统可以是线性的，也可以是非线性的。对于线性系统，叠加原理成立，系统自由振动的频率及模态是系统所固有的，其特性不随时间改变；而非线性系统没有相对应的固有特性。本书只讨论线性系统。同时，系统可分为保守系统和非保守系统。有阻尼的系统，存在能量耗散，是非保守系统。在振动控制理论中，修改结构系统动态品质的一个行之有效的方法就是增加阻尼系统的能量耗散。

(3)输出即结构系统对输入的响应。从时间的概念出发可以分为周期振动、瞬态振动和随机振动等；从空间的概念出发可以分为纵向振动、弯曲振动、扭转振动及组合振动等；输出也可以是单输出或多输出。不论什么样的结构，也不论什么样的输入，响应都将以一定的形式表现出来。

在振动问题中，内容与形式是统一的。系统(结构)是引起振动的内因，结构的固有特性是结构动态品质的决定因素，输入是外因，外因通过内因而起作用，最后以输出的形式表现出来。

3．结构动力学的研究范畴

在上述的三个要素中，已知其中任意两个求第三个的问题都是结构动力学研究的范畴。

(1)响应预测：已知输入和系统求输出。

(2)系统辨识：已知输入和输出，确定系统的特征参数。

(3)测量问题：已知系统和输出求输入。

第一个问题称为正问题，后两个问题又统称为逆问题。在本书中只涉及第一和第二个问题。研究的基本内容分为两大类：固有特性问题和响应问题。

1.2 结构动力学研究的基本方法

1．研究步骤

在结构动力学分析中常用的研究步骤如图 1.2.1 所示。从大的方面主要分为设计、分析、试验和再设计。本书所涉及的主要内容属于分析部分。这一部分的两个关键：一是建立方程，二是求解方程。

2．建模

1) 建模工作

首先引入一些假设将实际的结构进行简化，得到便于分析的形式；其次根据结构所处状态，确定一系列的参数，如几何尺寸、材料特性、约束边界等；最后建立一组数学方程来描述所要分析的模型。建立的方程或数学模型应能反映结构动力学问题中的主要方面，并能较全面、客观地反映物理现象的本质，这是分析的关键之一。建模就是建立结构动力学基本运动方程及其定解条件。

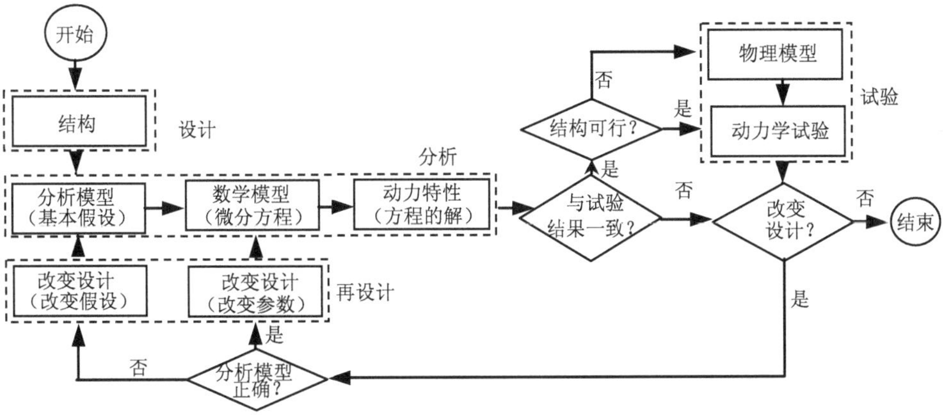

图 1.2.1 结构动力学研究框图

2）建模方法

建模的方法总体上目前有两种：一是试验的方法，二是分析的方法。本书主要涉及分析的方法，主要依据是力学基本原理和变分原理。

根据问题分析的需要，可采用相应的微分原理(当取微元体作研究对象时)，也可采用相应的积分原理(当取整个系统为研究对象时)。力学微分原理主要是牛顿定律和达朗贝尔原理；力学积分原理主要是能量守恒定律和动量守恒定律。微分变分原理主要是虚功原理；积分变分原理主要是哈密顿原理。此外，有限元的基本概念、弹塑性基本理论以及其他力学基本原理，也将在本书中直接用来帮助建立数学模型。

3）常用分析模型

针对连续系统的分布参数模型如式(1.2.1)所示，这种模型是用偏微分方程来描述的，如弦的振动方程

$$\frac{\partial^2 u}{\partial x^2}=\frac{1}{c^2}\frac{\partial^2 u}{\partial t^2} \tag{1.2.1}$$

任何一个实际结构都是一个连续系统，如果模型正确，那么用偏微分方程就能够精确地描述动力学问题；如果能求得其偏微分方程的解析解，也就得到了问题的精确解。虽然如此，实际中人们却往往采用所谓的集中参数模型。这是因为一方面建立偏微分方程是从局部着眼，对于较繁杂的问题难以建模；另一方面，方程的求解比较困难；再者，实际工程问题所关心的并不是问题的全部，而是起关键作用的方面。集中参数模型是用常微分方程来描述的。最常用的是有限元模型

$$M\ddot{\boldsymbol{x}}(t)+C\dot{\boldsymbol{x}}(t)+K\boldsymbol{x}(t)=\boldsymbol{f}(t) \tag{1.2.2}$$

其中，M, C, K 为矩阵，$\boldsymbol{x}(t), \boldsymbol{f}(t)$ 为向量，式(1.2.2)为线性常微分方程组。

求解 $f(t)=0$ 时的齐次方程，得到方程的通解，将反映系统的自由振动特性。求解它所对应的特征方程得到系统特征解，将反映结构的固有特性。

求解 $f(t)\neq 0$ 时的非齐次方程，得到方程的特解，将反映输入载荷的特点。

3．分析与求解

1）理论分析

理论分析包括求解微分方程的解析解，以及对解中所隐含的物理实质进行分析，得出一般性原理，又根据这些一般性原理去指导一个新问题的分析，而得到新的结论。

通过分析由齐次微分方程所描述的自由振动，可以得到结构的固有特性，即固有频率和固有模态的若干重要性质。这些性质反过来又可指导结构设计。通过分析由非齐次微分方程所描述的强迫振动，可以得到结构在受到各类载荷时所表现的物理现象，对于防灾减灾，或利用振动造福人类有很好的指导作用。

2）数值分析

数值分析主要是弥补理论分析的不足。因为并不是所有问题都能找到解析解，一方面对于实际问题的建模就带有许多假设前提，即模型本身就很难是精确的；另一方面，由于数学上的困难使方程难于求解。目前已发展了许多数值求解的方法，无论是求解结构的固有特性问题，还是结构的响应都是行之有效的。因此，在结构动力学分析中应用较多的是数值分析方法。数值分析方法不仅能给出一定精度的数值解，同时，通过这些解同样能分析得到结构动力特性中的种种规律。

3）综合技术

除了上述方法外，还发展了利用部件的动力特性去综合一个大型复杂结构的动力特性的方法，依此来解决大型复杂结构在试验和求解中的困难。这种方法即所谓动态子结构法或部件模态综合法。另外一种综合技术是模态叠加法，是求解线性系统响应的一种方法，综合过程是在模态空间中完成的。

科学的发展是无止境的，随着科学技术的发展，结构动力学所研究的范畴必将拓宽，更多行之有效的分析方法和解决方法也会不断产生。但学习结构动力学最首要的是掌握它的基本原理，这些是在长期实践的基础上总结出来，并被实践所证明，又将对实践产生重要影响的基本理论。由于结构受静载荷作用和受动载荷作用所产生的现象是完全不同的，其分析方法也有本质区别。因此，在学习结构动力学时，一定要把握关键，抓住特点，透过现象看本质，全面、系统、深刻地掌握结构动力学知识。

思考题与习题

1-1 结构动力学的主要研究内容是什么？

1-2 结构动力学的三要素是什么？

1-3 结构动力学分析包括哪三类基本问题？各有什么特点？

1-4 对结构动力学系统，参数辨识有哪几种类型？

1-5 描述结构动力学系统有几类模型？这几种模型有什么关系？

1-6 结构动力学分析的基本方法有几类？相互关系如何？

1-7 作用在结构动力学系统上的动载荷包括哪几种类型？举例说明。

第 2 章　单自由度系统的动力学特性

2.1　概　　述

确定某个机械系统几何位置的独立参数的数目称为自由度数。如果确定某机械系统几何位置仅需 1 个独立参数，那么就称这个系统为单自由度(single degree of freedom, SDOF)系统。图 2.1.1 给出了单自由度系统的三个例子，其中图 2.1.1(a)为一有阻尼弹簧振子，图 2.1.1(b)为一横向单圆盘轴的有阻尼扭转振动系统，图 2.1.1(c)为一端具有集中质量的有阻尼悬臂梁微幅振动。单自由度系统虽然比较简单，但是研究它具有重要意义：一方面，许多实际系统可以比较准确地简化为单自由度系统；另一方面，单自由度系统的一些重要概念、特性和研究方法，同时又是研究更复杂系统振动问题的基础。

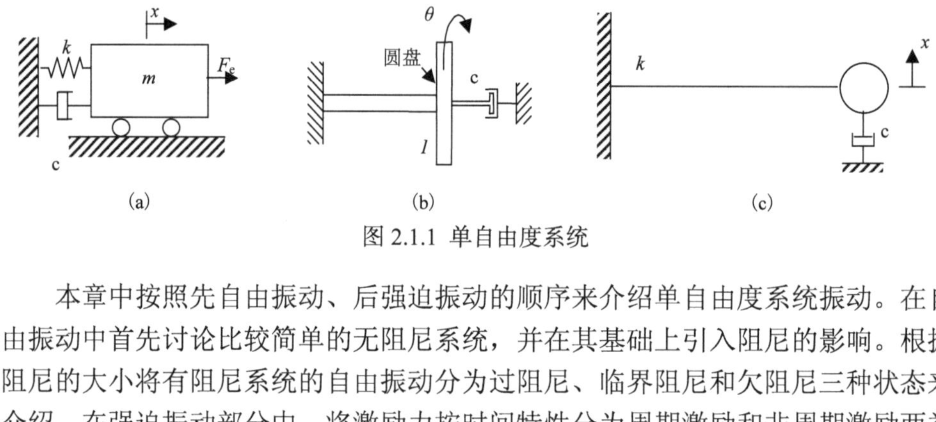

图 2.1.1　单自由度系统

本章中按照先自由振动、后强迫振动的顺序来介绍单自由度系统振动。在自由振动中首先讨论比较简单的无阻尼系统，并在其基础上引入阻尼的影响。根据阻尼的大小将有阻尼系统的自由振动分为过阻尼、临界阻尼和欠阻尼三种状态来介绍。在强迫振动部分中，将激励力按时间特性分为周期激励和非周期激励两类来讨论其作用引起的系统强迫振动响应以及不同激励力所采用的研究方法。此外还介绍了基础振动和隔振原理等内容。

2.2　无阻尼系统的自由振动

1. 单自由度系统振动微分方程

下面以图 2.1.1(a)所示的单自由度模型——弹簧–质量系统(spring-mass

systems）为例对单自由度体系进行受力分析，如图 2.2.1 所示。假定质量块偏离静平衡位置（虚线表示）的位移为 $x(t)$,此时共有三种力作用在质量块上。

（1）恢复力（restoring force） 由弹簧变形产生的弹性力为

$$F_r = -kx(t) \tag{2.2.1}$$

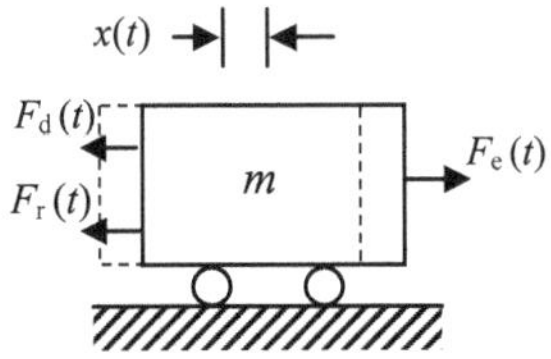

图 2.2.1 弹簧质量系统受力分析

（2）阻尼力（damping force） 这里采用黏性阻尼（viscous damping）模型，其中假设质量振动时所受的阻尼作用与其运动速度成正比。若用 F_d 表示阻尼力，则

$$F_d = -c\dot{x}(t) \tag{2.2.2}$$

（3）激励力（exciting force） 外部作用在质量块上的力。一般情况下为时间的函数，可以表示为 $F_e(t)$。

根据牛顿第二定律可以导出下式：

$$F = F_r + F_d + F_e = -kx(t) - c\dot{x}(t) + F_e(t) = m\ddot{x}(t) \tag{2.2.3}$$

将式(2.2.3)整理为

$$m\ddot{x}(t) + c\dot{x}(t) + kx(t) = F_e(t) \tag{2.2.4}$$

式（2.2.4）即为单自由度系统的运动微分方程，通常称为运动方程。这是一个二阶线性非齐次常微分方程。

2. 无阻尼系统自由振动微分方程

系统受到起始扰动的激发所产生的振动称为自由振动，是没有外界能量补充的振动，即在振动过程中不受激励力作用。如果阻尼力也可忽略不计，则称为无阻尼自由振动（undamped free vibration）。由式（2.2.4），无阻尼自由振动的振动微分方程为

$$m\ddot{x}(t) + kx(t) = 0 \tag{2.2.5}$$

若令

$$\omega_n^2 = \frac{k}{m} \tag{2.2.6}$$

则将式(2.2.6)代入式(2.2.5)得

$$\ddot{x}(t) + \omega_n^2 x(t) = 0 \tag{2.2.7}$$

式(2.2.7)是单自由度系统无阻尼自由振动的标准微分方程，它是二阶齐次线性常微分方程。其通解为

$$x = C_1 \sin(\omega_n t) + C_2 \cos(\omega_n t) \tag{2.2.8}$$

其中常数 C_1 和 C_2 可根据运动的初始条件求出，设 $t=0$ 时，$x = x_0$，$\dot{x} = \dot{x}_0$，代入式(2.2.8)求出常数 C_1,C_2 后，得

$$x = \frac{\dot{x}_0}{\omega_n} \sin(\omega_n t) + x_0 \cos(\omega_n t) \tag{2.2.9}$$

若令 $x_0=A\sin\varphi$，$\dot{x}_0/\omega_n=A\cos\varphi$，则上述方程可变为

$$x = A\sin(\omega_n t + \varphi) \tag{2.2.10}$$

其中

$$A = \sqrt{C_1^2 + C_2^2} = \sqrt{\left(\frac{\dot{x}_0}{\omega_n}\right)^2 + x_0^2}, \quad \tan\varphi = \frac{C_2}{C_1} = \frac{\omega_n x_0}{\dot{x}_0} \tag{2.2.11}$$

由式(2.2.10)可以看出单自由度无阻尼自由振动为简谐振动。简谐振动属于周期性振动。容易看出：ω_n 就是简谐振动的角频率。由式(2.2.6)得

$$\omega_n = \sqrt{\frac{k}{m}} \tag{2.2.12}$$

工程中常用每秒钟内系统振动的次数来表示自振频率，表示如下：

$$f_n = \frac{\omega_n}{2\pi} = \frac{1}{2\pi}\sqrt{\frac{k}{m}} \tag{2.2.13}$$

系统一次振动的时间表示为周期。单自由度无阻尼自由振动的周期为

$$T_n = \frac{2\pi}{\omega_n} = 2\pi\sqrt{\frac{m}{k}} = \frac{1}{f_n} \tag{2.2.14}$$

由以上讨论可得，ω_n只由系统本身的刚度 k 和质量 m 决定，而与初始条件无关，故称为固有角频率(简称为固有频率或自然频率(natural frequency))；而振幅 A 和相位角 φ 都由初始条件确定。图 2.2.2 为无阻尼自由振动的运动曲线，也称时间历程曲线。

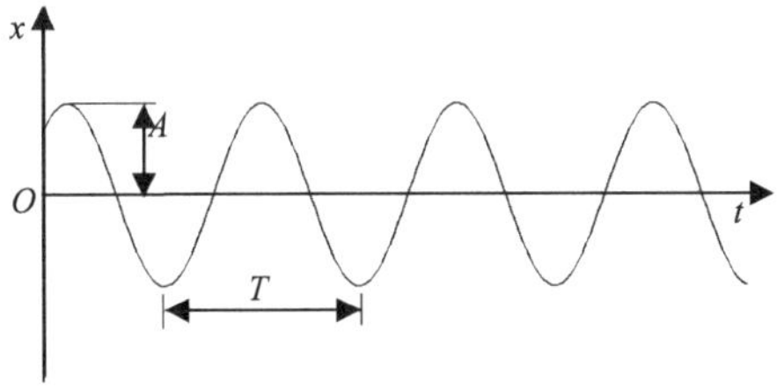

图 2.2.2 无阻尼自由的振动运动曲线

从能量角度来看，无阻尼自由振动系统为保守系统，其机械能守恒，即动能T和势能V之和保持不变：

$$T+V=常数 \tag{2.2.15}$$

因此，动能为零时势能达到最大值，将动能取最大值时的势能取为零，则有

$$T_{\max}=V_{\max} \tag{2.2.16}$$

由前面导出无阻尼自由振动的普遍规律为

$$x=A\sin(\omega_n t+\varphi)\,,\quad \dot{x}=A\omega_n\cos(\omega_n t+\varphi) \tag{2.2.17}$$

对应的最大动能和最大势能分别为

$$T_{\max}=\frac{1}{2}mA^2\omega_n^2\,,\quad V_{\max}=\frac{1}{2}kA^2 \tag{2.2.18}$$

将式(2.2.18)代入式(2.2.16)，也可以导出固有频率公式(2.2.12)。

例 2.2.1 如图 2.2.3 所示一简支梁，在跨度为 l，抗弯刚度为 EI 的轻质弹性梁中点处有一质量为 m 的重物，并且梁的中点下端与一刚度系数为 $k_2=24EI/l^3$ 的弹簧相连，试求系统的固有角频率 ω_n。

解 轻质梁不计自重。根据材料力学的公式，可以求出简支梁中点作用集中力 F 后，中点的变形量为

$$w=\frac{Fl^3}{48EI}$$

由此可得，该梁的等效刚度为

$$k_1=\frac{F}{w}=\frac{48EI}{l^3}$$

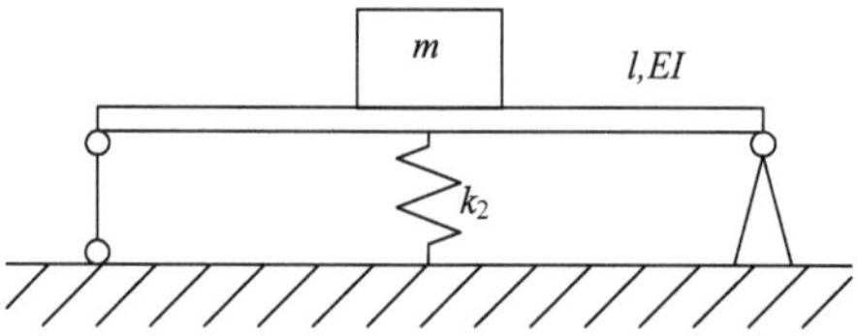

图 2.2.3　弹性简支梁

分析可得，系统相当于两个刚度系数分别为 k_1,k_2 的弹簧并联，所以总的刚度系数为

$$k=k_1+k_2=\frac{48EI}{l^3}+\frac{24EI}{l^3}=\frac{72EI}{l^3}$$

所以由式(2.2.12)得到系统的固有角频率为

$$\omega_n=\sqrt{\frac{k}{m}}=\sqrt{\frac{ml^3}{72EI}}$$

例 2.2.2　图 2.2.4 中弹簧摆的摆锤为一质量为 m 的小球，摆长为 l，质量忽略。在 a 处两侧各受刚性系数为 k 的弹簧支持。试求系统做微幅摆动的固有角频率 ω_n。

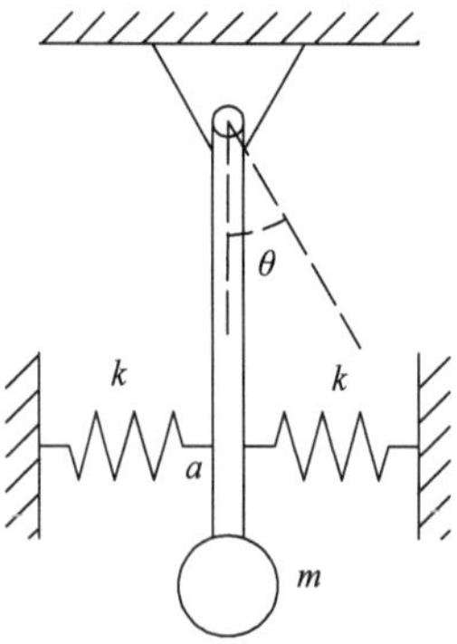

图 2.2.4　弹簧摆

解　弹簧摆为单自由度有势振动系统。取摆角 θ 为广义坐标，系统的动能 T 和势能 V 分别为

$$T=\frac{1}{2}m(l\dot{\theta})^2$$

$$V=\frac{1}{2}(2k)(a\theta)^2+mgl(1-\cos\theta)\approx ka^2\theta^2+\frac{1}{2}mgl\theta^2$$

应用机械能守恒定律，得

$$\frac{1}{2}ml^2\dot{\theta}^2+\left(ka^2+\frac{1}{2}mgl\right)\theta^2=常数$$

对时间 t 求一次导数则得到系统自由摆动的数学模型为

$$\ddot{\theta}+\left(\frac{2ka^2}{ml^2}+\frac{g}{l}\right)\theta=0$$

由此可见系统的固有角频率为

$$\omega_n=\sqrt{\frac{2ka^2}{ml^2}+\frac{g}{l}}$$

2.3 有阻尼系统的自由振动

在 2.2 节中所论述的无阻尼自由振动状态是一种理想情况。实际系统振动过程中不可避免地存在着各种阻尼因素，如接触面的摩擦、流动介质或磁场的阻力和弹性材料的内阻尼等。

当物体运动的速度不是很大时，黏性流体介质的阻力近似与速度成正比，称这种阻尼为黏性阻尼。图 2.3.1 中所示为一黏性阻尼器，其阻尼系数为 c，那么物体所受到的阻尼力为 $-c\dot{x}$。根据牛顿第二定律可得到有阻尼自由振动系统的振动微分方程

$$m\ddot{x}+c\dot{x}+kx=0 \tag{2.3.1}$$

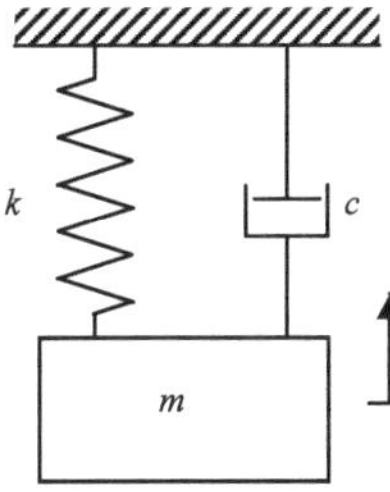

图 2.3.1 有阻尼弹簧振子

若令

$$\frac{c}{m}=2n,\quad \frac{k}{m}=\omega_n^2 \tag{2.3.2}$$

则上式可改写为标准形式的振动微分方程

$$\ddot{x}+2n\dot{x}+\omega_n^2x=0 \tag{2.3.3}$$

这是一个二阶齐次线性常微分方程，其通解可设为 $x=A\mathrm{e}^{st}$，代入式(2.3.3)导

出特征方程为

$$s^2 + 2ns + \omega_n^2 = 0 \tag{2.3.4}$$

特征解为

$$s = -n \pm \sqrt{n^2 - \omega_n^2} \tag{2.3.5}$$

由于阻尼系数 n 与固有角频率 ω_n 的大小关系不同，特征解有以下三种情况。

1. 过阻尼情况：$n>\omega_n$

在此种情况下，特征解 s 为两个负实根

$$s_{1,2} = -\left(n \mp \sqrt{n^2 - \omega_n^2}\right) \tag{2.3.6}$$

则振动微分方程的解为

$$x = A\mathrm{e}^{-\left(n-\sqrt{n^2-\omega_n^2}\right)t} + B\mathrm{e}^{-\left(n+\sqrt{n^2-\omega_n^2}\right)t} \tag{2.3.7}$$

其中，系数 A 和 B 为待定常数，它们由初始条件来确定。除此之外，初始条件的不同也会影响振动的时间历程曲线：图 2.3.2 中，a 曲线对应初始条件为 $x_0 > 0$，$\dot{x}_0 > 0$ 时；b 曲线对应初始条件 $x_0 > 0$，$\dot{x}_0 < 0$ 且 $|\dot{x}_0|$ 较小时；c 曲线对应初始条件为 $x_0 > 0$，$\dot{x}_0 < 0$ 且 $|\dot{x}_0|$ 较大时。但是不管初始条件如何，过阻尼状态下振动时间历程曲线都是非往复的衰减曲线。

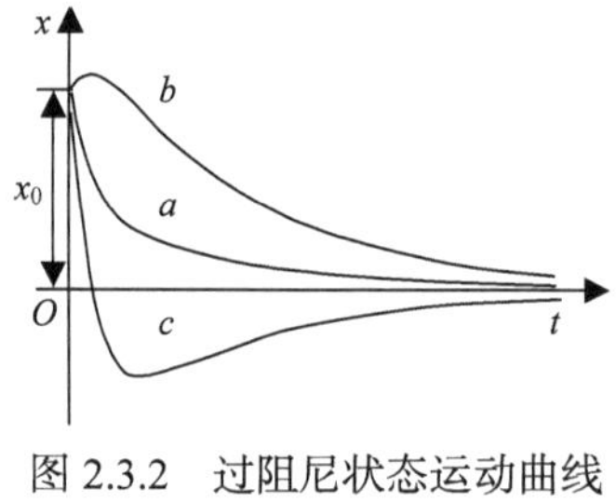

图 2.3.2　过阻尼状态运动曲线

2. 临界阻尼情况：$n=\omega_n$

这种状态比较特殊，特征解 s 为两个相等的实根，$s_1 = s_2 = -n$。振动微分方程的解为

$$x=(A+Bt)e^{-nt} \tag{2.3.8}$$

其中，系数 A 和 B 为取决于初始条件的待定常数。如图 2.3.3 所示，临界阻尼状态下的时间历程曲线也为非往复的衰减曲线。

将临界阻尼状态下的阻尼系数定义为临界阻尼系数，用 c_c 表示。由 $n=\omega_n$ 可得

$$c_c=2\sqrt{mk}=2m\omega_n \tag{2.3.9}$$

进而引入阻尼比 ξ 的概念，阻尼比 ξ 等于系统的阻尼系数与临界阻尼系数的比值，表示如下

$$\xi=\frac{c}{c_c}=\frac{n}{\omega_n} \tag{2.3.10}$$

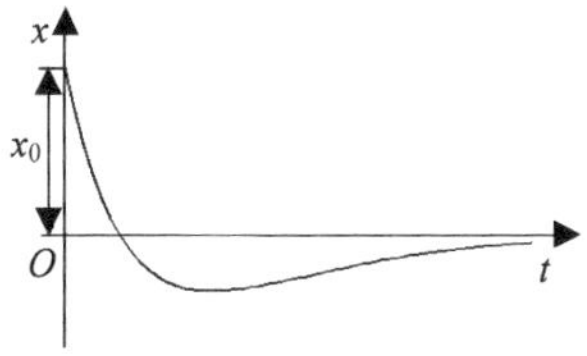

图 2.3.3 临界阻尼状态运动曲线

3. 欠阻尼情况：$n<\omega_n$

此时，两个特征根 $s_{1,2}$ 是一对共轭复数

$$s_{1,2}=-n\pm j\sqrt{\omega_n^2-n^2}=-n\pm j\omega_d \tag{2.3.11}$$

其中

$$j^2=-1, \quad \omega_d=\sqrt{\omega_n^2-n^2}=\omega_n\sqrt{1-\xi^2} \tag{2.3.12}$$

ω_d 称为有阻尼固有频率，振动微分方程的解为

$$x=e^{-nt}(C_1e^{j\omega_d t}+C_2e^{-j\omega_d t}) \tag{2.3.13}$$

再将欧拉公式

$$\sin(\omega_d t)=\frac{1}{2j}(e^{j\omega_d t}-e^{-j\omega_d t})$$

$$\cos(\omega_{\mathrm{d}}t)=\frac{1}{2}(\mathrm{e}^{\mathrm{j}\omega_{\mathrm{d}}t}+\mathrm{e}^{-\mathrm{j}\omega_{\mathrm{d}}t}) \tag{2.3.14}$$

代入式(2.3.13)，得

$$x=\mathrm{e}^{-nt}[C_3\cos(\omega_{\mathrm{d}}t)+C_4\sin(\omega_{\mathrm{d}}t)]=A\mathrm{e}^{-nt}\sin(\omega_{\mathrm{d}}t+\varphi) \tag{2.3.15}$$

其中，C_3 和 C_4 为待定常数，A 和 φ 分别为初始振幅和初相角，这四个参数都由初始条件确定。设初始条件为：当 $t=0$ 时，$x=x_0, \dot{x}=\dot{x}_0$，将其代入式(2.3.15)解得

$$C_3=x_0\,,\quad C_4=\frac{\dot{x}_0+\xi\omega_n x_0}{\omega_{\mathrm{d}}}$$

$$A=\sqrt{C_3^2+C_4^2}=\sqrt{x_0^2+\left(\frac{\dot{x}_0+\xi\omega_n x_0}{\omega_{\mathrm{d}}}\right)^2} \tag{2.3.16}$$

$$\varphi=\arctan\left(\frac{C_3}{C_4}\right)=\arctan\frac{\omega_{\mathrm{d}}x_0}{\dot{x}_0+\xi\omega_n x_0}$$

从式(2.3.15)中可以看出，欠阻尼状态下的自由振动并不是真正意义上的简谐振动，其振幅在振动过程中有按指数规律衰减现象，如图 2.3.4 所示，但可以称其为准简谐振动。这样欠阻尼自由振动的周期就可以定义为

$$T_{\mathrm{d}}=\frac{2\pi}{\omega_{\mathrm{d}}}=\frac{2\pi}{\sqrt{\omega_n^2-n^2}}=\frac{2\pi}{\omega_n\sqrt{1-\xi^2}} \tag{2.3.17}$$

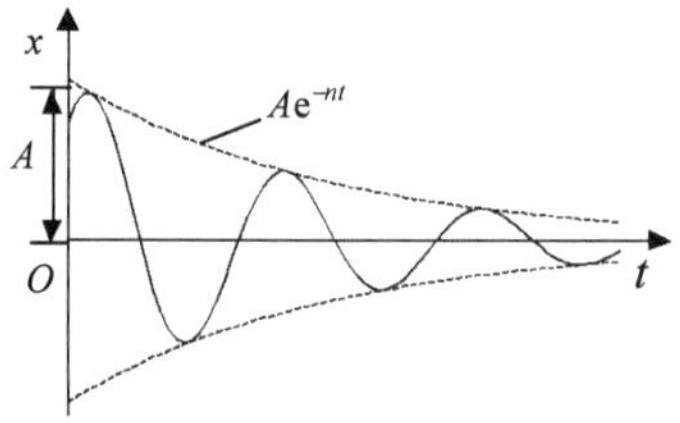

图 2.3.4 欠阻尼状态振动曲线

综上所述，只有在欠阻尼状态下系统才会形成往复振动。而且由式(2.3.10)可知，阻尼比 ξ 也可以作为区分以上三种状态的依据：$\xi>1$ 对应过阻尼状态；$\xi=1$ 对应临界阻尼状态；$\xi<1$ 对应欠阻尼状态。

对于一般的结构物来说，$n\ll\omega_n$，即 $\xi\ll 1$，ξ 的值一般在 2%~10%。所以式(2.3.12)右端的根号内非常接近 1，通常近似地认为 $\omega_{\mathrm{d}}=\omega_n$。因此，在计算系统的自振频率时，可不考虑阻尼的影响。

为评价阻尼对振幅衰减快慢的影响引入减幅系数 η，将其定义为相邻两个振

幅之比

$$\eta=\frac{A_i}{A_{i+1}}=\frac{A\mathrm{e}^{-\xi\omega_n t_i}}{A\mathrm{e}^{-\xi\omega_n(t_i+T_\mathrm{d})}}=\mathrm{e}^{\xi\omega_n T_\mathrm{d}} \tag{2.3.18}$$

从式(2.3.18)中可以看出阻尼比与衰减系数成正相关关系，即阻尼比越大，振幅衰减就越明显。在实际工作中(阻尼比 ξ 非常小)，为方便起见，又引入对数衰减率 δ 的概念，其实就是将振幅衰减系数取自然对数。

$$\delta=\ln\eta=\ln\frac{A_i}{A_{i+1}}=\xi\omega_n T_\mathrm{d}\approx\xi\omega_\mathrm{d}T_\mathrm{d}=2\pi\xi \tag{2.3.19}$$

将式(2.3.18)引申为相隔 j 个周期的振幅之比

$$\frac{A_i}{A_{i+j}}=\left(\frac{A_i}{A_{i+1}}\right)\left(\frac{A_{i+1}}{A_{i+2}}\right)\cdots\left(\frac{A_{i+j-1}}{A_{i+j}}\right)=\eta^j \tag{2.3.20}$$

因此，可以很方便地计算对数衰减率

$$\delta=\frac{1}{j}\ln\frac{A_i}{A_{i+j}} \tag{2.3.21}$$

例 2.3.1 对于阻尼较小($\xi<0.1$)的系统，实验中有时可用半振幅方法测定阻尼比 ξ。在振幅衰减曲线的包络线上已测得相隔 N(可以为小数或分数)个周期的两点 P,Q 之间幅值正好减小一半，试确定系统阻尼比 ξ。

解 振幅衰减曲线的包络线方程为 $x=A\mathrm{e}^{-\xi\omega_n t}$。设 P,Q 两点的包络线上的幅值为 x_P 和 x_Q，则有

$$\frac{x_P}{x_Q}=\mathrm{e}^{\xi\omega_n N T_\mathrm{d}}=2$$

将式(2.3.17)代入上式得到

$$\frac{2\pi N\xi}{\sqrt{1-\xi^2}}=\ln 2$$

当 $\xi^2\ll 1$ 时上式近似为

$$2\pi N\xi=\ln 2$$

由此得出

$$\xi = \frac{\ln 2}{2\pi N} \approx \frac{0.11}{N}$$

或直接代入式(2.3.21)求出对数衰减率 δ，再利用式(2.3.19)也可以求出系统阻尼比 ξ。

2.4　周期载荷作用下的强迫振动

系统在有持续激励时所产生的振动称为强迫振动。激励的来源可分为以下两种：一类是力激励，其可以是直接作用在机械运动物体上的力，也可以是旋转机械或往复运动机械中不平衡量引起的惯性力；另一类是由支承运动而导致的位移激励、速度激励以及加速度激励。如果按时间变化规律来分又可将激励分为简谐激励、周期激励和任意激励。其中简谐激励是周期激励的特例，可以将其作为研究一般周期激励的基础。因此，为了研究周期激励作用下的系统响应，首先要研究最基本的强迫振动——简谐激励作用下产生的强迫振动。

1. 简谐激励作用下的振动微分方程

根据式(2.2.4)，将所受外力 $F_e(t)$ 换为简谐激励力 $F_0\sin(\omega t)$，就可以得到单自由度系统在简谐激励力作用下的受迫振动微分方程

$$m\ddot{x} + c\dot{x} + kx = F_0 \sin(\omega t) \tag{2.4.1}$$

若令 $h=F_0/m$，n 和 ω_n 定义如前，则得到运动方程的标准形式

$$\ddot{x} + 2n\dot{x} + \omega_n^2 x = h\sin(\omega t) \tag{2.4.2}$$

式(2.4.2)为二阶非齐次线性常微分方程，其解 x 由齐次方程的通解 x_1 和非齐次方程的特解 x_2 两部分组成。当系统为欠阻尼状态时，x_1 就是 2.3 节中所讨论过的有阻尼自由振动微分方程的解，其特点为振动频率为有阻尼固有频率，振幅按指数规律衰减，称这部分解为瞬态响应或瞬态振动；与 x_1 不同，x_2 是由于简谐激励力持续作用而产生的持续等幅振动，称其为稳态响应或稳态强迫振动。振动开始时，系统相应地是以上两部分的叠加。有阻尼系统在振动过程中瞬态响应的振幅不断衰减，所以经过一段时间之后系统相应就只剩下稳态响应部分。这样，将系统的振动分为两个阶段：第一阶段就是振动开始两种振动响应叠加的阶段，称为过渡阶段；第二部分就是瞬态响应消失后，只剩下稳态响应的阶段，称为稳态阶段。

由于稳态响应比较简单，且是研究瞬态阶段的基础，因此首先讨论一下稳态阶段。

2. 简谐激励响应的稳态阶段

设 $x_2=A\sin(\omega t-\alpha)$ 为振动微分方程的特解，并将其代回方程可解得振幅 A 和相位差 α 为

$$A=\frac{h}{\sqrt{(\omega_n^2-\omega^2)^2+4n^2\omega^2}}=\frac{x_{\mathrm{st}}}{\sqrt{(1-\bar{\omega}^2)^2+(2\xi\bar{\omega})^2}} \tag{2.4.3}$$

$$\tan\alpha=\frac{2n\omega}{\omega_n^2-\omega^2}=\frac{2\xi\bar{\omega}}{1-\bar{\omega}^2} \tag{2.4.4}$$

其中，$\bar{\omega}$ 称为频率比

$$\bar{\omega}=\frac{\omega}{\omega_n} \tag{2.4.5}$$

x_{st} 称为静变形

$$x_{\mathrm{st}}=\frac{h}{\omega_n^2}=\frac{F_0}{k} \tag{2.4.6}$$

从式(2.4.3)~式(2.4.6)中可以总结出系统稳态强迫振动的基本特点：线性系统对简谐激励的稳态响应仍然是同频率的简谐振动，但是相位要滞后于简谐激励。系统的稳态响应与振动的初始条件无关，只由系统的固有特性和简谐激励的频率及力幅决定。

式(2.4.3)和式(2.4.4)分别表示稳态响应的振幅和相位与激励频率之间的关系，为方便起见，将这两个公式写成无量纲形式

$$\beta=\frac{A}{x_{\mathrm{st}}}=\frac{1}{\sqrt{(1-\bar{\omega}^2)^2+(2\xi\bar{\omega})^2}} \tag{2.4.7}$$

$$\alpha=\arctan\frac{2\xi\bar{\omega}}{1-\bar{\omega}^2} \tag{2.4.8}$$

其中，β 定义为动力放大系数，表示振幅相对静变形的放大倍数。

1) 无阻尼系统

在无阻尼系统中，阻尼比 $\xi=0$，则振幅 A 和相位差 α 可化为

$$A=\frac{x_{\mathrm{st}}}{\left|1-\bar{\omega}^2\right|}, \quad \tan\alpha=0 \tag{2.4.9}$$

讨论：

(1) 若 $\omega<\omega_n$，可得到 $\bar{\omega}<1$，$\alpha=0$，这时的稳态响应为

$$x_2=\frac{x_{\mathrm{st}}}{1-\bar{\omega}^2}\sin(\omega t) \tag{2.4.10}$$

(2) 若 $\omega>\omega_n$，可得到 $\bar{\omega}>1$，$\alpha=\pi$，这时的稳态响应为

$$x_2=\frac{x_{\mathrm{st}}}{\bar{\omega}^2-1}\sin(\omega t-\pi)=\frac{x_{\mathrm{st}}}{1-\bar{\omega}^2}\sin(\omega t) \tag{2.4.11}$$

因此可以写成统一的形式，但在 $\omega=\omega_n$ 前后会有相位差突然发生 180°的突化，称这种现象为反相。

同理，在无阻尼系统中式(2.4.7)也可以简化为

$$\beta=\frac{A}{x_{\mathrm{st}}}=\frac{1}{\left|1-\bar{\omega}^2\right|} \tag{2.4.12}$$

根据式(2.4.12)可以将动力放大系数关于频率比的曲线表示为图 2.4.1 所示结果。从图中可以看到：当 $\bar{\omega}$ 趋近于 0 时，动力放大系数 β 趋近于 1；当 $\bar{\omega}$ 趋近于 1 时，动力放大系数 β 可以达到无穷大；当 $\bar{\omega}$ 趋近于无穷时，动力放大系数 β 趋近于 0。

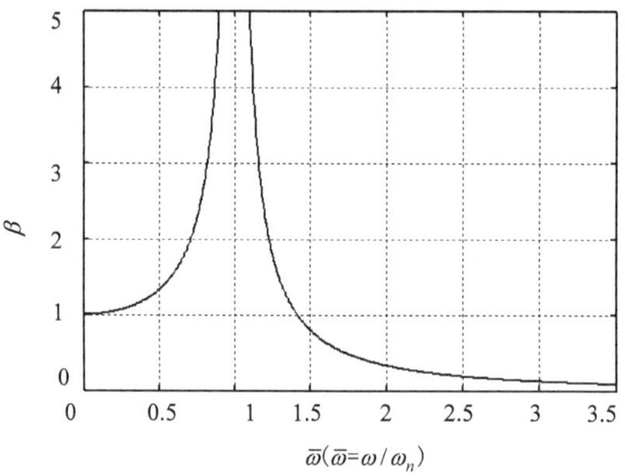

图 2.4.1 无阻尼系统 β-$\bar{\omega}$ 关系曲线

2) 有阻尼系统

在有阻尼系统中，以不同阻尼比 ξ 为参数，根据式(2.4.7)画出动力放大系数与频率比的关系曲线——β-$\bar{\omega}$ 曲线，称为幅频响应曲线，如图 2.4.2 所示。

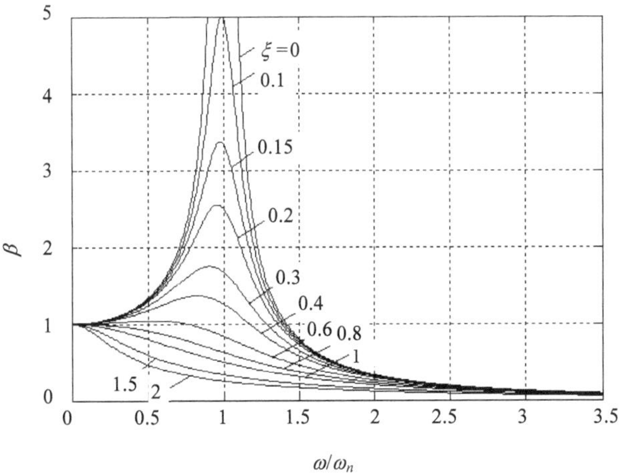

图 2.4.2 有阻尼系统幅频响应曲线

由幅频响应曲线可以得到以下规律：

(1) 与无阻尼系统相似之处。在频率比接近零时，动力放大系数约等于 1，可以说此时稳态响应振幅与静变形大小相当；当频率比接近无限大时，动力放大系数趋近于 0，说明此时稳态响应振幅非常小。后一种现象是由于此时简谐激励的频率太大，激励力方向变化太快，而系统由于自身惯性作用不能对迅速变化的激励作出相应的响应。而且在上述的两个区域内曲线比较密集，振幅对阻尼不敏感。因此，在这些区域内可以不考虑阻尼的影响。

(2) 当频率比接近 1 时，振幅迅速增大，称这种现象为共振。对应振幅最大值时的频率称为共振频率。由式(2.4.3)可以解得共振频率

$$\omega_{共} = \omega_n\sqrt{1-2\xi^2} \tag{2.4.13}$$

其值略小于固有频率，但是在小阻尼情况下，近似认为 $\omega_{共} \approx \omega_n$。还可以得到系统的最大动力响应系数 $\beta_{\max}=1/(2\xi)$。

(3) 在共振区内不同阻尼比的曲线变化趋势不同：较小阻尼比的曲线的动力放大系数在共振区内迅速增大，而较大阻尼比的曲线的动力放大系数增大缓慢，甚至出现缓慢减小现象。以上现象说明当激励频率接近固有频率时，动力放大系数变化对阻尼很敏感。

应用上面的特征可以采用从实验得到的幅频曲线求系统的阻尼。黏性阻尼的幅频曲线如图 2.4.3 所示，横坐标用频率比 $\bar{\omega}$ 表示，在发生共振时，$\omega=\omega_n$，即 $\bar{\omega}=1$，$\beta_{\max}=1/(2\xi)$。可以近似认为幅频响应曲线关于直线 $\bar{\omega}=1$ 对称，在曲线两侧找到频率 ω_1 和 ω_2，要求它们的振幅为

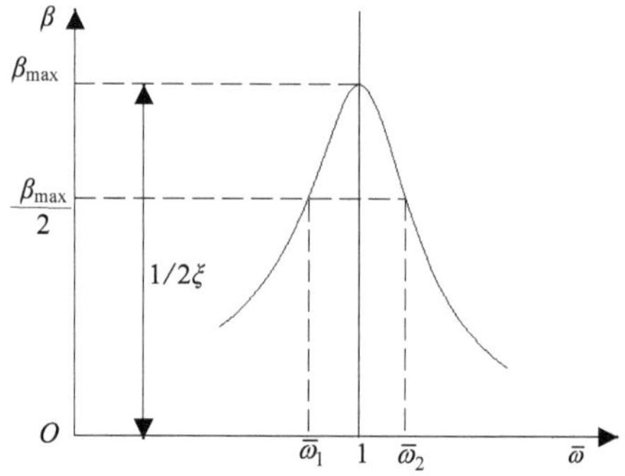

图 2.4.3 共振法求系统阻尼

$$\beta_{1,2} = \frac{\beta_{max}}{\sqrt{2}} = \frac{1}{2\sqrt{2}\xi} \tag{2.4.14}$$

并称 $\Delta\omega = \omega_n(\bar{\omega}_2 - \bar{\omega}_1)$ 为带宽。再根据动力放大系数的定义得到

$$\frac{1}{2\sqrt{2}\xi} = \frac{1}{\sqrt{(1-\bar{\omega}^2)^2 + 4\xi^2\bar{\omega}^2}} \tag{2.4.15}$$

式(2.4.15)整理得

$$\bar{\omega}^4 - 2(1-2\xi^2)\bar{\omega}^2 + (1-8\xi^2) = 0 \tag{2.4.16}$$

解方程(2.4.16)，并当阻尼比 ξ 较小时，略去高阶小量得到

$$\omega_1 = (1-\xi)\omega_n\,, \quad \omega_2 = (1+\xi)\omega_n \tag{2.4.17}$$

综合式(2.4.17)和带宽 $\Delta\omega$ 定义得

$$\xi = \frac{\Delta\omega}{2\omega_n} \tag{2.4.18}$$

式(2.4.18)就是共振法求系统阻尼的计算公式，称这种方法为宽带法或半功率法。

类似于幅频响应曲线，同样以不同阻尼比 ξ 为参数，依据式(2.4.8)可以得到稳态响应相位与频率比的关系曲线——α - $\bar{\omega}$ 曲线，称其为相频响应曲线，如图 2.4.4 所示。

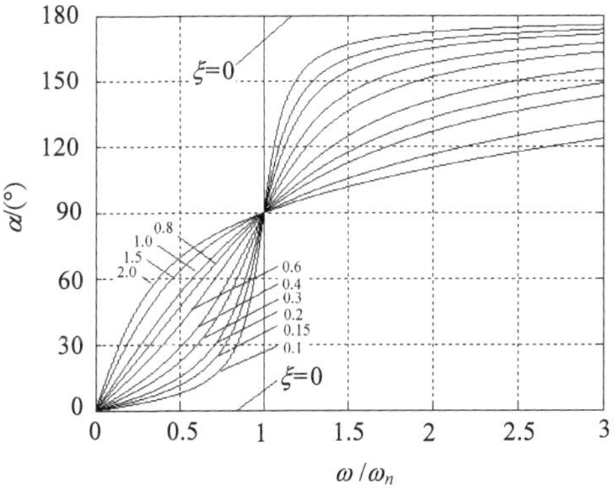

图 2.4.4 有阻尼系统相频响应曲线

由相频响应曲线可以得到以下规律：

(1) 与无阻尼系统相似之处。在频率比 ϖ 接近零时，相位差约等于零，即响应与激励的相位基本相同；当频率比 ϖ 接近无限大时，相位差约等于 π，即响应与激励的相位基本相反。

(2) 频率比 ϖ 对相位差 α 的影响。相位差随着阻尼比 ξ 的增大而增大。

(3) 阻尼比 ξ 对相位差 α 的影响。以阻尼比 ξ 为 1 作为分界线，当 ϖ<1 时，相位差随阻尼增大而增大；当 ϖ>1 时，相位随阻尼增大而减小；当 ϖ=1 时，相位差恒等于 π/2。实验中常用最后一条特性作为判断共振的依据。

3. 简谐激励响应的过渡阶段

由于系统是线性的，其对简谐激励在过渡阶段的响应是由瞬态响应和稳态响应两部分叠加而成的。

1) 无阻尼系统

对于线性无阻尼系统，其瞬态响应是其对应的齐次方程的通解，而稳态响应为非奇次方程的特解。代入初始条件 $x(0)=x_0$ 和 $\dot{x}(0)=\dot{x}_0$ 得到

$$x=x_1+x_2=x_0\cos(\omega_n t)+\frac{\dot{x}_0}{\omega_n}\sin(\omega_n t)-\frac{F_0}{k}\frac{\varpi}{1-\varpi^2}\sin(\omega_n t)+\frac{F_0}{k}\frac{1}{1-\varpi^2}\sin(\omega t) \quad (2.4.19)$$

式(2.4.19)中前两项为系统的自由振动部分，与振动的初始条件有关；第三项称为自由伴随振动，这一项依然以系统的固有频率振动做自由振动，但它是伴随激励而产生的，其振幅与激励的频率和力幅以及系统的固有特性有关；式中第四项为强迫振动的稳定振动部分。由于前两项与激励无关，也称其为零输入响应；对应的后两项与系统的初始条件无关，称为零初始响应，因此可以得出即使是零初始条件也会有自由振动与受迫振动同时发生。

当激励频率与系统固有频率十分接近时，取零初始条件状态，将 $\bar{\omega}=1+2\varepsilon$（$\varepsilon$ 为小量）代入式(2.4.19)得

$$x \approx -\frac{F_0}{4k\varepsilon}\left[\sin(\omega t)-\sin(\omega_n t)\right]=-\frac{F_0}{2k\varepsilon}\sin(\varepsilon\omega_n t)\cos(\omega_n t) \tag{2.4.20}$$

从中可以看出其振动频率为系统固有频率，且振幅并不是前面所提到的指数规律衰减，而是按正弦规律变化，如图 2.4.5 所示。将这种振动形式称为拍，振动周期为 $\pi/(\varepsilon\omega_n)$。当 ε 取值无限接近于零时，$\sin(\varepsilon\omega_n t)\approx\varepsilon\omega_n t$，则式(2.4.20)可改写为

$$x \approx -\frac{1}{2}\frac{F_0}{k}\omega_n t\cos(\omega_n t) \tag{2.4.21}$$

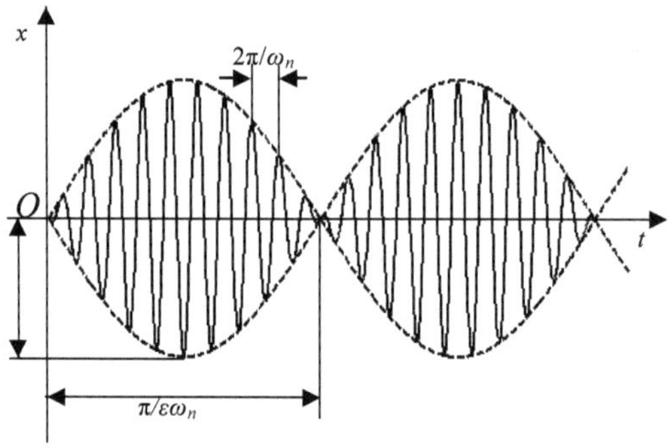

图 2.4.5　拍现象

式(2.4.21)表明在共振时，系统振动的振幅与时间成正比，如图 2.4.6 所示。当时间趋于无穷时，振幅可以趋于无限大。

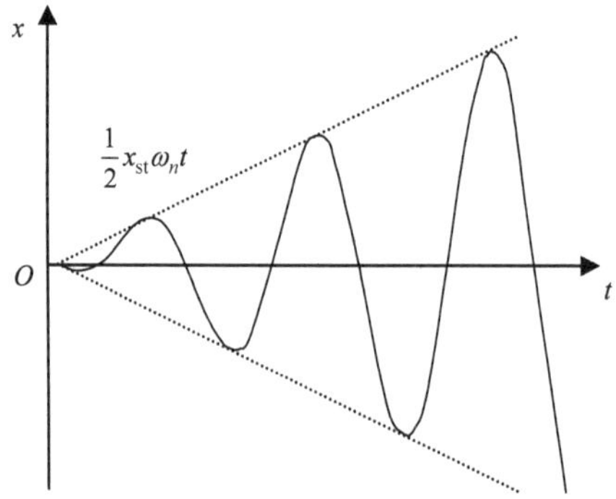

图 2.4.6　共振曲线

2）有阻尼系统

对于有阻尼系统，其振动微分方程的解为

$$x = x_1 + x_2 = \mathrm{e}^{-nt}\left[x_0\cos(\omega_\mathrm{d}t) + \frac{\dot{x}_0 + nx_0}{\omega_\mathrm{d}}\sin(\omega_\mathrm{d}t)\right] + A\mathrm{e}^{-nt}\left[\sin\alpha\cos(\omega_\mathrm{d}t) + \frac{n\sin\alpha - \omega\cos\alpha}{\omega_\mathrm{d}}(\sin\omega_\mathrm{d}t)\right] + A\sin(\omega t - \alpha) \tag{2.4.22}$$

式(2.4.22)中各项与无阻尼振动中的各项特性相近。由于阻尼的影响，随着时间的增加，自由振动部分和自由伴随振动部分的振幅按指数规律减小，最后消失，进入稳态阶段，如图 2.4.7 所示。

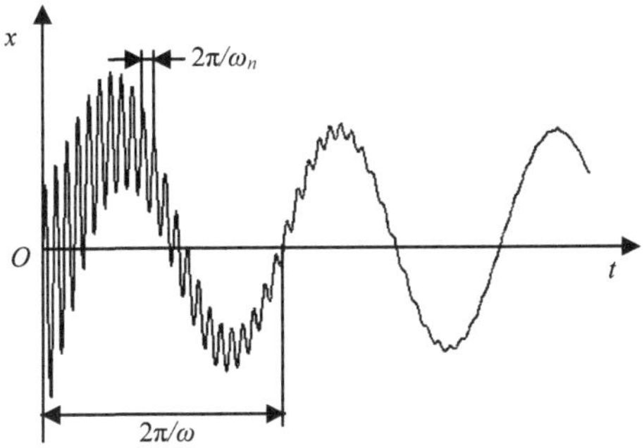

图 2.4.7 过渡阶段运动曲线

4. 支承运动引起的强迫振动

激励可以是直接作用在机械系统中，也可以由系统的支承引起激励。之前的讨论都是围绕着前一种激励展开的，下面将针对后一种激励来源进行讨论。

支承引起激励的例子很多，如汽车在波形路面上引起的强迫振动、固定在机器上面的仪表振动以及地震引起的地面结构振动等。它们都可以简化为图 2.4.8(a)所示的单自由度系统，设支承的运动规律是

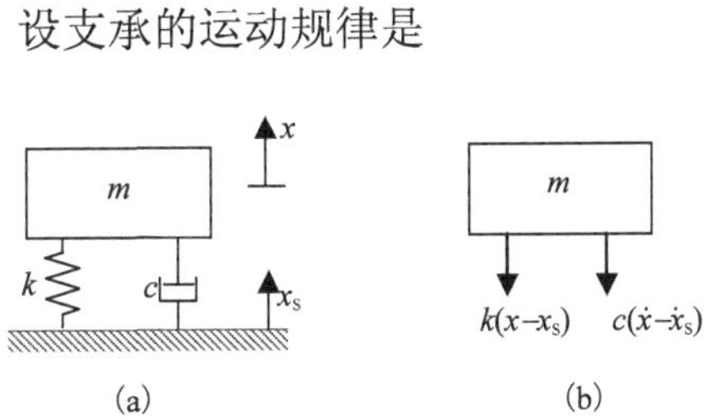

图 2.4.8 支承运动引起的位移激励

$$x_\mathrm{s} = B\sin(\omega t) \tag{2.4.23}$$

如图 2.4.8(b) 对质量块进行受力分析：弹性恢复力为 $-k(x-x_s)$，阻尼力为 $-c(\dot{x}-\dot{x}_s)$。这样将支承引起的激励问题转化为直接作用在系统上的激励力问题。应用牛顿第二定律建立运动方程为

$$m\ddot{x}+c(\dot{x}-\dot{x}_s)+k(x-x_s)=0 \tag{2.4.24}$$

式(2.4.24)可改写为

$$m\ddot{x}+c\dot{x}+kx=kx_s+c\dot{x}_s \tag{2.4.25}$$

将式(2.4.23)代入上式得

$$m\ddot{x}+c\dot{x}+kx=kB\sin(\omega t)+c\omega B\cos(\omega t) \tag{2.4.26}$$

可以看出，质量块所受的激励可以分为两部分：一部分是由弹簧传递的 kx_s，相位与 x_s 相同；另一部分是由阻尼器传递的 $c\dot{x}_s$，相位比 x_s 超前 $\pi/2$；而且这两部分激励仍然是简谐激励。由前面的讨论不难得到：系统对简谐激励的稳态响应依然是同频率的简谐振动。应用线性叠加原理，将弹簧和阻尼器传递的激励引起的稳态响应进行叠加，设叠加后的稳态响应为

$$x=A\sin(\omega t-\alpha) \tag{2.4.27}$$

将式(2.4.27)代入式(2.4.25)得到

$$\frac{A}{B}=\sqrt{\frac{k^2+c^2\omega^2}{(k-m\omega^2)^2+c^2\omega^2}}=\sqrt{\frac{1+(2\xi\varpi)^2}{(1-\varpi^2)^2+(2\xi\varpi)^2}} \tag{2.4.28}$$

$$\tan\alpha=\frac{mc\omega^3}{k(k-m\omega^2)+c^2\omega^2}=\frac{2\xi\varpi^3}{1-\varpi^2+(2\xi\varpi)^2} \tag{2.4.29}$$

5. 隔振原理

振动既有有利的方面，又有有害的方面。过强的振动不仅影响正常工作，而且有可能危害到人类的身体健康和财产安全。将有害振动隔离的问题就需要用到下面要讨论的隔振原理。隔振可分为两类：主动隔振与被动隔振。

1) 主动隔振

主动隔振就是将振源与周围环境隔开，使振动不向外传播。图 2.4.9 表示简化后的主动隔振模型。主动隔振的目的是减小传递到地面上的力。为衡量隔振效果引入力的传递率 T_f 的概念，它表示隔振后与隔振前传递到地面上的力的幅值之比，

表示为

$$T_{\rm f}=\frac{F_{\rm T}}{F_0} \tag{2.4.30}$$

其中，F_0 和 $F_{\rm T}$ 为隔振前后传递到地面上的力幅。设图 2.4.9 所示系统的稳态响应为

$$x=A\sin(\omega t-\alpha) \tag{2.4.31}$$

$$\dot{x}=\omega A\cos(\omega t-\alpha)=\omega A\sin(\omega t-\alpha+\pi/2) \tag{2.4.32}$$

不难得到，弹簧所传递的最大力 kA 与阻尼器传递的最大力 ωcA 相位差为 $\pi/2$，所以隔振后传递的力的幅值 $F_{\rm T}$ 为

$$F_{\rm T}=\sqrt{(kA)^2+(c\omega A)^2}=kA\sqrt{1+(c\omega k)^2} \tag{2.4.33}$$

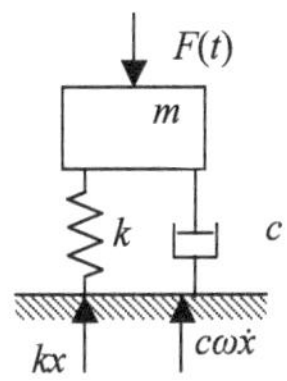

图 2.4.9　主动隔振

将式(2.4.3)代入上式得

$$T_{\rm f}=\frac{F_{\rm T}}{F_0}=\sqrt{\frac{1+(2\xi\varpi)^2}{(1-\varpi^2)^2+(2\xi\varpi)^2}} \tag{2.4.34}$$

由此可以得到力的传递率 $T_{\rm f}$ 的计算公式。

2）被动隔振

被动隔振就是把保护设备与振源隔开，降低振动对其的影响。在之前讨论支承运动引起的强迫振动时已经为被动隔振讨论作了前期准备。将隔振后传到设备上的振幅值与支承的振幅值之比定义为位移传递率 $T_{\rm d}$，并用其来衡量被动隔振。$T_{\rm d}$ 就可以表示为式(2.4.28)，从而得到

$$T_{\rm d}=\sqrt{\frac{1+(2\xi\varpi)^2}{(1-\varpi^2)^2+(2\xi\varpi)^2}} \tag{2.4.35}$$

对比式(2.4.34)和式(2.4.35)可以得到：主动隔振中力的传递率 $T_{\rm f}$ 与被动隔振中位移的传递率 $T_{\rm d}$ 具有完全相同的表达式。根据式(2.4.34)或式(2.4.35)，以阻尼比 ξ 为辅助参数，可以得到传递率 $T_{\rm f}(T_{\rm d})$ 与频率比 ϖ 的关系曲线——$T_{\rm f}(T_{\rm d})$-ϖ 曲线，如图 2.4.10 所示。从图中可以看出：当 $\varpi=\sqrt{2}$ 时，无论阻尼比 ξ 为何值，传递率恒等于 1；只有当 $\varpi>\sqrt{2}$ 时，传递率才会小于 1。因此，激励频率一定要大于系统固有频率的 $\sqrt{2}$ 倍才会起到减振的效果。虽然阻尼比越小减振效果越好，但是

在通过共振区时振幅同时也会增加很快，共振现象很显著。

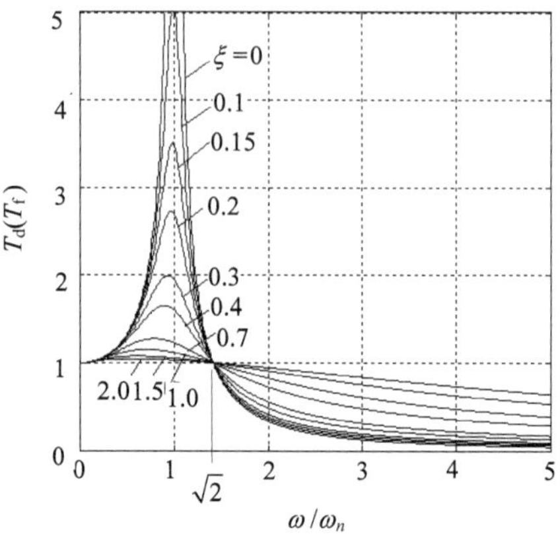

图 2.4.10　传递率与频率比关系曲线

6. 一般周期载荷作用下的强迫振动

简谐激励可以看成是特殊形式的周期激励，由于其相对简单可以通过求解振动微分方程得到解析解，而对于一般周期激励则很难这样求解，因此实际工作中采用谐波分析法来研究一般周期载荷作用下系统的强迫振动响应。谐波分析法就是在线性系统中将周期激励力分解为一组频率为 $i\omega(i=0,1,2,\cdots)$ 的简谐激励力，再根据强迫振动的稳态响应公式求出每个简谐激励力作用下系统所产生的稳态响应，最后应用线性叠加原理将它们叠加，进而得到系统在一般周期载荷作用下的稳态响应。

设图 2.4.9 所示的系统受到周期为 T 的任意周期力 $F(t)$ 的作用。周期函数 $F(t)$ 可以按傅里叶级数展开为

$$F(t)=\frac{a_0}{2}+\sum_{i=1}^{\infty}[a_i\cos(i\omega t)+b_i\sin(i\omega t)] \tag{2.4.36}$$

其中 $\omega=2\pi/T$，称为基频；

$$\begin{aligned} a_i&=\frac{2}{T}\int_0^T F(t)\cos(i\omega t)\mathrm{d}t \quad (i=0,1,2,\cdots) \\ b_i&=\frac{2}{T}\int_0^T F(t)\sin(i\omega t)\mathrm{d}t \quad (i=1,2,\cdots) \end{aligned} \tag{2.4.37}$$

这时的振动微分方程为

$$m\ddot{x}+c\dot{x}+kx=\frac{a_0}{2}+\sum_{i=1}^{\infty}\left[a_i\cos(i\omega t)+b_i\sin(i\omega t)\right] \tag{2.4.38}$$

由于静力作用所产生的系统响应为静变形 $x_{st}=F_0/k$，简谐激励力作用所产生系统稳态响应为 $x=A\sin(\omega t-\alpha)$，其中振幅 A 和相位差 α 可以根据式(2.4.3)和式(2.4.4)得到。因此由叠加原理得到系统的稳态响应为

$$x=\frac{a_0}{2k}+\sum_{i=1}^{\infty}\frac{a_i\cos(i\omega t-\alpha)+b_i\sin(i\omega t-\alpha)}{k\sqrt{(1-i^2\varpi^2)^2+(2\xi i\varpi)^2}} \tag{2.4.39}$$

其中 ϖ 和 ξ 的定义同前。在无阻尼系统中稳态响应可以简化为

$$x=\frac{a_0}{2k}+\sum_{i=1}^{\infty}\frac{a_i\cos(i\omega t-\alpha)+b_i\sin(i\omega t-\alpha)}{k(1-i^2\varpi^2)} \tag{2.4.40}$$

例 2.4.1 设无阻尼单自由度系统受到图 2.4.11 所示的周期激励载荷的作用，采用谐波分析方法求出系统的稳态响应。

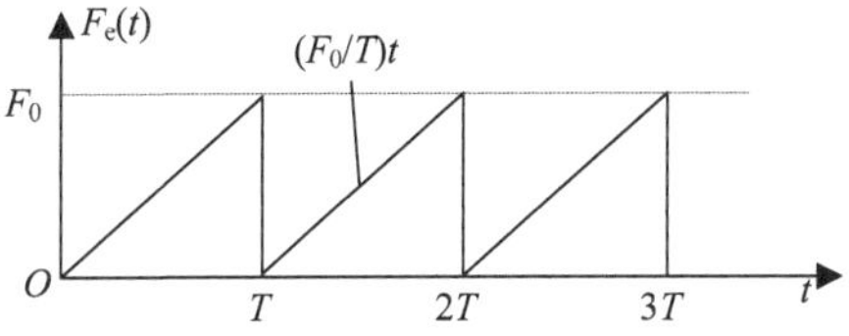

图 2.4.11 锯齿形周期激励载荡

解 首先将周期激励载荷按傅里叶级数展开，计算傅里叶系数为

$$a_0=\frac{2}{T}\int_0^T\frac{F_0}{T}t\mathrm{d}t=F_0$$

$$a_i=\frac{2}{T}\int_0^T\frac{F_0}{T}t\cos(i\omega t)\mathrm{d}t=0$$

$$b_i=\frac{2}{T}\int_0^T\frac{F_0}{T}t\sin(i\omega t)\mathrm{d}t=-\frac{F_0}{i\pi}$$

其中 $i=1, 2, 3,\cdots$, ω 为基频，代入式(2.4.36)得到

$$F_e(t)=\frac{F_0}{2}-\sum_{i=1}^{\infty}\frac{F_0}{i\pi}\sin(i\omega t)$$

任一阶简谐激励载荷所产生的稳态响应为

$$x_i(t)=\frac{F_0\sin(i\omega t)}{i\pi k(1-i^2\overline{\omega}^2)}\qquad(i=1,2,3\cdots)$$

应用叠加原理得

$$x(t)=\frac{F_0}{2k}-\sum_{i=1}^{\infty}\frac{F_0\sin(i\omega t)}{i\pi k(1-i^2\overline{\omega}^2)}$$

或直接将 a_0,a_i 和 b_i 的表达式代入式(2.4.40)得到。

2.5　任意载荷作用下的强迫振动

相对于 2.4 节中讨论的周期激励载荷，任意激励载荷随时间的变化更没有规律性，因此要采用不同的研究方法来求解系统的响应。为研究任意非周期激励首先要理解单位脉冲激励和单位阶跃激励。

1. 单位脉冲激励响应

单位脉冲力可以借助狄拉克 δ 分布函数 $\delta(t)$ 来表示，如图 2.5.1 所示，因此也称其为脉冲函数，它的定义域为 $t=0$ 的极小的区域 $(-\varepsilon,\ \varepsilon)$ 内，对应的冲量为单位 1。

$$\lim_{\varepsilon\to 0}\int_{-\varepsilon}^{\varepsilon}\delta(t)\mathrm{d}t=1\tag{2.5.1}$$

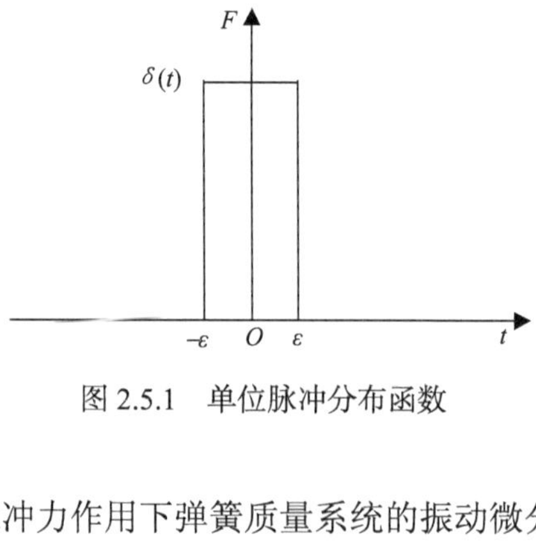

图 2.5.1　单位脉冲分布函数

不难得到，单位脉冲力作用下弹簧质量系统的振动微分方程为

$$m\ddot{x}+c\dot{x}+kx=\delta(t)\tag{2.5.2}$$

初始条件设为 $x(-\varepsilon)=0$，$\dot{x}(-\varepsilon)=0$。由动量定理得

$$\delta(t)\mathrm{d}t = m\mathrm{d}\dot{x} \tag{2.5.3}$$

将式(2.5.3)在$(-\varepsilon,\ \varepsilon)$内积分得到

$$1 = m\dot{x}(\varepsilon) - m\dot{x}(-\varepsilon) \tag{2.5.4}$$

综合式(2.5.4)和初始条件可知

$$\dot{x}(\varepsilon) = \frac{1}{m} \tag{2.5.5}$$

但是在极短时间内，即使速度发生变化，但是系统的位移来不及变化，所以

$$x(\varepsilon) = x(-\varepsilon) = 0 \tag{2.5.6}$$

由上面讨论可知，当脉冲激励结束后系统的脉冲响应微分方程即系统的自由振动微分方程，且初始条件为式(2.5.5)和式(2.5.6)。因此系统的脉冲响应用脉冲响应函数 $h(t)$ 表示为

$$h(t) = \frac{1}{m\omega_{\mathrm{d}}}\mathrm{e}^{-\xi\omega_n t}\sin(\omega_{\mathrm{d}}t) \quad (t>0) \tag{2.5.7}$$

其中 $\omega_{\mathrm{d}} = \omega_n\sqrt{1-\xi^2}$。

如果单位脉冲作用在 $t=\tau$ 时刻，系统的响应为

$$h(t-\tau) = \frac{1}{m\omega_{\mathrm{d}}}\mathrm{e}^{-\xi\omega_n(t-\tau)}\sin\left[\omega_{\mathrm{d}}(t-\tau)\right] \quad (t>\tau) \tag{2.5.8}$$

对于无阻尼系统，其脉冲响应为

$$h(t-\tau) = \frac{1}{m\omega_n}\sin\left[\omega_n(t-\tau)\right] \quad (t>\tau) \tag{2.5.9}$$

由于脉冲激励很短，系统只有瞬态响应，没有稳态响应，且瞬态响应滞后于脉冲激励。

2. 单位阶跃激励响应

单位阶跃激励即满足单位阶跃函数的激励力 $f(t)=U(t)$，表示如下：

$$U(t)=\begin{cases}0, & t<0\\ 1/2, & t=0\\ 1, & t>0\end{cases} \tag{2.5.10}$$

图 2.5.2 表示单位阶跃激励力变化曲线。那么，系统的振动微分方程为

$$m\ddot{x}+c\dot{x}+kx=1 \tag{2.5.11}$$

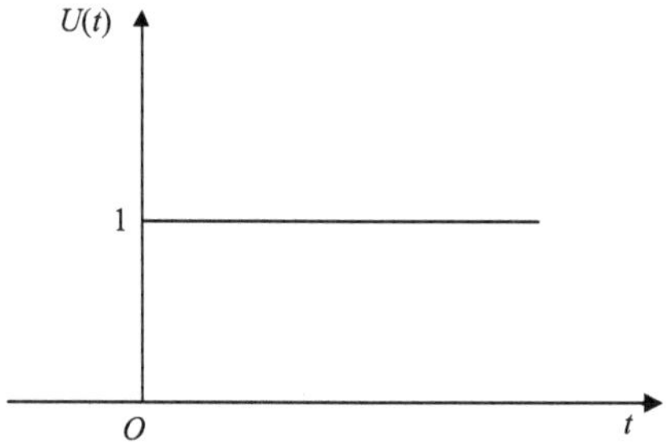

图 2.5.2　单位阶跃分布曲线

方程的解 x 为其对应的齐次方程的通解 x_1 与非齐次方程的特解 x_2 两部分组成。齐次方程的通解 x_1 可由式(2.3.15)得到；由于阶跃激励力的特殊性，非齐次方程的特解 x_2 就为常数 $1/k$。所以振动微分方程的解为

$$x=x_1+x_2=A\mathrm{e}^{-\xi\omega_n t}\sin(\omega_\mathrm{d}t+\alpha)+\frac{1}{k} \tag{2.5.12}$$

零初始条件下，振幅 A 和相位角 α 为

$$A=\frac{-1}{k\sqrt{1-\xi^2}} \tag{2.5.13}$$

$$\alpha=\arctan\frac{\sqrt{1-\xi^2}}{\xi} \tag{2.5.14}$$

代入式(2.5.12)得

$$x=\frac{1}{k}\left[1-\frac{1}{\sqrt{1-\xi^2}}\mathrm{e}^{-\xi\omega_n t}\sin(\omega_\mathrm{d}t+\alpha)\right] \tag{2.5.15}$$

如果是无阻尼系统，不考虑阻尼比的影响，则式(2.5.15)可改写成

$$x = \frac{1}{k}\left[1 - \sin\left(\omega_n t\right)\right] \tag{2.5.16}$$

3. 非周期激励的响应

对于零初始条件的系统，可以将作用在其上的任意非周期激励力看成是一系列脉冲激励力或一系列阶跃激励力的叠加。图 2.5.3 所示是将任意激励力分解为无数脉冲激励力的情况。

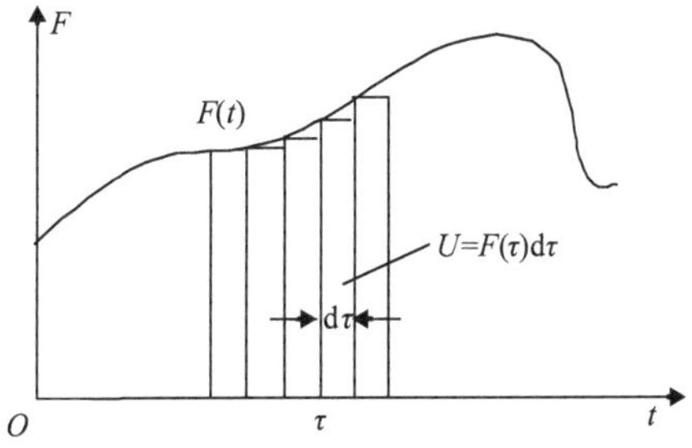

图 2.5.3 非周期激励分解

当 $t=\tau$ 时，脉冲力所对应的冲量为 $U=F(\tau)\mathrm{d}\tau$。由式(2.5.8)得到系统的脉冲响应为

$$\mathrm{d}x = F(\tau)h(t-\tau)\mathrm{d}\tau \tag{2.5.17}$$

在线性系统的条件下，在[0，t]区间内应用叠加原理，则其中所有微小脉冲激励响应之和就是任意激励力作用下系统的响应

$$x = \int_0^t F(\tau)h(t-\tau)\mathrm{d}\tau \tag{2.5.18}$$

式(2.5.18)称为杜阿梅尔(Duhamel)积分，也将这种积分形式称为卷积。这样就得到了博雷尔定理：线性系统对任意激励载荷的响应等于其脉冲响应与激励的卷积。为方便起见可以将卷积简写为

$$x(t) = F(t) * h(t) \tag{2.5.19}$$

也可以根据卷积性质将式(2.5.18)写作

$$x=\int_{0}^{t}F(t-\tau)h(\tau)\mathrm{d}\tau \tag{2.5.20}$$

若不考虑阻尼，则无阻尼系统的响应为

$$x=\frac{1}{m\omega_n}\int_{0}^{t}F(\tau)\sin\left[\omega_n(t-\tau)\right]\mathrm{d}\tau=\frac{1}{m\omega_n}\int_{0}^{t}F(t-\tau)\sin(\omega_n\tau)\mathrm{d}\tau \tag{2.5.21}$$

例 2.5.1　无阻尼弹簧系统受到如图 2.5.4 所示的矩形脉冲力激励，试求系统的响应。

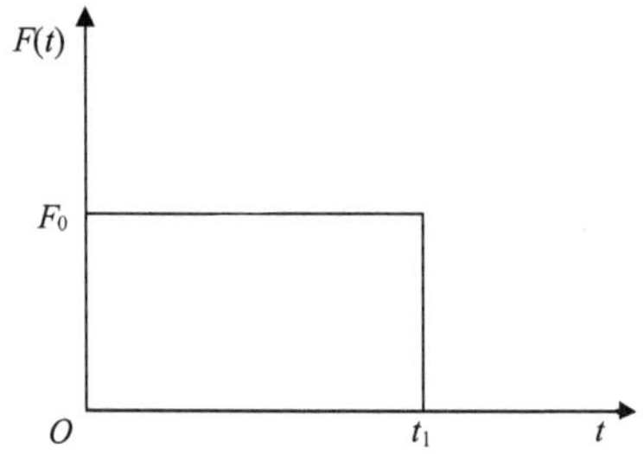

图 2.5.4　矩形脉冲激励

解　图中矩形脉冲力可表示为

$$F(t)=\begin{cases}F_0, & 0\leqslant t\leqslant t_1\\ 0, & t>t_1\end{cases}$$

当 $0\leqslant t\leqslant t_1$ 时，根据式(2.5.9)和式(2.5.18)得

$$x=\frac{1}{m\omega_n}\int_{0}^{t}F_0\sin(\omega_n\tau)\mathrm{d}\tau=\frac{F_0}{k}\left[1-\cos(\omega_n t)\right]$$

这时系统以新的平衡位置做简谐振动。当 $t>t_1$ 时，$F(t)=0$，应用杜阿梅尔积分得到

$$\begin{aligned}x&=\frac{1}{m\omega_n}\left[\int_{0}^{t_1}F(t-\tau)\sin(\omega_n\tau)\mathrm{d}\tau+\int_{t_1}^{t}F(t-\tau)\sin(\omega_n\tau)\mathrm{d}\tau\right]\\&=\frac{1}{m\omega_n}\int_{0}^{t_1}F(t-\tau)\sin(\omega_n\tau)\mathrm{d}\tau=\frac{F_0}{k}\left\{\cos\left[\omega_n(t-t_1)\right]-\cos(\omega_n t)\right\}\end{aligned}$$

综上，$F(t)$作用下系统的响应为

$$x(t)=\begin{cases}\dfrac{F_0}{k}\left[1-\cos\left(\omega_n t\right)\right], & 0\leqslant t\leqslant t_1\\ \dfrac{F_0}{k}\left\{\cos\left[\omega_n(t-t_1)\right]-\cos\left(\omega_n t\right)\right\}, & t>t_1\end{cases}$$

例 2.5.2 如图 2.5.5(a)所示一个悬挂在刚度为 k 的弹簧上的质量 m 承受如图 2.5.5(b)所示的每隔 τ_i 的短时间的重复脉冲 $\hat{F}$，求瞬态响应。

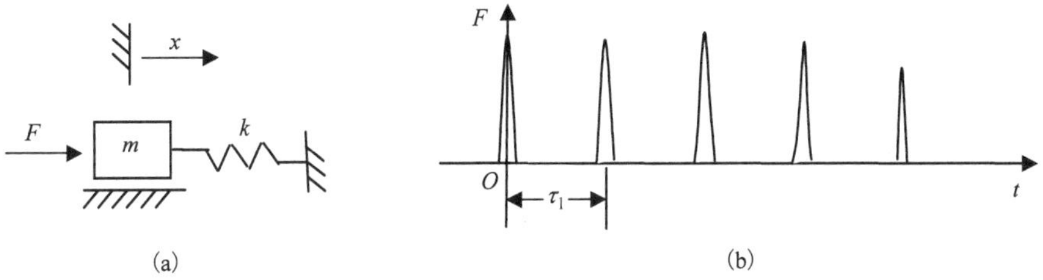

图 2.5.5 弹簧质量系统及其重复脉冲载荷

解 每一脉冲之间，系统是在固有频率 $\omega_n=\sqrt{k/m}$ 下自由振动。令脉冲结束的时间 $t=0$，位移和速度则可表示为

$$x=A\sin(\omega_n t+\varphi) \tag{a}$$

$$\dot{x}=\omega_n A\cos(\omega_n t+\varphi) \tag{b}$$

在 $t=0$ 时，有

$$x(0)=A\sin\varphi \tag{c}$$

$$\dot{x}(0)=\omega_n A\cos\varphi \tag{d}$$

下一脉冲前一刻的位移和速度是

$$x(\tau_i)=A\sin(\omega_n\tau_i+\varphi) \tag{e}$$

$$\dot{x}(\tau_i)=\omega_n A\cos(\omega_n\tau_i+\varphi) \tag{f}$$

式中，τ_i 为脉冲间的时间间隔。作用在这时间的脉冲使加速度突然增加 $\hat{F}/m$，尽管位移基本上没有变化。

如果达到稳定，则每一循环后的速度和位移必定重复。因此

$$A\sin\varphi=A\sin(\omega_n\tau_i+\varphi) \tag{g}$$

$$\omega_n A\cos\varphi=\omega_n A\cos(\omega_n\tau_i+\varphi)+\frac{\hat{F}}{m} \tag{h}$$

把上列方程(g)和(h)改写为

$$\sin(\omega_n\tau_i+\varphi)-\sin\varphi=0 \tag{i}$$

$$\cos(\omega_n\tau_i+\varphi)-\cos\varphi=-\frac{\hat{F}}{\omega_n mA} \tag{j}$$

这些方程又可改写为

$$\sin\frac{\omega_n\tau_i}{2}\cos\left(\frac{\omega_n\tau_i}{2}+\varphi\right)=0 \tag{i$'$}$$

$$\sin\frac{\omega_n\tau_i}{2}\sin\left(\frac{\omega_n\tau_i}{2}+\varphi\right)=\frac{\hat{F}}{2\omega_n mA} \tag{j$'$}$$

因为 $\sin(\omega_n\tau_i)/2$ 不可能对任意 τ_i 都等于 0，故只有下列条件成立，公式(i′)才能满足

$$\cos\left(\frac{\omega_n\tau_i}{2}+\varphi\right)=0$$

$$\sin\left(\frac{\omega_n\tau_i}{2}+\varphi\right)=1$$

因此，方程(j′)变为

$$\sin\frac{\omega_n\tau_i}{2}=\frac{\hat{F}}{2\omega_n mA} \tag{j$''$}$$

从而可得到振幅

$$A=\frac{\hat{F}}{2\omega_n m\sin\dfrac{\omega_n\tau_i}{2}} \tag{k}$$

弹簧的最大力 $F_s=kA$ 是有意义的，在这种情况下，等式(k)用下式代替：

$$\frac{\tau_i F_s}{\hat{F}}=\frac{\dfrac{\omega_n\tau_i}{2}}{\sin\dfrac{\omega_n\tau_i}{2}} \tag{l}$$

因此，振幅或弹簧力在下列点达到无穷大：

$$\frac{\omega_n \tau_i}{2} = 0 , \pi , 2\pi, 3\pi, \cdots \tag{m}$$

等式(l)也说明，在下列点弹簧力值最小：

$$\frac{\omega_n \tau_i}{2} = \frac{\pi}{2}, \frac{3\pi}{2}, \frac{5\pi}{2}, \cdots \tag{n}$$

位移和速度对时间的变化示于图 2.5.6。

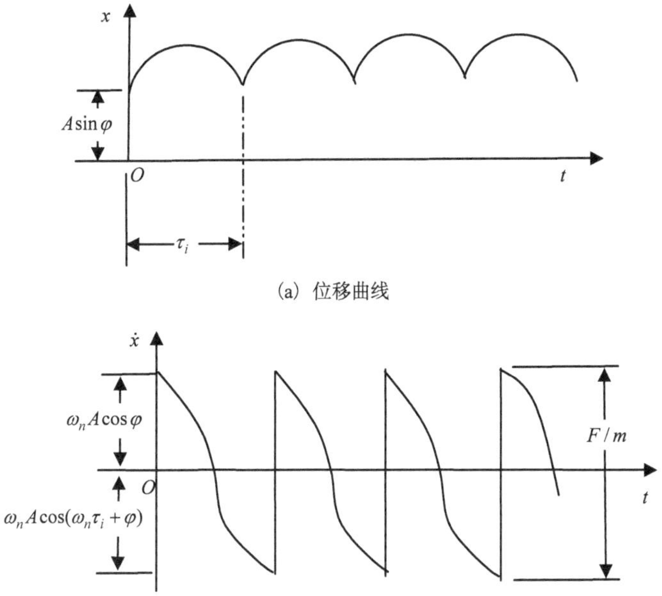

图 2.5.6 位移和速度

4. 响应谱

1) 响应谱的概念

脉冲表示力的突然作用或其他突变形式，引起系统的瞬态响应。响应的最大值是对脉冲严重程度的一个度量，它与系统的动力特征有关。为了区分脉冲激励的类型，选择单自由度无阻尼振荡器(“弹簧–质量”系统)作为标准的系统。

响应谱是单自由度振荡器的最大尖峰响应与其固有频率间函数关系的图示，它是设计中有用的概念。不同类型的脉冲激励将形成不同的响应谱。

由于响应谱是根据时间响应曲线单点值求得的，因此它本身是一种不完整的信息，不是对脉冲输入的唯一定义。事实上，两种不同的脉冲激励可能具有非常类似的响应谱。尽管有此限制，响应谱还是被广泛地应用。

系统对任意激励 $f(t)$ 的响应表示为脉冲响应 $g(t)$ 的函数

$$x(t)=\int_0^t f(\tau)g(t-\tau)\mathrm{d}\tau \tag{2.5.22}$$

对无阻尼单自由度振荡器

$$g(t)=\frac{1}{m\omega_n}\sin\left(\omega_n t\right) \tag{2.5.23}$$

这就是说，用于绘制响应谱的尖峰响应由下式给出

$$x(t)_{\max}=\left|\frac{1}{m\omega_n}\int_0^t f(\tau)\sin\left[\omega_n(t-\tau)\right]\mathrm{d}\tau\right|_{\max} \tag{2.5.24}$$

当脉冲是由于支承点的突然运动所引起时，即

$$z(t)_{\max}=\left|-\frac{1}{\omega_n}\int_0^t \ddot{y}(\tau)\sin\left[\omega_n(t-\tau)\right]\mathrm{d}\tau\right|_{\max} \tag{2.5.25}$$

与脉冲激励 $f(t)$ 或 $-\ddot{y}(t)$ 有关的是某些特征时间，如脉冲作用时间间隔，再利用振荡器的固有周期 T，则 $x(t)$ 或 $z(t)$ 的最大值可以写成 t_1/T 的函数。

图 2.5.7、图 2.5.8 及图 2.5.9 表示三种不同激励的响应谱。图中的水平标尺等于比值 t_1/T，垂直标尺是一无因次量，它表示动力加载相对于静止加载的动力效应。动力系数一般小于 2。

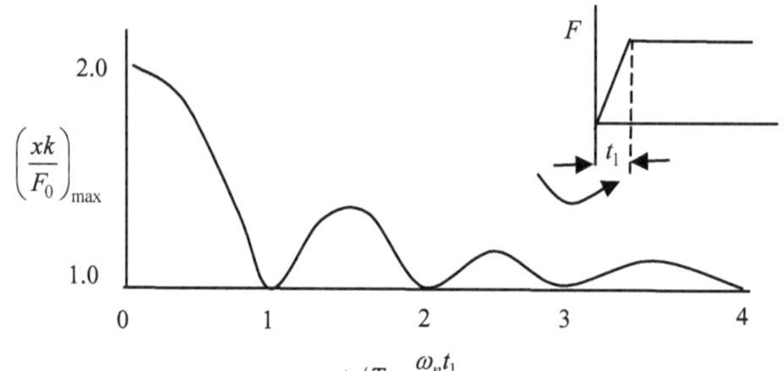

图 2.5.7　斜坡增长阶跃函数激励下的响应谱

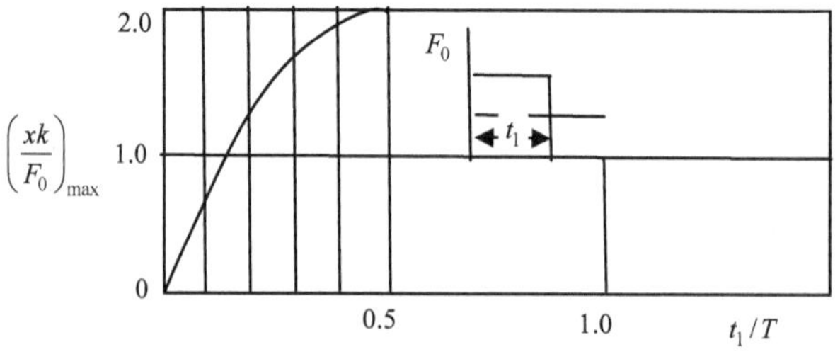

图 2.5.8　方波函数激励下的响应谱

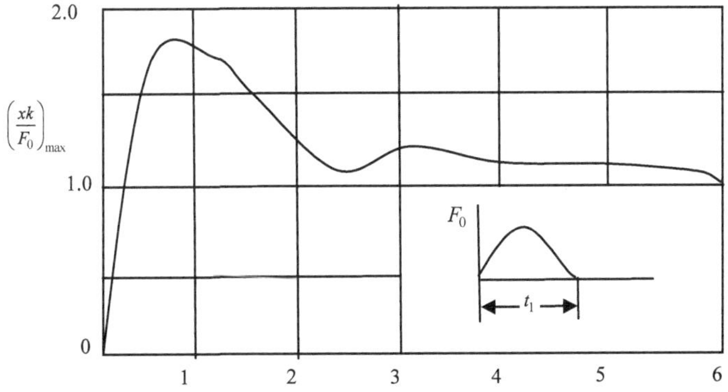

图 2.5.9　半正弦波激励下的响应谱

2）准响应谱

在地震情况下，响应谱常可方便地用速度谱来表示。位移谱和加速度谱可以用速度谱除以或乘以 ω_n 来表示，这样形成的谱称为准响应谱，因为它们只有当尖峰响应出现在脉冲过去之后，而且运动为谐振动时才是正确的。速度谱被广泛地用于地震分析。

考虑有阻尼的情况，用相对位移 $z=x-y$ 分析，则阻尼振荡器的运动方程是

$$\ddot{z}+2\xi\omega_n\dot{z}+\omega_n^2 z=-\ddot{y} \tag{2.5.26}$$

同时，等式(2.5.25)用下式代替：

$$z(t)=-\frac{1}{\omega_n\sqrt{1-\xi^2}}\int_0^t \ddot{y}(\tau)\mathrm{e}^{-\xi\omega_n(t-\tau)}\sin\left[\sqrt{1-\xi^2}\,\omega_n(t-\tau)\right]\mathrm{d}\tau \tag{2.5.27}$$

利用关系

$$\frac{\mathrm{d}}{\mathrm{d}t}\int_0^t f(t,\tau)\mathrm{d}\tau=\int_0^t \frac{\partial f(t,\tau)}{\partial t}\mathrm{d}\tau+f(t,\tau) \tag{2.5.28}$$

对式(2.5.27)求导，得速度为

$$\begin{aligned}\dot{z}(t)=-\frac{1}{\omega_n\sqrt{1-\xi^2}}\int_0^t \ddot{y}(\tau)\mathrm{e}^{-\xi\omega_n(t-\tau)}\Big[&-\xi\omega_n\sin\sqrt{1-\xi^2}\,\omega_n(t-\tau)\\&+\omega_n\sqrt{1-\xi^2}\cos\sqrt{1-\xi^2}\,\omega_n(t-\tau)\Big]\mathrm{d}\tau\end{aligned} \tag{2.5.29}$$

令

$$A=\int_0^t \ddot{y}(\tau)\mathrm{e}^{\xi\omega_n\tau}\cos\left[\sqrt{1-\xi^2}\,\omega_n\tau\right]\mathrm{d}\tau \tag{2.5.30}$$

$$B=\int_0^t \ddot{y}(\tau)\mathrm{e}^{\xi\omega_n\tau}\sin\left[\sqrt{1-\xi^2}\,\omega_n\tau\right]\mathrm{d}\tau \tag{2.5.31}$$

于是方程式(2.5.29)可写为

$$\dot{z}(t)=\frac{\mathrm{e}^{-\xi\omega_n t}}{\sqrt{1-\xi^2}}\left[\left(A\xi-B\sqrt{1-\xi^2}\right)\sin\left(\sqrt{1-\xi^2}\,\omega_n t\right)+\left(A\sqrt{1-\xi^2}+B\xi\right)\cos\left(\sqrt{1-\xi^2}\,\omega_n t\right)\right] \tag{2.5.32}$$

或

$$\dot{z}(t)=\frac{\mathrm{e}^{-\xi\omega_n t}}{\sqrt{1-\xi^2}}\sqrt{A^2+B^2}\sin\left[\left(\sqrt{1-\xi^2}\,\omega_n t\right)-\varphi\right] \tag{2.5.33}$$

如果方程(2.5.33)对于时间画成图，将出现如图 2.5.10 所示的调制波。这样尖峰速度响应 S_v 或速度谱有足够精度的用包络线的尖峰值表示：

$$S_v=|\dot{z}(t)|_{\max}=\left|\frac{\mathrm{e}^{-\xi\omega_n t}}{\sqrt{1-\xi^2}}\sqrt{A^2+B^2}\right|_{\max} \tag{2.5.34}$$

因而，位移和加速度峰值的近似关系即所谓准响应谱

$$|x-y|_{\max}=\frac{S_v}{\omega_n} \tag{2.5.35}$$

$$|\ddot{z}|_{\max}=\omega_n S_v \tag{2.5.36}$$

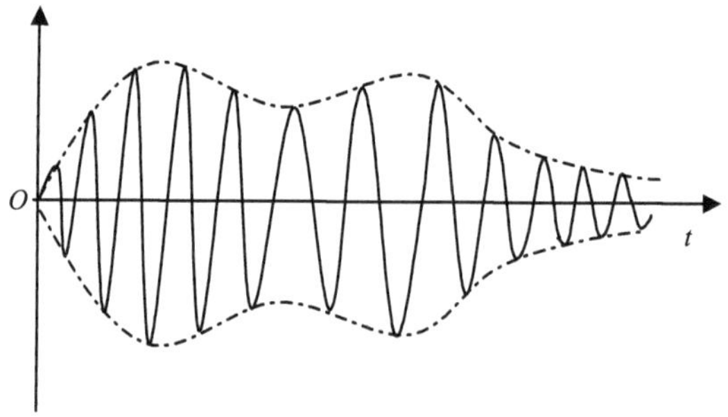

图 2.5.10　阻尼振荡器的调制波

例 2.5.3　求图 2.5.11 所示的增长时间 t_1 的阶跃函数的无阻尼响应谱。

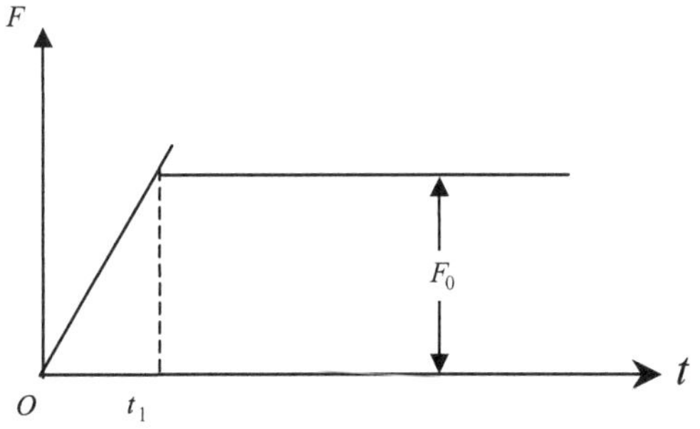

图 2.5.11 斜坡增长阶跃函数

解 输入可看作由两个斜线函数 $F_0(t/t_1)$ 组成，其中第 2 个是负的，而且延后 t_1。

对第一个斜线函数，其卷积积分的项是

$$f(t)=F_0\left(\frac{t}{t_1}\right)$$

$$g(t)=\frac{1}{m\omega_n}\sin(\omega_n t)=\frac{\omega_n}{k}\sin(\omega_n t)$$

响应为

$$x(t)=\frac{\omega_n}{k}\int_0^t\frac{F_0\tau}{t_1}\sin[\omega_n(t-\tau)]\mathrm{d}\tau=\frac{F_0}{k}\left[\frac{t}{t_1}-\frac{\sin(\omega_n t)}{\omega_n t}\right]\quad (t<t_1)$$

对于从 t_1 开始的第 2 个斜线函数产生的响应，只要观察一下上述方程就可写成

$$x(t)=-\frac{F_0}{k}\left\{\frac{t-t_1}{t_1}-\frac{\sin[\omega_n(t-t_1)]}{\omega_n t}\right\}$$

把这两个方程相加，$t>t_1$ 的响应变成

$$x(t)=\frac{F_0}{k}\left\{1-\frac{\sin(\omega_n t)}{\omega_n t_1}+\frac{1}{\omega_n t_1}\sin[\omega_n(t-t_1)]\right\}\quad (t>t_1)$$

对上式求导并使它等于零，得峰值的时间

$$\tan(\omega_n t_{\mathrm{P}})=\frac{1-\cos(\omega_n t_1)}{\sin(\omega_n t_1)}$$

因为 $\omega_n t_{\mathrm{P}}$ 必须大于 π，亦可得

$$\sin(\omega_n t_P) = -\sqrt{\frac{1}{2}\left[1-\cos(\omega_n t_1)\right]}$$

$$\cos(\omega_n t_P) = -\frac{\sin(\omega_n t_1)}{\sqrt{2\left[1-\cos(\omega_n t_1)\right]}}$$

把这些等式代入 $x(t)$，可找到尖峰振幅

$$\left(\frac{xk}{F_0}\right)_{\max} = 1 + \frac{1}{\omega_n t_1}\sqrt{2\left[1-\cos(\omega_n t_1)\right]}$$

令 $T = 2\pi/\omega_n$ 为振荡器的周期，则上式可对于 t_1/T 画成如图 2.5.7 所示的曲线。

思考题与习题

2-1　求图 E2.1 中系统的固有频率，悬臂梁端点的刚度分别为 k_1 及 k_2，悬臂梁的质量忽略不计。

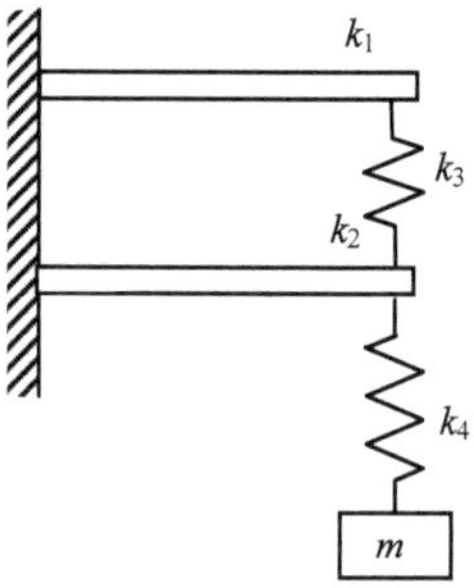

图 E2.1

2-2　求图 E2.2 所示系统的振动微分方程，以 θ 为广义坐标，并试求系统的固有频率。

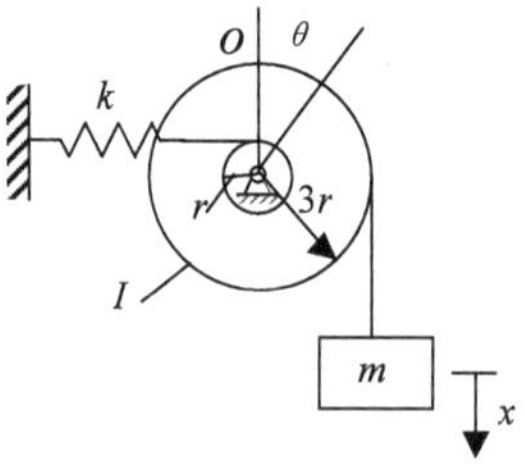

图 E2.2

2-3　图 E2.3 所示的系统中，四个弹簧均未受力。已知 m=50kg，k_1=9800N/m，k_2=k_3=4900N/m，k_4=19600N/m。求：

（1）若将支承缓慢撤去，质量块将下落多少距离？

（2）若将支承突然撤去，质量块又将下落多少距离？

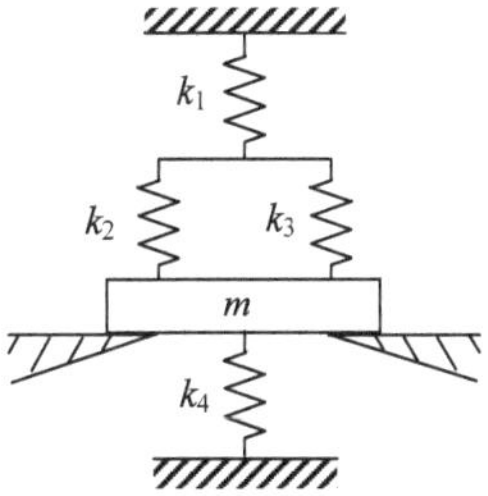

图 E2.3

2-4 图 E2.4 是一个龙门起重机的示意图。在纵向水平振动时要求在 25s 内振幅衰减到最大振幅是 5%，已知等效质量 m_s=24500kg，由实测得到对数衰减率 δ=0.10，问起重机水平的刚度至少是多少？

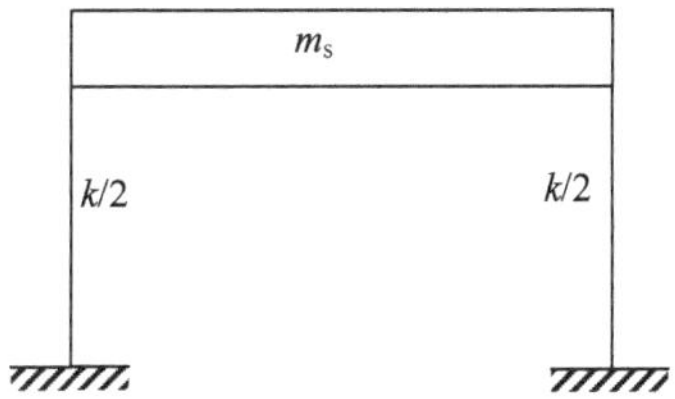

图 E2.4

2-5 图 E2.5 中的均匀刚性杆长 l，质量为 m，求在下列情况下系统的固有频率：

（1）平衡时杆处于水平位置；

（2）平衡时杆处于铅垂位置。

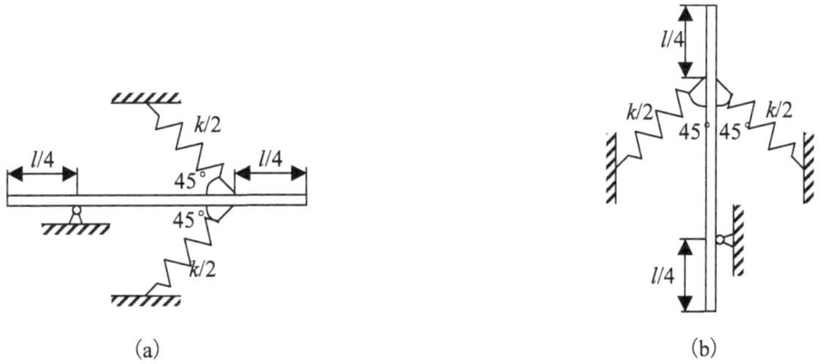

图 E2.5

2-6 图 E2.6 所示的系统中，刚性杆质量不计，写出运动微分方程，并求临界阻尼系数及阻尼固有频率。

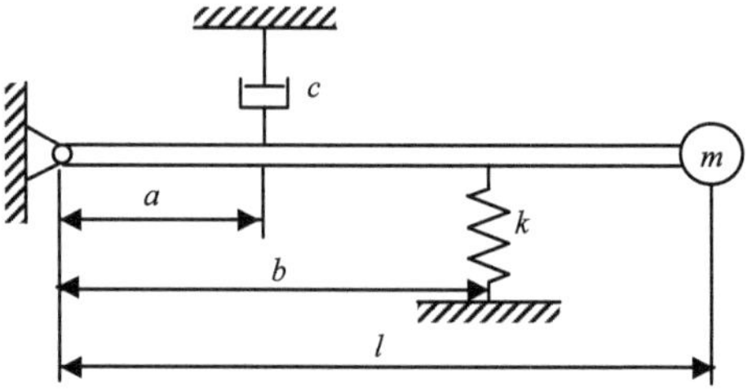

图 E2.6

2-7　一个有阻尼的弹簧系统，m=100kg，k=10000N/m，处于临界阻尼状态，由 t=0，x_0=2.5cm，$\dot{x}_0$ =−30cm/s 开始运动。问质量块将于几秒后到达静平衡位置？过静平衡位置后最远能移动多少距离？

2-8　图 E2.7 的弹簧质量系统中，两个弹簧的连接处有一激励力 $P_0\sin(\omega t)$，求质量块的振幅。

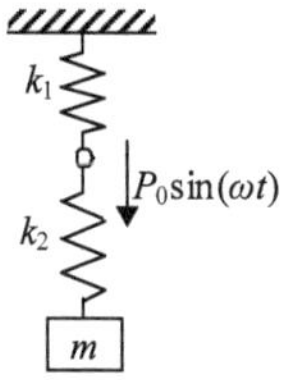

图 E2.7

2-9　一质量为 1.95kg 的物体在黏性阻尼介质中做强迫振动，激励力为 $F(t)=25\sin(2\pi ft)$，

(1) 测得系统共振时的振幅为 1.27cm，周期为 0.2s，求系统的阻尼比 ξ 及阻尼系数 c；

(2) 如果 f=4Hz，除去阻尼后的振幅是有阻尼时振幅的多少倍？

2-10　图 E2.8 是汽车的拖车在波形道路上行驶时于垂直方向上振动的力学模型。已知拖车的质量满载时为 m_1=1000kg，空载时为 m_2=250kg，悬挂弹簧的刚度是 k=350kN/m，阻尼比在满载时为 ξ_1=0.5，车速为 v=100km/h，路面呈正弦波形，可表示为 $x_s=a\sin(2\pi z/l)$，其中 l=5m。求拖车在满载和空载时的振幅比。

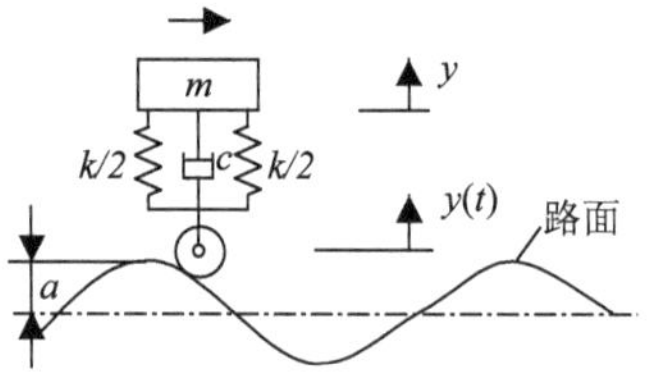

图 E2.8

2-11　如图 E2.9 所示，作用在质量块上的激励力 $F(t)=F_0\sin(\omega t)$，弹簧支承端有运动 $x_s=a\sin(\omega t)$，写出系统的运动微分方程，并求稳态振动。

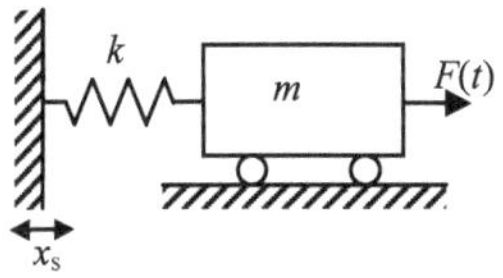

图 E2.9

2-12 质量为 45kg 的机器固定在四个刚度为 2×10^5N/m 的并联弹簧上，当机器的运作频率为 32Hz 时，测得机器的稳态振幅为 1.5mm，则激励力振幅为多大？

2-13 辅助系统是由质量 m_2 的物块，与一连接主系统的刚度为 k_2 的弹簧组成，如图 E2.10 所示。如果参数 k_2 和 m_2 选择的合适，则此辅助系统可用于减少振动。证明：若 $\omega^2=k_2/m_2$，则主系统的稳态振幅为零。

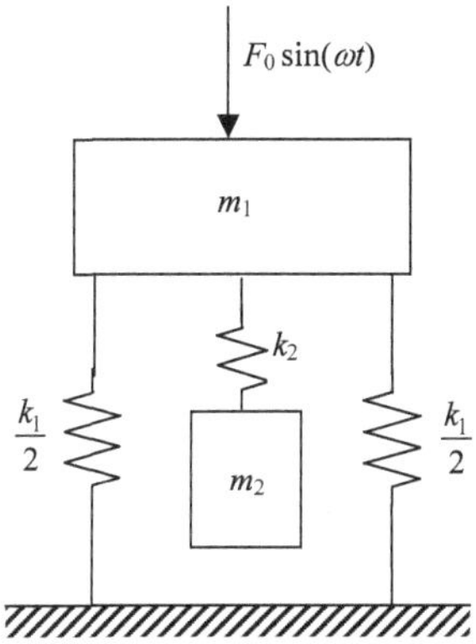

图 E2.10

2-14 图 E2.11(a) 所示的矩形波激励 $F(t)$ 作用于图 E2.11(b) 所示系统，其中 m,c 和 k 已知，固有频率为 ω_n,$F(t)$ 的周期 $T=2\pi/\omega_n$。求系统的稳态响应。

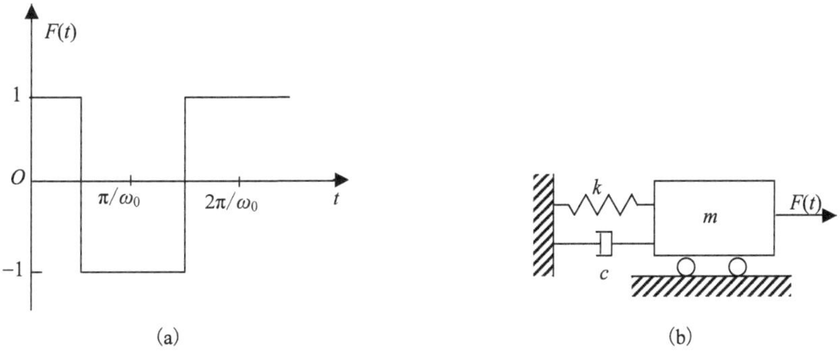

(a) (b)

图 E2.11

2-15　质量为 120kg 的机器固定在长为 1.5m 的简支梁中间跨上，梁的弹性模量为 $E=200\times10^9\text{N/m}^2$，横截面积惯性矩为 $I=1.53\times10^{-6}\text{m}^4$。在系统机器上作用力幅为 2000N 的变频谐波激励，以测试该系统。试验记载的最大稳态振幅为 2.5mm。试求系统的阻尼比。

2-16　利用卷积积分求解无阻尼单自由度系统和欠阻尼单自由度系统受恒力 F_0 作用的响应。系统的固有频率为 ω_n，质量为 m，阻尼比为 ξ。在 $t=0$ 时刻系统静止处于平衡位置。

2-17　应用卷积积分求解无阻尼单自由度系统和欠阻尼单自由度系统对形如 $F(t)=F_0\sin(\omega t)$ 的激励的响应。在 $t=0$ 时，系统静止在平衡位置。系统质量为 m，阻尼比为 ξ，固有频率为 ω_n，且 $\omega\neq\omega_0$。

2-18　零初始条件的无阻尼系统受如图 E2.12 所示的外力作用，求系统响应。

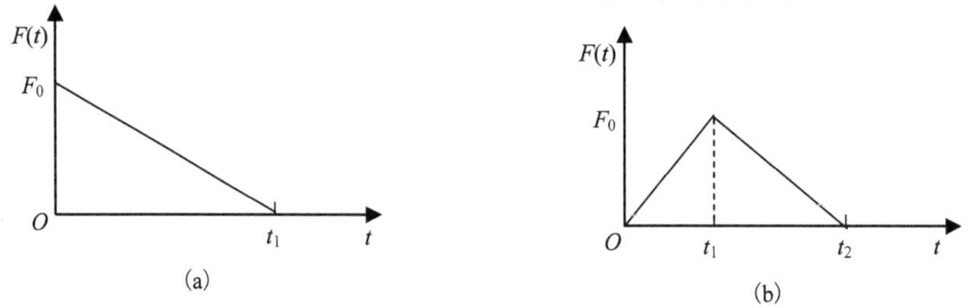

图 E2.12

2-19　求无阻尼系统对图 E2.13 的抛物型外力 $F(t)=F_0(1-t^2/t_1^2)$ 的响应，已知 $x(0)=\dot{x}(0)=0$。

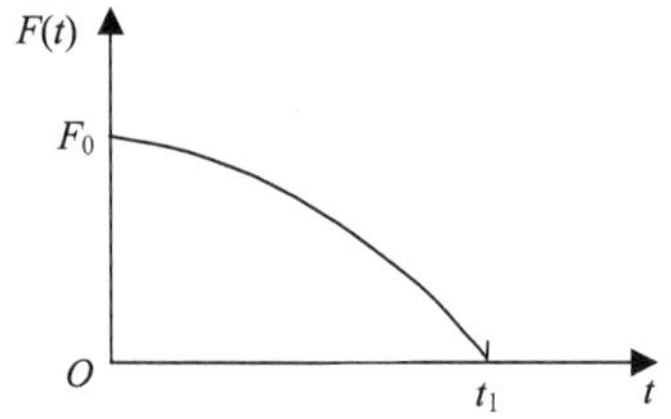

图 E2.13

2-20　求零初始条件的无阻尼系统对图 E2.14 所示支承运动的响应。

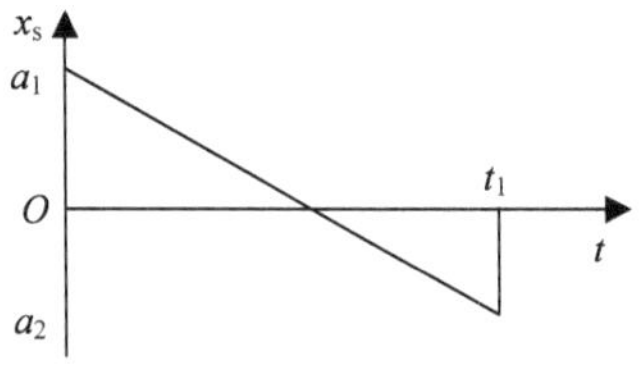

图 E2.14

2-21　建立受到如图 E2.15 所示的矩形脉冲的单自由度无阻尼系统的响应谱。

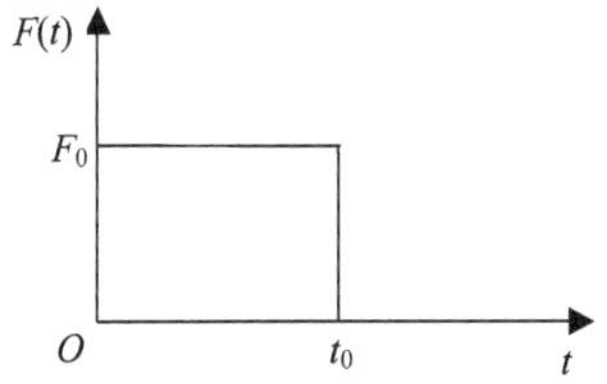

图 E2.15

2-22 图 E2.16 是正弦激励的响应谱。证明：当 $t_1/T=1/2$ 时，响应峰值出现在时刻 $t=t_1$，而且对于较小的 t_1/T 值，响应峰值出现在 $t>t_1$ 的剩余振动阶段。

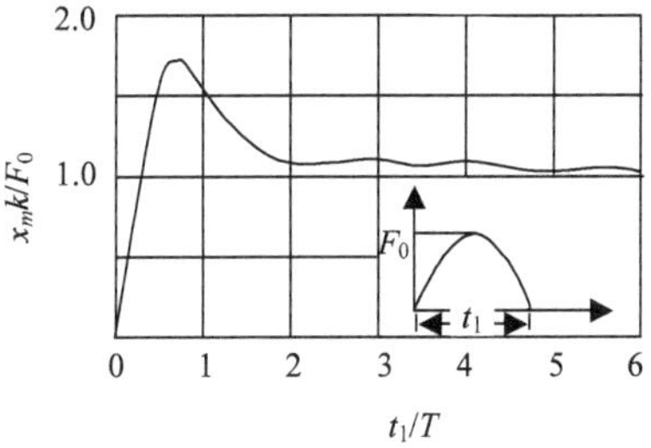

图 E2.16

第 3 章　多自由度系统的动力学特性

3.1　概　　述

一个实际的工程结构往往用一个多自由度系统来描述，多自由度系统的动力特性要比一个单自由度系统的动力特性更丰富、更复杂。多自由度系统是用常微分方程来描述的集中参数系统，研究其动力特性即是研究齐次常微分方程解的形式、内容及物理意义。结构的动力特性就是结构系统本身所固有的特性，是结构振动的内因。本章的主要任务就是揭示结构振动的内部原因以及各个物理量的物理实质，使人们能从本质上认识结构振动这一物理现象。

本章首先从无阻尼自由振动系统入手，介绍多自由度系统的有关概念，特别是固有模态与固有频率的四条重要性质；其次是研究有阻尼系统的自由振动，并相应地介绍有关基本概念；最后介绍瑞利原理和邓克利公式，给出多自由度系统的近似解，另外指出用多自由度的集中参数模型描述一个实际的结构时，分析结果的近似性和可信性。

另外，这一章不讨论数学建模问题，即认为所讨论的齐次微分方程已经通过某种方法建立。本章中所获得的结论对所有的线性系统具有普遍适用的意义。

3.2　无阻尼系统的自由振动

1．运动微分方程

对于一个具有 N 个自由度的无阻尼自由振动系统，其运动微分方程用矩阵形式表示为

$$\boldsymbol{M}\ddot{\boldsymbol{u}}(t)+\boldsymbol{K}\boldsymbol{u}(t)=0 \tag{3.2.1}$$

其中，$\boldsymbol{M}$（$\in\mathbf{R}^{N\times N}$）为质量矩阵，$\boldsymbol{K}$（$\in\mathbf{R}^{N\times N}$）为刚度矩阵，$\boldsymbol{u}=[u_1,u_2,\cdots,u_N]^{\mathrm{T}}$ 为 N 维的广义位移矢量。

2．质量矩阵的物理意义

因系统的动能

$$T = \frac{1}{2}\dot{u}^{\mathrm{T}} M \dot{u} > 0 \tag{3.2.2}$$

且有

$$m_{ij} = \frac{\partial^2 T}{\partial \dot{u}_i \partial \dot{u}_j} = m_{ji} \tag{3.2.3}$$

由此可见：① 质量矩阵反映了系统的动能；② 质量矩阵是正定的；③ 质量矩阵是对称矩阵。

另外，存在纯静态位移u_∞的情况，使

$$T = \dot{u}_\infty^{\mathrm{T}} M \dot{u}_\infty = 0 \tag{3.2.4}$$

例如，在用有限元法建模时，采用非一致质量矩阵就会出现某些自由度上无质量的情况，这时就不能保证质量矩阵的正定性。在这样的自由度上，式(3.2.4)成立，亦即存在质量矩阵不正定的特殊情况。

3. 刚度矩阵的物理意义

由于系统的弹性势能为

$$U = \frac{1}{2}u^{\mathrm{T}} K u \geqslant 0 \tag{3.2.5}$$

且

$$k_{ij} = \frac{\partial^2 U}{\partial u_i \partial u_j} = k_{ji} \tag{3.2.6}$$

由此可见：① 刚度矩阵反映了系统的势能；② 刚度矩阵是半正定的(对应于刚体位移，系统弹性势能为零)；③ 刚度矩阵是对称矩阵。

另外，可以证明刚度矩阵的逆是柔度矩阵，而且刚度矩阵反映了功的互等原理。

柔度影响系数a_{ij}定义为：由于在第j个自由度上加一个相应的广义单位力而在第i个自由度上引起的广义位移。对一个具有 3 个自由度的系统，如果作用在位置 1,2 及 3 的力为f_1, f_2, f_3，则应用叠加原理，以柔度影响系数来表示位移：

$$\begin{cases} u_1 = a_{11}f_1 + a_{12}f_2 + a_{13}f_3 \\ u_2 = a_{21}f_1 + a_{22}f_2 + a_{23}f_3 \\ u_3 = a_{31}f_1 + a_{32}f_2 + a_{33}f_3 \end{cases} \tag{3.2.7}$$

用矩阵表示为

$$u = af \tag{3.2.8}$$

其中

$$a = \begin{bmatrix} a_{11} & a_{12} & a_{13} \\ a_{21} & a_{22} & a_{23} \\ a_{31} & a_{32} & a_{33} \end{bmatrix} \tag{3.2.9}$$

即为柔度矩阵。

如果以 a^{-1} 左乘式(3.2.8)，则

$$a^{-1}u = f = Ku \tag{3.2.10}$$

因此

$$K = a^{-1} \tag{3.2.11}$$

即为柔度矩阵的逆。

展开式(3.2.10)，有

$$\begin{bmatrix} f_1 \\ f_2 \\ f \end{bmatrix}_3 = \begin{bmatrix} k_{11} & k_{12} & k_{13} \\ k_{21} & k_{22} & k_{23} \\ k_{31} & k_{32} & k_{33} \end{bmatrix} \begin{bmatrix} u_1 \\ u_2 \\ u_3 \end{bmatrix} \tag{3.2.12}$$

那么，刚度矩阵中各元素的意义解释为：假如 $u_1 = 1$， $u_2 = u_3 = 0$，为了得到这种位移，需要在位置 1,2,3 处分别施以 k_{11}, k_{21}, k_{31} 的力。同样地，为了保持位移形状，$u_1 = 0, u_2 = 1, u_3 = 0$，在这三处所需要的力分别是 k_{12}, k_{22}, k_{32}。因此，确定刚度矩阵任一列元素(比如第 j 列元素)的一般规则是：使第 j 个自由度上的广义位移等于 1，其他自由度位移为零，量度出每个自由度上所需要的力便是该列元素的值。

考虑 f_i 和 f_j 所做的功，加载顺序为先 i 后 j，然后反之。其结果应该是功与加载顺序无关(这里考虑的是线性系统)，那么

f_i 做的功　$\dfrac{f_i^2 a_{ii}}{2}$

f_j 做的功　$\dfrac{f_j^2 a_{jj}}{2}$

f_j 在 i 处引起的位移 $a_{ij}f_j$

f_i 在位移 $a_{ij}f_j$ 上做的功 $a_{ij}f_jf_i$

总功

$$W_1 = \frac{1}{2}f_i^2a_{ii} + \frac{1}{2}f_j^2a_{jj} + a_{ij}f_if_j \tag{3.2.13}$$

交换加载顺序

$$W_2 = \frac{1}{2}f_i^2a_{ii} + \frac{1}{2}f_j^2a_{jj} + a_{ji}f_if_j \tag{3.2.14}$$

因为

$$W_1 = W_2 \tag{3.2.15}$$

所以有

$$a_{ij} = a_{ji} \tag{3.2.16}$$

因此刚度矩阵(或柔度矩阵)的对称性反映了系统的功的互等性。

4. 特征方程

对于一个多自由度系统，认为各个自由度上的运动都是互不相同的，但每个自由度上的运动都是在其各自平衡位置附近做简谐振动。因此，运动微分方程式(3.2.1)的解的形式为

$$u(t) = U\cos(\omega t - \alpha) \tag{3.2.17}$$

将式(3.2.17)代入式(3.2.1)得

$$(K - \omega^2M)U = 0 \tag{3.2.18}$$

式(3.2.18)即是所谓的代数特征问题。

对于式(3.2.18)要使 U 有非零解，必须

$$\det(K - \omega^2M) = 0 \tag{3.2.19}$$

式(3.2.19)即是特征方程。记

$$\lambda = \omega^2$$

则

$$p(\lambda)=|K-\lambda M| \tag{3.2.20}$$

式(3.2.20)即是特征多项式。

求解特征方程或特征多项式以及代数特征值问题是结构动力学最基本的、也是最重要的任务。因为特征问题的解反映结构振动系统内部最本质的固有特性，固有特性问题在数学上又叫本征值问题。

5．基本概念

1）固有频率

特征方程(3.2.19)的根 ω_r^2（$r=1,\cdots,N$）叫做特征值；ω_r（$r=1,\cdots,N$）即为固有频率。固有频率与振动频率关系是

$$f_r=\frac{\omega_r}{2\pi}$$

固有频率反映结构振动随时间的变化特性。

2）固有模态

若 U_r 是相应于 ω_r 的第 r 个特征向量，满足式(3.2.18)，则 U_r（$r=1,\cdots,N$）即为固有模态，固有模态又叫振型(顾名思义，即振动的形状)，它反映结构振动在空间中的变化特性。

3）标准模态

对于固有模态

$$U_r=\begin{Bmatrix} u_1 \\ u_2 \\ u_3 \\ \vdots \\ u_N \end{Bmatrix} \tag{3.2.21}$$

注意到，因为 $u_1,u_2,\cdots,u_N$ 是齐次方程式(3.2.18)的解，所以它们不是线性独立的，它们之间存在一个比例常数，记这个比例常数为 c_r，则

$$\bar{U}_r=c_r\Phi_r \qquad (r=1,2,\cdots,N) \tag{3.2.22}$$

其中，Φ_r 为无量纲的，$\Phi_r^{\mathrm{T}}M\Phi_r$ 具有质量的量纲，Φ_r 即为标准模态。通常所说的振动模态即指标准模态。

4) 归一模态

归一模态是对 Φ_r 进行归一化处理后得到的模态。一般有三种归一化手段使 Φ_r 中的元素是唯一确定的。

(1) 令

$$(\Phi_i)_r = 1 \quad （对任意选定的一个 i） \tag{3.2.23}$$

(2) 令

$$\max_j |(\Phi_j)_r| = 1 \tag{3.2.24}$$

(3) 令

$$\Phi_r^{\mathrm{T}} M \Phi_r = 1 \quad (r = 1, 2, \cdots, N) \tag{3.2.25}$$

这样得到的模态既是标准模态又是归一模态。

5) 刚体模态

对应于 $\omega_0 = 0$（即刚体运动），弹性势能为

$$\Phi_0^{\mathrm{T}} K \Phi_0 = 0$$

亦即

$$K\Phi_0 = 0 \tag{3.2.26}$$

其中，Φ_0 为刚体模态。

纯刚体模态指只含一种运动形式的刚体模态，如平移模态、纯转动模态等。

如图 3.2.1 所示：图 3.2.1(a) 不是纯刚体模态，它包含了平移和转动两部分。图 3.2.1(b) 是纯位移模态，图 3.2.1(c) 是纯转动模态。

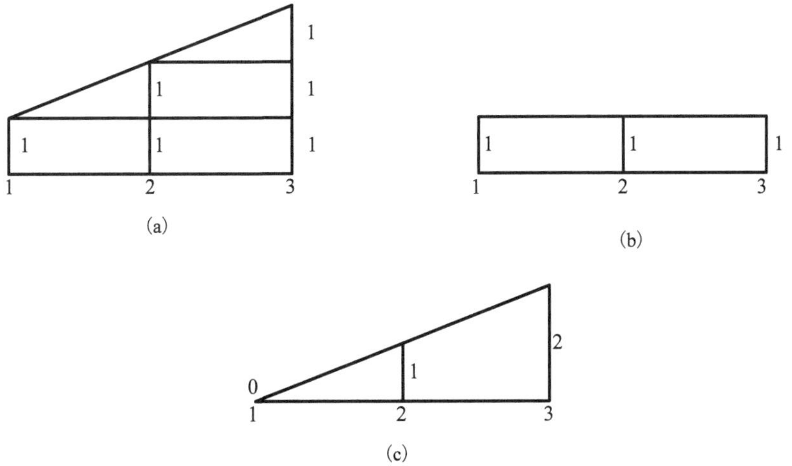

图 3.2.1 刚体模态的形式

6）纯静态模态

使

$$M\Phi_{\infty}=0 \tag{3.2.27}$$

成立的模态叫做纯静态模态。

7）单频

如果 $i\neq j$，那么 $\omega_i\neq\omega_j$，则 ω_i,ω_j 为单频。

8）重频

如果 $i\neq j$ 时，有 $\omega_i=\omega_j$，那么 ω_i（ω_j）为重频。

在数学上对应特征方程的根是重根的情况，重根对应的特征向量不是唯一的。因此，在重频的情况下对应一个振动频率可能有多个振型存在。

如图 3.2.2 所示，已知

$$\omega_1=\omega_2=\sqrt{\frac{3EI}{mL^3}}$$

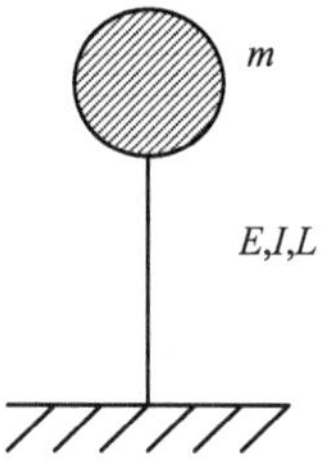

图 3.2.2　重频的例子

振动模态为

$$\Phi_1=\begin{Bmatrix}1\\0\end{Bmatrix}\qquad \text{对应左右振动}\leftarrow\ \rightarrow$$

$$\Phi_2=\begin{Bmatrix}0\\1\end{Bmatrix}\qquad \text{对应前后振动}\odot\ \otimes$$

注意：一个振动系统并不一定没有重频，如果有，也不一定只有一个。

9）密频

当 $i\neq j$ 时，$\omega_i\approx\omega_j$，这是一种频率密集的情况。密频的情况介于单频和重频

之间。这里有一个相对的界限，有学者认为当$|\omega_i-\omega_j|<10^{-4}$时，作为重频对待，否则作为单频处理。

3.3 固有频率与固有模态的特性

1．正交性

正交性指模态对刚度矩阵K及质量矩阵M是正交的，即

$$\Phi_s^{\mathrm{T}}M\Phi_r=0 \tag{3.3.1}$$

$$\Phi_s^{\mathrm{T}}K\Phi_r=0 \tag{3.3.2}$$

这里就$\omega_r\neq\omega_s(r\neq s)$（即单频）的情况给出一个证明，然后就$\omega_r=\omega_s(r=s)$的情况给出一个说明。

证 在由式(3.2.18)所表示的特征值问题中，对于第r个模态，方程为

$$K\Phi_r-\omega_r^2M\Phi_r=0 \tag{a}$$

对于第s个模态，有

$$K\Phi_s-\omega_s^2M\Phi_s=0 \tag{b}$$

用Φ_s^{T}左乘式(a)，用Φ_r^{T}左乘式(b)，得

$$\Phi_s^{\mathrm{T}}K\Phi_r-\omega_r^2\Phi_s^{\mathrm{T}}M\Phi_r=0 \tag{c}$$

$$\Phi_r^{\mathrm{T}}K\Phi_s-\omega_s^2\Phi_r^{\mathrm{T}}M\Phi_s=0 \tag{d}$$

由于K,M的对称性，将式(c)转置，得

$$\Phi_r^{\mathrm{T}}K\Phi_s-\omega_r^2\Phi_r^{\mathrm{T}}M\Phi_s=0 \tag{e}$$

(d)−(e)得

$$\left(\omega_r^2-\omega_s^2\right)\Phi_r^{\mathrm{T}}M\Phi_s=0 \tag{f}$$

因为

$$\omega_r\neq\omega_s \quad (r\neq s)$$

所以

$$\Phi_r^{\mathrm{T}} M \Phi_s = 0 \tag{g}$$

由式(e)得

$$\Phi_r^{\mathrm{T}} K \Phi_s = 0 \quad (r \neq s) \tag{h}$$

（证毕）

讨论：也许会有人提出这样的问题：

(1) 在重频($\omega_r = \omega_s$)或密频($\omega_r \approx \omega_s$)的情况下，还能否保持这种正交性?

(2) 对于刚体模态 Φ_0 是否存在正交性?

(3) 对于纯静态模态 Φ_∞ 是否存在正交性?

下面就这些特殊的情况给予简要的说明。

对于第(1)种情况，一般来说是不正交的，但由于 Φ_i 之间是线性独立的，那么，可以通过一些正交化手段和线性组合的方式，来找到使式(3.3.1)及式(3.3.2)成立的向量。

对于第(2)种情况，已知对于刚体模态 Φ_0，因为

$$K\Phi_0 = 0 \tag{3.3.3}$$

所以

$$\Phi_{01}^{\mathrm{T}} K \Phi_{02} = 0 \tag{3.3.4}$$

即刚体模态满足正交性。

对于任一模态 Φ_i，有

$$\Phi_i^{\mathrm{T}} K \Phi_0 = 0 \tag{3.3.5}$$

因此，任一模态都与刚体模态关于 K 正交。

对于第(3)种情况，因为

$$M\Phi_\infty = 0 \tag{3.3.6}$$

所以

$$\Phi_\infty^{\mathrm{T}} M \Phi_\infty = 0 \tag{3.3.7}$$

对于任一模态 Φ_i，有

$$\Phi_i^{\mathrm{T}} M \Phi_\infty = 0 \tag{3.3.8}$$

因此，任一模态都与纯静态模态关于 M 正交。

对于任一组独立的 Φ_∞，关于 K 未必正交，但可以通过适当的变化使 Φ_∞ 中的各列关于 K 正交，而使得 $\Phi_\infty^{\mathrm{T}} K \Phi_\infty$ 为对角阵。

固有模态的正交性是结构动力学分析中最重要的概念之一，利用这种正交性可以方便地对结构振动问题进行分析。

利用正交性可以引入以下一些新的概念：

(1) 模态矩阵。

$$\Phi = [\Phi_1, \Phi_2, \cdots, \Phi_N] \quad (\in \mathbf{R}^{N\times N}) \tag{3.3.9}$$

其中，$\Phi_r (r=1,\cdots,N)$ 即为由式(3.2.22)中定义的标准模态。

(2) 广义质量矩阵(模态质量矩阵)。

$$\bar{M} \triangleq \Phi^{\mathrm{T}} M \Phi = \begin{bmatrix} M_1 & & \\ & \ddots & \\ & & M_N \end{bmatrix} \tag{3.3.10}$$

(3) 广义刚度矩阵(模态刚度矩阵)。

$$\bar{K} \triangleq \Phi^{\mathrm{T}} K \Phi = \begin{bmatrix} K_1 & & \\ & \ddots & \\ & & K_N \end{bmatrix} \tag{3.3.11}$$

(4) ω_r, K_r, M_r 的关系。

$$\omega_r{}^2 = \frac{K_r}{M_r} \quad (r=1,\cdots,N) \tag{3.3.12}$$

如果 Φ 是由式(3.2.25)所定义的归一化方法得到的模态矩阵，那么对于任一 r，有

$$M_r = 1, \quad \bar{M} = I \;\; (r=1,\cdots,N) \tag{3.3.13}$$

$$\bar{K} = \Lambda = \mathrm{diag}\left\{\omega_1{}^2, \cdots, \omega_N{}^2\right\} \tag{3.3.14}$$

(5) 解耦。利用模态矩阵对式(3.2.1)作线性变换，令

$$u(t) = \Phi \eta(t) \tag{3.3.15}$$

将式(3.3.15)代入式(3.2.1)，用 $\boldsymbol{\Phi}^{\mathrm{T}}$ 左乘之，并利用式(3.3.10)及式(3.3.11)，运动微分方程便成为解耦的形式

$$M_r\ddot{\eta}_r(t)+K_r\eta_r(t)=0 \quad (r=1,\cdots,N) \tag{3.3.16}$$

2．展开定理

1）位移展开定理

对于 N 维空间中的任一位移 $u(t)$ 可按该空间中的模态坐标展开。

证　对于一个 N 维系统，有 N 个正交的模态向量，它们是线性独立的，所以可构成位移空间中的基础解系，而且是一组正交基

$$\boldsymbol{\Phi}=\left[\varphi_1,\varphi_1,\cdots,\varphi_N\right] \tag{3.3.17}$$

注意式(3.3.17)在这里的意义不是一个矩阵，而是一组基向量，那么对于任意一个位移 u，可以表示为这组标准模态的线性组合

$$u(t)=\sum_{r=1}^{N}\eta_r\varphi_r \tag{3.3.18}$$

用矩阵表示为

$$u(t)=\boldsymbol{\Phi}\eta \tag{3.3.19}$$

其中，η_r 即为 u 在 φ_r 上的坐标，又称为模态坐标。利用正交性可得

$$\eta_r=\left(\frac{1}{M_r}\right)\varphi_r^{\mathrm{T}}Mu \quad (r=1,\cdots,N) \tag{3.3.20}$$

证毕。

2）能量展开定理

系统的总动(势)能为各主振型的动(势)能之和，即

$$T=\sum_{r=1}^{N}T_r \tag{3.3.21}$$

$$U=\sum_{r=1}^{N}U_r \tag{3.3.22}$$

现以式(3.3.21)为例进行推导。

$$T=\frac{1}{2}\sum_i\sum_j m_{ij}\dot{u}_i\dot{u}_j=\frac{1}{2}\dot{u}^{\mathrm{T}}M\dot{u}=\frac{1}{2}\dot{\eta}^{\mathrm{T}}\Phi^{\mathrm{T}}M\Phi\dot{\eta}$$

$$=\frac{1}{2}\dot{\eta}^{\mathrm{T}}\overline{M}\dot{\eta}=\frac{1}{2}\sum_{r=1}^{N}\dot{\eta}_r{}^2M_r=\sum_{r=1}^{N}T_r$$

其中 $T_r=\dot{\eta}_r{}^2M_r/2$ 即为系统与第 r 个主振动相对应的动能。

3．特征值的有序性

特征值按从小到大的规则排序，就是特征值的有序性，即

$$0\leqslant\omega_1{}^2\leqslant\omega_2{}^2\leqslant\cdots\leqslant\omega_{N-1}{}^2\leqslant\omega_N{}^2 \tag{3.3.23}$$

或

$$0\leqslant\lambda_1\leqslant\lambda_2\leqslant\cdots\leqslant\lambda_{N-1}\leqslant\lambda_N \tag{3.3.24}$$

其中

$$\lambda_r=\omega_r{}^2\quad(r=1,\cdots,N) \tag{3.3.25}$$

特征值有序性的物理意义如下：

(1) 低阶模态对应低频振动。虽然模态是空间中的概念，频率是时间上的概念，但二者是相互联系的，成对出现，共同描述同一个问题。

(2) 高阶模态对应较高的能量。

(3) 在考虑截断模态时，一般是截断高阶模态，保留低阶模态，而不是任意取舍。

(4) 试验时，由于条件限制不可能测得全部模态，往往只能测得较低阶的模态。将试验值与理论值进行比较，也是根据这个顺序来进行，而不是随便比较的。特征值的序数对应着振动模态的阶次。

(5) 不同阶次的频率对应不同的物理现象。在后续的章节中将看到低频振动与高频振动将有不同的物理现象，因此，特征值是有序的。

(6) 特征值的有序性与下面将要介绍的隔离定理密切相关。

4．特征值的隔离定理

对于一个 N 自由度的系统，其固有频率具有式(3.3.23)或式(3.3.24)所示的顺序。如果在这个系统上增加一个约束，则得到一个新的 $(N-1)$ 自由度的系统，这个新系统的固有频率仍然有序，为

$$0 \leqslant \lambda_1^{(1)} \leqslant \lambda_2^{(1)} \leqslant \cdots \leqslant \lambda_{N-1}^{(1)} \tag{3.3.26}$$

其中，上标(1)表示增加了一个约束，下标 $N-1$ 表示减少了一个自由度，那么这两个系统的特征值关系是

$$0 \leqslant \lambda_1 \leqslant \lambda_1^{(1)} \leqslant \lambda_2 \leqslant \lambda_2^{(1)} \leqslant \cdots \leqslant \lambda_{N-1}^{(1)} \tag{3.3.27}$$

一般地，如果对一个 N 自由度的系统增加 m 个约束，那么

$$0 \leqslant \lambda_1^{(m)} \leqslant \lambda_1^{(m+1)} \leqslant \lambda_2^{(m)} \leqslant \lambda_2^{(m+1)} \leqslant \cdots \leqslant \lambda_{(N-m-1)}^{(m)} \leqslant \lambda_{(N-m-1)}^{(m+1)} \tag{3.3.28}$$

其中 $m=1,2,\cdots,N-2$ 。

由于这个定理的证明较复杂，因而该定理的证明在第 8 章中给出，这里最重要的是理解定理的意义。

定理的意义如下。

(1) 增加约束使特征值增大或保持不变，但不可能减小。图 3.3.1 给出了一个简单示例。

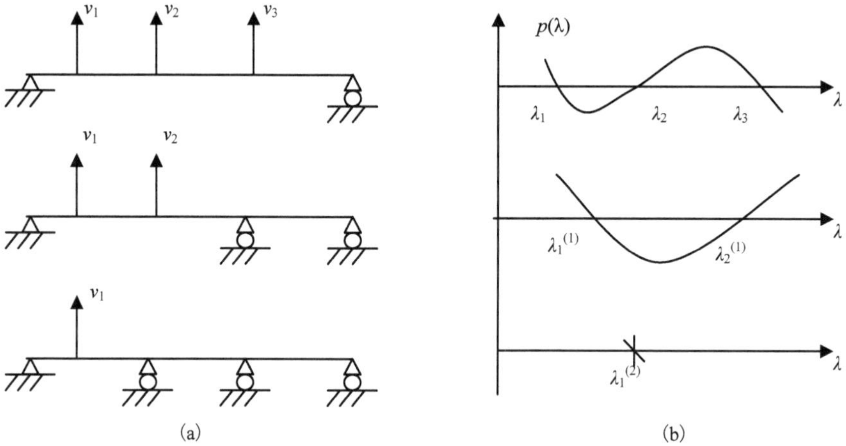

图 3.3.1　约束影响示意图

(2) 增加约束不可能使任何一阶的频率大到超过下一阶的频率。这就是右端不等式的意义。

(3) 在原系统的相继 $r+1$ 个特征值之间必有新系统的特征值。

(4) 在新系统的相继 $r+1$ 个特征值之间必有原系统的本征值。

(5) 由有限元法给出的解是精确解的上界。因为有限元的基本思想就是把一个无穷维的问题“约束”为有限维，增加约束使频率提高。

(6) 由瑞利法得到的近似解是精确解的上界。而且当自由度数 N 增加时(或约束 m 减少时)，特征值从上面趋于精确解。因此，这个定理指出了近似解的一种收敛性。表 3.3.1 给出了该定理的直观解释。

表 3.3.1 特征值的收敛方向

自由度数（N）	1	2	3	…	N
约束个数	$N-1$	$N-2$	$N-3$	…	0
1 阶频率	$\lambda_1^{N-1} \geqslant$	$\lambda_1^{N-2} \geqslant$	$\lambda_1^{N-3} \geqslant$	…	λ_1
2 阶频率		$\lambda_2^{N-2} \geqslant$	$\lambda_2^{N-3} \geqslant$	…	λ_2
3 阶频率			$\lambda_3^{N-3} \geqslant$	…	λ_3
⋮	⋮	⋮	⋮		⋮
第 N 阶频率					λ_N

3.4 有阻尼系统的自由振动

阻尼在所有的振动系统中都存在，它起到了消耗系统能量的作用。在结构动力分析中，通常从系统响应这个角度来考虑阻尼，而且能量的损耗是由外界激励来平衡的。一个振动系统可能存在多种不同类型的阻尼，一般来说，要用数学的方法来精确描述阻尼目前是比较困难的。因此，人们根据经验提出了一些简化模型，常用的阻尼模型有黏性阻尼和结构阻尼。

1. 黏性阻尼系统

黏性阻尼的特点是阻尼力与运动速度成正比。自由振动的运动微分方程为

$$M\ddot{u}(t)+C\dot{u}(t)+Ku(t)=0 \tag{3.4.1}$$

其中，u 为广义位移向量，$C\dot{u}$ 为黏性阻尼力。

现在最关心的问题是，在增加了 $C\dot{u}$ 项后，方程能否解耦，即阻尼矩阵 C 能否对角化的问题。最常用的一种假设是瑞利阻尼

$$C=a_0M+a_1K \tag{3.4.2}$$

从代数特征值问题出发

$$(K-\omega_r^2M)\varPhi_r=0 \quad (r=1, \cdots, N) \tag{3.4.3}$$

由正交性原理

$$\boldsymbol{\Phi}_r^{\mathrm{T}} \boldsymbol{M} \boldsymbol{\Phi}_s = M_r \delta_{rs} \tag{3.4.4}$$

$$\boldsymbol{\Phi}_r^{\mathrm{T}} \boldsymbol{K} \boldsymbol{\Phi}_s = \omega_r^2 M_r \delta_{rs} \tag{3.4.5}$$

其中

$$\delta_{rs} = \begin{cases} 1, & r = s \\ 0, & r \neq s \end{cases} \tag{3.4.6}$$

得

$$\boldsymbol{\Phi}_r^{\mathrm{T}} \boldsymbol{C} \boldsymbol{\Phi}_s = (a_0 + a_1 \omega_r^2) M_r \delta_{rs} \tag{3.4.7}$$

定义模态阻尼为

$$C_r = \boldsymbol{\Phi}_r^{\mathrm{T}} \boldsymbol{C} \boldsymbol{\Phi}_r = 2 M_r \omega_r \xi_r \tag{3.4.8}$$

其中，ξ_r 为阻尼比，那么

$$\xi_r = \frac{1}{2}\left(\frac{a_0}{\omega_r} + a_1 \omega_r\right) \tag{3.4.9}$$

由式(3.4.2)可以看到，确定瑞利阻尼即确定参数 a_0 和 a_1，从式(3.4.9)可知，只要知道两组模态参数 (ξ_r, ω_r) 和 (ξ_s, ω_s)，两个方程就可以解出两个未知数 a_0, a_1。这种由两组模态参数决定全部模态阻尼的方法显然很粗糙，另外一些较精确的方法可参看有关参考文献。

2．与黏性阻尼系统相关的基本概念

1) 刚度型阻尼和质量型阻尼

在式(3.4.2)中，如果 $a_0 \neq 0$，$a_1 = 0$，则

$$C_M = a_0 M \tag{3.4.10}$$

如果 $a_0 = 0$，$a_1 \neq 0$，则

$$C_K = a_1 K \tag{3.4.11}$$

称 C_M 为质量型阻尼，而 C_K 为刚度型阻尼。

在式(3.4.9)中，$a_0 M$ 项对阻尼的贡献是使 ξ_r 与 ω_r 成反比，即 ξ_r 随 ω_r 的增大而减小，这就是质量型阻尼的特点。而 $a_1 K$ 项对阻尼的贡献是使 ξ_r 与 ω_r 成正比，

ξ_r 随 ω_r 的增大而增大，这是刚度型阻尼的特点。

2）黏性阻尼系数 C_r

$$C_r = \Phi_r^{\mathrm{T}} C \Phi_r \tag{3.4.12}$$

其中，Φ_r 为模态向量，C 为阻尼矩阵。

3）衰减因子 N_r

$$N_r = \frac{C_r}{2M_r} \tag{3.4.13}$$

4）阻尼比 ξ_r

$$\xi_r = \frac{N_r}{\omega_r} \tag{3.4.14}$$

5）品质因子 Q_r

$$Q_r = \frac{1}{2\xi_r} \tag{3.4.15}$$

以上这些参数是从不同的角度衡量一个系统的阻尼特性，其中下标 r 对应第 r 阶模态。

3．对角化处理

在讨论固有特性时，由于阻尼对固有频率和固有模态的影响很小，因此，可以按无阻尼系统求解模态向量。已知模态向量关于 M 和 K 是正交的，那么对于瑞利型阻尼(如式(3.4.2)所定义)也是正交的。对于一般的黏性阻尼矩阵 C，如果

$$\Phi_r^{\mathrm{T}} C \Phi_s \neq 0 \quad (r \neq s)$$

工程上一般采用令

$$\Phi_r^{\mathrm{T}} C \Phi_s = 0 \quad (r \neq s)$$

的方法使 C 对角化，这种对角化处理方法是基于下述这样的工程实际：

(1) 在稀疏模态的情况下，阻尼间的耦合较小。

(2) $C\dot{u}$ 只有在共振区才起主要作用，而在低于共振区时，Ku 起主要作用，在高于共振区时，$M\ddot{u}$ 起主要作用。由于在非共振区本身 $C\dot{u}$ 的作用甚小，令其非对角元素为零是相对合理的。

4．自由振动方程的解

利用正交性原理和对角化方法可将式(3.4.1)通过坐标变换的过程进行解耦。将式(3.3.19)代入式(3.4.1)，并用$\boldsymbol{\Phi}^{\mathrm{T}}$左乘式(3.4.1)得

$$M_r\ddot{\eta}_r + C_r\dot{\eta}_r + K_r\eta_r = 0 \qquad (r = 1,\ \cdots,\ N) \tag{3.4.16}$$

如果取首项系数为 1，用 M_r 除以方程各项，并将式(3.3.14)和式(3.4.8)代入，则解耦后以模态坐标表示的微分方程为

$$\ddot{\eta}_r + 2\xi_r\omega_r\dot{\eta}_r + \omega_r^2\eta_r = 0 \qquad (r = 1,\ \cdots,\ N) \tag{3.4.17}$$

以第 r 个方程为例，设它的解的形式为

$$\eta_r(t) = \mathrm{e}^{\lambda_r t} \tag{3.4.18}$$

将式(3.4.18)代入式(3.4.17)，得

$$\lambda_r^2 + 2\xi_r\omega_r\lambda_r + \omega_r^2 = 0 \tag{3.4.19}$$

方程的特征根为

$$\lambda_r = -\xi_r\omega_r \pm \omega_r\sqrt{\xi_r^2 - 1} \tag{3.4.20}$$

讨论：

1）过阻尼情况 $\xi_r > 1$

这时，方程式(3.4.19)的两个根都是实根，而且是负的，代入式(3.4.18)，得到的通解便是

$$\eta_r = \bar{\eta}_{r1}\mathrm{e}^{\lambda_{r1} t} + \bar{\eta}_{r2}\mathrm{e}^{\lambda_{r2} t} \tag{3.4.21}$$

在这个解中没有周期性的因子，就不是振动。当黏性阻尼大到这样的程度时，在物体离开平衡位置之后，根本没有振动而只是缓慢地回到平衡位置。

2）临界阻尼情况 $\xi_r = 1$

这是不发生振动的临界值，对应的阻尼是临界阻尼。用 C_{cr} 来表示与第 r 阶振动对应的临界阻尼，那么由式(3.4.13)及式(3.4.14)得

$$C_{\mathrm{cr}} = 2M_r\omega_r \tag{3.4.22}$$

再由式(3.3.14)得

$$C_{cr} = 2\sqrt{K_r M_r} \tag{3.4.23}$$

3） 欠阻尼情况 $\xi_r < 1$

这时，由式(3.4.20)表示的特征根为两个复根

$$\lambda_{r1} = -\xi_r \omega_r + \mathrm{j}\omega_r \sqrt{1-\xi_r^2} \tag{3.4.24}$$

$$\lambda_{r2} = \lambda_{r1}^* \tag{3.4.25}$$

式(3.4.25)表示第 2 个根是第 1 个根的共轭，这两个复根是一对共轭复数，且

$$\lambda_{r1}\lambda_{r2} = \omega_r^2 \tag{3.4.26}$$

$$\lambda_{r1} + \lambda_{r2} = -2\omega_r \xi_r \tag{3.4.27}$$

将式(3.4.24)及式(3.4.25)代入式(3.4.18)中，得方程的特解。这两个解的和或差乘上任何常数仍是原方程的解。于是

$$\eta_{r1} = \frac{C_1}{2}(\mathrm{e}^{\lambda_{r1}t} + \mathrm{e}^{\lambda_{r2}t}) = C_1 \mathrm{e}^{-\xi_r \omega_r t}\cos(\omega_{dr} t) \tag{3.4.28}$$

$$\eta_{r2} = \frac{C_2}{2\mathrm{j}}(\mathrm{e}^{\lambda_{r1}t} - \mathrm{e}^{\lambda_{r2}t}) = C_2 \mathrm{e}^{-\xi_r \omega_r t}\sin(\omega_{dr} t) \tag{3.4.29}$$

将两式相加便得到式(3.4.17)的通解为

$$\eta_r(t) = \mathrm{e}^{-\omega_r \xi_r t}\left[C_1\cos(\omega_{dr}t) + C_2\sin(\omega_{dr}t)\right] \tag{3.4.30}$$

其中

$$\omega_{dr} = \omega_r\sqrt{1-\xi_r^2} \tag{3.4.31}$$

式(3.4.30)代表了一个辐值衰减的周期性振动，其周期为

$$T_{dr} = \frac{2\pi}{\omega_{dr}} = \frac{2\pi}{\omega_r}\cdot\frac{1}{\sqrt{1-\xi_r^2}} \tag{3.4.32}$$

而对于无阻尼的振动，其周期为

$$T_r = \frac{2\pi}{\omega_r} \tag{3.4.33}$$

比较式(3.4.32)与式(3.4.33)可以看出，由于阻尼的存在，振动周期增大了。但如果 $\xi_r \ll 1$，所增大的周期就是一个二次微量。所以在实际问题中，可以假设微小的黏性阻尼不影响振动的周期。

5．结构阻尼系统

结构阻尼系统的运动微分方程为

$$M\ddot{x} + jHx + Kx = 0 \tag{3.4.34}$$

其中，$j = \sqrt{-1}$。

从方程中可以看到，结构阻尼的特点是阻力与位移的大小成正比，但与位移在相位上相差 90°。

对于结构阻尼系统关心的仍然是方程的解耦与方程的求解问题。

假设 H 是瑞利阻尼，即

$$H = \alpha M + \beta K \tag{3.4.35}$$

其中，α, β 为比例系数，意义同式(3.4.2)中的 (a_0, a_1)，这里取不同的符号主要为了区分黏性阻尼和结构阻尼。那么

$$\begin{aligned}
\Phi^{\mathrm{T}} H \Phi &= \alpha \begin{bmatrix} \ddots & & \\ & M_r & \\ & & \ddots \end{bmatrix} + \beta \begin{bmatrix} \ddots & & \\ & K_r & \\ & & \ddots \end{bmatrix} \\
&= \begin{bmatrix} \ddots & & \\ & M_r & \\ & & \ddots \end{bmatrix} \left(\alpha I + \beta \begin{bmatrix} \ddots & & \\ & \omega_r^2 & \\ & & \ddots \end{bmatrix} \right) \\
&\triangleq \begin{bmatrix} \ddots & & \\ & h_r & \\ & & \ddots \end{bmatrix}
\end{aligned} \tag{3.4.36}$$

即在比例阻尼的情况下，方程是可以解耦的。通过模态变换，式(3.4.34)解耦为

$$\begin{bmatrix} \ddots & & \\ & M_r & \\ & & \ddots \end{bmatrix} [\ddot{\eta}_r] + \left\{ \begin{bmatrix} \ddots & & \\ & K_r & \\ & & \ddots \end{bmatrix} + j \left(\alpha \begin{bmatrix} \ddots & & \\ & M_r & \\ & & \ddots \end{bmatrix} + \beta \begin{bmatrix} \ddots & & \\ & K_r & \\ & & \ddots \end{bmatrix} \right) \right\} [\eta_r] = 0 \tag{3.4.37}$$

其中，记

$$[K_j] \triangleq \begin{bmatrix} \ddots & & \\ & K_r & \\ & & \ddots \end{bmatrix} + \mathrm{j}\left(\alpha \begin{bmatrix} \ddots & & \\ & M_r & \\ & & \ddots \end{bmatrix} + \beta \begin{bmatrix} \ddots & & \\ & K_r & \\ & & \ddots \end{bmatrix}\right) \tag{3.4.38}$$

矩阵$[K_j]$即所谓的“复刚度”。对式(3.4.37)中的第r个方程有

$$M_r \ddot{\eta}_r + K_r \left(1 + \mathrm{j}\frac{h_r}{K_r}\right)\eta_r = 0 \tag{3.4.39}$$

定义

$$g_r = \frac{h_r}{K_r} = \frac{M_r(\alpha + \beta\omega_r^2)}{K_r} = \alpha\omega_r^{-2} + \beta \tag{3.4.40}$$

为结构的阻率，那么式(3.4.39)成为

$$\ddot{\eta}_r + \omega_r^2(1 + \mathrm{j}g_r)\eta_r = 0 \tag{3.4.41}$$

设特解为

$$\eta_r = \overline{\eta}_r \mathrm{e}^{\mathrm{j}s_r t} \tag{3.4.42}$$

代入式(3.4.41)，并由$\overline{\eta}_r \neq 0$的条件，得

$$s_r^2 - \omega_r^2(1 + \mathrm{j}g_r) = 0 \tag{3.4.43}$$

解得

$$s_r = \pm\omega_r\sqrt{1 + \mathrm{j}g_r} \tag{3.4.44}$$

将式(3.4.44)按泰勒级数展开得

$$s_r = \pm\omega_r\left[1 + \frac{1}{2}\mathrm{j}g_r - \frac{1}{8}(\mathrm{j}g_r)^2 + \cdots\right] \approx \pm\omega_r\left(1 + \frac{1}{2}\mathrm{j}g_r\right) \tag{3.4.45}$$

式(3.4.45)即为方程式(3.4.41)的特征根。将式(3.4.45)代入式(3.4.42)，得方程的解为

$$\eta_r(t) = \overline{\eta}_{r1}\mathrm{e}^{\mathrm{j}\omega_r t} \cdot \mathrm{e}^{-\frac{1}{2}g_r\omega_r t} + \overline{\eta}_{r2}\mathrm{e}^{-\mathrm{j}\omega_r t} \cdot \mathrm{e}^{\frac{1}{2}g_r\omega_r t} \tag{3.4.46}$$

由于 $e^{\frac{1}{2}g_r\omega_r t}$ 项随时间增长而增长，$e^{-j\omega_r t}$ 项是振荡项，因此，$s_{r2}=-\omega_r(1+jg_r/2)$ 是不符合实际情况的根，应去掉。

令

$$\bar{\eta}_{r1}=A_r e^{j\theta_r} \tag{3.4.47}$$

那么

$$\eta_r(t)=A_r e^{-\frac{1}{2}g_r\omega_r t}e^{j(\omega_r t+\theta_r)} \tag{3.4.48}$$

如果只取实部或虚部，则

$$\eta_r(t)=A_r e^{-\frac{1}{2}g_r\omega_r t}\sin(\omega_r t+\theta_r) \tag{3.4.49}$$

由式(3.4.49)可见，结构阻尼不改变自由振动的频率，即

$$\omega_{g_r}=\omega_r \tag{3.4.50}$$

6．黏性阻尼与结构阻尼的比较

1）自由振动的频率

在黏性阻尼情况下 $\omega_{dr}=\omega_r\sqrt{1-\xi_r^2}$ ，略小于固有频率 ω_r 。

在结构阻尼情况下 $\omega_{g_r}=\omega_r$ ，即自由振动频率不受结构阻尼的影响。

2）复频率的模

黏性阻尼：

$$|\lambda_r|=\omega_r$$

结构阻尼：

$$|s_r|=\omega_r\sqrt{1+\left(\frac{g_r}{2}\right)^2}$$

3）振型与阻尼的关系

振型的幅值与阻尼无关。

4）两种阻尼的关系

$$g_r=2\xi_r$$

5）刚度型阻尼与质量型阻尼

A. 刚度型阻尼

在黏性阻尼中，阻尼随阶次 r 增大而增大。在结构阻尼中，当 $\alpha=0$ 时，$g_r=\beta$ ，

则刚度型阻尼为常数，且与 r 无关。

B. 质量型阻尼

黏性阻尼： $\xi_r = a_0/2\omega_r$

结构阻尼： $g_r = \alpha/\omega_r^2$

这说明在黏性阻尼的情况下阻尼系数衰减较慢一些。

3.5 确定基频的近似方法

多自由度振动的第一阶频率在工程上又叫做基频。基频对一个结构系统的动力特性往往起着至关重要的作用。因此，工程师们也往往首先关注的是一个结构的基频，并希望有一种较快捷的方法估算基频(虽然是近似的，但却有令人满意的精度)，以便尽早地对一个结构系统的动力特性给出定性分析。瑞利法和邓克利公式是工程上应用较多的基频近似估算法。前者给出了精确解的上界，后者给出了精确解的下界，可以只使用其中的一种方法，也可以两种方法联合使用，现分别叙述如下。

1．瑞利原理

单自由度保守系统的固有频率可以利用该系统最大动能与最大势能相等的原理找到。瑞利指出这种方法还能应用于多自由度系统，但要对位移有合理的振型假设。对于多自由度保守系统的瑞利原理就是系统的最大动能与最大势能相等。

2．瑞利商

利用矩阵符号对这种方法能方便地进行如下讨论。

令 M 和 K 为质量矩阵和刚度矩阵， X 为假定位移的振幅向量，则对于谐运动，最大动能和势能写成

$$T_{\max} = \frac{1}{2}\omega^2 X^{\mathrm{T}} M X \tag{3.5.1}$$

$$U_{\max} = \frac{1}{2} X^{\mathrm{T}} K X \tag{3.5.2}$$

而对于保守系统有

$$T_{\max} = U_{\max} \tag{3.5.3}$$

由此可得

$$\omega^2 = \frac{X^{\mathrm{T}} K X}{X^{\mathrm{T}} M X} \tag{3.5.4}$$

式(3.5.4)即称为瑞利商，这个比值从上限趋近于基频。由于它的数值对所假设的振幅的选择并不敏感，因此，由瑞利商得到的基频具有足够的精度。为了说明这一点，下面将用模态 $\Phi_i (i=1,\cdots,N)$ 表示所假设的位移振辐向量。

$$X = \Phi_1 + C_2 \Phi_2 + C_3 \Phi_3 + \cdots \tag{3.5.5}$$

那么(由正交性)

$$\begin{aligned} X^{\mathrm{T}} K X &= \Phi_1^{\mathrm{T}} K \Phi_1 + C_2^2 \Phi_2^{\mathrm{T}} K \Phi_2 + C_3^2 \Phi_3^{\mathrm{T}} K \Phi_3 + \cdots \\ X^{\mathrm{T}} M X &= \Phi_1^{\mathrm{T}} M \Phi_1 + C_2^2 \Phi_2^{\mathrm{T}} M \Phi_2 + C_3^2 \Phi_3^{\mathrm{T}} M \Phi_3 + \cdots \end{aligned} \tag{3.5.6}$$

根据代数特征值问题，有

$$\Phi_i^{\mathrm{T}} K \Phi_i = \omega_i^2 \Phi_i^{\mathrm{T}} M \Phi_i \quad (i=1,\cdots,N) \tag{3.5.7}$$

瑞利商成为

$$\omega^2 = \omega_1^2 \left\{ 1 + C_2^2 \left(\frac{\omega_2^2}{\omega_1^2} - 1 \right) \frac{\Phi_2^{\mathrm{T}} M \Phi_2}{\Phi_1^{T} M \Phi_1} + \cdots \right\} \tag{3.5.8}$$

如果 Φ_i 是按 $\Phi_i^{\mathrm{T}} M \Phi_i = 1$ 归一化的模态，那么，上述方程简化为

$$\omega^2 = \omega_1^2 \left\{ 1 + C_2^2 \left(\frac{\omega_2^2}{\omega_1^2} - 1 \right) + \cdots \right\} \tag{3.5.9}$$

由特征值的有序性知 $\omega_2 > \omega_1$，所以

$$\frac{\omega_2^2}{\omega_1^2} > 1$$

因此

$$\omega^2 > \omega_1^2 \tag{3.5.10}$$

式(3.5.10)表明，由瑞利法得到的基频近似解是其精确解的上限。这个事实能够这样来说明：任何偏离固有曲线的偏差需要附加约束条件，这就意味着较大的刚度和较高的频率。一般来说，应用弹性体的静变形曲线会得到十分精确的基本频率的数值。如果想取得更为精确的值，就要反复改进近似曲线。由于 $C_i (i=2,3,\cdots)$ 表示所假定的振幅和精确的振幅 Φ_1 的偏差，则计算频率的误差只是

同这种偏差的平方值成正比，这一点说明了瑞利法对振型误差的不敏感性。

同时，这种分析的结果说明，如果所假设的 X 是精确的基本位移(或振型) Φ_1，由这种方法得到的基频就是精确的频率。

3．瑞利法在梁振动中的应用

令 m 为沿梁的长度方向的单位长度质量，Y 为所假定的梁的挠曲振动的振幅，那么，梁的最大动能为

$$T_{\max} = \max\left(\frac{1}{2}\int \dot{y}^2 \mathrm{d}m\right) = \frac{1}{2}\omega^2 \int Y^2 \mathrm{d}m \tag{3.5.11}$$

其中，ω 为基频(rad/s)。

梁的势能由储藏在梁内的弹性能所做的功来决定。令 M_{r} 为弯矩、θ 为弹性曲线的转角，所做的功等于

$$U = \frac{1}{2}\int M_{\mathrm{r}} \mathrm{d}\theta \tag{3.5.12}$$

由于这里研究的是小变形线弹性问题，那么由材料力学的知识可知

$$\frac{\mathrm{d}\theta}{\mathrm{d}x} = \frac{\mathrm{d}^2 y}{\mathrm{d}x^2} = \frac{M_{\mathrm{r}}}{EI} \tag{3.5.13}$$

其中，EI 为梁的弯曲刚度，则

$$U_{\max} = \max\left(\frac{1}{2}\int \frac{M_{\mathrm{r}}^2}{EI} \mathrm{d}x\right) = \frac{1}{2}\int EI \left(\frac{\mathrm{d}^2 Y}{\mathrm{d}x^2}\right)^2 \mathrm{d}x \tag{3.5.14}$$

由 $T_{\max} = U_{\max}$，得

$$\omega^2 = \frac{\int EI \left(\frac{\mathrm{d}^2 Y}{\mathrm{d}x^2}\right)^2 \mathrm{d}x}{\int Y^2 \mathrm{d}m} \tag{3.5.15}$$

例 3.5.1 求图 3.5.1 所示具有均匀截面简支梁的基频。

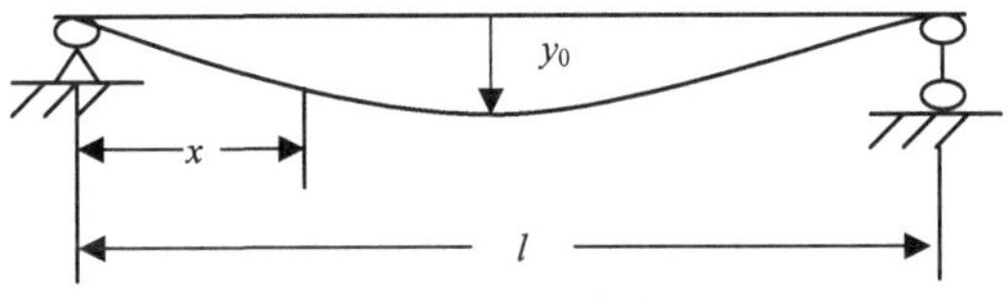

图 3.5.1 均匀简支梁

解　设位移用正弦曲线表示为

$$y=\left(y_0\sin\frac{\pi x}{l}\right)\sin(\omega t)$$

其中，y_0为跨中最大位移。因此二阶导数为

$$\frac{\mathrm{d}^2y}{\mathrm{d}x^2}=-\left(\frac{\pi}{l}\right)^2 y_0\sin\frac{\pi x}{l}\sin(\omega t)$$

代入式(3.5.15)得

$$\omega^2=\frac{EI\left(\dfrac{\pi}{l}\right)^4\displaystyle\int_0^l\sin^2\left(\frac{\pi x}{l}\right)\mathrm{d}x}{\rho\displaystyle\int_0^l\sin^2\left(\frac{\pi x}{l}\right)\mathrm{d}x}=\pi^4\frac{EI}{\rho l^4}$$

因此可得基频为

$$\omega=\left(\frac{\pi}{l}\right)^2\sqrt{\frac{EI}{\rho}}$$

其中ρ为沿梁的长度方向的质量密度。

例 3.5.2　在图 3.5.1 所示的梁中，如果两端间距离是固定不变的，由横向位移将产生拉应力σ，试在频率方程式中考虑这种附加的应变能。

解　由于有横向位移，梁的长度$\mathrm{d}x$将增加大约为

$$\left[\sqrt{1+\left(\frac{\mathrm{d}y}{\mathrm{d}x}\right)^2}-1\right]\mathrm{d}x\approx\frac{1}{2}\left(\frac{\mathrm{d}y}{\mathrm{d}x}\right)^2\mathrm{d}x$$

在$\mathrm{d}x$单元上附加的应变能为

$$\mathrm{d}U=\frac{1}{2}\sigma A\varepsilon\,\mathrm{d}x=\frac{1}{2}EA\varepsilon^2\mathrm{d}x$$

式中，A为横截面积，σ为拉应力，$\varepsilon=(\mathrm{d}y/\mathrm{d}x)^2/2$为单位应变。

使动能等于弯曲、拉伸形成的总应变能，可得

$$\frac{1}{2}\omega^2\int Y^2\mathrm{d}m=\frac{1}{2}\int EI\left(\frac{\mathrm{d}^2Y}{\mathrm{d}x^2}\right)^2\mathrm{d}x+\frac{1}{2}\int\frac{EA}{4}\left(\frac{\mathrm{d}Y}{\mathrm{d}x}\right)^4\mathrm{d}x$$

然后得到频率方程为

$$\omega^2 = \frac{\int EI\left(\frac{d^2Y}{dx}\right)^2 dx + \int \frac{EA}{4}\left(\frac{dY}{dx}\right)^4 dx}{\int Y^2 dm}$$

这个方程式中包含了由拉伸引起的附加项。

例 3.5.3 一悬臂梁如图 3.5.2 所示，求基频。

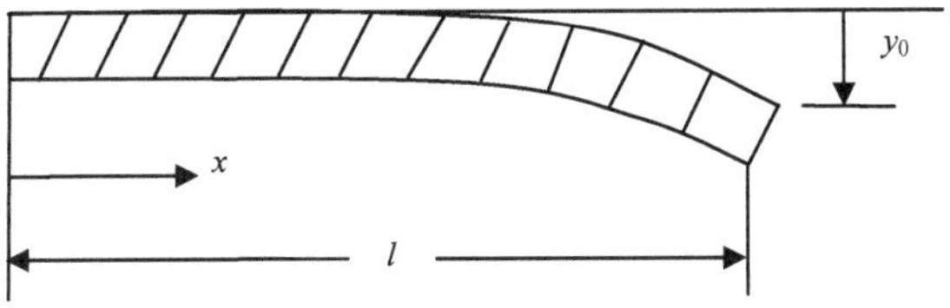

图 3.5.2 均匀悬臂梁

解 假定任意点 x 的振幅与无重量的悬臂梁在端部作用集中载荷而产生的静变位曲线完全一致，即

$$Y = \frac{1}{2} y_0 \left[3\left(\frac{x}{l}\right)^2 - \left(\frac{x}{l}\right)^3\right]$$

式中

$$y_0 = \frac{Pl^3}{3EI}$$

为悬臂梁自由端的挠度。自由端的刚度为

$$k = \frac{P}{y_0} = \frac{3EI}{l^3}$$

于是，最大势能等于所做的最大功为

$$U_{\max} = \frac{1}{2} k y_0^2 = \frac{3EI}{2l^3} y_0^2$$

或

$$U_{\max} = \frac{1}{2}\int_0^l EI\left(\frac{d^2y}{dx^2}\right)^2 dx = \frac{3EI}{2l^3} y_0^2$$

最大动能为

$$
\begin{aligned}
T_{\max} &= \frac{\rho}{2}\int_0^l (\omega Y)^2 \mathrm{d}x \\
&= \frac{\rho}{2}\left(\frac{\omega y_0}{2}\right)^2 \int_0^l \left[3\left(\frac{x}{l}\right)^2 - \left(\frac{x}{l}\right)^3\right]^2 \mathrm{d}x \\
&= \frac{1}{2}\left(\frac{33\rho l}{140}\right)\omega^2 y_0^2
\end{aligned}
$$

上式表示，在所假定的变形曲线下，单位长度质量为 ρ 的均匀梁的振动特性，与一根无重量梁端部作用有一集中质量为 $33\rho l/140$ 的情况是等效的。由 $T_{\max} = U_{\max}$，得基频为

$$
\omega = \sqrt{\frac{\dfrac{3EI}{l^3}}{\dfrac{33}{140}\rho l}} = 3.56\sqrt{\frac{EI}{\rho l^4}}
$$

已知这种情况的精确解为

$$
\omega = 3.515\sqrt{\frac{EI}{\rho l^4}}
$$

一般来说，所假定的变形曲线应当满足位移、转角、剪力和弯矩的边界条件。用静变形曲线，作为近似曲线，是满足这些条件的，因而通常它会得到允许精度的频率。

如果一根连续梁是用一系列集中重量 $W_1, W_2, \cdots$ 来代替，也就是说用一个多自由度系统来代替一个连续系统的情形，则最大应变能可以由重力载荷所做的功来求。作为第一阶近似，可以用相应点的静挠度 $y_1, y_2, \cdots$ 作为在这些点上载荷经历的路程。这种情况下最大动能和最大势能分别是

$$
T_{\max} = \frac{1}{2}\frac{\omega^2}{g}[W_1 y_1^2 + W_2 y_2^2 + W_3 y_3^2 + \cdots] \tag{3.5.16}
$$

$$
U_{\max} = \frac{1}{2}[W_1 y_1 + W_2 y_2 + W_3 y_3 + \cdots] \tag{3.5.17}
$$

由 $T_{\max} = U_{\max}$，得

$$\omega^2 = \frac{g\sum W_i y_i}{\sum W_i y_i^2} \tag{3.5.18}$$

其中，g 为重力加速度。如果想要更精确一些，则用动载荷代替静载荷，能够使 y 更好地趋近于动力曲线。因为动载荷 $m\omega^2 y$ 正比于挠度，所以可以用修改过的重量 W_1 和 $W_2(y_2/y_1)$ 重新计算变形。

动载荷的概念也可用于开始假定的曲线比静变位曲线更简单的情况。设这样的曲线为 $y(x)$，单位长度的动载荷为 $\omega^2 m(x)y(x)$，它与沿梁长度方向剪力的改变量相等，即

$$\mathrm{d}Q = \omega^2 m(x) y(x)\,\mathrm{d}x \tag{3.5.19}$$

如图 3.5.3 所示。

由于

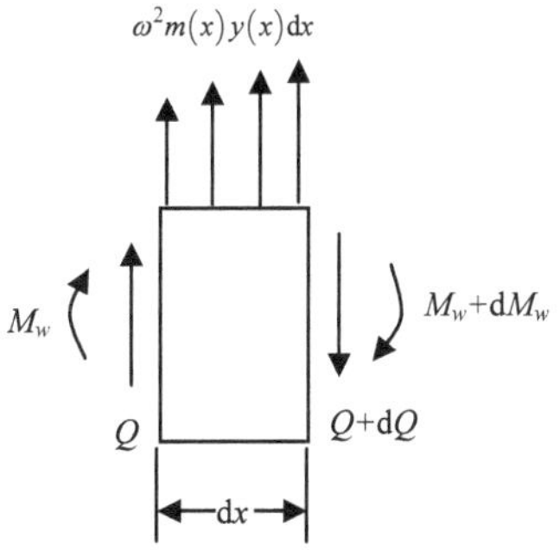

图 3.5.3 梁单元隔离体

$$\mathrm{d}M_w = Q\,\mathrm{d}x \tag{3.5.20}$$

弯矩 M_w 可由积分求得。把 M_w 代入下式：

$$U_{\max} = \frac{1}{2}\int \frac{M_w^2}{EI}\mathrm{d}x \tag{3.5.21}$$

可知势能正比于 ω^4。

实际上从 $T_{\max}$ 来看，动能并不会由于所假定曲线的粗糙而变得敏感，而取决于曲率的应变能可能由于粗略的假定会有较大的误差，因此需仔细地选取挠曲函数。下例将说明这个问题。

例 3.5.4 利用简单曲线 $y = cx^2$ 求图 3.5.4 所示均匀悬臂梁的基频。

解 由式(3.5.15)得

$$\omega = \frac{\int_0^l EI\left(\frac{\mathrm{d}^2 y}{\mathrm{d}x^2}\right)^2 \mathrm{d}x}{\int_0^l y^2 \mathrm{d}m} = 4.47\sqrt{\frac{EI}{\rho l^4}}$$

而精确解为

$$\omega = 3.52\sqrt{\frac{EI}{\rho l^4}}$$

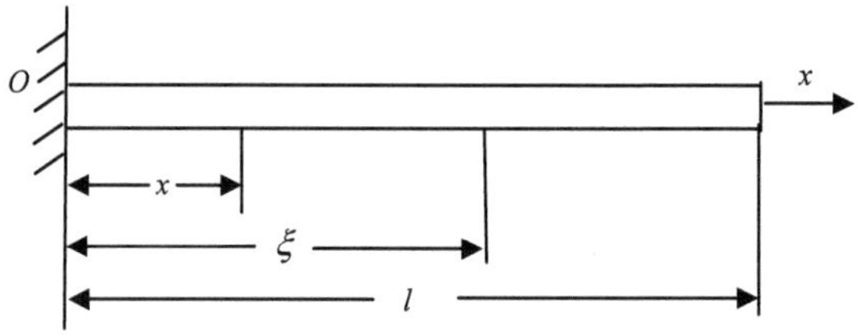

图 3.5.4　悬臂梁

可见，所得的结果误差较大。这是因为所假设的曲线方程不能满足自由端的边界条件。现在进行修正如下。

按本题所给的曲线，在距 O 端点为 ξ 的点处剪力为

$$Q(\xi) = \int_\xi^l \omega^2 \rho (c\xi^2)\mathrm{d}x = \frac{\omega^2 \rho c}{3}(l^3 - \xi^3)$$

距 O 端点为 x 的点处弯矩为

$$M_w(x) = \int_x^l Q(\xi)\mathrm{d}\xi = \frac{\omega^2 \rho c}{3}\int_x^l (l^3 - \xi^3)\mathrm{d}\xi = \frac{\omega^2 \rho c}{12}(3l^4 - 4l^3 x + x^4)$$

代入式(3.5.21)得

$$U_{\max} = \frac{1}{2EI}\left(\frac{\omega^2 \rho c}{12}\right)^2 \int_0^l (3l^4 - 4l^3 x + x^4)^2 \mathrm{d}x = \frac{1}{2EI}\left(\frac{\rho^2 c^2}{144}\cdot\frac{312}{135} l^9\right)\cdot \omega^4$$

最大动能为

$$T_{\max} = \frac{1}{2}\int \omega^2 y^2 \rho \mathrm{d}x = \frac{1}{2}c^2 \omega^2 \rho \int x^4 \mathrm{d}x = \frac{1}{2}c^2 \omega^2 \rho \frac{l^5}{5}$$

由 $T_{\max} = U_{\max}$，得

$$\omega = \sqrt{\frac{12.47EI}{\rho l^4}} = 3.53\sqrt{\frac{EI}{\rho l^4}}$$

这个解已十分接近于精确解。

4．邓克利公式

瑞利原理给出了基频的上限，邓克利(Dunkerley)公式是瑞利原理的补充，它将给出基频的下限。邓克利公式是从特征方程出发通过建立特征值与系统矩阵的系数之间的关系来分析所得到的结果。

首先介绍系统矩阵的概念。

对于由式(3.2.18)所示的代数特征值问题，用 M^{-1} 乘以式(3.2.18)，并记

$$\lambda = \omega^2, \qquad A = M^{-1}K \tag{3.5.22}$$

则式(3.2.18)成为

$$(A - \lambda I)U = 0 \tag{3.5.23}$$

特征方程成为

$$|A - \lambda I| = 0 \tag{3.5.24}$$

由于矩阵 A 包含了系统的全部信息，因此，A 称为系统矩阵。求解式(3.2.19)的特征值 ω^2，就等价于求解系统矩阵的特征值 λ，或求解特征方程

$$|A^{-1} - \lambda^{-1} I| = 0 \tag{3.5.25}$$

的特征值 λ^{-1}（如果 A^{-1} 存在）。式(3.5.24)以刚度公式为基础，式(3.5.25)则以柔度公式为基础。

由式(3.5.24)导出 $\lambda = \omega^2$ 的 n 次代数方程，而由式(3.5.25)导出 $\lambda^{-1} = \omega^{-2}$ 的 n 次代数方程。因此，由式(3.5.25)求出的最大特征值其实是系统最小特征值，反之亦然。

为了导出邓克利公式，从柔度矩阵出发，并以式(3.2.7)所示的三维系统为例来指出其中的规律。现将式(3.2.7)重写于此(用 $\{x\}$ 表示位移向量)

$$\begin{aligned} x_1 &= a_{11}f_1 + a_{12}f_2 + a_{13}f_3 \\ x_2 &= a_{21}f_1 + a_{22}f_2 + a_{23}f_3 \\ x_3 &= a_{31}f_1 + a_{32}f_2 + a_{33}f_3 \end{aligned}$$

假设一谐振动，且用惯性力代替力 f_i，即

$$f_i = -m_i \ddot{x} = \omega^2 m_i x_i \tag{3.5.26}$$

则式(3.2.7)成为

$$\begin{Bmatrix} x_1 \\ x_2 \\ x_3 \end{Bmatrix} = \omega^2 \begin{bmatrix} a_{11}m_1 & a_{12}m_2 & a_{13}m_3 \\ a_{21}m_1 & a_{22}m_2 & a_{23}m_3 \\ a_{31}m_1 & a_{32}m_2 & a_{33}m_3 \end{bmatrix} \begin{Bmatrix} x_1 \\ x_2 \\ x_3 \end{Bmatrix} \tag{3.5.27}$$

或

$$\left[A^{-1} - \left(\frac{1}{\omega^2} \right) I \right] \{x\} = 0 \tag{3.5.28}$$

其中

$$A^{-1} = K^{-1} M \tag{3.5.29}$$

特征方程为

$$\begin{vmatrix} a_{11}m_1 - \dfrac{1}{\omega^2} & a_{12}m_2 & a_{13}m_3 \\ a_{21}m_1 & a_{22}m_2 - \dfrac{1}{\omega^2} & a_{23}m_3 \\ a_{31}m_1 & a_{32}m_2 & a_{33}m_3 - \dfrac{1}{\omega^2} \end{vmatrix} = 0 \tag{3.5.30}$$

将式(3.5.30)展开，得到 $1/\omega^2$ 的三次方程式

$$\left(\frac{1}{\omega^2} \right)^3 - (a_{11}m_1 + a_{22}m_2 + a_{33}m_3) \left(\frac{1}{\omega^2} \right)^2 + \cdots = 0 \tag{3.5.31}$$

如果该方程式的根为 $1/\omega_1^2$,$1/\omega_2^2$,$1/\omega_3^2$,那么，上述方程能因式分解为下列形式：

$$\left(\frac{1}{\omega^2} - \frac{1}{\omega_1^2} \right) \left(\frac{1}{\omega^2} - \frac{1}{\omega_2^2} \right) \left(\frac{1}{\omega^2} - \frac{1}{\omega_3^2} \right) = 0 \tag{3.5.32}$$

或

$$\left(\frac{1}{\omega^2}\right)^3-\left(\frac{1}{\omega_1^2}+\frac{1}{\omega_2^2}+\frac{1}{\omega_3^2}\right)\left(\frac{1}{\omega^2}\right)^2+\cdots=0 \tag{3.5.33}$$

比较式(3.5.31)与式(3.5.33)可见，$(1/\omega^2)^2$ 前的系数等于特征方程根的和，也等于矩阵 A^{-1} 的迹，即

$$\mathrm{tr}(A^{-1})=\sum_{i=1}^{3}\left(\frac{1}{\omega_i^2}\right) \tag{3.5.34}$$

由式(3.5.34)知，对于一个 n 个自由度的系统，有

$$\frac{1}{\omega_1^2}+\frac{1}{\omega_2^2}+\cdots+\frac{1}{\omega_n^2}=a_{11}m_1+a_{22}m_2+\cdots+a_{nn}m_n \tag{3.5.35}$$

因为 a_{ii} 是柔度影响系数，它等于 i 处单位载荷在 i 处引起的挠度。因此，它的倒数就是刚度系数 k_{ii}，它等于在 i 处产生单位位移所需要的力。同理，有

$$\omega_{ii}=\sqrt{\frac{k_{ii}}{m_i}} \tag{3.5.36}$$

是当系统里只有 m_i 存在时系统的固有频率，因此，式(3.5.35)为

$$\begin{aligned}\frac{1}{\omega_1^2}+\frac{1}{\omega_2^2}+\cdots+\frac{1}{\omega_n^2}&=a_{11}m_1+a_{22}m_2+a_{nn}m_n\\&=\frac{m_1}{k_{11}}+\frac{m_2}{k_{22}}+\cdots+\frac{m_n}{k_{nn}}=\frac{1}{\omega_{11}^2}+\frac{1}{\omega_{22}^2}+\cdots+\frac{1}{\omega_{nn}^2}\end{aligned} \tag{3.5.37}$$

系统基频的估算可从下面这个观点得到，即认为 $\omega_2,\omega_3,\cdots$ 等对应较高固有频率的振型。因此，式(3.5.37)中左边的 $1/\omega_2^2, 1/\omega_3^2,\cdots$ 等项可以略去。如果记 $\bar{\omega}_1$ 是真值，ω_1 是按上述假定得到的近似值，那么

$$\frac{1}{\bar{\omega}_1^2}=\sum_{i=1}^{n}\frac{1}{\omega_{ii}^2}-\sum_{i=2}^{n}\frac{1}{\omega_i^2} \tag{3.5.38}$$

及

$$\frac{1}{\omega_1^2}=\sum_{i=1}^{n}\frac{1}{\omega_{ii}^2} \tag{3.5.39}$$

所以有

$$\frac{1}{\omega_1^2} > \frac{1}{\bar{\omega}_1^2} \tag{3.5.40}$$

因而

$$\omega_1 < \bar{\omega}_1 \tag{3.5.41}$$

由式(3.5.41)可见，由邓克利公式确定的近似解小于它的精确解，式(3.5.39)即是求解基频近似解的邓克利公式。

思考题与习题

3-1　建立如图 E3.1 所示系统的刚度矩阵：(1) 用 x 与 θ 作为广义坐标；(2) 用 x_1 与 x_2 作为广义坐标。

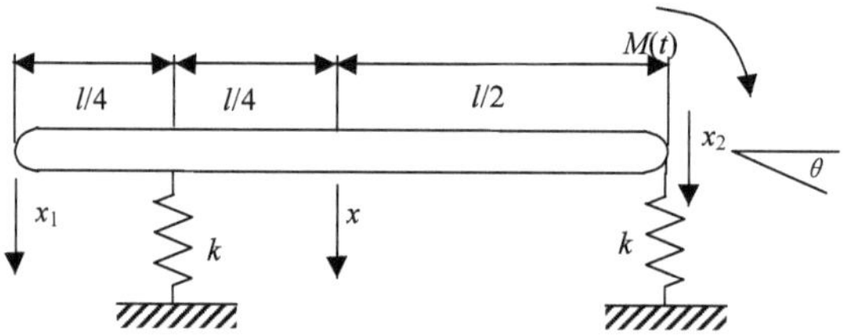

图 E3.1

3-2　一悬臂梁的一端放置一个惯性矩很大的机器。因为其惯性矩很大，所以在模型中应用考虑旋转的影响。因此运用一个两自由度的模型来表示，该模型的广义坐标为机器的位移 x，梁末端弹性曲线的斜角 θ。若已知该梁的长度为 L，弹性模量为 E，横截面惯性模量为 I，确定该模型的柔度矩阵。

3-3　图 E3.2 的扭振系统有无质量的轴和两个圆盘组成。已知轴段的扭转刚度为 k_{θ_1} 和 k_{θ_2}，圆盘的转动惯量为 I_1 和 I_2，并受到扭矩 M_1 和 M_2 的作用，写出系统的振动微分方程。

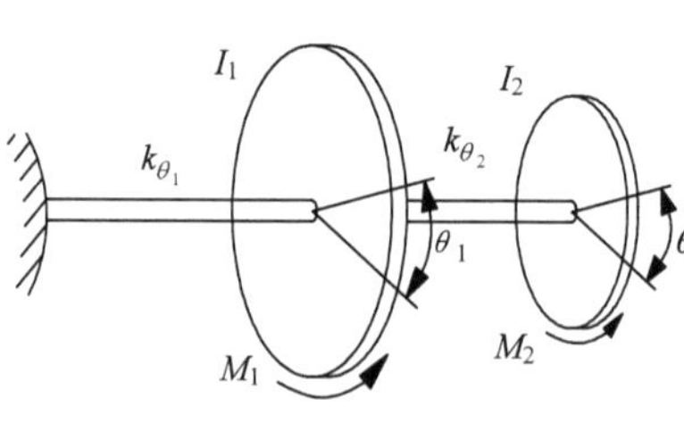

图 E3.2

3-4 质量为 m_1 和 m_2 的质点受弹簧约束在水平面内微幅振动，如图 E3.3 所示。已知 $k_i(i=1,2,\cdots,7)$，求系统的固有频率。

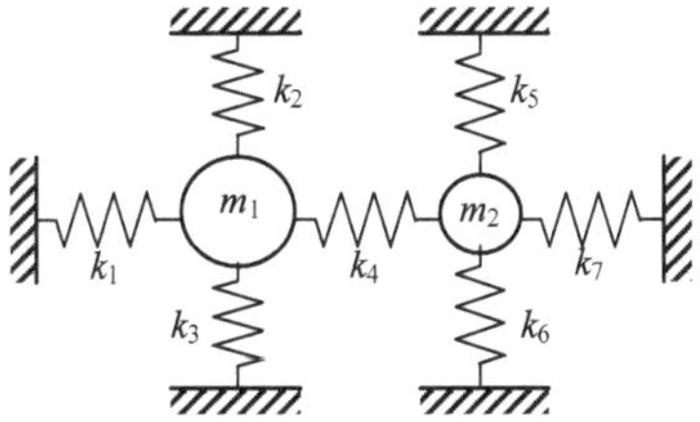

图 E3.3

3-5 在图 E3.4 所示的系统中，已知 $m_i(i=1,2)$ 和 $k_i(i=1,2)$，刚度系数为 k_1 的弹簧静止时水平，长度为 l 的均质杆与铅垂线成 θ_0 角，求系统的振动微分方程和频率方程。

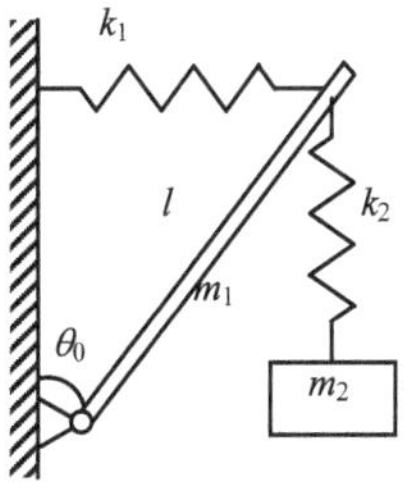

图 E3.4

3-6 在图 E3.5 所示的三级摆中，已知 $m_1=m_2=m_3=m$，$l_1=l_2=l_3=l$。试分别以 $x_i(i=1，2，3)$ 和 $\theta_i(i=1,2,3)$ 为广义坐标建立振动微分方程和频率方程。

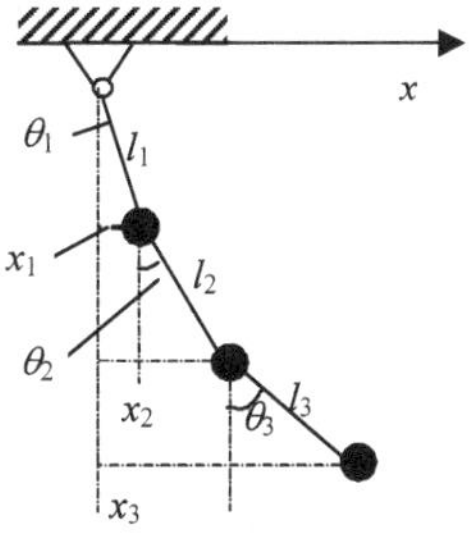

图 E3.5

3-7 图 E3.6 所示系统中，梁均质杆长为 l，质量均为 m，三根弹簧刚度系数均为 k。求系统的固有频率。

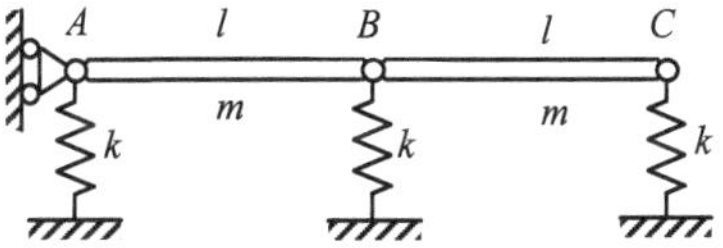

图 E3.6

3-8　由刚度系数均为 k 的两个弹簧连接三个相同单摆，如图 E3.7 所示。单摆摆长为 l，质量为 m。求系统的固有频率和模态。

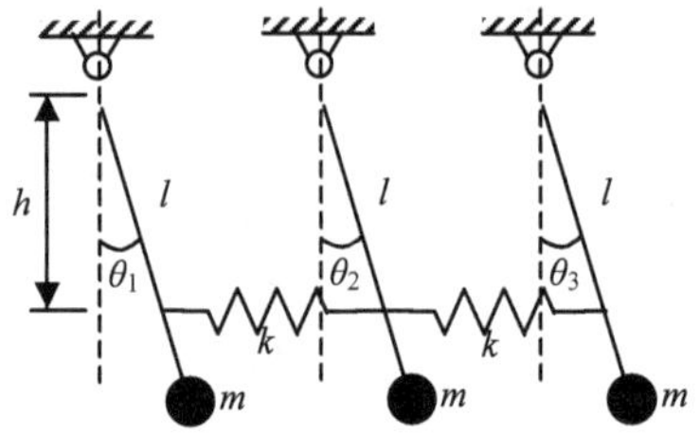

图 E3.7

3-9　求出图 E3.8 所示系统的固有频率以及系统的标准模态矢量。

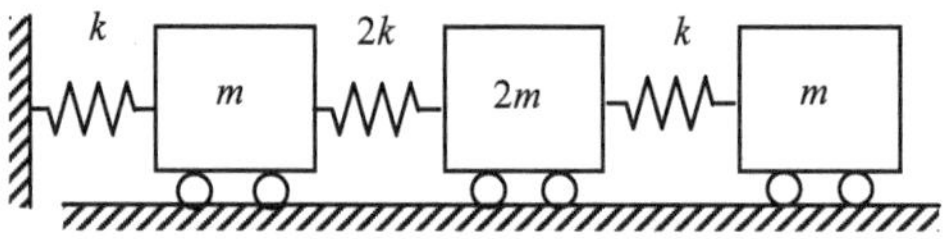

图 E3.8

3-10　证明上题所确定系统振动模态之间具有正交性。

3-11　多自由度振动系统质量矩阵 M 和刚度矩阵 K 均为正定。对于模态 x_i 和 x_j 及自然数 n，证明：

$$x_i^{\mathrm{T}}(MK^{-1})^n Mx_j=0,\quad x_i^{\mathrm{T}}(KM^{-1})^n Kx_j=0$$

3-12　当 c 为何值时，图 E3.9 中系统的两自由度模型为欠阻尼系统？其中 m=36kg，k=1.3×10^5 N/m。

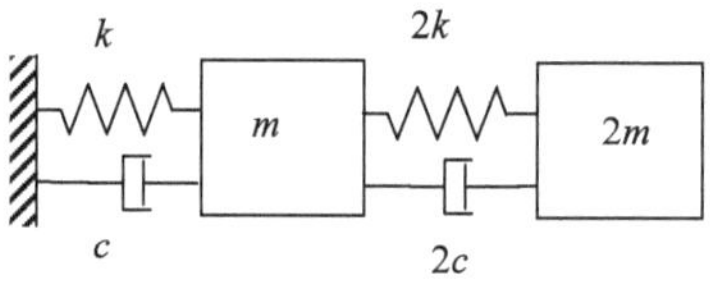

图 E3.9

3-13　质量为 m、长 l、抗弯刚度 EI 的均匀悬臂梁基频为 $3.515\sqrt{\dfrac{EI}{ml^3}}$，在梁自由端放置集中质量 m_1，用邓克利法计算其横向振动的基频。

3-14　不计质量的梁上有三个集中质量，如图 E3.10 所示，用邓克利法计算其横向振动的基频。

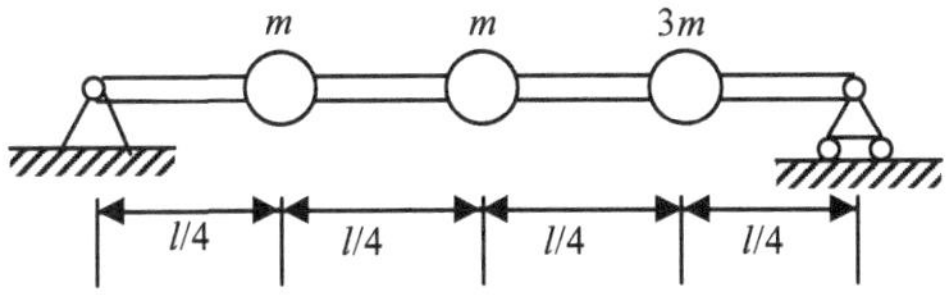

图 E3.10

3-15 在图 E3.8 所示的系统中，已知 m 和 k。用瑞利法计算系统的基频。

3-16 用瑞利法计算基频，选假设模态为 X。证明：用 $\omega_1^2=\dfrac{X^{\mathrm{T}}MX}{X^{\mathrm{T}}MFMX}$ 比用 $\omega_1^2=\dfrac{X^{\mathrm{T}}KX}{X^{\mathrm{T}}MX}$ 计算所得的结果更精确，其中 M,K,F 分别为系统的质量矩阵、刚度矩阵和柔度矩阵。

第 4 章　多自由度系统的动力学模型

4.1　概　　述

第 3 章主要讲述了多自由度结构动力系统固有特性的基本概念，其中，一些概念是源于结构动力学的基本方程，也就是建立在已知数学模型的基础上。然而如何针对一个具体问题、一个实际的结构建立数学模型，本身就是结构动力学的一个基本的也是重要的内容。在大学的课程学习中，已经学过了对研究对象取隔离体，分析隔离体的受力，然后用牛顿第二定律建立动力学基本方程的方法。此法对于一些较简单的结构是行之有效的，并且很方便，但对于一些较复杂的问题，则显得不太方便。这一章介绍另一种建立结构动力学基本方程的方法，这就是能量法。本章将首先复习拉格朗日方程，然后介绍怎样从系统能量的观点出发去分析一个系统，运用拉格朗日方程建立结构动力学基本方程，并特别地推导振动模态与系统质量矩阵、刚度矩阵的关系。考虑到实际应用中结构的约束情况，还推导有约束的拉格朗日方程，并针对常见的典型约束系统介绍分析求解的方法。由于能量法中使用的量是标量(动能、势能和功)，而不是向量(位移、力等)，因而使对问题的描述更简捷、更全面、更容易一些。它不是对某一隔离体而言，而是就整个系统建立的方程。能量方法不仅适合于线性系统而且也适合于非线性；既适合于保守系统，也适合于非保守系统。因而具有更广泛的应用领域。

4.2　拉格朗日方程

1．哈密顿原理

设系统的总动能为

$$T = T(q_1, q_2, \cdots, q_N, \dot{q}_1, \dot{q}_2, \cdots, \dot{q}_N; t) \tag{4.2.1}$$

系统的总势能为

$$V = V(q_1, q_2, \cdots, q_N; t) \tag{4.2.2}$$

系统内非保守力的虚功为

$$\delta W_{\mathrm{nc}} = Q_1 \delta q_1 + Q_2 \delta q_2 + \cdots + Q_N \delta q_N \tag{4.2.3}$$

其中，q_i 为广义坐标，Q_i 为广义力，δ 为变分记号，N 为系统的自由度数或广义坐标数，则哈密顿原理的数学描述如下：

$$\delta \int_{t_1}^{t_2} (T - V)\,\mathrm{d}t + \int_{t_1}^{t_2} \delta W_{\mathrm{nc}} \mathrm{d}t = 0 \tag{4.2.4}$$

2．变分学基本引理

引理 1 设 $M(t)$ 在区间 $[t_0, t_{\mathrm{f}}]$ 内处处连续，且在 $[t_0, t_{\mathrm{f}}]$ 内具有二阶连续导数，在 t_0 及 t_{f} 处为零，并对任意选取的函数 $\eta(t)$ 而言，有

$$\int_{t_0}^{t_{\mathrm{f}}} \eta(t) M(t)\,\mathrm{d}t = 0$$

则在整个区间 $[t_0, t_{\mathrm{f}}]$ 内，有

$$M(t) \equiv 0$$

证 用反证法。若在 $t_\xi \in [t_0, t_{\mathrm{f}}]$ 处，$M(t_\xi) \neq 0$，由于 $M(t)$ 的连续性，必能找到 t_ξ 的一个邻域 $[t_1, t_2] \subset [t_0, t_{\mathrm{f}}]$，使 $M(t)$ 在该邻域内不为零，且符号保持不变(图 4.2.1)。因 $\eta(t)$ 可以任意选取，不妨选为

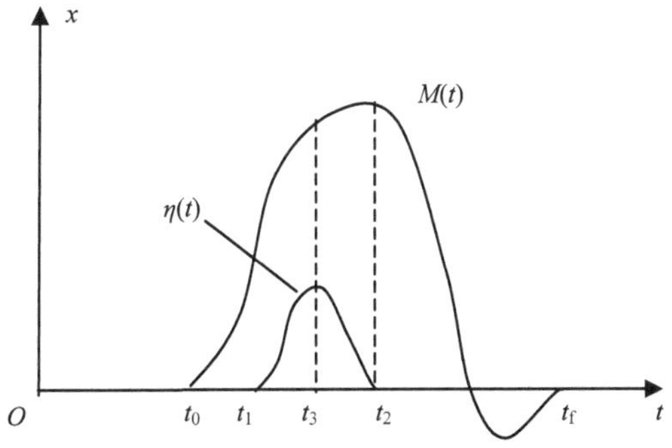

图 4.2.1 $M(t)$ 示意图

$$\eta(t) = \begin{cases} (t - t_1)^4 (t - t_2)^4, & t \in [t_1, t_2] \\ 0, & t \notin [t_1, t_2] \end{cases}$$

它完全满足引理的规定。这样，显然有

$$\int_{t_0}^{t_f} \eta(t) M(t) \mathrm{d}t = \int_{t_1}^{t_2} \eta(t) M(t) \mathrm{d}t \neq 0$$

与引理发生矛盾，因此，在整个区间$[t_0,t_f]$内，不可能存在$M(t) \neq 0$的点。

引理 2　设n维向量函数

$$M(t) = [M_1(t) \quad M_2(t) \quad \cdots \quad M_n(t)]^{\mathrm{T}}$$

在区间$[t_0,t_f]$内处处连续，且在$[t_0,t_f]$内具有二阶连续导数，在t_0, t_f处为零，并对任意选取的n维向量函数

$$\eta(t) = [\eta_1(t) \quad \eta_2(t) \quad \cdots \quad \eta_n(t)]^{\mathrm{T}}$$

而言，有

$$\int_{t_0}^{t_f} \eta^{\mathrm{T}}(t) M(t) \mathrm{d}t = 0$$

那么在整个区间$[t_0,t_f]$内，有

$$M(t) \equiv 0$$

证　仍用反证法。若在$t_\xi \in [t_0,t_f]$处，$M(t_\xi)$的某一个分量$M_i(t) \neq 0$。由于$M(t)$的连续性，必能找出t_ξ的一个邻域$[t_1,t_2] \subset [t_0,t_f]$使$M_i(t)$在该邻域内不为零，且符号保持不变。又因$\eta(t)$可任意选取，不妨选为

$$\eta_i(t) = \begin{cases} (t-t_1)^4 (t-t_2)^4, & t \in [t_1,t_2] \\ 0, & t \notin [t_1,t_2] \end{cases}$$

$$\eta_j(t) = 0 \qquad (j = 1, 2, \cdots, i-1, i+1, \cdots, n)$$

它完全满足引理的规定。这样，显然有

$$\int_{t_0}^{t_f} \eta^{\mathrm{T}}(t) M(t) \mathrm{d}t = \int_{t_0}^{t_f} \sum_{k=1}^{n} \eta_k(t) M_k(t) \mathrm{d}t = \int_{t_1}^{t_2} \eta_i(t) M_i(t) \mathrm{d}t \neq 0$$

与引理发生矛盾，因此，在整个区间$[t_0,t_f]$内，不可能存在$M(t)$的任一分量$M_i(t) \neq 0$的点。

3．拉格朗日方程

将式(4.2.1)~式(4.2.3)代入式(4.2.4)得

$$\int_{t_1}^{t_2}\left(\frac{\partial T}{\partial q_1}\delta q_1+\cdots+\frac{\partial T}{\partial q_N}\delta q_N+\frac{\partial T}{\partial \dot{q}_1}\delta \dot{q}_1+\cdots+\frac{\partial T}{\partial \dot{q}_N}\delta \dot{q}_N\right.$$
$$\left.-\frac{\partial V}{\partial q_1}\delta q_1-\cdots-\frac{\partial V}{\partial q_N}\delta q_N+Q_1\delta q_1+\cdots+Q_N\delta q_N\right)\mathrm{d}t=0 \tag{4.2.5}$$

分部积分得

$$\int_{t_1}^{t_2}\frac{\partial T}{\partial \dot{q}_i}\delta \dot{q}_i\mathrm{d}t=\int_{t_1}^{t_2}\left[\frac{\partial T}{\partial \dot{q}_i}\frac{\mathrm{d}}{\mathrm{d}t}(\delta q_i)\right]\mathrm{d}t=\left[\frac{\partial T}{\partial \dot{q}_i}\delta q_i\right]_{t_1}^{t_2}-\int_{t_1}^{t_2}\frac{\mathrm{d}}{\mathrm{d}t}\left(\frac{\partial T}{\partial \dot{q}_i}\right)\delta q_i\mathrm{d}t \tag{4.2.6}$$

注意到哈密顿原理的基本条件就是在相同的约束条件下来讨论泛函的极值问题，即端点变分为零，亦即

$$\delta q_i(t_1)=\delta q_i(t_2)=0 \tag{4.2.7}$$

那么

$$\int_{t_1}^{t_2}\frac{\partial T}{\partial \dot{q}_i}\delta \dot{q}_i\mathrm{d}t=-\int_{t_1}^{t_2}\frac{\mathrm{d}}{\mathrm{d}t}\left(\frac{\partial T}{\partial \dot{q}_i}\right)\delta q_i\mathrm{d}t \tag{4.2.8}$$

将式(4.2.8)代入式(4.2.5)得

$$\int_{t_1}^{t_2}\left\{\sum_{i=1}^{N}\left[-\frac{\mathrm{d}}{\mathrm{d}t}\left(\frac{\partial T}{\partial \dot{q}_i}\right)+\frac{\partial T}{\partial q_i}-\frac{\partial V}{\partial q_i}+Q_i\right]\delta q_i\right\}\mathrm{d}t=0 \tag{4.2.9}$$

由引理 2 易知，在式(4.2.9)中，恒有

$$\left[-\frac{\mathrm{d}}{\mathrm{d}t}\left(\frac{\partial T}{\partial \dot{q}_i}\right)+\frac{\partial T}{\partial q_i}-\frac{\partial V}{\partial q_i}+Q_i\right]=0 \tag{4.2.10}$$

即

$$\frac{\mathrm{d}}{\mathrm{d}t}\left(\frac{\partial T}{\partial \dot{q}_i}\right)-\frac{\partial T}{\partial q_i}+\frac{\partial V}{\partial q_i}=Q_i \qquad (i=1,\cdots,N) \tag{4.2.11}$$

式(4.2.11)就是所谓的拉格朗日方程。

4.3　拉格朗日方程在振动系统中的应用

1. 在集中参数系统中的应用

例 4.3.1　图 4.3.1 是一个飞机的主体——机翼集中参数模型，M 是主体的质量，m 是机翼的质量，中间由长度为 L 的刚体梁连接，机翼的弹性特性由常数为 k 的扭簧表示，扭簧连接在机翼和主体之间。设 θ 很小，忽略重力，用拉格朗日方程导出该系统的运动微分方程。

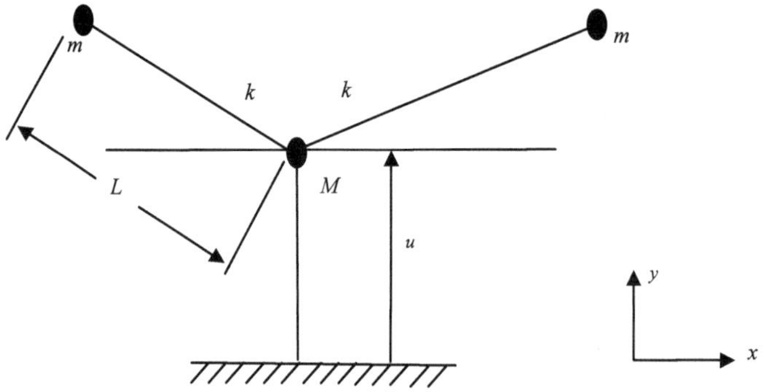

图 4.3.1　飞机集中参数模型

解　令 $q_1 = u$，$q_2 = \theta$，则系统动能为

$$T = 2\left[\frac{1}{2}m\dot{y}_m^2\right] + \frac{1}{2}M\dot{u}^2$$

那么，对于很小的 θ，有

$$y_m \cong u + L\theta$$

$$T = m(\dot{u} + L\dot{\theta})^2 + \frac{1}{2}M\dot{u}^2$$

系统势能为

$$V = 2\left(\frac{1}{2}k\theta^2\right)$$

将其代入拉格朗日方程，因为

$$\frac{\partial T}{\partial \dot{u}} = 2m(\dot{u} + L\dot{\theta}) + M\dot{u}$$

$$\frac{\partial T}{\partial \dot{\theta}} = 2mL(\dot{u} + L\dot{\theta})$$

$$\frac{\partial T}{\partial u} = 0 = \frac{\partial T}{\partial \theta}$$

$$\frac{\partial V}{\partial u} = 0$$

$$\frac{\partial V}{\partial \theta} = 2k\theta$$

$$Q_u = Q_\theta = 0$$

所以

$$2m(\ddot{u} + L\ddot{\theta}) + M\ddot{u} = 0$$
$$2mL(\ddot{u} + L\ddot{\theta}) + 2k\theta = 0$$

写成矩阵形式为

$$\begin{bmatrix} M+2m & 2mL \\ 2mL & 2mL^2 \end{bmatrix}\begin{bmatrix} \ddot{u} \\ \ddot{\theta} \end{bmatrix} + \begin{bmatrix} 0 & 0 \\ 0 & 2k \end{bmatrix}\begin{bmatrix} u \\ \theta \end{bmatrix} = \begin{bmatrix} 0 \\ 0 \end{bmatrix}$$

例 4.3.2 用拉格朗日方程导出如图 4.3.2(a)所示系统的运动微分方程。

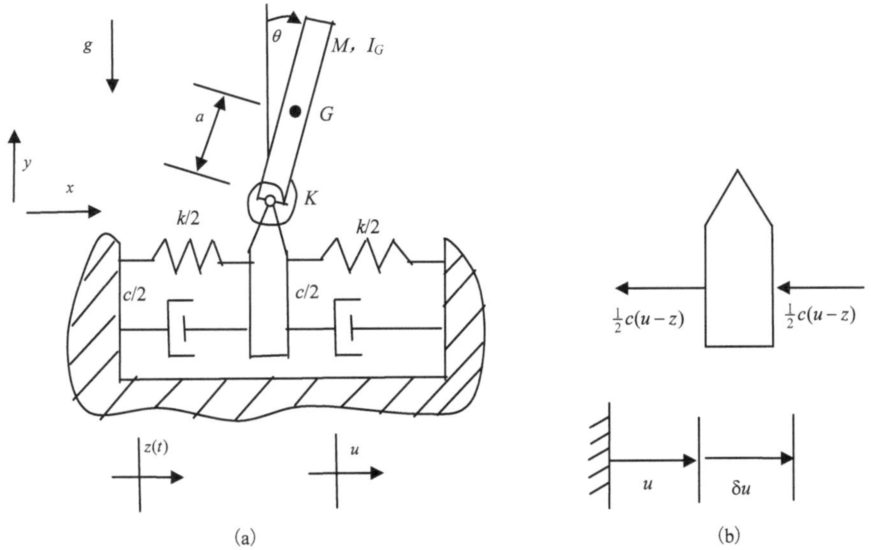

图 4.3.2 受到地震激励的建筑结构模型

解 令 $q_1 = u$，$q_2 = \theta$。

(1) 系统能量表达式：

系统动能为

$$T=\frac{1}{2}m\dot{u}^2+\frac{1}{2}M(\dot{x}_G^2+\dot{y}_G^2)+\frac{1}{2}I_G\dot{\theta}^2$$

由运动学可知

$$x_G=u+a\sin\theta$$
$$y_G=a\cos\theta$$

设 θ 是小量，那么

$$\sin\theta\cong\theta\text{，}\quad\cos\theta\cong 1-\frac{1}{2}\theta^2$$

因此

$$\dot{x}_G\cong\dot{u}+a\dot{\theta}$$
$$\dot{y}_G\cong 0$$

其中，$\dot{y}_G$ 中的非线性项 θ 已被略去。于是

$$T=\frac{1}{2}m\dot{u}^2+\frac{1}{2}M(\dot{u}+a\dot{\theta})^2+\frac{1}{2}I_G\dot{\theta}^2$$

系统的势能包括储存在弹簧中的变形能和重力势能

$$V=2\left[\frac{1}{2}\left(\frac{k}{2}\right)(u-z)^2\right]+\frac{1}{2}K\theta^2+Mga\cos\theta$$

对于很小的 θ 有

$$V=2\left[\frac{1}{2}\left(\frac{k}{2}\right)(u-z)^2\right]+\frac{1}{2}K\theta^2+Mga\left(1-\frac{1}{2}\theta^2\right)$$

在这个系统中，非保守力是作用在地基上的阻尼力。图 4.3.2(b) 中描述了阻尼力的情况(注意，该图不是分离体图，因此没有画出全部的力，它只说明了阻尼作用的情况)。非保守力的虚功为

$$\delta W_{\mathrm{nc}}=-2\left[\frac{1}{2}c(\dot{u}-\dot{z})\right]\delta u$$

(2) 应用拉格朗日方程：

$$\frac{\partial T}{\partial \dot{u}} = m\dot{u} + M(\dot{u} + a\dot{\theta})$$

$$\frac{\partial T}{\partial \dot{\theta}} = Ma(\dot{u} + a\dot{\theta}) + I_G\dot{\theta}$$

$$\frac{\partial T}{\partial u} = \frac{\partial T}{\partial \theta} = 0$$

$$\frac{\partial V}{\partial u} = k(u - z)$$

$$\frac{\partial V}{\partial \theta} = K\theta - Mga\theta$$

$$Q_u = -c(\dot{u} - \dot{z})$$

$$Q_\theta = 0$$

将这些代入

$$\frac{\mathrm{d}}{\mathrm{d}t}\left(\frac{\partial T}{\partial \dot{q}_i}\right) - \frac{\partial T}{\partial q_i} + \frac{\partial V}{\partial q_i} = Q_i$$

得

$$\begin{cases} (M + m)\ddot{u} + Ma\ddot{\theta} + k(u - z) = -c(\dot{u} - \dot{z}) \\ Ma\ddot{u} + (Ma^2 + I_G)\ddot{\theta} + (K - M_g a)\theta = 0 \end{cases}$$

例 4.3.3 图 4.3.3 所示的系统由一根质量为 M 的长直细杆和一个集中质量 m 组成。试用拉格朗日方法导出该系统的运动微分方程。

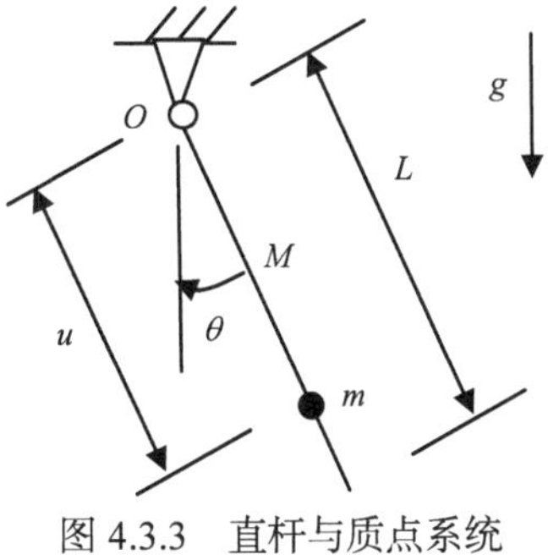

图 4.3.3 直杆与质点系统

解 (1) 系统能量表达式：

系统动能为

$$T=\frac{1}{2}\left(\frac{1}{3}ML^2\right)\dot{\theta}^2+\frac{1}{2}m(\dot{u}^2+u^2\dot{\theta}^2)$$

系统势能(以 O 为势能零点)为

$$V=-\left(Mg\frac{L}{2}+mgu\right)\cos\theta$$

(2) 应用拉格朗日方程：

$$\frac{\partial T}{\partial \dot{u}}=m\dot{u}$$

$$\frac{\partial T}{\partial \dot{\theta}}=\frac{1}{3}ML^2\dot{\theta}+mu^2\dot{\theta}$$

$$\frac{\partial T}{\partial u}=mu\dot{\theta}^2$$

$$\frac{\partial T}{\partial \theta}=0$$

$$\frac{\partial V}{\partial u}=-mg\cos\theta$$

$$\frac{\partial V}{\partial \theta}=\left[Mg\left(\frac{L}{2}\right)+mgu\right]\sin\theta$$

$$Q_u=Q_0=0$$

代入式(4.2.11)，且 $q_1=u$， $q_2=\theta$，得

$$\begin{cases}m\ddot{u}-mu\dot{\theta}^2-mg\cos\theta=0\\ \left(\frac{1}{3}ML^2+mu^2\right)\ddot{\theta}+2mu\dot{u}\dot{\theta}+\left(Mg\frac{L}{2}+mgu\right)\sin\theta=0\end{cases}$$

2．在连续模型中的应用——假设振型法

设 $u(x,t)$ 是问题的位移解，并假设它是可分离变量的，那么

$$u(x,t)=\psi(x)q(t) \tag{4.3.1}$$

这种假设就产生了一个以 $q(t)$ 为广义坐标的单自由度系统。$\psi(x)$ 是某一时刻沿 x 方向的振型， $q(t)$ 是对应某一 x 处随时间的变化规律。如果把这个分离变量的假设应用到 N 个自由度系统上，那么就有

$$u(x,t)=\sum_{i=1}^{N}\psi_i(x)q_i(t) \tag{4.3.2}$$

特别注意，这里的$\psi_i(x)$不一定是实际的真正模态，而是假设的模态，它和展开定理中的模态向量(基向量)可以是相同的，也可以是不相同的。它只是假想的一种振型函数，但又不是任意的，必须满足以下几个条件：

(1) $\psi_i(x)$是位移形函数，反映位移的某种可能的形状；

(2) $\psi_i(x)$构成一组线性无关向量组；

(3) $\psi_i(x)$的连续导数的阶次应满足势能V中所要求的阶次；

(4) $\psi_i(x)$必须满足所有的位移边界条件(可以不满足力的边界条件)。

下面举例说明方法的应用。

1) 杆的纵向振动

杆纵向振动的理论公式推导如下。

在图 4.3.4 中，设杆的轴向位移为$u(x,t)$，则系统能量为

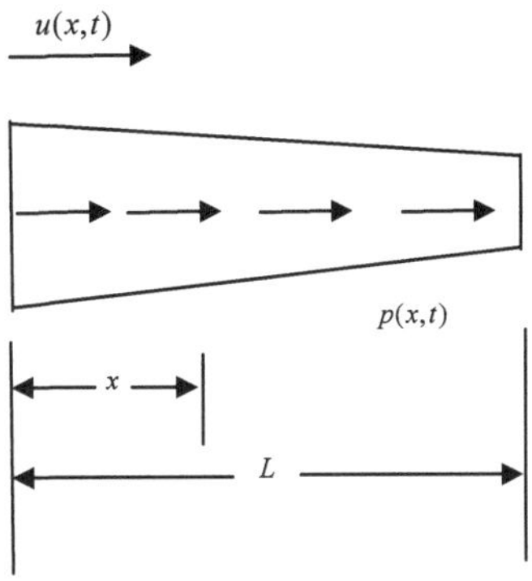

图 4.3.4 细杆的轴向运动

势能：

$$V=\frac{1}{2}\int_0^L EA(u')^2\mathrm{d}x \tag{4.3.3}$$

动能：

$$T=\frac{1}{2}\int_0^L \rho A(\dot{u})^2\mathrm{d}x \tag{4.3.4}$$

将式(4.3.2)代入式(4.3.3)中，得

$$V=\frac{1}{2}\sum_{i=1}^{N}\sum_{j=1}^{N}k_{ij}q_iq_j \tag{4.3.5}$$

其中

$$k_{ij}=\int_0^L EA\psi_i'\psi_j'\mathrm{d}x \tag{4.3.6}$$

从式(4.3.5)可见，势能是广义坐标的二次函数。写成矩阵形式为

$$V=\frac{1}{2}q^{\mathrm{T}}Kq \tag{4.3.7}$$

其中

$$q=\begin{bmatrix} q_1 \\ q_2 \\ \vdots \\ q_N \end{bmatrix},\quad K=\begin{bmatrix} k_{11} & k_{12} & \cdots & k_{1N} \\ k_{21} & k_{22} & \cdots & k_{2N} \\ \vdots & \vdots & & \vdots \\ k_{N1} & k_{N2} & \cdots & k_{NN} \end{bmatrix} \tag{4.3.8}$$

同理有

$$T=\frac{1}{2}\sum_{i=1}^{N}\sum_{j=1}^{N}m_{ij}\dot{q}_i\dot{q}_j \tag{4.3.9}$$

其中

$$m_{ij}=\int_0^L \rho A\psi_i\psi_j\mathrm{d}x \tag{4.3.10}$$

$$M=\begin{bmatrix} m_{11} & m_{12} & \cdots & m_{1N} \\ m_{21} & m_{22} & \cdots & m_{2N} \\ \vdots & \vdots & & \vdots \\ m_{N1} & m_{N2} & \cdots & m_{NN} \end{bmatrix} \tag{4.3.11}$$

写成矩阵形式为

$$T=\frac{1}{2}\dot{q}^{\mathrm{T}}M\dot{q} \tag{4.3.12}$$

由于式(4.3.10)中的形函数 ψ_i 与式(4.3.6)中的形函数是同一的，因此，由

式(4.3.10)得到的质量矩阵为一致质量矩阵。

将 $p(x,t)$ 代入广义力的虚功得

$$\delta W = \int_0^L p(x,t)\delta u(x,t)\mathrm{d}t = \sum_{i=1}^{N} p_i \delta q_i \tag{4.3.13}$$

$$\delta u(x,t) = \sum_{i=1}^{N} \psi_i(x)\delta q_i \tag{4.3.14}$$

将式(4.3.14)代入式(4.3.13)得

$$p_i(t) = \int_0^L p(x,t)\psi_i(x)\mathrm{d}x \tag{4.3.15}$$

应用拉格朗日方程，可以得到

$$\sum_{j=1}^{N} m_{ij}\ddot{q}_j + \sum_{j=1}^{N} k_{ij}q_j = p_i \quad (i=1,\ \cdots,N) \tag{4.3.16}$$

写成矩阵形式

$$M\ddot{q} + Kq = P \tag{4.3.17}$$

例 4.3.4 用假设模态法确定图 4.3.5(a)所示的均匀悬臂杆在端部受到 $p(t)$ 的作用下的二阶轴向振动模态。

解 第一步，选择振型函数：

图中唯一限定的位移边界条件是

$$u(0,t) = 0$$

那么，形函数 $\psi_i(x)$ 应满足

$$\psi_1(0) = \psi_2(0) = 0$$

因此，可以取

$$\psi_1(x) = \frac{x}{L}$$

$$\psi_2(x) = \left(\frac{x}{L}\right)^2$$

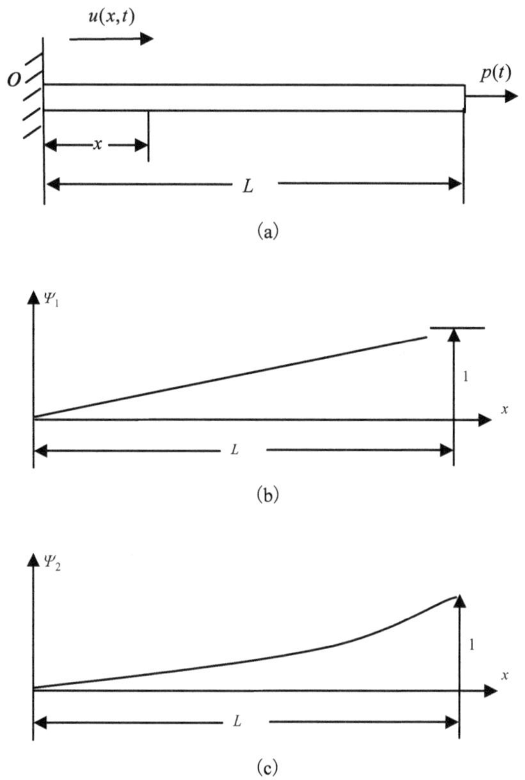

图 4.3.5　轴向受力悬臂杆

振型曲线如图 4.3.5 中(b),(c)所示，其中 $\psi_i(x)$ 被无量纲化，但这并不是必需如此的，仅仅是为了求解的方便。

第二步，计算 k_{ij}, m_{ij}：

因为

$$\psi_1' = \frac{1}{L}$$

$$\psi_2' = \frac{2}{L}\left(\frac{x}{L}\right)$$

所以

$$k_{11} = \int_0^L EA(\psi_1')^2 \mathrm{d}x = \frac{EA}{L}$$

$$k_{12} = k_{21} = \frac{EA}{L}$$

$$k_{22} = \frac{4EA}{3L}$$

$$m_{11} = \int_0^L \rho A(\psi_1)^2 \mathrm{d}x = \frac{\rho AL}{3}$$

$$m_{12} = m_{21} = \frac{\rho AL}{4}$$

$$m_{22} = \frac{\rho AL}{5}$$

第三步，计算广义力 p_i：

$$\delta W = P\delta u(L,t) = p_1\delta u_1 + p_2\delta u_2$$
$$\delta u(L,t) = \psi_1(L)\delta u_1 + \psi_2(L)\delta u_2$$

因此

$$p_1 = P\psi_1(L) = P$$
$$p_2 = P\psi_2(L) = P$$

第四步，用矩阵形式组集运动方程：

$$\rho AL\begin{bmatrix} \frac{1}{3} & \frac{1}{4} \\ \frac{1}{4} & \frac{1}{5} \end{bmatrix}\begin{bmatrix} \ddot{u}_1 \\ \ddot{u}_2 \end{bmatrix} + \frac{EA}{L}\begin{bmatrix} 1 & 1 \\ 1 & \frac{4}{3} \end{bmatrix}\begin{bmatrix} u_1 \\ u_2 \end{bmatrix} = \begin{bmatrix} P \\ P \end{bmatrix}$$

2）欧拉梁的横向振动

梁振动的假设振型法理论公式推导如下。

在图 4.3.6 中，设位移函数为 $u(x,t)$，则系统的能量为

动能

$$T = \int \mathrm{d}T = \frac{1}{2}\int_0^L \rho A(\dot{u})^2 \mathrm{d}x \tag{4.3.18}$$

势能

$$V=\int \mathrm{d}V=\frac{1}{2}\int EI(u'')^2\mathrm{d}x \tag{4.3.19}$$

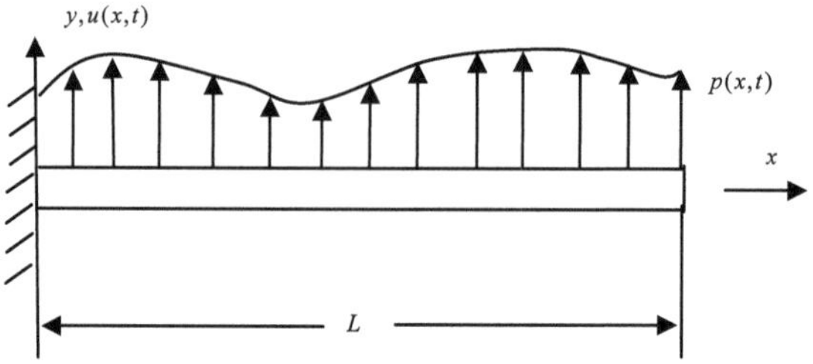

图 4.3.6　梁模型

外力虚功

$$\delta W_{\mathrm{nc}}=\int_0^L p(x,t)\delta u(x,t)\mathrm{d}x \tag{4.3.20}$$

由

$$u=\sum_{i=1}^{N}\psi_i(x)q_i(t) \tag{4.3.21}$$

得

$$\delta u=\sum_{i=1}^{N}\psi_i(x)\delta q_i(t) \tag{4.3.22}$$

$$\dot{u}=\sum_{i=1}^{N}\psi_i(x)\dot{q}_i(t) \tag{4.3.23}$$

$$u''=\sum_{i=1}^{N}\psi_i''(x)q_i(t) \tag{4.3.24}$$

将式(4.3.22)~式(4.3.24)代入式(4.3.18)~式(4.3.20)后，再代入拉格朗日方程中的各项，有

$$\frac{\partial T}{\partial q_i}=0 \tag{4.3.25}$$

$$\begin{aligned}\frac{\partial T}{\partial \dot{q}_i}&=\int_0^L \rho A\dot{u}\cdot\frac{\partial \dot{u}}{\partial \dot{q}_i}\mathrm{d}x=\int_0^L \rho A\left(\sum_{j=1}^{N}\psi_j(x)\dot{q}_j(t)\right)\psi_i(x)\mathrm{d}x\\&=\sum_{j=1}^{N}\left[\int_0^L\left(\rho A\psi_i(x)\psi_j(x)\right)\mathrm{d}x\right]\dot{q}_j(t)\triangleq\sum_{j=1}^{N}m_{ij}\dot{q}_j(t)\end{aligned} \tag{4.3.26}$$

其中

$$m_{ij}=\int_0^L \rho A\psi_i\psi_j \mathrm{d}x \tag{4.3.27}$$

那么

$$\frac{\mathrm{d}}{\mathrm{d}t}\left(\frac{\partial T}{\partial \dot{q}_j}\right)=\sum_{j=1}^{N} m_{ij}\ddot{q}_j(t) \tag{4.3.28}$$

而

$$\begin{aligned}\frac{\partial V}{\partial q_i}&=\frac{1}{2}\int_0^L EI(2u'')\frac{\partial u''}{\partial q_i}\mathrm{d}x=\int_0^L EI\left(\sum_{j=1}^{N}\psi_j''(x)q_j(t)\right)\psi_i''(x)\mathrm{d}x\\&=\sum_{j=1}^{N}\left(\int_0^L EI\psi_i''(x)\psi_j''(x)\mathrm{d}x\right)q_j(t)\triangleq\sum_{j=1}^{N}k_{ij}q_j(t)\end{aligned} \tag{4.3.29}$$

其中

$$k_{ij}=\int_0^L EI\psi_i''\psi_j''\mathrm{d}x \tag{4.3.30}$$

$$\begin{aligned}\delta W_{\mathrm{nc}}&=\int p(x,t)\left(\sum_{i=1}^{N}\psi_i(x)\delta q_i(t)\right)\mathrm{d}x\\&=\sum_{i=1}^{N}\left(\int_0^L p(x,t)\psi_i(x)\mathrm{d}x\right)\delta q_i(t)\\&=\sum_{i=1}^{N}Q_i\delta q_i\end{aligned} \tag{4.3.31}$$

所以

$$Q_i=\int_0^L p(x,t)\psi_i(x)\mathrm{d}x \tag{4.3.32}$$

将式(4.3.25)、式(4.3.28)、式(4.3.29)及式(4.3.32)再代入拉格朗日方程(4.2.10)中，有

$$\sum_{j=1}^{N}m_{ij}\ddot{q}_j+\sum_{j=1}^{N}k_{ij}q_j=Q_i \quad (i=1,\cdots,N) \tag{4.3.33}$$

写成矩阵形式，即

$$M\ddot{q} + Kq = Q \tag{4.3.34}$$

3）黏性系统

在图 4.3.7 中，$u(x,t)$ 表示地基的沿铅垂方向的运动，分布的黏性力为

$$p(x,t) = -\xi(x)\dot{u}(x,t) \tag{4.3.35}$$

其中，$\xi(x)$ 为分布的阻尼系数。

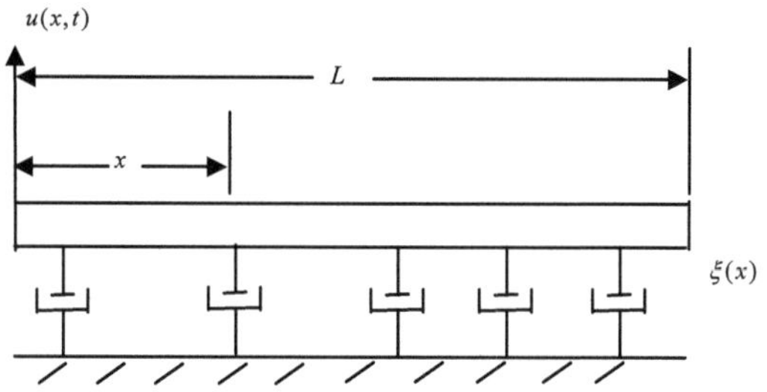

图 4.3.7　黏性系统示意图

那么，由式(4.3.32)得

$$\begin{aligned} Q_i &= \int_0^L p(x,t)\psi_i(x)\mathrm{d}x = \int_0^L \left(-\xi(x)\sum_{j=1}^{N}\psi_i(x)\dot{q}_j(t)\right)\psi_i(x)\mathrm{d}x \\ &= -\sum_{j=1}^{N}\dot{q}_j(t)\left(\int_0^L \xi(x)\psi_j(x)\psi_j(x)\mathrm{d}x\right) \end{aligned} \tag{4.3.36}$$

对于黏性阻尼有

$$Q_i = -\sum_{j=1}^{N} C_{ij}\dot{q}_j(t) \tag{4.3.37}$$

那么

$$C_{ij} = \int_0^L \xi(x)\psi_i\psi_j\mathrm{d}x \tag{4.3.38}$$

运动微分方程成为

$$M\ddot{q} + C\dot{q} + Kq = Q \tag{4.3.39}$$

其中 C 即为由式(4.3.38)定义的阻尼矩阵。

综上，m_{ij} 是广义质量；k_{ij} 是广义刚度；C_{ij} 是广义阻尼；Q_i 是广义力。

本节给出了一种建立结构振动系统动力学基本方程的一种实用方法，当方程建立以后，就可按第 2 章所讲述的方法分析该系统的固有特性。

4.4 约束坐标与拉格朗日乘子

在前面的拉格朗日方程的推导中，对一个 N 维系统，广义坐标 $q_1,\cdots,q_N$ 是线性独立的，但在实际问题中，有时希望采用一套坐标，但它却是不独立的。

记线性不独立的坐标为

$$q_1,q_2,\cdots,q_M \quad (M>N)$$

那么被约束的坐标数为

$$C=M-N$$

约束方程为(位移约束方程)

$$f_j(q_1,q_2,\cdots,q_M)=0 \quad (j=1,2,\cdots,C) \tag{4.4.1}$$

令每一个坐标 q_i 有一个变分 δq_i，那么

$$\delta f_j=\frac{\partial f_j}{\partial q_1}\delta q_1+\frac{\partial f_j}{\partial q_2}\delta q_2+\cdots+\frac{\partial f_j}{\partial q_M}\delta q_M=0 \tag{4.4.2}$$

或

$$\sum_{i=1}^{M}\frac{\partial f_j}{\partial q_i}\delta q_i=0 \quad (j=1,2,\cdots,C) \tag{4.4.3}$$

这样，δq_i 并不独立，而是由 C 个式(4.4.3)这样的方程互相联系起来。

现在回到哈密顿原理，并将坐标数由 N 扩展到 M，那么

$$\int_{t_1}^{t_2}\left\{\sum_{i=1}^{M}\left[-\frac{\mathrm{d}}{\mathrm{d}t}\left(\frac{\partial T}{\partial \dot{q}_i}\right)+\frac{\partial T}{\partial q_i}-\frac{\partial V}{\partial q_i}+Q_i\right]\delta q_i\right\}\mathrm{d}t=0 \tag{4.4.4}$$

这时由于 δq_i 不独立，所以不能得到方括号中的表达式等于零的结论。引入一个拉格朗日乘子 $\lambda_j(t)$（$j=1,2,\cdots,C$）(或叫做拉格朗日乘子函数)，将式 (4.4.3)的 C

个方程中的每一个都乘以一个相应的乘子函数，那么

$$\sum_{j=1}^{C}\lambda_j\sum_{i=1}^{M}\frac{\partial f_j}{\partial q_i}\delta q_i=0 \tag{4.4.5}$$

由于这个和仍然为零，将它引入式(4.4.4)，得

$$\int_{t_1}^{t_2}\left\{\sum_{i=1}^{M}\left[-\frac{\mathrm{d}}{\mathrm{d}t}\left(\frac{\partial T}{\partial \dot{q}_i}\right)+\frac{\partial T}{\partial q_i}-\frac{\partial V}{\partial q_i}+Q_i+\sum_{j=1}^{C}\lambda_j\frac{\partial f_j}{\partial q_i}\right]\delta q_i\right\}\mathrm{d}t=0 \tag{4.4.6}$$

其中，δq_i 仍然不独立，但可以选择拉格朗日乘子 λ_j，使得与 δq_i（$i=1,2,\cdots,C$）相乘的方括号中的表达式为零，那么剩下的 $N=M-C$ 个坐标独立。对独立的 δq_i（$i=C+1,\cdots,M$）而言，方括号也为零。这样方括号中的表达式必须对所有的 δq_i 都为零。于是得到修正的拉格朗日方程为

$$\frac{\mathrm{d}}{\mathrm{d}t}\left(\frac{\partial T}{\partial \dot{q}_i}\right)-\frac{\partial T}{\partial q_i}+\frac{\partial V}{\partial q_i}-\sum_{j=1}^{C}\lambda_j\frac{\partial f_j}{\partial q_i}=Q_i \quad (i=1,\cdots,M) \tag{4.4.7}$$

或

$$\frac{\mathrm{d}}{\mathrm{d}t}\left(\frac{\partial T}{\partial \dot{q}_i}\right)-\frac{\partial T}{\partial q_i}+\frac{\partial V^*}{\partial q_i}=Q_i \quad (i=1,2,\cdots,M) \tag{4.4.8}$$

其中

$$V^*=V-\sum_{j=1}^{C}\lambda_j f_j \tag{4.4.9}$$

为修正了的势能函数。

可以看到，式(4.4.7)或式(4.4.8)和式(4.4.1)提供了 $M+C$ 个方程，用以确定 $M+C$ 个未知数 q_i 和 λ_j（$i=1,2,\cdots,M; j=1,\cdots,C$）。

例 4.4.1　求图 4.4.1 所示杆的轴向自由振动微分方程。

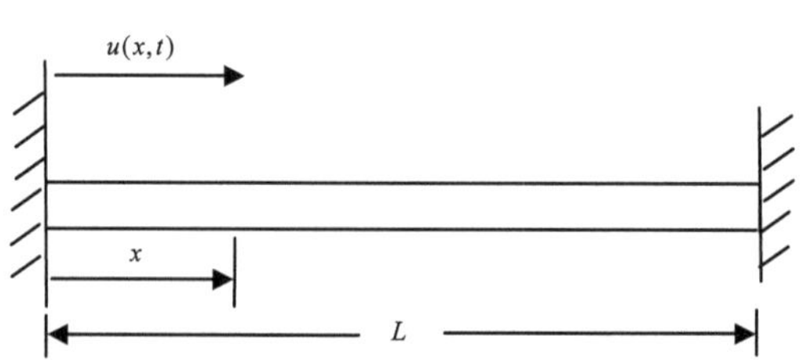

图 4.4.1　固定-固定杆

解 杆中各点位移为

$$u(x,t)=\left(\frac{x}{L}\right)q_1+\left(\frac{x}{L}\right)^2 q_2$$

第一步，写约束方程：

约束边界条件为

$$u(0,t)=0$$
$$u(L,t)=0$$

第1个条件由形函数满足，第2个条件即

$$f(q_1,q_2)\equiv u(L,t)=q_1+q_2=0$$

这就是约束方程。

第二步，确定 M , K ：

参看例 4.3.4

$$K=\frac{EA}{L}\begin{bmatrix}1 & 1\\ 1 & \frac{4}{3}\end{bmatrix},\quad M=\rho AL\begin{bmatrix}\frac{1}{3} & \frac{1}{4}\\ \frac{1}{4} & \frac{1}{5}\end{bmatrix}$$

第三步，代入修正的拉格朗日方程：

因为此时只有一个约束方程，只需计算 $\lambda(\partial f/\partial q_1)$ 和 $\lambda(\partial f/\partial q_2)$ ，得

$$\frac{\partial f}{\partial q_1}=\frac{\partial f}{\partial q_2}=1$$

因此，运动方程为

$$\rho AL\left[\begin{bmatrix}\frac{1}{3} & \frac{1}{4}\\ \frac{1}{4} & \frac{1}{5}\end{bmatrix}\right]\begin{bmatrix}\ddot{q}_1\\ \ddot{q}_2\end{bmatrix}+\left(\frac{EA}{L}\right)\begin{bmatrix}1 & 1\\ 1 & \frac{3}{4}\end{bmatrix}\begin{bmatrix}q_1\\ q_2\end{bmatrix}-\begin{bmatrix}\lambda\\ \lambda\end{bmatrix}=\begin{bmatrix}0\\ 0\end{bmatrix}$$

联立得

$$q_1+q_2=0$$

可求解未知数 q_1,q_2 和 λ 。

4.5　受约束结构的振动

这里所说的受约束结构，是指一个由于添加了质量或弹簧而被改变了的结构。一般来说，一个弹簧在其作用点上将对结构的运动表现为一种约束，而使系统的固有频率增加；相反，一个附加的质量可能降低系统的固有频率。下面用广义坐标和振型的概念加以分析推导。

对于一个一维结构，其受到单位长度上的分布力 $f(x,t)$ 和单位长度上的分布力矩 $M(x,t)$ 的激励，求其强迫振动。

已知结构的主模态参数 ω_i 和 $\varphi_i(x)$，则它在任一点 x 处的挠度可以表示为

$$y(x,t)=\sum_i \varphi_i(x)q_i(t) \tag{4.5.1}$$

由拉格朗日方程可得，广义坐标 q_i 必须满足方程式

$$\ddot{q}_i(t)+\omega_i^2 q_i(t)=\frac{1}{M_i}\left[\int f(x,t)\varphi_i(x)\,\mathrm{d}x+\int M(x,t)\varphi_i'(x)\,\mathrm{d}x\right] \tag{4.5.2}$$

其中 ω_i 为未受约束结构的固有频率，方括号中表达式是一广义力 Q_i，由虚功定义求得

$$Q_i=\frac{\delta W}{\delta q_i} \tag{4.5.3}$$

如果用作用于点 $x=a$ 处的一个集中力 $F(a,t)$ 和一个集中力矩 $M(a,t)$ 来代替分布载荷，则广义力可由下式求得

$$\begin{aligned}\delta W&=F(a,t)\delta y(a,t)+M(a,t)\delta y'(a,t)\\&=F(a,t)\sum_i \varphi_i(a)\delta q_i+M(a,t)\sum_i \varphi_i'(a)\delta q_i\end{aligned} \tag{4.5.4}$$

$$Q_i=\frac{\delta W}{\delta q_i}=F(a,t)\varphi_i(a)+M(a,t)\varphi_i'(a) \tag{4.5.5}$$

q_i 必须满足的运动方程为

$$\ddot{q}_i(t)+\omega_i^2 q_i(t)=\frac{1}{M_i}\left[F(a,t)\varphi_i(a)+M(a,t)\varphi_i'(a)\right] \tag{4.5.6}$$

以上方程就是分析受约束结构的基本方程，条件是约束可以用载荷形式来表

示，在这种模型中，可以不必用上节中添加拉格朗日乘子的方法。

1．添加弹簧结构

把一个线性弹簧和扭转弹簧联结到图 4.5.1 的简支梁上，求运动方程。

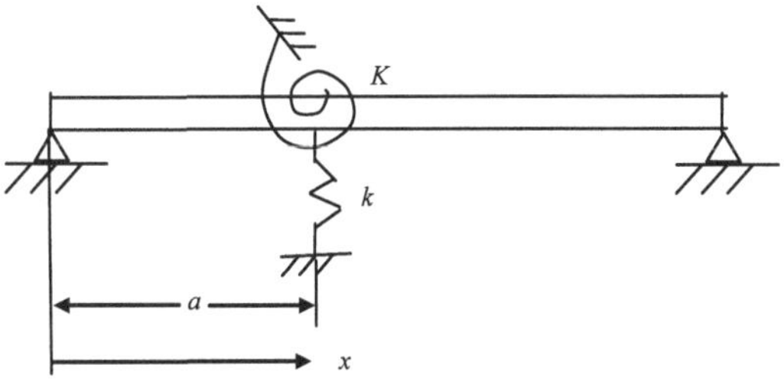

图 4.5.1 弹簧约束简支梁结构

设线性弹簧在梁上施加一个集中力，弹性系数为 k，即

$$F(a,t)=-ky(a,t)=-k\sum_{j=1}^{N}\varphi_j(a)q_j(t) \tag{4.5.7}$$

而弹簧刚度为 K 的扭簧则对梁施加一个集中力矩

$$M(a,t)=-Ky'(a,t)=-K\sum_{j=1}^{N}\varphi'_j(a)q_j(t) \tag{4.5.8}$$

将式(4.5.7)和式(4.5.8)代入式(4.5.6)，得

$$\ddot{q}_i+\omega_i^2q_i=\frac{1}{M_i}\left[-k\varphi_i(a)\sum_{j=1}^{N}\varphi_j(a)q_j(a)-K\varphi'_i(a)\sum_{j=1}^{N}\varphi'_j(a)q_j(t)\right] \tag{4.5.9}$$

可以看出，受约束的主振型仍然是简谐的，所以

$$q_j=\overline{q}_j\mathrm{e}^{\mathrm{i}\omega t}\quad(j=1,\cdots,N) \tag{4.5.10}$$

于是第 i 个方程的解是

$$\overline{q}_i=\frac{-1}{M_i(\omega_i^2-\omega^2)}\left[k\varphi_i(a)\sum_{j=1}^{N}\overline{q}_j\varphi_j(a)+K\varphi'_i(a)\sum_{j=1}^{N}\overline{q}_j\varphi'_j(a)\right]\quad(i=1,\cdots,N) \tag{4.5.11}$$

对于 N 个如式(4.5.11)这样的方程，由 $\overline{q}_i$ 的系数组成的行列将导出受约束振

型的固有频率 ω，而受约束结构的振型形状则可以通过 $\overline{q}_i$ 代入式(4.5.1)求得。

2．附加质量结构

如果在点 $x=a$ 处放一质量 m_0 的物体来代替弹簧，如图 4.5.2 所示，则由 m_0 施加到梁上的力为

$$F(a,t)=-m_0\ddot{y}(a,t)=-m_0\sum_{j=1}^{N}\ddot{q}_j\varphi_j(a) \tag{4.5.12}$$

代入式(4.5.6)，同样的推导可得与式(4.5.11)类似的方程

$$\overline{q}_i=\frac{1}{M_i(\omega_i^2-\omega^2)}\left[\omega^2 m_0\varphi_i(a)\sum_{j=1}^{N}\overline{q}_j\varphi_j(a)\right] \tag{4.5.13}$$

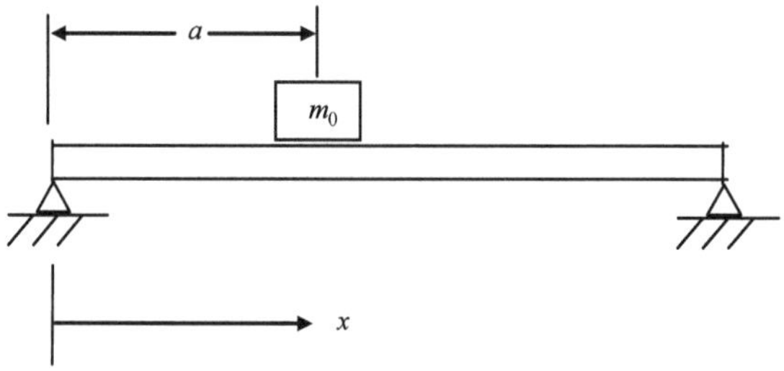

图 4.5.2　附加集中质量简支梁

下面举例说明方程的应用。

例 4.5.1　试给出一简支梁固有频率的单一振型近似式，在 $x=l/3$ 处有一附加质量 m_0。

解　当仅应用一个单一振型时，方程式(4.5.13)简化为

$$M_1(\omega_1^2-\omega^2)=\omega^2 m_0\varphi_1^2(a)$$

解出 ω^2 得

$$\left(\frac{\omega}{\omega_1}\right)^2=\frac{1}{1+\dfrac{m_0}{M_1}\varphi_1^2(a)}$$

已知对于非受约束的简支梁，有

$$\omega_1 = \pi^2\sqrt{\frac{EI}{Ml^3}},\quad \varphi_1(x) = \sqrt{2}\sin\frac{\pi x}{l}$$

在 $x = l/3$ 处有

$$\varphi_1\left(\frac{l}{3}\right) = \sqrt{2}\sin\frac{\pi}{3} = \sqrt{2}\times 0.866$$

$$M_1 = M = \text{梁的质量}$$

将这些值代入方程，得出约束梁单一振型近似值为

$$\left(\frac{\omega}{\omega_1}\right)^2 = \frac{1}{1+1.5\dfrac{m_0}{M}}$$

由这个结果还可以看出当 m_0 相对于 M 很小时，附加质量对原系统的影响可忽略。

例 4.5.2　一导弹被线性弹簧和扭转弹簧约束在试验台上，如图 4.5.3 所示。试从受约束导弹的主振型建立确定其自由–自由振型之反问题公式。受约束导弹的固有频率和主振型用 Ω_i 和 Φ_i 标记。

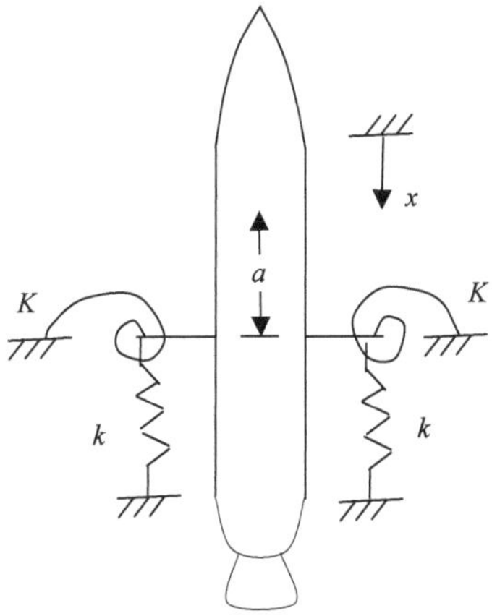

图 4.5.3　导弹约束结构

解　首先用约束力来代替约束

$$F(a) = -ky(a)$$

$$M(a) = -Ky'(a)$$

为了较详细地说明这一问题，从如下的原始方程式(4.5.11)开始：

$$\overline{q}_i=\frac{-F(a)\varPhi_i(a)-M(a)\varPhi_i'(a)}{M_i\varOmega_i^2\left[1-\left(\dfrac{\omega}{\varOmega_i}\right)^2\right]}$$

令

$$D_i(\omega)=M_i\varOmega_i\left[1-\left(\frac{\omega}{\varOmega_i}\right)^2\right]$$

则在 $x=a$ 处有

$$y(a)=\sum_i\varPhi_i(a)\overline{q}_i=\sum_i\frac{-F(a)\varPhi_i^2(a)-M(a)\varPhi_i'(a)\varPhi_i(a)}{D_i(\omega)}$$

将 $F(a)$ 及 $M(a)$ 代入得

$$y(a)=\sum_i\frac{ky(a)\varPhi_i^2(a)+Ky'(a)\varPhi_i'(a)\varPhi_i(a)}{D_i(\omega)}$$

$$y'(a)=\sum_i\frac{ky(a)\varPhi_i'(a)\varPhi_i(a)+Ky'(a)[\varPhi_i'(a)]^2}{D_i(\omega)}$$

重新排列方程得

$$y(a)\left[1-k\sum_i\frac{\varPhi_i^2(a)}{D_i(\omega)}\right]=y'(a)K\sum_i\frac{\varPhi_i'(a)\varPhi_i(a)}{D_i(\omega)}$$

$$y(a)k\sum_i\frac{\varPhi_i'(a)\varPhi_i(a)}{D_i(\omega)}=y'(a)\left[1-K\sum_i\frac{\varPhi_i'^2(a)}{D_i(\omega)}\right]$$

两式相除得到频率方程为

$$\left[1-k\sum_i\frac{\varPhi_i^2(a)}{D_i(\omega)}\right]\left[1-K\sum_i\frac{\varPhi_i'^2(a)}{D_i(\omega)}\right]-kK\left[\sum_i\frac{\varPhi_i'(a)\varPhi_i(a)}{D_i(\omega)}\right]^2=0$$

在 $x=a$ 处，斜率与挠度之比为

$$\frac{y'(a)}{y(a)}=\frac{1-k\sum_i \frac{\Phi_i^2(a)}{D_i(\omega)}}{K\sum_i \frac{\Phi_i'(a)\Phi_i(a)}{D_i(\omega)}}$$

对于任一点不受约束处有

$$y(x)=\sum_i \Phi_i(x)\bar{q}_i$$

那么自由–自由的振动形状由下式给出：

$$\frac{y(x)}{y(a)}=\sum_i \frac{k\Phi_i(a)\Phi_i(x)+K\frac{y'(a)}{y(a)}\Phi_i'(a)\Phi_i(x)}{D_i(\omega)}$$

当 $x=a$ 时

$$\frac{y(a)}{y(a)}\equiv 1$$

所以 $y(x)$ 是按令 $y(a)=1$ 的归一化方法得到的自由–自由振型。

例 4.5.3 对上例图 4.5.3，仅应用第一阶自由–自由模态 $\varphi_1(x),\omega_1$，连同刚体模态 $\varphi_{\mathrm{T}}=1,\varOmega_{\mathrm{T}}=0$ 及 $\varphi_{\mathrm{R}}=x,\varOmega_R=0$，求导弹的约束振型，其中 x 以指向弹尾为正。

解 对三个振型中的每一个，广义质量是

$$M_{\mathrm{T}}=\int \mathrm{d}m=M$$

$$M_{\mathrm{R}}=\int x^2\mathrm{d}m=I=M\rho^2$$

$$M_1=\int \varphi_1^2(x)\mathrm{d}m=M$$

其中 $\varphi_1(x)$ 振型已按 $M_1=M=$ 实际质量加以归一化。与频率有关的因子 D_i 为

$$D_{\mathrm{T}}=-M_T\omega^2=-M\omega^2=-M\omega_1^2\lambda$$

$$D_{\mathrm{R}}=-M\rho^2\omega^2=-M\rho^2\omega_1^2\lambda$$

$$D_1=M\omega_1^2\left[1-\left(\frac{\omega}{\omega_1}\right)^2\right]=M\omega_1^2(1-\lambda)$$

$$\left(\frac{\omega}{\omega_1}\right)^2=\lambda$$

以 k 代替 $-k,\varphi,\omega$ 代替 $\varPhi,\varOmega$，代入前面的频率方程式有

$$\left\{1-\frac{k}{M\omega_1^2}\left[\frac{1}{\lambda}+\frac{a^2}{\rho^2\lambda}-\frac{\varphi_1^2(a)}{1-\lambda}\right]\right\}\left\{1-\frac{K}{M_1\omega_1^2}\frac{1}{\rho^2\lambda}-\frac{\varphi_1'(a)}{1-\lambda}\right\}$$

$$-\frac{kK}{M^2\omega_1^4}\left[\frac{-a}{\rho^2\lambda}+\frac{\varphi_1'(a)\varphi_1(a)}{1-\lambda}\right]^2=0$$

上式可简化为

$$\lambda^2(1-\lambda)+\frac{k}{M\omega_1^2}\left[\varphi_1^2(a)+\frac{K}{k}\varphi_1'^2(a)\right]\lambda^2-\frac{k}{M\omega_1^2}\left[1+\frac{a^2}{\rho^2}+\frac{K}{k\rho^2}\right]\lambda(1-\lambda)$$

$$+\left(\frac{k}{M\omega_1^2}\right)^2\frac{K}{k\rho^2}(1-\lambda)-\left(\frac{k}{M\omega_1^2}\right)^2\frac{K}{k}\lambda\left\{\varphi_1'^2(a)+\frac{1}{\rho^2}\left[\varphi_1(a)-a\varphi_1'(a)\right]^2\right\}=0$$

对于 $K=0$ 的特殊情况，有

$$\lambda^2-\left\{1+\frac{k}{M\omega_1^2}\left[1+\frac{a^2}{\rho^2}+\varphi_1^2(a)\right]\right\}\lambda+\frac{k}{M\omega_1^2}\left(1+\frac{a^2}{\rho^2}\right)=0$$

如果 $x=a$ 取负值，这个频率方程就对应导弹被一个弹簧悬起的情形。

思考题与习题

4-1　用拉格朗日方程在不同的广义坐标体系下建立如图 E3.1 所示系统的振动微分方程：(1) 用 x 与 θ 作为广义坐标；(2) 用 x_1 与 x_2 作为广义坐标。

4-2　椭圆摆由一置于水平面上质量为 m 的滑块 A 和一质量为 M 的小球 B 用长为 l、质量不计的刚性杆铰接组成，如图 E4.1 所示。不计各处摩擦，试建立系统的运动微分方程。

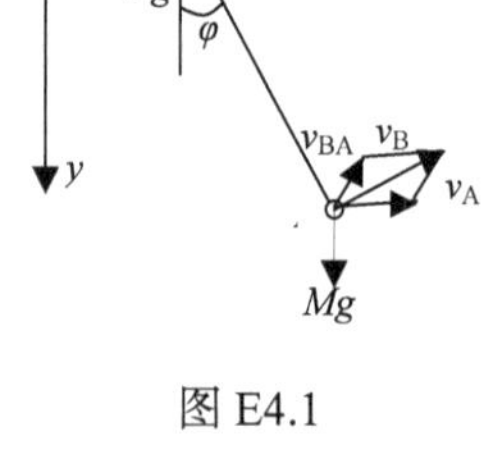

图 E4.1

4-3 长为 l、质量不计的细杆。上端 O 用铰链连接在铅垂轴上，下端固连一质量 m 为的小球 A。另一质量为 M 的滑块 B 与一自然长度为 l_0，刚度为 k 的弹簧连接，可沿杆自由滑动。铅直轴上作用以矩为 M_1 的力偶，使其以匀角速度 ω 转动，如图 E4.2 所示。不计各处摩擦和轴的质量，试建立系统的运动微分方程，并求出力偶 M_1。

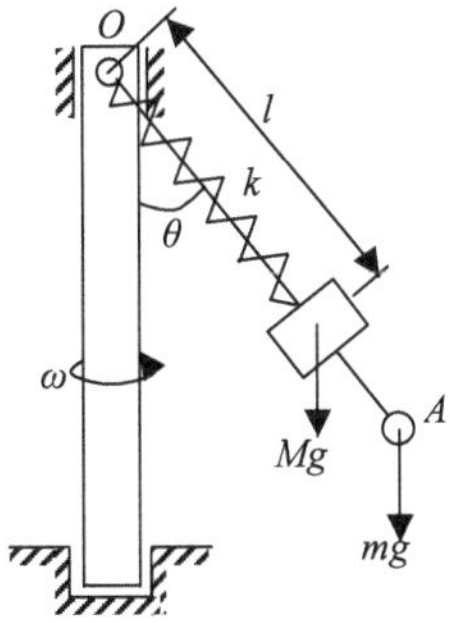

图 E4.2

4-4 用拉格朗日方程建立如图 E4.3 所示系统的运动微分方程。以 x 和 θ 作为广义坐标。其中细杆的质量为 $2m$，长度为 L。

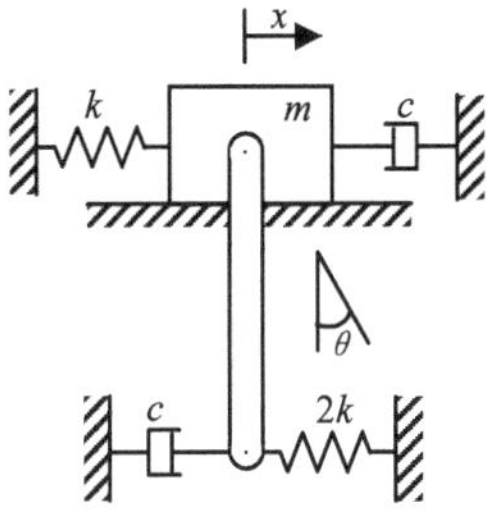

图 E4.3

4-5 一海上钻井平台可以模拟为一根长度为 l，顶部作用有集中质量 M，底部设有刚度系数为 k 的转动弹簧的弹性梁，如图 E4.4 所示。应用假设振型法求出这个两自由度系统的运动微分方程。假设梁在 x=0 处有微小转动。

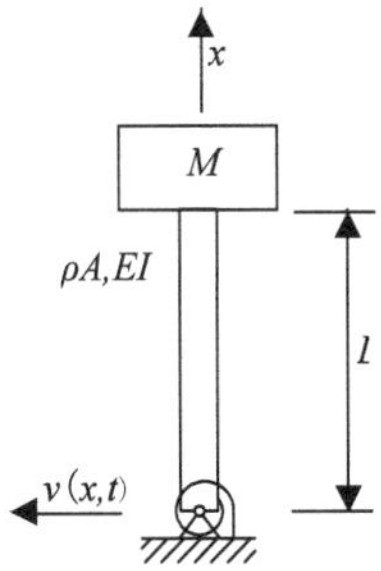

图 E4.4

4-6　如图 E4.5 所示，一长度为 L，两端刚固的均质梁，承受纵向均匀分布力 $p(x, t)=p_0(t)$，假设模态取：

$$\psi_1(x)=\sin(\pi x/L),\quad \psi_2(x)=\sin(2\pi x/L)$$

(1) 列出如图所示的振型函数所满足边界条件；

(2) 根据以上的振型函数利用假设振型法导出系统的两自由度振动微分方程。

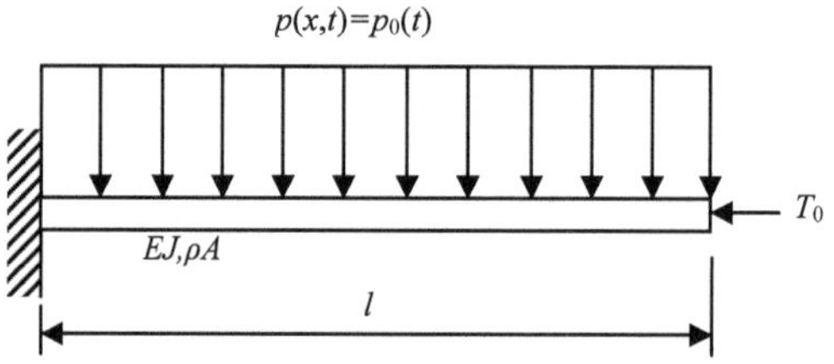

图 E4.5

4-7　如图 E4.6 所示，一个等截面悬臂梁上作用有均匀分布力 $p(x, t)=p_0(t)$ 和不变的轴向压力 T_0，若假设模态取为

$$\psi_1(x)=(x/L)^2,\quad \psi_2(x)=(x/L)^3$$

试用拉格朗日方程写出两自由度梁的横向振动方程。

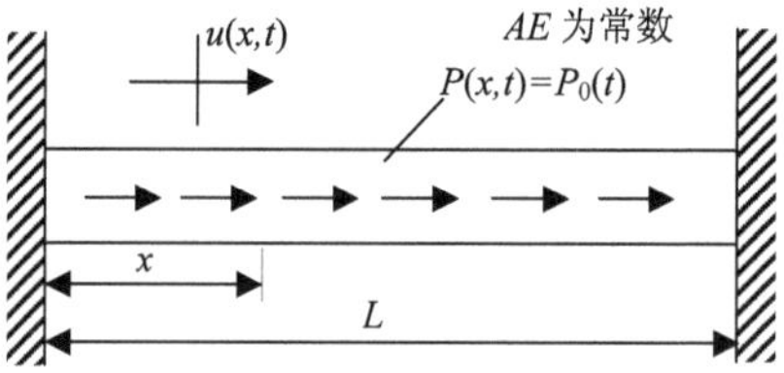

图 E4.6

4-8　质量为 m_1 的质点 A，放在倾角为 α，质量为 m_2 的三角形楔形块的斜边上。楔块又可在水平面上滑动，如图 E4.7 所示，不计摩擦，试用拉格朗日方程求质点和楔块的加速度以及他们所受的约束力。

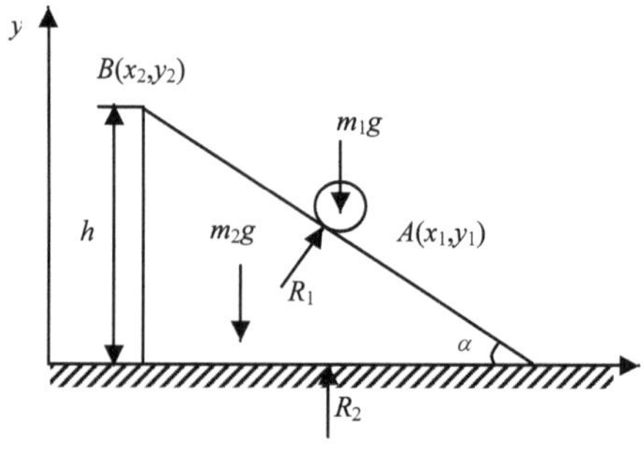

图 E4.7

4-9 如图 E4.8 所示，设各滑轮质量以及摩擦不计，并设绳子是不可伸长的，试用拉格朗日方程求绳子的张力和 m_1 的加速度。

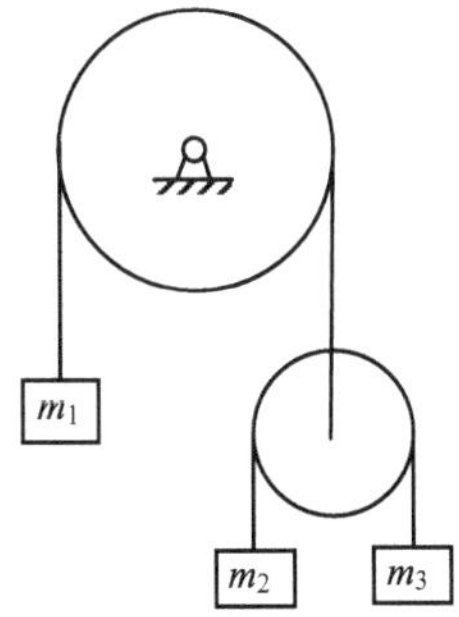

图 E4.8

4-10 一悬臂梁可以模拟为一个两自由度系统，其广义坐标为在自由端的偏离和(微小)倾斜，即 $v(t)$ 和 $\theta(t)$。相应的振型函数应该具有图 E4.9 所示形状。

(1)由一般多项式

$$\psi(x)=a+b(x/L)+c(x/L)^2+d(x/L)^3$$

推导多项式形式的振型函数 ψ_1 和 ψ_2。

(2)利用拉格朗日方程推到两自由度系统的振动微分方程。

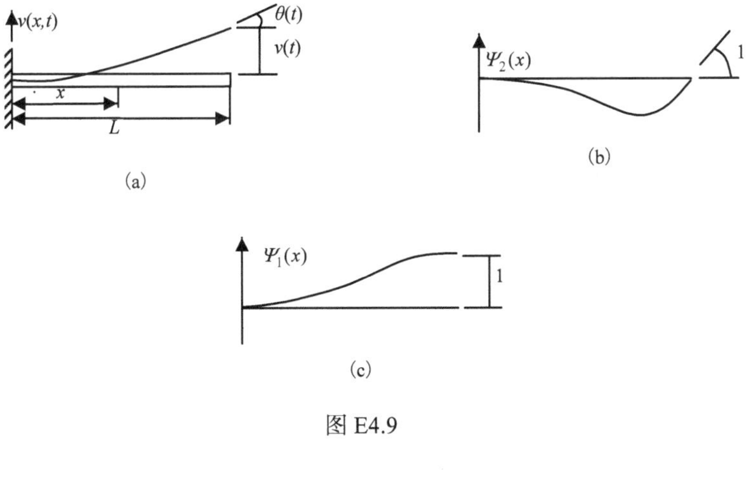

图 E4.9

第 5 章　求解特征问题的数值方法

5.1 概　　述

研究结构的固有特性，即固有频率与固有模态，是结构动力学的主要任务之一，因为研究这个问题就是研究结构振动的内因，研究矛盾的主要方面。对于一些比较简单的结构，可以通过分析的方法获得解析解。在一些只要求有限个模态的问题中，可以通过实验方法来获得结构的某些固有特性。但是，相当多的实际问题，特别是多自由度问题，只能获得数值解，或不得不借助于数值解来分析结构的动力特性。到目前为止，已经发展了许多求解特征问题的数值方法，有的方法可以从理论上证明具有相当的精度，有的方法已被实验或实践证明是可靠、有效的，而且方便实用。因此，求解特征问题的数值方法是研究结构动力学中不可缺少的方法。

在目前的若干方法中，归纳起来可以分为三大类，即分解法、迭代法和变换法。这一章并不准备将所有的方法介绍给读者。事实上，科学的发展是无止境的，方法本身也在不断地发展之中。这里只是借一些典型的常用的方法来介绍上述三类方法的特点、理论依据以及方法的应用。从第 3 章看到系统矩阵数学上的特征值和特征向量对应着物理系统的固有频率和固有振型，因此求解一个结构系统的固有特性就是求解对应的数学系统的特征值问题。

5.2 分　解　法

分解法源于高斯法，它是解线性方程组的一种有效方法，为了介绍分解法首先要了解高斯法。

1．高斯法

对于线性代数方程组

$$\begin{cases} a_{11}x_1 + a_{12}x_2 + \cdots + a_{1n}x_n = c_1 \\ a_{21}x_1 + a_{22}x_2 + \cdots + a_{2n}x_n = c_2 \\ \qquad\cdots \\ a_{n1}x_1 + a_{n2}x_2 + \cdots + a_{nn}x_n = c_n \end{cases} \tag{5.2.1}$$

写成矩阵形式

$$AX = C \tag{5.2.2}$$

假设 $\det(A) \neq 0$，则

$$X = A^{-1}C \tag{5.2.3}$$

这样式(5.2.2)的解就可以通过式(5.2.3)而得到。由于 A 是非奇异的，到此似乎问题的关键就集中在如何求 A^{-1} 上。根据 A^{-1} 的定义 $A^{-1} = A^{*}/|A|$，这就意味着要求相当巨大的矩阵行列式。如果系统是 n 维的，并且 A 是 n 阶的，就要作 $n!$ 次运算。当 n 的维数很大时，给计算带来极大的困难，虽然理论上是可行的，实际上却难以实现，因此一般不用式(5.2.3)求解。

1）回代法

在式(5.2.2)的两边同乘以非奇异矩阵 P

$$PAX = PC \tag{5.2.4}$$

如果 X 是式(5.2.2)的解，那么也是式(5.2.4)的解，反之亦然。这里可以认为 P 是 L^n (线性空间)中的一个线性变换，这个变换的目的是保证方程有有效精确的解。

但并不是任意地选择一个 P，而是选择一个能把 A 变换成一个三角矩阵的矩阵作为 P，即

$$PA = U \tag{5.2.5}$$

其中 U 为上三角矩阵。

记

$$PC = b \tag{5.2.6}$$

则

$$UX = b \tag{5.2.7}$$

即

$$\begin{bmatrix} U_{11} & \cdots & \cdots & U_{1n} \\ 0 & U_{22} & \cdots & U_{2n} \\ \vdots & \vdots & & \vdots \\ 0 & \cdots & \cdots & U_{nn} \end{bmatrix} \begin{bmatrix} x_1 \\ x_2 \\ \vdots \\ x_n \end{bmatrix} = \begin{bmatrix} b_1 \\ b_2 \\ \vdots \\ b_n \end{bmatrix} \tag{5.2.8}$$

第 n 个方程只包含一个未知数，得到

$$x_n = \frac{b_n}{U_{nn}} \tag{5.2.9}$$

第 $n-1$ 个方程是关于 x_{n-1} 和 x_n 的方程，由于 x_n 已得到，故

$$x_{n-1} = \frac{b_{n-1}}{U_{n-1,n-1}} - \frac{U_{n-1,n}}{U_{n-1,n-1}} x_n \tag{5.2.10}$$

由于 U 的上三角特点，可以依次将 $x_{n-2}, x_{n-3}, \cdots, x_3, x_2, x_1$ 解出。那么这种方法即是所谓的“回代法”。

2）高斯消元法

这种方法给出了通过消元来求得上三角矩阵的具体步骤和通用公式。由上面的分析可知：只要知道了 U 和 b，方程便迎刃而解。下面要做的工作就是怎样去找 U 和 b。理论上 P 是存在的，只要找到 P 就可得到 U 和 b。从式(5.2.5)看，似乎应把注意力放在寻找 P 上，这样很顺乎逻辑，也顺应人们头脑中的思维定势。如果这样想就会把问题引入死胡同，使问题百思不得其解，因此应把注意力放在根本的目的上，即求上角矩阵 U。从式(5.2.1)开始。

记

$$c_j = a_{j,n+1} \tag{5.2.11}$$

设 $a_{11} \neq 0$，用第 1 个方程乘以（$-a_{i1}/a_{11}$）再加上后面的 $i-1$ 个方程（$i = 2,3,\cdots,n$）得

$$\left.\begin{aligned} a_{11}x_1 + a_{12}x_2 + \cdots + a_{1n}x_n &= a_{1,n+1} \\ a_{22}^{(1)}x_2 + \cdots + a_{2n}^{(1)}x_n &= a_{2,n+1}^{(1)} \\ \cdots \\ a_{n2}^{(1)}x_2 + \cdots + a_{nn}^{(1)}x_n &= a_{n,n+1}^{(1)} \end{aligned}\right\} \tag{5.2.12}$$

新系数的一般表达式为

$$a_{ij}^{(1)}=a_{ij}-\frac{a_{i1}}{a_{11}}a_{1j}\quad (i=2,3,\cdots,n;j=2,3,\cdots,n+1) \tag{5.2.13}$$

如果$a_{11}=0$，方法仍然成立，则可以任意交换方程的顺序，即交换行，使第一行x_1的系数不为零即可。那么同样的道理可设$a_{22}^{(1)}\neq 0$，第二行的元素乘以$(-a_{i2}^{(1)}/a_{22}^{(1)})$去加第$i$个方程，这时$(i=3,\cdots,n)$得到

$$\begin{cases}a_{11}x_1+a_{12}x_2+a_{13}x_3+\cdots+a_{1n}x_n=a_{1,n+1}\\ a_{22}^{(1)}x_2+a_{23}^{(1)}x_3+\cdots+a_{2n}^{(1)}x_n=a_{2,n+1}^{(1)}\\ a_{33}^{(2)}x_3+\cdots+a_{3n}^{(2)}x_n=a_{3,n+1}^{(2)}\\ \cdots\\ a_{n3}^{(2)}x_3+\cdots+a_{nn}^{(2)}x_n=a_{n,n+1}^{(2)}\end{cases} \tag{5.2.14}$$

其中

$$a_{ij}^{(2)}=a_{ij}^{(1)}-\frac{a_{i2}^{(1)}}{a_{22}^{(1)}}a_{2j}^{(1)}\quad (i=3,4,\cdots,n;j=3,\cdots,n+1) \tag{5.2.15}$$

经过$n-1$步这样的处理后，最后得到

$$\begin{cases}a_{11}x_1+a_{12}x_2+a_{13}x_3+\cdots+a_{1n}x_n=a_{1,n+1}\\ a_{22}^{(1)}x_2+a_{23}^{(1)}x_3+\cdots+a_{2n}^{(1)}x_n=a_{2,n+1}^{(1)}\\ a_{33}^{(2)}x_3+\cdots+a_{3n}^{(2)}x_n=a_{3,n+1}^{(2)}\\ \cdots\\ a_{nn}^{(n-1)}x_n=a_{n,n+1}^{(n-1)}\end{cases} \tag{5.2.16}$$

比较式(5.2.8)和式(5.2.16)得

$$U=\begin{bmatrix}a_{11} & a_{12} & a_{13} & \cdots & a_{1n}\\ 0 & a_{22}^{(1)} & a_{23}^{(1)} & \cdots & a_{2n}^{(1)}\\ 0 & 0 & a_{33}^{(2)} & \cdots & a_{3n}^{2}\\ \vdots & \vdots & \vdots & & \vdots\\ 0 & \cdots & \cdots & 0 & a_{nn}^{(n-1)}\end{bmatrix},\quad b=\begin{bmatrix}a_{1,n+1}\\ a_{2,n+1}^{(1)}\\ a_{3,n+1}^{(2)}\\ \vdots\\ a_{n,n-1}^{(n-1)}\end{bmatrix} \tag{5.2.17}$$

其中

$$a_{ij}^{(k)} = a_{ij}^{(k-1)} - \frac{a_{ik}^{(k-1)}}{a_{kk}^{(k-1)}} a_{kj}^{(k-1)} \tag{5.2.18}$$

$$k = 1, \cdots, n-1$$

$$i = k+1, \cdots, n$$

$$j = k+1, \cdots, n+1$$

这个通式可以用归纳法给予证明。上面系数完全可以由计算机来求解，较容易地得到U和b，再由回代过程得到方程的解。

3）高斯–若尔当缩减法

事实上不仅可以把一个矩阵化成三角形，而且完全可以再进一步把它化成对角形。比如，用$(-a_{12}/a_{22}^{(1)})$乘以式(5.2.14)的第二行再加第一行，得

$$\left.\begin{aligned} a_{11}x_1 + a_{13}^{(2)}x_3 + \cdots + a_{1n}^{(2)}x_n &= a_{1,n+1}^{(2)} \\ a_{22}^{(1)}x_1 + a_{23}^{(2)}x_3 + \cdots + a_{2n}^{(2)}x_n &= a_{2,n+1}^{(2)} \\ a_{33}^{(2)}x_3 + \cdots + a_{3n}^{(2)}x_n &= a_{3,n+1}^{(2)} \\ \cdots& \\ a_{n3}^{(2)}x_3 + \cdots + a_{nn}^{(2)}x_n &= a_{n,n+1}^{(2)} \end{aligned}\right\} \tag{5.2.19}$$

与三角化过程不同之处是：不仅往下消元而且也往上消元。很显然，这个过程最后导致完全的对角化矩阵。这是高斯消元法的一个变种。

除此之外，对高斯消元法与高斯–若尔当缩减法还有以下一些需要说明：

(1) 用高斯消元法求解需要的乘、除运算次数为$n^3/3$；用高斯–若尔当缩减法求解乘、除运算次数为$n^3/2$。

可见前者效率更高，特别是当n增加时，这种优越性更好，而且对计算机来讲，这也是不得不考虑的问题。

(2) 注意到在高斯消元法的第r步中包含这样的运算：除以$a_{rr}^{(r-1)}$，这个元素为轴心或轴心元素。如果这个元素为 0，则运算便不能进行，如前面所述通过交换行或列使轴心不为 0。需要指出的是，即使$a_{rr}^{(r-1)}$不为 0，但如果太小的话也可能放大误差，使运算无法进行或结果无效。一般选

$$a_{rr}^{(r-1)} = \max_{i=r,\cdots,n} |a_{ir}^{(r-1)}| \tag{5.2.20}$$

这种算法叫做有心高斯消元法。

2. 变换与分解

1）初等变换

如果把方程的系数独立出来排成一个矩阵，用矩阵的一行代表一个方程，上面所讨论的消元法即是对系数矩阵作初等变换。为了叙述的方便，把矩阵初等变换的形式列在这里，而且把初等变换的三条定义用数学式子表达，即变换就是用一个初等矩阵乘以待变换的矩阵。这样做最终为了实现矩阵的三角分解，而矩阵的三角分解是求解特征值问题的一条捷径。

（1）将第 q 个方程乘以 k 加第 p 个方程：

$$\begin{array}{c} \qquad\qquad p \qquad\quad q \\ I_{kq+p}=\begin{bmatrix} 1 & \cdots & 0 & \cdots & 0 & \cdots & 0 \\ 0 & \cdots & 1 & \cdots & 1 & \cdots & 0 \\ \vdots & & \vdots & & \vdots & & \vdots \\ 0 & \cdots & k & \cdots & 0 & \cdots & 0 \\ 0 & \cdots & 0 & \cdots & 0 & \cdots & 1 \end{bmatrix} \begin{array}{c} \\ p \\ \\ q \\ \\ \end{array} \end{array} \tag{5.2.21}$$

（2）交换 p,q 两方程的位置：

$$\begin{array}{c} \qquad\qquad p \qquad\quad q \\ I_{pq}=\begin{bmatrix} 1 & \cdots & 0 & \cdots & 0 & \cdots & 0 \\ 0 & \cdots & 0 & \cdots & 1 & \cdots & 0 \\ \vdots & & \vdots & & \vdots & & \vdots \\ 0 & \cdots & 1 & \cdots & 0 & \cdots & 0 \\ 0 & \cdots & 0 & \cdots & 0 & \cdots & 1 \end{bmatrix} \begin{array}{c} \\ p \\ \\ q \\ \\ \end{array} \end{array} \tag{5.2.22}$$

（3）将第 p 个方程乘一常数 α：

$$\begin{array}{c} \qquad\qquad p \qquad\qquad \\ I_{\alpha p}=\begin{bmatrix} 1 & \cdots & 0 & \cdots & 0 & \cdots & 0 \\ 0 & \cdots & \alpha & \cdots & 0 & \cdots & 0 \\ \vdots & & \vdots & & \vdots & & \vdots \\ 0 & \cdots & 0 & \cdots & 1 & \cdots & 0 \\ 0 & \cdots & 0 & \cdots & 0 & \cdots & 1 \end{bmatrix} \begin{array}{c} \\ p \\ \\ \\ \\ \end{array} \end{array} \tag{5.2.23}$$

用这些矩阵前乘一个矩阵时就等于对这个矩阵施行了初等行变换，若后乘这个矩阵等于对它进行了列变换。

2）变换矩阵

记 A_0 表示变换前的矩阵，A_1 是式(5.2.12)中经第一次初等变换后的系数矩阵，那么

$$A_1 = P_1 A_0 \tag{5.2.24}$$

其中

$$P_1 = \begin{bmatrix} 1 & 0 & 0 & \cdots & 0 \\ -p_{21} & 1 & 0 & \cdots & 0 \\ -p_{31} & 0 & 1 & \cdots & 0 \\ \vdots & \vdots & \vdots & & \vdots \\ -p_{n1} & 0 & 0 & \cdots & 1 \end{bmatrix} \tag{5.2.25}$$

可以看到，P_1 是一个单位下三角矩阵，且

$$p_{j1} = \frac{a_{j1}}{a_{11}} \quad (j = 2,3,\cdots,n) \tag{5.2.26}$$

如果记式(5.2.14)方程组的系数矩阵为 A_2，它由 A_1 经线性变换而来，用矩阵形式表示为

$$A_2 = P_2 A_1 = P_2 P_1 A_0 \tag{5.2.27}$$

其中

$$P_2 = \begin{bmatrix} 1 & 0 & 0 & \cdots & 0 \\ 0 & 1 & 0 & \cdots & 0 \\ 0 & -p_{32} & 1 & \cdots & 0 \\ \vdots & \vdots & \vdots & & \vdots \\ 0 & -p_{n2} & 0 & \cdots & 1 \end{bmatrix} \tag{5.2.28}$$

$$p_{j2} = \frac{a_{j2}^{(1)}}{a_{22}^{(2)}} \quad (j = 3,4,\cdots,n) \tag{5.2.29}$$

可见，这个变换的过程为：第 r 步在 A_{r-1} 前乘变换矩阵 P_r，P_r 是 n 阶的单位下三角矩阵，第 r 列的主对角元以下的元素为

$$-p_{jr}=-\frac{a_{jr}^{(r-1)}}{a_{rr}^{(r-1)}}\quad (j=r+1,r+2,\cdots,n) \tag{5.2.30}$$

那么到 $(n-1)$ 步就得到了上三角矩阵的矩阵形式

$$U=P_{n-1}A_{n-2}=P_{n-1}P_{n-2}\cdots P_1A_0=PA_0 \tag{5.2.31}$$

其中

$$P=P_{n-1}P_{n-2}\cdots P_1 \tag{5.2.32}$$

3）三角分解

矩阵的三角分解是分解法的重要内容，它是从高斯消元法发展而来。矩阵的三角分解即是把一个矩阵分解为一个下三角矩阵和一个上三角矩阵的过程。

令

$$\overline{P}_r=[0\quad 0\quad \cdots\quad 0\quad p_{r+1,r}\quad p_{r+2,r}\quad \cdots\quad p_{n,r}]^{\mathrm{T}} \tag{5.2.33}$$

那么

$$P_r=I-\overline{P}_re_r^{\mathrm{T}}\quad (r=1,2,\cdots,n-1) \tag{5.2.34}$$

其中，I 为单位矩阵，e_r 为第 r 个标准单位向量，$e_r=[0\quad \cdots\quad 0\quad 1\quad 0\quad \cdots\quad 0]^{\mathrm{T}}$。

可以证明：

$$P_r^{-1}=I+\overline{P}_re_r^{\mathrm{T}} \tag{5.2.35}$$

这是因为

$$\begin{aligned}P_rP_r^{-1}&=(I-\overline{P}_re_r^{\mathrm{T}})(I+\overline{P}_re_r^{\mathrm{T}})\\&=I-\overline{P}_re_r^{\mathrm{T}}+\overline{P}_re_r^{\mathrm{T}}-\overline{P}_r(e_r^{\mathrm{T}}\overline{P}_r)e_r^{\mathrm{T}}\\&=I\end{aligned} \tag{5.2.36}$$

由式(5.2.31)得

$$U=PA\quad (A=A_0)$$

所以

$$A=P^{-1}U \tag{5.2.37}$$

由式(5.2.32)得

$$
\begin{aligned}
P^{-1} &= (P_{n-1}P_{n-2}\cdots P_1)^{-1} = P^{-1}P_2^{-1}\cdots P_{n-2}^{-1}P_{n-1}^{-1} \\
&= (I+\overline{P}_1 e_1^{\mathrm{T}})\cdots(I+\overline{P}_{n-1}e_{n-2}^{\mathrm{T}})(I+P_{n-1}e_{n-1}^{\mathrm{T}})
\end{aligned}
\tag{5.2.38}
$$

因为

$$
e_i^{\mathrm{T}} P_j = 0 \qquad (i \leqslant j)
$$

由式(5.2.38)得

$$
L = P^{-1} = I + \sum_{r=1}^{n-1} \overline{P}_r e_r^{\mathrm{T}} \tag{5.2.39}
$$

为单位下三角矩阵。所以

$$
A = LU \tag{5.2.40}
$$

这样就实现了矩阵的三角分解。

式(5.2.40)是三角分解的表达式。现需要说明以下几点：

(1) 如果式(5.2.40)成立，即分解存在的话，那么分解是唯一的。

(2) 在消元的过程中，由于主对角元可能出现零或较小的情况，要进行行交换或列列交换。行交换为前乘一个初等变换矩阵，列交换为后乘一个初等变换矩阵。如果只作行(列)变换称为偏轴转换，若行、列同时变换叫做全轴转换。

(3) 先作转换或先消元都不影响结果，那么就方法的使用而言，总假设矩阵 A 适于分解。

例 5.2.1

$$
A_0 = \begin{bmatrix} 2 & 2 & -1 \\ 1 & 1.5 & 2 \\ 1 & 6 & -2 \end{bmatrix}
$$

$$
P_{21} = \frac{a_{21}}{a_{11}} = 0.5 \qquad P_{31} = \frac{a_{31}}{a_{11}} = 0.5
$$

$$
P_1 = \begin{bmatrix} 1 & 0 & 0 \\ 0.5 & 1 & 0 \\ 0.5 & 0 & 1 \end{bmatrix}
$$

$$A_1 = P_1 A_0 = \begin{bmatrix} 2 & 2 & -1 \\ 0 & 0.5 & 2.5 \\ 0 & 5 & -1.5 \end{bmatrix}$$

$$I_{23} = \begin{bmatrix} 1 & 0 & 0 \\ 0 & 0 & 1 \\ 0 & 1 & 0 \end{bmatrix} = I_{23}^{-1}$$

$$I_{23} A_1 = \begin{bmatrix} 2 & 2 & -1 \\ 0 & 5 & -1.5 \\ 0 & 0.5 & 2.5 \end{bmatrix}$$

$$P_{32} = \frac{a_{32}^{(1)}}{a_{22}^{(1)}} = 0.1$$

$$P_2 = \begin{bmatrix} 1 & 0 & 0 \\ 0 & 1 & 0 \\ 0 & 0.1 & 1 \end{bmatrix}$$

$$U = A_2 = P_2 I_{23} P_1 A_0 = \begin{bmatrix} 2 & 2 & -1 \\ 0 & 5 & -1.5 \\ 0 & 0 & 2.65 \end{bmatrix}$$

$$P^{-1} = P_1^{-1} I_{23}^{-1} P_2^{-1} = \begin{bmatrix} 1 & 0 & 0 \\ 0.5 & 0.1 & 1 \\ 0.5 & 1 & 0 \end{bmatrix}$$

在式(5.2.39)中 $L = P^{-1}$，可是这里 P^{-1} 并不是下三角，但只要交换二、三行即可。

$$L = I_{23} P^{-1} = (I_{23}^{-1} P_1^{-1} I_{23}^{-1}) P_2^{-1} = P_1^{-1} P_2^{-1} = P^{-1}$$

$$(I_{23} = I_{23}^{-1})$$

所以

$$P = P_2 P_1 \neq P_2 I_{23} P_1$$

$$LU = I_{23}A_0 = \begin{bmatrix} 2 & 2 & -1 \\ 1 & 6 & -2 \\ 1 & 1.5 & 2 \end{bmatrix}$$

计算过程中可以是先转换后分解，也可一边分解一边转换，但公式推导中总认为是先转换后再分解的。

4）任意的上三角矩阵的分解

$$T = \begin{bmatrix} t_{11} & t_{12} & \cdots & t_{1n} \\ 0 & t_{22} & \cdots & t_{2n} \\ \vdots & \vdots & & \vdots \\ 0 & \cdots & \cdots & t_{nn} \end{bmatrix} \tag{5.2.41}$$

总可以把它写成一个对角矩阵和一个单位上三角矩阵的乘积，即

$$T = DU \tag{5.2.42}$$

其中

$$D = \begin{bmatrix} t_{11} & & & \\ & t_{22} & & \\ & & \ddots & \\ & & & t_{nn} \end{bmatrix}, \quad U = \begin{bmatrix} 1 & \dfrac{t_{12}}{t_{11}} & \cdots & \dfrac{t_{1n}}{t_{11}} \\ 0 & 1 & \cdots & \dfrac{t_{2n}}{t_{22}} \\ \vdots & \vdots & & \vdots \\ 0 & 0 & \cdots & 1 \end{bmatrix} \tag{5.2.43}$$

那么式(5.2.40)变为

$$A = LDU \tag{5.2.44}$$

其中，L 为单位下三角矩阵，U 为单位上三角矩阵，D 为对角矩阵。

对于任意的一个实矩阵 A，可以由式(5.2.40)很容易地推得式(5.2.44)的分解式，由于 L, D, U 都是较简单的矩阵，因而式(5.2.44)比式(5.2.40)更进了一步。

5）对称矩阵的分解

如果 A 是对称矩阵，那么

$$A = LDL^{\mathrm{T}} \tag{5.2.45}$$

一般来讲分解不一定存在，但当 A 正定时，分解一定存在。事实上

$$A=(LD^{1/2})(LD^{1/2})^{\mathrm{T}}$$

注意到 D 是对角阵，$D^{1/2}$ 仍是对角阵，L 是单位下三角阵，$LD^{1/2}$ 虽不是单位下三角阵，即对角线元素不再是 1，但仍是下三角阵，那么 $(LD^{1/2})^{\mathrm{T}}$ 则是上三角阵。如果就用 L 来表示下三角阵而不是单位下三角阵，则

$$A=LL^{\mathrm{T}} \tag{5.2.46}$$

这种分解即是 Cholesky 分解，分解是唯一的，L 有正的对角线元素。可以观察到 $LD^{1/2}$ 的对角元素即是 $\sqrt{d_{ii}}>0$，即

$$LD^{1/2}=\begin{bmatrix}1 & 0 & 0 & \cdots & 0\\ l_{21} & 1 & 0 & \cdots & 0\\ l_{31} & l_{32} & 1 & \cdots & 0\\ \vdots & \vdots & \vdots & & \vdots\\ l_{n1} & l_{n2} & \cdots & \cdots & 1\end{bmatrix}\begin{bmatrix}\sqrt{d_{11}} & & & \\ & \sqrt{d_{22}} & & \\ & & \ddots & \\ & & & \sqrt{d_{nn}}\end{bmatrix} \tag{5.2.47}$$

由式(5.2.46)可以得到 L 与 A 的关系。注意到 L 的下三角特点及 A 的对称性，可以由矩阵 A 得到分解矩阵。即

$$l_{ii}=\left(a_{ii}-\sum_{j=1}^{i-1}l_{ij}^{2}\right)^{\frac{1}{2}} \quad (i=1,\cdots,n) \tag{5.2.48}$$

$$l_{ki}=\frac{1}{l_{ii}}\left(a_{ik}-\sum_{j=1}^{i-1}l_{ij}l_{kj}\right) \tag{5.2.49}$$

$$k=i+1,i+2,\cdots,n\ ; \quad i=1,2,\cdots,n \tag{5.2.50}$$

Choleksky 分解需要 $n^{3}/6$ 运算，几乎是高斯分解法的一半，因为 Cholesky 利用到了 A 的对称性。

5.3 迭 代 法

1．幂法

在求解特征值问题的方法中采用较多的方法是迭代法，这类方法是将特征值和特征向量同时求出。幂法是其中的一种，幂法不是求出全部的特征值，而仅是求出最大的一个特征值(主特征值)及其相应的特征向量。

对于特征值问题

$$Ax_r = \lambda_r x_r \quad (r = 1,2,\cdots,n) \tag{5.3.1}$$

（1）假设：

① A 是 n 维的实方阵，x_r 是满足方程的解；

② λ_r 的顺序为 $|\lambda_1| \geqslant |\lambda_2| \geqslant \cdots \geqslant |\lambda_n|$，定义 λ_1 为主特征值；

③ x_r 线性无关，并由它们张成 L 空间，即任一 n 维向量 $V_0 \in L$，都可以写成基 $\{x_r\}$ 线性组合

$$V_0 = \sum_{r=1}^{n} \alpha_r x_r \tag{5.3.2}$$

（2）迭代过程：

定义　第 P 次迭代的矢量为

$$V_P = AV_{P-1} \quad (P = 1,2,\cdots) \tag{5.3.3}$$

那么

$$\begin{aligned} V_P &= AV_{P-1} = A^2 V_{P-2} = A^P V_0 = \sum_{r=1}^{n} \alpha_r A^P x_r = \sum_{r=1}^{n} \alpha_r \lambda_r^P x_r \\ &= \alpha_1 \lambda_1^P x_1 + \sum_{r=2}^{n} \alpha_r \lambda_r^P x_r = \lambda_1^P \left[\alpha_1 x_1 + \sum_{r=2}^{n} \alpha_r \left(\frac{\lambda_r}{\lambda_1} \right)^P x_r \right] \end{aligned} \tag{5.3.4}$$

设 $a_1 \neq 0$，并注意到 $|\lambda_r/\lambda_1| < 1$（$r = 2,\cdots,n$），那么对于足够大的 P，有

$$V_P = \lambda_1^P (\alpha_1 x_1 + \varepsilon_P) \tag{5.3.5}$$

其中 ε_P 的元素为非常小的量，而且当 $P \to \infty$ 时，$\varepsilon_P \to 0$，即

$$\lim_{P\to\infty} V_P = \lambda_1^P \alpha_1 x_1 \tag{5.3.6}$$

对于同样的特征值 λ_1 及它的特征向量 x_1，再迭代一次得到

$$\lim_{P\to\infty} V_{P+1} = \lambda_1^{P+1} \alpha_1 x_1 \tag{5.3.7}$$

式(5.3.6)与式(5.3.7)是向量方程，然而它们的每个分量都应满足这个关系，即

$$\lim_{P\to\infty} v_{P,i} = \lambda_1^P \alpha_1 x_{1,i}$$

$$\lim_{P\to\infty} v_{P+1,i} = \lambda_1^{P+1} \alpha_1 x_{1,i} \tag{5.3.8}$$

两式相除得

$$\lim_{P\to\infty} \frac{v_{P+1,i}}{v_{P,i}} = \lambda_1 \tag{5.3.9}$$

现在总结以上迭代过程为以下三个步骤：

(1) 选择始发向量V_0；

(2) 迭代$V_P = AV_{P-1}$；

(3) 直到前后两次迭代的向量相似时，用式(5.3.9)得到λ_1。

例 5.3.1 用幂法求下述A矩阵的最大特征值与相应的特征向量

$$A = \begin{bmatrix} 1 & 1 & 2 \\ 1 & 2 & 4 \\ 1 & 2 & 5 \end{bmatrix}$$

解 (1) 选择$V_0 = [0.5 \quad 0.9 \quad 1.0]^{\mathrm{T}}$为初始向量

(2) 迭代过程

$$V_1 = AV_0 = \begin{bmatrix} 1 & 1 & 2 \\ 1 & 2 & 4 \\ 1 & 2 & 5 \end{bmatrix} \begin{bmatrix} 0.5 \\ 0.9 \\ 1.0 \end{bmatrix} = \begin{bmatrix} 3.4 \\ 6.3 \\ 7.3 \end{bmatrix} = 7.3 \times \begin{bmatrix} 0.465753 \\ 0.863014 \\ 1.000000 \end{bmatrix}$$

$$V_2 = \begin{bmatrix} 1 & 1 & 2 \\ 1 & 2 & 4 \\ 1 & 2 & 5 \end{bmatrix} \begin{bmatrix} 0.4657 \\ 0.8630 \\ 1.0000 \end{bmatrix} = \begin{bmatrix} 3.32876 \\ 6.19178 \\ 7.191781 \end{bmatrix} = 7.191781 \times \begin{bmatrix} 0.462857 \\ 0.860952 \\ 1.000000 \end{bmatrix}$$

然后再作新的向量。归一化主要是为了加快迭代速度，到第 7 次迭代就成为

$$\begin{bmatrix} 1 & 1 & 2 \\ 1 & 2 & 4 \\ 1 & 2 & 5 \end{bmatrix} \begin{bmatrix} 0.462598 \\ 0.860806 \\ 1.00000 \end{bmatrix} = 7.184210 \times \begin{bmatrix} 0.462598 \\ 0.860806 \\ 1.000000 \end{bmatrix}$$

(3)　$\lambda_1 = 7.184210$，　$X_1 = \begin{Bmatrix} 0.462598 \\ 0.860806 \\ 1.00000 \end{Bmatrix}$

对于这种方法需要说明以下几点：

(1) 收敛速度取决于两个因素。最重要的因素是要看 λ_1 与 λ_2 的比值，λ_1 越大，或 λ_2/λ_1 越小，则 $\varepsilon_P \to 0$ 的速度越快，收敛越快。第二个因素是系数 α_1，如果 α_1 比 $\alpha_1,\alpha_2,\cdots,\alpha_n$ 大，那么会加快收敛，即 V_0 选择得好会加快收敛。

(2) 迭代过程是自校正的。迭代向量中的误差只能延迟收敛而不会破坏收敛性，因为任一个带误差的向量都可以看作一个新的始发向量，然后再迭代下去，所以不会发散只是延迟收敛。

(3) 上面的推导都是基于 $\alpha_1 \neq 0$ 的假设，如果 $\alpha_1 = 0$ 那么每一次迭代的向量都与 x_1 无关，迭代过程不会收敛到 x_1。可是实际上由于计算过程用到一串固定的数，使得循环很可能在迭代向量中引入一个分量，它是一个非 0 的数乘上 x_1，这个向量随着每一次迭代而增长，最终成为 V_P 中的主导因素。这个措施就确保了主特征值以及它的主特征向量的获得，同时指出这种方法只是求出主要的，而不是所有的特征值和特征向量。

2．Hotelling's 收缩法

幂法有一个明显的缺点就是只能求出主特征对，而且还可以进一步指出，只要是针对同一个矩阵 A，任何通过迭代的方法求出第一个次主特征值的尝试都将是失败的。因此人们想到去研究一种修改 A 的方法来保证迭代可能收敛到第一个次主特征值。

这里将介绍另一种技术，也就是由 Hotelling 提出来的所谓矩阵收缩的方法。这种方法的限制条件是：A 是实对称的。事实上这个前提条件是非常重要的，因为我们知道，当 A 是实对称时，它的特征向量就是正交的，有了正交性就给问题的分析带来了许多方便。

设特征向量已规范化，即

$$x_r^{\mathrm{T}} x_s = \delta_{rs} \quad (r,s = 1,2,\cdots,n) \tag{5.3.10}$$

其中 $\lambda_1,\cdots,\lambda_n$ 为 A 的特征值。

如果 λ_1，x_1 是 A 的第一个特征值和特征向量，设

$$A_2 = A - \lambda_1 x_1 x_1^{\mathrm{T}} \tag{5.3.11}$$

显然 A_2 的特征值是

$$0,\lambda_2,\lambda_3,\cdots,\lambda_n$$

特征向量是

$$x_1,x_2,x_3,\cdots,x_n$$

易知，$\lambda_2,\cdots,\lambda_n$ 也是 A 的特征值，$x_2,\cdots,x_n$ 是相应的特征向量。$(0,x_1)$ 是 A_2 的特征对，但不是 A 的。这是因为：如果记 $X=[x_1,x_2,\cdots,x_n]$ 是由特征向量所构成的特征矩阵，那么，式(5.3.11)两边分别左乘和右乘矩阵 X^{T} 和 X，则

$$\text{左边}=X^{\mathrm{T}}A_2X=\begin{bmatrix}\lambda_1^{(2)} & & & \\ & \lambda_2^{(2)} & & \\ & & \ddots & \\ & & & \lambda_n^{(2)}\end{bmatrix}$$

是 A_2 的特征值。

$$\text{右边}=X^{\mathrm{T}}AX-\lambda_1X^{\mathrm{T}}x_1x_1^{\mathrm{T}}X=\begin{bmatrix}\lambda_1 & & & \\ & \lambda_2 & & \\ & & \ddots & \\ & & & \lambda_n\end{bmatrix}-\begin{bmatrix}\lambda_1 & & & \\ & 0 & & \\ & & \ddots & \\ & & & 0\end{bmatrix}=\begin{bmatrix}0 & & & \\ & \lambda_2 & & \\ & & \ddots & \\ & & & \lambda_n\end{bmatrix}$$

由于左边=右边，所以有上面的结论。

用特征向量 x_i 右乘 A_2 得

$$A_2x_i=Ax_i-\lambda_1x_1x_1^{\mathrm{T}}x_i=\lambda_ix_i-\delta_{1i}\lambda_1x_1=\begin{cases}0, & i=1\\ \lambda_ix_i, & i\neq 1\end{cases} \tag{5.3.12}$$

对 A_2 用幂法迭代，取始发向量为 V_0，相应于矩阵 A_2 的第一次迭代为

$$\begin{aligned}V_1=A_2V_0&=\sum_{r=1}^{n}\alpha_rA_2x_r=\sum_{r=1}^{n}\alpha_rAx_r-\lambda_1x_1\sum_{r=1}^{n}\alpha_rx_1^{\mathrm{T}}x_r\\&=\sum_{r=1}^{n}\alpha_r\lambda_rx_r-\lambda_1x_1\sum_{r=1}^{n}\alpha_r\delta_{1r}=\sum_{r=2}^{n}\alpha_r\lambda_rx_r\end{aligned} \tag{5.3.13}$$

与前面不同的是，V_1 与 x_1 完全无关。继续使用幂法得

$$V_P=\lambda_2^P\left[\alpha_1x_2+\sum_{r=3}^{n}\alpha_r\left(\frac{\lambda_r}{\lambda_2}\right)^Px_r\right] \tag{5.3.14}$$

当 $P \to \infty$ 时，得到第一次主特征对：λ_2 及 x_2，A_2 就称为缩减矩阵。

对于这种方法需要作以下几点说明：

(1) 收缩显然是可以依次类推的。例如

$$A_k = A_{k-1} - \lambda_{k-1}x_{k-1}x_{k-1}^{\mathrm{T}} = A - \sum_{i=1}^{k-1}\lambda_i x_i x_i^{\mathrm{T}} \quad (k = 2,\cdots,n) \tag{5.3.15}$$

具有特征值 $0,0,\cdots,0,\lambda_k,\lambda_{k+1},\cdots,\lambda_n$ 和相应的特征向量 $x_1,x_2,\cdots,x_{k-1},x_k,x_{k+1},\cdots,x_n$。因此可以通过迭代，收敛到 λ_k 和 x_k。这样不断下去就可以求出全部的特征值和特征向量。

(2) 以上把 A 限制在实对称矩阵，同样的方法也适合于任意的实数矩阵。

对于任意的实矩阵，有这样的事实：A 和 A^{T} 有相同的特征值 $\lambda_1,\cdots,\lambda_n$。

记 A 的特征向量为 $x_1,\cdots,x_n$，A^{T} 的特征向量为 $y_1,\cdots,y_n$，虽然 A 的特征向量不再满足正交性，但仍可利用 A 与 A^{T} 的特征向量的正交性。这两组特征向量可规范化如下：

$$y_s^{\mathrm{T}}x_r = \delta_{rs} \quad (r,s = 1,2,\cdots,n) \tag{5.3.16}$$

取

$$A_2 = A - \lambda_1 x_1 y_1^{\mathrm{T}} \tag{5.3.17}$$

则

$$A_2 x_i = Ax_i - \lambda_1 x_1 y_1^{\mathrm{T}} x_i = \lambda x_i - \lambda_1 \delta_{1i} x_1 = \begin{cases} 0, & i = 1 \\ \lambda_i x_1, & i \neq 1 \end{cases} \tag{5.3.18}$$

A_2 的特征值为 $0,\lambda_2,\lambda_3,\cdots,\lambda_n$，特征向量为 $x_1,x_2,x_3,\cdots,x_n$。

同理可解出 A^{T} 的特征值和特征向量。

(3) Hotelling 方法的主要缺点。每次的收缩矩阵都是建立在前面所计算出的特征对的基础上的，显然精度受到影响，误差积累，每收缩一次，次主特征值的求解精度就降低一次。

3．Wielandt's 收缩法

这种方法是 Hotelling 方法的推广，讨论的是一个任意的实矩阵 A。

先假设 λ_1, x_1 分别是 A 的主特征值及相应的特征向量，并已经算出。设收缩矩阵为

$$A_2 = A - x_1 u_1^{\mathrm{T}} \tag{5.3.19}$$

其中 u_1 为任意的矢量，但满足

$$u_1^{\mathrm{T}} x_1 = \lambda_1 \tag{5.3.20}$$

$$A_2 x_1 = A x_1 - x_1 u_1^{\mathrm{T}} x_1 = 0 \tag{5.3.21}$$

所以零是 A_2 的特征值，x_1 是 A_2 属于零特征值的特征向量。

如果记

$$r_i = u_1^{\mathrm{T}} \frac{x_i}{\lambda_i} \quad (i=2,3,\cdots,n) \tag{5.3.22}$$

$$x_i^{(2)} = x_i - r_i x_1 \quad (i=2,3,\cdots,n) \tag{5.3.23}$$

其中，λ_i 为 A_2 的特征值，也是 A 的特征值，x_i 为 A 的属于 λ_i 的特征向量。那么

$$\begin{aligned} A_2 x_i^{(2)} &= (A - x_1 u_1^{\mathrm{T}})(x_i - r_i x_1) = A x_i - r_i A x_1 - x_1 u_1^{\mathrm{T}} x_i + r_i x_1 u_1^{\mathrm{T}} x_1 \\ &= \lambda_i x_i - r_i \lambda_1 x_1 - x_1 u_1^{\mathrm{T}} x_i + r_i \lambda_1 x_1 = \lambda_i x_i - x_1 u_1^{\mathrm{T}} x_i \\ &= \lambda_i \left(x_i - \frac{u_1^{\mathrm{T}} x_i}{\lambda_i} x_1 \right) = \lambda_i (x_i - r_i x_1) = \lambda_i x_i^{(2)} \end{aligned} \tag{5.3.24}$$

所以 $x_1, x_2^{(2)}, x_3^{(2)}, \cdots, x_n^{(2)}$ 是 A_2 的特征向量，但不是 A 的特征向量(x_1 除外)，而 A 的特征向量是 $x_1, x_2, \cdots, x_n$。

x_i 与 $x_i^{(2)}$ 的关系由式(5.3.22)和式(5.3.23)得到。

取始发向量

$$V_0 = \sum_{r=1}^{n} \alpha_r x_r$$

则

$$\begin{aligned} V_1 &= A_2 V_0 = \sum_{r=1}^{n} \alpha_r (A - x_1 u_1^{\mathrm{T}}) x_r = \sum_{r=1}^{n} \alpha_r A x_r - \sum_{r=1}^{n} \alpha_r x_1 u_1^{\mathrm{T}} x_r \\ &= \alpha_1 \lambda_1 x_1 + \sum_{r=2}^{n} \alpha_r \lambda_r x_r - \alpha_1 \lambda_1 x_1 - \sum_{r=2}^{n} \alpha_r x_1 u_1^{\mathrm{T}} x_r = \sum_{r=2}^{n} \alpha_r \lambda_r \left(x_r - x_1 \cdot \frac{u_1^{\mathrm{T}} x_r}{\lambda_r} \right) \end{aligned} \tag{5.3.25}$$

$$V_1 = \sum_{r=2}^{n} \alpha_r \lambda_r x_r^{(2)} \tag{5.3.26}$$

$$V_P = \lambda_2^P \left[\alpha_2 x_2^{(2)} + \sum_{r=3}^{n} \alpha_r \left(\frac{\lambda_r}{\lambda_2} \right)^P x_r^{(2)} \right] \tag{5.3.27}$$

对 A_2 用上面的方法迭代，可得到 λ_i，$x_i^{(2)} \to x_i$（$i=2, \cdots, n$）。

现在讨论一个 u_1 的取法。由于 $x_1, x_2^{(2)}, x_3^{(2)}, \cdots, x_n^{(2)}$ 是线性独立的，那么

$$\alpha_1 x_1 + \sum_{i=2}^{n} \alpha_i x_i^{(2)} = 0 \tag{5.3.28}$$

当且仅当 $\alpha_i = 0$（$i = 1, \cdots, n$）时成立。

如果取 $u_1 = \lambda_1 y_1$，而 y_1 是 A^{T} 的第一个正规化了的特征向量，则就是 Hotelling 的缩减方法。

考虑任意一个这样的矢量 W_1，使得

$$W_1^{\mathrm{T}} x_1 = 1 \tag{5.3.29}$$

那么

$$W_1^{\mathrm{T}} A x_1 = W_1^{\mathrm{T}} \lambda_1 x_1 = \lambda_1 \tag{5.3.30}$$

选择

$$u_1^{\mathrm{T}} = W_1^{\mathrm{T}} A \tag{5.3.31}$$

则收缩矩阵为

$$A_2 = A - x_1 W_1^{\mathrm{T}} A \tag{5.3.32}$$

显然，A_2 具有特征值 $0, \lambda_2, \cdots, \lambda_n$ 及特征向量 $x_1, x_2^{(2)}, \cdots, x_n^{(2)}$，其中

$$x_i^{(2)} = x_i - \left(\frac{1}{\lambda_i} W_1^T A x_i \right) x_1 \quad (i = 2, \cdots, n) \tag{5.3.33}$$

又如果 x_1 是归一化了的，亦即令 x_1 中某一行的元素为 1（如第 j 行），那么选 $e_j = W_1$ 就满足式(5.3.29)，则

$$e_j^{\mathrm{T}} x_1 = 1 \tag{5.3.34}$$

即

$$\overset{\qquad\quad j}{[0 \cdots 0\,1\,0 \cdots 0]} \begin{bmatrix} * \\ \vdots \\ * \\ 1 \\ * \\ \vdots \\ * \end{bmatrix} \begin{matrix} \\ \\ \\ j \\ \\ \\ \\ \end{matrix} = 1 \tag{5.3.35}$$

所以选

$$u_1^{\mathrm{T}} = e_j^{\mathrm{T}} A \tag{5.3.36}$$

那么

$$A_2 = A - x_1 e_j^{\mathrm{T}} A = (I - x_1 e_j^{\mathrm{T}}) A \tag{5.3.37}$$

进一步还可以看到

$$j\quad \begin{bmatrix} x_{11} \\ x_{12} \\ \vdots \\ 1 \\ \vdots \\ x_{1n} \end{bmatrix} \overset{\qquad j}{[0\ 0\ \cdots\ 1\ \cdots\ 0]} = \begin{bmatrix} 0 & \cdots & 0 & x_{11} & 0 & \cdots & 0 \\ 0 & \cdots & 0 & x_{12} & 0 & \cdots & 0 \\ \vdots & & \vdots & \vdots & \vdots & & \vdots \\ 0 & \cdots & 0 & 1 & 0 & \cdots & 0 \\ \vdots & & \vdots & \vdots & \vdots & & \vdots \\ 0 & \cdots & 0 & x_{1n} & 0 & \cdots & 0 \end{bmatrix} \quad j \tag{5.3.38}$$

因为 $(I - x_1 e_j^{\mathrm{T}})$ 的第 j 行为 0，所以 A_2 的第 j 行为 0，且 $x_2^{(2)}, x_3^{(2)}, \cdots, x_n^{(2)}$ 的第 j 个元素为 0，所以可以划去 $x_i^{(2)}$ 的第 j 行及 A_2 的第 j 行第 j 列，于是就把一个 n 维的问题变成了 $n-1$ 维问题。

5.4 变 换 法

上述用幂法及收缩迭代法求特征值和特征向量的一个不足之处就是：特征值和特征向量是一对一对来求出的，出来一对收缩一次得到一个收缩矩阵再迭代……而变换法同时产生矩阵 A 的全部特征值和特征向量。

1．雅可比方法

雅可比方法是一种旋转变换的方法，它通过正交旋转变换把矩阵化为对角矩阵而得到。

1）二维情形

实对称矩阵 A 对应一个标准二次型

$$X^{\mathrm{T}} A X = 1 \tag{5.4.1}$$

在二维的情况下，这就是一个椭圆方程。寻找 A 的特征向量即为寻找其主轴，

A 在主轴下的投影即为特征值。

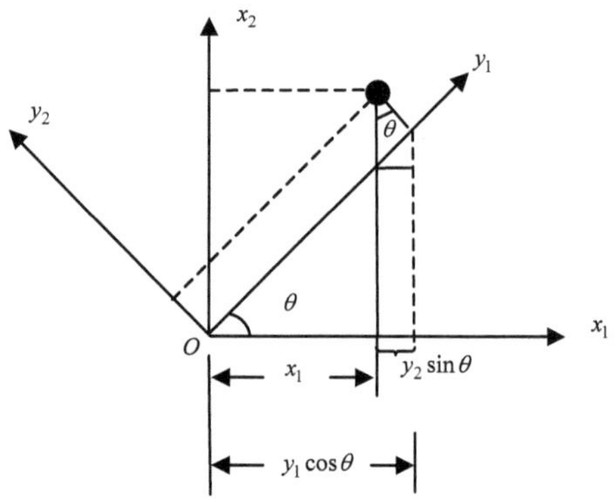

图 5.4.1 二维旋转示意图

如图 5.4.1 所示，y_1 和 y_2 表示主轴，则 (x_1,x_2) 与 (y_1,y_2) 的关系为

$$
\begin{aligned}
x_1 &= y_1\cos\theta - y_2\sin\theta \\
x_2 &= y_1\sin\theta + y_2\cos\theta
\end{aligned}
\tag{5.4.2}
$$

写成矩阵形式为

$$x = Ry \tag{5.4.3}$$

其中

$$R = \begin{bmatrix} \cos\theta & -\sin\theta \\ \sin\theta & \cos\theta \end{bmatrix} \tag{5.4.4}$$

容易验证

$$RR^{\mathrm{T}} = R^{\mathrm{T}}R = I \tag{5.4.5}$$

其中 R 为正交矩阵。将式(5.4.3)代入式(5.4.1)得

$$y^{\mathrm{T}}R^{\mathrm{T}}ARy = 1 \tag{5.4.6}$$

因为 (y_1,y_2) 是主轴，那么

$$R^{\mathrm{T}}AR = \Lambda \tag{5.4.7}$$

是对角矩阵。因为式(5.4.6)对应主轴，所以为平方和形式。R 就是由 A 的一组特征向量所构成的正交矩阵，R 的列向量是 A 的特征向量。记

$$\hat{x}_1=\begin{bmatrix}\cos\theta\\ \sin\theta\end{bmatrix},\quad \hat{x}_2=\begin{bmatrix}-\sin\theta\\ \cos\theta\end{bmatrix} \tag{5.4.8}$$

将式(5.4.7)展开为

$$\begin{bmatrix}\lambda_1 & 0\\ 0 & \lambda_2\end{bmatrix}=\begin{bmatrix}\cos\theta & \sin\theta\\ -\sin\theta & \cos\theta\end{bmatrix}\begin{bmatrix}a_{11} & a_{12}\\ a_{12} & a_{22}\end{bmatrix}\begin{bmatrix}\cos\theta & -\sin\theta\\ \sin\theta & \cos\theta\end{bmatrix} \tag{5.4.9}$$

等式右边逐项相乘后与左边矩阵元素对应相等可得 λ 与 a_{ij} 及 θ 的关系，对比左右两边矩阵的非对角元素有为

$$0=-(a_{11}-a_{22})\sin\theta\cos\theta+a_{12}(\cos^2\theta-\sin^2\theta) \tag{5.4.10}$$

易知

$$\tan(2\theta)=\frac{2a_{12}}{a_{11}-a_{22}} \tag{5.4.11}$$

这是平面旋转的情况。下面将二维的结果和结论推广到 A 是 n 维的情况。

2） *n 维的情形*

对于二维的情况只需一次旋转即可得到特征值和特征向量，但对于 n 维的情况都要经过若干步的迭代才能达到，而且每一步都是一个平面旋转，即一次变换只是把一个非对角元素变为零(考虑到对称性也可以说是把一对非对角元素变为零)。

设迭代序列为

$$A_k=R_k^{\mathrm{T}}A_{k-1}R_k\quad (k=1,2,\cdots) \tag{5.4.12}$$

其中，R_k 为第 k 次变换矩阵，$A_0=A$。

假设在 A_{k-1} 中绝对值最大的非对角元素在 (p,q) 位置上，那么

$$R_k=\begin{bmatrix}1 & 0 & \cdots & 0 & \cdots & 0 & \cdots & 0\\ 0 & 1 & \cdots & 0 & \cdots & 0 & \cdots & 0\\ \vdots & \vdots & & \vdots & & \vdots & & \vdots\\ 0 & 0 & \cdots & \cos\theta_k & \cdots & -\sin\theta_k & \cdots & 0\\ \vdots & \vdots & & \vdots & & \vdots & & \vdots\\ 0 & 0 & \cdots & \sin\theta_k & \cdots & \cos\theta_k & \cdots & 0\\ \vdots & \vdots & & \vdots & & \vdots & & \vdots\\ 0 & 0 & \cdots & 0 & \cdots & 0 & \cdots & 1\end{bmatrix}\begin{matrix}\\ \\ \\ p\\ \\ q\\ \\ \\ \end{matrix} \tag{5.4.13}$$

（第 p 列、第 q 列；第 p 行、第 q 行）

将式(5.4.13)代入式(5.4.12)中，得到 A_k 的元素为

$$\begin{cases} a_{pp}^{(k)} = a_{pp}^{(k-1)}\cos^2\theta_k + 2a_{pq}^{(k-1)}\sin\theta_k\cos\theta_k + a_{qq}^{(k-1)}\sin^2\theta_k \\ a_{qq}^{(k)} = a_{pp}^{(k-1)}\sin^2\theta_k - 2a_{pq}^{(k-1)}\sin\theta_k\cos\theta_k + a_{qq}^{(k-1)}\cos^2\theta_k \\ a_{pq}^{(k)} = -(a_{pp}^{(k-1)} - a_{qq}^{(k-1)})\sin\theta_k\cos\theta_k + a_{pq}^{(k-1)}(\cos^2\theta_k - \sin^2\theta_k) \end{cases} \tag{5.4.14a}$$

$$\begin{cases} a_{ip}^{(k)} = a_{ip}^{(k-1)}\cos\theta_k + a_{iq}^{(k-1)}\sin\theta_k \\ a_{iq}^{(k)} = -a_{ip}^{(k-1)}\sin\theta_k + a_{iq}^{(k-1)}\cos\theta_k \\ a_{pj}^{(k)} = a_{pj}^{(k-1)}\cos\theta_k + a_{qj}^{(k-1)}\sin\theta_k \\ a_{qj}^{(k)} = -a_{pj}^{(k-1)}\sin\theta_k + a_{qj}^{(k-1)}\cos\theta_k \end{cases} \tag{5.4.14b}$$

$$a_{ij}^{(k)} = a_{ij}^{(k-1)} \quad (i, j \neq p, q) \tag{5.4.14c}$$

上面的式子之所以按 a, b, c 分类，是因为它们各有其规律和特点。

分析上式可见：

(1) 当 $p=1$，$q=2$ 时，式(5.4.14a)与二维的情况一样，可以理解对 A 的确作了一个平面旋转。若使 (p,q) 元素为 0，即式(5.4.14a)的第三式为 0，推得

$$\tan(2\theta_k) = \frac{2a_{pq}^{(k-1)}}{a_{pp}^{(k-1)} - a_{qq}^{(k-1)}}, \quad |\theta_k| \leqslant \frac{\pi}{4} \tag{5.4.15}$$

和式(5.4.11)比较，可以理解二维公式是 n 维的特例，n 维公式是二维的推广。而且，当 $a_{pp}^{(k-1)} = a_{qq}^{(k-1)}$ 时，$\theta_k = \pm\pi/4$ 符号取决于 $a_{pq}^{(k-1)}$ 的符号。

(2) 式(5.4.14b)可以简单地理解为原矢量在新轴上的投影。

(3) 式(5.4.14c)表示旋转不改变与 p，q 无关的行列上的元素，所以旋转是局部的。

关于此法需要说明以下几点：

(1)此法是收敛的，即

$$\lim_{k\to\infty} A_k = \Lambda \tag{5.4.16}$$

一般来说，$a_{pq}^{(k+1)} \neq 0$，即第 k 次旋转到零的非对角元素，在下一次旋转中就不一定保持为零。但不论怎样，通过一定的迭代次数后，总能变换成对角矩阵。

(2)在式(5.4.16)中当 $k\to\infty$ 时，Λ为对角阵。但实际过程中，无穷多次迭代

是不可能的，一般只要做到对角占优，即非对角元素比主对角元素小得多就认为已对角化了。

如果收敛允许值为S，则要求

$$\frac{\left|(A_{ii}^{(k)})^2-(A_{ii}^{(k-1)})^2\right|}{(A_{ii}^{(k)})^2}\leqslant 10^{-S}\qquad (i=1,\cdots,n)\tag{5.4.17}$$

及

$$\left[\frac{(A_{ij}^{(k)})^2}{A_{ii}^{(k)}A_{jj}^{(k)}}\right]^{\frac{1}{2}}\leqslant 10^{-S}\tag{5.4.18}$$

(3) 在迭代过程中使用扫描技术。为了使$a_{pq}^{(k-1)}$化为零，(p,q)的选取是$(1,2)(1,3)\cdots(1,n)(2,3)\cdots(n-1,n)$，这样作$N=n(n-1)/2$次循环，就可以将所有的非对角元扫描一次。

因为在一次旋转中已化为零的某个非对角元$a_{pq}^{(k)}$，一般在下次旋转中又要会变成非零，那么下次旋转中又要面临选择哪一个$(p,q)^{(k+1)}$化为零的问题。一般选择A_k中最大的非对角元素作为目标可以加快收敛，但这个搜索实际做起来是很费时的。扫描的优点是避免了这个麻烦，但扫描的缺点就是，不论非对角元素的大小如何，都做旋转，这样势必造成浪费。

(4) 门槛雅可比法。可在扫描过程中采用先检查后旋转的门槛雅可比法。设定一个门槛值，大于它的就旋转，小于它的则不旋转。这样可减少许多计算，这个门槛值即为式(5.4.18)中的S。该式表达了一种限定关系，一般对于第k次旋转，取$S=2k$。式(5.4.18)的左边叫做耦合因子。

(5) 因为

$$A_k=R_k^{\mathrm{T}}R_{k-1}^{\mathrm{T}}\cdots R_2^{\mathrm{T}}R_1^{\mathrm{T}}AR_1R_2\cdots R_{k-1}R_k\tag{5.4.19}$$

所以

$$\lim_{k\to\infty}R_1R_2\cdots R_{k-1}R_k=\hat{X}\tag{5.4.20}$$

式(5.4.20)既说明特征向量和特征值同时全部一次性求出来，又是特征向量的计算公式。

(6) 雅可比方法的精度取决于$\sin\theta_k$和$\cos\theta_k$的计算。如果这两个值是足够精确的，那么不会因为循环而使误差增长。特征向量的精度取决于特征值的密集程度。当然，即使在有些特征值非常密集的情况下，特征向量也几乎完全正交，这是雅可比法最大的特点，这也就是为什么到目前为止，在求解动力学特征问题中一般都用此法的重要原因。

2. 广义雅可比方法

对于广义特征值问题

$$K\Phi=\lambda M\Phi \tag{5.4.21}$$

同样可用旋转变换的方法。所不同的是，对于标准特征值问题通过旋转得到的矩阵 A 的主轴，而对于广义特征值问题是通过旋转，得到矩阵 M 、矩阵 K 共同的主轴。

设 R_k 是第 k 次旋转矩阵，且

$$
R_k=\begin{array}{c}
\begin{matrix} & & & p & & q & & \end{matrix}\\
\begin{bmatrix}
1 & 0 & \cdots & 0 & \cdots & 0 & \cdots & 0\\
0 & 1 & \cdots & 0 & \cdots & 0 & \cdots & 0\\
\vdots & \vdots & & \vdots & & \vdots & & \vdots\\
0 & 0 & \cdots & 1 & \cdots & \alpha & \cdots & 0\\
\vdots & \vdots & & \vdots & & \vdots & & \vdots\\
0 & 0 & \cdots & \nu & \cdots & 1 & \cdots & 0\\
\vdots & \vdots & & \vdots & & \vdots & & \vdots\\
0 & 0 & \cdots & \vdots & \cdots & \vdots & \cdots & 1
\end{bmatrix}
\end{array}
\begin{matrix} \\ \\ \\ \\ p \\ \\ q \\ \\ \\ \end{matrix}
\tag{5.4.22}
$$

则

$$K_k=R_k^{\mathrm{T}}K_{(k-1)}R_k \tag{5.4.23}$$

$$M_k=R_k^{T}M_{(k-1)}R_k \tag{5.4.24}$$

应有 (p,q) 上的元素都为 0，即

$$K_k(p,q)=0\text{，}\quad M_k(p,q)=0 \tag{5.4.25}$$

或

$$K_{pq}^{(k)}=0\text{，}\quad M_{pq}^{(k)}=0$$

将式(5.4.23)及式(5.4.24)代入式(5.4.25)得

$$\alpha K_{pp}^{(k-1)} + (1+\alpha v)K_{pq}^{(k-1)} + vK_{qq}^{(k-1)} = 0 \tag{5.4.26}$$

$$\alpha M_{pp}^{(k-1)} + (1+\alpha v)M_{pq}^{(k-1)} + vM_{qq}^{(k-1)} = 0 \tag{5.4.27}$$

和雅可比方法比较，在前面要使非对角元化为 0，需确定的参数只有一个θ_k，而在这里则需确定两个参数α和v。

讨论：

(1) 如果

$$\frac{K_{pp}^{(k-1)}}{M_{pp}^{(k-1)}} = \frac{K_{qq}^{(k-1)}}{M_{qq}^{(k-1)}} = \frac{K_{pq}^{(k-1)}}{M_{pq}^{(k-1)}}$$

即方程参数成比例，两个方程成为一个，可以看作平凡解的情况，取

$$\alpha = 0, \quad v = -\frac{K_{pq}^{(k-1)}}{K_{qq}^{(k-1)}}$$

(2) 当M是正定的，满的或带状时，α, v的求解有个技巧。令

$$\begin{cases} \overline{k}_{pp}^{(k-1)} = K_{pp}^{(k-1)}M_{pq}^{(k-1)} - M_{pp}^{(h-1)}K_{pq}^{(k-1)} \\ \overline{k}_{qq}^{(k-1)} = K_{qq}^{(k-1)}M_{pq}^{(k-1)} - M_{qq}^{(k-1)}K_{pq}^{(k-1)} \\ \overline{k}^{(k-1)} = K_{pp}^{(k-1)}M_{qq}^{(k-1)} - K_{qq}^{(k-1)}M_{pp}^{(k-1)} \end{cases} \tag{5.4.28}$$

$$v = \frac{\overline{k}_{pp}^{(k-1)}}{x}, \quad \alpha = \frac{\overline{k}_{qq}^{(k-1)}}{x} \tag{5.4.29}$$

其中

$$x = \frac{\overline{k}^{(k-1)}}{2} + \mathrm{sign}(\overline{k}^{(k-1)}) \cdot \sqrt{\left(\frac{\overline{k}^{(k-1)}}{2}\right)^2 + \overline{k}_{pp}^{(k-1)}\overline{k}_{qq}^{(k-1)}} \tag{5.4.30}$$

(3) 如果M为对角矩阵，但$M = (m_{ij}) \neq I$，即$m_{ij} = 0$（$i \neq j$），那么

$$\begin{cases} \overline{k}_{pp}^{(k-1)} = -M_{pp}^{(k-1)}K_{pq}^{(k-1)} \\ \overline{k}_{qq}^{(k-1)} = -M_{qq}^{(k-1)}K_{pq}^{(k-1)} \end{cases} \tag{5.4.31}$$

如果$M = I$，则

$$\alpha = -v \tag{5.4.32}$$

(4) 迭代过程和前面讲的相同，不同之处是门槛值要增加质量耦合因子

$$\left[\frac{(m_{pq}^{(k-1)})^2}{(m_{qq}^{(k-1)})^2}\right]^{\frac{1}{2}} \leqslant 10^{-S} \tag{5.4.33}$$

而且是对两个矩阵 K 和 M 同时旋转。

对收敛的判断也是同时考虑矩阵 K 和 M，类似地，式(5.4.17)有

$$\frac{|\lambda_i^{(k)} - \lambda_i^{(k-1)}|}{\lambda_i^{(k)}} \leqslant 10^{-S} \quad (i=1,2,\cdots,n) \tag{5.4.34}$$

其中

$$\lambda_i^{(k-1)} = \frac{k_{ii}^{(k-1)}}{m_{ii}^{(k-1)}}, \quad \lambda_i^{(k)} = \frac{k_{ii}^{(k)}}{m_{ii}^{(k)}} \tag{5.4.35}$$

3．Givens 方法

上面所讲的雅可比方法，是通过坐标旋转使一个实对称矩阵 A 对角化而得到的特征值和特征向量。这里介绍的 Givens 方法也是进行坐标旋转，但它不是把 A 对角化，而只是三对角化，因而它无需迭代，而只需有限的几步。三对角矩阵求特征值比一般的矩阵要容易得多，而且方法和手段也较多。所以这一步工作即三对角化显然不能直接得出特征解，但也是很有意义的，它起到了一种桥梁作用。

使得雅可比方法成为迭代方法的原因是，在第 k 步化零的非对角元 (p,q) 在第 $k+1$ 步时一般不再为零。而 Givens 方法就是使 $a_{pq}^{(k)}$ 化为零后，在 $(k+1)$ 步中仍保持为零。

1) Givens 旋转

由式(5.4.14b)得

$$a_{iq}^{(k)} = -a_{ip}^{(k-1)} \sin\theta_k + a_{iq}^{(k-1)} \cos\theta_k \tag{5.4.36}$$

如果

$$a_{iq}^{(k)} = 0$$

那么

$$\sin\theta_k = \alpha_k a_{iq}^{(k-1)}, \quad \cos\theta_k = \alpha_k a_{ip}^{(k-1)} \tag{5.4.37}$$

其中

$$\alpha_k=\left\{[a_{ip}^{(k)}]^2+[a_{iq}^{(k-1)}]^2\right\}^{-1/2} \tag{5.4.38}$$

2）讨论

(1) 注意到转角的计算比雅可比法简单得多，此处是直接算出了 $\sin\theta_k,\cos\theta_k$，而雅可比法是算出 $\tan(2\theta_k)$，再计算 $\sin\theta_k,\cos\theta_k$ 的。变换矩阵在形式上与式(5.4.13)相同，即

$$\begin{array}{c} \qquad\qquad\qquad p \qquad\qquad\qquad\quad q \qquad\qquad\qquad \\ R_k=\begin{bmatrix} 1 & \cdots & 0 & \cdots & 0 & \cdots & 0 \\ \vdots & & \vdots & & \vdots & & \vdots \\ 0 & \cdots & \cos\theta_k & \cdots & -\sin\theta_k & \cdots & 0 \\ \vdots & & \vdots & & \vdots & & \vdots \\ 0 & \cdots & \sin\theta_k & \cdots & \cos\theta_k & \cdots & 0 \\ \vdots & & \vdots & & \vdots & & \vdots \\ 0 & \cdots & 0 & \cdots & 0 & \cdots & 1 \end{bmatrix} \begin{array}{c} \\ \\ p \\ \\ q \\ \\ \\ \end{array} \end{array}$$

所不同的是，这里的 θ_k 由式(5.4.37)及式(5.4.38)共同决定。

(2) (p,q) 的取值保证三对角化。

$$\begin{bmatrix} a_{11}^{(k-1)} & a_{12}^{(k-1)} & a_{13} & a_{14} & a_{15} & \cdots & a_{1n} \\ a_{21}^{(k-1)} & a_{22}^{(k-1)} & a_{23}^{(k-1)} & a_{24} & a_{25} & \cdots & a_{2n} \\ a_{31} & a_{32}^{(k-1)} & a_{33} & a_{34} & a_{35} & \cdots & a_{3n} \\ a_{41} & a_{42} & a_{43} & a_{44} & a_{45} & \cdots & a_{4n} \\ a_{51} & a_{52} & a_{53} & a_{54} & a_{55} & \cdots & a_{5n} \\ \vdots & \vdots & \vdots & \vdots & \vdots & & \vdots \\ a_{n1} & a_{n2} & a_{n3} & a_{n4} & a_{n5} & \cdots & a_{nn} \end{bmatrix}$$

其中 $a_{ij}^{(k)}$ 由式(5.4.14a)决定，这里

$$(i,j)=(p,q)$$

每旋转一次，三对角上的元素改变一次值，但非三对角上的元素被逐次消零。

(3) 变换是逐行进行的。化下一个元素时，不会影响前面已化为零的元素。在将一行(除三对角上的元素外)化为零的同时，即将与行对称的列上的元素同时

化为零，即 $a_{iq}^{(k)}=0$ 与 $a_{qi}^{(k)}=0$ 是同时得到的。

除了三对角上的元素外，其他元素在经一系列的变换后都化为零。

(4) 经过 $(n-1)(n-2)/2$ 次(有限次的)旋转后，A 被化成三对角。

$$A_k=\begin{bmatrix}\alpha_1 & \beta_2 & 0 & \cdots & \cdots & 0 & 0\\ \beta_2 & \alpha_2 & \beta_3 & \cdots & \cdots & 0 & 0\\ 0 & \beta_3 & \alpha_3 & \cdots & \cdots & 0 & 0\\ \vdots & \vdots & \vdots & & & \vdots & \vdots\\ \vdots & \vdots & \vdots & \beta_{n-2} & \alpha_{n-2} & \beta_{n-1} & 0\\ 0 & 0 & 0 & \cdots & \beta_{n-1} & \alpha_{n-1} & \beta_n\\ 0 & 0 & 0 & \cdots & \vdots & \beta_n & \alpha_n\end{bmatrix} \tag{5.4.39}$$

$$k=\frac{(n-1)(n-2)}{2} \tag{5.4.40}$$

变换是有限次的。把第一行(列)化为零，需作 $n-2$ 次旋转，第二行(列)化为零需作 $n-3$ 次（保留三个元素）……第 $(n-2)$ 次作一次旋转，共需 $k=(n-2+1)\times(n-2)/2$ 次变换。

(5) 用 Givens 法将一个实对称矩阵 A 化为三对角时，约需 $4n^3/3$ 运算，而雅可比法中仅一次扫描就需 $2n^3$ 运算，这也是我们为什么要进行三对角化的另一个原因。

(6) 缺点在于消零是逐个元素进行的。

4．Householdes 方法

这也是一种将实对称矩阵化为三对角阵的方法，但比 Givens 法更有效，它的运算量仅是 Givens 法的一半。因为它不是一次只消去一个元素(或二个元素)，而是一次运算就同时消去一行以及一列的元素(除了三对角上的元素外)，因此总共只需 $n-2$ 次变换。与 Givens 相同的是变换是正交初等变换，每一次变换都不改变以前已经变成零的元素，所以 $n-2$ 次就足够了。另一个不同点是它不再是旋转变换。

1) 变换

$$A_k=P_kA_{k-1}P_k,\quad A_0=A \tag{5.4.41}$$

其中

$$P_k=I-2V_kV_k^{\mathrm{T}},\quad V_k^TV_k=1 \tag{5.4.42}$$

可以看出，P_k 是对称的，而且是正交的，这是因为 $P_k^{\mathrm{T}} = P_k$，且

$$P_k P_k^{\mathrm{T}} = (I - 2V_k V_k^{\mathrm{T}})(I - 2V_k V_k^{\mathrm{T}}) = I - 4V_k V_k^{\mathrm{T}} + 4V_k V_k^{\mathrm{T}} V_k V_k^{\mathrm{T}} = I$$

P_k 表示欧几里得空间中一个 n 维向量到另一个 n 维向量的线性变换，几何上也可称为到一个已知平面的映射，这种变换叫 Householdes 变换。

2）确定 P_k

P_k 的确定，亦即 V_k 的确定。按照定义，经 $k=1$ 次变换后，得到

$$A_1 = \begin{bmatrix} a_{11}^{(1)} & a_{12}^{(1)} & 0 & \cdots & 0 \\ a_{12}^{(1)} & a_{22}^{(1)} & a_{23}^{(1)} & \cdots & a_{2n}^{(1)} \\ 0 & a_{23}^{(1)} & a_{33}^{(1)} & \cdots & a_{3n}^{(1)} \\ \vdots & \vdots & \vdots & & \vdots \\ 0 & a_{2n}^{(1)} & a_{3n}^{(1)} & \cdots & a_{nn}^{(1)} \end{bmatrix} = P_1 A P_1 \tag{5.4.43}$$

要求

$$a_{13}^{(1)} = a_{14}^{(1)} = \cdots = a_{1n}^{(1)} = 0 \tag{5.4.44}$$

及

$$V_1^{\mathrm{T}} V_1 = 1 \tag{5.4.45}$$

式(5.4.44)就是对 n 维向量 V_1 给出 $(n-1)$ 个约束条件，这样 V_1 就只有一个可自由选择的向量。不妨设

$$v_{11} = 0 \tag{5.4.46}$$

那么

$$V_1 V_1^{\mathrm{T}} = \begin{bmatrix} 0 \\ v_{12} \\ v_{13} \\ \vdots \\ v_{1n} \end{bmatrix} [0 \quad v_{12} \quad v_{13} \quad \cdots \quad v_{1n}] = \begin{bmatrix} 0 & \cdots & 0 \\ \vdots & * & \\ 0 & & \end{bmatrix} \tag{5.4.47}$$

它的第一行及第一列都是 0，其他行、列上的元素用“*”表示不关心的元素。因此

$$P_1 = \begin{bmatrix} 1 & 0 & 0 & \cdots & 0 \\ 0 & * & * & \cdots & * \\ 0 & -2v_{12}v_{13} & 1-2v_{13}^2 & \cdots & -2v_{13}v_{1n} \\ \vdots & \vdots & \vdots & & \vdots \\ 0 & * & * & \cdots & * \end{bmatrix} \tag{5.4.48}$$

则 P_1A 的第一行第一列不会改变。

如果记 A_k 的第一行向量为 $a_1^{(k)\mathrm{T}}$（$k=0,1,\cdots$），那么 A_1 的第一行为

$$a_1^{(1)\mathrm{T}} = a_1^{\mathrm{T}} P_1 = a_1^{\mathrm{T}} - 2(a_1^{\mathrm{T}} V_1) V_1^{\mathrm{T}} \tag{5.4.49}$$

于是第一行的元素就是

$$a_{11}^{(1)} = a_{11}\ (\text{不变})\quad (\text{因为 } v_{11}=0) \tag{5.4.50}$$

$$a_{1j}^{(1)} = a_{1j} - 2(a_1^{\mathrm{T}} V_1) v_{1j}\quad (j=2,3,\cdots,n) \tag{5.4.51}$$

考虑由式(5.4.44)所给出的约束条件，确定 $(n-1)$ 个未知数 v_{1j}（$j=2,\cdots,n$）的 $(n-1)$ 个方程应该是

$$a_{1j} - 2(a_1^{\mathrm{T}} V_1) v_{1j} = 0\quad (j=3,4,\cdots,n) \tag{5.4.52}$$

及

$$v_{12}^2 + v_{13}^2 + \cdots + v_{1n}^2 = 1 \tag{5.4.53}$$

为了从这一组方程中解出 $v_{12},\cdots,v_{1n}$，首先要确定 $a_1^{\mathrm{T}} V_1$。注意到这样一个事实，由式(5.4.49)得

$$a_1^{(1)\mathrm{T}} = a_1^{\mathrm{T}} P_1$$

$$a_1^{(1)\mathrm{T}} a_1^{(1)} = a_1^{\mathrm{T}} P_1 \cdot P_1^{\mathrm{T}} a_1 = a_1^{\mathrm{T}} a_1 \tag{5.4.54}$$

将其展开得

$$a_{11}^{(1)2} + a_{12}^{(1)2} + a_{13}^{(1)2} + \cdots + a_{1n}^{(1)2} = a_{11}^2 + a_{12}^2 + \cdots + a_{1n}^2 \tag{5.4.55}$$

而 $(a_{11}^{(1)})^2 = a_{11}^2, a_{13}^{(1)} = \cdots = a_{1n}^{(1)} = 0$ 。所以

$$(a_{12}^{(1)})^2 = \sum_{j=2}^{n} a_{1j}^2 \triangleq \alpha_1^2 \tag{5.4.56}$$

其中

$$\alpha_1 = \left[\sum_{j=2}^{n} a_{1j}^2\right]^{\frac{1}{2}}$$

为常数。所以

$$a_{12}^{(1)} = \pm\alpha_1$$

又由式(5.4.51)得

$$a_{12}^{(1)} = a_{12} - 2(a_1^{\mathrm{T}} V_1) v_{12} = \pm\alpha_1 \tag{5.4.57}$$

作和式得

$$\sum_{j=1}^{n} [a_{1j} - 2(a_1^{\mathrm{T}} V_1) v_{1j}] v_{1j} = \pm\alpha_1 v_{12} \tag{5.4.58}$$

因为由式(5.4.52)，当 $j = 3,\cdots,n$ 时，$[\alpha_{1j} - 2(\alpha_1^{\mathrm{T}} V_1) v_{1j}] = 0$；当 $j = 1$ 时，$v_{11} = 0$，再由式(5.4.58)得

$$\sum_{j=1}^{n} \left[\alpha_{1j} - 2(\alpha_1^{\mathrm{T}} V_1) v_{1j} \right] = \left[\alpha_{12} - 2(\alpha_1^{\mathrm{T}} V_1) v_{12} \right] v_{12} = \pm\alpha_1 v_{12} \tag{5.4.59}$$

所以式(5.4.58)是一个恒等式。式(5.4.58)的和式可以进一步写成矩阵形式为

$$a_1^{\mathrm{T}} V_1 - 2(a_1^{\mathrm{T}} V_1) V_1^{\mathrm{T}} V_1 = \pm\alpha_1 v_{12} \tag{5.4.60}$$

或

$$-a_1^{\mathrm{T}} V_1 = \pm\alpha_1 v_{12} \tag{5.4.61}$$

$$a_1^{\mathrm{T}} V_1 = \mp\alpha_1 v_{12} \tag{5.4.62}$$

代入式(5.4.52)得

$$v_{1j} = \mp \frac{a_{1j}}{2\alpha_1 v_{12}} \tag{5.4.63}$$

已知 $v_{11} = 0$，若再知 v_{12}，那么 V_1 就可知。由式(5.4.56)及式(5.4.61)得

$$\begin{aligned} & a_{12} \pm 2\alpha_1 v_{12}^2 = \mp\alpha_1 \\ & V_{12} = \left[\frac{1}{2}\left(1 + \mp\frac{a_{12}}{\alpha_1} \right) \right]^{\frac{1}{2}} \end{aligned} \tag{5.4.64}$$

代入式(5.4.63)，v_{1j}（$j = 3,\cdots,n$）就可求出。

符号选择取决于 a_{1j} 的符号，如果 $a_{12} < 0$ 则取“−”，反之则取“+”，原则是使 v_{12} 尽可能大，因为 v_{12} 在式(5.4.63)中作除数。但式(5.4.64)与式(5.4.63)中的符号应取一致。

3） 确定 V_k

$$V_k = [0 \quad \cdots \quad 0 \quad v_{k,k+1} \quad v_{k,k+2} \quad \cdots \quad v_{k,n}]^{\mathrm{T}}$$

只有 $(n-k)$ 个约束条件

$$\begin{cases} V_k^{\mathrm{T}} V_k = 1 \\ a_{k,k+2}^{(k)} = a_{k,k+3}^{(k)} = \cdots = a_{k,n}^{(k)} = 0 \end{cases}$$

所以，有 k 个元素 $v_{k1} \cdots v_{kk}$ 可任意选择为 0，其中

$$v_{k,k+1} = \left[\frac{1}{2} \left(1 \mp \frac{a_{k,k+1}^{(k-1)}}{\alpha_k} \right) \right]^{\frac{1}{2}} \tag{5.4.65}$$

$$v_{k,j} = \mp \frac{a_{kj}^{(k-1)}}{2\alpha_k v_{k,k+1}} \quad (j = k+2, \cdots, n) \tag{5.4.66}$$

$$\alpha_k = \left[\sum_{j=k+1}^{n} (a_{kj}^{(k-1)})^2 \right]^{\frac{1}{2}} \quad (k = 1, \cdots, n-2) \tag{5.4.67}$$

以上运算都可以通过计算机编程运算，需 $2n^3/3$ 次四则运算，比 Givens 的运算次数少一半。

Householdes 法与 Givens 法一样都可以经一定的修改而适用于任意矩阵而不仅仅是实对称矩阵。虽然这里是就实对称矩阵来讨论的。

5.5　三对角矩阵的特征值与特征向量

Givens 法及 Householdes 法是将一个实对称矩阵转化为三对角矩阵，这样就把一个求实对称矩阵的特征值问题转化为求一个三对角矩阵的特征值问题。这一节介绍求解一个三对角矩阵的特征值与特征向量的方法。

1．三对角矩阵的特征值

1）特征多项式

$$(A_k - \lambda I) = \begin{vmatrix} \alpha_1 - \lambda & \beta_2 & 0 & \cdots & 0 & 0 \\ \beta_2 & \alpha_2 - \lambda & \beta_3 & \cdots & 0 & 0 \\ & \beta_3 & \alpha_3 - \lambda & \cdots & 0 & 0 \\ \vdots & \vdots & \vdots & & 0 & 0 \\ 0 & 0 & 0 & \cdots & \alpha_{n-1} - \lambda & \beta_n \\ 0 & 0 & 0 & \cdots & \beta_n & \alpha_n - \lambda \end{vmatrix} = 0 \tag{5.5.1}$$

记 $P_i(\lambda)$ 是矩阵 $(A_k-\lambda I)$ 的 i 阶主子式，那么

$$p_1(\lambda)=\alpha_1-\lambda \tag{5.5.2}$$

$$p_2(\lambda)=(\alpha_1-\lambda)(\alpha_2-\lambda)-\beta_2^2=p_1(\lambda)(\alpha_2-\lambda)-\beta_2^2p_0(\lambda) \tag{5.5.3}$$

$$\vdots$$

$$p_i(\lambda)=(\alpha_i-\lambda)p_{i-1}(\lambda)-\beta_i^2p_{i-2}(\lambda) \quad (i=2,3,\cdots,n) \tag{5.5.4}$$

其中 $p_0(\lambda)\equiv 1$。

显然

$$p_n(\lambda)=(\alpha_n-\lambda)p_{n-1}(\lambda)-\beta_n^2p_{n-2}(\lambda)=\det(A_k-\lambda I) \tag{5.5.5}$$

因此， $p_n(\lambda)$ 就是 A_k 的特征多项式。

2）Sturm 序列

Sturm 序列指的是一组多项式序列，它满足以下条件：

(1) $p_0(\lambda)\neq 0$；

(2) 如果 $p_{i-1}(\mu)=0$，那么 $p_i(\mu)\neq 0$；

(3) 当 λ 通过 $p_i(\lambda)$ 的一个零根时， $p_i(\lambda)/p_{i-1}(\lambda)$ 的符号从正变到负，$p_{i-2}(\mu)\neq 0$，并且 $p_i(\mu)p_{i-2}(\mu)<0$。

3）Sturm 定理

令：

(1) $p_0(\lambda),p_1(\lambda),\cdots,p_n(\lambda)$ 是区间 (a,b) 上的 sturm 序列；

(2) $S(\mu)$ 是从 $p_0(\mu)$ 到 $p_n(\mu)$ 符号改变的次数，

那么，在区间 (a,b) 中 $p_n(\lambda)$ 的零根数为 $S(b)-S(a)$。

这里只给出对该定理的有关说明，而不作详细证明。

(1) 如果恰恰 $p_i(\mu)=0$，对于所给的 μ，取 $p_i(\mu)$ 的符号与 $p_{i-1}(\mu)$ 的相反，这并不影响计数符号改变的次数，因为 $p_{i+1}(\mu)$ 与 $p_{i-1}(\mu)$ 总是反号的。所以从 $p_{i-1}(\mu)$ 到 $p_{i+1}(\mu)$ 改变一次符号。

(2) 此定理可用于决定 $p_n(\lambda)$ 的根，根的个数等于 sturm 序列符号改变的次数（$\lambda<\mu$），随着 μ 的增加 $S(\mu)$ 不变，直到 μ 跨过下一个 $p_n(\lambda)$ 根，在这一点上 $S(\mu)$ 增加一个 1，而且每跨过一个增加 1。

(3) Sturm 定理的意义不是确定特征根，而是确定特征根的范围。

Sturm 定理的意义如图 5.5.1 所示。当用 Sturm 方法得到根的近似值后，所关心的根的区间就有效地减少，这时就可以方便地在一定范围内，在存在根的一个较小或足够小的范围内用熟知的一些求根的近似解法如 Newton 法等有效地、精

确地求出特征根。所以 Sturm 定理的意义不是直接求根而是确定根的范围。

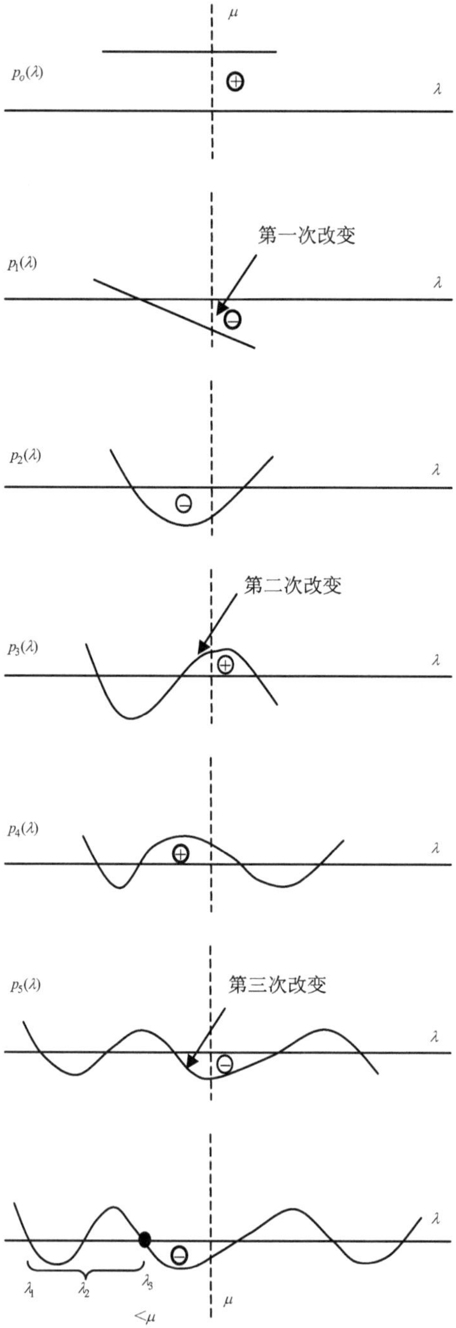

图 5.5.1　$p_i(\lambda)$ 根的发展示意图

2．三对角矩阵的特征向量

在特征值已知的情况下，比较适合于求一个三对角矩阵的特征向量的方法就是逆迭代法。

如果 x_i 是属于 λ_i 的特征向量，那么有

$$(A-\lambda_i I)x_i = 0$$

如果 λ 不是特征值，X 也不是特征向量，而是在由特征向量 $x_1,\cdots,x_n$ 张成的空间中的任一向量，那么

$$(A-\lambda I)X = C \tag{5.5.6}$$

其中，C 为任意向量，它也可表示成特征向量(基)的线性组合。

$$C = \sum_{i=1}^{n}\gamma_i x_i \tag{5.5.7}$$

取 C 为标准化向量，γ_i 是已知数。而 X 也必然是特征向量的线性组合

$$X = \sum_{i=1}^{n}\delta_i x_i \tag{5.5.8}$$

其中，δ_i 为未知数。

将式(5.5.8)及式(5.5.7)代入式(5.5.6)，有

$$(A-\lambda I)\sum_{i=1}^{n}\delta_i x_i = \sum_{i=1}^{n}(\delta_i A_i x_i - \lambda\delta_i x_i) = \sum_{i=1}^{n}\delta_i(\lambda_i-\lambda)x_i = \sum_{i=1}^{n}\gamma_i x_i \tag{5.5.9}$$

在式(5.5.9)的两边左乘 x_j^{T}，由正交性得

$$\delta_i(\lambda_i-\lambda) = \gamma_i$$

即

$$\delta_i = \frac{\gamma_i}{\lambda_i-\lambda} \tag{5.5.10}$$

$$X = \sum_{i=1}^{n}\frac{\gamma_i}{\lambda_i-\lambda}x_i \tag{5.5.11}$$

如果取 $V_0 = C$ 为始发向量

$$V_1=\sum_{i=1}^{n}\frac{\gamma_i}{\lambda_i-\lambda}x_i$$

为第一次迭代的向量，那么可以设迭代过程为

$$(A-\lambda I)V_P=V_{P-1}\quad (P=1,2,\cdots) \tag{5.5.12}$$

第 P 次迭代的向量为

$$V_P=\sum_{i=1}^{n}\frac{\gamma_i}{(\lambda_i-\lambda)^P}x_i\quad (P=1,2,\cdots) \tag{5.5.13}$$

关于这一点是很容易验证的。可以使用数学归纳法。

$P=1$ 时，由式(5.5.11)，结论成立。

设 $P=k-1$ 时成立，那么 $p=k$ 时，设

$$V_k=\sum_{i=1}^{n}\alpha_i x_i$$

$$(A-\lambda I)V_k=\sum_{i=1}^{n}(\alpha_i A x_i-\lambda\alpha_i x_i)=\sum_{i=1}^{n}\alpha_i(\lambda_i-\lambda)x_i=V_{k-1}=\sum_{i=1}^{n}\frac{\gamma_i}{(\lambda_i-\lambda)^{k-1}}x_i$$

即

$$\sum_{i=1}^{n}\alpha_i(\lambda_i-\lambda)x_i=\sum_{i=1}^{n}\frac{\gamma_i}{(\lambda_i-\lambda)^{k-1}}x_i$$

同理，两边同左乘 x_j^{T}，利用正交性，得

$$\alpha_i=\frac{\gamma_i}{(\lambda_i-\lambda)^k}$$

故式(5.5.13)对所有的 P 成立。

那么由式(5.5.12)迭代的结果是否收敛，且收敛到的是否是正确解？因为

$$\begin{aligned}V_P&=\sum_{i=1}^{n}\frac{\gamma_i}{(\lambda_i-\lambda)^P}x_i\\&=\frac{\gamma_1}{(\lambda_1-\lambda)^P}x_1+\cdots+\frac{\gamma_r}{(\lambda_r-\lambda)^P}x_r+\cdots+\frac{\gamma_n}{(\lambda_n-\lambda)^P}x_n\end{aligned} \tag{5.5.14}$$

可见，当已知的特征值非常接近某个频率，如 λ_r 时，$(\lambda_r-\lambda)\to 0$，这一项将远大于其他项。那么

$$V_P=\frac{1}{(\lambda_r-\lambda)^P}\left[\gamma_r x_r+\sum_{i=1,i\neq r}^{n}\gamma_i\left(\frac{\lambda_r-\lambda}{\lambda_i-\lambda}\right)^P x_i\right] \tag{5.5.15}$$

其中，$\gamma_r\neq 0$，

$$V_P=\frac{1}{(\lambda_r-\lambda)^P}(\gamma_r x_r+\varepsilon_P) \tag{5.5.16}$$

$$\lim_{P\to\infty}V_P=\frac{1}{(\lambda_r-\lambda)^P}\gamma_r x_r \tag{5.5.17}$$

因此，式(5.5.12)是收敛的迭代法。当分别给出 $\lambda_1,\lambda_2,\cdots,\lambda_r,\cdots,\lambda_n$ 的已知近似值时，分别收敛到 $x_1,x_2,\cdots,x_r,\cdots,x_n$ 特征向量。

关于此法需说明以下几点：

(1) 由式(5.5.12)知，V_P 与 V_{P-1} 的关系是 $(A-\lambda I)^{-1}$。从表面上看，只要将上一次的向量乘上一个逆矩阵，就是下一个向量，所以称这种迭代为逆迭代。但实际求解时不是去求 $(A-\lambda I)$ 的逆，而是解方程组(5.5.6)。因为 $(A-\lambda I)$ 虽不奇异，但接近奇异，求逆会带来非常严重的问题，其中 V_{P-1} 已知，V_P 未知。

(2) 当 λ 接近某个特征值，如 λ_r 时，$\delta_r>\gamma_r$，即 X 中的 x_r 项比 C 中的 x_r 项强，这就保证了收敛性。而不论 $V_0=C$ 中 x_r 对应的 γ_r 是多么不足。这就是收敛性对始发向量的任意性。

(3) λ 越接近 λ_r，收敛越快。

(4) 当 V_P 接近 V_{P-1} 时，判断收敛结束。归一化后，得到 A_k 的特征向量。

(5) 这里 $\lambda_i\neq\omega_i^2$，而是 $\lambda_i=1/\omega_i^2$。

(6) 此法虽是为解三对角矩阵的特征向量提出的，但在推导过程中丝毫没有受这个限制，因而此方法适于任何矩阵。只不过对三对角矩阵而言，特别方便。

3．三对角矩阵与原矩阵的关系

已知 A_k 的特征值、特征向量，确定 A 的特征值、特征向量。

因为从 $A\to A_k$ 是经过初等变换得到的，初等变换不改变矩阵的特征值，即 A 与 A_k 的特征值相同，但 A 与 A_k 的特征向量不同。

令 λ 为特征值，u 为 A 的特征向量，x 为 A_k 的特征向量，那么

$$Au = \lambda u \tag{5.5.18}$$

$$A_k x = \lambda x \tag{5.5.19}$$

现在建立 u 与 x 的关系。因为

$$A_k = R_k^{\mathrm{T}} A_{k-1} R_k = R_k^{\mathrm{T}} R_{k-1}^{\mathrm{T}} A_{k-2} R_{k-1} R_k = \cdots = R^{\mathrm{T}} A R \tag{5.5.20}$$

其中

$$R = R_1 R_2 \cdots R_k = \prod_{i=1}^{k} R_i$$

注意这里 k 是一个有限的数，则

$$A_k X = R^{\mathrm{T}} A R X = \lambda X \tag{5.5.21}$$

两边同时左乘 R，并注意 R 的正交性，有

$$ARx = \lambda Rx$$

比较式(5.5.18)，得

$$u = Rx \tag{5.5.22}$$

思考题与习题

5-1　利用高斯消去法求解下面的方程组

$$\begin{bmatrix} 1 & 2 & 1 & -2 \\ 2 & 5 & 3 & -2 \\ -2 & -2 & 3 & 5 \\ 1 & 3 & 2 & 5 \end{bmatrix} \begin{bmatrix} x_1 \\ x_2 \\ x_3 \\ x_4 \end{bmatrix} = \begin{bmatrix} -1 \\ 3 \\ 15 \\ 9 \end{bmatrix}$$

5-2　用三角分解法求解方程组

$$\begin{bmatrix} 2 & 10 & 0 & -3 \\ -3 & -4 & -12 & 13 \\ 1 & 2 & 3 & -4 \\ 4 & 14 & 9 & -13 \end{bmatrix} \begin{bmatrix} x_1 \\ x_2 \\ x_3 \\ x_4 \end{bmatrix} = \begin{bmatrix} 10 \\ 5 \\ -2 \\ 7 \end{bmatrix}$$

5-3　用幂法计算矩阵

$$A=\begin{bmatrix}1.0 & 1.0 & 0.5\\ 1.0 & 1.0 & 0.25\\ 0.5 & 0.25 & 2.0\end{bmatrix}$$

的主特征值及其对应的特征向量，取始发向量 $V_0=[1,1,1]^T$。

5-4 用幂法计算下列各矩阵的主特征值及对应的特征向量：

$$(1)\quad A_1=\begin{bmatrix}2 & -1 & 0\\ -1 & 2 & -1\\ 0 & -1 & 2\end{bmatrix};\quad (2)\quad A_2=\begin{bmatrix}-4 & 14 & 0\\ -5 & 13 & 0\\ -1 & 0 & 2\end{bmatrix};$$

当主特征值有三位小数稳定时，迭代终止。

5-5 用雅可比法求解标准特征值问题 $K\Phi=\lambda\Phi$，其中

$$K=\begin{bmatrix}1 & 1 & 1\\ 1 & 1 & 1\\ 1 & 1 & 1\end{bmatrix}$$

5-6 利用广义雅可比法求解两端简支等直梁的固有频率，其中

$$K=\frac{2EJ}{L}\begin{bmatrix}2 & 1\\ 1 & 2\end{bmatrix};\quad M=\frac{\rho AL^3}{420}\begin{bmatrix}4 & -3\\ -3 & 4\end{bmatrix}$$

5-7 利用 Householdes 变换法将矩阵 K 化为三对角阵，其中

$$K=\begin{bmatrix}5 & -4 & 1 & 0\\ -4 & 6 & -4 & 1\\ 1 & -4 & 6 & -4\\ 0 & 1 & -4 & 5\end{bmatrix}$$

5-8 用实用的 Sturm 定理确定广义特征问题 $K\Phi=\lambda M\Phi$ 小于 5 的特征值数目，其中

$$K=\begin{bmatrix}-2 & -1 & 0\\ -1 & 4 & -1\\ 0 & -1 & 2\end{bmatrix};\quad M=\begin{bmatrix}0.5 & 0 & 0\\ 0 & 1 & 0\\ 0 & 0 & 0.5\end{bmatrix}$$

5-9 已知广义特征问题的刚度矩阵和质量矩阵分别为

$$K=\begin{bmatrix}2 & -1 & 0 & 0\\ -1 & 2 & -1 & 0\\ 0 & -1 & 2 & -1\\ 0 & 0 & -1 & 1\end{bmatrix};\quad M=\begin{bmatrix}0 & 0 & 0 & 0\\ 0 & 2 & 0 & 0\\ 0 & 0 & 0 & 0\\ 0 & 0 & 0 & 1\end{bmatrix}$$

初始迭代向量 $x_1=\begin{bmatrix}1 & 1 & 1 & 1\end{bmatrix}^T$，迭代精度 $\varepsilon=10^{-3}$，试用逆迭代法求 λ_1 和 Φ_1，其中 $\lambda_1=\omega_1^2$。

5-10　用逆迭代法近似求解特征值问题 $K\Phi=\lambda M\Phi$ 的基频 ω_1 以及对应的特征向量 Φ_1，其中

$$K=\begin{bmatrix}5 & -4 & 1 & 0\\ -4 & 6 & -4 & 1\\ 1 & -4 & 6 & -4\\ 0 & 1 & -4 & 5\end{bmatrix};\quad M=\begin{bmatrix}2 & 0 & 0 & 0\\ 0 & 2 & 0 & 0\\ 0 & 0 & 2 & 0\\ 0 & 0 & 0 & 1\end{bmatrix}$$

初始向量分别取 $x_1=\begin{bmatrix}1 & 1 & 1 & 1\end{bmatrix}^{\mathrm{T}}$ 和 $x_1=\begin{bmatrix}1 & -1 & -1 & 1\end{bmatrix}^{\mathrm{T}}$。并讨论分别选取两种不同的初始向量时逆迭代法的收敛情况。

5-11　设方程组 $Ax=b$，其中 A 为对称正定矩阵，迭代公式 $x^{k+1}=x^k+\omega(b-Ax^k)$，(其中 $k=0,1,2,\cdots$)。试证明：当 $0<\omega<2/\beta$ 时，上述迭代法收敛（$0<\alpha\leqslant\lambda(A)\leqslant\beta$）。

第 6 章　模态参数辨识的基本原理

6.1　概　　述

模态分析的目的是要找出结构的固有特性，把握了结构的固有特性，就能从根本上了解一个系统在外界激励下所表现出来的动力特性。从这一章开始，介绍另一种确定系统固有特性的方法。与系统固有特性有关的参数，如模态振型、模态刚度、模态质量、模态阻尼等，是系统的模态参数，参数辨识的任务即是确定一些或全部的系统模态参数。

传递函数的概念是从自动控制的理论中引入的。传递函数反映系统的输入输出关系，从而反映了系统的固有特性。参数辨识是从传递函数的基本概念出发，通过输入、输出的现象去揭示现象里所包含的系统的本质——系统的固有特性，这就是参数辨识的任务。

本章从单自由度系统出发，首先介绍一些基本的概念，然后推导各种传递函数的表达形式，建立传递函数与模态参数之间的关系。这里考虑的是有阻尼的一般线性系统，并采用目前使用较多的假设阻尼模型，即黏性阻尼和结构阻尼。

6.2　黏性阻尼系统

1．运动方程(单自由度系统)

$$m\ddot{u}+c\dot{u}+ku=f \tag{6.2.1}$$

其中 u 与第 2 章中式(2.2.1)的定义相同，表示广义位移，f 为广义力。

对于自由振动

$$m\ddot{u}+c\dot{u}+ku=0 \tag{6.2.2}$$

设解为

$$u=U\mathrm{e}^{st} \tag{6.2.3}$$

其中，U 为与时间无关的振型函数，s 为复数。

将式(6.2.3)代入式(6.2.1)，得

$$(ms^2 + cs + k)u = f(t) \tag{6.2.4}$$

其特征方程为

$$ms^2 + cs + k = 0 \tag{6.2.5}$$

如果对式(6.2.1)进行拉普拉斯变换得

$$(ms^2 + cs + k)u(s) = f(s) \tag{6.2.6}$$

其中 s 是拉普拉斯系数。

$$u(s) = L[u(t)]$$

$$f(s) = L[f(t)]$$

通过这个变换就把求解微分方程式(6.2.1)的问题转化为求解代数方程式(6.2.6)的问题。

对于自由振动

$$ms^2 + cs + k = 0 \tag{6.2.7}$$

这就是特征方程式(6.2.5)。那么求解结构动力系统的特征问题，就是求解振动微分方程经拉普拉斯变换后的齐次代数方程的根。这两个根是

$$s_{1,2} = -\frac{c}{2m} \pm \frac{\sqrt{c^2 - 4km}}{2m} = -\omega_0 \xi \pm \mathrm{j}\omega_0 \sqrt{1 - \xi^2} \tag{6.2.8}$$

其中

$$\omega_0 = \sqrt{\frac{k}{m}}$$

$$\xi = \frac{c}{c_0} = \frac{c}{2\sqrt{km}} = \frac{c}{2m\omega_0} \tag{6.2.9}$$

s_1, s_2 为共轭复数，其实部为衰减因子，反映系统的阻尼，虚部表示有阻尼系统的固有频率。

下面介绍几个基本概念，只讨论 $\xi < 1$ 欠阻尼的情况。

2. 基本概念

1) 动刚度

在式(6.2.6)中可以看到 $(ms^2 + cs + k)$ 与 $u(s)$ 成反比，因而它具有刚度的意义。

2）机械阻抗

动刚度又称为机械阻抗。由于它具有阻止系统振动的特性，因此称为系统的机械阻抗(这个概念来自于电学中的阻抗)。若用 $Z(s)$ 表示阻抗，则有

$$Z(s) = ms^2 + cs + k \tag{6.2.10}$$

3）传递函数

传递函数又称机械导纳，简称导纳。导纳的意义与阻抗刚好相反。

$$H(s) = \frac{1}{ms^2 + cs + k} \tag{6.2.11}$$

那么

$$X(s) = H(s) \cdot f(s)$$

由于 $H(s)$ 反映了系统的输入与输出的传递关系，因此 $H(s)$ 叫做传递函数，又由于 $X(s)$ 与 $H(s)$ 是成正比关系，因而可以理解 $H(s)$ 作为导纳的含义；由于 $X(s)$ 的物理意义是位移，因而 $H(s)$ 称为位移导纳。

4）频响函数

如果对式(6.2.1)进行傅里叶变换，那么将得到相同的结果，不同之处只是将 s 用 $\mathrm{j}\omega$ 代替，所以

$$Z(\omega) = -\omega^2 m + \mathrm{j}\omega c + k \tag{6.2.12}$$

$$H(\omega) = \frac{1}{-\omega^2 m + \mathrm{j}\omega c + k} \tag{6.2.13}$$

其中 $H(\omega)$ 称为频响函数。

频响函数是复数，其实部、虚部分别为

$$H_{(\omega)}^{\mathrm{R}} = \frac{1}{k}\left[\frac{1-\bar{\omega}^2}{(1-\bar{\omega}^2)^2 + (2\xi\bar{\omega})^2}\right] \tag{6.2.14}$$

$$H_{(\omega)}^{\mathrm{I}} = \frac{1}{k}\left[\frac{-2\xi\bar{\omega}}{(1-\bar{\omega}^2)^2 + (2\xi\bar{\omega})^2}\right] \tag{6.2.15}$$

其中

$$\bar{\omega} = \frac{\omega}{\omega_0} \tag{6.2.16}$$

为频率比。

5）动柔度

由于位移导纳、传递函数及频响函数都具有柔度的性质，故又称为动柔度。

6.3　结构阻尼系统

1．运动方程

$$m\ddot{u} + ku + \mathrm{j}gku = f$$

或

$$m\ddot{u} + (1 + \mathrm{j}g)ku = f\,,\qquad \mathrm{j} = \sqrt{-1} \tag{6.3.1}$$

对式(6.3.1)进行拉普拉斯变换得

$$\left[ms^2 + (1 + \mathrm{j}g)k\right]u(s) = f(s) \tag{6.3.2}$$

其中 $(1 + \mathrm{j}g)k$ 为复刚度。

传递函数为

$$H(s) = \frac{1}{ms^2 + (1 + \mathrm{j}g)k} \tag{6.3.3}$$

频响函数为

$$H(\omega) = \frac{1}{-\omega^2 m + (1 + \mathrm{j}g)k} \tag{6.3.4}$$

其实部与虚部分别为

$$H_{(\omega)}^{\mathrm{R}} = \frac{1}{k}\left[\frac{1 - \bar{\omega}^2}{(1 - \bar{\omega}^2)^2 + g^2}\right] \tag{6.3.5}$$

$$H_{(\omega)}^{\mathrm{I}} = \frac{1}{k}\left[\frac{-g}{(1 - \bar{\omega}^2)^2 + g^2}\right] \tag{6.3.6}$$

将式(6.3.4)与式(6.2.12)比较，只需将 $2\xi\bar{\omega}$ 与 g 互换即可得到各自的频响函数表达式。

2．阻抗与导纳的关系

1）导纳的其他形式

无论是导纳或是阻抗反映的都是输入–输出关系，不仅位移与输入有关系，而且速度、加速度同样可以用传递函数来建立它们与输入的关系。

（1）位移关系：

$$u(s)=H_d(s)f(s)\,,\quad u(\omega)=H_d(\omega)f(\omega) \tag{6.3.7}$$

（2）速度关系：

$$v(s)=H_v(s)f(s)\,,\quad v(\omega)=H_v(\omega)f(\omega) \tag{6.3.8}$$

（3）加速度关系：

$$a(s)=H_a(s)f(s)\,,\quad a(\omega)=H_a(\omega)f(\omega) \tag{6.3.9}$$

对简谐激励

$$H_a(\omega)=\mathrm{j}\omega H_v(\omega)=(\mathrm{j}\omega)[(\mathrm{j}\omega)H_d(\omega)]=-\omega^2 H_d(\omega) \tag{6.3.10}$$

2）阻抗的其他形式

上述三种导纳的倒数分别对应三种阻抗。

（1）位移阻抗又称为动刚度：

$$Z_d=\frac{1}{H_d}$$

（2）速度阻抗又称为机械阻抗：

$$Z_v=\frac{1}{H_v}$$

（3）加速度阻抗又称为视在质量：

$$Z_a=\frac{1}{H_a}$$

因此

$$Z_a=\frac{1}{\mathrm{j}\omega}Z_v=\frac{1}{-\omega^2}Z_d \tag{6.3.11}$$

3）元件的导纳与阻抗

一个复杂的弹簧–质量系统可以通过分析元件的传递特性来获得系统的传递特性。现将一级标准的元件特性列于表 6.3.1。

表 6.3.1　元件的导纳与阻抗

元件	Z_d	H_d	Z_v	H_v	Z_a	H_a
线性弹簧	k	$\dfrac{1}{k}$	$\dfrac{k}{\mathrm{j}\omega}$	$\dfrac{\mathrm{j}\omega}{k}$	$\dfrac{k}{-\omega^2}$	$-\dfrac{\omega^2}{k}$
黏性阻尼	$\mathrm{j}\omega c$	$\dfrac{1}{\mathrm{j}\omega c}$	c	$\dfrac{1}{c}$	$\dfrac{c}{\mathrm{j}\omega}$	$\dfrac{\mathrm{j}\omega}{c}$
刚体质量	$-\omega^2 m$	$-\dfrac{1}{\omega^2 m}$	$\mathrm{j}\omega m$	$\dfrac{1}{\mathrm{j}\omega m}$	m	$\dfrac{1}{m}$
结构阻尼	$\mathrm{j}kg$	$\dfrac{1}{\mathrm{j}kg}$	$\dfrac{kg}{\omega}$	$\dfrac{\omega}{kg}$	$\dfrac{kg}{\mathrm{j}\omega^2}$	$\dfrac{\mathrm{j}\omega^2}{kg}$

6.4　单自由度系统频响函数分析(曲线分析)

频响函数 $H(\omega)$ 是频率的函数，它是一个复数，可以由模(幅值)及相位来表示，还可以由实部及虚部来表示，也可以由复平面上的一个矢量来表示。由于 $H(\omega)$ 实际上是反映了一个系统的特性(传递特性)，了解它随频率变化特性的目的是为了通过它对系统进行参数辨识。下面主要从三个方面进行分析。

(1) 幅频图：$|H|$-ω，反映 $H(\omega)$ 的幅值随频率的变化。

相频图：Φ_H-ω，反映 $H(\omega)$ 的相角随频率的变化。

(2) 实频图：H^R-ω，反映 $H(\omega)$ 的实部随频度的变化。

虚频图：H^{I}-ω，反映 $H(\omega)$ 的虚部随频率的变化关系。

(3) 矢端轨迹图：反映了在实部与虚部构成的复平面上 $H(\omega)$ 矢量的端点随频率变化的轨迹。

1．幅频图

如图 6.4.1 所示，对于结构阻尼

$$|H(\omega)|=\frac{1}{k\sqrt{(1-\omega^2)^2+g^2}} \tag{6.4.1}$$

讨论：

(1) 当 $\omega=0$ 时，有

$$|H(\omega)|=\frac{1}{k}\cdot\frac{1}{\sqrt{1+g^2}} \tag{6.4.2}$$

对于一般的金属结构，$g=0.01\sim0.08$。

$$1+g^2\approx1$$

$$|H(\omega)|\approx\frac{1}{k} \tag{6.4.3}$$

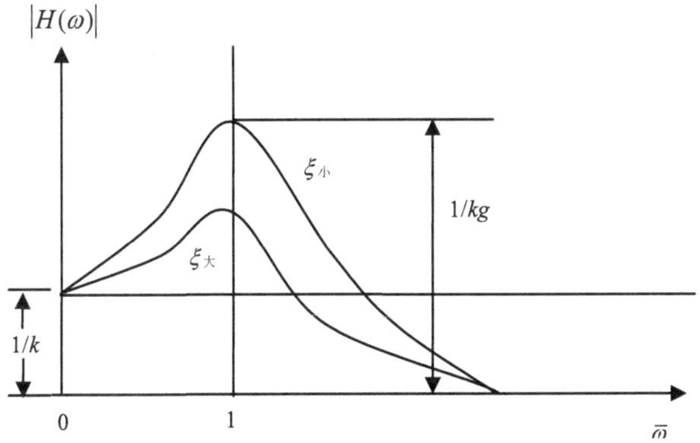

图 6.4.1 幅–频特性图

因此曲线在 $\omega\to 0$ 时，$|H(\omega)|\to 1/k$，在 $1/k$ 处曲线有一条渐近线，$1/k$ 对应于弹簧元件的导纳。此时作用在系统上的外力主要由弹簧力来平衡，系统的总刚度接近于弹簧的静刚度，这就是系统的低频特性，其中 $|H(\omega)|=1/k$ 称为弹簧的导纳线，与 ω 无关。

(2) 当 $\omega<\omega_0$ 递增时，$|H(\omega)|$ 也递增。

(3) 当 $\omega=\omega_0$，即当 $\bar{\omega}=1$ 时，有

$$|H(\omega)|=\frac{1}{kg} \quad （对应结构阻尼）$$

或

$$|H(\omega)|=\frac{1}{\omega c}=\frac{1}{k\cdot 2\xi\omega}=|H(\omega)|_{\max} \quad （对应黏性阻尼）$$

这时幅值达极大，也就是共振——位移共振。此时系统的惯性力与弹簧力相平衡，外界激励力与阻尼力相平衡。阻尼对一个系统的贡献主要表现在对共振的抑制，这时频响函数对应着阻尼导纳。

(4) 当 $\omega>\omega_0$ 且 $\omega\to\infty$ 时，$|H(\omega)|$ 下降，并且

$$|H(\omega)|\to +\frac{1}{\omega^2 m}\to 0$$

以质量导纳作为渐近线。此时，系统的激励力主要由惯性力平衡。这就是系统的高频特性。

(5) 基架线。在振动分析中，常常将幅频图用地数坐标来表示，即 $\lg|H(\omega)|$-$\lg\omega$ 图，如图 6.4.2 所示。在此图中：刚度导纳线、质量导纳线、阻尼导纳线均成为直线。对于无阻尼系统，刚度线与质量线的交点对应系统的固有频率。对于一个实际的系统，当这三线确定以后，其幅频曲线的变化趋势也就明确

了，而且还可以从中辨识系统参数。所以这三线称为基架线，它们反映系统的传递特性。

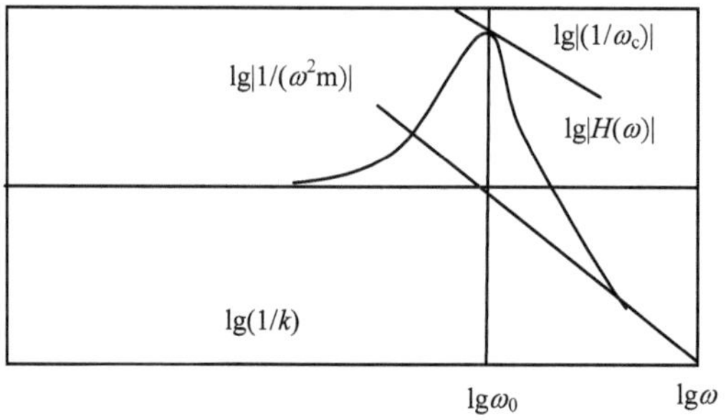

图 6.4.2　对数幅–频图

2．相频图

在图 6.4.3 中

$$\Phi_H = \arctan\frac{H^{\mathrm{I}}(\omega)}{H^{\mathrm{R}}(\omega)} = \arctan\left(-\frac{g}{1-\bar{\omega}^2}\right) \tag{6.4.4}$$

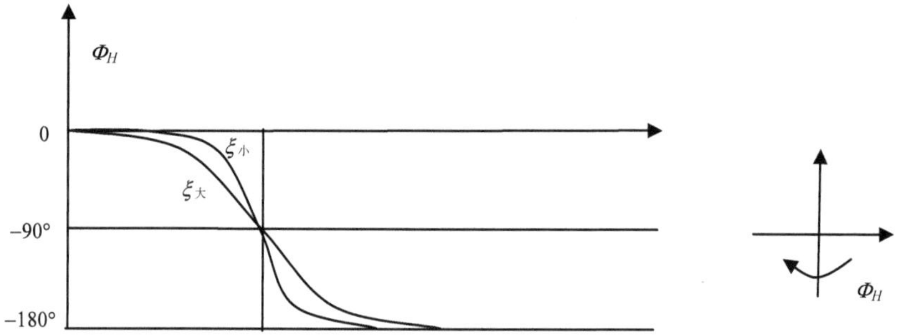

图 6.4.3　相–频特性图

讨论：

（1）当 $\bar{\omega}=0$ 时，$\Phi_H=0$；

（2）当 $\bar{\omega}=1$ 时，$\Phi_H=-90^\circ$，系统处于相位共振状态；

（3）当 $\bar{\omega}>1\to\infty$ 时，$\Phi_H=-180^\circ$，阻尼越大在固有频率附近曲线斜率越小。

3．实频图与虚频图

$$H^{\mathrm{R}}(\omega)=\frac{1}{k}\left[\frac{1-\bar{\omega}^2}{(1-\bar{\omega}^2)^2+g^2}\right] \quad （结构阻尼） \tag{6.4.5}$$

或

$$H^{\mathrm{R}}(\omega)=\frac{1}{k}\left[\frac{1-\overline{\omega}^2}{(1-\overline{\omega}^2)^2+(2\xi\overline{\omega})^2}\right] \quad (黏性阻尼) \tag{6.4.6}$$

$$H^{\mathrm{I}}(\omega)=\frac{1}{k}\left[\frac{-g}{(1-\overline{\omega}^2)^2+g^2}\right] \quad (结构阻尼) \tag{6.4.7}$$

或

$$H^{\mathrm{I}}(\omega)=\frac{1}{k}\left[\frac{-2\xi\overline{\omega}}{(1-\overline{\omega}^2)^2+(2\xi\overline{\omega})^2}\right] \quad (黏性阻尼) \tag{6.4.8}$$

1）分析实频图 6.4.4(a)

（1）当 $\overline{\omega}=0$ 时，$H^{\mathrm{R}}=1/[k(1+g^2)]\approx 1/k$，实频图的起始线为弹簧导纳线。

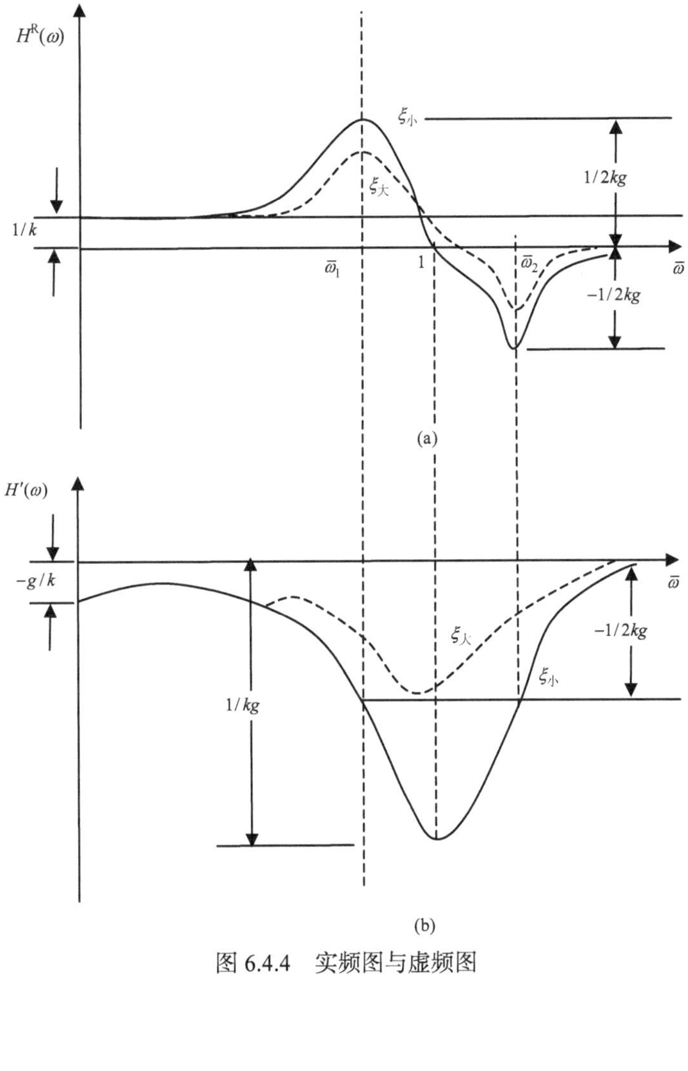

图 6.4.4 实频图与虚频图

（2）当 $\bar{\omega}=1$ 时，$H^{\mathrm{R}}=0$，系统处于共振状态时，频响函数的实部为 0。

（3）当 $\bar{\omega}>1$ 且 $\bar{\omega}\to\infty$ 时，$H^{\mathrm{R}}(\omega)<0$，并且 $H^{\mathrm{R}}\to 0^{-}$。

（4）在 $\bar{\omega}=1$ 的附近，$H^{\mathrm{R}}(\omega)$ 存在两个极值。令 $\partial H^{\mathrm{R}}(\omega)/\partial\bar{\omega}=0$，可求得两个频率。

对结构阻尼有

$$\bar{\omega}_{1,2}=\sqrt{1\mp g}\approx 1\mp\frac{1}{2}g \tag{6.4.9}$$

当 $\bar{\omega}=\bar{\omega}_{1,2}$ 时

$$H_{1,2}^{\mathrm{R}}(\bar{\omega}_{1,2})=\frac{1-(1\mp g)}{k\left\{[1-(1\mp g)]^2+g^2\right\}}=\pm\frac{1}{2kg} \tag{6.4.10}$$

对黏性阻尼有

$$\bar{\omega}_{1,2}=\sqrt{1\mp 2\xi}\approx\pm\xi \tag{6.4.11}$$

$$H_{1,2}^{\mathrm{R}}=\frac{1}{4k\xi(1\mp\xi)} \tag{6.4.12}$$

（5）半功率带宽是标准半功率点，而半功率点的概念在下面解释。

$$\Delta\omega=\bar{\omega}_2-\bar{\omega}_1=\begin{cases} g & (\text{结构阻尼}) \\ 2\xi & (\text{黏性阻尼}) \end{cases} \tag{6.4.13}$$

2）虚频图 6.4.4(b)

(1) 当 $\bar{\omega}=0$ 时

$$H^{\mathrm{I}}(\omega)=\frac{-g}{k(1+g^2)}\approx\frac{g}{k} \tag{6.4.14}$$

（2）当 $\bar{\omega}=1$ 时，$H^{\mathrm{I}}(\omega)$ 达极大值，系统处于共振状态

$$H^{\mathrm{I}}(\omega)\Big|_{\max}=-\frac{1}{kg}\quad（\text{而此时 } H^{\mathrm{R}}=0）$$

（3）当 $\bar{\omega}=\bar{\omega}_{1,2}$ 时，在半功率点处的虚部值为

$$H_{1,2}^{\mathrm{I}}(\omega)=\frac{-g}{k\left\{[1-(1\mp g)]^2+g^2\right\}}=-\frac{1}{2kg} \tag{6.4.15}$$

可见半功率点处频响函数的虚部正好等于其最大值的一半。注意半功率点处频响函数的幅值并不等于其最大值的一半。

事实上，

$$|H_{1,2}(\omega)| = \sqrt{\left(H_{1,2}^{R}(\omega)\right)^2 + \left(H_{1,2}^{I}(\omega)\right)^2} = \sqrt{\left(\frac{1}{2kg}\right)^2 + \left(\frac{1}{2kg}\right)^2}$$

$$= \frac{1}{\sqrt{2}}\left(\frac{1}{kg}\right) = \frac{1}{\sqrt{2}}|H(\omega)|_{\max} = 0.707|H(\omega)|_{\max} \tag{6.4.16}$$

4．频响函数的矢端轨迹图

前面已经指出，频响函数 $H(\omega)$ 作为复数可以用一个由它的实部和虚部所组成的复平面上的矢量来表示。需要进一步指出，它是随 ω 变化的旋转矢量。同时还可以证明，对于结构阻尼系统，其频响函数的矢端迹为一个圆，而对于黏性阻尼而言，虽也旋转，但不形成一个圆，如图 6.4.5 所示。

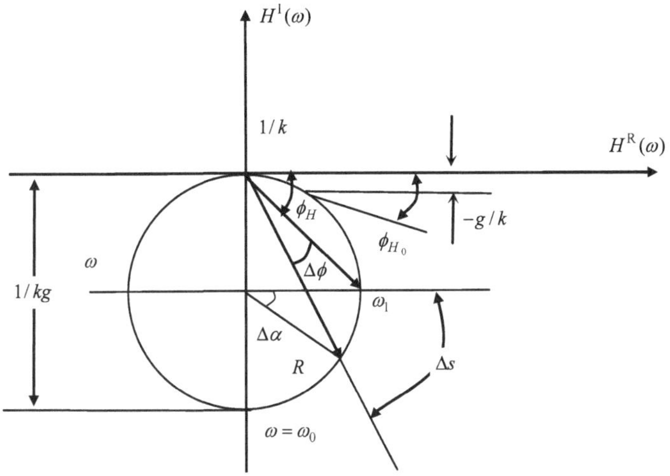

图 6.4.5　结构阻尼系统的矢端轨迹图

1）结构阻尼系统

$$[H^{R}(\omega)]^2 + \left[H^{I}(\omega) + \frac{1}{2kg}\right]^2$$

$$= \frac{(1-\bar{\omega}^2)^2}{k^2[(1-\bar{\omega}^2)^2+g^2]^2} + \frac{g^2}{k^2[(1-\bar{\omega}^2)^2+g^2]^2} + \frac{H^{I}(\omega)}{kg} + \frac{1}{4k^2g^2}$$

$$= \frac{1}{k^2[(1-\bar{\omega}^2)^2+g^2]} + \frac{-1}{k^2[(1-\bar{\omega}^2)^2+g^2]} + \frac{1}{4k^2g^2}$$

$$= \left(\frac{1}{2kg}\right)^2 \tag{6.4.17}$$

式(6.4.17)恰好是一个圆心为$\left(0,-1/(2kg)\right)$，半径为$1/\left(2kg\right)$的圆方程。此圆称为 Nyguist 圆或导纳圆。

下面就对这个圆进行几点讨论。

(1) 圆的起始点不在坐标原点。当$\omega=0$时，实虚部分别为

$$H^{\mathrm{R}}(\omega)\Big|_{\omega=0}=\frac{1}{k(1+g^2)}\approx\frac{1}{k}$$

$$H^{\mathrm{I}}(\omega)\Big|_{\omega=0}=-\frac{g}{k(1+g^2)}\approx-\frac{g}{k}$$

初相角

$$\varphi_{H_0}=\arctan(-g)$$

(2) 当$\omega=\omega_0$，$\bar{\omega}=1$时，由上面讨论知

$$H^{\mathrm{R}}(\omega)=0\,,\quad H^{\mathrm{I}}(\omega)=H^{\mathrm{I}}(\omega)\Big|_{\max}=-\frac{1}{kg}$$

因此，该圆与纵坐标的交点所对应的频率即为系统的固有频率。通过这个图也可辨识系统的参数。

(3) Nyguist 圆的直径为$H^{\mathrm{I}}(\omega)$的最大值，半径为$H^{\mathrm{R}}(\omega)$的最大值。

(4) 水平直径线与圆的两个交点代表实部的极大值和极小值，相应的频率点为ω_1, ω_2, 它们的频率差即为半功率带宽，反映系统阻尼大小。在半功率点处，虚部值为$\dfrac{1}{2}kg$，即圆的半径。

(5) 等间隔的频率点在圆上所占的弧长Δs不等，所对应的圆心角$\Delta\alpha$也不等。在固有频率点附近，$\Delta s/\Delta\omega$值最大。当$\Delta\omega\to0$时，在固有频率点处$\mathrm{d}s/\mathrm{d}\omega$达极大值。

证　在图 6.4.6 中，圆上取两个频率点$\omega_a,\omega_b,\Delta\omega=\omega_b-\omega_a$，两点弧长及对应圆心角分别为$\Delta s,\Delta\alpha$。

令$\Delta\alpha\to0$那么

$$\mathrm{d}s=R\mathrm{d}\alpha=R\cdot2\mathrm{d}\varphi_H=\frac{1}{kg}\mathrm{d}\varphi_H$$

由于

$$\varphi_H=\arctan\left(\frac{-g}{1-\bar{\omega}^2}\right)$$

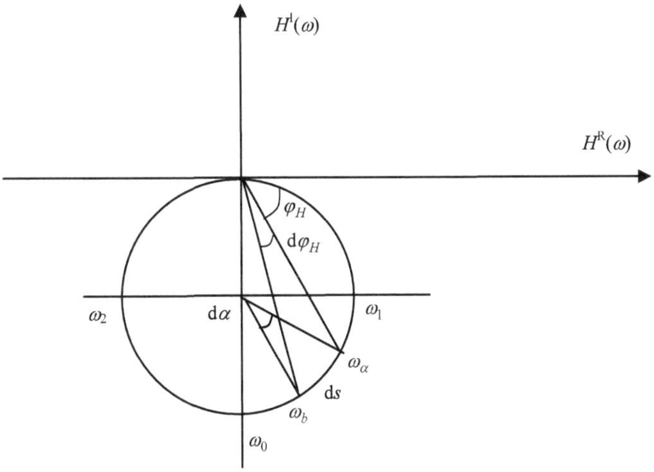

图 6.4.6　特性分析示意图

$$\mathrm{d}\varphi_H=\frac{1}{1+\left[\dfrac{-g}{1-\bar{\omega}^2}\right]^2}\mathrm{d}\left(\frac{-g}{1-\bar{\omega}^2}\right)=\frac{g\mathrm{d}\bar{\omega}^2}{(1-\bar{\omega}^2)^2+g^2}$$

因此

$$\mathrm{d}s=\frac{1}{kg}\cdot\frac{g\mathrm{d}\bar{\omega}^2}{(1-\bar{\omega}^2)^2+g^2}$$

$$\frac{\mathrm{d}s}{\mathrm{d}\bar{\omega}^2}=\frac{1}{k[(1-\bar{\omega}^2)^2+g^2]}\tag{6.4.18}$$

又因为

$$\frac{\mathrm{d}s}{\mathrm{d}\bar{\omega}^2}=\frac{\mathrm{d}s}{2\bar{\omega}\mathrm{d}\bar{\omega}}$$

那么

$$\frac{\mathrm{d}s}{\mathrm{d}\bar{\omega}}=2\bar{\omega}\cdot\frac{\mathrm{d}s}{\mathrm{d}\bar{\omega}^2}=\frac{2\bar{\omega}}{k\left[(1-\bar{\omega}^2)^2+g^2\right]}\tag{6.4.19}$$

观察式(6.4.19)可得，当$\bar{\omega}=1$时，$\mathrm{d}s/\mathrm{d}\omega$最大。再者，可以将式(6.4.19)对$\bar{\omega}$求一次导并令其等于 0，可得到极值点，即$\mathrm{d}s/\mathrm{d}\bar{\omega}$最大所对应的频率也应是$\omega_0$。

2）黏性阻尼系统

$$H^{\mathrm{R}}(\omega)=\frac{1-\bar{\omega}^2}{k[(1-\bar{\omega}^2)^2+(2\xi\bar{\omega})^2]}\tag{6.4.20}$$

$$H^{\mathrm{I}}(\omega)=\frac{-2\xi\bar{\omega}}{k[(1-\bar{\omega}^2)^2+(2\xi\bar{\omega})^2]} \tag{6.4.21}$$

$$[H^{\mathrm{R}}(\omega)]^2+\left[H^{\mathrm{I}}(\omega)+\frac{1}{4k\xi\bar{\omega}}\right]^2=\left(\frac{1}{4k\xi\bar{\omega}}\right)^2 \tag{6.4.22}$$

由式(6.4.22)可以看到圆心$\left(0,-1/\left(4k\xi\bar{\omega}\right)\right)$及半径$1/\left(4k\xi\bar{\omega}\right)$都随$\bar{\omega}$变化，因而 Nyguist 图不再保持为一个圆，而是呈桃子形(图 6.4.7)。

ξ越小，轨迹圆越大，ξ越大，轨迹圆越小，当ξ很小时，轨迹接近正圆。

（1）当$\omega=0$时，矢量从实轴上$1/k$处开始，随着频率ω增大向顺时针方向转动。

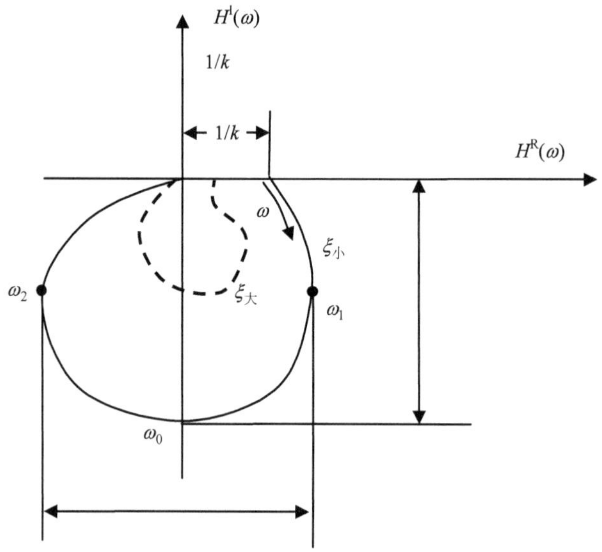

图 6.4.7 黏性阻尼系统的矢端轨迹图

（2）当$\omega=\omega_0\sqrt{1\mp2\xi}$（或$\bar{\omega}=\sqrt{1\mp2\xi}$）时，$H^{\mathrm{R}}(\omega)$达极值。

$$H^{\mathrm{R}}(\omega)\Big|_{极大}=\frac{1}{4k\xi(1-\xi)},\quad \bar{\omega}_1=\sqrt{1-2\xi} \tag{6.4.23}$$

$$H^{\mathrm{R}}(\omega)\Big|_{极小}=\frac{1}{4k\xi(1+\xi)},\quad \bar{\omega}_2=\sqrt{1+2\xi} \tag{6.4.24}$$

极大值与极小值的差为

$$H^{\mathrm{R}}|_{极大} - H^{\mathrm{R}}|_{极小} = \left(\frac{1}{2k\xi}\right)\frac{1}{1-\xi^2} \tag{6.4.25}$$

对小阻尼情况，则为$1/2k\xi$。由此可见刚度k及阻尼比ξ越大，Nyguist 图的尺寸越小，反之亦然。

(3) 当$\overline{\omega}=\sqrt{1-2\xi^2/3}$时，

$$H^{\mathrm{I}}(\omega)\Big|_{\max} = \frac{1}{2k\xi}\cdot\frac{1}{\sqrt{1-\frac{2}{3}\xi^2}} \tag{6.4.26}$$

应特别注意的是，极大值不再出现在圆与纵坐标的交点处。

(4) 当$\xi\to 0$时，$H^{\mathrm{I}}(\omega)\Big|_{\max}\to 1/(2k\xi)$，相应地$\omega=\omega_0$，这时虚部极大值对应于固有频率。

另外，对于黏性阻尼系统，尽管不是圆，但是在固有频率附近，曲线接近圆，仍可利用圆的特性。

6.5 多自由度系统频响函数分析

6.4 节讨论了单自由度系统的频响函数特性，它们虽然是最简单的，然而却都是最基础、最重要的，是进一步分析多自由度系统的基础。

为明了起见，先从两自由度出发，然后推广到多自由度系统。

多自由度系统又可按照约束情况分为两大类：一类是有边界约束，称为约束系统(如一般的工程结构)；另一类是无边界约束，称为自由系统。

1. 约束系统

图 6.5.1 为两自由度无阻尼约束系统示意图。

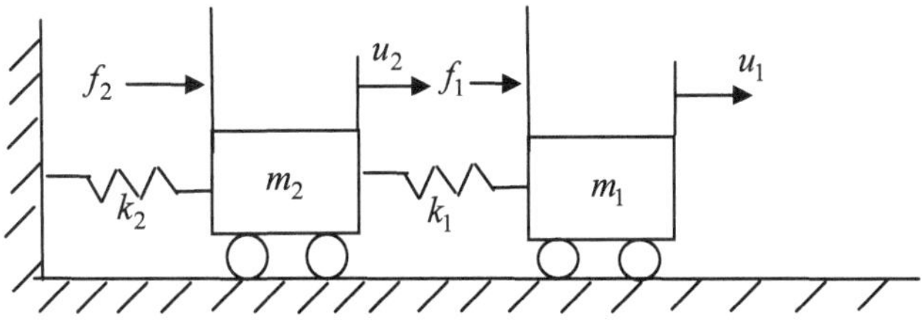

图 6.5.1 二自由度无阻尼约束系统

1）运动方程与频响函数

$$m_1\ddot{u}_1 + k_1u_1 - k_1u_2 = f_1$$

$$m_2\ddot{u}_2 + k_2u_2 - k_1(u_1 - u_2) = f_2$$

写成矩阵形式为

$$[m][\ddot{u}]+[k][u]=[f] \tag{6.5.1}$$

其中

$$[m]=\begin{bmatrix} m_1 & 0 \\ 0 & m_2 \end{bmatrix}, \quad [k]=\begin{bmatrix} k_1 & -k_1 \\ -k_1 & k_1+k_2 \end{bmatrix}$$

响应为

$$[u]=\begin{Bmatrix} u_1 \\ u_2 \end{Bmatrix}$$

输入为

$$[f]=\begin{Bmatrix} f_1 \\ f_2 \end{Bmatrix}$$

作傅里叶变换得

$$\left([k]-\omega^2[m]\right)[u(\omega)]=[f(\omega)] \tag{6.5.2}$$

在单自由度系统中，$k-\omega^2 m$ 是动刚度，具有刚度的性质，即阻碍系统的运动，对于同样的激励，它越大响应越小，因此又叫阻抗。

多自由度系统即是阻抗矩阵

$$Z(\omega)=[k]-\omega^2[m]=\begin{bmatrix} k_1-\omega^2 m_1 & -k_1 \\ -k_1 & (k_1+k_2)-\omega^2 m_2 \end{bmatrix} \tag{6.5.3}$$

系统的频响函数为阻抗矩阵的逆阵：

$$[H(\omega)]=[Z(\omega)]^{-1}=\mathrm{adj}[Z(\omega)]/\det[Z(\omega)] \tag{6.5.4}$$

对于二维系统，其伴随矩阵及其行列式是极易求得的

$$\mathrm{adj}[Z]=\begin{bmatrix}(k_1+k_2)-\omega^2 m_2 & k_1\\ k_1 & k_1-\omega^2 m_1\end{bmatrix}$$

$$\det[Z]=(k_1-\omega^2 m_1)(k_1+k_2-\omega^2 m_2)-k_1^2$$

因此，对二维系统易知

$$[H(\omega)]=\frac{\begin{bmatrix}k_1+k_2-\omega^2 m_2 & k_1\\ k_1 & k_1-\omega^2 m_1\end{bmatrix}}{(k_1-\omega^2 m_1)(k_1+k_2-\omega^2 m_2)-k_1^2} \tag{6.5.5}$$

进一步可写成

$$[H(\omega)]=\begin{bmatrix}H_{11}(\omega) & H_{12}(\omega)\\ H_{21}(\omega) & H_{22}(\omega)\end{bmatrix} \tag{6.5.6}$$

其中每一个元素都有其特定的物理意义，在系统传递特性中起不同的作用。

定义 $H_{lp}(\omega)$ 是第 l 点对第 p 点输入的频响函数。当 $l=p$ 时，称为原点频响函数；$l\neq p$ 时，称为跨点频响函数。

$H_{lp}(\omega)=H_{pl}(\omega)$ 即频响函数具有互换性。

与单自由度系统的分析方法一样，下面通过作图来分析频响函数的幅频特性。

2）幅频特性图

$$H_{11}(\omega)=\frac{k_1+k_2-\omega^2 m_2}{(k_1+k_2-\omega^2 m_2)(k_1-\omega^2 m_1)-k_1^2} \tag{6.5.7}$$

(1）当 $\omega=0$ 时

$$|H_{11}(\omega)|=\frac{k_1+k_2}{k_1 k_2}\triangleq\frac{1}{k_{e0}}$$

其中

$$k_{e0}=\frac{k_1 k_2}{k_1+k_2} \tag{6.5.8}$$

为零阶等效刚度（或相当刚度）。可见，当 $\omega\to 0$ 时，$H_{11}(\omega)$ 以零阶等效刚度线 $1/k_{e0}$ 作为起始渐近线。

(2）当 $\omega\to\omega_{R1}$ 时，$H_{11}(\omega)\to\infty$，系统进入共振状态。相应的频率称为第 1

阶共振频率。固有频率即特征方程的根，令$[H(\omega)]$的分母为 0，即可得到的特征根

$$\omega_{R1,2}^2=\frac{1}{2}\left[\left(\frac{k_1}{m_1}+\frac{k_1}{m_2}+\frac{k_2}{m_2}\right)\pm\sqrt{\left(\frac{k_1}{m_1}+\frac{k_1}{m_2}+\frac{k_2}{m_2}\right)^2-4\cdot\frac{k_1}{m_1}\cdot\frac{k_2}{m_2}}\right] \tag{6.5.9}$$

对于两自由度系统有两个共振频率，ω_{R1}为第 1 阶共振频率，ω_{R2}为第 2 阶共振频率。在共振处，满足如下关系式：

$$\omega_{R1}^2=\frac{k_{e0}}{m_{e1}} \quad 或 \quad m_{e1}=\frac{k_{e0}}{\omega_{R1}^2} \tag{6.5.10}$$

其中，m_{e1}为第 1 阶等效质量或相当质量，此时在图 6.5.2 上，零阶等效刚度线$1/k_{e0}$与第 1 阶等效质量线$1/\left(m_{e1}\omega^2\right)$相交。当$\omega>\omega_{R1}$时，频响函数趋于第一等效质量线。

（3）当$\omega^2=(k_1+k_2)/m_2$时，$H_{11}(\omega)=0$。此时的频率称为反共振频率

$$\omega_{A1}^2=\frac{k_1+k_2}{m_2} \tag{6.5.11}$$

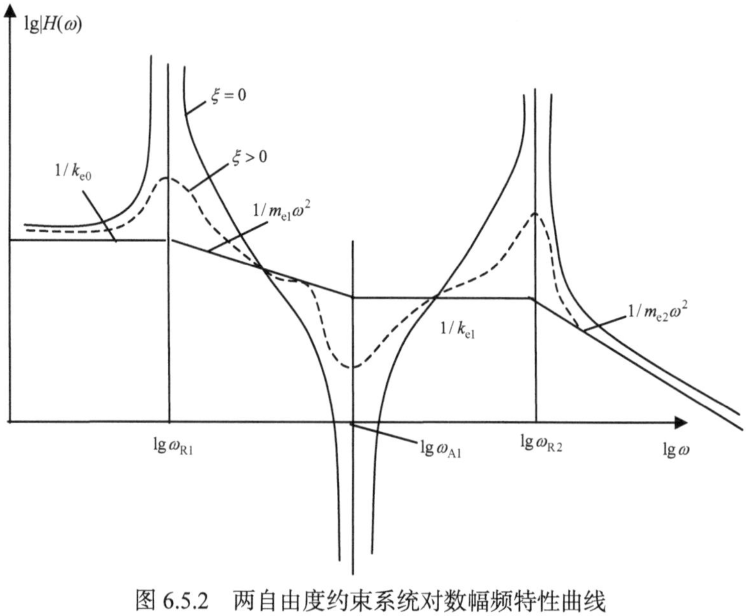

图 6.5.2　两自由度约束系统对数幅频特性曲线

这是多自由度系统中非常重要的一个概念。当系统处于反共振时，质量 m_1 的振幅为零，而 m_2 的振幅不为零， H_{12},H_{21},H_{22} 均不为零。

可见反共振为系统的局部现象，而共振则为系统的总体现象。因为共振时，系统各点的振幅都达极大值。

反共振时，有

$$\omega_{A1}^2=\frac{k_{e1}}{m_{e1}} \tag{6.5.12}$$

其中 k_{e1} 为第 1 阶等效刚度。

(4) 图 6.5.2 中，第 1 阶等效质量线 $1/\left(m_{e1}\omega^2\right)$ 与第 1 阶等效刚度线 $1/k_{e1}$ 在 ω_{A1} 处相交。当 $\omega>\omega_{A1}$ 后， $H_{11}(\omega)$ 又上升，并越过第 1 阶刚度线趋向第 2 阶共振点。

(5) 当 $\omega\to\omega_{R2}$ 时， $H_{11}(\omega)\to\infty$ ，系统又进入第 2 阶共振状态。相应的频率称为第 2 阶共振频率。此时满足

$$\omega_{R2}^2=\frac{k_{e1}}{m_{e2}} \tag{6.5.13}$$

其中 m_{e2} 为第 2 阶等效质量。

由几个交点的特点及式(6.5.12)可知

$$k_{e1}=\omega_{A1}^2 m_{e1}=\omega_{A1}^2\cdot\frac{k_{e0}}{\omega_{R1}^2} \tag{6.5.14}$$

因为在第一个交点处有

$$\frac{1}{k_{e0}}=\frac{1}{m_{e1}\omega_{R1}^2}$$

所以

$$m_{e2}=\frac{k_{e1}}{\omega_{R2}^2}=\frac{\omega_{A1}^2 k_{e0}}{\omega_{R1}^2\cdot\omega_{R2}^2}=\frac{\omega_{A1}^2}{\omega_{R2}^2}m_{e1} \tag{6.5.15}$$

当 $\omega>\omega_{R2}$ 时， $H_{11}(\omega)$ 下降，最后以第 2 阶等效质量线 $1/\left(m_{e2}\omega^2\right)$ 为渐近线并趋于 0。

3) 小结

(1) 对于有阻尼系统可进行类似地分析。 $H_{11}(\omega)$ 的幅频曲线如图中虚线所

示。显然，在共振频率处，幅值不为无穷大，其值取决于阻尼的大小。在反共振处，$H_{11}(\omega)$ 的幅值亦不为零。

(2) 上述分析可引伸到多自由度系统。可能推得，对于一个 N 自由度的约束系统有 N 个共振频率，有 $N-1$ 个反共振频率。

(3) 对原点频响函数而言，各阶共振、反共振交替出现，即在每一共振之后，一定出现反共振，而且对于约束系统有先出现共振再出现反共振(依次发展)的规律。

(4) 对于跨点频响函数而言，一般无此规律。

(5) 同理可推得多自由度约束系统的原点频响函数的幅频图。如图 6.5.3 所示。

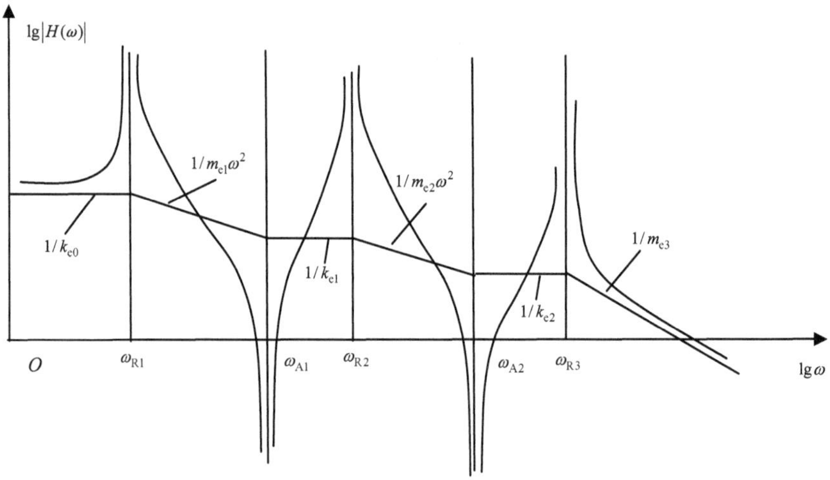

图 6.5.3　多自由度结束系统对数幅频特性

2. 自由系统

仍然从两个自由度着手，然后将结论推广到多自由度系统。以图 6.5.4 为例。

1) 运动方程

$$\begin{cases} m_1\ddot{x} + kx_1 - kx_2 = f_1 \\ m_2\ddot{x}_2 - kx_1 + kx_2 = f_2 \end{cases} \tag{6.5.16}$$

其中阻抗矩阵为

$$Z(\omega) = \begin{bmatrix} k-\omega^2 m_1 & -k \\ -k & k-\omega^2 m_2 \end{bmatrix} \tag{6.5.17}$$

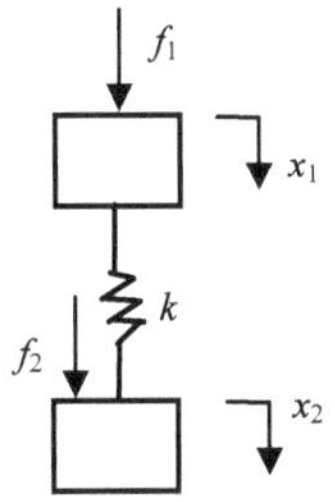

图 6.5.4 两自由度无阻尼自由系统

频响函数矩阵为

$$H(\omega)=[Z(\omega)]^{-1}=\frac{\begin{bmatrix} k-\omega^2 m_2 & k \\ k & k-\omega^2 m_1 \end{bmatrix}}{(k-\omega^2 m_1)(k-\omega^2 m_2)-k^2} \tag{6.5.18}$$

取其中的原点频响函数进行分析，得

$$H_{11}(\omega)=\frac{k-\omega^2 m_2}{-k(\omega^2 m_1+\omega^2 m_2)+\omega^4 m_1 m_2}=\frac{-(k-\omega^2 m_2)}{\omega^2(m_1+m_2)(k-\omega^2 m_{\mathrm{c}})} \tag{6.5.19}$$

其中

$$m_{\mathrm{c}}=\frac{m_1 m_2}{(m_1+m_2)} \tag{6.5.20}$$

2）幅频图

当 $\omega\to 0$ 时，有

$$H_{11}(\omega)\to\frac{1}{\omega^2(m_1+m_2)}=\frac{1}{\omega^2 m_{\mathrm{e}0}}\to\infty$$

其中

$$m_{\mathrm{e}0}=m_1+m_2$$

为零阶等效质量，其导纳为 $1\Big/\left(\omega^2 m_{\mathrm{e}0}\right)$。在对数坐标中，它是一斜率为 –2 的直线。因此，当 $\omega=0$ 时，自由系统以零阶等效质量线为起始渐近线(这是与约束系统的第一个区别)。此时，外界激励由惯性力 $\omega^2 m_{\mathrm{e}0}$ 平衡，系统产生刚体运动。

当 ω 增大时，$|H_{11}(\omega)|$ 则沿着零阶等效质量线下降，直至当 $\omega=\sqrt{k/m_2}$ 时，$H_{11}(\omega)=0$，系统处于反共振状态。相应的频率有

$$\omega_{\mathrm{A}}=\sqrt{k/m_2}$$

称为反共振频率。此时，m_1 的位移为零。

当 $\omega_R=\sqrt{k/m_c}$ 时，$|H_{11}(\omega)|\to\infty$，系统达共振状态。相应的频率

$$\omega_R=\sqrt{k/m_c}$$

为共振频率。对于多自由度的自由系统先出现反共振再出现共振，这是与约束系统的又一个区别。

当 $\omega>\omega_R$ 时，

$$|H_{11}(\omega)|\to 1/\left(\omega^2 m_1\right)\triangleq 1/\omega^2 m_{e1}$$

其中 $m_{e1}=m_1$ 为第 1 阶等效质量。在对数坐标图中，$1/\left(\omega^2 m_{e1}\right)$ 为斜率等于 −2 的直线。可见当 $\omega>>\omega_R$ 后，$|H_{11}(\omega)|$ 以高阶等效质量线为渐近线趋于 0（$\lg|H_{11}|\to-\infty$）。

当 $\omega=\omega_A$ 时，零阶等效质量线与刚度线相交于 A 点，而当 $\omega=\omega_R$ 时，刚度线与高阶等效质量线交于图中 B 点。可以证明 AB 为水平线。

证　A 点满足

$$\frac{1}{\omega_A^2(m_1+m_2)}=\frac{1}{k\left(1+\dfrac{m_1}{m_2}\right)}\triangleq\frac{1}{k_e}$$

B 点满足

$$\frac{1}{\omega_R^2 m_1}=\frac{1}{k\dfrac{m_1}{m_c}}=\frac{1}{k\left(1+\dfrac{m_1}{m_2}\right)}\triangleq\frac{1}{k_e}$$

图 6.5.4 中零阶等效质量线、刚度线及高阶等效质量线三条直线称为基架线。它们相当于质量 m_{e0}、刚度 k 及质量 m_{e1} 的位移导纳线。

$$|H_{11}(\omega)|=\frac{1}{\omega^2 m_{e0}}\frac{1-\bar{\omega}_A^2}{1-\bar{\omega}_R^2}\tag{6.5.21}$$

其中

$$\bar{\omega}_A=\frac{\omega}{\omega_A},\quad \bar{\omega}_R=\frac{\omega}{\omega_R}$$

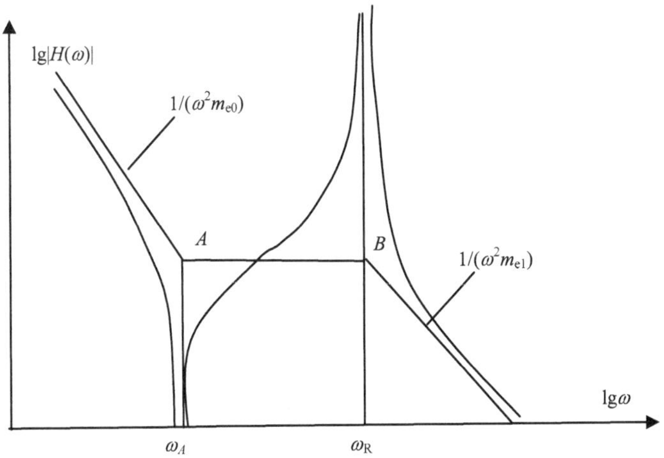

图 6.5.4 二自由度自由系统对数幅频特性

3）小结

(1) 结果可以推广到多个自由度系统（$N>2$），如图 6.5.5 所示。

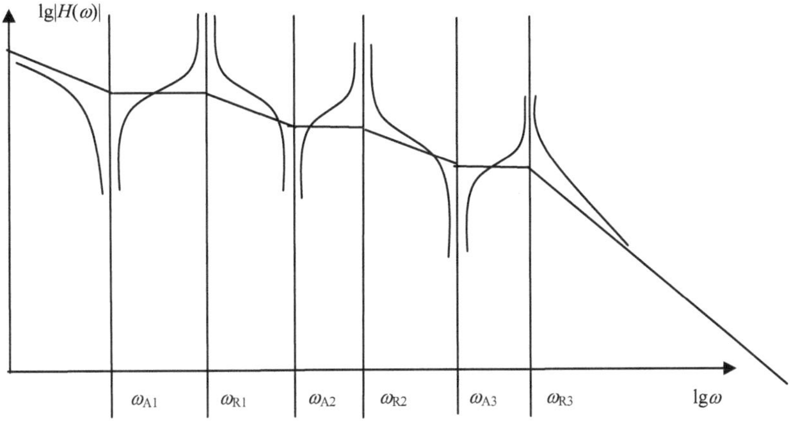

图 6.5.5 多自由度自由系统对数幅频特性

(2) 对自由系统，首先出现反共振点，其次是共振点，最后共振与反共振交替出现。

(3) 约束系统是先出现共振再出现反共振，且 $\omega_{R1}<\omega_{A1}<\omega_{R2}<\omega_{A2}<\cdots$。

对于 N 维约束系统有 N 个共振频率，$N-1$ 个反共振频率；对于 N 维自由系统有 $N-1$ 个共振频率，$N-1$ 个反共振频率。

6.6　模态参数辨识的基本方法

模态参数辨识是系统辨识的一个方面。若用模态参数来描述系统的特性，系统的参数为模态参数，这时的系统辨识称为模态参数辨识。模态参数辨识方法很多，本节主要介绍单点激励频域模态参数辨识方法即对结构上某一点激励，同时测得激励点及响应点的时域信号，经 A/D 转换与 FFT 变换，变成频域信号，然后对频域数字信号进行运算，求得频率响应函数(简称频响函数)，再按参数辨识方法辨识出模态参数。

由于频域参数辨识方法很多，为此仅介绍目前常用的几种方法，供读者参考。

1. 分量分析法

所谓分量分析方法就是将频响函数分成实部分量及虚部分量进行分析。

1) 基本公式

对一个具有 N 自由度的结构阻尼系统，在 p 点激励，l 点测量响应的实模态频响函数表达式可表示如下：

$$H_{lp}(\bar{\omega})=\sum_{r=1}^{N}\frac{1}{K_{\mathrm{e}r}}\left[\frac{1-\bar{\omega}_r^2}{(1-\bar{\omega}_r^2)^2+g_r^2}+\mathrm{j}\frac{-g_r}{(1-\bar{\omega}_r^2)^2+g_r^2}\right] \tag{6.6.1}$$

其中，$K_{\mathrm{e}r}=K_r/(\varphi_{lr}\varphi_{pr})$ 为第 r 阶等效刚度，g_r 为第 r 阶模态结构阻尼比，$\bar{\omega}_r$ 为频率比或相对频率 $\bar{\omega}_r=\omega/\omega_r$。当 ω 趋近于某阶模态的固有频率时，该模态起主导作用，称为主导模态或简称主模态。在主模附近，其他模态影响较小。若模态是稀薄的，则其余模态的频响函数值很小，且曲线比较平坦，即几乎不随频率而变化，因此其余模态的影响可用复常数来表示，对第 r 阶模态式(6.6.1)近似表示成

$$H_{lp}(\bar{\omega})=\frac{1}{K_{\mathrm{e}r}}\left[\frac{1-\bar{\omega}_r^2}{(1-\bar{\omega}_r^2)^2+g_r^2}+\mathrm{j}\frac{-g_r}{(1-\bar{\omega}_r^2)^2+g_r^2}\right]+(H_{\mathrm{c}}^{\mathrm{R}}+\mathrm{j}H_{\mathrm{c}}^{\mathrm{I}}) \tag{6.6.2}$$

$H_{lp}(\bar{\omega})$ 的实部与虚部可表示如下：

$$H_{lp}^{\mathrm{R}}(\bar{\omega})=\frac{1}{K_{\mathrm{e}r}}\left[\frac{1-\bar{\omega}_r^2}{(1+\bar{\omega}_r^2)^2+g_r^2}\right]+H_{\mathrm{c}}^{\mathrm{R}} \tag{6.6.3}$$

$$H_{lp}^{\mathrm{I}}(\bar{\omega})=\frac{1}{K_{\mathrm{e}r}}\left[\frac{-g_r}{(1-\bar{\omega}_r^2)^2+g_r^2}\right]+H_{\mathrm{c}}^{\mathrm{I}} \tag{6.6.4}$$

其中，H_c^R ,H_c^I 为剩余模态的实部与虚部。

2）实频图与虚频图

由于剩余模态与 ω 无关，故在实、虚频图上相当于把横坐标平移一段距离（图 6.6.1）。此平行线又名剩余柔度线。

3）模态参数的确定

A. 固有频率的确定。

固有频率可从实频曲线与剩余柔度线的交点来确定，此处 $\bar{\omega}_r = 1$，亦可由虚频曲线的峰值所对应的频率来确定。用虚频曲线的峰值确定 ω_r 较好，因为峰值较尖，容易确定。此外，剩余柔度的尺寸对峰值所对应的频率无影响。

B. 确定阻尼比 g_r 或 ξ_r 。

阻尼比系数可由半功率带宽 $\Delta\omega_r$ 来确定。由图 6.6.1 可得

$$\Delta\bar{\omega}_r = \bar{\omega}_b - \bar{\omega}_a$$

对结构阻尼系统，其阻尼比系数为

$$g_r = \Delta\bar{\omega}_r \quad \text{或} \quad g_r = \frac{\omega_b - \omega_a}{\omega_r} \tag{6.6.5}$$

对黏性阻尼系统，其阻尼比系数为

$$\xi_r = \frac{\Delta\bar{\omega}_r}{2} \quad \text{或} \; \xi_r = \frac{\omega_b - \omega_a}{2\omega_r} \tag{6.6.6}$$

C. 确定模态振型。

由式(6.6.4)知，对主模态而言(不计剩余柔度)，当 $\bar{\omega}_r = 1$时，有

$$H_{lp}^I(\bar{\omega} = 1) = -\frac{\varphi_{lr}\varphi_{pr}}{K_r g_r} \tag{6.6.7}$$

分别测出结构上各点的 $H_{lp}^I(\omega)$ 值（$l = 1,2,\cdots,L$），则可得第 r 阶模态的振型系数列阵为

$$\left[H_{lp}^I(\bar{\omega} = 1)\right]^r = \begin{bmatrix} H_{1p}^I(\bar{\omega} = 1) \\ H_{2p}^I(\bar{\omega} = 1) \\ \vdots \\ H_{Lp}^I(\bar{\omega} = 1) \end{bmatrix}_{L\times 1} = -\frac{\varphi_{pr}}{K_r g_r}\begin{bmatrix} \varphi_{1r} \\ \varphi_{2r} \\ \vdots \\ \varphi_{Lr} \end{bmatrix}_{L\times 1} \tag{6.6.8}$$

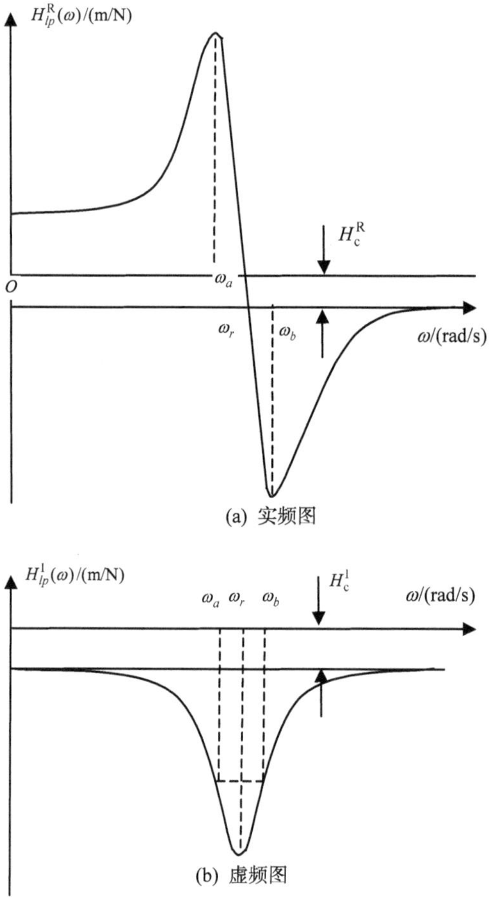

(a) 实频图

(b) 虚频图

图 6.6.1　第 r 阶模态的频响函数

对 r 阶模态，当采用单点激励时，$\varphi_{pr}/(K_r g_r)$ 为常数。因此，$\left[H_{lp}^{\mathrm{I}}(\bar{\omega}=1)\right]$ 即可代表模态振型，因为振型只是反映振动形状，与振动大小无关。故常取归一化后振型列阵，常用的归一化方法是对激励点归一化，即取原点 $\varphi_{pr}=1$，则

$$\left[H_{lp}^{\mathrm{I}}(\bar{\omega}=1)\right]_r=-\frac{1}{K_r g_r}[\varphi]_r\bigg|_{\varphi_{pr}=1} \tag{6.6.9}$$

对黏性阻尼系数，上述公式也适用，只需把 g_r 换成 $2\xi_r$。

D. 模态刚度。

在 $\bar{\omega}=1$ 时，p 点激励，l 点响应的频响函数，第 r 阶的值可用式(6.6.7)表示

$$H_{lp}^{\mathrm{I}}(\bar{\omega}=1)=-\frac{\varphi_{lr}\varphi_{pr}}{K_r g_r}$$

若取原点 p 的频响函数值，且对原点归一化，则结构阻尼系统第 r 阶的模态刚度 K_r 可表示为

$$K_r=-\frac{1}{H_{pp}^{\mathrm{I}}(\bar{\omega}=1)g_r} \tag{6.6.10}$$

同理，黏性阻尼系统的第 r 阶的模态刚度为

$$K_r=-\frac{1}{H_{pp}^{\mathrm{I}}(\bar{\omega}=1)2\xi_r} \tag{6.6.11}$$

必须指出，模态刚度数值与归一化有关，不同归一化有不同的模态刚度。

E. 模态质量。

$$M_r=\frac{K_r}{\omega_r^2} \tag{6.6.12}$$

由此，全部模态参数均可求得。

4）分量分析法的特点

(1) 简单方便，当模态密度不高时，具有一定的精度。在模态测试时，当信号分析仪具有频响函数的实频、虚频图的分析能力时，直接就可读取模态参数。

(2) 只有用峰值点的频响函数信息才可确定模态参数，当峰值点有误差时，便直接影响辨识精度。由于它利用的信息量少，因此识别精度有限。

(3) 模态密集时，用半功率带宽来确定模态阻尼，误差较大，且这时邻近模态的影响已不能简单地用一复常数来表示，因此辨识精度受到影响。

2. 导纳圆辨识方法

这是一种比较经典的方法。许多动态信号分析仪在频响函数测量后都能显示 Nyguist 图，也就是导纳圆图，所以它也是比较直观的方法。对单自由度系统或模态耦合不很紧密的多自由度系统，这种方法能取得比较满意的结果。

式(5.4.17)已证明，对具有结构阻尼的单自由度系统，其位移导纳在复平面上构成一个圆。对黏性阻尼单自由度系统，若阻尼系数较小，其频响函数矢端轨迹近似为圆。在实际工程应用中，大多数结构都是多自由度系统，为此可在某阶模态频响函数共振峰值附近选取 6~10 个频率点，即所谓截取某阶模态为单模态系

统，从而应用导纳圆理论。

即使对于单自由度系统，由于模态测试等方面不可避免的误差，频响函数矢端轨迹不一定都落在理论圆上。为此，必须找出一个理论圆，使此圆上各相应点的数值与实测值之间的误差最小，即采取所谓曲线拟合法。

令 $H_{lp}^{\mathrm{R}}(\omega)=x$ ， $H_{lp}^{\mathrm{I}}(\omega)=y$ ，则理想圆的方程式为

$$(x-x_0)^2+(y-y_0)^2=R^2 \tag{6.6.13}$$

其中， x_0, y_0 为圆心坐标， R 为圆半径； x, y 为圆周上各点的坐标。设实测数据点的坐标为 x_K, y_K ，它们不一定在圆上。因此，若用 x_K 代替 x, y_K 代替 y ，代入式(6.6.13)则必然引起偏差

$$(x_K-x_0)^2+(y_K-y_0)^2\neq R^2$$

其偏差值为

$$e_K=(x_K-x_0)^2+(y_K-y_0)^2-R^2$$

即

$$e_K=x_K^2+y_K^2-2x_0x_K-2y_0y_K+x_0^2+y_0^2-R^2 \tag{6.6.14}$$

令

$$a=-2x_0, \qquad b=-2y_0, \qquad c=x_0^2+y_0^2-R^2$$

并代入式(6.6.14)得

$$e_K=x_K^2+y_K^2+ax_K+by_K+c \tag{6.6.15}$$

用固有频率附近所取的全部测试频率下的误差平方和来构造目标函数，并使它最小，即

$$E=\sum_{K=1}^{m}\left(x_K^2+y_K^2+ax_K+by_K+c\right)^2 \tag{6.6.16}$$

其中， m 为测量频率数。

要使上述误差为最小，必须满足下列关系式：

$$\frac{\partial E}{\partial a}=0, \quad \frac{\partial E}{\partial b}=0, \quad \frac{\partial E}{\partial c}=0$$

由此可得下列方程组：

$$2\sum_{K=1}^{m}(x_K^2+y_K^2+ax_K+by_K+c)x_K=0 \tag{6.6.17}$$

$$2\sum_{K=1}^{m}(x_K^2+y_K^2+ax_K+by_K+c)y_K=0 \tag{6.6.18}$$

$$2\sum_{K=1}^{m}(x_K^2+y_K^2+ax_K+by_K+c)\times 1=0 \tag{6.6.19}$$

写成矩阵形式为

$$\begin{bmatrix} \sum x_K^2 & \sum x_K y_K & \sum x_K \\ \sum x_K y_K & \sum y_K^2 & \sum y_K \\ \sum x_K & \sum y_K & m \end{bmatrix}\begin{bmatrix} a \\ b \\ c \end{bmatrix}=\begin{bmatrix} -\sum(x_K^3+x_K y_K^2) \\ -\sum(x_K^2 y_K+y_K^3) \\ -\sum(x_K^2+y_K^2) \end{bmatrix} \tag{6.6.20}$$

由上述方程即可求得 a,b,c 三个系数，从而求得拟合圆的圆心坐标及半径分别为

$$x_0=-\frac{a}{2} \tag{6.6.21}$$

$$y_0=-\frac{b}{2} \tag{6.6.22}$$

$$R=\sqrt{\left(\frac{a}{2}\right)^2+\left(\frac{b}{2}\right)^2-c} \tag{6.6.23}$$

由此，即可作出导纳圆，如图 6.6.2 所示。从而可以辨识模态参数。对多自由度系统，相邻模态耦合较松的情况下，忽略其余模态影响，位移导纳可像单自由度系统一样近似地表示为

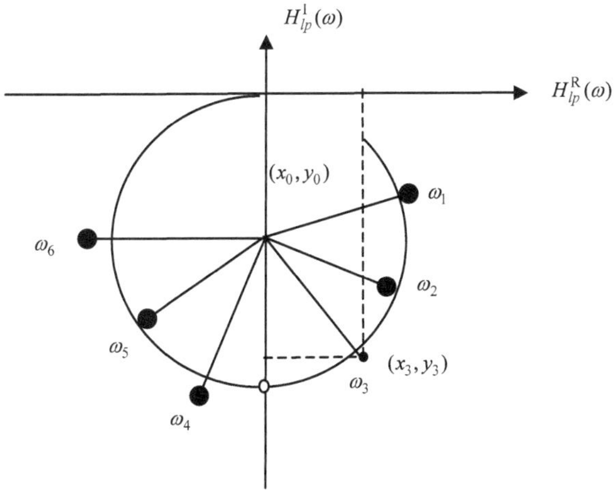

图 6.6.2 位移导纳图

$$H_{lp}(\bar{\omega}) \approx \frac{1}{K_{er}(1-\bar{\omega}^2+\mathrm{j}g_r)} \tag{6.6.24}$$

其中，K_{er} 为第 r 阶模态等效刚度，其余参数为第 r 阶模态参数，由上述公式即可确定模态参数。

1）固有频率

固有频率可由圆上使 $\Delta s/\Delta\omega$ 具有最大值的点来确定。

由式(6.4.19)知，当 $\omega=\omega_r$，即 $\bar{\omega}=1$ 时，p 点激励，l 点响应的位移导纳虚部 $H_{lp}^{\mathrm{I}}(\omega)\approx -1/(K_{er}g_r)$，其大小正好为导纳圆直径，即 $2(R_{lp})_r$，其中，$(R_{lp})_r$ 为第 r 阶模态、p 点激励、l 点响应的导纳圆半径，K_{er} 为第 r 阶模态等效刚度，$K_{er}=K_r/(\varphi_{lr}\varphi_{pr})$。由此，可知下式成立：

$$\frac{\varphi_{pr}}{K_r g_r}\left[\varphi_{lp}\right] \approx 2\left[R_{lp}\right]_r \qquad (l=1,2,\cdots,p,\cdots,L) \tag{6.6.25}$$

式(6.6.25)说明，第 r 阶模态振型向量可由各测点导纳圆半径组成的归一化向量求得。

2）模态阻尼

一般可以取固有频率附近两点 A,B(图 6.6.3)，它们的频率分别为 ω_1,ω_2，相应的相位角为 θ_1,θ_2，对应的圆心角为 α_1,α_2。

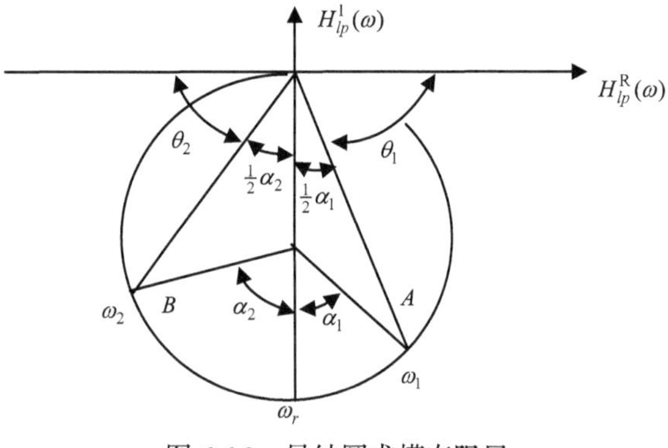

图 6.6.3　导纳圆求模态阻尼

由图 6.6.3 可见

$$\theta_1 = 90^\circ - \frac{1}{2}\alpha_1, \qquad \theta_2 = 90^\circ - \frac{1}{2}\alpha_2$$

$$\tan\frac{\alpha_1}{2}=\frac{H_{lp}^{\mathrm{R}}(\bar{\omega}_1)}{H_{lp}^{\mathrm{I}}(\bar{\omega}_1)}=\frac{1-\bar{\omega}_1^2}{g_r}$$

$$\tan\frac{\alpha_2}{2}=\frac{H_{lp}^{\mathrm{R}}(\bar{\omega}_2)}{H_{lp}^{\mathrm{I}}(\bar{\omega}_2)}=\frac{\bar{\omega}_2^2-1}{g_r} \tag{6.6.26}$$

最后，可求得

$$g_r=\frac{\bar{\omega}_2^2-\bar{\omega}_1^2}{\tan\frac{\alpha_1}{2}+\tan\frac{\alpha_2}{2}}=\frac{\omega_2^2-\omega_1^2}{\omega_r^2}\frac{1}{\tan\frac{\alpha_1}{2}+\tan\frac{\alpha_2}{2}}\approx\frac{\omega_2-\omega_1}{\omega_r}\frac{2}{\tan\frac{\alpha_1}{2}+\tan\frac{\alpha_2}{2}} \tag{6.6.27}$$

因此，可由导纳圆上的数据 $\omega_1,\omega_2,\omega_r,\alpha_1,\alpha_2$ 求出第 r 阶模态结构阻尼系数 g_r。

3）模态刚度

当 $\bar{\omega}_r=1$ 时，有

$$H_{lp}^{\mathrm{I}}=\frac{-1}{K_{\mathrm{er}}g_r} \tag{6.6.28}$$

因此，等效模态刚度为

$$K_{\mathrm{er}}=-\frac{1}{H_{lp}^{\mathrm{I}}g_r}=\frac{1}{2(R_{lp})_r\,g_r} \tag{6.6.29}$$

若取原点频响函数（$l=p$），并对原点归一化，即取 $\varphi_{pr}=1$。由此，在求出原点的导纳圆半径（R_{pp}）及模态阻尼 g_r 后，由式(6.6.29)即可求得原点的等效模态刚度 K_{er}。而此时

$$\frac{1}{K_{\mathrm{er}}}=\frac{\varphi_{pr}\varphi_{pr}}{K_r}=\frac{1}{K_r}$$

$$K_r=K_{\mathrm{er}} \tag{6.6.30}$$

4）模态质量

$$M_r=\frac{K_r}{\omega_r^2} \tag{6.6.31}$$

5）影响模态参数辨识的其他因素

其实结构某阶模态的导纳圆，往往不可能像单自由度那样，其圆心不可能正好在虚轴上，圆心与固有频率 ω_r 点的连线与虚轴有一倾角 β。

众所周知，在复平面上某一向量代表某一复数，若该向量乘以另一复数 $u_r+\mathrm{j}v_r$，新向量的模相当于放大了 $\sqrt{u_r^2+v_r^2}$ 倍，复角较原向量的角度增加 β，其

中

$$\beta = \arctan \frac{v_r}{u_r} \tag{6.6.32}$$

如图 6.6.4(a)所示，原导纳圆上通过 $\omega = \omega_r$ 这点的一条直径旋转了 β 角。

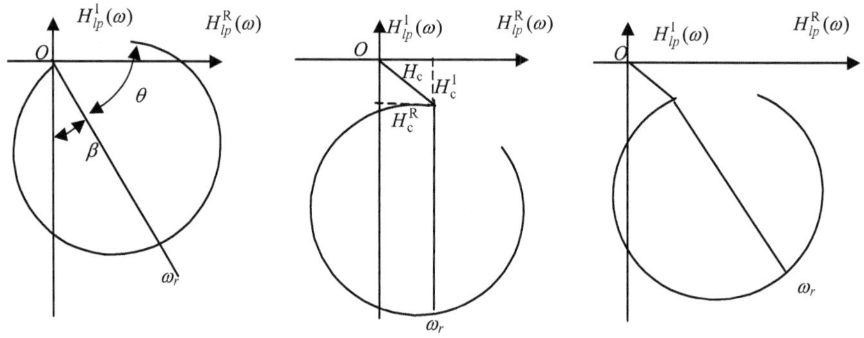

(a) 复模态　(b) 剩余模态　(c) 实际导纳圆的偏转

图 6.6.4　复模态与剩余模态影响

当考虑其他模态影响为一复常数 H_c， $H_c = H_c^R + jH_c^I$ 时，导纳圆上各点的坐标都加上这一复常数值，其图形发生平移，如图 6.6.4(b)所示，其圆心坐标也不例外，由原来的 $\left(0, -\dfrac{1}{2K_{er}g_r}\right)$ 变为 $\left(H_c^R, H_c^I - \dfrac{1}{2K_{er}g_r}\right)$。

不仅如此，由于相邻模态的模态阻尼等不同，也会引起频响函数的相角变化。考虑两个模态互相影响，两个模态的频响函数相加

$$H(\omega) = |H_r| e_r^{j\theta} + |H_{r+1}| e_{r+1}^{j\theta} = |H| e^{j\theta} \tag{6.6.33}$$

其中

$$\theta = \arctan \frac{H_r^I + H_{r+1}^I}{H_r^R + H_{r+1}^R} \tag{6.6.34}$$

对 $\omega = \omega_r$，有

$$H(\omega_r) = \frac{1}{jK_{er}g_r} + \frac{1}{K_{e(r+1)}(1 - \bar{\omega}_{r+1}^2 + jg_{r+1}^2)} \tag{6.6.35}$$

即

$$H(\omega_r) = -j\frac{1}{K_{er}g_r} + \frac{1 - \bar{\omega}_{r+1}^2 - jg_{r+1}}{K_{e(r+1)}[(1 - \bar{\omega}_{r+1}^2)^2 + g_{r+1}^2]} \tag{6.6.36}$$

其中

$$\bar{\omega}_{r+1}=\frac{\omega_r}{\omega_{r+1}}$$

考虑 $r+1$ 阶模态对 r 模态影响后，在 $\omega=\omega_r$ 处，θ 可表示为

$$\theta=\arctan\left[\frac{-\dfrac{1}{K_{\mathrm{e}r}g_r}-\dfrac{g_{r+1}}{K_{\mathrm{e}(r+1)}(1-\bar{\omega}_{r+1}^2)^2+g_{r+1}^2}}{\dfrac{1-\bar{\omega}_{r+1}^2}{K_{\mathrm{e}(r+1)}(1-\bar{\omega}_{r+1}^2)^2+g_{r+1}^2}}\right]$$

$$=\arctan\left[-\frac{K_{\mathrm{e}(r+1)}(1-\bar{\omega}_{r+1}^2+g_{r+1}^2)+K_{\mathrm{e}r}g_r g_{r+1}}{K_{\mathrm{e}r}g_r(1-\bar{\omega}_{r+1}^2)}\right] \tag{6.6.37}$$

若模态耦合较松，$\omega_r/\omega_{r+1}<<1$，且系统为小阻尼，即 $g_r,g_{r+1}<<1$，则上式可简化为

$$\theta=\arctan\left(\frac{-K_{\mathrm{e}(r+1)}}{K_{\mathrm{e}r}g_r}\right)=\arctan\left(\frac{-R_r}{R_{r+1}}\cdot\frac{1}{g_{r+1}}\right) \tag{6.6.38}$$

可见相角与 $r+1$ 阶模态阻尼等因素有关，使导纳圆发生偏转。总之，实际情况的导纳圆将发生平移与偏转，如图 6.6.4(c)所示。

对多自由度系统，有很多模态，每个测点的导纳圆有多个，且它们都不一定是完整的圆，而是几个弧段，可根据每一弧段按拟合一个圆的原则，然后进行参数辨识。图 6.6.5 为三个相邻圆的情况。图中 $\omega_{0,i},\omega_{0,ii},\omega_{0,iii}$ 为三个模态的固有圆频率。

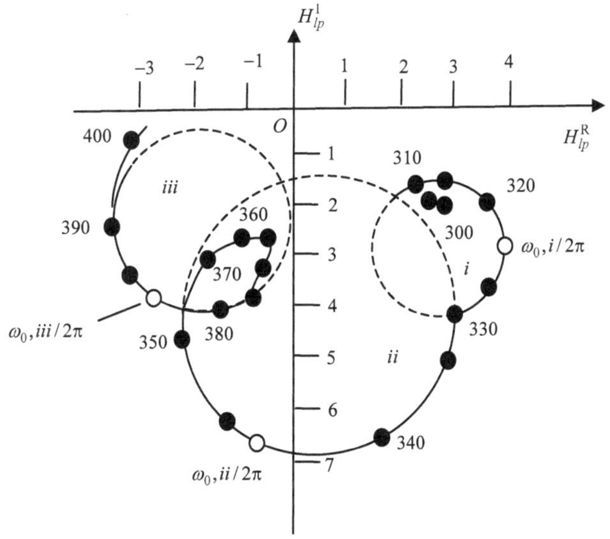

图 6.6.5　多自由度系统导纳圆

6）导纳圆方法的优缺点

（1）它不仅利用频响函数峰值点的信息，而且利用固有频率附近很多点的信息，即使没有峰值信息，仍然可以求出固有频率。这样可避免峰值信息误差所造成的影响。

（2）求模态参数时可计及邻近模态影响，当模态比较密集时，误差较大，这是因为导纳圆法仍然建立在主导模态基础上。

（3）精度受图解精度的限制。

3．例题

例 6.6.1　两自由度系统，如图 6.6.6 所示。阻尼较弱，模态稀疏，参数单位为国际单位。

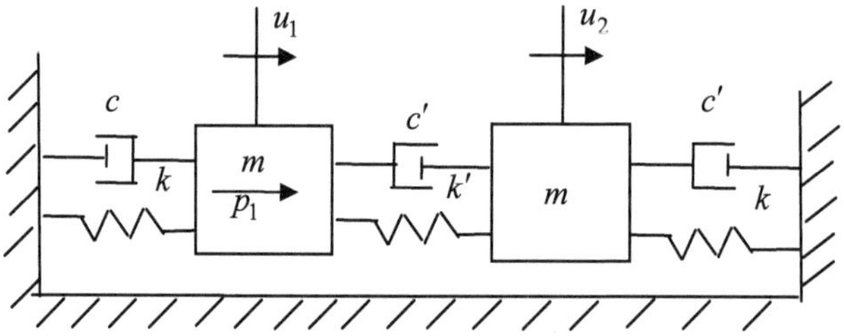

图 6.6.6　有阻尼两自由度系统

已知 $p_1 = P_1\cos(\Omega t)$，$k = 987$，$k' = 217$，$m = 1$，$c = 0.6284$，$c' = 0.0628$。求下列参数：

（1）求模态、频率 f_1, f_2 及振型 φ_1, φ_2；

（2）求模态质量 $\bar{M}$、阻尼 $\bar{C}$、刚度 $\bar{K}$；

（3）确定阻尼比 ξ_1, ξ_2；

（4）确定 H_{11} 和 H_{12}；

（5）在复平面上画出 H_{11} 和 H_{12} 从 $f = 4\text{Hz}$ 到 $f = 7\text{Hz}$ 的矢端轨迹曲线；

（6）画出 $f = 4 \sim 7\text{Hz}$ 变化时，$\bar{H}_{11}$ 的实频图和虚频图。

解　（1）首先分析受力情况写出动力学基本方程为

$$\begin{cases} m\ddot{u}_1 + ku_1 + c\dot{u}_1 + k'u_1 - k'u_2 + c'(\dot{u}_1 - \dot{u}_2) = p_1 \\ m\ddot{u}_2 + ku_2 + c\dot{u}_2 - k'u_1 + k'u_2 - c'(\dot{u}_1 - \dot{u}_2) = 0 \end{cases}$$

将其写成矩阵形式

$$\begin{bmatrix} m & 0 \\ 0 & m \end{bmatrix}\begin{bmatrix} \ddot{u}_1 \\ \ddot{u}_2 \end{bmatrix} + \begin{bmatrix} c+c' & -c' \\ -c' & c+c' \end{bmatrix}\begin{bmatrix} \dot{u}_1 \\ \dot{u}_2 \end{bmatrix} + \begin{bmatrix} k+k' & -k' \\ -k' & k+k' \end{bmatrix}\begin{bmatrix} u_1 \\ u_2 \end{bmatrix} = \begin{bmatrix} p_1 \\ 0 \end{bmatrix}$$

有了这个动力学基本方程后，下面要做的工作即是求模态参数——按无阻尼系统来确定模态参数。可以解得

$$\omega_1^2=\frac{k}{m},\quad \omega_2^2=\frac{k+2k'}{m}$$

$$\varphi_1=\begin{bmatrix}1\\1\end{bmatrix},\quad \varphi_2=\begin{bmatrix}1\\-1\end{bmatrix}$$

对于上面所给定的原始参数可以算得

$$\omega_1^2=\frac{987}{1}=987\left(\mathrm{rad}^2/\mathrm{s}^2\right),\quad \omega_1=31.42\left(\mathrm{rad/s}\right),\quad f_1=\frac{\omega_1}{2\pi}=5.00\ \mathrm{Hz}$$

$$\omega_2^2=\frac{1421}{1}=1421\left(\mathrm{rad}^2/\mathrm{s}^2\right),\quad \omega_2=37.70\left(\mathrm{rad/s}\right),\quad f_2=\frac{\omega_2}{2\pi}=6.00\ \mathrm{Hz}$$

(2) 确定$\bar{M},\bar{K},\bar{C}$。

$$\boldsymbol{\Phi}=\begin{bmatrix}1&1\\1&-1\end{bmatrix}$$

$$\bar{M}=\boldsymbol{\Phi}^{\mathrm{T}}m\boldsymbol{\Phi}=\begin{bmatrix}1&1\\1&-1\end{bmatrix}\begin{bmatrix}1&0\\0&1\end{bmatrix}\begin{bmatrix}1&1\\1&-1\end{bmatrix}=\begin{bmatrix}2&0\\0&2\end{bmatrix}$$

$$\bar{C}=\boldsymbol{\Phi}^{\mathrm{T}}C\boldsymbol{\Phi}=\begin{bmatrix}1&1\\1&-1\end{bmatrix}\begin{bmatrix}0.6912&-0.0628\\-0.0628&0.6912\end{bmatrix}\begin{bmatrix}1&1\\1&-1\end{bmatrix}=\begin{bmatrix}1.2568&0\\0&1.5080\end{bmatrix}$$

$$K_1=\omega_1^2M_1=987\times2=1974$$
$$K_2=\omega_2^2M_2=1421\times2=2842$$

因此

$$\bar{K}=\begin{bmatrix}1974&0\\0&2842\end{bmatrix}$$

(3) 确定ξ_1,ξ_2。

由

$$\xi_r=\frac{c_r}{2M_r\omega_r}$$

得

$$\begin{cases} \xi_1 = \dfrac{1.2568}{2\times 2\times 31.42} = 0.010 \\ \xi_2 = \dfrac{1.5080}{2\times 2\times 37.70} = 0.010 \end{cases}$$

(4) 求 $H_{11}(\omega)$ 和 $H_{12}(\omega)$。

由公式

$$H_{lp}(\omega) = \sum_{r=1}^{2}\left(\frac{\varphi_{lr}\varphi_{pr}}{K_r}\right)\left[\frac{1}{(1-\bar{\omega}_r^2)+\mathrm{j}(2\xi_r\bar{\omega}_r)}\right]$$

得

$$H_{11}(\omega) = \left[\frac{1\times 1}{1974}\right]\left[\frac{1}{1-\left(\dfrac{\omega}{31.42}\right)^2+\mathrm{j}\left[2\times\dfrac{0.01\omega}{31.42}\right]}\right]$$

$$+\left[\frac{1\times 1}{2842}\right]\left[\frac{1}{1-\left(\dfrac{\omega}{37.70}\right)^2+\mathrm{j}\left(\dfrac{0.01\omega}{37.70}\right)}\right]$$

$$=\frac{5.066\times 10^{-4}}{1-\left(\dfrac{\omega}{31.42}\right)^2+\mathrm{j}\left(\dfrac{0.02\omega}{31.42}\right)}+\frac{3.519\times 10^{-4}}{1-\left(\dfrac{\omega}{37.70}\right)^2+\mathrm{j}\left(\dfrac{0.02\omega}{37.70}\right)}$$

同理得

$$H_{12}(\omega) = \left[\frac{1\times 1}{1974}\right]\left[\frac{1}{1-\left(\dfrac{\omega}{31.42}\right)^2+\mathrm{j}\left(2\times\dfrac{0.01\omega}{31.42}\right)}\right]$$

$$+\left[\frac{-1\times 1}{2842}\right]\left[\frac{1}{1-\left(\dfrac{\omega}{37.70}\right)^2+\mathrm{j}\left(2\times\dfrac{0.01\omega}{37.70}\right)}\right]$$

$$=\frac{5.066\times 10^{-4}}{1-\left(\dfrac{\omega}{31.42}\right)^2+\mathrm{j}(0.02)\times\left(\dfrac{\omega}{31.42}\right)}-\frac{3.519\times 10^{-4}}{1-\left(\dfrac{\omega}{37.70}\right)^2+\mathrm{j}(0.02)\times\left(\dfrac{\omega}{37.70}\right)}$$

(5) 在复平面上画 H_{11} 和 H_{12} 的曲线，如图 6.6.7 所示。

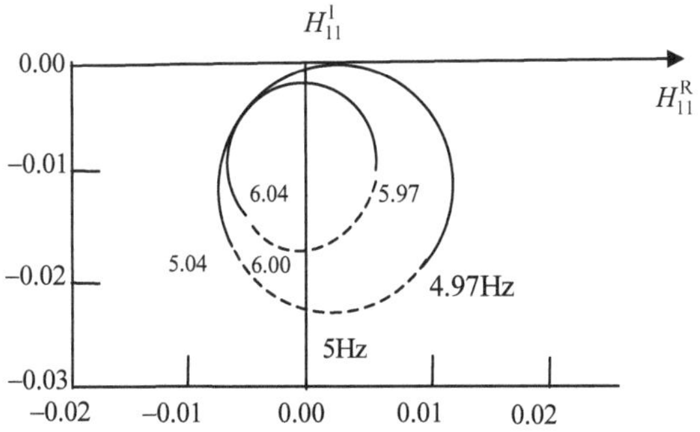

(a) 原点频响函数的矢端轨迹图

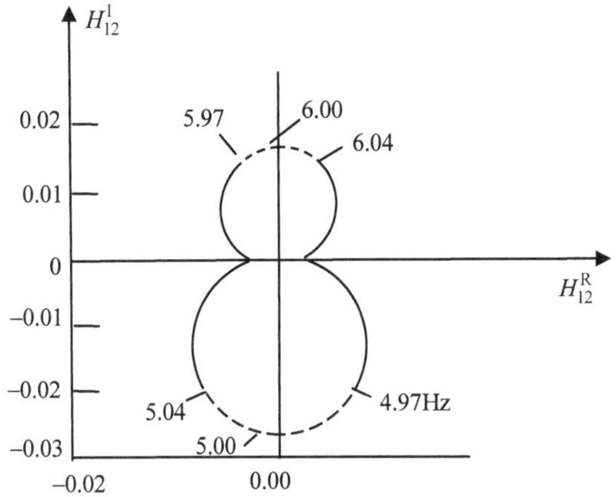

(b) 跨点频响函数的矢端轨迹图

图 6.6.7

实部和虚部分别为

$$
\begin{cases}
H_{lp}^{\mathrm{R}} = \sum\limits_{r=1}^{2} \left(\dfrac{\phi_{lr}\phi_{pr}}{K_r} \right) \left\{ \dfrac{1-(\omega/\omega_r)^2}{\left[1-(\omega/\omega_r)^2\right]^2 + (2\xi_r\omega/\omega_r)^2} \right\} \\
H_{lp}^{\mathrm{I}} = \sum\limits_{r=1}^{2} \left(\dfrac{\phi_{lr}\phi_{pr}}{K_r} \right) \left\{ \dfrac{-2\xi_r\omega/\omega_r}{\left[1-(\omega/\omega_r)^2\right]^2 + (2\xi_r\omega/\omega_r)^2} \right\}
\end{cases}
$$

(6) 画 H_{11} 的实频图和虚频图，如图 6.6.8 所示。

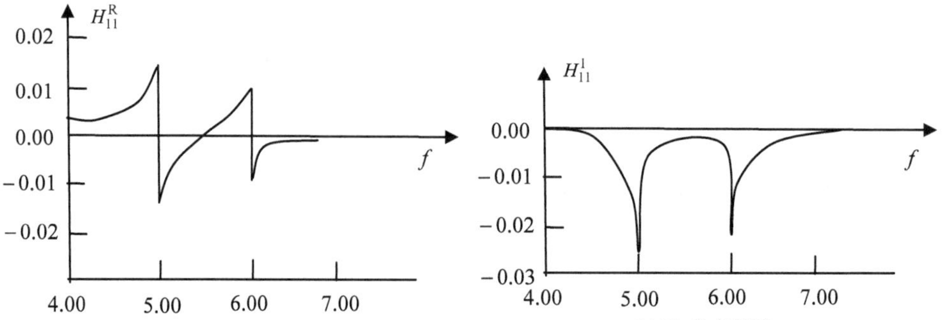

(a) H_{11} 的实频图　　(b) H_{11} 的虚频图

图 6.6.8

例 6.6.2　物理模型同例 1，只是参数有所改变：

$$k = 987\,, \quad k' = 10\,, \quad C = 0.6284\,, \quad C' = 0.0031$$

说明：这些参数是刻意选择出来的。我们想得到 1%的阻尼比和 1%的频率间隔，即在密频下的响应。

解　（1）$\omega_1^2 = \dfrac{987}{m} = 987\left(\text{rad}^2/\text{s}^2\right)$，$\omega_1 = 31.42\left(\text{rad/s}\right)$，$f_1 = 5.00\,\text{Hz}$

$$\omega_2^2 = \frac{k+2k'}{m} = \frac{1007}{1} = 1007\left(\text{rad}^2/\text{s}^2\right),\ \omega_2 = 31.73\left(\text{rad/s}\right),\ f_2 = 5.05\text{Hz} \approx f_1$$

（2）

$$\boldsymbol{\Phi} = \begin{bmatrix} 1 & 1 \\ 1 & -1 \end{bmatrix}$$

$$M = \begin{bmatrix} 2 & 0 \\ 0 & 2 \end{bmatrix}$$

$$C = \begin{bmatrix} 1.2568 & 0 \\ 0 & 1.2692 \end{bmatrix}$$

$$K = \begin{bmatrix} 1974 & 0 \\ 0 & 2014 \end{bmatrix}$$

（3）

$$\xi_r = \frac{C_r}{2M_r\omega_r} = \begin{cases} \xi_1 = \dfrac{1.2568}{2\times 2\times 31.42} = 0.0100 \\[2ex] \xi_2 = \dfrac{1.2692}{2\times 2\times 31.73} = 0.0100 \end{cases}$$

（4）计算原点导纳和跨点导纳。

$$H_{11}=\frac{1\times1}{1974}\frac{1}{1-\left(\dfrac{\omega}{31.42}\right)^2+\mathrm{j}\left[2\times0.01\times\dfrac{\omega}{31.42}\right]}+\frac{1\times1}{2014}\frac{1}{1-\left(\dfrac{\omega}{31.73}\right)^2+\mathrm{j}\left[2\times0.01\times\dfrac{\omega}{31.73}\right]}$$

$$=\frac{5.066\times10^{-4}}{1-\left(\dfrac{\omega}{31.42}\right)^2+\mathrm{j}\left(0.02\times\dfrac{\omega}{31.42}\right)}+\frac{4.965\times10^{-4}}{1-\left(\dfrac{\omega}{31.73}\right)^2+\mathrm{j}\left(0.02\times\dfrac{\omega}{31.73}\right)}$$

$$H_{12}=\frac{5.066\times10^{-4}}{1-\left(\dfrac{\omega}{31.42}\right)^2-\mathrm{j}\left(0.02\times\dfrac{\omega}{31.42}\right)}-\frac{4.965\times10^{-4}}{1-\left(\dfrac{\omega}{31.73}\right)^2-\mathrm{j}\left(0.02\times\dfrac{\omega}{31.73}\right)}$$

(5) 矢端轨迹图，如图 6.6.9 所示。

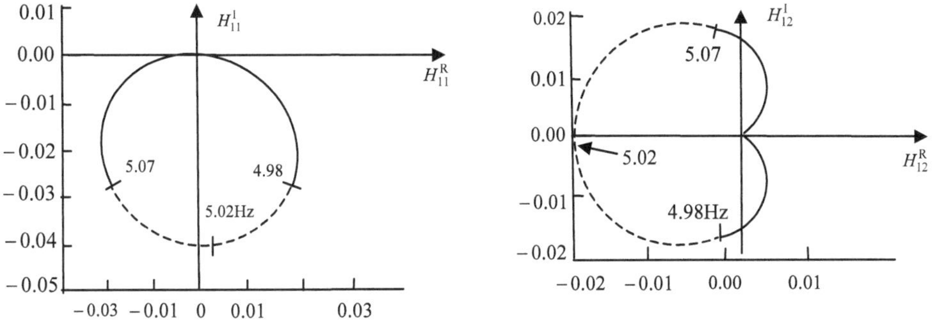

(a) 原点频响函数的矢端轨迹图　　(b) 跨点频响函数的矢端轨迹图

图 6.6.9

(6) H_{11} 的实频图和虚频图，如图 6.6.10 所示。

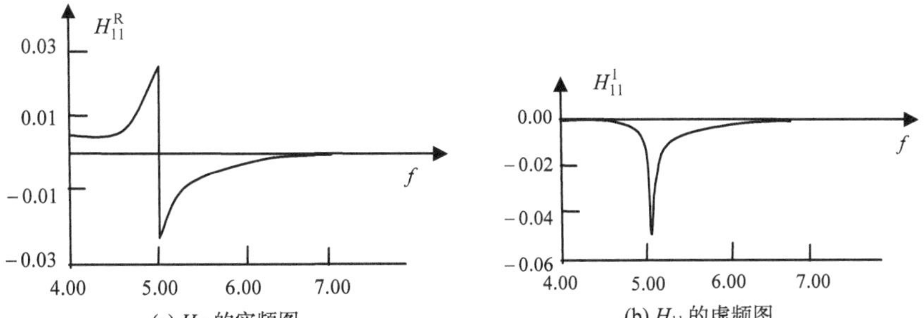

(a) H_{11} 的实频图　　(b) H_{11} 的虚频图

图 6.6.10

结论：

(1) 从例 6.6.1 的复频图上可以看到，这个二维系统相当于两个独立的单自由度系统的组合，图形几乎可以说是两个独立的圆。

(2) 频率最接近无阻尼系统的自然频率。

(3) 在自然频率的附近 $H_{11}^{\mathrm{R}} \cong 0$ 。而 H_{11}^{I} 却具有极大值。从实频图和虚频图上也可看出这一点。

(4) 上面同样的结论也可在 H_{12} 的矢端轨迹图上得到，但由于模态 1 和模态 2 的符号不同，因此在图上表现出相(相角)的改变。

(5) 一个实际的复杂结构，可能含有密集的模态，而对于密频或重频，并不具有唯一的振型。例 6.6.2 就是一个密频的情况，通过比较 H_{11} 和 H_{12} 的矢端轨迹图来指出其区别。① 从密频系统的 H_{12} 图上几乎看不出这是一个二维系统，看不出这个系统具有两个模态；② 在 H_{12} 图上表现了相位的突变，正是这个改变显示出了两个模态的存在，这两个模态在这个坐标下具有相反的符号；③ 怎样用试验的手段区分密模态是面临的一大困难，这里至少提供了一种方法，从 H_{11} 图无法辨识，但可从 H_{12} 图中辨识。

思考题与习题

6-1 系统的模态参数包括哪些?

6-2 什么是参数辨识? 参数辨识的基本任务是什么?

6-3 解释以下三对基本概念各自的意义以及它们之间的相互关系：动刚度与动柔度、阻抗与导纳以及传递函数与频响函数。

6-4 黏性阻尼系统和结构阻尼系统的传递函数与频响函数有哪些不同之处?

6-5 一般可以从哪几个方面对系统进行频响函数分析?

6-6 试分析在对单自由度系统进行频率响应分析过程中黏性阻尼系统和结构阻尼系统的异同点?

6-7 按系统约束情况，可以将多自由度系统分为几类? 它们的幅频特性图有哪些不同之处?

6-8 简述分量分析法和导纳圆辨识法辨识系统模态参数的原理?

6-9 试总结分量分析法和导纳圆辨识法的特点?

6-10 如何减小模态测试等因素给导纳圆辨识法带来的误差影响?

6-11 影响多自由度系统导纳圆辨识法的因素有哪些?

6-12 图 E6.1(a)所示为汽车振动舒适性研究中的人–椅系统，该系统可以简化为图 E6.1(b)所示的三自由度系统，其中 m_1,k_1,c_1 由人体的上肢简化而成，m_2,k_2,c_2 由人体的下肢简化而成。在关键的人体工程学研究中，专门对人体模型进行试验分析，求出当 $y(t)$ 为激励、$z(t)$ 为响应时，系统的频率响应函数，从中分析试验中应该辨识的系统参数并简述试验过程。

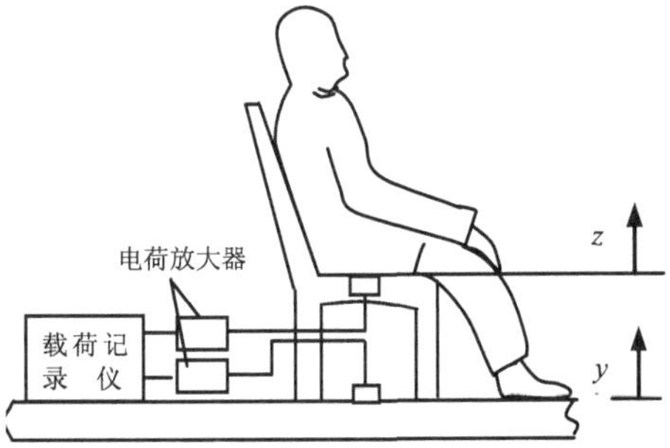

(a) 汽车人–椅系统

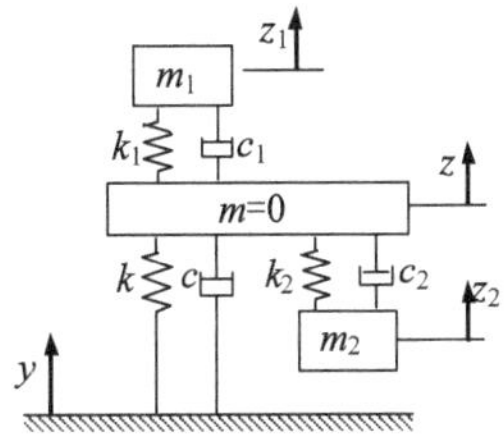

(b) 三自由系统

图 E6.1

第 7 章　部件模态综合法

7.1　概　　述

随着科学和生产的发展，特别是航空、航天事业的迅速发展，越来越多的大型复杂结构被采用，这使得建模和求解都比较困难。一方面，一个复杂结构势必引入较多的自由度，形成高维的动力学方程，使一般的计算机在内存和求解速度方面都难以胜任，更何况一般的工程问题主要关心的是较低阶的模态。仅为了获取少数的几个模态，必须为求解高维方程付出巨大的代价也是不合适的。另一方面，正是由于结构的庞大和复杂，一个完整的结构往往不是在同一地区生产完成，可能一个结构的各个主要零部件不得不由不同的地区、不同的厂家生产。而且由于试验条件的限制只能进行部件的模态试验，而无法对整体结构进行模态试验。针对这些主要的问题，为了获得大型、复杂结构的整体模态参数，于是发展了部件模态综合法。

部件模态综合法又叫子结构耦合法。它的基本思想是按工程观点或结构的几何轮廓，并遵循某些原则要求，把完整的结构进行人为地抽象肢解成若干个子结构(或部件)；首先对子结构进行模态分析，然后经由各种方案，把它们的主要模态信息(常为低阶主模态信息)予以保留，并借以综合完整结构的主要模态特性。它的主要优点是，可通过求解若干小尺寸结构的特征问题来代替直接求解大型特征值问题。同时，对各个子结构可分别使用各种适宜的数学模型和计算程序，也可以借助试验的方法来获得它们的主模态信息。

这一章主要介绍部件模态综合法的基本概念和基本原理。并通过具体的实例说明综合的步骤和方法。

7.2　基 本 概 念

1．系统的部件

为了简化分析，首先考虑无阻尼系统，且其部件无刚体自由度的自由振动，然后讨论部件包含刚体自由度的情况，而且仅以两个部件为例来说明部件模态综合方法。

图 7.2.1 给出了一个固支梁结构，抽象地分成两个部件 α 和 β。设部件的自由度或独立的坐标数为 n_l（$l=\alpha,\beta$），即

$$u_\alpha=\begin{bmatrix}u_1\\u_2\\\vdots\\u_\alpha\end{bmatrix},\quad u_\beta=\begin{bmatrix}u_1\\u_2\\\vdots\\u_\beta\end{bmatrix} \tag{7.2.1}$$

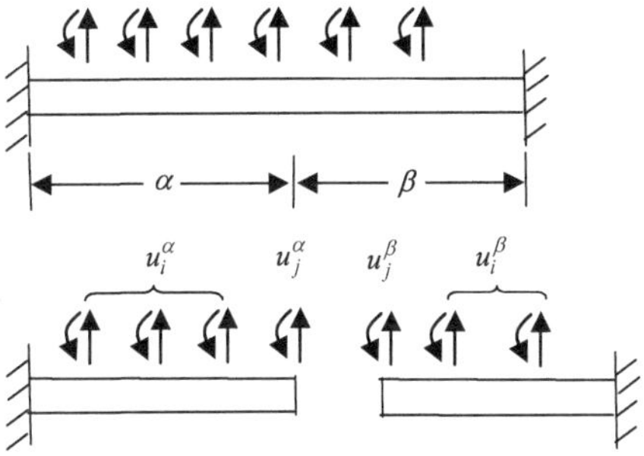

图 7.2.1 系统部件的示意图

那么将这个 n_l 个坐标分为 J 个界面坐标 u_j 和 I 个内部坐标 u_i，界面坐标即是部件之间相连接的坐标，即

$$u=\begin{bmatrix}u_j\\u_i\end{bmatrix} \tag{7.2.2}$$

对每一个部件写出动力学基本方程为

$$\begin{bmatrix}m_{ii} & m_{ij}\\m_{ji} & m_{jj}\end{bmatrix}\begin{bmatrix}\ddot{u}_i\\\ddot{u}_j\end{bmatrix}+\begin{bmatrix}k_{ii} & k_{ij}\\k_{ji} & k_{jj}\end{bmatrix}\begin{bmatrix}u_i\\u_j\end{bmatrix}=\begin{bmatrix}f_i\\f_j\end{bmatrix} \tag{7.2.3}$$

式(7.2.3)即为部件的动力学基本方程，该矩阵方程是以分块的形式给出的，其中 u_i 和 u_j 分别为部件内部和界面物理坐标的列向量。

物理坐标 u 可由部件的广义坐标 p 通过坐标变换的形式来表示

$$u=\psi p \tag{7.2.4}$$

其中，ψ 为从部件的刚体模态、自由振动的标准模态、界面约束模态和附加模态中预选的部件模态矩阵，实际上就是假设模态。

2．部件模态

1）标准模态

部件标准模态按照其界面坐标的约束程度——全部约束、全部自由、部分约束，可分为固定界面标准模态、自由界面标准模态、混合界面标准模态。

从特征值问题

$$(k-\omega^2 m)\Phi=0 \tag{7.2.5}$$

中可求得标准模态Φ。如果模态是相对于m归一化了的，则

$$\Phi_n^{\mathrm{T}} m\Phi_n=I_{nn}, \qquad \Phi_n^{\mathrm{T}} k\Phi_n=\Lambda_{nn}=\mathrm{diag}(\omega_n^2) \tag{7.2.6}$$

其中Φ_n的列为部件的标准模态(当假设模态是精确解时，$\psi=\Phi_n$)，n为确定部件标准模态的自由度数目，下标n表示一套完整的标准模态。但在使用时，通常Φ_n是被截断了的，这是因为只关心个别的模态，在模态综合时也只需要个别的模态，用Φ_k表示保留模态，Φ_d是被截掉的模态，那么$\Phi_n=\left[\Phi_k,\Phi_d\right]$。

2）约束模态

由式(7.2.4)

$$u=\psi p$$

将物理坐标u分成c集和v集，其中，c集为被约束的坐标；v集为对c集的补充（$n=c+v$）。一般通过静力的方法来确定约束模态，如

$$\begin{bmatrix} K_{vv} & K_{vc} \\ K_{cv} & K_{cc} \end{bmatrix}\begin{bmatrix} \psi_{vc} \\ I_{cc} \end{bmatrix}=\begin{bmatrix} 0_{vc} \\ R_{cc} \end{bmatrix} \tag{7.2.7}$$

上式表示在c集中，分别给其中的一个坐标赋“1”，其他赋“0”时的静力平衡方程，R_{cc}即为相对于坐标c处得到的“反力”。那么

$$K_{vv}\psi_{vc}+K_{vc}=0$$

$$\psi_{vc}=-K_{vv}^{-1}K_{vc} \tag{7.2.8}$$

于是

$$\psi_c\equiv\begin{bmatrix} \psi_{vc} \\ I_{cc} \end{bmatrix}=\begin{bmatrix} -K_{vv}^{-1}K_{vc} \\ I_{cc} \end{bmatrix} \tag{7.2.9}$$

为部件在界面按静力约束假设条件下得到的一种振动形态，故式(7.2.9)为部件的约束模态。

在图 7.2.2 所示例子中，$c=2$，约束坐标分别为

$$\begin{bmatrix}1\\0\end{bmatrix},\quad\begin{bmatrix}0\\1\end{bmatrix}$$

图 7.2.2　约束模态示意图

3）附加模态

附加模态是由部件的静变形来定义的，是在其 A 个坐标上作用一单位力而其余坐标上没有力的情况下得到的。将部件的 l 个物理坐标分成 A 组和 W 组，A 是 l 的子集合，W 是 l 中 A 的补充，那么附加模态可以这样确定

$$\begin{bmatrix}K_{ww} & K_{wa}\\K_{aw} & K_{aa}\end{bmatrix}\begin{bmatrix}\psi_{wa}\\\psi_{aa}\end{bmatrix}=\begin{bmatrix}O_{wa}\\I_{aa}\end{bmatrix}\tag{7.2.10}$$

如果令

$$g=K^{-1}=\begin{bmatrix}g_{ww} & g_{wa}\\g_{aw} & g_{aa}\end{bmatrix}\tag{7.2.11}$$

为柔度矩阵，则附加模态为

$$\psi_a\equiv\begin{bmatrix}\psi_{wa}\\\psi_{aa}\end{bmatrix}=\begin{bmatrix}g_{wa}\\g_{aa}\end{bmatrix}\tag{7.2.12}$$

7.3　无阻尼自由振动系统的综合

令系统被分解成两个部件 α 和 β，它们具有共同的界面，而且在界面上的物理位移有约束条件

$$u_j^{\alpha}=u_j^{\beta}\tag{7.3.1}$$

界面力为

$$f_j^{\alpha} + f_j^{\beta} = 0 \tag{7.3.2}$$

这两个力是作用力和反作用力的关系。

1. 运动方程

用拉格朗日运动方程来推导，得

$$T = \frac{1}{2}\dot{p}\mu\dot{p} = \frac{1}{2}\dot{p}^{\alpha}\mu^{\alpha}\dot{p}^{\alpha} + \frac{1}{2}\dot{p}^{\beta\mathrm{T}}\mu^{\beta}\dot{p}^{\beta} \tag{7.3.3}$$

$$V = \frac{1}{2}p^{\mathrm{T}}\lambda p = \frac{1}{2}p^{\alpha\mathrm{T}}\lambda^{\alpha}p^{\alpha} + \frac{1}{2}p^{\beta\mathrm{T}}\lambda^{\beta}p^{\beta} \tag{7.3.4}$$

其中 $\mu = \psi p$ 已被引入。

$$\begin{cases} \mu^{\alpha} = \psi^{\alpha\mathrm{T}}m^{\alpha}\psi^{\alpha} \\ \lambda^{\alpha} = \psi^{\alpha\mathrm{T}}k^{\alpha}\psi^{\alpha} \\ \mu^{\beta} = \psi^{\beta\mathrm{T}}m^{\beta}\psi^{\beta} \\ \lambda^{\beta} = \psi^{\beta\mathrm{T}}k^{\beta}\psi^{\beta} \end{cases} \tag{7.3.5}$$

$$p = \begin{Bmatrix} p^{\alpha} \\ p^{\beta} \end{Bmatrix}, \quad \mu = \begin{bmatrix} \mu^{\alpha} & 0 \\ 0 & \mu^{\beta} \end{bmatrix}, \quad \lambda = \begin{bmatrix} \lambda^{\alpha} & 0 \\ 0 & \lambda^{\beta} \end{bmatrix} \tag{7.3.6}$$

约束方程式(7.3.1)可以写成

$$Cp = 0 \tag{7.3.7}$$

那么系统的拉格朗日函数可写为

$$L = T - V + \sigma^{\mathrm{T}}Cp \tag{7.3.8}$$

其中，σ 为拉格朗日乘子矢量，系统的运动方程可由拉格朗日方程得到

$$\frac{\mathrm{d}}{\mathrm{d}t}\left(\frac{\partial L}{\partial \xi_s}\right) - \frac{\partial L}{\partial \xi_s} = Q_s \tag{7.3.9}$$

其中，ξ_s 可以为 p_s 或 σ_s，Q_s 为广义力，下标 s 表示第 s 个分量。对于自由振动问题，力只存在于部件的界面上。因此

$$\delta W = (\delta u_j^{\alpha})^{\mathrm{T}} f_j^{\alpha} + (\delta u_j^{\beta})^{\mathrm{T}} f_j^{\beta} = (\delta u_j^{\alpha})^{\mathrm{T}}(f_j^{\alpha} + f_j^{\beta}) = 0 \tag{7.3.10}$$

由于 $\delta W=0$，所以 $Q_s=0$。

将式(7.3.3)、式(7.3.4)、式(7.3.8)代入式(7.3.9)得

$$\mu\ddot{p}+\lambda p=C^{\mathrm{T}}\sigma \tag{7.3.11}$$

再加上式(7.3.7)约束方程，即得到系统(不是部件)的运动方程。

由于 $u_j^{\alpha}=u_j^{\beta}$，那么在 p 中有不独立的坐标，所以必须通过一个坐标变换，分离出不独立的坐标。假设不独立的坐标是 p_d，独立的坐标是 p_I，引入线性变换

$$p=Sq \tag{7.3.12}$$

将约束方程式(7.3.7)写成分块形式

$$[C_{dd} \quad C_{dI}]\begin{bmatrix} p_d \\ p_I \end{bmatrix}=0 \tag{7.3.13}$$

其中 C_{dd} 为非奇异的方阵，则

$$p\equiv\begin{bmatrix} p_d \\ p_I \end{bmatrix}=\begin{bmatrix} -C_{dd}^{-1}C_{dI} \\ I_{II} \end{bmatrix}p_I\equiv Sq \tag{7.3.14}$$

比较式(7.3.13)和式(7.3.14)，因为 q 是独立的，得 $CS=0$。将式(7.3.12)代入式(7.3.11)，并左乘 S^{T}，得

$$M\ddot{q}+Kq=S^{\mathrm{T}}C^{\mathrm{T}}\sigma \tag{7.3.15}$$

其中

$$M=S^{\mathrm{T}}\mu S\,,\quad K=S^{\mathrm{T}}\lambda S \tag{7.3.16}$$

由于 $CS=0$，所以式(7.3.15)成为

$$M\ddot{q}+Kq=0 \tag{7.3.17}$$

这个方程是通过部件模态综合而得到的系统方程，其中 q 为独立坐标，当 q 得到后可从式(7.3.14)得 p。

2. 模态综合步骤

第一步，选择部件模态包含 ψ_α,ψ_β，这样也就定义了 p^α,p^β 的分块形式；

第二步，求得 $\mu^\alpha,\mu^\beta,\lambda^\alpha,\lambda^\beta$；

第三步，确定 p_d (哪些是不独立的坐标)，剩下的即 $p_I \equiv q$；

第四步，写出约束方程式(7.3.7)的形式，并由式(7.3.14)确定的矩阵中解出 S；

第五步，用式(7.3.16)确定 M, K。

3．例题

例 7.3.1　用内部坐标和界面坐标来推导运动方程。

一般在部件综合法中，广义坐标 p 是用内部自由度和界面自由度来定义的，即

$$p^\alpha = \begin{bmatrix} p_i^\alpha \\ p_j^\alpha \end{bmatrix}, \quad p^\beta = \begin{bmatrix} p_i^\beta \\ p_j^\beta \end{bmatrix}$$

特别地，$u_j^\alpha = p_j^\alpha, u_j^\beta = p_j^\beta$，即用广义位移来表示广义坐标。

假设式(7.3.1)是唯一的约束方程，不妨设 p_j^β 是不独立的坐标，则令

$$q = \begin{bmatrix} p_i^\alpha \\ p_j^\alpha \\ p_i^\beta \end{bmatrix}$$

现在要求：

(1) 将约束方程式(7.3.1)写成式(7.3.13)的形式，并确定矩阵 C；

(2) 确定 S；

(3) 在这种情形中，拉格朗日乘子 σ 的物理意义是什么？

解　(1) 约束方程的确定，

$$p_j^\alpha - p_j^\beta = 0 \tag{a}$$

因为不独立的坐标是 p_j^β，所以式(a)写成式(7.3.13)的形式即为

$$[-I \quad 0 \quad I \quad 0] \begin{bmatrix} p_j^\beta \\ p_i^\alpha \\ p_j^\alpha \\ p_i^\beta \end{bmatrix} = 0 \tag{b}$$

其中，I 和 0 的维数符合矩阵相乘的原则，那么

$$C_{dd}=-I,\quad C_{dI}=[0\quad I\quad 0] \tag{c}$$

(2) 由式(7.3.14)得

$$S=\begin{bmatrix}-C_{dd}^{-1}C_{dI}\\ I_{II}\end{bmatrix}=\begin{bmatrix}0&I&0\\I&0&0\\0&I&0\\0&0&I\end{bmatrix} \tag{d}$$

可以看到，这样就给出了所期望的结果：

$$\begin{bmatrix}p_j^{\beta}\\p_i^{\alpha}\\p_j^{\alpha}\\p_i^{\beta}\end{bmatrix}=\begin{bmatrix}0&I&0\\I&0&0\\0&I&0\\0&0&I\end{bmatrix}\begin{bmatrix}p_i^{\alpha}\\p_j^{\alpha}\\p_i^{\beta}\end{bmatrix} \tag{e}$$

(3) 对于求解这样一个问题，如果将式(b)重新排序，而毫不影响结果，会使得求解更为方便。式(b)等价于

$$[0\quad I\quad 0\quad -I]\begin{bmatrix}p_i^{\alpha}\\p_j^{\alpha}\\p_i^{\beta}\\p_j^{\beta}\end{bmatrix}=0 \tag{f}$$

所以式(e)成为

$$\begin{bmatrix}p_i^{\alpha}\\p_j^{\alpha}\\p_i^{\beta}\\p_j^{\beta}\end{bmatrix}=\begin{bmatrix}I&0&0\\0&I&0\\0&0&I\\0&0&I\end{bmatrix}\begin{bmatrix}p_i^{\alpha}\\p_j^{\alpha}\\p_j^{\beta}\end{bmatrix} \tag{g}$$

代入式(7.3.11)得

$$\begin{bmatrix}\mu_{ii}^{\alpha}&\mu_{ij}^{\alpha}&0&0\\\mu_{ji}^{\alpha}&\mu_{jj}^{\alpha}&0&0\\0&0&\mu_{ii}^{\beta}&\mu_{ij}^{\beta}\\0&0&\mu_{ji}^{\beta}&\mu_{jj}^{\beta}\end{bmatrix}\begin{bmatrix}\ddot{p}_i^{\alpha}\\\ddot{p}_j^{\alpha}\\\ddot{p}_i^{\beta}\\\ddot{p}_j^{\beta}\end{bmatrix}+\begin{bmatrix}k_{ii}^{\alpha}&k_{ij}^{\alpha}&0&0\\k_{ji}^{\alpha}&k_{jj}^{\alpha}&0&0\\0&0&k_{ii}^{\beta}&k_{ij}^{\beta}\\0&0&k_{ji}^{\beta}&k_{jj}^{\beta}\end{bmatrix}\begin{bmatrix}p_i^{\alpha}\\p_j^{\alpha}\\p_i^{\beta}\\p_j^{\beta}\end{bmatrix}=\begin{bmatrix}0\\\sigma\\0\\-\sigma\end{bmatrix} \tag{h}$$

从式(h)可见，σ 即为作用在部件 α 上的广义界面力。正如式(7.3.2)所说，作用在部件 β 上的界面力正好与此大小相等方向相反，故拉格朗日乘子的物理意义为部件之间的界面力。

例 7.3.2　以图 7.2.1 中的固支梁为例，令每一个部件的模态由界面约束模态和固定界面标准模态组成，图 7.3.1 中是 α 部件的模态示意图：两个约束模态和一个基频模态。

基频模态(对于界面固定的)是个截断模态。尽管对于一个部件来讲，有若干个模态存在，但并不取全部的，这也是部件模态综合法的基本原则。于是

$$u = \Phi_k p_k + \psi_c p_c = \begin{bmatrix} \Phi_k & \psi_c \end{bmatrix} \begin{bmatrix} p_k \\ p_c \end{bmatrix} \tag{a}$$

对于每一个部件，式(a)可以按内部位移和界面位移写成分块矩阵的形式：

$$\begin{bmatrix} u_i \\ u_j \end{bmatrix} = \begin{bmatrix} \Phi_{ik} & \psi_{ic} \\ 0 & I \end{bmatrix} \begin{bmatrix} p_k \\ p_c \end{bmatrix} \tag{b}$$

由式(7.2.8)得

$$\psi_{ic} = -k_{ii}^{-1} k_{ij} \tag{c}$$

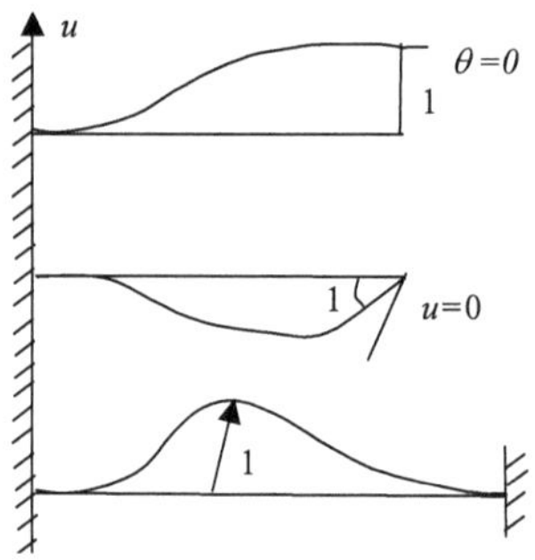

图 7.3.1　部件模态

并且假设 Φ 已经按式(7.2.6)的定义正规化了。要求：

(1) 确定 μ^α 和 k^α；

(2) 令 p_c^β 是不独立的坐标，确定 C 和 S；

(3) 形成系统矩阵 M 和 K。

解　(1) 由式(7.3.5)

$$\mu^\alpha = \psi^{\alpha \mathrm{T}} m^\alpha \psi^\alpha, \quad k^\alpha = \psi^{\alpha \mathrm{T}} k^\alpha \psi^\alpha \tag{d}$$

将 m^{α} 和 ψ^{α} 展开相乘，得到

$$\mu^{\alpha}=\begin{bmatrix}\mu_{kk} & \mu_{kc}\\ \mu_{ck} & \mu_{cc}\end{bmatrix}^{\alpha}=\begin{bmatrix}\Phi_{ik}^{\mathrm{T}} & 0^{\mathrm{T}}\\ \psi_{ic}^{\mathrm{T}} & I\end{bmatrix}\begin{bmatrix}m_{ii} & m_{ij}\\ m_{ji} & m_{jj}\end{bmatrix}^{\alpha}\begin{bmatrix}\Phi_{ik} & \psi_{ic}\\ 0 & I\end{bmatrix}^{\alpha} \tag{e}$$

作乘并略去上标 α，解得

$$\begin{aligned}&\mu_{kk}=I_{kk}\\ &\mu_{kc}=\mu_{ck}^{\mathrm{T}}=\Phi_{ik}^{\mathrm{T}}(m_{ii}\psi_{ic}+m_{ij})\\ &\mu_{cc}=\psi_{ic}^{\mathrm{T}}(m_{ii}\psi_{ic}+m_{ij})+m_{ji}\psi_{ic}+m_{jj}\end{aligned} \tag{f}$$

由此可见，在标准模态坐标和约束模态之间存在惯性耦合。

同理，可以确定 k^{α} (按式(7.3.5)展开作乘)

$$\lambda^{\alpha}=\begin{bmatrix}k_{kk} & k_{kc}\\ k_{ck} & k_{cc}\end{bmatrix}^{\alpha} \tag{g}$$

其中

$$\begin{aligned}&k_{kk}=\Lambda_{kk}\\ &k_{kc}=k_{ck}^{\mathrm{T}}=0\\ &k_{cc}=k_{jj}-k_{ji}k_{ii}^{-1}k_{ij}\end{aligned} \tag{h}$$

由此可见，利用约束模态导致了一个解耦的刚度矩阵，k_{cc} 正好就是广泛用于静态子结构分析中的“缩减刚度矩阵”。

(2) 因为 $p_c^{\alpha}=u_j^{\alpha}$，$p_c^{\beta}=u_j^{\beta}$，那么界面的位移相容方程为

$$[0\quad I\quad 0\quad -I]\begin{bmatrix}p_k^{\alpha}\\ p_c^{\alpha}\\ p_k^{\beta}\\ p_c^{\beta}\end{bmatrix}=0 \tag{i}$$

因此

$$C=[0\quad I\quad 0\quad -I] \tag{j}$$

其中 p_c^{β} 为不独立的坐标，与式(7.3.14)相比正好 p_{d} 与 p_{I} 颠倒了次序。这个问题很

容易得到 S 矩阵。

$$\begin{bmatrix} p_k^\alpha \\ p_c^\alpha \\ p_k^\beta \\ p_c^\beta \end{bmatrix} = \begin{bmatrix} I & 0 & 0 \\ 0 & 0 & I \\ 0 & I & 0 \\ 0 & 0 & I \end{bmatrix} \begin{bmatrix} p_k^\alpha \\ p_k^\beta \\ p_c^\alpha \end{bmatrix} = Sq \tag{k}$$

(3) 有了 μ, S, k 后就便于决定 M, K 了。

由式(7.3.17)：

$$M = S^{\mathrm{T}} \mu S\,, \qquad K = S^{\mathrm{T}} ks \tag{l}$$

$$M = \begin{bmatrix} I & 0 & 0 \\ 0 & 0 & I \\ 0 & I & 0 \\ 0 & 0 & I \end{bmatrix} \begin{bmatrix} \mu_{kk}^\alpha & \mu_{kc}^\alpha & 0 & 0 \\ \mu_{ck}^\alpha & \mu_{cc}^\alpha & 0 & 0 \\ 0 & 0 & \mu_{kk}^\beta & \mu_{kc}^\beta \\ 0 & 0 & \mu_{ck}^\beta & \mu_{cc}^\beta \end{bmatrix} \begin{bmatrix} I & 0 & 0 \\ 0 & 0 & I \\ 0 & I & 0 \\ 0 & 0 & I \end{bmatrix} \tag{m}$$

那么

$$M = \begin{bmatrix} M_{kk}^\alpha & 0 & M_{kc}^\alpha \\ 0 & M_{kk}^\beta & M_{kc}^\beta \\ M_{ck}^\alpha & M_{ck}^\beta & M_{cc} \end{bmatrix} \tag{n}$$

其中

$$\begin{aligned} &M_{kk}^\alpha = I_{kk}^\alpha \\ &M_{kk}^\beta = I_{kk}^\beta \\ &M_{kc}^\alpha = (M_{ck}^\alpha)^{\mathrm{T}} = \mu_{kc}^\alpha \\ &M_{kc}^\beta = (M_{ck}^\beta)^{\mathrm{T}} = \mu_{kc}^\beta \\ &M_{cc} = \mu_{cc}^\alpha + \mu_{cc}^\beta \end{aligned} \tag{o}$$

同理可得，综合的系统刚度矩阵为

$$K = \begin{bmatrix} K_{kk}^\alpha & 0 & 0 \\ 0 & K_{kk}^\beta & 0 \\ 0 & 0 & K_{cc} \end{bmatrix} \tag{p}$$

其中

$$
\begin{aligned}
K_{kk}^{\alpha} &= \Lambda_{kk}^{\alpha} \\
K_{kk}^{\beta} &= \Lambda_{kk}^{\beta} \\
K_{cc} &= k_{cc}^{\alpha} + k_{cc}^{\beta}
\end{aligned}
\tag{q}
$$

这样，系统的运动微分方程只有惯性耦合。由于 Λ_{kk}^{α} 和 Λ_{kk}^{β} 完全可由部件的特征问题求得，故在组集系统矩阵时仅需求 $\mu_{kc}^{\alpha}, \mu_{kc}^{\beta}, \mu_{cc}^{\alpha}, \mu_{cc}^{\beta}, k_{cc}^{\alpha}, k_{cc}^{\beta}$。

7.4 自由部件模态

在前面讲的有约束部件的部件模态中不包含刚体自由度。而对于无约束的部件，其区别在于：在附加模态的定义中附加了刚体模态。对于自由部件，其部件模态包含以下一些内容。

1．标准模态

标准模态与前面的定义一致，只是还包含了刚体模态，即

$$
\boldsymbol{\Phi} = [\boldsymbol{\Phi}_{\mathrm{R}} \quad \boldsymbol{\Phi}_{\mathrm{E}}]
$$

其中，$\boldsymbol{\Phi}_{\mathrm{R}}$ 为纯刚体模态，$\boldsymbol{\Phi}_{\mathrm{E}}$ 为弹性模态。

2．约束模态

c 的定义同上节，只是 c 集的维数必须足以避开刚体运动以使 K_{vv} 非奇异。而刚体模态(定义如下)是约束模态的一个特别形式。

3．刚体模态

虽然刚体模态可以从求解部件的特征值问题中获得，但它们也是约束模态的一个特殊情形。如果部件具有 N_r 个刚体自由度，那么就有一个坐标的 R 集用来约束部件抵抗刚体运动。在式(7.2.7)中，令 $c = r$ 就可获得相应于 R 集的刚体模态。并且注意到在静力决定约束集 R 时，没有反力存在。因此 $R_{rr} = 0$，如果 v 是 p 中 R 的补集，那么刚体模态定义如下：

$$
\psi_{\mathrm{R}} = \begin{bmatrix} \psi_{vr} \\ I_{rr} \end{bmatrix} = \begin{bmatrix} -K_{vv}^{-1} K_{vr} \\ I_{rr} \end{bmatrix}
\tag{7.4.1}
$$

4．附加模态

将 p（$u=\psi p$ 中的模态坐标）分成三组 R, A, W，其中 R 为静定的约束集，它提供了对刚体运动的约束。A 集由物理坐标组成，通过施加单位力来定义附加模态。

涉及约束模态集 R 的附加模态定义如下：

$$\begin{bmatrix} K_{ww} & K_{wa} & \cdots & K_{wr} \\ K_{aw} & K_{aa} & \cdots & K_{ar} \\ \vdots & \vdots & & \vdots \\ K_{rw} & K_{ra} & \cdots & K_{rr} \end{bmatrix} \begin{bmatrix} \psi_{wa} \\ \psi_{aa} \\ \vdots \\ O_{ra} \end{bmatrix} = \begin{bmatrix} O_{wa} \\ I_{aa} \\ \vdots \\ O_{ra} \end{bmatrix} \tag{7.4.2}$$

那么

$$\psi_a = \begin{bmatrix} \psi_{wa} \\ \psi_{aa} \\ O_{ra} \end{bmatrix} = \begin{bmatrix} g_{wa} \\ g_{aa} \\ O_{ra} \end{bmatrix} \tag{7.4.3}$$

其中，g_{wa}, g_{aa} 为由 K 的左上角求逆得到的。R 可以是除了 A 以外的任何合适的集合，它用来约束部件抵抗刚体运动。

5．惯性释放模态

另一种为具有刚体自由度的部件寻找附加模态的方法是所谓的“惯性释放模态”。这种方法的主要思想是通过在物体上施加一个平衡的载荷系统 f_{E}，这个载荷系统包含最初特定的力向量 f。它由刚体的惯性力 $m\ddot{u}_{\mathrm{R}}$ 所平衡，其中 u_{R} 为由 f 所引起的刚体运动。

令刚体模态 ψ_{R} 是被正交化了的，即

$$\psi_{\mathrm{R}}^{\mathrm{T}} m \psi_{\mathrm{R}} = I_{\mathrm{RR}} \tag{7.4.4}$$

那么

$$f_{\mathrm{E}} = f - m\ddot{u}_{\mathrm{R}} \triangleq Pf \tag{7.4.5}$$

其中

$$P = I - m\psi_{\mathrm{R}}\psi_{\mathrm{R}}^{\mathrm{T}} \tag{7.4.6}$$

由于

$$m\ddot{u}_{\mathrm{R}} = f$$

$$m\psi_{\mathrm{R}}\ddot{p}_{\mathrm{R}} = f$$

$$\psi_R^T m \psi_R \ddot{p}_R = \psi_R^T f$$

$$\ddot{p}_R = \psi_R^T f$$

所以

$$m\ddot{u}_R = m\psi_R \ddot{p}_R = m\psi_R \cdot \psi_R^T f \tag{7.4.7}$$

将式(7.4.7)代入式(7.4.5)，得到式(7.4.6)。

在式(7.4.2)的右边的力矩阵前乘以这个投影矩阵 P 得

$$\begin{bmatrix} K_{ww} & K_{wa} & K_{wr} \\ K_{aw} & K_{aa} & K_{ar} \\ K_{rw} & K_{ra} & K_{rr} \end{bmatrix} \begin{bmatrix} \hat{\psi}_{wa} \\ \hat{\psi}_{aa} \\ O_{ra} \end{bmatrix} = \begin{bmatrix} p_{ww} & p_{wa} & p_{wr} \\ p_{aw} & p_{aa} & p_{ar} \\ p_{rw} & p_{ra} & p_{rr} \end{bmatrix} \begin{bmatrix} O_{wa} \\ I_{aa} \\ O_{ra} \end{bmatrix} \tag{7.4.8}$$

由于载荷是自平衡的，因此在 R 约束处没有反力。从 ψ_a 中去掉刚体模态。令

$$\psi_a = \hat{\psi}_a + \psi_R C_R \tag{7.4.9}$$

适当地选择 C_R，使得

$$\psi_R^T m \psi_a = 0 \tag{7.4.10}$$

如果

$$\psi_a = P^T \hat{\psi}_a = (P^T G P) F_a \tag{7.4.11}$$

那么，式(7.4.10)将会被满足，其中

$$G = \begin{bmatrix} g_{ww} & g_{wa} & 0 \\ g_{aw} & g_{aa} & 0 \\ 0 & 0 & 0 \end{bmatrix} \tag{7.4.12}$$

$$F_a = \begin{bmatrix} O_{wa} \\ I_{aa} \\ O_{ra} \end{bmatrix} \tag{7.4.13}$$

由式(7.4.9)和式(7.4.10)推导式(7.4.11)~式(7.4.13)的结果如下：

$$\psi_R^T m \psi_a = \psi_R^T m \hat{\psi}_a + \psi_R^T m \psi_R C_R = 0 \tag{7.4.14}$$

考虑式(7.4.6)及式(7.4.11)，

$$C_{\mathrm{R}} = -\psi_{\mathrm{R}}^{\mathrm{T}} m \hat{\psi}_a \tag{7.4.15}$$

代入式(7.4.9)，则有

$$\psi_a = \hat{\psi}_a - \psi_{\mathrm{R}} \psi_{\mathrm{R}}^{\mathrm{T}} m \hat{\psi}_a = (I - \psi_{\mathrm{R}} \psi_{\mathrm{R}}^{\mathrm{T}} m) \hat{\psi}_a = P^{\mathrm{T}} \hat{\psi}_a \tag{7.4.16}$$

由式(7.4.8)可得

$$\hat{\psi}_a \equiv \begin{bmatrix} \hat{\psi}_{wa} \\ \hat{\psi}_{aa} \\ O_{ra} \end{bmatrix} = \begin{bmatrix} g_{ww} & g_{wa} & 0 \\ g_{aw} & g_{aa} & 0 \\ 0 & 0 & 0 \end{bmatrix} P \cdot F_a = GPF_a \tag{7.4.17}$$

其中

$$\begin{bmatrix} g_{ww} & g_{wa} \\ g_{aw} & g_{aa} \end{bmatrix} = \begin{bmatrix} k_{ww} & k_{wa} \\ k_{aw} & k_{aa} \end{bmatrix}^{-1} \tag{7.4.18}$$

对于由式(7.4.11)所定义的附加模态，ψ_a 即为惯性释放附加模态。矩阵

$$G_{\mathrm{E}} = P^{\mathrm{T}} G P \tag{7.4.19}$$

即是弹性柔度矩阵。而且进一步指出

$$G_{\mathrm{E}} = \varPhi_{\mathrm{E}} \varLambda_{\mathrm{EE}}^{-1} \varPhi_{\mathrm{E}}^{\mathrm{T}} \tag{7.4.20}$$

其中，$\varPhi_{\mathrm{E}}$ 为一组正交的弹性模态。

$$\varPhi_{\mathrm{E}}^{\mathrm{T}} K_{\mathrm{E}} \varPhi_{\mathrm{E}} = \varLambda_{\mathrm{EE}} \tag{7.4.21}$$

$$\varLambda_{\mathrm{EE}}^{-1} = (\varPhi_{\mathrm{E}}^{\mathrm{T}} K_{\mathrm{E}} \varPhi_{\mathrm{E}})^{-1} = \varPhi_{\mathrm{E}}^{-1} K_{\mathrm{E}}^{-1} \varPhi_{\mathrm{E}}^{-\mathrm{T}} \tag{7.4.22}$$

$$\varPhi_{\mathrm{E}} \varLambda_{\mathrm{EE}}^{-1} \varPhi_{\mathrm{E}}^{\mathrm{T}} = K_{\mathrm{E}}^{-1} = G_{\mathrm{E}} \tag{7.4.23}$$

6. 例题

例 7.4.1　一个弹簧质量系统的轴向运动(图 7.4.1)。求：

(1) 确定由式(7.4.2)和式(7.4.3)定义的附加模态，并作图；

(2) 确定自平衡弹性载荷 PF_a；

(3) 确定由式(7.4.11)所定义的惯性释放附加模态，并作图。

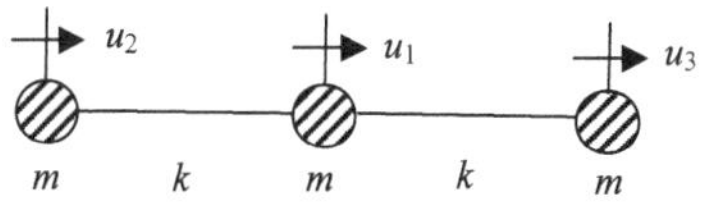

图 7.4.1 弹簧质量系统轴向运动

解 令$W=1$，$A=2$，$r=3$，则

$$K=k\begin{bmatrix}2 & -1 & -1\\ -1 & 1 & 0\\ -1 & 0 & 1\end{bmatrix},\quad M=m\begin{bmatrix}1 & 0 & 0\\ 0 & 1 & 0\\ 0 & 0 & 1\end{bmatrix}$$

(1) 从式(7.4.3)有

$$\psi_a=\begin{bmatrix}\psi_{wa}\\ \psi_{aa}\\ O_a\end{bmatrix}=\begin{bmatrix}g_{wa}\\ g_{aa}\\ O_{ra}\end{bmatrix} \tag{a}$$

其中

$$\begin{bmatrix}g_{ww} & g_{wa}\\ g_{aw} & g_{aa}\end{bmatrix}=\begin{bmatrix}2k & -k\\ -k & k\end{bmatrix}^{-1}=\frac{1}{k}\begin{bmatrix}1 & 1\\ 1 & 2\end{bmatrix} \tag{b}$$

因此

$$\psi_a=\frac{1}{k}\begin{bmatrix}1\\ 2\\ 0\end{bmatrix} \tag{c}$$

由式(c)表示的附加模态如图 7.4.2 所示。

(2) 由式(7.4.6)得

$$P=I-m\psi_{\mathrm{R}}\psi_{\mathrm{R}}^{\mathrm{T}} \tag{d}$$

$$F_a=\begin{Bmatrix}O_{wa}\\ I_{aa}\\ O_{ra}\end{Bmatrix} \tag{e}$$

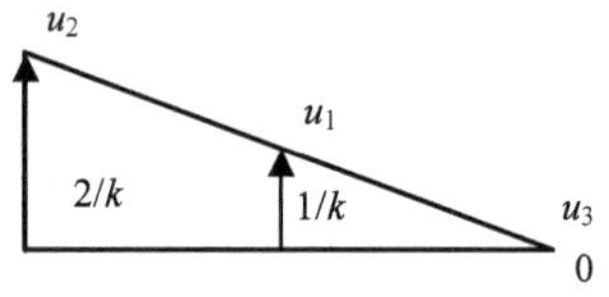

图 7.4.2　附加模态

刚体模态可由式(7.4.1)计算，不过在这个例题的情形中，可以很清楚地看到，所有的质量(质点)都移动一个相同的量，所以一个归一化的刚体模态就是

$$\psi_{\mathrm{R}}=\frac{1}{\sqrt{3m}}\begin{bmatrix}1\\1\\1\end{bmatrix} \tag{f}$$

归一化推导过程：如 ψ_{R}^{*} 是未被归一的模态，则

$$\psi_{\mathrm{R}}^{*}=\begin{Bmatrix}a\\a\\a\end{Bmatrix}$$

由

$$\psi_{\mathrm{R}}^{*\mathrm{T}}m\psi_{\mathrm{R}}^{*}=[a\quad a\quad a]\begin{bmatrix}m&0&0\\0&m&0\\0&0&m\end{bmatrix}\begin{bmatrix}a\\a\\a\end{bmatrix}=3a^2m$$

知，若要归一化，则令 $3a^2m=1$，导出 $a=1/\sqrt{3m}$ 而得式(f)的结果，那么

$$P=\begin{bmatrix}1&0&0\\0&1&0\\0&0&1\end{bmatrix}-\frac{1}{3m}\begin{bmatrix}m&0&0\\0&m&0\\0&0&m\end{bmatrix}\begin{bmatrix}1\\1\\1\end{bmatrix}[1\quad 1\quad 1]=\frac{1}{3}\begin{bmatrix}2&-1&-1\\-1&2&-1\\-1&-1&2\end{bmatrix} \tag{g}$$

$$F_a=\begin{bmatrix}0\\1\\0\end{bmatrix} \tag{h}$$

因此

$$PF_a=\frac{1}{3}\begin{bmatrix}-1\\2\\-1\end{bmatrix} \tag{i}$$

由式(i)表示的力系如图 7.4.3 所示。

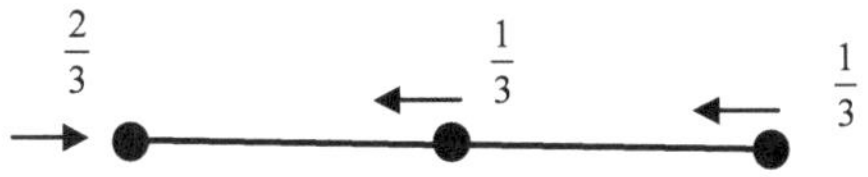

图 7.4.3 自平衡力系

(3) 由式(7.4.11)知，惯性释放模态为

$$\psi_a = G_E F_a = \left(P^T G P\right) F_a \tag{j}$$

将上面计算的结果代入得

$$\psi_a = \frac{1}{3}\begin{bmatrix} 2 & -1 & -1 \\ -1 & 2 & -1 \\ -1 & -1 & 2 \end{bmatrix}\left(\frac{1}{k}\right)\begin{bmatrix} 1 & 1 & 0 \\ 1 & 2 & 0 \\ 0 & 0 & 0 \end{bmatrix}\left(\frac{1}{3}\right)\begin{bmatrix} -1 \\ 2 \\ -1 \end{bmatrix} \tag{k}$$

所以

$$\psi_a = \frac{1}{9k}\begin{bmatrix} -1 \\ 5 \\ -4 \end{bmatrix} \tag{l}$$

如图 7.4.4 所示。

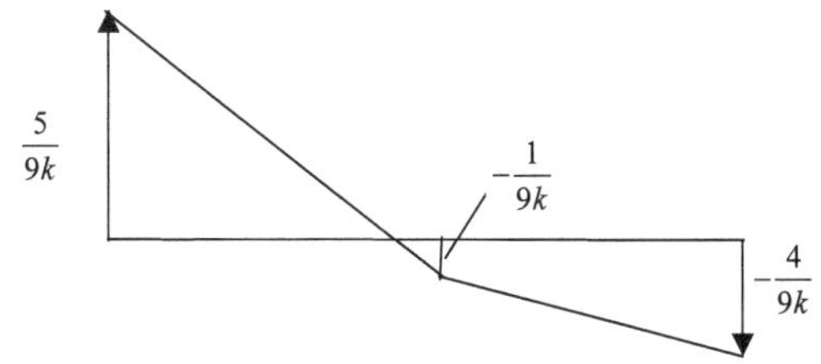

图 7.4.4 惯性释放模态

7.5 残余柔度及残余部件模态

1. 残余柔度

由于约束模态定义为由界面坐标的单位位移引起，故这些模态的集合是线性独立的，而部件的标准模态建立在全部约束(完全约束)的界面基础上。但是当在

模态综合方法中使用附加模态时，模态的线性独立性就不能保证。例如，如果一套完整的自由界面模态是由附加模态作补集的话，即

$$\psi = [\Phi \quad \psi_a]$$

后者一般取决于前者，且与前者线性相关。

式(7.4.20)为使附加模态和归一化模态线性独立提供了一个方便方法。如果令弹性模态 Φ_{E} (被归一化了的模态)被分成保留模态 Φ_k 和划去的模态 Φ_d，那么弹性柔度矩阵由下式给出：

$$\begin{aligned} \Phi_{\mathrm{E}} &= [\Phi_k \quad \Phi_d] \\ G_{\mathrm{E}} &= \Phi_{\mathrm{E}} \Lambda_{\mathrm{EE}}^{-1} \Phi_{\mathrm{E}}^{\mathrm{T}} = \Phi_k \Lambda_{kk}^{-1} \Phi_k^{\mathrm{T}} + \Phi_d \Lambda_{dd}^{-1} \Phi_d^{\mathrm{T}} \end{aligned} \tag{7.5.1}$$

残余柔度矩阵定义为

$$G_d = \Phi_d \Lambda_{dd}^{-1} \Phi_d^{\mathrm{T}} \tag{7.5.2}$$

其中 G_d 可由式(7.4.19)、式(7.5.1)、式(7.5.2)联立得到，而不需要知道 Φ_d 和 Λ_{dd} 的具体形式：

$$G_d = (P^{\mathrm{T}} G P) - \Phi_k \Lambda_{kk}^{-1} \Phi_k^{\mathrm{T}} \tag{7.5.3}$$

由式(7.4.11)和式(7.5.3)，可获得一组残余的惯性释放附加模态 ψ_d 为

$$\psi_d = G_d F_a \tag{7.5.4}$$

如果结构不含刚体模态，那么 $P = I$，式(7.5.3)成为

$$G_d = G - \Phi_k \Lambda_{kk}^{-1} \Phi_k^{\mathrm{T}} \tag{7.5.5}$$

是无刚体模态的残余柔度矩阵。式(7.5.4)和式(7.5.5)可联立得出残余附加模态。

2．例题

例 7.5.1　以图 7.4.1 的弹簧质量系统为例。求：

(1) 决定这个三质量系统的标准模态 $\Phi = [\varphi_1 \quad \varphi_2 \quad \varphi_3]$；

(2) 令 $\Phi_{\mathrm{R}} = \varphi_1$，$\Phi_k = \varphi_2$，$\Phi_d = \varphi_3$，确定残余惯性释放附加模态 ψ_d；

(3) 对(2)中所得结果给出物理解释。

解 (1) 由代数特征值问题

$$(k-\omega^2 m)U=0$$

即

$$\begin{bmatrix} 2k-\omega^2 m & -k & -k \\ -k & k-\omega^2 m & 0 \\ -k & 0 & k-\omega^2 m \end{bmatrix}\begin{bmatrix} u_1 \\ u_2 \\ u_3 \end{bmatrix}=\begin{bmatrix} 0 \\ 0 \\ 0 \end{bmatrix} \tag{a}$$

得到特征方程为

$$|k-\omega^2 m|=0 \tag{b}$$

或

$$\begin{vmatrix} 2k-\omega^2 m & -k & -k \\ -k & k-\omega^2 m & 0 \\ -k & 0 & k-\omega^2 m \end{vmatrix}=0 \tag{c}$$

得

$$\omega^2 m(\omega^2 m-k)(\omega^2 m-3k)=0 \tag{d}$$

该方程的根为

$$\begin{aligned} \omega_1^2 &= 0 \\ \omega_2^2 &= \frac{k}{m} \\ \omega_3^2 &= \frac{3k}{m} \end{aligned} \tag{e}$$

将它们代回式(a)，可求振型。

然后由

$$\begin{cases} (2k-\omega^2 m)u_1-ku_2-ku_3=0 \\ -k_1+(k-\omega^2 m)u_2=0 \end{cases} \tag{f}$$

求第 1 个模态：

$$\begin{aligned} &\omega_1^2=0 \\ &\begin{cases} 2k_1u_1-ku_2-ku_3=0 \\ -ku_1+ku_2=0 \end{cases} \end{aligned} \tag{g}$$

解得

$$\bar{u}_1 \sim \begin{bmatrix} 1 \\ 1 \\ 1 \end{bmatrix}$$

为刚体模态，正规化$\left(\varphi_1^{\mathrm{T}} m \varphi_1 = 1\right)$处理后得

$$\varphi_1 = \frac{1}{\sqrt{3m}} \begin{bmatrix} 1 \\ 1 \\ 1 \end{bmatrix} \tag{h}$$

对于第 2 个模态，有

$$\begin{gathered} \omega_2^2 m = k \\ \begin{cases} ku_1 - ku_2 - ku_3 = 0 \\ -ku_1 = 0 \end{cases} \end{gathered} \tag{i}$$

解得

$$\bar{u}_2 \sim \begin{bmatrix} 0 \\ 1 \\ -1 \end{bmatrix}$$

这里“~”而不用“=”，表示不是正规化模态。正规化$\left(\varphi_2^{\mathrm{T}} m \varphi_2 = 1\right)$处理后得

$$\varphi_2 = \frac{1}{\sqrt{2m}} \begin{bmatrix} 0 \\ 1 \\ -1 \end{bmatrix} \tag{j}$$

最后，对于第 3 个模态，有

$$\omega_3^2 = 3k$$

代入式(f)求得

$$\bar{u}_3 \sim \begin{bmatrix} -2 \\ 1 \\ 1 \end{bmatrix}, \quad \phi_3 = \frac{1}{\sqrt{6m}} \begin{bmatrix} -2 \\ 1 \\ 1 \end{bmatrix} \tag{k}$$

图 7.5.1 是各阶弹性模态示意图。

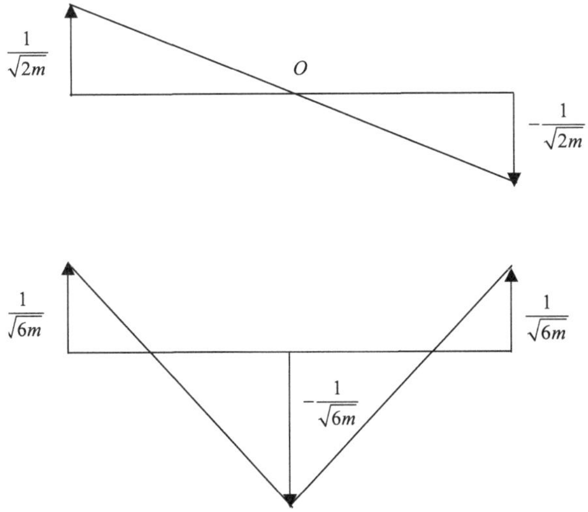

图 7.5.1 弹性模态

(2) 由式(7.5.3)和式(7.5.4)所定义的残余惯性释放附加模态为

$$\psi_d=(P^{\mathrm{T}}GP)F_a-(\Phi_k\Lambda_{kk}^{-1}\Phi_k^{\mathrm{T}})F_a \tag{l}$$

其中，$P^{\mathrm{T}}GPF_a=\psi_a$ 为惯性释放附加模态，由例 7.4.1 已知

$$\psi_a=\frac{1}{9k}\begin{bmatrix}-1\\5\\-4\end{bmatrix}$$

因为

$$\Phi_k=\varphi_2,\quad \Lambda_{kk}=\omega_2^2=\frac{k}{m} \tag{m}$$

而且由例 7.4.1 得

$$F_a=\begin{bmatrix}0\\1\\0\end{bmatrix}$$

那么

$$\begin{gathered}\Phi_k\Lambda_{kk}^{-1}\Phi_k=\left(\frac{m}{k}\right)\varphi_2\varphi_2^{\mathrm{T}}=\left(\frac{m}{k}\right)\frac{1}{2m}\begin{bmatrix}0\\1\\-1\end{bmatrix}[0\quad 1\quad -1]=\frac{1}{2k}\begin{bmatrix}0&0&0\\0&1&-1\\0&-1&1\end{bmatrix}\\(\Phi_k\Lambda_{kk}^{-1}\Phi_k^{\mathrm{T}})F_a=\frac{1}{2k}\begin{bmatrix}0&0&0\\0&1&-1\\0&-1&1\end{bmatrix}\begin{bmatrix}0\\1\\-1\end{bmatrix}=\frac{1}{2k}\begin{bmatrix}0\\1\\-1\end{bmatrix}\end{gathered} \tag{n}$$

因此，有

$$\psi_d = \frac{1}{9k}\begin{bmatrix}-1\\5\\-4\end{bmatrix} - \frac{1}{2k}\begin{bmatrix}0\\1\\-1\end{bmatrix} = \frac{1}{18k}\begin{bmatrix}-2\\1\\1\end{bmatrix} \tag{o}$$

(3) 正如所料，这个残余附加模态正好是 φ_3 的一个倍数，因为它代表的是一个三自由度系统去掉刚体运动和去掉模态 2 之后的振形——也即残余的意义。

在确定附加模态的时候，在 2 节点(最左端的那个)施加了一个单位力。这个被施加的力可以被分配在各个模态上，如图 7.5.2 所示。

由于

$$\Phi_k \Lambda_{kk}^{-1} \Phi_k^{\mathrm{T}} F_a = \frac{1}{2k}\begin{bmatrix}0\\1\\-1\end{bmatrix}$$

这恰是上面施加如模态 2 那样的力所导致的变形形状。同样，由式(o)所给的 ψ_d 正好对应模态 3 力系数所产生的变形。

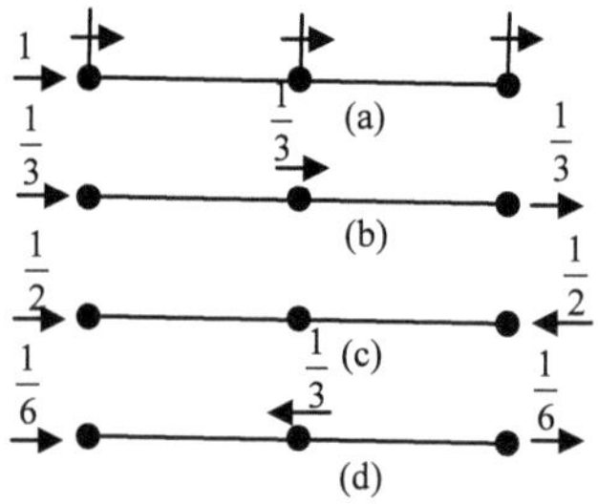

图 7.5.2　模态力系

3．残余部件模态

从例 7.5.1 可以看出，残余惯性释放附加模态给由刚体模态和截断的自由界面标准模态所组成的模态集提供了一个补充。因此，它与标准模态是线性独立的。

在许多部件模态综合法中都采用了残余部件模态。针对有约束的部件 α 和 β，可以很容易地通过运用残余惯性释放附加模态来简单地取代残余附加模态，并扩展到无约束的部件中。令位移变换方程为

$$u = \begin{bmatrix}u_i\\u_j\end{bmatrix} = \begin{bmatrix}\Phi_{ik} & \psi_{id}\\ \Phi_{jk} & \psi_{jd}\end{bmatrix}\begin{bmatrix}p_k\\p_d\end{bmatrix} \tag{7.5.6}$$

其中，标准模态Φ_k包含了自由界面标准模态，而ψ_d为由式(7.5.4)定义的残余附加模态。

$$\psi_d = G_d F_a = (\Phi_d \Lambda_{dd}^{-1} \Phi_d^{\mathrm{T}}) F_a \tag{7.5.7}$$

或

$$\psi_d = G_d F_a = (G_{\mathrm{E}} - \Phi_k \Lambda_{kk}^{-1} \Phi_k) F_a \tag{7.5.8}$$

在式(7.5.6)中，附加模态是由在界面坐标u_j处作用一个单位力而定义的，因此，式(7.4.13)中有

$$F_a = \begin{bmatrix} O_{ij} \\ I_{jj} \end{bmatrix} \tag{7.5.9}$$

式(7.5.7)便成为

$$\psi_d = \Phi_d \Lambda_{dd}^{-1} \Phi_d^{\mathrm{T}} \begin{bmatrix} O \\ I_{jj} \end{bmatrix} = \Phi_d (\Lambda_{dd}^{-1} \Phi_{jd}^{\mathrm{T}}) \tag{7.5.10}$$

将式(7.5.6)写成更简单一些的形式为

$$u = [\Phi_k \quad \psi_d] \begin{bmatrix} p_k \\ p_d \end{bmatrix} \tag{7.5.11}$$

部件的运动方程是

$$m\ddot{u} + ku = f \tag{7.5.12}$$

当这个方程变换为以广义坐标表示的形式时，将式(7.5.11)代入式(7.5.12)得

$$\mu_{kk} \ddot{p}_k + k_{kk} p_k = \Phi_k^{\mathrm{T}} f \tag{7.5.13}$$

$$\mu_{dd} \ddot{p}_d + k_{dd} p_d = \psi_d^{\mathrm{T}} f \tag{7.5.14}$$

从式(7.5.10)中可看到ψ_d是Φ_d的线性组合，即ψ_d与Φ_k正交。所以这些方程是不耦合的。

通过在式(7.5.14)中略去$\ddot{p}_d$，即

$$k_{dd} p_d = \psi_d^{\mathrm{T}} f \tag{7.5.15}$$

因为对于自由振动，f只含界面力f_j，而且

$$k_{dd} = \psi_d^{\mathrm{T}} K \psi_d \tag{7.5.16}$$

联立式(7.5.10)、式(7.5.15)、式(7.5.16)得到

$$(\Phi_{jd} \Lambda_{dd}^{-1} \Phi_{jd}^{\mathrm{T}})(p_d - f_j) = 0 \tag{7.5.17}$$

推导如下：

$$\psi_d^{\mathrm{T}} K \psi_d p_d = \psi_d^{\mathrm{T}} f$$

$$[\Phi_d \Lambda_{dd}^{-1} \Phi_{jd}^{\mathrm{T}}]^{\mathrm{T}} K([\Phi_d \Lambda_{dd}^{-1} \Phi_{jd}^{\mathrm{T}}]) p_d = [\Phi_d \Lambda_{dd}^{-1} \Phi_{jd}^{\mathrm{T}}]^{\mathrm{T}} \begin{bmatrix} 0 \\ f_j \end{bmatrix}$$

$$[\Phi_{jd} \Lambda_{dd}^{-1} \Phi_d^{\mathrm{T}} K \Phi_d \Lambda_{dd}^{-1} \Phi_{jd}^{\mathrm{T}}] p_d = \Phi_{jd} \Lambda_{dd}^{-1} \Phi_d^{\mathrm{T}} \begin{bmatrix} 0 \\ f_j \end{bmatrix}$$

$$\Phi_{jd} \Lambda_{dd}^{-1} \Phi_{jd}^{E} p_d = \Phi_{jd} \Lambda_{dd}^{-1} \Phi_{jd}^{\mathrm{T}} f_j$$

$$(\Phi_{jd} \Lambda_{dd}^{-1} \Phi_{jd}^{\mathrm{T}})(p_d - f_j) = 0$$

因为$(\Phi_{jd} \Lambda_{dd}^{-1} \Phi_{jd}^{\mathrm{T}})$是非奇异的，所以

$$p_d = f_j \tag{7.5.18}$$

是对广义坐标响应 p_d 的伪静力近似(对应于残余附加模态的响应)。

由于部件 α 和 β 满足式(7.2.2)，即

$$f_j^{\alpha} + f_j^{\beta} = 0$$

则当这两个部件组合在一起时，式(7.3.2)和式(7.5.18)联立即可给出约束方程为

$$p_d^{\alpha} + p_d^{\beta} = 0 \tag{7.5.19}$$

有了对部件的分析，可得系统的方程。

4. 例题

例 7.5.2　在图 7.5.3 中，令每一个部件都分别由一组自由界面标准模态和一组残余附加模态来表示。这个残余附加模态是由作用在界面坐标上的力来定义的。

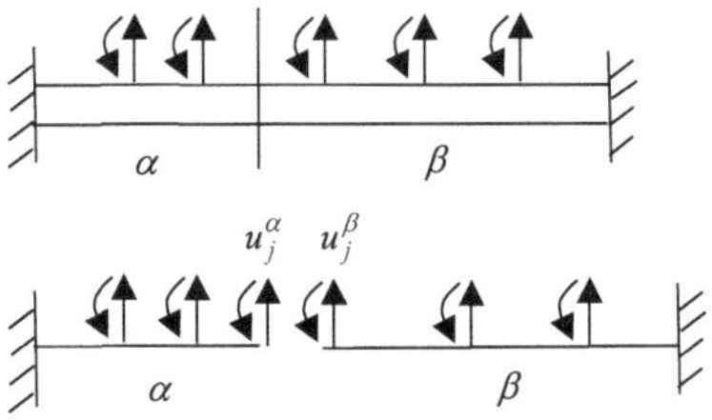

图 7.5.3 部件结构图

令

$$u=[\Phi_k \quad \psi_d]\begin{bmatrix}p_k\\p_d\end{bmatrix}=\begin{bmatrix}\Phi_{ik} & \psi_{id}\\ \Phi_{ik} & \psi_{jd}\end{bmatrix}\begin{bmatrix}p_k\\p_d\end{bmatrix} \tag{a}$$

求：

(1) 确定 μ^α, k^α；

(2) 令 p_d^α 和 p_d^β 是相关的(不独立的)坐标，确定 C 和 S；

(3) 组集 M 和 k。

解 以部件为例分析，如图 7.5.4 所示。

(1) 由式(7.2.5)

$$\mu^\alpha=\psi^{\alpha \mathrm{T}}m^\alpha\psi^\alpha, \quad k^\alpha=\psi^{\alpha \mathrm{T}}K^\alpha\psi^\alpha \tag{b}$$

$$\mu^\alpha=\begin{bmatrix}\mu_{kk} & \mu_{kd}\\ \mu_{dk} & \mu_{dd}\end{bmatrix}^\alpha=\begin{bmatrix}\Phi_k^{\mathrm{T}}\\ \psi_d^{\mathrm{T}}\end{bmatrix}m^\alpha[\Phi_k \quad \psi_d]^\alpha \tag{c}$$

完成上式的矩阵乘法，并去掉上标 α，使结果适用于一般部件，得

$$\begin{aligned}&\mu_{kk}=I_{kk}\\ &\mu_{kd}=\mu_{dk}^{\mathrm{T}}=0\\ &\mu_{dd}=\psi_d^{\mathrm{T}}m\psi_d=\Phi_{jd}\Lambda_{dd}^{-1}\Phi_{jd}^{\mathrm{T}}\end{aligned} \tag{d}$$

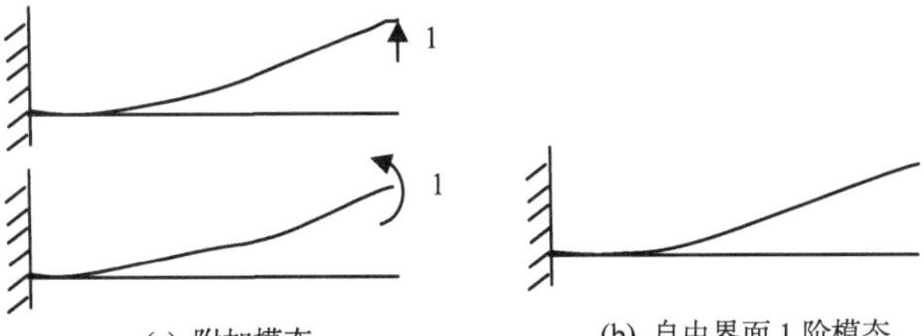

(a) 附加模态　　(b) 自由界面 1 阶模态

图 7.5.4

同理，可以得到 k^{α}

$$k^{\alpha}=\begin{bmatrix} k_{kk} & k_{kd} \\ k_{dk} & k_{dd} \end{bmatrix} \tag{e}$$

其中

$$\begin{aligned} &k_{kk}=\Lambda_{kk} \\ &k_{kd}=k_{dk}^{\mathrm{T}}=0 \\ &k_{dd}=\psi_{d}^{\mathrm{T}}k\psi_{d}=\Phi_{jd}\Lambda_{dd}^{-1}\Phi_{jd}^{\mathrm{T}}=\psi_{jd} \end{aligned} \tag{f}$$

上面的运算中用到了式(7.5.10)。

比较(f)的第三式与式(7.5.2)， k_{dd} 就是残余柔度矩阵 G_d 中与界面对应的部分，这样式(7.5.3)或式(7.5.5)实际上可以用来计算 k_{dd} 。

(2) 应用两个约束方程

$$u_{j}^{\alpha}-u_{j}^{\beta}=0 \tag{g1}$$

$$p_{d}^{\alpha}+p_{d}^{\beta}=0 \tag{g2}$$

将坐标排列如下：

$$p=\begin{bmatrix} p_{d}^{\alpha} \\ p_{d}^{\beta} \\ p_{k}^{\alpha} \\ p_{k}^{\beta} \end{bmatrix}, \quad g=\begin{bmatrix} p_{k}^{\alpha} \\ p_{k}^{\beta} \end{bmatrix} \tag{h}$$

其中 p_{d}^{α} 与 p_{d}^{β} 的下标表示划去，但由于式(g)的关系，它们又成为不独立的坐标了。所以其他的被保留 p_k ，不用 p_I 表示。联立式(a)、式(g)、式(h)得到

$$C\equiv[C_{dd} \quad C_{dI}]=\begin{bmatrix} \psi_{jd}^{\alpha} & -\psi_{jd}^{\beta} & \Phi_{jk}^{\alpha} & \Phi_{jk}^{\beta} \\ I & I & 0 & 0 \end{bmatrix} \tag{i}$$

推导过程如下：

$$u_{j}^{\alpha}=\Phi_{jk}^{\alpha}p_{k}^{\alpha}+\psi_{jd}^{\alpha}p_{d}^{\alpha}$$

$$u_{j}^{\beta}=\Phi_{jk}^{\beta}p_{k}^{\beta}+\psi_{jd}^{\beta}p_{d}^{\beta}$$

由 $p_d^\alpha + p_d^\beta = 0$， $u_j^\alpha - u_j^\beta = 0$ 排成矩阵为

$$\begin{bmatrix} \psi_{jd}^\alpha & -\psi_{jd}^\beta & \Phi_{jk}^\alpha & \Phi_{jk}^\beta \\ I & I & 0 & 0 \end{bmatrix} \begin{bmatrix} p_d^\alpha \\ p_d^\beta \\ p_k^\alpha \\ p_k^\beta \end{bmatrix} = CP = 0$$

由式(7.3.14)得

$$S = \begin{bmatrix} -C_{dd}^{-1} C_{dI} \\ I_{II} \end{bmatrix} \tag{j}$$

而

$$C_{dd}^{-1} = \begin{bmatrix} k_1 & k_1 \psi_{jd}^\beta \\ -k_1 & I - k_1 \psi_{jd}^\beta \end{bmatrix} \tag{k}$$

其中

$$k_1 = (\psi_{jd}^\alpha + \psi_{jd}^\beta)^{-1} \tag{l}$$

所以

$$S = \begin{bmatrix} -k_1 \Phi_{jk}^\alpha & k_1 \Phi_{jk}^\beta \\ k_1 \Phi_{jk}^\alpha & -k_1 \Phi_{jk}^\beta \\ I & 0 \\ 0 & I \end{bmatrix} \tag{m}$$

(3) 系统的质量和刚度矩阵为

$$M = S^{\mathrm{T}} \mu S, \quad K = S^{\mathrm{T}} k S \tag{n}$$

如果

$$p = \begin{bmatrix} p^\alpha \\ p^\beta \end{bmatrix}$$

因为

$$\mu=\begin{bmatrix}\mu^{\alpha} & 0\\ 0 & \mu^{\beta}\end{bmatrix},\quad k=\begin{bmatrix}k^{\alpha} & 0\\ 0 & k^{\beta}\end{bmatrix},\quad \mu\ddot{p}+kp=c^{\mathrm{T}}\sigma$$

所以

$$\mu=\begin{bmatrix}\mu_{kk}^{\alpha} & \mu_{kd}^{\alpha} & 0 & 0\\ \mu_{dk}^{\alpha} & \mu_{dd}^{\alpha} & 0 & 0\\ 0 & 0 & \mu_{kk}^{\beta} & \mu_{kd}^{\beta}\\ 0 & 0 & \mu_{dk}^{\beta} & \mu_{dd}^{\beta}\end{bmatrix}=\begin{bmatrix}I_{kk}^{\alpha} & 0 & 0 & 0\\ 0 & \mu_{dd}^{\alpha} & 0 & 0\\ 0 & 0 & I_{kk}^{\beta} & 0\\ 0 & 0 & 0 & \mu_{dd}^{\beta}\end{bmatrix}$$

$$k=\begin{bmatrix}\Lambda_{kk}^{\alpha} & 0 & 0 & 0\\ 0 & k_{dd}^{\alpha} & 0 & 0\\ 0 & 0 & \Lambda_{kk}^{\beta} & 0\\ 0 & 0 & 0 & k_{dd}^{\beta}\end{bmatrix}$$

现在，将 p 重新排序得

$$p=\begin{bmatrix}p_d^{\alpha}\\ p_d^{\beta}\\ p_k^{\alpha}\\ p_k^{\beta}\end{bmatrix}$$

则 μ , k 的行列顺序作相应变化得

$$\mu=\begin{bmatrix}\mu_{dd}^{\alpha} & 0 & 0 & 0\\ 0 & \mu_{dd}^{\beta} & 0 & 0\\ 0 & 0 & I_{kk}^{\alpha} & 0\\ 0 & 0 & 0 & I_{kk}^{\beta}\end{bmatrix},\quad k=\begin{bmatrix}k_{dd}^{\alpha} & 0 & 0 & 0\\ 0 & k_{dd}^{\beta} & 0 & 0\\ 0 & 0 & \Lambda_{kk}^{\alpha} & 0\\ 0 & 0 & 0 & \Lambda_{kk}^{\beta}\end{bmatrix} \tag{o}$$

将式(m)和式(o)代入式(n)展开运算，并注意到

$$k_1=(k_{dd}^{\alpha}+k_{dd}^{\beta})^{-1}$$

得到

$$M=\begin{bmatrix}M_{\alpha\alpha} & M_{\alpha\beta}\\ M_{\beta\alpha} & M_{\beta\beta}\end{bmatrix},\quad K=\begin{bmatrix}K_{\alpha\alpha} & K_{\alpha\beta}\\ K_{\beta\alpha} & K_{\beta\beta}\end{bmatrix} \tag{p}$$

其中

$$
\left.\begin{aligned}
M_{\alpha\alpha} &= I_{kk}^{\alpha} + \Phi_{jk}^{\alpha\mathrm{T}} m_1 \Phi_{jk}^{\alpha} \\
M_{\alpha\beta} &= M_{\beta\alpha}^{\mathrm{T}} = -\Phi_{jk}^{\alpha\mathrm{T}} m_1 \Phi_{jk}^{\beta} \\
M_{\beta\beta} &= I_{kk}^{\beta} + \Phi_{jk}^{\beta\mathrm{T}} m_1 \Phi_{jk}^{\beta} \\
K_{\alpha\alpha} &= \Lambda_{kk}^{\alpha} + \Phi_{jk}^{\alpha\mathrm{T}} k_1 \Phi_{jk}^{\alpha} \\
K_{\alpha\beta} &= K_{\beta\alpha}^{\mathrm{T}} = -\Phi_{jk}^{\alpha\mathrm{T}} k_1 \Phi_{jk}^{\beta} \\
K_{\beta\beta} &= \Lambda_{kk}^{\beta} + \Phi_{jk}^{\beta\mathrm{T}} k_1 \Phi_{jk}^{\beta}
\end{aligned}\right\} \tag{q}
$$

其中

$$
m_1 = k_1(\mu_{dd}^{\alpha} + \mu_{dd}^{\beta})k_1 \tag{r}
$$

得到系统的 M, K 后，即可由式(7.3.17)求解系统的动力特性了。而这种由部件模态通过某种原则组集得到的系统方程的维数要比直接建立一个结构的系统方程的维数低得多。

思考题与习题

7-1 针对图 E7.1 所示系统计算以下问题：

(1) 应用式(7.2.9)确定轴部件的约束模态，其中 $u_v=[u_1, u_2]$，$u_c=[u_3]$。

(2) 令 $u_3=0$，确定两个固定界面标准模态，归一化模态使 $M_1=M_2=1$。

(3) 应用式(7.2.12)确定杆的附加模态，其中 $u_w=[u_1, u_2]$，$u_a=[u_3]$

(4) 确定杆三个固定界面标准模态，归一化使 $M_1=M_2=M_3=1$。

(5) 应用模态展开定理，在由(3)得到的附加模态展开式中确定由(4)中得到的自由界面模态项的常数 c_r(其中 AE 为常数)。

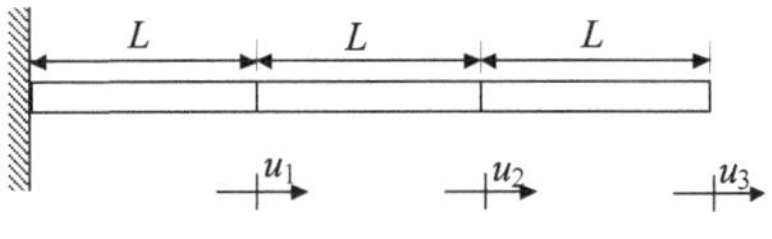

图 E7.1

7-2 在例 7.3.2 中采用约束模态和一组截断的固定界面标准模态作为部件模态。本题中部件模态采用由界面坐标定义的附加模态乘以一组截断的自由界面标准模态重新计算以下问题：

(1) 确定 μ^{a} 和 k^{a};

(2) 令 p_c^{β} 是不独立的坐标，确定 C, S;

(3) 形成系统矩阵 M 和 K。

假设模态之间为线性独立的。因为附加模态是由截面坐标定义的，所以 $u_a \equiv u_f$。模态转换

为

$$\begin{bmatrix} u_i \\ u_j \end{bmatrix} = \begin{bmatrix} \phi_{ik} & \psi_{ia} \\ \phi_{jk} & \psi_{ja} \end{bmatrix} \begin{bmatrix} p_k \\ p_a \end{bmatrix}$$

7-3　图 E7.2 所示的杆系统，试应用一适当的质量矩阵：

(1) 确定式(7.4.2)和式(7.4.3)定义的附加模态，并作图。

(2) 确定自平衡弹性载荷 PF_a。

(3) 确定由式(7.4.11)所定义的惯性释放附加模态，并作图。

其中，AE 为常数，$u_w=[u_1]$，$u_r=[u_2]$，$u_a=[u_3]$。

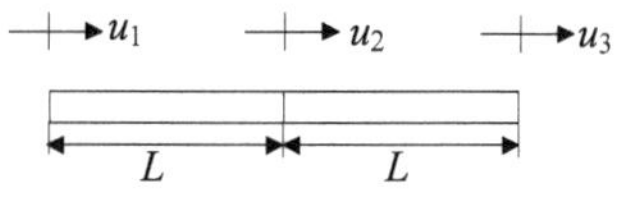

图 E7.2

7-4　用模态综合法计算由长度为 l，单位长度质量为 ρ，抗弯刚度为 EI 的二等截面梁段组成的悬臂折梁，两个梁段的夹角为 45°，如图 E7.3 所示。计算前两阶固有频率。

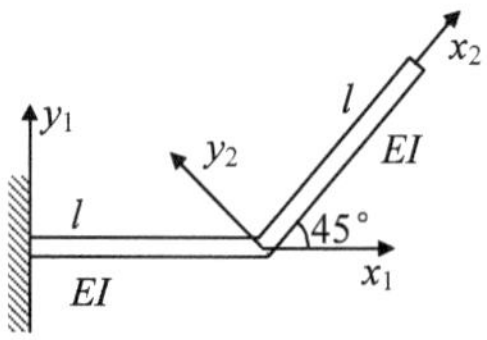

图 E7.3

7-5　图 E7.4 所示五质点自由–自由梁，已知质量 m，弯矩刚度 EI，质点间距 L。试用模态综合法求系统的固有频率。

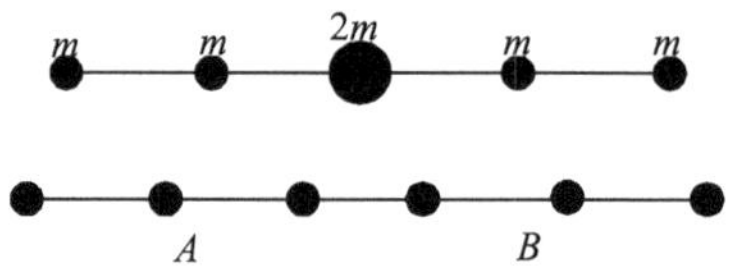

图 E7.4

7-6　计算机辅助编程计算图 E7.5 所示桁架的前 10 阶固有频率。桁架由 9 跨组成，现将它划分为 A，B 两个子结构，A 为 5 跨，B 为 4 跨。

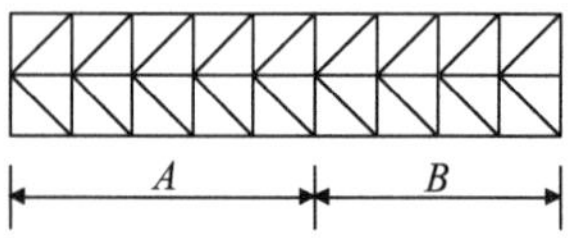

图 E7.5

7-7 图 E7.6 是长为 L，质量为 M，张力为 T 的弦。用集中质量法等分为 8 段，在 7 个等分点上各有 $m=M/7$ 的集中质量，试应用模态综合法求解此弦的前两阶自振频率。

7-8 试用模态综合法求解图 E7.7 所示的质量弹簧系统的前三阶固有频率。为方便起见，取 $k=m=1$。并与习题 7-7 对比结构的交界面有何不同?

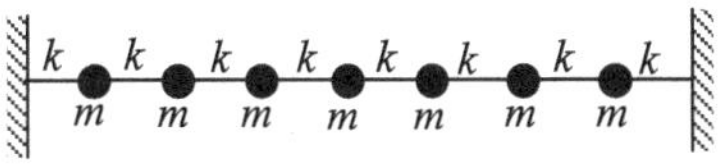

图 E7.6

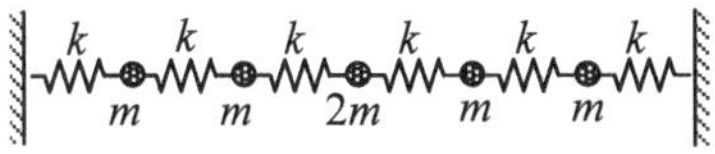

图 E7.7

第 8 章　结构动力学系统固有特性理论

8.1　概　　述

这一章将从理论上揭示特征值的内在关系以及特征值的一些性质，从特征值的变分式出发，给出并证明正交性的一般性定理、计数定理、包含定理等。从理论上分析强迫振动的物理意义，为进一步掌握结构的动力特性提供理论上的指导。

8.2　特征值的变分式

1．基本概念

考虑线性结构的固有振动问题，并针对已离散的具有 N 个自由度的集中参数系统。

记 x 为广义坐标列阵，K 为刚度矩阵，M 为质量矩阵，ω^2 为固有圆频率，λ 为频率参数，且

$$\lambda = \omega^2 \tag{8.2.1}$$

忽略机械能的损耗，固有振动方程为

$$Kx - \lambda Mx = 0 \tag{8.2.2}$$

在振动过程中，结构中储存的应变能(势能)和动能不断互相转化，其中应变能为

$$V = \frac{1}{2}x^{\mathrm{T}}Kx \tag{8.2.3}$$

动能为

$$T = \frac{1}{2}\lambda x^{\mathrm{T}}Mx \tag{8.2.4}$$

动能系数为

$$E = \frac{1}{2} x^{\mathrm{T}} M x \tag{8.2.5}$$

如果所考虑的结构没有刚体自由度，那么对应任一非零位移都有

$$x^{\mathrm{T}} K x > 0 \tag{8.2.6}$$

此时 K 是正定的。

如果该结构有刚体位移 $x = \varphi_0$（φ_0 可能是不只一列的高阶矩阵），那么

$$K\varphi_0 = 0 \tag{8.2.7}$$

因而

$$\varphi_0^{\mathrm{T}} K \varphi_0 = 0 \tag{8.2.8}$$

此时 K 是半正定的。与刚体位移相应的特征值是

$$\lambda_0 = 0$$

对许多结构来说，有振动必会有动能，即对于任意的非零 x 都有

$$x^{\mathrm{T}} M x > 0 \tag{8.2.9}$$

此时质量矩阵 M 是正定的。

有些结构的某些自由度上可能没有质量。比如，在有限单元法中，用分项插入法求得的非一致质量矩阵常常存在无质量的广义位移。即使在弹簧质量系统中，如果在弹簧中间设一结点，那么此结点也无质量，这时就存在非零的位移 $x = \varphi_\infty$（φ_∞ 可能是不只一列的高阶矩阵），使

$$M\varphi_\infty = 0 \tag{8.2.10}$$

成立，从而

$$\varphi_\infty^{\mathrm{T}} M \varphi_\infty = 0 \tag{8.2.11}$$

这些没有质量的自由度叫做纯静态自由度。

对于工程结构而言，刚体位移 φ_0 和纯静态位移 φ_∞ 决不重合。后面的讨论，如无特殊说明，恒假定矩阵束 (K, M) 不仅是非负的，并且是正定的，即对于任意的 x，都有

$$x^{\mathrm{T}} K x \geqslant 0, \quad x^{\mathrm{T}} M x \geqslant 0 \tag{8.2.12}$$

如果同时有

$$x^{\mathrm{T}}Kx=0, \quad x^{\mathrm{T}}Mx=0 \tag{8.2.13a}$$

则必有

$$x=0 \tag{8.2.13b}$$

对于这类系统，特征值是离散的，并且是非负的。

已知瑞利商为

$$\lambda=\frac{x^{\mathrm{T}}Kx}{x^{\mathrm{T}}Mx} \tag{8.2.14}$$

那么，当 x 是某一固有振型的精确解时，瑞利商给出特征值的精确解。

2. 特征值的变分式

从瑞利商式(8.2.14)出发，可得特征值的变分式

$$\lambda=\underset{x}{\mathrm{st}}\frac{x^{\mathrm{T}}Kx}{x^{\mathrm{T}}Mx} \tag{8.2.15}$$

而对于最小的特征值 $\lambda_{\min}$ 和最大的特征值 $\lambda_{\max}$，分别有

$$\lambda_{\min}=\min_{x}\frac{x^{\mathrm{T}}Kx}{x^{\mathrm{T}}Mx} \tag{8.2.16}$$

$$\lambda_{\max}=\max_{x}\frac{x^{\mathrm{T}}Kx}{x^{\mathrm{T}}Mx} \tag{8.2.17}$$

由

$$\delta\lambda=\frac{\delta x^{\mathrm{T}}Kx(x^{\mathrm{T}}Mx)-\delta x^{\mathrm{T}}Mx(x^{\mathrm{T}}Kx)}{(x^{\mathrm{T}}Mx)^{2}}=\frac{\delta x^{\mathrm{T}}Kx-\delta x^{\mathrm{T}}\cdot Mx\cdot\lambda}{x^{\mathrm{T}}Mx}$$

令

$$\delta\lambda=0$$

即

$$\delta x^{\mathrm{T}}(Kx-\lambda Mx)=0$$

式(8.2.15)取驻值的充要条件是

$$\delta x^{\mathrm{T}}(Kx-\lambda Mx)=0 \tag{8.2.18}$$

可见由式(8.2.2)所表示的代数特征值问题与瑞利商的驻值问题完全等价。但求近似解和推导一般性的定理时，从变分式出发常常比从代数方程出发更方便。

如果 x 是某一特征向量的近似解，那么将此 x 代入式(8.2.14)就得到相应的特征值。这种求近似的特征值方法即为瑞利法。特征值既然是瑞利商的驻值，那么当所设的 x 有一阶小量的误差时，由瑞利商得到的近似特征值就只有二阶小量的误差了。推证如下：

如果令 λ, φ 为一对精确的特征值和相应特征向量，而

$$x = \varphi + \delta\varphi \tag{8.2.19}$$

为一近似解，其中 $\delta\varphi$ 为一小量，那么由瑞利商

$$\begin{aligned}\lambda_{\mathrm{R}} &= \frac{(\varphi+\delta\varphi)^{\mathrm{T}} K(\varphi+\delta\varphi)}{(\varphi+\delta\varphi)^{\mathrm{T}} M(\varphi+\delta\varphi)} = \frac{\varphi^{\mathrm{T}} K\varphi + 2\delta\varphi^{\mathrm{T}} K\varphi + \delta\varphi^{\mathrm{T}} K\delta\varphi}{\varphi^{\mathrm{T}} M\varphi + 2\delta\varphi^{\mathrm{T}} M\varphi + \delta\varphi^{\mathrm{T}} M\delta\varphi} \\ &= \frac{\lambda\varphi^{\mathrm{T}} M\varphi + 2\lambda\delta\varphi^{\mathrm{T}} M\varphi + \delta\varphi^{\mathrm{T}} K\delta\varphi}{\varphi^{\mathrm{T}} M\varphi + 2\delta\varphi^{\mathrm{T}} M\varphi + \delta\varphi^{\mathrm{T}} M\delta\varphi} = \frac{\lambda + \dfrac{\delta\varphi^{\mathrm{T}} K\delta\varphi}{\varphi^{\mathrm{T}} M\varphi + 2\delta\varphi^{\mathrm{T}} M\varphi}}{1 + \dfrac{\delta\varphi^{\mathrm{T}} M\delta\varphi}{\varphi^{\mathrm{T}} M\varphi + 2\delta\varphi^{\mathrm{T}} M\varphi}}\end{aligned} \tag{8.2.20}$$

由式(8.2.20)可见，λ_{R} 对精确解的误差是二阶小量，所以可见瑞利商对特征向量误差的不敏感性，这也就是瑞利商法常常能得到满意结果的根本原因。

3．里茨法

在近似计算中较常用的另一个方法是里茨法。在里茨法中，先将特征向量近似的表示为

$$x = \varphi_1 y_1 + \varphi_2 y_2 + \cdots + \varphi_n y_n = \Phi y \tag{8.2.21}$$

其中

$$\Phi = [\varphi_1 \quad \varphi_2 \quad \cdots \quad \varphi_n] \tag{8.2.22}$$

$$y = [y_1 \quad y_2 \quad \cdots \quad y_n]^{\mathrm{T}} \tag{8.2.23}$$

而 φ_i 为几个适当选定的列阵（n 通常远小于 N），y_i 为几个待定的常数。将式(8.2.21)代入变分式(8.2.15)，得

$$\lambda = \underset{y}{\mathrm{st}} \frac{y^{\mathrm{T}} A y}{y^{\mathrm{T}} B y} \tag{8.2.24}$$

其中

$$A = \Phi^{\mathrm{T}} K \Phi, \quad B = \Phi^{\mathrm{T}} M \Phi \tag{8.2.25}$$

式(8.2.24)取驻值的条件即是

$$Ay - \lambda By = 0 \tag{8.2.26}$$

这样在应用里茨法后，人们可以把原来维数(N)较高的问题近似地简化为维数(n)较低的问题。

矩阵 A 和 B 是用里茨法降维后得到的刚度矩阵和质量矩阵，或简称里茨缩减刚度矩阵和里茨缩减质量矩阵。如果 $n = N$，那么式(8.2.21)~式(8.2.26)便是坐标变换公式。

4. 正交性证明

在第 2 章中从代数特征值问题出发证明了特征向量的正交性，并已看到正交性是一个很重要的性质，现在从变分式出发证明更一般的正交性质。

1) $\lambda_i \neq \lambda_j$ ($i \neq j$)的情形

令(λ_i, φ_i)和(λ_j, φ_j)是两组特征解，即

$$K\varphi_l - \lambda_l M \varphi_l = 0 \quad (l = i, j) \tag{8.2.27}$$

因而有

$$\lambda_l = \frac{\varphi_l^{\mathrm{T}} K \varphi_l}{\varphi_l^{\mathrm{T}} M \varphi_l} \quad (l = i, j) \tag{8.2.28}$$

现在取

$$x = \alpha\varphi_i + \beta\varphi_j \tag{8.2.29}$$

且用里茨法求特征值。将式(8.2.29)代入变分式(8.2.24)，得

$$\lambda = \underset{\alpha,\beta}{\mathrm{st}} \frac{{}_iK_i\alpha^2 + 2{}_iK_j\alpha\beta + {}_jK_j\beta^2}{{}_iM_i\alpha^2 + 2{}_iK_j\alpha\beta + {}_jM_j\beta^2} \tag{8.2.30}$$

其中

$${}_lK_m = \varphi_l^{\mathrm{T}} K \varphi_m$$

$${}_lM_m = \varphi_l^{\mathrm{T}} M \varphi_m \quad (l, m = i, j) \tag{8.2.31}$$

将变分式(8.2.30)变为代数方程得

$$\begin{cases} {}_iK_i\alpha + {}_iK_j\beta - \lambda({}_iM_i\alpha + {}_iM_j\beta) = 0 \\ {}_iK_j\alpha + {}_jK_j\beta - \lambda({}_iM_j\alpha + {}_jM_j\beta) = 0 \end{cases} \tag{8.2.32}$$

根据前提条件

$$\begin{cases} \lambda = \lambda_i, \quad \alpha = 1, \quad \beta = 0 \\ \lambda = \lambda_j, \quad \alpha = 0, \quad \beta = 1 \end{cases}$$

是方程式(8.2.23)的两组解，即

$$\begin{cases} {}_iK_i - \lambda_{ii}M_i = 0, \ \ {}_iK_j - \lambda_{ii}M_j = 0 \\ {}_iK_j - \lambda_{jj}M_j = 0, \ \ {}_iK_j - \lambda_{ji}M_j = 0 \end{cases} \tag{8.2.33}$$

由此可知，如果$\lambda_i \neq \lambda_j$，那么必有

$${}_iK_j = 0\text{，} \quad {}_iM_j = 0 \tag{8.2.34}$$

即

$$\varphi_i^{\mathrm{T}} K\varphi_j = 0\text{，} \quad \varphi_i^{\mathrm{T}} M\varphi_j = 0 \tag{8.2.35}$$

2）对于重根的情形

如果某个特征值λ是特征方程的m重根，那么齐次方程式(8.2.2)就有m个独立的解。设它们是

$$x = [\psi_1, \psi_2, \cdots, \psi_m] = \psi \tag{8.2.36}$$

由ψ所张成的空间是与λ对应的特征空间。一般来说，ψ中各列并不一定正交，不过在这种情况下，只要α是$m\times m$阶的非奇异矩阵，那么

$$\varphi = \psi\alpha \tag{8.2.37}$$

仍然张成与ψ相同的特征空间。适当地选取α，总能够使

$$\varphi^{\mathrm{T}} K\varphi = \text{对角阵}, \quad \varphi^{\mathrm{T}} M\varphi = \text{对角阵} \tag{8.2.38}$$

这样φ中的各列便构成特征空间中的正交基，正交基显然不止一组。

3）对于φ_∞存在的情形

命题 任何一个特征列阵(或空间)φ_i都与纯静态位移φ_∞正交。

证　$\forall i \in \{1, \cdots, N\}$ 使得

$$K\varphi_i - \lambda_i M\varphi_i = 0$$

所以

$$\varphi_i^{\mathrm{T}} K\varphi_\infty = \lambda_i \varphi_i^{\mathrm{T}} M\varphi_\infty = 0 \tag{8.2.39}$$

对于任取的一组独立的纯静态位移，其中的各列也未必正交，但和重根的情况类似，通过适当的矩阵变换，能够使 φ_∞ 中的各列正交，即

$$\varphi_\infty^{\mathrm{T}} K\varphi_\infty = \text{对角阵}, \quad \varphi_\infty^{\mathrm{T}} M\varphi_\infty = 0 \tag{8.2.40}$$

这样，φ_∞ 中的各列便构成纯静态位移空间中的一组正交基，这样的正交基也不止一组。

5．一些规定与记号

到此已获得了三种列阵的基本概念，即特殊列阵、特征空间中的正交基、纯静态位移空间中的正交基。现在约定一些记法如下。

(1) 记 φ_i 表示特征列阵和特征空间中的正交基，与 φ_i 对应的特征值为 λ_i。依照特征值的有序性

$$\lambda_1 \leqslant \lambda_2 \leqslant \lambda_3 \leqslant \cdots \leqslant \lambda_n \tag{8.2.41}$$

在同一特征空间中，如果 φ_i 和 φ_j（$i \neq j$）对应相同的特征值 $\lambda_i = \lambda_j$，那么它们的先后顺序可任意排定。

(2) 记 φ_∞ 表示纯静态位移空间中的一组正交基，其中的各列记为 $\varphi_\infty^1, \varphi_\infty^2, \cdots, \varphi_\infty^{N-n}$，即

$$\varphi_\infty = [\varphi_\infty^1, \varphi_\infty^2, \cdots, \varphi_\infty^{N-n}] \tag{8.2.42}$$

(3) 归一准则约定。

对于 φ_i（$i \neq \infty$，下同），一律按动能系数为 1 归一化，于是有

$$\varphi_i^{\mathrm{T}} M\varphi_i = 1, \quad \varphi_i^{\mathrm{T}} K\varphi_i = \lambda_i \tag{8.2.43}$$

对于 φ_∞，由于没有动能，只能按应变能为 1，于是有

$$\varphi_\infty^{\mathrm{T}} K\varphi_\infty = I, \quad \varphi_\infty^{\mathrm{T}} M\varphi_\infty = 0 \tag{8.2.44}$$

其中 I 为单位矩阵，这样 $\varphi_1, \varphi_2, \cdots, \varphi_n, \varphi_\infty$ 便构成一组完备的正交双归一基。双归

一是指 φ_i 按动能归一，φ_∞ 按应变能归一。由这组基构成的矩阵

$$\Phi = [\varphi_1 \quad \varphi_2 \quad \cdots \quad \varphi_n \quad \varphi_\infty] \tag{8.2.45}$$

称为广义振型矩阵，或正则模态矩阵。振型矩阵能同时使 K 和 M 对角化如下：

$$\Phi^{\mathrm{T}} K \Phi = \mathrm{diag}[\lambda_1, \lambda_2, \cdots, \lambda_n, 1, \cdots, 1] \tag{8.2.46}$$

$$\Phi^{\mathrm{T}} M \Phi = \mathrm{diag}[1, 1, \cdots, 1, 0, \cdots, 0] \tag{8.2.47}$$

6. 展开定理

任意一个列阵 x 都可以按正交基 Φ 展开为

$$x = \Phi q = \varphi_1 q_1 + \varphi_2 q_2 + \cdots + \varphi_n q_n + \varphi_\infty q_\infty \tag{8.2.48}$$

系数 q 可按下式确定：

$$q_i = \varphi_i^{\mathrm{T}} M x \quad (i = 1, 2, \cdots, n) \tag{8.2.49}$$

$$q_\infty = \varphi_\infty^{\mathrm{T}} K x \tag{8.2.50}$$

由于应变能和动能系数是 x 的二次函数，因此，一般来说叠加原理不适用。但如果把 x 表示为正交双归一基的线性组合，如式(8.2.48)所示，那么应变能和动能系数便可以叠加，即

$$x^{\mathrm{T}} K x = \sum_{i=1}^{n} \lambda_i q_i^2 + q_\infty^{\mathrm{T}} q_\infty \tag{8.2.51}$$

$$x^{\mathrm{T}} M x = \sum_{i=1}^{n} q_i^2 \tag{8.2.52}$$

正是由于应变能和动能系数的可叠加性，才使得正交双归一基的展开式(8.2.48)在许多问题的研究中显得特别重要。

8.3 强 迫 振 动

1. 预解式

考虑多自由度系统在简谐载荷作用下的强迫振动问题。令外载为 $f\mathrm{e}^{\mathrm{i}\omega t}$，响应为 $x\mathrm{e}^{\mathrm{i}\omega t}$，振幅 x 满足下列代数方程：

$$(K-\lambda M)x=f\,,\quad \lambda=\omega^2 \tag{8.3.1}$$

由此，可得到形式解为

$$x=R(\lambda)f \tag{8.3.2}$$

其中

$$R(\lambda)=(k-\lambda M)^{-1} \tag{8.3.3}$$

矩阵$(k-\lambda M)$即为所谓的动刚度矩阵，矩阵$R(\lambda)$即为动柔矩阵，又叫做预解矩阵，R中的元素R_{ij}为j上的单位力在i处引起的位移。

如果系统维数不大时，那么用解联立方程的方法，或用求逆矩阵的方法便可以求解。但如果需要分析计算λ对x的影响，那么对许多个λ值分别进行计算就不胜其繁。这时需要把$R(\lambda)$表示成便于计算的函数式，即

$$R(\lambda)=\sum_{i=1}^{n}\frac{\varphi_i\varphi_i^{\mathrm{T}}}{\lambda_i-\lambda}+\varphi_\infty\varphi_\infty^{\mathrm{T}} \tag{8.3.4}$$

下面用式(8.2.45)所定义的振型矩阵$\varPhi$证明式(8.3.4)成立。

证　用$\varPhi^{\mathrm{T}}(\ \cdot\ )\varPhi$夹乘$R^{-1}$，得

$$\varPhi^{\mathrm{T}}R^{-1}\varPhi=\varPhi^{\mathrm{T}}(K-\lambda M)\varPhi=\mathrm{diag}[\lambda_1-\lambda,\lambda_2-\lambda,\cdots,\lambda_n-\lambda,1,\cdots,1] \tag{8.3.5}$$

对其求逆，有

$$\varPhi^{-1}R(\varPhi^{\mathrm{T}})^{-1}=\mathrm{diag}\left[\frac{1}{\lambda_1-\lambda},\frac{1}{\lambda_2-\lambda},\cdots,\frac{1}{\lambda_n-\lambda},\ 1,\cdots,1\right]\varPhi^{\mathrm{T}} \tag{8.3.6}$$

将式(8.3.6)左乘$\varPhi$右乘$\varPhi^{\mathrm{T}}$，消去等式左边的$\varPhi$，最后得

$$R=\varPhi\,\mathrm{diag}\left[\frac{1}{\lambda_1-\lambda},\frac{1}{\lambda_2-\lambda},\cdots,\frac{1}{\lambda_n-\lambda},\ 1,\cdots,1\right]\varPhi^{\mathrm{T}} \tag{8.3.7}$$

将式(8.3.7)写成求和的形式，即是式(8.3.4)。

将式(8.3.4)代入式(8.3.2)，得到响应的表达式为

$$x=\sum_{i=1}^{n}\frac{\varphi_i(\varphi_i^{\mathrm{T}}f)}{\lambda_i-\lambda}+\varphi_\infty(\varphi_\infty^{\mathrm{T}}f) \tag{8.3.8}$$

这个式子把动响应表达为各个固有振型的动响应与纯静态位移的静响应的叠加。

2．讨论

(1) 当

$$\lambda=\lambda_r, \quad 且 \quad \varphi_r^{\mathrm{T}} f \neq 0 \tag{8.3.9}$$

时，由于式(8.3.8)中有一个分数等于∞，因而 x 也等于∞，这种情况在力学上叫做共振。按照代数学中严格的说法，应该说这时的响应 x 不存在。

(2) 当然，并不是当外加频率等于固有频率时总有共振发生。设 λ_r 是特征方程的单根，如果

$$\lambda=\lambda_r, \quad 且 \quad \varphi_r^{\mathrm{T}} f = 0 \tag{8.3.10}$$

那么共振不会发生。这是因为，0/0 是一个不确定的量，式(8.3.8)成为

$$x=\varphi_r q_r+\sum_{\substack{i=1 \\ r\neq r}}^{n} \frac{\varphi_i(\varphi_i^{\mathrm{T}} f)}{\lambda_i-\lambda}+\varphi_{\infty}(\varphi_{\infty}^{\mathrm{T}} f) \tag{8.3.11}$$

式中，q_r 为一个不确定的常数，此式的第一项是齐次方程

$$(K-\lambda_r M)x=0 \tag{8.3.12}$$

的通解。而后面的项是方程式(8.3.1)的一个特解。

(3) 如果 λ_r 是特征方程的重根，令

$$\lambda_l=\cdots=\lambda_m=\lambda_r \tag{8.3.13}$$

而其余的 λ_i 与 λ_r 不等。这时如果

$$\lambda=\lambda_r, \quad 且 \quad [\varphi_l \quad \cdots \quad \varphi_m]^{\mathrm{T}} f \neq 0 \tag{8.3.14}$$

那么便会发生共振。

(4) 如果

$$\lambda=\lambda_r, \quad 且 \quad [\varphi_l \quad \cdots \quad \varphi_m]^{\mathrm{T}} f = 0 \tag{8.3.15}$$

那么，便不会发生共振，而且有

$$x \equiv \varphi_l q_l+\cdots+\varphi_m q_m+\sum_{\substack{i=1 \\ i\neq l,\cdots,m}}^{n} \frac{\varphi_i(\varphi_i^{\mathrm{T}} f)}{\lambda_i-\lambda}+\varphi_{\infty}(\varphi_{\infty}^{\mathrm{T}} f) \tag{8.3.16}$$

式中，$q_l,\cdots,q_m$ 为不定常数。式(8.3.16)中的前几项是齐次方程式(8.3.12)的通解，而其余的项是方程式(8.3.1)的一个特解。

(5) 载荷是分布的情况。

考虑分布情况与 f 相同的一类外载荷 pf，其中 p 为一个可变的参数，参数 p 可看作一个广义力，而 f 规定了它的分布情况。与 $p=1$ 对应的广义位移 u（也就是与 p 对应的动柔度）定义为

$$u = f^{\mathrm{T}} x \tag{8.3.17}$$

设 u 的展开式是

$$u = \sum_{i=1}^{u} \frac{f^{\mathrm{T}} \varphi_i \varphi_i^{\mathrm{T}} f}{\lambda_i - \lambda} + f^{\mathrm{T}} \varphi_\infty \varphi_\infty^{\mathrm{T}} f \tag{8.3.18}$$

当外载荷的频率 $\sqrt{\lambda}$ 变化时，u 是 λ 的函数，$u-\lambda$ 将给出所谓的频率响应函数。假定所有的 $\varphi_i^{\mathrm{T}} f$ 都不等于零，将 u 随 λ 变化的曲线绘在图 8.3.1 中。

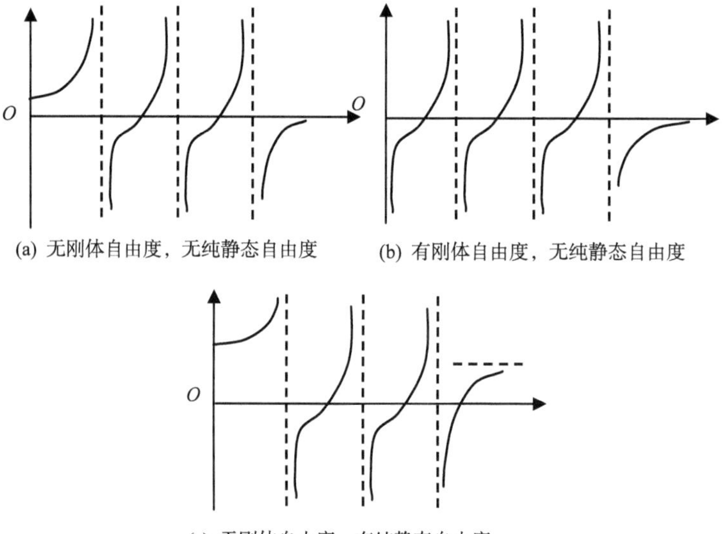

(a) 无刚体自由度，无纯静态自由度　(b) 有刚体自由度，无纯静态自由度

(c) 无刚体自由度，有纯静态自由度

图 8.3.1　典型的频率响应曲线

当无刚体自由度时，$u(0)>0$；

当有刚体自由度时，$u(0)=-\infty$；

当无纯静态自由度时，$u(\infty)=-0$；

当有纯静态自由度时，$u(\infty)=$ 一个有限值。

当 λ 在某个特征值 λ_r 的附近时，$|u|$ 一般就很大，这便是所谓的共振。要使

共振不发生，则式(8.3.10)或式(8.3.15)必须得到满足，即外载荷不在相应的振型上做功。在有共振时，当 λ 跨过特征值 λ_r 时，u 从 $+\infty$ 跳到 $-\infty$ 。在其他地方，u 是 λ 的递增函数。

从图 8.3.1 可以看到，在式(8.3.18)中出现的相邻两个固有频率之间，必有一个频率使

$$u = 0 \tag{8.3.19}$$

这就意味着，不论载荷的幅值有多大，相应的广义位移为零。这样的频率叫做反共振频率。

有些结构的振动试验规范规定，加力点的振动幅值 u 必须达到一个事前指定的值，如果出现反共振，必然导致振动台(或激振器)中的电流过大和结构中其他点的振幅过大，造成试验设备和试件的损坏。

8.4 Collatz 包含定理

对于大多数实际问题，人们难于求得特征值的精确解，而只能求得近似值。这样无论是实用上的理由，还是理论上的原因，都希望能给出近似值的误差估计，即给出特征值的上下限。比较常用的方法是利用 Collatz 包含定理。

1．Collatz 定理

设 A 是一个 N 阶的实对称正定或半正定的矩阵，A 的标准特征值问题由下式给出：

$$Ax - \lambda x = 0 \tag{8.4.1}$$

令 x 是一个适当选取的列阵，则

$$Ax = y = [y_1, y_2, \cdots, y_N]^{\mathrm{T}} \tag{8.4.2}$$

再记

$$l_j = \frac{y_j}{x_j}, \quad \lambda^- = \min_j l_j, \quad \lambda^+ = \max_j l_j \tag{8.4.3}$$

那么，在区间

$$\lambda^- \leqslant \lambda \leqslant \lambda^+ \tag{8.4.4}$$

内，至少有一个特征值。

这个定理可以由下面的两个包含定理来证明。

2. 质量包含定理

对于一组给定的量$l_1,l_2,\cdots,l_s$，如果齐次方程

$$Kx-(l_1M_1+l_2M_2+\cdots+l_sM_s)x=0 \tag{8.4.5}$$

有非零解，那么广义本征值问题方程式(8.2.2)在区间

$$\lambda^-\leqslant\lambda\leqslant\lambda^+ \tag{8.4.6}$$

内至少有一个本征值，其中

$$\lambda^-=\min_j l_j,\quad \lambda^+=\max_j l_i \tag{8.4.7}$$

证　考虑一个新的本征值问题

$$Kx-\mu(l_1M_1+l_2M_2+\cdots+l_sM_s)x=0 \tag{8.4.8}$$

其中μ为本征值。根据题设，方程式(8.4.8)有一个本征值(设为μ_k)为

$$\mu_k=1 \tag{8.4.9}$$

设想把l_j看作可变的参数，而把μ_k看作l_j的函数，因为M_j都是半正定的矩阵，所以l_j增加时μ_k减小或不变，而l_j减小时μ_k增加或不变，因此能够做到让较小的几个l_j增加，较大的几个l_j减小，而保持μ_k不变，在极端情况下所有的l_j都趋于一个公共值λ。

$$\lambda^-\leqslant\lambda\leqslant\lambda^+$$

这个公共值能使

$$Kx-\mu\lambda(M_1+M_2+\cdots+M_s)x=0$$

的一个本征值$\mu_k=1$，即齐次方程

$$Kx-\lambda(M_1+M_2+\cdots+M_s)x=0$$

有非零解，证毕。

当M为对角矩阵时，取$s=N$，并且使M_j分别只有一个主元不等于零，这

样质量包含定理便退化到上面介绍的 Collatz 讨论过的情况，所以质量包含定理是 Collatz 包含定理的推广。

3．刚度包含定理

对于一组给定的量 $l_1, l_2, \cdots, l_s$，如果齐次方程

$$\left(\frac{1}{l_1}K_1 + \frac{1}{l_2}K_2 + \cdots + \frac{1}{l_s}K_s\right)x - Mx = 0 \tag{8.4.10}$$

有非零解，那么广义本征值问题方程式(8.2.2)在区间

$$\lambda^- \leqslant \lambda \leqslant \lambda^+ \tag{8.4.11}$$

内至少有一个本征值，其中

$$\lambda^- = \min_j l_j, \quad \lambda^+ = \max_j l_j \tag{8.4.12}$$

此定理的证明很容易，把原来的问题改写成为

$$Mx - \frac{1}{\lambda}Kx = 0 \tag{8.4.13}$$

便可以从质量包含定理导出刚度包含定理。

Collatz 定理特别适用于判定迭代法得到的近似解的精度。

常用的迭代格式是

$$x^{(n+1)} = Ax^{(n)} \quad 或 \quad x^{(n+1)} = A^{-1}x^{(n)} \tag{8.4.14}$$

根据前后相邻两个近似列阵的对应元素的比值，可以决定特征值的上下限。当上下限足够接近时，特征值便已达到了满意的精度，迭代可以终止。

在广义特征值问题中，如果 M 是一个对角阵，那么可以用一个简单变换将广义特征值问题变换成标准特征值问题，因而也就有简单的包含定理。但对于一般的广义特征值问题，用对比 KX 和 MX 的对应元素的办法不一定能得到特征值的上下限。下面介绍适用于广义特征值问题的包含定理。

8.5 改进的 Collatz 定理及包含定理之间的关系

8.4 节介绍的标准特征值问题的 Collatz 包含定理与坐标系的取法有关。因此，在这个定理中，近似解并未充分发挥作用。需要指出，如果选择有利的坐标可以

导出更加精细的包含定理，并且还能够把其他几种常用的定理联系起来。

1．标准特征值问题

标准特征值问题式(8.4.1)可以看作一个 N 维空间中的线性变换的特征值问题。记这个空间中的矢量为 $\boldsymbol{u}$，线性变换记为 T。那么线性算子 T 的特征值问题是

$$T\boldsymbol{u}-\lambda\boldsymbol{u}=0 \tag{8.5.1}$$

8.4 节中的列阵 x 和矩阵 A 可以分别看作 $\boldsymbol{u}$ 和 T 在某一给定坐标系中的矩阵表示。

从矢量空间看，特征值 λ_i 及相应的特征向量 u_i 为与坐标系的取法无关的量。在某一坐标系中给出近似列阵 x，也就给出了近似矢量 $\boldsymbol{u}$，同时也给出了在其他任一坐标系中的近似列阵。在不同的坐标系中，$\boldsymbol{u}$ 的列阵有不同的表示，因而根据式(8.4.4)将得到不同的上下限的值。因此，完全有可能选取有利的坐标系以求得较好的上下值。这里将给出一种最有利的坐标系，所得到的上下限的精度与维数 N 无关，并且是最优的估计。

令 $\boldsymbol{u}$ 是给定的近似的特征矢量，在某坐标系中与 $\boldsymbol{u}$ 对应的矩阵为 x。再记

$$\boldsymbol{v}=T\boldsymbol{u} \tag{8.5.2}$$

与 $\boldsymbol{v}$ 对应的列阵是 $y=Ax$。矢量 $\boldsymbol{u},\boldsymbol{v}$ 之间的夹角 α 可由式(8.5.3)决定。

$$\cos\alpha=\frac{\boldsymbol{u}\cdot\boldsymbol{v}}{|\boldsymbol{u}||\boldsymbol{v}|}=\frac{x^{\mathrm{T}}y}{\sqrt{(x^{\mathrm{T}}x)(y^{\mathrm{T}}y)}} \tag{8.5.3}$$

如果 $\cos\alpha=\pm1$，即 $\boldsymbol{u}//\boldsymbol{v}$，那么 $\boldsymbol{u}$ 便是某一精确解，不存在求特征值的上下限问题。

当 $\boldsymbol{u}//\boldsymbol{v}$ 时，二矢量决定一个平面，如图 8.5.1 所示。

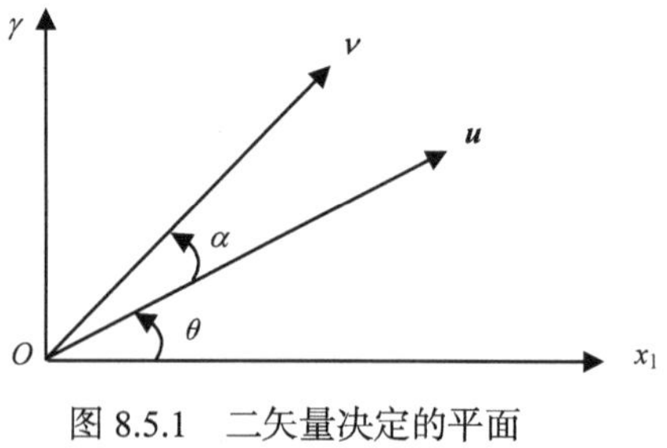

图 8.5.1　二矢量决定的平面

这时，一种有利的坐标系是把 x_1 轴(指新取的坐标系，下同)取在 $\boldsymbol{u}$，$\boldsymbol{v}$ 平面上，而 x_1 轴与矢量 $\boldsymbol{u}$ 的夹角 θ 暂时不作规定。至于其他的坐标轴 $x_2,\cdots,x_n$ 仍可随意选

取，不作规定。在 $\boldsymbol{u},\boldsymbol{v}$ 平面上再取一过渡坐标轴 γ ，如图 8.5.1 中所示。令 γ 的方向余弦为

$$\gamma=[\,0\,,\gamma_2,\gamma_3,\cdots,\gamma_N\,]^{\mathrm{T}} \tag{8.5.4}$$

在上述坐标系中，$\boldsymbol{u}$ 和 $\boldsymbol{v}$ 的列阵为

$$\boldsymbol{u}=|\boldsymbol{u}|[\cos\theta,\gamma_2\sin\theta,\cdots,\gamma_N\sin\theta]^{\mathrm{T}} \tag{8.5.5}$$

$$\boldsymbol{v}=|\boldsymbol{v}|[\cos(\theta+\alpha),\gamma_2\sin(\theta+\alpha),\cdots,\gamma_N\sin(\theta+\alpha)]^{\mathrm{T}} \tag{8.5.6}$$

矢量 $\boldsymbol{u}$ 和 $\boldsymbol{v}$ 虽然各有 N 个投影，但对应投影的比值却只有两个，分别为

$$l_1=\frac{|\boldsymbol{v}|}{|\boldsymbol{u}|}\cdot\frac{\cos(\theta+\alpha)}{\cos\theta} \tag{8.5.7}$$

$$l_2=\frac{|\boldsymbol{v}|}{|\boldsymbol{u}|}\cdot\frac{\sin(\theta+\alpha)}{\sin\theta} \tag{8.5.8}$$

这样根据 Collatz 包含定理，在 l_1 与 l_2 之间至少有一个特征值。

公式中的 θ 尚未确定。容易看到，如果把 θ 换成 $(\theta+\pi/2)$ ，就相当于把 l_1 和 l_2 的公式互换，这显然不影响上下限的值。因此，不破坏一般性，取 θ 的范围为

$$0\leqslant\theta\leqslant\frac{\pi}{2} \tag{8.5.9}$$

在这个范围内，有

$$l_1-l_2=\frac{|\boldsymbol{v}|}{|\boldsymbol{u}|}\cdot\frac{2\sin\alpha}{\sin2\alpha}>0 \tag{8.5.10}$$

因此，改进的包含定理如下所述：

在下列区间内至少有一个特征值，

$$\lambda^-\leqslant\lambda\leqslant\lambda^+ \tag{8.5.11}$$

其中

$$\lambda^-=\frac{|\boldsymbol{v}|}{|\boldsymbol{u}|}\cdot\frac{\cos(\theta+\alpha)}{\cos\theta} \tag{8.5.12}$$

$$\lambda^+=\frac{|\boldsymbol{v}|}{|\boldsymbol{u}|}\cdot\frac{\sin(\theta+\alpha)}{\sin\theta} \tag{8.5.13}$$

令

$$\lambda_R = \frac{\boldsymbol{u} \cdot \boldsymbol{v}}{u^2} = \frac{x^{\mathrm{T}} y}{x^{\mathrm{T}} x} = \frac{x^{\mathrm{T}} A x}{x^{\mathrm{T}} x} \tag{8.5.14}$$

$$\lambda_q = \frac{v^2}{\boldsymbol{u} \cdot \boldsymbol{v}} = \frac{y^{\mathrm{T}} y}{x^{\mathrm{T}} y} \tag{8.5.15}$$

于是

$$\frac{|\boldsymbol{v}|}{|\boldsymbol{u}|} = \sqrt{\lambda_R \lambda_q} \tag{8.5.16}$$

$$\cos\alpha = \sqrt{\frac{\lambda_R}{\lambda_q}} \tag{8.5.17}$$

$$\sin\alpha = \sqrt{\frac{\lambda_q - \lambda_R}{\lambda_q}} \tag{8.5.18}$$

$$\lambda^- = \sqrt{\lambda_R \lambda_q} \frac{\cos(\theta + \alpha)}{\cos\theta} \tag{8.5.19}$$

$$\lambda^+ = \sqrt{\lambda_R \lambda_q} \frac{\sin(\theta + \alpha)}{\sin\theta} \tag{8.5.20}$$

从式(8.5.19)和式(8.5.20)中消去θ，得

$$\lambda^+ \lambda^- - \lambda_R(\lambda^+ + \lambda^-) + \lambda_R \lambda_q = 0 \tag{8.5.21}$$

在式(8.5.12)、式(8.5.13)、式(8.5.19)~式(8.5.21)中，除了不定参数θ以外，只出现列阵x和y的整体特性而不出现它们的元。所以这些公式都与坐标的取法无关，即它们是不变形式的包含定理。

从式(8.5.19)和式(8.5.20)可以看到，上述定理给出的上、下限是有联系的。改变θ的值，λ^-及λ^+或同时增加，或同时减少，各种可能的(λ^-,λ^+)的值所形成的曲线是双曲线的一个分支，如图 8.5.2 所示。因此，只能选取一个适中的θ值兼顾上、下限。下面讨论五种选法。

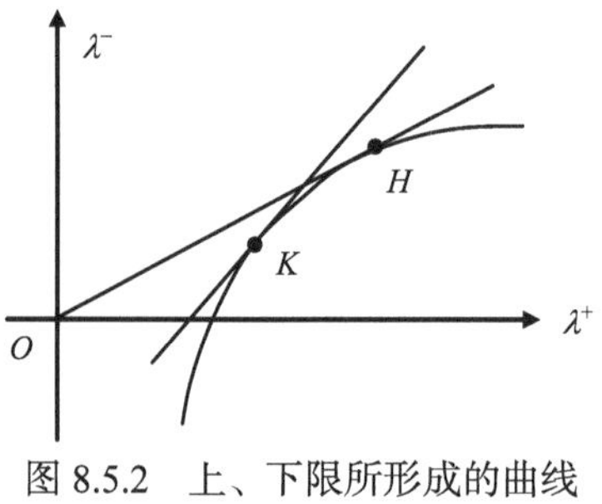

图 8.5.2　上、下限所形成的曲线

第一种选法：

使上、下限的比值最接近 1，即

$$\frac{\lambda^+}{\lambda^-} = \frac{\tan(\theta+\alpha)}{\tan\theta} = \text{最小} \tag{8.5.22}$$

应注意，一般 $\lambda^+ > \lambda^-$，所以 $\lambda^+/\lambda^- > 1$，使比值接近于“1”，即是使比值最小。对式(8.5.22)求导，得驻点值为

$$\sin 2(\theta+\alpha) = \sin 2\theta \tag{8.5.23}$$

即

$$\theta = \frac{\pi}{4} - \frac{\alpha}{2} \tag{8.5.24}$$

这时求上、下限的公式简化为

$$\lambda^- = \sqrt{\lambda_q \lambda_R}\tan\left(\frac{\pi}{4} - \frac{\alpha}{2}\right) \tag{8.5.25}$$

$$\lambda^+ = \sqrt{\lambda_q \lambda_R}\cot\left(\frac{\pi}{4} - \frac{\alpha}{2}\right) \tag{8.5.26}$$

$$\lambda^{\mp} = \lambda_q \mp \sqrt{\lambda_q(\lambda_q - \lambda_R)} \tag{8.5.27}$$

式(8.5.27)相当于图 8.5.2 中的 H 点，它是从原点作双曲线的切线而得到的切点。

第二种选法：

使上、下限的差距最小，即使式(8.5.10)的右端最小。这时应该取

$$\theta = \frac{\pi}{4} \tag{8.5.28}$$

于是

$$\lambda^{\mp} = \lambda_R \mp \sqrt{\lambda_R(\lambda_q - \lambda_R)} \tag{8.5.29}$$

这个公式相当于图 8.5.2 中的 K 点，它是双曲线等倾线的切点。

第三种选法：

如果不仅知道近似的特征列阵 x，而且还知道近似的特征值 λ^*，那么就可以有意识地把 λ^* 放在包含定理所预示的区间的中点，即

$$\frac{1}{2}(\lambda^- + \lambda^+) = \lambda^* \tag{8.5.30}$$

从式(8.5.21)与式(8.5.30)中可以解得

$$\lambda^{\mp} = \lambda^* \mp \sqrt{\lambda^{*2} - 2\lambda_R\lambda^* + \lambda_q\lambda_R} \tag{8.5.31}$$

如果把λ^*看作可变的，那么，由式(8.5.19)和式(8.5.20)可知，θ 与λ^*的联系为

$$\lambda^* = \sqrt{\lambda_q\lambda_R}\frac{\sin(2\theta+\alpha)}{\sin 2\theta} \tag{8.5.32}$$

第四种选法：

如果要计算第 i 个特征值 λ_i 的下限，并希望它大一点，那么必须同时允许上限也大一点。但如果上限太大就可能把下一个特征值 λ_{i+1} 包含在区间内反而把想求的 λ_i 放过了。所以 λ^+ 也不能取得太大。如果事先也知道了下一个特征值 λ_{i+1} 的下限 λ_{i+1}^-，那么就可以把 λ_i 的上限取在 λ_{i+1}^-，即取

$$\lambda_i^+ = \lambda_{i+1}^- \tag{8.5.33}$$

于是式(8.5.21)给出

$$\frac{\lambda_i^-}{\lambda_q} = \frac{\dfrac{\lambda_{i+1}^-}{\lambda_q} - 1}{\dfrac{\lambda_{i+1}^-}{\lambda_R} - 1} \tag{8.5.34}$$

第五种选法：

如果希望上限小一些，那么必须同时允许下限也小一些。但下限太小可能把前一个特征值 λ_{i-1} 包含在区间内而把想求的 λ_i 放过了。所以 λ^- 也不能取得太小。如果事先也知道前一个特征的上限 λ_{i-1}^+，那么就取

$$\lambda_i^- = \lambda_{i-1}^+ \tag{8.5.35}$$

这时，式(8.5.21)给出

$$\frac{\lambda_i^+}{\lambda_g} = \frac{\dfrac{1 - \lambda_{i-1}^+}{\lambda_g}}{\dfrac{1 - \lambda_{i-1}^+}{\lambda_R}} \tag{8.5.36}$$

需要注意以下几点：

(1) 上面介绍的一些上、下限公式，是在只给出 x 和 $y = Ax$ 两个列阵的条件下所能得到的最优估计。这就是说，只要 λ^- 和 λ^+ 再稍微靠近一点，那么其间就可能不存在特征值了。

(2) 上面讨论的几种包含定理都只适用于标准特征值问题。

2．广义特征值问题

由

$$Kx - \lambda Mx = 0 \tag{8.5.37}$$

(1) 当 M 为正定矩阵时，可以把 M 化为单位矩阵。存在非奇异的变换 Φ，使

$$\Phi^{\mathrm{T}} M\Phi = I \tag{8.5.38}$$

成立。这样的变换矩阵有无穷多个，但借助其中的任意一个都可进行如下的推导。

用矩阵 Φ 对 K, M, x 作如下变换：

$$\Phi^{\mathrm{T}} K\Phi = A, \quad K = (\Phi^{-1})^{\mathrm{T}} A\Phi^{-1} \tag{8.5.39}$$

$$\Phi^{\mathrm{T}} M\Phi = I, \quad M = (\Phi^{-1})^{\mathrm{T}} \Phi^{-1} \tag{8.5.40}$$

$$\Phi^{-1}x = q, \quad x = \Phi q \tag{8.5.41}$$

代入式(8.5.37)，方程变为

$$Aq - \lambda q = 0 \tag{8.5.42}$$

对于这个对称矩阵的标准特征值问题，可以应用前述的包含定理。

由原来给出的近似解 x 可求得新问题中的近似解 q，根据 q 便可进一步计算下述各值：

$$\eta = Aq \tag{8.5.43}$$

$$\lambda_R = \frac{q^{\mathrm{T}} Aq}{q^{\mathrm{T}} q} = \frac{x^{\mathrm{T}} Kx}{x^{\mathrm{T}} Mx} \tag{8.5.44}$$

$$\lambda_q = \frac{\eta^{\mathrm{T}} \eta}{q^{\mathrm{T}} \eta} = \frac{q^{\mathrm{T}} A^{\mathrm{T}} Aq}{q^{\mathrm{T}} Aq} = \frac{x^{\mathrm{T}} KM^{-1} Kx}{x^{\mathrm{T}} Mx} \tag{8.5.45}$$

$$\frac{|\eta|}{|q|}=\sqrt{\lambda_q\lambda_R} \tag{8.5.46}$$

$$\cos\alpha=\frac{q^{\mathrm{T}}\eta}{\sqrt{q^{\mathrm{T}}q\eta^{\mathrm{T}}\eta}}=\frac{x^{\mathrm{T}}Kx}{\sqrt{x^{\mathrm{T}}Mxx^{\mathrm{T}}KM^{-1}Kx}}=\sqrt{\frac{\lambda_R}{\lambda_q}} \tag{8.5.47}$$

根据这样定义的$\alpha,\lambda_R,\lambda_q$，前面包含定理的公式仍然成立。

(2) 当K为正定矩阵时，可以把K化为单位矩阵。存在变换矩阵ψ，使

$$\psi^{\mathrm{T}}K\psi=I \tag{8.5.48}$$

这样的变换矩阵也有无穷多个，不妨取其中的任意一个进行下面的推导。

用ψ对K,M,x,λ作如下变换：

$$\psi^{\mathrm{T}}K\psi=I\text{，}\quad K=(\psi^{-1})^{\mathrm{T}}\psi^{-1} \tag{8.5.49}$$

$$\psi^{\mathrm{T}}M\psi=A\text{，}\quad K=(\psi^{-1})^{\mathrm{T}}A\psi^{-1} \tag{8.5.50}$$

$$\psi^{-1}x=q\text{，}\quad x=\psi q \tag{8.5.51}$$

$$\frac{1}{\lambda}=\mu\text{，}\quad \lambda=\frac{1}{\mu} \tag{8.5.52}$$

于是式(8.5.47)成为

$$Aq-\mu q=0 \tag{8.5.53}$$

对于由上式定义的标准特征值问题，可以应用前述的包含定理。由原来给出的近似解x可求得新问题中的q。根据q又可进一步计算以下各值：

$$\eta=Aq \tag{8.5.54}$$

$$\mu_R=\frac{q^{\mathrm{T}}Aq}{q^{\mathrm{T}}q}=\frac{x^{\mathrm{T}}Mx}{x^{\mathrm{T}}Kx}=\frac{1}{\lambda_R} \tag{8.5.55}$$

$$\mu_s=\frac{\eta^{\mathrm{T}}\eta}{q^{\mathrm{T}}\eta}=\frac{q^{\mathrm{T}}A^{\mathrm{T}}Aq}{q^{\mathrm{T}}Aq}=\frac{x^{\mathrm{T}}MK^{-1}Mx}{x^{\mathrm{T}}Mx}=\frac{1}{\lambda_s} \tag{8.5.56}$$

$$\cos\alpha=\sqrt{\frac{\mu_R}{\mu_s}}=\sqrt{\frac{\lambda_s}{\lambda_R}} \tag{8.5.57}$$

代入前面的公式得

$$\lambda^{-}=\sqrt{\lambda_R\lambda_s}\,\frac{\cos(\theta+\alpha)}{\cos\theta} \tag{8.5.58}$$

$$\lambda^{+}=\sqrt{\lambda_R\lambda_s}\,\frac{\sin(\theta+\alpha)}{\sin\theta} \tag{8.5.59}$$

$$\lambda^{+}\lambda^{-}-\lambda_s(\lambda^{+}+\lambda^{-})+\lambda_R\lambda_s=0 \tag{8.5.60}$$

同理，可以给出最近比值上、下限为

$$\lambda^{\mp}=\lambda_R\mp\sqrt{\lambda_R(\lambda_R-\lambda_s)} \tag{8.5.61}$$

最小差距上、下限为

$$\lambda^{\mp}=\lambda_s\mp\sqrt{\lambda_s(\lambda_R-\lambda_s)} \tag{8.5.62}$$

近似值的上、下限为

$$\lambda^{\mp}=\lambda_*\mp\sqrt{\lambda_*^2-2\lambda_s\lambda_*+\lambda_R\lambda_s} \tag{8.5.63}$$

给出后一个本征值的下限时，有

$$\frac{\lambda_i^-}{\lambda_R}=\frac{\dfrac{\lambda_i^-+1}{\lambda_R}-1}{\dfrac{\lambda_{i+1}^-}{\lambda_s}-1} \tag{8.5.64}$$

给出前一个本征值的上限时，有

$$\frac{\lambda_i^+}{\lambda_R}=\frac{1-\dfrac{\lambda_i^+-1}{\lambda_R}}{1-\dfrac{\lambda_{i-1}^+}{\lambda_s}} \tag{8.5.65}$$

8.6 实对称矩阵的非正特征值数

设 A 是一个给定的对称矩阵，再选一个对称正定的矩阵 B，便构成一个广义

特征值问题

$$(A-\mu B)x=0 \tag{8.6.1}$$

式中 μ 和 x 为待求的特征值和特征向量。由于 A 并没限定是正定的矩阵，那么方程式(8.6.1)就可能有负的或等于零的特征值。方程式(8.6.1)的负的以及等于零的特征值个数(如有重特征值时按重数计算)定义为对称矩阵 A 的非正特征值数，记为 $N(A)$。

这里需要指出，特征值 μ 的大小与 A,B 都有关，但非正特征值的个数却只与 A 有关，而与 B 无关。证明如下。

首先方程式(8.6.1)的零特征值的个数与 B 无关。其次，对于非正特征值 μ，它的大小随 B 的改变而改变。但当 B 保持为正定时，μ 是 B 的连续函数。因此，如果正的或负的特征值数有变化，必须有某个特征值能跨过零。但零特征值的个数与 B 无关而保持不变，因而非零特征值不可能跨过零。由此可知，当 B 变化时，负的 μ 只能在负的范围内变化，正的 μ 只能在正的范围内变化。亦即方程式(8.6.1)负的、零、正的特征值数，都只与 A 有关而与 B 无关。

求 $N(A)$ 一般并不按定义去做，下面介绍一种较简便的方法。

将矩阵 A 作分解得

$$A=LDL^{\mathrm{T}} \tag{8.6.2}$$

其中，L 为非奇异矩阵，D 为对角矩阵。这样的分解当然不是唯一的。当 A 是非奇异时，使 L 为单位下三角矩阵，这时 D 的对角线上非正元的个数便是 $N(A)$。

证　选取

$$B=LL^{\mathrm{T}} \tag{8.6.3}$$

方程式(8.6.1)成为

$$(LDL^{\mathrm{T}}-\mu LL^{\mathrm{T}})x=0 \tag{8.6.4}$$

用 L^{-1} 前乘此式，并令

$$L^{\mathrm{T}}x=y\,,\quad x=\left(L^{\mathrm{T}}\right)^{-1}y \tag{8.6.5}$$

便有

$$(D-\mu I)=0 \tag{8.6.6}$$

由此可见，当 B 取为式(8.6.3)的特殊形式时，D 的对角线上的元便是特征值。所以 A 的负、零、正特征值数分别等于 D 对角线上负、零、正元的个数，即

$$N(A)=N(D)=D\text{ 的对角线上非正元的个数} \tag{8.6.7}$$

以上的证明过程还给出了这样一个结论：如果两个对称矩阵互为合同变换，那么它们具有相同个数的负、零、正特征值数。这个结论称为西尔维斯特惯性律。

8.7 基于动刚度的特征值计数法

如果说特征值的包含定理是确定某区间内有无特征值，那么计数定理则是确定某区间内究竟有多少个特征值。

设已给定一个线性振动系统，如系统的特征值计数函数 $J(\lambda)$ 定义为

$$J(\lambda^*)=\text{小于或等于 }\lambda^*\text{ 的特征值的个数} \tag{8.7.1}$$

那么在区间

$$\lambda^- < \lambda \leqslant \lambda^+ \tag{8.7.2}$$

内，特征值的个数便是

$$J(\lambda^+)-J(\lambda^-) \tag{8.7.3}$$

考虑广义特征值问题

$$(Kx-\lambda Mx)=0 \tag{8.7.4}$$

现对 λ 作一平移

$$\lambda=\lambda^*+\mu \quad (\lambda\leqslant\mu\text{ 时，}\lambda^*\leqslant 0) \tag{8.7.5}$$

得

$$(A-\mu M)x=0 \tag{8.7.6}$$

其中

$$A=K-\lambda^* M \tag{8.7.7}$$

在 M 为正定矩阵的情况下，方程式(8.7.6)与式(8.6.1)属于同一类型。由此可见，式(8.7.4)的小于或等于 λ^* 的特征值数 $J(\lambda^*)$ 等于方程式(8.7.6)的非正特征值数 $N(K-\lambda^* M)$。写成算式为

$$J(\lambda^*) = N(K - \lambda^* M) \tag{8.7.8}$$

将式(8.7.8)与式(8.6.7)结合在一起，便得到一种简单的特征计数法。

如果 M 是半正定，那么式(8.7.6)与式(8.6.1)不属于同一类型。上面的推理便不再成立。

考虑一个新的特征值问题

$$(K - \lambda M)y - \mu By = 0 \tag{8.7.9}$$

其中 B 为一个任意选定的正定对称矩阵，μ 和 y 为待求的特征值和特征向量。当 B 选定后，μ 是 λ 的函数；当 λ 等于原系统的某一特征值时，μ 有一个特征值等于零。由于 M 是非负的，当 λ 增加时，μ 必随之减小或不变。当 λ 从小到大逐渐增加，每跨过原系统的一个本征值时，μ 必有一个特征值从大到小跨过零，即 $(K - \lambda M)$ 增加了一个非正特征值。由此可见在

$$\lambda_l < \lambda \leqslant \lambda^*$$

的范围内的特征值数为

$$J(\lambda^*) - j(\lambda_l) = N(K - \lambda^* M) - N(K - \lambda_l M) \tag{8.7.10}$$

如果 λ_l 取得足够小，使得在 λ_l 以下没有原系统的特征值，即取 λ_l 为原系统的特征值的下限为

$$\lambda_l < \lambda \tag{8.7.11}$$

则

$$J(\lambda^*) = N(K - \lambda^* M) - N(K - \lambda_l M) \tag{8.7.12}$$

式(8.7.12)是式(8.7.8)的推广。实际上当 M 为正定时，只要把 λ_l 取为绝对值很大的负数，必能使

$$N(K - \lambda_l M) = 0$$

这样式(8.7.12)便退化为式(8.7.8)。

8.8 基于凝聚动刚度的特征值计数法

考虑一个 n 自由度的系统

$$(K-\lambda M)x=0 \tag{8.8.1}$$

这里只考虑K为非负的情况。令此系统的特征值计数函数为$J_n(\lambda)$，根据式(8.7.12)有

$$J_n(\lambda^*)=N(K-\lambda^* M)-N(K-\lambda_l M) \tag{8.8.2}$$

其中，λ_l为此系统的特征值的下限。因为K非负，所以当λ_l很小时，有

$$N(K-\lambda_l M)=0$$

于是得简化公式为

$$J_n(\lambda^*)=N(K-\lambda^* M) \tag{8.8.3}$$

将x,K,M进行如下分块：

$$\begin{bmatrix} K_{aa}-\lambda M_{aa} & K_{ab}-\lambda K_{ab} \\ K_{ab}^T-\lambda M_{ab}^T & K_{bb}-\lambda M_{bb} \end{bmatrix}\begin{bmatrix} x_a \\ x_b \end{bmatrix}=0 \tag{8.8.4}$$

其中x_a和a_b分别为具有r个和$(n-r)$个元的列阵。

如果在原系统上施加r个约束

$$x_a=0 \tag{8.8.5}$$

于是得到一个$(n-r)$个自由度的新系统，其振动方程是

$$(K_{bb}-\lambda M_{bb})x_b=0 \tag{8.8.6}$$

若令此新系统的特征值计数函数为$J_b(\lambda^*)$。下面分析$J_n(\lambda^*)$和$J_b(\lambda^*)$关系。

设λ不是新系统式(8.8.6)的特征值。这时，对原系统可以从方程式(8.8.4)中的第二式解出

$$x_b=-(K_{bb}-\lambda M_{bb})^{-1}(K_{ab}-\lambda M_{ab})^{\mathrm{T}}x_a \tag{8.8.7}$$

将此式代入式(8.8.4)的第一式，得

$$D_a(\lambda)x_a=0 \tag{8.8.8}$$

其中

$$D_a(\lambda)=K_{aa}-\lambda M_{aa}-(K_{ab}-\lambda M_{ab})(K_{bb}-\lambda M_{bb})^{-1}(K_{ab}-\lambda M_{ab})^{\mathrm{T}} \tag{8.8.9}$$

矩阵 $D_a(\lambda)$ 称为原系统凝聚到自由度 x_a 上的凝聚动刚度矩阵。

当 λ^* 不是新系统的特征值时，有

$$J_n(\lambda^*) = J_b(\lambda^*) + N[D_a(\lambda^*)] \quad (b = n - r) \tag{8.8.10}$$

当 λ 不是新系统的特征值时，作变量代换

$$x = Gy, \quad y = G^{-1}x \tag{8.8.11}$$

其中

$$G = \begin{bmatrix} I_r & 0 \\ -(K_{bb} - \lambda M_{bb})^{-1}(K^{ab} - \lambda M^{ab})^{\mathrm{T}} & I_{n-r} \end{bmatrix} \tag{8.8.12}$$

而 I_m 为 m 阶的单位矩阵。以 y 为新的待求列阵，那么原系统的方程变为

$$D'(\lambda)y = 0 \tag{8.8.13}$$

其中

$$D'(\lambda) = G^{\mathrm{T}}(K - \lambda M)G = \begin{bmatrix} D_a(\lambda) & 0 \\ 0 & K_{bb} - \lambda M_{bb} \end{bmatrix} \tag{8.8.14}$$

可见当 λ 不是新系统的特征值时，$(K - \lambda M)$ 和 $D'(\lambda)$ 互为合同变换，而合同变换不改变对称矩阵的非正特征值数，因而

$$N(K - \lambda^* M) = N[D'(\lambda^*)] = N[D_a(\lambda^*)] + N[K_{bb} - \lambda^* M_{bb}] \tag{8.8.15}$$

由此即得式(8.8.10)。

对于一般的 r 个约束条件

$$\alpha^{\mathrm{T}} x = 0 \tag{8.8.16}$$

其中 α 为给出的有 r 列的高矩阵。

根据变分原理，新系统的特征值 λ 是在约束条件式(8.8.16)的前提下瑞利商的驻值，

$$\lambda = \mathrm{st}\frac{x^{\mathrm{T}} K x}{x^{\mathrm{T}} M x} \tag{8.8.17}$$

可以用拉格朗日乘子法把约束条件引入变分式。把拉格朗日乘子放大分子中，可以得到新系统的无条件变分式为

$$\lambda = \underset{x,\sigma}{\mathrm{st}} \frac{x^{\mathrm{T}}Kx - 2x^{\mathrm{T}}\alpha\sigma}{x^{\mathrm{T}}Mx} \tag{8.8.18}$$

从数学上看σ是拉格朗日乘子；从力学上看，σ是所加约束提供的约束反力。将变分式转化成代数方程，得到

$$(K' - \lambda M')\begin{bmatrix} x \\ \sigma \end{bmatrix} = 0 \tag{8.8.19}$$

其中

$$K' = \begin{bmatrix} K & -\alpha \\ -\alpha^{\mathrm{T}} & 0 \end{bmatrix}, \quad M' = \begin{bmatrix} M & 0 \\ 0 & 0 \end{bmatrix} \tag{8.8.20}$$

方程式(8.8.19)是新系统的混合模式方程。当λ不是原系统的特征值时，原系统有动柔度矩阵存在

$$R(\lambda) = (K - \lambda M)^{-1}$$

因此，可用变量替换

$$\begin{bmatrix} x \\ \sigma \end{bmatrix} = \begin{bmatrix} I_n & R(\lambda)\alpha \\ 0 & I_r \end{bmatrix}\begin{bmatrix} z \\ \sigma \end{bmatrix} \tag{8.8.21}$$

$$\begin{bmatrix} z \\ \sigma \end{bmatrix} = \begin{bmatrix} I_n & -R(\lambda)\alpha \\ 0 & I_r \end{bmatrix}\begin{bmatrix} x \\ \sigma \end{bmatrix} \tag{8.8.22}$$

以$[z^{\mathrm{T}} \quad \sigma^{\mathrm{T}}]^{\mathrm{T}}$为新的待求的列阵，那么新系统的方程变为

$$F(\lambda)\begin{bmatrix} z \\ \sigma \end{bmatrix} = 0 \tag{8.8.23}$$

其中

$$F(\lambda) = \begin{bmatrix} I_n & 0 \\ \alpha^{\mathrm{T}}R(\lambda) & I_r \end{bmatrix}\begin{bmatrix} K - \lambda M & -\alpha \\ -\alpha^{\mathrm{T}} & 0 \end{bmatrix}\begin{bmatrix} I_n & R(\lambda)\alpha \\ 0 & I_r \end{bmatrix} = \begin{bmatrix} K - \lambda M & 0 \\ 0 & -\alpha^{\mathrm{T}}R(\lambda)\alpha \end{bmatrix} \tag{8.8.24}$$

把新系统的特征值计数函数记为$J_{n-r}(\lambda^*)$。从方程式(8.8.19)及式(8.8.24)可知，当λ^*不是原系统的特征值时，有

$$
\begin{aligned}
J_{n-r}(\lambda^*) &= N(K' - \lambda^* M') - N(K' - \lambda_l' M') = N[F(\lambda^*)] - N[F(\lambda_l')] \\
&= N(K - \lambda^* M) - N\left[\alpha^T R(\lambda^*)\alpha\right] = J_n(\lambda^*) - N\left(\alpha^T R\alpha\right) \\
&= N(K - \lambda^* M) + N\left(-\alpha^{\mathrm{T}} R(\lambda^*)\alpha\right) - N(K - \lambda_l' M) - N\left[-\alpha^{\mathrm{T}} R(\lambda_l')\alpha\right]
\end{aligned}
\tag{8.8.25}
$$

其中 λ_l' 为新系统的特征值的下限，把 λ_l' 取得足够小，总能使得

$$
N(K - \lambda_l' M) = 0, \quad N[-\alpha^{\mathrm{T}} R(\lambda_l')\alpha] = r \tag{8.8.26}
$$

又因为 $\alpha^{\mathrm{T}} R(\lambda^*)\alpha$ 非奇异，无零特征值，所以有

$$
N\left[\alpha^{\mathrm{T}} R(\lambda^*)\alpha\right] + N\left[-\alpha^{\mathrm{T}} R(\lambda^*)\alpha\right] = r \tag{8.8.27}
$$

于是

$$
J_n(\lambda^*) = J_{n-r}(\lambda^*) + N[\alpha^{\mathrm{T}} R(\lambda^*)\alpha] \tag{8.8.28}
$$

可以看出，式(8.8.28)与式(8.8.10)有相同的形式。

当一般的约束条件式(8.8.16)退化为特殊的约束条件式(8.8.5)时，必有

$$
N[D_a(\lambda^*)] = N[\alpha^{\mathrm{T}} R(\lambda^*)\alpha] \tag{8.8.29}
$$

这个公式具有明确的物理意义，其中 $D_a(\lambda^*)$ 为原系统凝聚到约束自由度上的凝聚动刚度矩阵，$\alpha^{\mathrm{T}} R(\lambda^*)\alpha$ 为原系统在约束自由度上的动影响系统矩阵，它们是互逆的矩阵

$$
D_a(\lambda)\alpha^{\mathrm{T}} R(\lambda)\alpha = I_r \tag{8.8.30}
$$

互逆的矩阵都没有零特征值，它们显然具有相同个数的负的和正的特征值。因此式(8.8.29)成立。

这里将 $D_a(\lambda)$ 和 $\alpha^{\mathrm{T}} R(\lambda)\alpha$ 的力学含义解释如下：

为了理解 $D_a(\lambda)$ 和 $\alpha^{\mathrm{T}} R(\lambda)\alpha$ 的力学含义，先考虑原系统在局部载荷作用下的强迫振动问题

$$
\begin{bmatrix} K_{aa} - \lambda M_{aa} & K_{ab} - \lambda M_{ab} \\ K_{ba} - \lambda M_{ba} & K_{bb} - \lambda M_{bb} \end{bmatrix} \begin{bmatrix} x_a \\ x_b \end{bmatrix} = \begin{bmatrix} f_a \\ 0 \end{bmatrix} \tag{8.8.31}
$$

从方程(8.8.31)中消去 x_b，得到

$$D_a(\lambda)x_a = f_a \tag{8.8.32}$$

可见 $D_a(\lambda)$ 是反映局部载荷 f_a 与对应的位移 x_a 的联系的一个动刚度矩阵。

再考虑一般的情况，参照约束条件式(8.8.16)，考虑原系统在“局部”载荷

$$f = ag \tag{8.8.33}$$

作用下的强迫振动问题。由方程

$$(K - \lambda M)x = ag \tag{8.8.34}$$

给定的矩阵 a 可以看作广义载荷的分布规律，不定的列阵 g 可看作广义载荷的大小，从方程式(8.8.34)可得到

$$x = R(\lambda)ag \tag{8.8.35}$$

与 g 地应的广义位移是

$$a^{\mathrm{T}}x = \alpha^{\mathrm{T}}R(\lambda)ag \tag{8.8.36}$$

可见 $\alpha^{\mathrm{T}}R(\lambda)\alpha$ 反映了一对广义力和广义位移的联系，它是局部广义载荷的动影响系数矩阵。

当

$$\alpha^{\mathrm{T}} = [I_r, 0] \tag{8.8.37}$$

时，方程式(8.8.5)和式(8.8.16)代表同一个约束，这时

$$\alpha^{\mathrm{T}}\chi = \chi_a \quad （g\text{ 可取为 } f_a） \tag{8.8.39}$$

于是式(8.8.36)退化为

$$\chi_a = a^{\mathrm{T}}R(\lambda)af_a \tag{8.8.40}$$

上面对有很多自由度的系统导出了式(8.8.10)和式(8.8.29)，它们可推广到无限多个自由度的系统，只要用 n 代表原来的系统(不再表示系统的自由度数)；$(n-r)$ 代表施加 r 个约束后所得到的新系统；$J_n(\lambda^*)$ 是原系统的特征值计数函数；$D_a(\lambda^*)$ 是原系统凝聚到约束自由度上的凝聚动刚度矩阵；$\alpha^{\mathrm{T}}R(\lambda^*)\alpha$ 是原系统在约束自由度上的动影响系数矩阵；$J_{n-r}(\lambda^*)$ 是新系统的特征值计数函数即可。

8.9 约束定理证明

从式(8.8.28)可证明特征值隔离定理。当在原系统上施加 r 个约束后，$\alpha^{\mathrm{T}}R(\lambda)\alpha$ 是一个 r 阶的方阵，因而

$$0 \leqslant N[\alpha^{\mathrm{T}}R(\lambda)\alpha] \leqslant r \tag{8.9.1}$$

将式(8.9.1)代入式(8.8.28)，有

$$0 \leqslant \left[J_n(\lambda^*) - J_{n-r}(\lambda^*)\right] \leqslant r \tag{8.9.2}$$

证毕。

特征值隔离定理是一个定性的结论，式(8.8.28)是一个定量的结论。因此，式(8.8.28)可以看作特征值隔离定理的定量推广。

思考题与习题

8-1 瑞利法求解特征值时对误差不敏感的根本原因是什么?

8-2 利用里茨法如何将高维数问题近似简化为低维数问题?

8-3 由变分式出发证明特征值为非重根、重根以及包含纯静态位移时的特征向量具有正交性?

8-4 试解释为何正交性和展开定理是模态叠加法的前提条件?

8-5 试根据振动响应表达式讨论发生共振的条件?

8-6 Collatz 包含定理对求解特征值问题有何意义? 改进的 Collatz 定理相对于原定理有哪些改进?

8-7 包含定理中如何选取特征值的上下限，有几种选法?

8-8 有如下的广义特征值问题：

$$(A-\mu B)x=0$$

其中 A 为对称阵，B 为对称正定阵。试论述特征值的大小和正负与 A、B 矩阵的关系，并说明求解非正特征值数 $N(A)$的方法。

8-9 解释 $D_a(\lambda)$、$\alpha^{\mathrm{T}}R(\lambda)\alpha$ 以及拉格朗日乘子 σ 的力学意义?

8-10 对比基于动刚度的特征值计数法和基于凝聚动刚度的特征值计数法的异同点?

8-11 试从定性和定量角度理解特征值隔离定理?

第 9 章 多自由度系统的强迫振动

9.1 概　　述

求解一个多自由度系统的强迫振动即是求解该系统在外力作用下的响应。这时在动力学基本方程中，外力项不为零，在数学上就是求非齐次微分方程的解。求解方程可以用直接积分的数值方法来获得足够精确的近似解。这一章将介绍最常用的中心差分法、Houbolt 法、Wilson θ法和 Newmark 法，这些方法为求解动力响应提供了有力的工具。但由于一个实际的结构系统往往维数都较高，用直接积分的方法有一定困难，因此在求解结构动力分系统的强迫响应时，往往采用叠加法，即通过坐标变换的方法，利用模态坐标的正交性，将动力学方程解耦，把一个求解 n 维线性方程组的问题转化为求解 n 个一维线性微分方程的问题，从而使问题大大地简化。本章首先介绍直接积分法，然后介绍方程的解耦与模态响应的分析方法。

9.2 求解强迫振动的直接积分法

1．直接积分法

动力学基本方程可以表示为

$$M\ddot{u}+C\dot{u}+Ku=p(t) \tag{9.2.1}$$

在直接积分中，对方程式(9.2.1)是逐步地进行数值积分的，“直接”的意思是数值积分前没有进行把方程变为另一种形式的变换。实质上，直接积分是基于下面的两个想法：第一个想法是，只在相隔 Δt 的一些离散的时间区间上而不是试图在任一时刻 t 上满足方程式(9.2.1)，即包含有惯性力和阻尼力作用的平衡是在求解区间上的一些离散时刻点上获得的。因此，似乎在静力分析中使用过的所有求解方法，在直接积分法中或许都可以有效地使用。第二个想法是，假定位移、速度和加速度在每一时间区间 Δt 内变化。正是这个关于位移、速度和加速度在每一时间区间内变化的假定形式，决定了解的精度、稳定性和求解效率。

下面分别用 $\boldsymbol{U}_0,\dot{\boldsymbol{U}}_0,\ddot{\boldsymbol{U}}_0$ 来表示初始时刻（$t=0$）的位移、速度和加速度向量，

假设它们是已知的，要求出方程式(9.2.1)从 $t=0$ 到 $t=T$ 的解。在求解时，把时间全程 T 划分为 n 个相等的时间区间 Δt（即 $\Delta t=T/n$），所用的积分格式是在时刻 $0,\Delta t,2\Delta t$，$3\Delta t,\cdots,t,t+\Delta t,\cdots,T$ 上确定方程的近似解。由于计算下一个时刻的解的算法要考虑到前面各个时刻的解，因此假定在初始时刻的解为已知，推导出求时刻 $t+\Delta t$ 的解的算法。计算时刻 $t+\Delta t$ 的解对于计算自此以后的时刻 Δt 上的解是有代表意义的。这样就可建立用来计算的所在离散时间点上解的一般算法。

2．中心差分法

若把式(9.2.1)的平衡关系看作一个常系数常微分方程组，便可以用任一种有限差分表达式，通过位移来近似表示加速度和速度。因此，在理论上许多不同的有限差分表达式均可使用。但是，求解格式必须是有效的，这样只需考虑少数几种计算格式。对某些问题求解非常有效的一个过程是中心差分法，这个方法假定

$$\ddot{\boldsymbol{U}}_t=\frac{1}{\Delta t^2}(\boldsymbol{U}_{t-\Delta t}-2\boldsymbol{U}_t+\boldsymbol{U}_{t+\Delta t}) \tag{9.2.2}$$

其中，用 $\boldsymbol{U}$ 表示数值解，用 $\boldsymbol{u}$ 表示解析解。

展开式(9.2.2)的误差是属于 $(\Delta t)^2$ 阶的，且速度的展开式具有同阶的误差。

$$\dot{\boldsymbol{U}}_t=\frac{1}{2\Delta t}(-\boldsymbol{U}_{t-\Delta t}+\boldsymbol{U}_{t+\Delta t}) \tag{9.2.3}$$

通过考虑式(9.2.1)在时刻 t 的解，求得在 $t+\Delta t$ 的位移解，即

$$M\ddot{\boldsymbol{U}}_t+C\dot{\boldsymbol{U}}_t+K\boldsymbol{U}_t=\boldsymbol{P}_t \tag{9.2.4}$$

将式(9.2.2)和式(9.2.3)中关于 $\ddot{\boldsymbol{U}}_t$ 及 $\boldsymbol{U}_t$ 的关系式分别代入式(9.2.4)中，可得

$$\left(\frac{1}{\Delta t^2}M+\frac{1}{2\Delta t}C\right)\boldsymbol{U}_{t+\Delta t}=\boldsymbol{P}_t-\left(K-\frac{2}{\Delta t^2}M\right)\boldsymbol{U}_t-\left(\frac{1}{\Delta t^2}M-\frac{1}{2\Delta t}C\right)\boldsymbol{U}_{t-\Delta t} \tag{9.2.5}$$

由式(9.2.5)可以求出 $\boldsymbol{U}_{t+\Delta t}$。应该注意，$\boldsymbol{U}_{t+\Delta t}$ 的解是基于利用在时刻 t 的平衡条件，即 $\boldsymbol{U}_{t+\Delta t}$ 是利用式(9.2.4)来计算的。因此，该积分过程称为显式过程，且这样的积分格式在逐步求解中不需要对刚度矩阵进行分解。

另外还应注意到，应用中心差分法时，$\boldsymbol{U}_{t+\Delta t}$ 的计算包含有 $\boldsymbol{U}_t$ 和 $\boldsymbol{U}_{t-\Delta t}$。因此，计算在时刻 Δt 的解，必须用一个具体的起始过程。由于 $\boldsymbol{U}_0,\dot{\boldsymbol{U}}_0,\ddot{\boldsymbol{U}}_0$ 都是已知的(注意若 $\boldsymbol{U}_0$ 和 $\dot{\boldsymbol{U}}_0$ 已知，$\ddot{\boldsymbol{U}}_0$ 可由式(9.2.1)在 $t=0$ 时算出)，由关系式(9.2.2)和式(9.2.3)可求得 $\boldsymbol{U}_{-\Delta t}$，即

$$U_{-\Delta t}^{(i)}=U_0^{(i)}-\Delta t\dot{U}_0^{(i)}+\frac{\Delta t^2}{2}\ddot{U}_0^{(i)} \tag{9.2.6}$$

其中角标 (i) 表示所考虑向量的第 i 个元素。表 9.2.1 概括了可在计算机上实现的时间积分格式。

表 9.2.1 中心差分的逐步积分法(可以是一般的质量矩阵和阻尼矩阵)

A. 初始计算

1. 形成刚度矩阵 K，质量矩阵 M 和阻尼矩阵 C。

2. 计算初始值 $\boldsymbol{U}_0,\dot{\boldsymbol{U}}_0,\ddot{\boldsymbol{U}}_0$。

3. 选取时间步长 Δt，$\Delta t < \Delta t_{cr}$，并计算积分常数：

$$a_0 = \frac{1}{\Delta t^2}, \quad a_1 = \frac{1}{2\Delta t}, \quad a_2 = 2a_0, \quad a_3 = \frac{1}{a_2}$$

4. 计算 $\boldsymbol{U}_{-\Delta t} = \boldsymbol{U}_0 - \Delta t\dot{\boldsymbol{U}}_0 + a_3\ddot{\boldsymbol{U}}_0$。

5. 形成有效质量矩阵 $\hat{M} = a_0 M + a_1 C$。

6. 对 $\hat{M}$ 作三角分解：$\hat{M} = LDL^{\mathrm{T}}$。

B. 对每一时间步长

1. 计算在时刻 t 的有效载荷

$$\hat{\boldsymbol{P}}_t = \boldsymbol{P}_t - (K - a_2 M)\boldsymbol{U}_t - (a_0\boldsymbol{M} - a_1\boldsymbol{C})\boldsymbol{U}_{t-\Delta t}$$

2. 求解在时刻 $t+\Delta t$ 的位移

$$LDL^{\mathrm{T}}\boldsymbol{U}_{t+\Delta t} = \boldsymbol{P}_t$$

3. 如果需要，计算在时刻 t 的加速度和速度

$$\ddot{\boldsymbol{U}}_t = a_0(\boldsymbol{U}_{t-\Delta t} - 2\boldsymbol{U}_t + \boldsymbol{U}_{t+\Delta t})$$

$$\dot{\boldsymbol{U}}_t = a_1(-\boldsymbol{U}_{t-\Delta t} + \boldsymbol{U}_{t+\Delta t})$$

假设所考虑的系统没有物理阻尼，即 C 是零矩阵，这种情形下，式(9.2.5)可简化为

$$\left(\frac{1}{\Delta t^2}M\right)\boldsymbol{U}_{t+\Delta t} = \hat{\boldsymbol{P}}_t \tag{9.2.7}$$

其中

$$\hat{\boldsymbol{P}}_t = \boldsymbol{P}_t - \left(K - \frac{2}{\Delta t^2}M\right)\boldsymbol{U}_t - \left(\frac{1}{\Delta t^2}M\right)\boldsymbol{U}_{t-\Delta t} \tag{9.2.8}$$

因此，如果质量矩阵是对角形，则解方程组(9.2.1)时就不需要进行矩阵的分解，只需进行矩阵相乘便可求得右端项的有效载荷向量 $\hat{\boldsymbol{P}}_t$，从而利用

$$\boldsymbol{U}_{t+\Delta t}^{(i)} = \hat{\boldsymbol{P}}_t^{(t)}\left(\frac{\Delta t^2}{m_{ii}}\right) \tag{9.2.9}$$

可得出位移向量的各个分量，其中 $\boldsymbol{U}_{t+\Delta t}^{(i)}$ 和 $\boldsymbol{P}_i^{(i)}$ 分别表示向量 $\boldsymbol{U}_{t+\Delta t}$ 和 $\hat{\boldsymbol{P}}_t$ 的第 i 个分量，而 m_{ii} 为质量矩阵的第 i 个对角线元素，并且假定 $m_{ii}>0$ 。

如果对总刚度矩阵和质量矩阵都不需要进行三角分解，也就不必形成总体的 K 和 M。如果

$$K=\sum_i K_i\ ,\quad M=\sum_i M_i \tag{9.2.10}$$

则意味着，为了求得式(9.2.8)中所需的 $K\boldsymbol{U}_t$, $(2M/\Delta t^2)\boldsymbol{U}_t$ 和 $(M/\Delta t^2)\boldsymbol{U}_{t-\Delta t}$ ，可在单元一级上将每个单元对有效载荷向量的贡献相加而得到。因此，利用下式来计算 $\hat{\boldsymbol{P}}_t$ ：

$$\hat{\boldsymbol{P}}_t=\boldsymbol{P}_t-\sum_i(K_i\boldsymbol{U}_i)-\sum_i\frac{1}{\Delta t^2}M_i(\boldsymbol{U}_{t-\Delta t}-2\boldsymbol{U}_t) \tag{9.2.11}$$

使用式(9.2.9)和式(9.2.11)形式的中心差分法的优点是很明显的。因为它不需要计算总刚度矩阵和总质量矩阵，求解过程基本上是在单元一级上进行，所需要的存储量比较少。如果所有相继的单元刚度矩阵和质量矩阵均相同，则该方法就显得更有效，因为这时只需计算或从后备存储器上连续读出对应于系统中第一个单元的矩阵。利用式(9.2.9)和式(9.2.1)所给出的中心差分格式，可有效地解出阶数很高的系统。

使用中心差分格式的一个十分重要的考虑是，该积分方法要求时间步长 Δt 小于一个临界值 Δt_{cr} ，可由整个单元集合体的刚度和质量的性质算出 Δt_{cr} 。更准确地说，要得到一个有效的解必须满足

$$\Delta t\leqslant\Delta t_{\mathrm{cr}}=\frac{T_n}{\pi} \tag{9.2.12}$$

其中，T_n 为系统固有振动中的最小周期，n 为多自由度系统的维数。结构的固有特性问题已在前面的章节中讨论。

要求使用的时间步长 Δt 小于临界时间步长 Δt_{cr} 的差分格式，如中心差分法，称为是条件稳定的。如果使用一个大于 Δt_{cr} 的时间步长，则积分是不稳定的，这意味着由数值积分的舍入所导致的误差都会增大，并且在许多情形下会使响应的计算失去意义。

3．Houbolt 法

Houbolt 积分格式与前面讨论的中心差分方法是有联系的，因为它也是根据标

准的有限差分表示式，用位移的各个分量来近似地表示加速度和速度的各个分量。Houbolt 积分格式采用了下面的有限差分展开式：

$$\ddot{\boldsymbol{U}}_{t+\Delta t}=\frac{1}{\Delta t^2}\{2\boldsymbol{U}_{t+\Delta t}-5\boldsymbol{U}_t+4\boldsymbol{U}_{t-\Delta t}-\boldsymbol{U}_{t-2\Delta t}\} \tag{9.2.13}$$

$$\dot{\boldsymbol{U}}_{t+\Delta t}=\frac{1}{6\Delta t}\{11\boldsymbol{U}_{t+\Delta t}-18\boldsymbol{U}_t+9\boldsymbol{U}_{t-\Delta t}-2\boldsymbol{U}_{t-2\Delta t}\} \tag{9.2.14}$$

这是两个误差为 $(\Delta t)^2$ 阶的向后差分公式。

为了得到在时刻 $t+\Delta t$ 的解，现在考虑在时刻 $t+\Delta t$ 的式(9.2.1)(而不是像中心差分法那样考虑在时刻 t 的情形)，它给出

$$M\ddot{\boldsymbol{U}}_{t+\Delta t}+C\dot{\boldsymbol{U}}_{t+\Delta t}+K\boldsymbol{U}_{t+\Delta t}=\boldsymbol{P}_{t+\Delta t} \tag{9.2.15}$$

把式(9.2.13)和式(9.2.14)代入式(9.2.15)中，并把所有已知向量列于右端，得到 $\boldsymbol{U}_{t+\Delta t}$ 的解

$$\begin{aligned}&\left(\frac{2}{\Delta t^2}M+\frac{1}{16\Delta t}C+K\right)\boldsymbol{U}_{t+\Delta t}\\&=\boldsymbol{P}_{t+\Delta t}+\left(\frac{5}{\Delta t^2}M+\frac{3}{\Delta t}C\right)\boldsymbol{U}_t-\left(\frac{4}{\Delta t^2}M+\frac{3}{2\Delta t}C\right)\boldsymbol{U}_{t-\Delta t}+\left(\frac{1}{\Delta t^2}M+\frac{1}{3\Delta t}C\right)\boldsymbol{U}_{t-2\Delta t}\end{aligned} \tag{9.2.16}$$

如式(9.2.16)所示，求解 $\boldsymbol{U}_{t+\Delta t}$ 需要先知道 $\boldsymbol{U}_t,\boldsymbol{U}_{t-\Delta t},\boldsymbol{U}_{t-2\Delta t}$。虽然知道 $\boldsymbol{U}_0,\dot{\boldsymbol{U}}_0$，$\ddot{\boldsymbol{U}}_0$ 对开始 Houbolt 积分格式是有用的，但用其他方法计算 $\boldsymbol{U}_{\Delta t}$ 和 $\boldsymbol{U}_{2\Delta t}$ 会更精确，即利用特殊的起始方法来积分式(9.2.1)以得出 $\boldsymbol{U}_{\Delta t}$ 和 $\boldsymbol{U}_{2\Delta t}$。用一个不同的积分格式并尽可能用以 Δt 的几分之一为时间步长，像中心差分格式那样的条件稳定的方法。表 9.2.2 概括了在计算机程序中使用的 Houbolt 积分过程。

表 9.2.2 所示的 Houbolt 法与表 9.2.1 所示的中心差分法的一个基本区别在于，刚度矩阵 K 是作为所求位移 $\boldsymbol{U}_{t+\Delta t}$ 的因子出现的。$K\boldsymbol{U}_{t+\Delta t}$ 项的出现是因为在式(9.2.15)中取时刻 $t+\Delta t$ 的平衡而不像中心差分法取时刻 t 的平衡。因此，Houbolt 方法是一个隐式积分格式，而中心差分方法则是一个显式过程。关于积分所用的时间步长 Δt 不存临界的时间步长限制。一般 Δt 可以选取比式(9.2.13)所给出中心差分法的步长大一些。

表 9.2.2 用 Houbolt 积分方法的逐步解法

A. 初始计算

1. 形成刚度矩阵 K、质量矩阵 M 和阻尼矩阵 C。

2. 计算初始值 $\boldsymbol{U}_0, \dot{\boldsymbol{U}}_0, \ddot{\boldsymbol{U}}_0$。

3. 选取时间步长 Δt 和计算积分常数：

$$a_0 = \frac{2}{\Delta t^2}, \quad a_1 = \frac{11}{6\Delta t}, \quad a_2 = \frac{5}{\Delta t^2}, \quad a_3 = \frac{3}{\Delta t}$$

$$a_4 = -2a_0, \quad a_5 = -\frac{a_3}{2}, \quad a_6 = \frac{a_0}{2}, \quad a_7 = \frac{a_3}{9}$$

4. 使用特别的初始过程计算 $\boldsymbol{U}_{\Delta t}$ 和 $\boldsymbol{U}_{2\Delta t}$。

5. 计算有效刚度矩阵 $\hat{K}$：

$$\hat{K} = K + a_0 M + a_1 C$$

6. 对 $\hat{K}$ 进行三角分解：

$$\hat{K} = LDL^{\mathrm{T}}$$

B. 对于每一个时间步长

1. 计算在时刻 $t+\Delta t$ 的有效载荷

$$\hat{\boldsymbol{P}}_{t+\Delta t} = \boldsymbol{P}_{t+\Delta t} + M(a_2\boldsymbol{U}_t + a_4\boldsymbol{U}_{t-\Delta t} + a_6\boldsymbol{U}_{t-2\Delta t}) + C(a_3\boldsymbol{U}_t + a_5\boldsymbol{U}_{t-\Delta t} + a_7\boldsymbol{U}_{t-2\Delta t})$$

2. 求解在时刻 $t+\Delta t$ 的位移

$$LDL^{\mathrm{T}}\boldsymbol{U}_{t+\Delta t} = \hat{\boldsymbol{P}}_{t+\Delta t}$$

3. 若需要，计算在时刻 $t+\Delta t$ 的加速度和速度

$$\ddot{\boldsymbol{U}}_{t+\Delta t} = a_0\boldsymbol{U}_{t+\Delta t} - a_2\boldsymbol{U}_t - a_4\boldsymbol{U}_{t-\Delta t} - a_6\boldsymbol{U}_{t-2\Delta t}$$

$$\dot{\boldsymbol{U}}_{t+\Delta t} = a_1\boldsymbol{U}_{t+\Delta t} - a_3\boldsymbol{U}_t - a_5\boldsymbol{U}_{t-\Delta t} - a_7\boldsymbol{U}_{t-2\Delta t}$$

一个值得注意的特点是，如果忽略质量和阻尼的影响，基于 Houbolt 方法的逐步积分格式可直接简化为静力分析。但表 9.2.1 中的中心差分分解法则不能这样做。

4．Wilson θ 法

Wilson θ 法实质上是线性加速度法的推广。线性加速度法假定加速度从时刻 $t \sim t+\Delta t$ 为线性变化。参看图 9.2.1，Wilson θ 法假定加速度从时刻 t 到时刻 $t+\theta\Delta t$ 为线性变化，其中 $\theta \geqslant 1.0$。当 $\theta = 1.0$ 时，这个方法就简化为线性加速度格式。需要指出的是，要达到无条件稳定，则必须用 $\theta \geqslant 1.37$，通常用 $\theta = 1.40$。

令 τ 表示时间的增量，其中 $0 \leqslant \tau \leqslant \theta\Delta t$，于是对从 $t \sim t+\theta\Delta t$，假定

$$\ddot{\boldsymbol{U}}_{t+\tau} = \ddot{\boldsymbol{U}}_t + \frac{\tau}{\theta\Delta t}(\ddot{\boldsymbol{U}}_{t+\theta\Delta t} - \ddot{\boldsymbol{U}}_t) \tag{9.2.17}$$

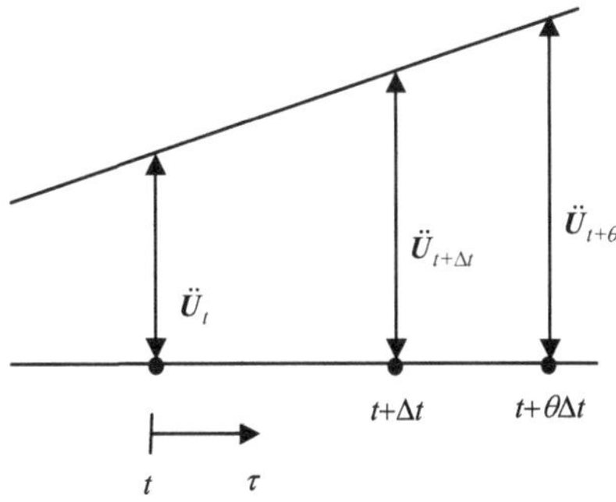

图 9.2.1 Wilson θ法的线性加速度假定

积分式(9.2.17)，得

$$\dot{\boldsymbol{U}}_{t+\tau}=\dot{\boldsymbol{U}}_t+\ddot{\boldsymbol{U}}_t\tau+\frac{\tau^2}{2\theta\Delta t}(\ddot{\boldsymbol{U}}_{t+\theta\Delta t}-\ddot{\boldsymbol{U}}_t) \tag{9.2.18}$$

和

$$\boldsymbol{U}_{t+\tau}=\boldsymbol{U}_t+\boldsymbol{U}_t\tau+\frac{1}{2}\ddot{\boldsymbol{U}}_t\tau^2+\frac{1}{6\theta\Delta t}\tau^3(\ddot{\boldsymbol{U}}_{t+\theta\Delta t}-\ddot{\boldsymbol{U}}_t) \tag{9.2.19}$$

利用式(9.2.18)和式(9.2.19)，在时刻 $t+\theta\Delta t$ 上有

$$\dot{\boldsymbol{U}}_{t+\theta\Delta t}=\dot{\boldsymbol{U}}_t+\frac{\theta\Delta t}{2}(\ddot{\boldsymbol{U}}_{t+\theta\Delta t}+\ddot{\boldsymbol{U}}_t) \tag{9.2.20}$$

$$\boldsymbol{U}_{t+\theta\Delta t}=\boldsymbol{U}_t+\theta\Delta t\dot{\boldsymbol{U}}_t+\frac{\theta^2\Delta t^2}{6}(\ddot{\boldsymbol{U}}_{t+\theta\Delta t}+2\ddot{\boldsymbol{U}}_t) \tag{9.2.21}$$

可以利用 $\boldsymbol{U}_{t+\theta\Delta t}$ 来求出 $\ddot{\boldsymbol{U}}_{t+\theta\Delta t}$ 和 $\dot{\boldsymbol{U}}_{t+\theta\Delta t}$，即

$$\ddot{\boldsymbol{U}}_{t+\theta\Delta t}=\frac{6}{\theta^2\Delta t^2}(\boldsymbol{U}_{t+\theta\Delta t}-\boldsymbol{U}_t)-\frac{6}{\theta\Delta t}\dot{\boldsymbol{U}}_t-2\ddot{\boldsymbol{U}}_t \tag{9.2.22}$$

和

$$\dot{\boldsymbol{U}}_{t+\theta\Delta t}=\frac{3}{\theta\Delta t}(\boldsymbol{U}_{t+\theta\Delta t}-\boldsymbol{U}_t)-2\dot{\boldsymbol{U}}_t-\frac{\theta\Delta t}{2}\ddot{\boldsymbol{U}}_t \tag{9.2.23}$$

这样，要得到在时刻 $t+\Delta t$ 的位移、速度和加速度的解，就只需考虑在时刻 $t+\theta\Delta t$ 的平衡方程式(9.2.1)。然而，因为假定加速度为线性变化，故所用的投影载荷向量是线性变化，即所有的方程是

$$M\ddot{\boldsymbol{U}}_{t+\theta\Delta t}+C\dot{\boldsymbol{U}}_{t+\theta\Delta t}+K\boldsymbol{U}_{t+\theta\Delta t}=\bar{\boldsymbol{R}}_{t+\theta\Delta t} \tag{9.2.24}$$

其中

$$\overline{\boldsymbol{R}}_{t+\theta\Delta t}=\boldsymbol{R}_t+\theta(\boldsymbol{R}_{t+\Delta t}-\boldsymbol{R}_t) \tag{9.2.25}$$

把式(9.2.22)和式(9.2.23)代入到式(9.2.24)，就可得到一个方程，由此可解出 $\boldsymbol{U}_{t+\theta\Delta t}$。于是把 $\boldsymbol{U}_{t+\theta\Delta t}$ 代入式(9.2.22)，即可求得 $\ddot{\boldsymbol{U}}_{t+\theta\Delta t}$，然后将它代入式(9.2.17)～式(9.2.19)中，并取 $\tau=\Delta t$ 进行计算，便得到 $\ddot{\boldsymbol{U}}_{t+\Delta t}$，$\dot{\boldsymbol{U}}_{t+\Delta t}$ 和 $\boldsymbol{U}_{t+\Delta t}$。表 9.2.3 给出了在积分中所用的整个算法。

表 9.2.3　用 Wilson θ 积分法的逐步求解法

A. 初始计算

1. 形成刚度矩阵 K、质量矩阵 M 和阻尼矩阵 C。

2. 计算初始值 $\boldsymbol{U}_0,\dot{\boldsymbol{U}}_0,\ddot{\boldsymbol{U}}_0$。

3. 选取时间步长 Δt 和计算积分常数，取 $\theta=1.4$（通常取法）：

$$a_0=\frac{6}{(\theta\Delta t)^2},\quad a_1=\frac{3}{\theta\Delta t},\quad a_2=2a_1,\quad a_3=\frac{\theta\Delta t}{2},\quad a_4=\frac{a_0}{\theta}$$

$$a_5=-\frac{a_2}{\theta},\quad a_6=1-\frac{3}{\theta},\quad a_7=\frac{\Delta t}{2},\quad a_8=\frac{\Delta t^2}{6}$$

4. 形成有效刚度矩阵 $\hat{K}$：

$$\hat{K}=K+a_0M+a_1C$$

5. 对 $\hat{K}$ 进行三角分解：

$$\hat{K}=LDL^{\mathrm{T}}$$

B. 对于每一个时间步长

1. 计算在时刻 $t+\theta\Delta t$ 的有效载荷

$$\hat{\boldsymbol{P}}_{t+\theta\Delta t}=\boldsymbol{P}_t+\theta(\boldsymbol{P}_{t+\Delta t}-\boldsymbol{P}_t)+M(a_0\boldsymbol{U}_t+a_2\dot{\boldsymbol{U}}_t+2\ddot{\boldsymbol{U}}_t)+C(a_1\boldsymbol{U}_t+2\dot{\boldsymbol{U}}_t+a_3\ddot{\boldsymbol{U}}_t)$$

2. 求解在时刻 $t+\theta\Delta t$ 的位移

$$LDL^{\mathrm{T}}\boldsymbol{U}_{t+\theta\Delta t}=\hat{\boldsymbol{P}}_{t+\theta\Delta t}$$

3. 计算在时刻 $t+\Delta t$ 的位移、速度和加速度

$$\ddot{\boldsymbol{U}}_{t+\Delta t}=a_4(\boldsymbol{U}_{t+\theta\Delta t}-\boldsymbol{U}_t)+a_5\dot{\boldsymbol{U}}_t+a_6\ddot{\boldsymbol{U}}_t$$
$$\dot{\boldsymbol{U}}_{t+\Delta t}=\dot{\boldsymbol{U}}_t+a_7(\ddot{\boldsymbol{U}}_{t+\Delta t}+\ddot{\boldsymbol{U}}_t)$$
$$\boldsymbol{U}_{t+\Delta t}=\boldsymbol{U}_t+\Delta t\dot{\boldsymbol{U}}_t+a_8(\ddot{\boldsymbol{U}}_{t+\Delta t}+2\ddot{\boldsymbol{U}}_t)$$

Wilson θ 法是一个隐式积分方法，因为刚度矩阵 K 是未知位移向量的系数矩阵。还可以注意到，该方法不需要特别的初始过程，因为在时刻 $t+\Delta t$ 的位移、速度和加速度只是利用在时刻 t 的相同的量来表示。

5. Newmark 法

Newmark 积分格式也可以认为是线性加速度法的推广，它所用的假定如下：

$$\dot{\boldsymbol{U}}_{t+\Delta t} = \dot{\boldsymbol{U}}_t + [(1-\delta)\ddot{\boldsymbol{U}}_t + \delta\ddot{\boldsymbol{U}}_{t+\Delta t}]\Delta t \tag{9.2.26}$$

$$\boldsymbol{U}_{t+\Delta t} = \boldsymbol{U}_t + \dot{\boldsymbol{U}}_t\Delta t + \left[\left(\frac{1}{2}-\alpha\right)\ddot{\boldsymbol{U}}_t + \alpha\ddot{\boldsymbol{U}}_{t+\Delta t}\right]\Delta t^2 \tag{9.2.27}$$

其中，α 和 δ 为参数，通常根据积分的精度和稳定性的要求来确定这两个参数。当 $\delta=1/2$ 和 $\alpha=1/6$ 时，关系式(9.2.26)和式(9.2.27)相应于线性加速度法(它也可由 Wilson θ 法取 $\theta=1$ 得到)。Newmark 最初提出以恒定–平均–加速度法作为无条件稳定的格式，在这种情形下，$\delta=1/2$，$\alpha=1/4$ (图 9.2.2)。

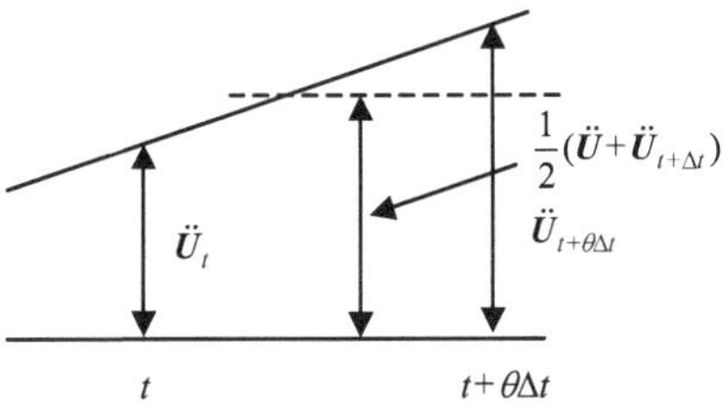

图 9.2.2 Newmark 恒定-平均-加速度格式

除了式(9.2.26)和式(9.2.27)外，为了得到在时刻 $t+\Delta t$ 的位移、速度和加速度的解，仍需考虑在时刻 $t+\Delta t$ 的平衡方程式(9.2.1)，即

$$M\ddot{\boldsymbol{U}}_{t+\Delta t} + C\dot{\boldsymbol{U}}_{t+\Delta t} + K\boldsymbol{U}_{t+\Delta t} = \boldsymbol{P}_{t+\Delta t} \tag{9.2.28}$$

由式(9.2.27)通过 $\boldsymbol{U}_{t+\Delta t}$ 求出 $\ddot{\boldsymbol{U}}_{t+\Delta t}$，然后把 $\ddot{\boldsymbol{U}}_{t+\Delta t}$ 代入式(9.2.26)中，就得到关于 $\ddot{\boldsymbol{U}}_{t+\Delta t}$ 和 $\dot{\boldsymbol{U}}_{t+\Delta t}$ 的方程，它们仅仅通过未知位移 $\boldsymbol{U}_{t+\Delta t}$ 来表示。把这两个关于 $\dot{\boldsymbol{U}}_{t+\Delta t}$ 和 $\ddot{\boldsymbol{U}}_{t+\Delta t}$ 的关系式代入式(9.2.28)中求出 $\boldsymbol{U}_{t+\Delta t}$，然后利用式(9.2.26)和式(9.2.27)就可以算出 $\ddot{\boldsymbol{U}}_{t+\Delta t}$ 和 $\dot{\boldsymbol{U}}_{t+\Delta t}$。

使用 Newmark 积分格式的整个算法在表 9.2.4 中给出。应该注意 Newmark 法和 Wilsonθ 法在计算机上执行时的密切关系，利用这个关系就有可能在一个简单的计算机程序中方便地使用这两个积分格式。

表 9.2.4　Newmark 积分法的逐步求解

A. 初始计算

1. 形成刚度矩阵 K、质量矩阵 M 和阻尼矩阵 C。

2. 计算初始值 $\boldsymbol{U}_0,\dot{\boldsymbol{U}}_0,\ddot{\boldsymbol{U}}_0$。

3. 选择时间步长 Δt、参数 α 和 δ，以及计算积分常数：

$$\delta \geqslant 0.50\,,\qquad \alpha = 0.25(0.5+\delta)^2$$

$$a_0=\frac{1}{\alpha\Delta t^2}\,,\qquad a_1=\frac{\delta}{\alpha\Delta t}\,,\qquad a_2=\frac{1}{\alpha\Delta t}\,,\qquad a_3=\frac{1}{2\alpha}-1$$

$$a_4=\frac{\delta}{\alpha}-1\,,\qquad a_5=\frac{\Delta t}{2}\left(\frac{\delta}{\alpha}-2\right),\qquad a_6=\Delta t(1-\delta)$$

4. 形成有效刚度矩阵 $\hat{K}$：

$$\hat{K}=K+a_0M+a_1C$$

5. 对 $\hat{K}$ 进行三角分解：

$$\hat{K}=LDL^{\mathrm{T}}$$

B. 对于每一个时间步长

1. 计算在时刻 $t+\Delta t$ 的有效载荷：

$$\hat{\boldsymbol{P}}_{t+\Delta t}=\boldsymbol{P}_{t+\Delta t}+M(a_0\boldsymbol{U}_t+a_2\dot{\boldsymbol{U}}_t+a_3\ddot{\boldsymbol{U}}_t)+C(a_1\boldsymbol{U}_t+a_4\dot{\boldsymbol{U}}_t+a_5\ddot{\boldsymbol{U}}_t)$$

2. 求解在时刻 $t+\Delta t$ 的位移：

$$LDL^{\mathrm{T}}\boldsymbol{U}_{t+\Delta t}=\hat{\boldsymbol{P}}_{t+\Delta t}$$

3. 计算在时刻 $t+\Delta t$ 的加速度和速度：

$$\ddot{\boldsymbol{U}}_{t+\Delta t}=a_0(\boldsymbol{U}_{t+\theta\Delta t}-\boldsymbol{U}_t)+a_2\dot{\boldsymbol{U}}_t-a_3\ddot{\boldsymbol{U}}_t$$

$$\dot{\boldsymbol{U}}_{t+\Delta t}=\dot{\boldsymbol{U}}_t+a_6\ddot{\boldsymbol{U}}_t+a_7\ddot{\boldsymbol{U}}_{t+\Delta t}$$

9.3　方程的解耦与模态响应

1. 方程解耦

对方程

$$M\ddot{u}+C\dot{u}+Ku=p(t)\neq 0 \tag{9.3.1}$$

通过模态变换

$$u=\Phi[\eta] \tag{9.3.2}$$

则式(9.3.1)就成为解耦的形式

$$\begin{bmatrix}\ddots & & \\ & M_r & \\ & & \ddots\end{bmatrix}[\ddot{\eta}]+\begin{bmatrix}\ddots & & \\ & C_r & \\ & & \ddots\end{bmatrix}[\dot{\eta}]+\begin{bmatrix}\ddots & & \\ & K_r & \\ & & \ddots\end{bmatrix}[\eta]=\Phi^{\mathrm{T}}[p]\triangleq[P_r] \tag{9.3.3}$$

这就把解一个 n 维的耦合方程组式(9.3.1)的问题变成了解 n 个独立的方程式(9.3.3)的问题。得到模态响应 $\eta(t)$ 后，由式(9.3.2)得到物理响应 $u(t)$，这样就把一个求解物理响应 $u(t)$ 的问题变成了求模态响应 $\eta(t)$ 的问题。用“解剖麻雀”的方法，只需对其中一个方程，如第 r 个方程，进行分析。

2. 时域法

在图 9.3.1 中，对于第 r 个模态响应方程

$$M_r\ddot{\eta}_r(t)+C_r\dot{\eta}_r(t)+K_r\eta_r(t)=P_r(t) \tag{9.3.4}$$

如果对于单位脉冲输入的响应是 $h(t)$，那么对于 $P_r(t)$ 的输入在 $\mathrm{d}\tau$ 时间上的脉冲输入响应即为

$$P_r(\tau)h(t-\tau)\mathrm{d}\tau$$

(初状态为 0 时)在 0~t 区间上的响应为

$$\eta_r(t)=\int_0^t P_r(\tau)h(t-\tau)\mathrm{d}\tau \tag{9.3.5}$$

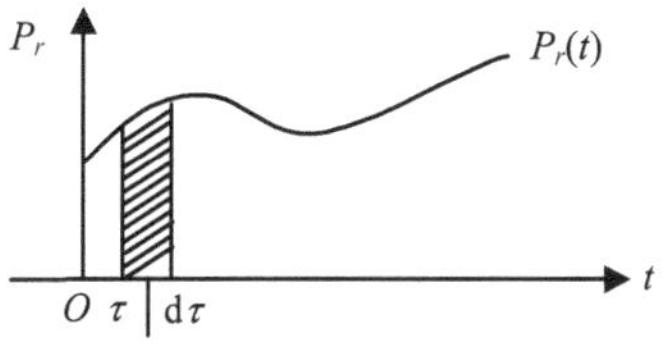

图 9.3.1 输入函数

根据式(2.4.30)可知，对于有阻尼系统的单位脉冲响应函数为

$$h(t)=\left(\frac{1}{M_r\omega_d}\right)\mathrm{e}^{-\xi_r\omega_r t}\sin(\omega_d t) \tag{9.3.6}$$

其中，ω_d 为有阻尼时的自由振动频率。

对于结构阻尼情况，$\omega_d=\omega_r$ 不变。

对于黏性阻尼情况，有

$$\omega_d=\omega_r\sqrt{1-\xi_r^2}$$

其中，ω_r 为无阻尼自由振动频率，故

$$\eta_r(t)=\frac{1}{M_r\omega_d}\int_0^t P_r(\tau)\mathrm{e}^{-\xi_r\omega_r(t-\tau)}\sin\left[\omega_d(t-\tau)\right]\mathrm{d}\tau \tag{9.3.7}$$

容易验证，式(9.3.7)是式(9.3.4)的一个特解，为强迫振动项，这个积分又叫做 Duhamel 积分。

对应于零输入，即 $P_r(t)=0$ 的响应为自由振动项，已知式(9.3.4)的自由振动，即

$$\eta_{r0}(t)=\bar{\eta}_r \mathrm{e}^{-\xi_r\omega_r t}\sin\left(\omega_d t+\theta_r\right) \tag{9.3.8}$$

其中，$\bar{\eta}_r$，θ_r 由初始条件决定。

那么最后式(9.3.4)的解为

$$\eta_r(t)=\bar{\eta}_r \mathrm{e}^{-\xi_r\omega_r t}\sin(\omega_d t+\theta_r)+\frac{1}{M_r\omega_d}\int_0^t P_r(\tau)\mathrm{e}^{-\xi_r\omega_r(t-\tau)}\sin\omega_d(t-\tau)\mathrm{d}\tau \tag{9.3.9}$$

其中的积分项包括两项：一项是随时间衰减的项，也叫做伴生自由度振动，由 Duhamel 积分产生，和自由振动项一起构成瞬态响应(关于瞬态响应的特点及性质将在下一章作专门讨论)；另一项由 $P_r(\tau)$决定，是强迫稳态响应。

3．频域分析法

作用在一个结构上的力常常是周期的，或可以用一个周期函数来近似的。由于周期激励的响应在频域上分析较为方便，因而对强迫响应常采用频域分析法。当然频域与时域只是表达形式的不同，二者可以互相转换，用什么方法只是视解决问题的方便来定。

1) 实傅里叶级数及周期激励下的响应

设

$$p(t+T_1)=p(t) \tag{9.3.10}$$

是具有周期 T_1 的函数。其实傅里叶级数为

$$p(t)=a_0+\sum_{n=1}^{\infty}a_n\cos(n\Omega_1 t)+\sum_{n=1}^{\infty}b_n\sin(n\Omega_1 t) \tag{9.3.11}$$

其中

$$\Omega_1=\frac{2\pi}{T_1} \tag{9.3.12}$$

$$a_0=\frac{1}{T_1}\int_{\tau}^{\tau+T_1}p(t)\mathrm{d}\tau$$

$$a_n = \frac{2}{T_1}\int_{\tau}^{\tau+T_1} p(t)\cos(n\Omega_1 t)\,\mathrm{d}\tau$$

$$b_n = \frac{2}{T_1}\int_{\tau}^{\tau+T_1} p(t)\sin(n\Omega_1 t)\,\mathrm{d}\tau$$

$$(n=1,2,\cdots) \tag{9.3.13}$$

之所以要把输入分解为三角级数的形式，是因为要考虑已知输入为简谐力时的响应。那么对于一个周期函数来讲，对它的响应就可由对不同谐波分量的简谐输入的响应通过简单叠加而得到。

比如，对于一个无阻尼的系统(第 r 个模态方程)，有

$$M_r\ddot{\eta}_r(t) + K_r\eta_r(t) = p_0\cos(\Omega t) \tag{9.3.14}$$

稳态响应为

$$\eta_r(t) = \bar{\eta}\cos(\Omega t) \tag{9.3.15}$$

将式(9.3.15)代入式(9.3.14)，得

$$-M_r\Omega^2\bar{\eta} + K_r\bar{\eta} = p_0 \tag{9.3.16}$$

$$\bar{\eta} = \frac{p_0}{K_r - M_r\Omega^2} \tag{9.3.17}$$

设

$$K_r - M_r\Omega^2 \neq 0$$

令

$$\eta_0 = \frac{p_0}{K_r}, \quad \bar{\omega}_r = \frac{\Omega}{\omega_r} \tag{9.3.18}$$

那么

$$\eta_r(t) = \left(\frac{\eta_0}{1-\bar{\omega}_r^2}\right)\cos(\Omega t) \tag{9.3.19}$$

如果输入为

$$p(t) = \sum_{n=1}^{\infty} P_n\cos(n\Omega_1 t) \tag{9.3.20}$$

则对每一个 n，响应为

$$\bar{\eta}_{rn} = \frac{P_n}{K_r(1-\bar{\omega}_{nr}^2)}\cos(n\Omega_1 t) \tag{9.3.21}$$

其中

$$\bar{\omega}_{nr} = \frac{n\Omega_1}{\omega_r} \tag{9.3.22}$$

总的响应为

$$\eta_r(t) = \sum_{n=1}^{\infty}\frac{P_n}{K_r(1-\bar{\omega}_{nr}^2)}\cos(n\Omega_1 t) \tag{9.3.23}$$

这个傅里叶级数虽然从理论上讲包含无穷多项，但对于实际问题只需非常少的几项就具有足够的精度了。

2）复傅里叶级数及周期激励下的响应

已知频响函数 $\bar{H}(\Omega)$，则

$$\eta_r(t) = \bar{H}(\Omega)p_r(t) \tag{9.3.24}$$

如果输入是 $p_0 e^{i\Omega t}$，则响应是 $\bar{H}(\Omega)p_0 e^{i\Omega t}$。

已知对于式(9.3.4)，其传递函数为

$$\bar{H}_r(\Omega) = \frac{\dfrac{1}{K_r}}{(1-\bar{\omega}_r^2)+\mathrm{j}2\xi_r\bar{\omega}_r} \tag{9.3.25}$$

而对于任一周期激励都可以写成傅里叶级数的形式为

$$p_r(t) = \sum_{n=-\infty}^{\infty}\bar{P}_{nr}(\Omega)e^{i(n\Omega_1 t)} \tag{9.3.26}$$

其中，$\bar{P}_{nr}(\Omega)$ 为复数。　　$\Omega_1 = \dfrac{2\pi}{T_1}$

由正交性得

$$\int_{\tau}^{\tau+T_1} e^{in\Omega_1 t}e^{-im\Omega_1 t}\mathrm{d}t = \begin{cases}0, & n\neq m\\ T_1, & n=m\end{cases} \tag{9.3.27}$$

可容易地确定系数 $\bar{P}_{nr}$ 为

$$\bar{P}_{nr}=\frac{1}{T_1}\int_{\tau}^{\tau+T_1} p(t)\mathrm{e}^{-\mathrm{i}(n\Omega_1 t)}\mathrm{d}t \quad (n= 0, \pm1,\cdots)$$

注意到 $\bar{P}_{-n}=\bar{P}_n^*$ 是共轭的，因此

$$\eta_r(t)=\sum_{n=-\infty}^{+\infty}|\bar{H}_r(\Omega)||\bar{P}_{nr}(\Omega)|\mathrm{e}^{\mathrm{i}(\alpha H_n+\alpha P_n)}\mathrm{e}^{\mathrm{i}(n\Omega_1 t)} \tag{9.3.28}$$

思考题与习题

9-1 用中心差分法求解下列运动方程：

$$\begin{bmatrix}2 & 0\\0 & 1\end{bmatrix}\begin{bmatrix}\ddot{a}_1\\\ddot{a}_2\end{bmatrix}+\begin{bmatrix}6 & -2\\-2 & 4\end{bmatrix}\begin{bmatrix}a_1\\a_2\end{bmatrix}=\begin{bmatrix}0\\10\end{bmatrix}$$

初始条件为 $a|_{t=0}=0,\dot{a}|_{t=0}=0$，取时间步长为$\Delta t$=0.28。

9-2 运动方程为 $\ddot{x}(t)+x(t)=0$，初始时刻 $x(0)=1,\ \dot{x}(0)=0$。取Δt=1，分别用

(1) Newmark 法(δ=1/2，α=1/4)；(2) Wilson θ 法(θ=1.4)计算 t=5 时的响应 $x(5)$。

9-3 分别利用 Newmark 法和 Wilson θ 法计算习题 9-1 所给出的运动方程，取时间步长分别为Δt=0.28 和Δt=28。

9-4 利用 Houbolt 法计算习题 9-1 所给出的运动方程，取时间步长分别为Δt=0.28 和Δt=28。

9-5 图 E9.1 所示系统在初始时刻处于静止状态，此后在其第一个质量块上受到阶跃激励 $P_0u(t)$ 的作用。不计系统的阻尼。

(1) 用哈密顿原理建立系统的运动方程；

(2) 用中心差分法求解系统的位移响应。

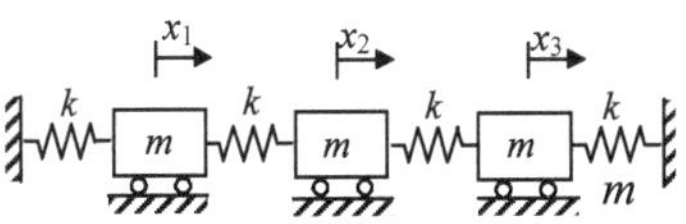

图 E9.1

9-6 分别利用 Newmark 法和 Wilson θ 法计算习题 9-5 所给出的运动方程，注意考察时间积分步长对结果的影响。

9-7 利用各种直接积分法求解习题 9-5 所示系统在初始条件 $x_1=1,\dot{x}_1=0,\ x_2=x_3=0,\ \dot{x}_2=0$，$\dot{x}_3=0$ 下的自由振动，并分析各种积分方法的振幅衰减和周期延长。

9-8 利用 Duhamel 积分求解无阻尼弹簧质量系统的稳态响应，系统受到 $F(t)=F_0(1-\mathrm{e}^{-\alpha t})$的激励。在 t=0 时，系统静止在平衡位置。

9-9 利用 Duhamel 积分求解无阻尼单自由度系统受到图 E9.2 所示三角脉冲激励的稳态响应。

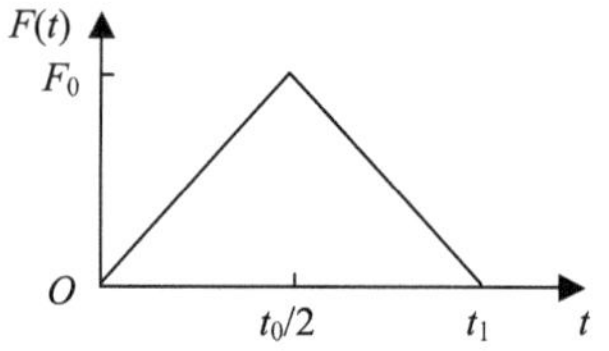

图 E9.2

9-10　将图 E9.3 所示的三种激励展开为傅里叶级数形式。

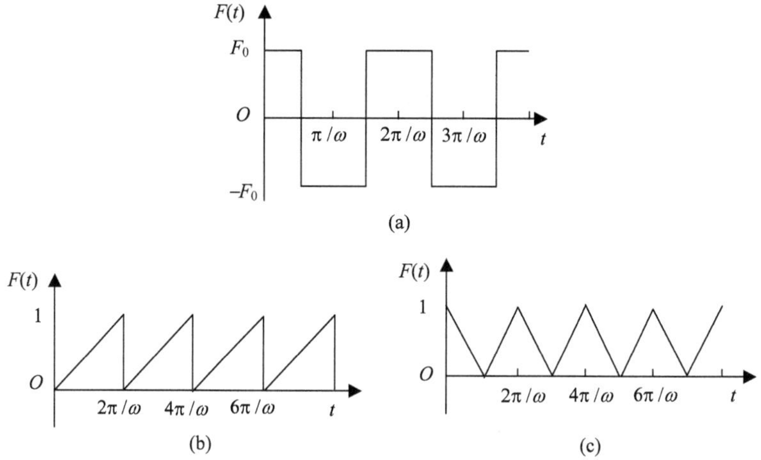

图 E9.3

9-11　根据本章所述，分别编写“中心差分法”、“Newmark 法”和“Wilson θ 法”的通用子程序，并以习题 9-1 为算例进行计算。

9-12　在上题的基础上，将“中心差分法”、“Newmark 法”和“Wilson θ 法”三种方法的结果以及三者的平均值与进行精确解检验和比较，对比各种方法的计算精确性。精确解为

$$a(t)=\Phi X=\begin{bmatrix}\dfrac{\sqrt{3}}{3} & \dfrac{1}{2}\sqrt{\dfrac{2}{3}}\\ \dfrac{\sqrt{3}}{3} & -\sqrt{\dfrac{2}{3}}\end{bmatrix}\begin{bmatrix}\dfrac{5\sqrt{3}}{3}\left(1-\cos\sqrt{2}t\right)\\ 2\sqrt{\dfrac{2}{3}}\left(-1+\cos\sqrt{5}t\right)\end{bmatrix}$$

第 10 章　模态叠加法

10.1　概　　述

这一章将介绍另一种求解动力响应的方法——模态叠加法，求解是在所谓的模态空间中进行的。模态叠加法是建立在模态的正交性及展开定理基础上的一种求解动力响应的近似方法。理论上，对于一个 N 自由度的系统，可以通过方程解耦，确定模态坐标响应，然后通过线性变换得到物理坐标响应。但实际上，在一个系统的振动中仅是较少几个模态在起主导作用，因此只考虑这些模态的作用，而无需求解全部的方程，这样做虽然是近似的，但却有足够满意的精度。这便是模态叠加法的出发点。这一章将介绍基于位移模态的位移模态叠加法和基于加速度模态的加速度模态叠加法，这是在工程应用中较为实用因而应用较多的方法。本章将从以下几个方面来全面介绍这种方法:

(1) 将动力学方程变换成模态方程；

(2) 确定以模态坐标表示的初始条件；

(3) 用模态位移法确定一个 N 维系统在简谐力和瞬态力激励下的位移响应及内应力响应；

(4) 用模态加速度法来确定有刚体模态和无刚体模态两种情况下的位移响应和内应力响应。

10.2　模态位移法

1．模态方程

1) 多自由度系统的动力学基本方程

$$M\ddot{u} + C\dot{u} + Ku = p(t) \tag{10.2.1}$$

已知初始条件为

$$\begin{cases} u(0) = u_0 \\ \dot{u}(0) = \dot{u}_0 \end{cases} \tag{10.2.2}$$

又知

$$(K-\omega_r^2 M)\varphi_r=0, \quad (r=1,2,\cdots,N)$$

其中φ_r为正交的，即

$$\varphi_r^{\mathrm{T}}K\varphi_s=\varphi_r^{\mathrm{T}}M\varphi_s=0 \quad (r\neq s)$$

模态质量为

$$M_r=\varphi_r^{\mathrm{T}}M\varphi_r$$

模态刚度为

$$K_r=\omega_r^2 M_r$$

模态矩阵为

$$\boldsymbol{\Phi}=[\varphi_1 \quad \varphi_2 \quad \cdots \quad \varphi_N]$$

2）模态方程

作坐标变换，并令

$$u=\boldsymbol{\Phi}\eta(t)=\sum_{r=1}^{N}\varphi_r\eta_r(t) \tag{10.2.3}$$

其中，坐标模态坐标$\eta_r(t)$就叫做与第r阶模态相应的主坐标。通过这个坐标变换，原来耦合的动力学方程(10.2.1)就成为解耦的以模态坐标表示的模态方程

$$[M_r][\ddot{\eta}]+[C_r][\dot{\eta}]+[K_r][\eta]=[P_r(t)] \tag{10.2.4}$$

由于

$$\begin{cases} u(0)=\boldsymbol{\Phi}\eta(0) \\ \dot{u}(0)=\boldsymbol{\Phi}\dot{\eta}(0) \end{cases} \tag{10.2.5}$$

用$\boldsymbol{\Phi}^{\mathrm{T}}M$前乘上式，并注意到模态质量的定义，则有

$$\boldsymbol{\Phi}^{\mathrm{T}}Mu(0)=\boldsymbol{\Phi}^{\mathrm{T}}M\boldsymbol{\Phi}\eta(0)=[M_r]\eta(0)$$

故

$$\eta_r(0)=\frac{1}{M_r}\boldsymbol{\Phi}^{\mathrm{T}}Mu(0) \tag{10.2.6}$$

同理，有

$$\boldsymbol{\Phi}^{\mathrm{T}}M\dot{u}(0)=\boldsymbol{\Phi}^{\mathrm{T}}M\boldsymbol{\Phi}\dot{\eta}(0)=[M_r]\dot{\eta}(0)$$

$$\dot{\eta}_r(0)=\frac{1}{M_r}\Phi^{\mathrm{T}}M\dot{u}(0) \tag{10.2.7}$$

2. 截断模态

首先考虑截断的可能性。在前面的模态变换中，$u=\sum_{r=1}^{N}\varphi_r\eta_r$ 包含了全部的 N 个模态。事实上，并不需要知道全部的模态，因为一方面工程实际证明并不是所有的模态都能被激起，另一方面在模态位移法中，当系统的响应仅包含少数的一些模态时，此法将更加有效地显示出其优越性。至于取几个模态为好，一般根据精度要求或工程中的经验来定。比如，$N=1000$，则取 $\hat{N}=50\ll N$ 。还有经验公式如 $\hat{N}=l+8$ 或 $\hat{N}=2l$ 等，其中 l 为所关心的模态数。

那么

$$\hat{u}(t)=\hat{\Phi}\hat{\eta}(t)=\sum_{r=1}^{\hat{N}}\varphi_r\eta_r(t) \tag{10.2.8}$$

其中

$$\hat{\Phi}=[\varphi_1 \quad \varphi_2 \quad \cdots \quad \varphi_{\hat{N}}]$$

对于一个无阻尼系统的模态方程

$$\hat{M}\ddot{\hat{\eta}}+\hat{K}\hat{\eta}=\hat{P}(t) \tag{10.2.9}$$

它可以写成 $\hat{N}$ 个解耦的方程组为

$$M_r\ddot{\eta}_r+K_r\eta_r=P_r(t) \quad (r=1,2,\cdots,\hat{N}) \tag{10.2.10}$$

3. 模态位移法的算法

已知第 r 个模态的响应是

$$\begin{aligned}\eta_r(t)&=\eta_r(0)\cos(\omega_r t)+\left(\frac{1}{\omega_r}\right)\dot{\eta}_r(0)\sin(\omega_r t)\\&\quad+\frac{1}{M_r\omega_r}\int_0^t P_r(\tau)\sin\omega_r(t-\tau)\mathrm{d}\tau\end{aligned} \tag{10.2.11}$$

如果

$$p(t)=P\cos(\Omega t) \tag{10.2.12}$$

$$P(t)=\hat{\Phi}^{\mathrm{T}}p(t)=(\hat{\Phi}^{\mathrm{T}}P)\cos(\Omega t) \tag{10.2.13}$$

或

$$P(t) = F_r \cos(\Omega t) \tag{10.2.14}$$

其中

$$F_r = \varphi_r^{\mathrm{T}} P \tag{10.2.15}$$

解得

$$M_r \ddot{\eta}_r + K_r \eta_r = F_r \cos(\Omega t) \tag{10.2.16}$$

已知响应为

$$\eta_r(t) = H \cdot F_r \cos(\Omega t) \tag{10.2.17}$$

其中，H 为频响函数，当输入为 $F_r \cos(\Omega t)$ 时，输出的稳态响应是 $\overline{\eta} \cos(\Omega t)$，即它们只是幅值不同，而频率相同。这同单自由度系统的结果一样，那么

$$-M_r \overline{\eta}_r \Omega^2 + K_r \overline{\eta}_r = F_r \tag{10.2.18}$$

$$\overline{\eta}_r = \frac{F_r}{K_r - M_r \Omega^2} = \frac{F_r}{K_r (1 - \overline{\omega}^2)} \tag{10.2.19}$$

根据频响函数或传递函数的定义有

$$H(\Omega) = \frac{\overline{\eta}_r \cos(\Omega t)}{F_r \cos(\Omega t)} = \frac{\overline{\eta}_r}{F_r} = \frac{1}{K_r (1 - \overline{\omega}^2)} \tag{10.2.20}$$

所以方程的解或模态响应为

$$\eta_r(t) = \frac{1}{K_r (1 - \overline{\omega}^2)} \cdot F_r \cos(\Omega t) = \frac{F_r}{K_r} \frac{1}{1 - \left(\dfrac{\Omega}{\omega_r}\right)^2} \cos(\Omega t) \tag{10.2.21}$$

系统近似的稳态响应为

$$\hat{u}(t) = \sum_{r=1}^{\hat{N}} \varphi_r \frac{F_r}{K_r} \frac{1}{1 - \left(\dfrac{\Omega}{\omega_r}\right)^2} \cos(\Omega t) \tag{10.2.22}$$

定义

$$D_r = \frac{F_r}{K_r} = \frac{\varphi_r^{\mathrm{T}} P}{K_r} \tag{10.2.23}$$

为模态静变形。

4．例题

例 10.2.1 图 10.2.1 是一个四层楼的简化模型(已知量都已标在图上)。按动力学所要解决的问题，需确定以下一些量：

(1) M_r 和 K_r；

(2) $P_r(t)$；

(3) $\eta_r(t)$；

(4) $\hat{u}_1(t)$。

(5) 列表比较 $\hat{u}_1(t)$ 在不同截断处的值，$\hat{N}=1,2,3$，分别对于 $\Omega=0$，$\Omega=0.5\omega_1$，$\Omega=1.3\omega_3$ 时的情况，最后确定 $\hat{N}=4$ 时的 $u_1(t)$，即没有截断的情况；

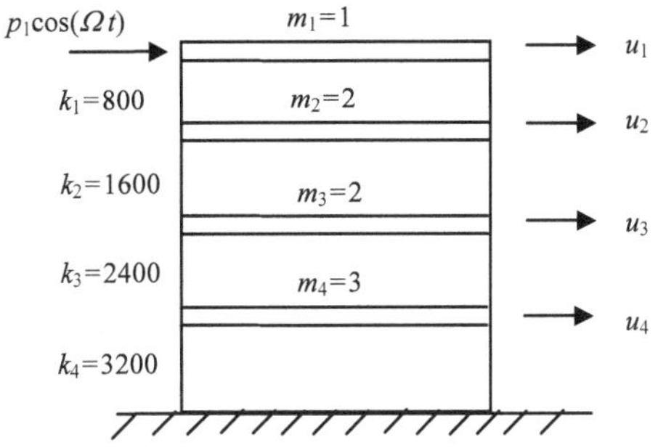

图 10.2.1 四层楼剪切变形模型

(6) 给出不同截断模态时的结论。

解

$$[M] = \begin{bmatrix} 1 & 0 & 0 & 0 \\ 0 & 2 & 0 & 0 \\ 0 & 0 & 2 & 0 \\ 0 & 0 & 0 & 3 \end{bmatrix}$$

$$[K] = 800 \times \begin{bmatrix} 1 & -1 & 0 & 0 \\ -1 & 3 & -2 & 0 \\ 0 & -2 & 5 & -3 \\ 0 & 0 & -3 & 7 \end{bmatrix}$$

$$\omega^2=\begin{Bmatrix}0.17672\\0.87970\\1.68746\\3.12279\end{Bmatrix}\times 10^3,\quad \omega=\begin{Bmatrix}13.294\\27.660\\41.079\\55.882\end{Bmatrix}$$

$$\boldsymbol{\Phi}=\begin{bmatrix}1.00000 & 1.00000 & -0.90145 & 0.15436\\0.77910 & -0.09963 & 1.00000 & -0.44817\\0.49655 & -0.53989 & -0.15869 & 1.00000\\0.23506 & -0.43761 & -0.70797 & -0.63688\end{bmatrix}$$

模态如图 10.2.2 所示。

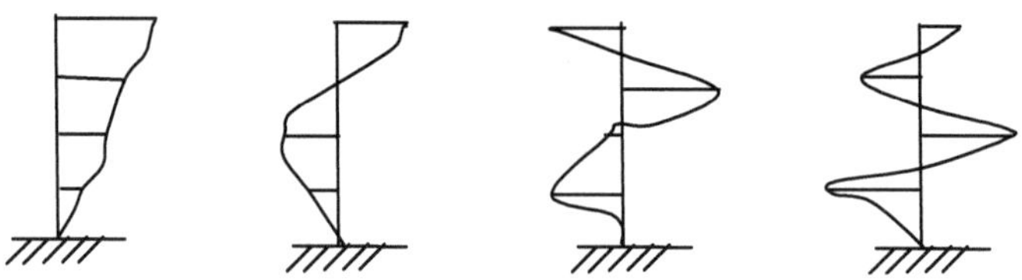

图 10.2.2　模态示意图

(1) 由于 $M_r=\varphi_r^{\mathrm{T}}m\varphi$，$K_r=\varphi_r^{\mathrm{T}}K\varphi_r=\omega_r^2M_r$，故

$$\begin{aligned}M_1&=2.87288,\quad K_1=507.695\\M_2&=2.17732,\quad K_2=1915.39\\M_3&=4.36658,\quad K_3=7368.43\\M_4&=3.64239,\quad K_4=11374.4\end{aligned}$$

(2) 计算模态力。从图 10.2.1 上知

$$P=\begin{bmatrix}P_1\\0\\0\\0\end{bmatrix}$$

$$F_r=\varphi_r^{\mathrm{T}}P$$

易得

$$F_1=P_1,\quad F_2=P_1$$

$$F_3=-0.90145P_1,\quad F_4=0.15436P_1$$

(3) 计算对简谐激励的模态响应(稳态的)。

由

$$\eta_r(t)=\frac{F_r}{K_r}\cdot\frac{1}{1-\bar{\omega}_r^2}\cos(\Omega t)$$

把各已知量代入即可得。

(4) 计算 $u(t)$ 的近似值 $\hat{u}(t)$，如 $\hat{u}_1(t)$。

$$\hat{u}_1(t)=\sum_{r=1}^{\hat{N}}\varphi_{1r}\eta_r(t)$$

(5)现在考虑不同截断的情况。

$$\begin{aligned}
u_1(t)&=\varphi_{11}\eta_1+\varphi_{12}\eta_2+\varphi_{13}\eta_3+\varphi_{14}\eta_4\\
&=(1.0)\cdot\frac{P_1}{K_1}\cdot\frac{\cos(\Omega t)}{1-\left(\dfrac{\Omega}{\omega_1}\right)^2}\quad(\hat{N}=1)\\
&\quad+(1.0)\cdot\frac{P_1}{K_2}\cdot\frac{\cos(\Omega t)}{1-\left(\dfrac{\Omega}{\omega_2}\right)^2}\quad(\hat{N}=2)\\
&\quad+(-0.90145)\cdot\frac{-0.90145P_1}{K_3}\cdot\frac{\cos(\Omega t)}{1-\left(\dfrac{\Omega}{\omega_3}\right)^2}\quad(\hat{N}=3)\\
&\quad+(0.15436)\cdot\frac{0.15436P_1}{K_4}\cdot\frac{\cos(\Omega t)}{1-\left(\dfrac{\Omega}{\omega_4}\right)^2}\quad(\hat{N}=4)\\
&\triangleq\bar{C}P_1\cos(\Omega t)
\end{aligned}$$

如果只取第一项，即得到 $\hat{N}=1$ 时的截断近似值，其余类推。下面就 Ω 的三种取值将 $u_1(t)$ 的不同截断系数 $\bar{C}$ 近似值列于表 10.2.1 中。

表 10.2.1 采用模态位移法计算不同截断模态情况下系数 $\bar{C}$

$\bar{C}$ 的值	$\hat{N}=1$	$\hat{N}=2$	$\hat{N}=3$	$\hat{N}=4$
$\Omega=0$	1.970×10^{-3}	2.492×10^{-3}	2.602×10^{-3}	2.604×10^{-3}
$\Omega=0.5\omega_1$	2.626×10^{-3}	3.176×10^{-3}	3.289×10^{-3}	3.291×10^{-3}
$\Omega=1.3\omega_3$	-1.301×10^{-4}	-3.630×10^{-4}	-5.228×10^{-4}	-4.987×10^{-4}

(6) 结论:

① 如果在上述三个频率中只取一个模态的解，没有任何一种情况能得到精确解，这就说明截断并不是越少越好。作为近似解应以计算的精度要求为截断的准则。

② 在 $\Omega=0$ 及 $\Omega=0.5\omega_1$ 的情况下，当取 $\hat{N}=3$ 时结果就足够精确了。

③ 但在 $\Omega=1.3\omega_3$ 时却不是这样，取任何一个截断，即使是最接近精确值的截断也不能满足精度要求。这是因为 $\Omega=1.3\omega_3=52.402\approx55.882=\omega_4$ 这个激励频率非常接近于 ω_4，所以模态 φ_{14} 对 $u_1(t)$ 起着主要的和重要的作用。如果略去第四项，则将与实际情况产生显著的差异。因此，截断要考虑激励的情况，特别是当激励恰与某一模态频率接近时，这个模态就起重要作用，不考虑它就会产生较大误差。

10.3 模态加速度法

从例 10.2.1 可以看到，模态位移法不能给出精确的解，即使是在静载荷（$\Omega=0$）的情况下，也不能得到精确解。所以为了得到精确解就需要计算许多模态，收敛速度也慢，通过模态加速度法，这个困难可以得到缓解。由于这种方法改变了收敛特性，截断的数目 $\hat{N}$ 也可被减少，只需要从特征解中取得较少的频率和模态。

1. 模态加速度法的算法

1) 考虑无阻尼、无刚体位移的多自由度系统

$$M\ddot{u}+Ku=p(t) \tag{10.3.1}$$

模态加速度法的出发点是这样的(从运动方程可得):

$$u=K^{-1}(p-M\ddot{u}) \tag{10.3.2}$$

而 $\ddot{u}$ 项近似地由模态位移法中的 $\ddot{\hat{u}}$ 代替，则

$$\tilde{u}=K^{-1}(p-M\ddot{\hat{u}}) \tag{10.3.3}$$

其中 $\tilde{u}$ 即为由模态加速度法得到的近似解。再利用前面的结果，进一步展开为

$$\tilde{u}=K^{-1}p-K^{-1}\sum_{r=1}^{\hat{N}}M\varphi_r\ddot{\eta}_r \tag{10.3.4}$$

由特征问题

$$(K-\omega_r^2 M)\varphi_r = 0$$

得

$$\tilde{u} = K^{-1}p - \sum_{r=1}^{\hat{N}} \left(\frac{1}{\omega_r^2}\right) \varphi_r \ddot{\eta}_r$$

其中第一项叫做“伪静响应项”，第二项叫做“模态加速度项”。

正是$1/\omega_r^2$改善了收敛速度，可以看到，r越大的项，对响应的影响越小，当$r\to\infty$时，$1/\omega_r^2 \to 0$。

从式(10.2.11)可以直接求导而得$\ddot{\eta}_r(t)$的表达式。这里重述$\eta_r(t)$如下：

$$\eta_r(t) = \eta_r(0)\cos(\omega_r t) + \frac{1}{\omega_r}\dot{\eta}_r(0)\sin(\omega_r t) + \frac{1}{M_r\omega_r}\int_0^t P_r(\tau)\sin\omega_r(t-\tau)\mathrm{d}\tau \tag{10.3.5}$$

因为，对于变上限定积分的导数有

$$\frac{\mathrm{d}}{\mathrm{d}t}\int_0^t f(t,\tau)\mathrm{d}\tau = \int_0^t \frac{\partial f}{\partial t}\mathrm{d}t + f(t,t)$$

所以

$$\begin{aligned}\frac{\mathrm{d}}{\mathrm{d}t}\int_0^t P_r(\tau)\sin\omega_r(t-\tau)\mathrm{d}\tau &= \int_0^t P_r(\tau)\omega_r\cos\omega_r(t-\tau)\mathrm{d}\tau + P_r(t)\sin\omega_r(t-t) \\ &= \omega_r\int_0^t P_r(\tau)\cos\omega_r(t-\tau)\mathrm{d}\tau\end{aligned}$$

再求导得

$$\begin{aligned}\omega_r\frac{\mathrm{d}}{\mathrm{d}t}\int_0^t P_r(\tau)\cos\omega_r(t-\tau)\mathrm{d}\tau &= \omega_r\left[\int_0^t -P_r(\tau)\omega_r\sin\omega_r(t-\tau)\mathrm{d}\tau + P_r(t)\cos\omega_r(t-t)\right] \\ &= -\omega_r^2\int_0^t P_r(\tau)\sin\omega_r(t-\tau)\mathrm{d}\tau + \omega_r P_r(t)\end{aligned}$$

于是

$$\begin{aligned}\ddot{\eta}_r(t) &= -\omega_r^2\eta_r(0)\cos\omega_r t - \omega_r\dot{\eta}_r(0)\sin\omega_r t \\ &\quad + \frac{1}{M_r\omega_r}[\omega_r P_r(t)] - \frac{\omega_r^2}{M_r\omega_r}\int_0^t P_r(\tau)\sin\omega_r(t-\tau)\mathrm{d}\tau \\ &= -\omega_r^2\eta_r(0)\cos\omega_r t - \omega_r\dot{\eta}_r(0)\sin\omega_r t \\ &\quad + \frac{P_r(t)}{M_r} - \frac{\omega_r}{M_r}\int_0^t P_r(\tau)\sin\omega_r(t-\tau)\mathrm{d}\tau\end{aligned} \tag{10.3.6}$$

例 10.3.1　仍以例 10.2.1 楼房模型为例，用模态加速度法进行求解。做以下几点工作：

（1）决定 $\tilde{u}$ 的表达式；

（2）列表展开 $\tilde{u}_1(t)$ 在 $\hat{N}$ 取1,2,3时，对 $\varOmega =\ 0,0.5\omega_1,1.3\omega_3$ 的响应；

（3）比较上表和模态位移法得到的表，并给出结论。

解　（1）记

$$a \equiv K^{-1} = \begin{bmatrix} 2.60417 & 1.35417 & 0.72917 & 0.31250 \\ 1.35417 & 1.35417 & 0.72917 & 0.31350 \\ 0.72917 & 0.72917 & 0.72917 & 0.31250 \\ 0.31250 & 0.31250 & 0.31250 & 0.31250 \end{bmatrix} \times 10^{-3}$$

则

$$\tilde{u}_1(t) = a_{11} P_1 \cos(\varOmega t) - \sum_{r=1}^{\hat{N}} \left(\frac{1}{\omega_r^2} \right) \varphi_{1r} \ddot{\eta}_r$$

由式(10.2.21)得

$$\eta_r = \frac{F_r}{K_r} \left[\frac{1}{1 - \left(\varOmega / \omega_r \right)^2} \right] \cos(\varOmega t)$$

那么

$$\ddot{\eta}_r = -\varOmega^2 \eta_r$$

于是

$$\tilde{u}_1(t) = a_{11} P_1 \cos(\varOmega t) + \sum_{r=1}^{\hat{N}} \left(\frac{\varOmega^2}{\omega_r^2} \right) \varphi_{1r} \eta_r$$

将上式展开，分析 $\hat{N}$ 取不同值时，u_1 的精度情况：

$$u_1(t) = 2.60417 \times 10^{-3} P_1 \cos(\varOmega t)$$

$$+ \frac{\left(\dfrac{\varOmega^2}{176.72} \right) \times 1.0 \times P_1 \cos(\varOmega t)}{507.695 \times \left[1 - \left(\dfrac{\varOmega^2}{176.72} \right) \right]} \quad (\hat{N} = 1)$$

$$+\frac{\left(\frac{\Omega^2}{879.70}\right)\times 1.0\times P_1\cos(\Omega t)}{1915.39\times\left[1-\left(\frac{\Omega^2}{879.70}\right)\right]} \quad (\hat{N}=2)$$

$$+\frac{\left(\frac{\Omega^2}{1687.46}\right)\times(-0.90145)\times\left[-0.90145P_1\cos(\Omega t)\right]}{7368.43\times\left[1-\left(\frac{\Omega^2}{1687.46}\right)\right]} \quad (\hat{N}=3)$$

$$+\frac{\left(\frac{\Omega^2}{3122.79}\right)\times 0.15436\times 0.15436P_1\cos(\Omega t)}{11374.4\times\left[1-\left(\frac{\Omega^2}{3122.79}\right)\right]} \quad (\hat{N}=4)$$

$$\triangleq \bar{C}P_1\cos(\Omega t)$$

(2) 三种情况的输入激励分别为

$$\Omega^2=0,\quad 44.197,\quad 2851.80$$

就这三种频率计算 $u_1(t)$ 中各种不同截断时的系数 $\bar{C}$ 列于表 10.3.1。

表 10.3.1 采用模态加速度法计算不同截断模态情况下系数 $\bar{C}$ 值

$\bar{C}$	$\hat{N}=1$	$\hat{N}=2$	$\hat{N}=3$	$\hat{N}=4$
$\Omega=0$	2.604×10^{-3}	2.604×10^{-3}	2.604×10^{-3}	2.604×10^{-3}
$\Omega=0.5\omega_1$	3.261×10^{-3}	3.288×10^{-3}	3.291×10^{-3}	3.291×10^{-3}
$\Omega=1.3\omega_3$	5.044×10^{-4}	-2.506×10^{-4}	-5.207×10^{-4}	-4.987×10^{-4}

(3) 结论

① 在 $\Omega=0$ 时，不需要任何标准模态的贡献就能得到精确的静态解，这是与位移法比较显著的差别之一。在位移法中，即使 $\hat{N}=3$ 时的静态解与精确解也还有差异。由于模态加速度法的出发点就是要改善模态位移法的精度。而 $\tilde{u}$ 与 $\hat{u}$ 的区别主要在伪静力项 $K^{-1}p$ 上，因此改善是从静力开始的。

② 在 $\Omega=0.5\omega_1$ 时，即使在 $\hat{N}=1$ 时，也非常接近精确解。而 $\hat{N}=2$ 时的解与

$\hat{N}=3$ 时的位移解相同，说明达到同样的精度，加速度模态法需要较少的模态参数和较少的计算工作量。

③ 在 $\Omega=1.3\omega_3$ 时，由于非常接近 ω_4，$\hat{N}$ 的任一个取值（$<N$），即模态加速度法的任何一种截断都与精确解有较大误差。这一点与模态位移法中得到的结论是一致的。即在外界激励接近于系统的某一个固有模态时，计算必须将这个模态的贡献，而且是主要贡献考虑进去，否则任何一种方法都不可能得到精确解。

2）有阻尼无刚体位移系统的响应

这里只考虑一种比较简单的情况，即

$$\varphi_r^{\mathrm{T}} C\varphi_s = 0 \text{（可对角化）}$$

$$C_r = \varphi_r^{\mathrm{T}} C\varphi_r \triangleq 2\xi_r M_r \omega_r$$

那么，模态方程为

$$\ddot{\eta}_r + 2\xi_r\omega_r\dot{\eta}_r + \omega_r^2\eta_r = \frac{1}{M_r}P_r(t) \quad (r=1,2,\cdots,N) \tag{10.3.7}$$

其中

$$\xi_r = \frac{C_r}{2M_r\omega_r} = \frac{1}{2M_r\omega_r}\varphi_r^{\mathrm{T}} C\varphi_r \tag{10.3.8}$$

解这个微分方程同于解一单自由度问题，其解为

$$\eta_r(t) = \eta_r(0)\mathrm{e}^{-\xi_r\omega_r t}\cos(\omega_d t) + \frac{1}{\omega_d}[\dot{\eta}_r(0) + \xi_r\omega_r\eta_r(0)]\mathrm{e}^{-\xi_r\omega_r t}\sin(\omega_d t)$$

$$+\frac{1}{M_r\omega_d}\int_0^t P_r(\tau)\mathrm{e}^{-\xi_r\omega_r(t-\tau)}\sin\omega_d(t-\tau)\mathrm{d}\tau \tag{10.3.9}$$

其中

$$\omega_d = \omega_r\sqrt{1-\xi_r^2}$$

用模态加速度法求解得

$$u(t) = K^{-1}[p(t) - C\dot{u} - M\ddot{u}] \tag{10.3.10}$$

同理，$\dot{u}$ 及 $\ddot{u}$ 取模态位移法得到的近似值，则由模态加速度法得到的近似解

为

$$
\begin{aligned}
\tilde{u}(t) &= K^{-1}p(t) - K^{-1}C\sum_{r=1}^{\hat{N}}\varphi_r\dot{\eta}_r - K^{-1}M\sum_{r=1}^{\hat{N}}\varphi_r\ddot{\eta}_r \\
&= K^{-1}p(t) - \sum_{r=1}^{\hat{N}}\left(\frac{2\xi_r}{\omega_r}\right)\varphi_r\dot{\eta}_r - \sum_{r=1}^{\hat{N}}\left(\frac{1}{\omega_r^2}\right)\varphi_r\ddot{\eta}_r
\end{aligned} \tag{10.3.11}
$$

由

$$
M\ddot{u} + C\dot{u} + Ku = 0 \tag{a1}
$$

得

$$
\frac{1}{\omega_r^2}\ddot{\eta}_r + \frac{2\xi_r}{\omega_r}\dot{\eta}_r + \eta_r = 0 \tag{b1}
$$

$$
\sum_{r=1}^{N}\left(\frac{1}{\omega_r^2}\varphi_r\ddot{\eta}_r + \frac{2\xi_r}{\omega_r}\varphi_r\dot{\eta}_r + \varphi_r\eta_r\right) = 0 \tag{c1}
$$

由

$$
K^{-1}M\ddot{u} + K^{-1}C\dot{u} + u = 0 \tag{d1}
$$

推得

$$
K^{-1}M\sum_{r=1}^{N}\varphi_r\ddot{\eta}_r + K^{-1}C\sum_{r=1}^{N}\varphi_r\dot{\eta}_r + \sum_{r=1}^{N}\varphi_r\eta_r = 0 \tag{e1}
$$

$$
\sum_{r=1}^{N}(K^{-1}M\varphi_r\ddot{\eta}_r + K^{-1}C\varphi_r\dot{\eta}_r + \varphi_r\eta_r) = 0 \tag{f1}
$$

比较式(c1)与式(f1)，并由η_r可以导出式(10.3.11)。

下面求对简谐激励的稳态响应。

根据模态叠加法最后把问题归结为求$\eta_r(t)$，如果输入是简谐激励，则有

$$
p = P\cos(\Omega t)
$$

那么解耦的模态方程为

$$
\ddot{\eta}_r + 2\xi_r\omega_r\dot{\eta}_r + \omega_r^2\eta_r = \frac{1}{M_r}\varphi_r^{\mathrm{T}}P\cos(\Omega t) = \frac{1}{M_r}F_r\cos(\Omega t) = \omega_r^2\frac{F_r}{K_r}\cos(\Omega t) \tag{10.3.12}
$$

已知对于一个单自由度系统，设其对 $P_0\cos(\Omega t)$ 的响应是 u_R，则

$$M\ddot{u}_R + C\dot{u}_R + Ku_R = P_0\cos(\Omega t) \tag{a2}$$

那么 $u_R = U\cos(\Omega t - \alpha)$ 是方程式(a2)的解。

同理，令

$$u_I = U\sin(\Omega t - \alpha)$$

是方程

$$M\ddot{u}_I + C\dot{u}_I + Ku_I = P_0\sin(\Omega t) \tag{b2}$$

的解。

用 $\mathrm{i}=\sqrt{-1}$ 乘以式(b2)，再加上式(a2)就得到

$$M\ddot{\bar{u}} + C\dot{\bar{u}} + K\bar{u} = \bar{p} = P_0\mathrm{e}^{\mathrm{i}\Omega t} \tag{c2}$$

其中

$$\bar{u} = u_R + iu_I = \bar{U}\mathrm{e}^{\mathrm{i}\Omega t} \tag{d2}$$

将式(d2)代入式(c2)得

$$\bar{U} = \frac{P_0}{(K - M\Omega^2) + \mathrm{i}C\Omega}$$

根据传递函数或频响函数的定义有

$$\bar{H}(\Omega) = \frac{1}{(K - M\Omega^2) + \mathrm{i}C\Omega} = \frac{1}{K}\cdot\frac{1}{(1-\bar{\omega}^2) + \mathrm{i}(2\xi\bar{\omega})}$$

所以

$$\bar{u} = \frac{\dfrac{P_0}{K}}{(1-\bar{\omega}^2) + \mathrm{i}(2\xi\bar{\omega})}\mathrm{e}^{\mathrm{i}\Omega t} \tag{10.3.13}$$

其中 $\bar{u}$ 的实部即为我们所要求的解。对于第 r 个方程有

$$\bar{H}_r(\Omega) = \frac{1}{K_r}\cdot\frac{1}{(1-\bar{\omega}_r^2) + \mathrm{i}(2\xi_r\bar{\omega}_r)} \tag{10.3.14}$$

其复数解为

$$\overline{\eta}_r(t)=\frac{\dfrac{F_r}{K_r}}{(1-\overline{\omega}_r^2)+i(2\xi_r\overline{\omega}_r)}e^{i\Omega t} \tag{10.3.15}$$

$$\overline{u}=\Phi\overline{\eta}(t)=\sum_{r=1}^{N}\varphi_r\overline{\eta}_r(t) \tag{10.3.16}$$

即

$$\overline{u}=\sum_{r=1}^{N}\frac{\varphi_r\cdot\varphi_r^{\mathrm{T}}P}{K_r}\left[\frac{1}{(1-\overline{\omega}_r^2)+\mathrm{i}(2\xi_r\overline{\omega}_r)}\right]e^{i\Omega t} \tag{10.3.17}$$

为了取得其实部，将频响函数写成幅值和相角的表达式为

$$\overline{H}_r(\Omega)=|H_r(\Omega)|e^{i\varphi_{H_r}}=\frac{1}{K_r}\cdot\frac{1}{\sqrt{(1-\overline{\omega}_r^2)^2+(2\xi_r\overline{\omega}_r)^2}}e^{i\varphi_{H_r}} \tag{10.3.18}$$

$$\tan\varphi_{H_r}=-\frac{2\xi_r\overline{\omega}_r}{1-\overline{\omega}_r^2} \tag{10.3.19}$$

取其实部即为模态响应

$$\eta_r(t)=\frac{\dfrac{F_r}{K_r}}{\sqrt{(1-\overline{\omega}_r^2)^2+(2\xi_r\overline{\omega}_r)^2}}\cos(\Omega t+\varphi_{H_r}) \tag{10.3.20}$$

由式(10.3.20)可得$\dot{\eta}_r(t)$为

$$\dot{\eta}_r(t)=-\Omega\cdot\frac{\dfrac{F_r}{K_r}}{\sqrt{(1-\overline{\omega}_r^2)^2+(2\xi_r\omega_r)^2}}\sin(\Omega t+\varphi_{H_r}) \tag{10.3.21}$$

将式(10.3.21)和(10.3.12)代入式(10.3.11)可得到用模态加速度法求解有阻尼系统响应的公式。

2．由模态叠加法确定动应力

在动力学分析中，包括确定动应力(弯矩、剪力、轴力等随时间的变化)以及确定结构特殊点上的最大动应力以便进行强度计算和结构设计，借助于模态叠加

法可得。

1）模态位移法

$$\hat{\sigma}(t)=\sum_{r=1}^{\hat{N}}S_r\eta_r(t) \tag{10.3.22}$$

其中$\eta_r(t)$为模态坐标，S_r为由于第r个模态的单位位移（$\eta_r=1$）时的应力。

2）模态加速度法

$$\tilde{\sigma}(t)=\sigma_{ps}-\sum_{r=1}^{\hat{N}}\left(\frac{1}{\omega_r^2}\right)S_r\ddot{\eta}_r(t) \tag{10.3.23}$$

由于模态加速度法相对于模态位移法将加速收敛速度，因此，在计算动应力时往往用模态加速度法。

3）例子

从上面的分析中看到，关键是确定S_r，而η_r，$\ddot{\eta}_r$的确定已经在前面阐明。

仍以例 10.2.1 四层剪切楼房为例，设$[\sigma]$表示剪切力，那么，

$$\begin{aligned}\sigma_1&=k_1(u_1-u_2)\\ \sigma_2&=k_2(u_2-u_3)\\ \sigma_3&=k_3(u_3-u_4)\\ \sigma_4&=k_4u_4\end{aligned}$$

写成矩阵形式为

$$\begin{bmatrix}\sigma_1\\ \sigma_2\\ \sigma_3\\ \sigma_4\end{bmatrix}=\begin{bmatrix}k_1&-k_1&0&0\\ 0&k_2&-k_2&0\\ 0&0&k_3&-k_3\\ 0&0&0&k_4\end{bmatrix}\begin{bmatrix}u_1\\ u_2\\ u_3\\ u_4\end{bmatrix}=K\cdot\varPhi\eta=S\eta$$

所以

$$S=K\cdot\varPhi$$

$$\begin{bmatrix}S_1\\ S_2\\ S_3\\ S_4\end{bmatrix}_r=\begin{bmatrix}k_1&-k_1&0&0\\ 0&k_2&-k_2&0\\ 0&0&k_3&-k_3\\ 0&0&0&k_4\end{bmatrix}\begin{bmatrix}\varphi_{11}&\varphi_{12}&\varphi_{13}&\varphi_{14}\\ \varphi_{21}&\varphi_{22}&\varphi_{23}&\varphi_{24}\\ \varphi_{31}&\varphi_{32}&\varphi_{33}&\varphi_{34}\\ \varphi_{41}&\varphi_{42}&\varphi_{43}&\varphi_{44}\end{bmatrix}$$

利用前面的已知数据可算出S，得到S_r后，可得$\hat{\sigma}$或$\tilde{\sigma}$。

设Φ_ε表示应变模态，则

$$\varepsilon = \Phi_\varepsilon \eta$$

其中Φ_ε由几何关系确定。

设k为弹性模量，则

$$\sigma = k\varepsilon = k\Phi_\varepsilon \eta$$

其中，$k\Phi_\varepsilon = S$也可由Φ_ε得到。

10.4　含有刚体模态的模态叠加法

前面讨论的是没有刚体位移的所谓约束系统，这里指出，对于K^{-1}不存在的含刚体位移的系统仍然可用模态叠加法。

1．基本方程

记u_{R}表示刚体位移，u_{E}表示弹性位移，则

$$u(t) = u_{\mathrm{R}}(t) + u_{\mathrm{E}}(t) = \Phi_{\mathrm{R}}\eta_{\mathrm{R}}(t) + \Phi_{\mathrm{E}}\eta_{\mathrm{E}}(t) \tag{10.4.1}$$

实际上，可把系统的模态分成刚体模态和弹性模态两部分为

$$\Phi = [\Phi_{\mathrm{R}} \quad \Phi_{\mathrm{E}}] \tag{10.4.2}$$

那么Φ_{R}有N_{R}个向量，Φ_{E}包含N_{E}个向量，则

$$N = N_{\mathrm{R}} + N_{\mathrm{E}} \tag{10.4.3}$$

此处考虑无阻尼的情况。对于动力学基本方程有

$$m\ddot{u} + ku = p$$

可写成

$$m\ddot{u}_{\mathrm{R}} + m\ddot{u}_{\mathrm{E}} + ku_{\mathrm{R}} + ku_{\mathrm{E}} = p \tag{10.4.4}$$

对其作模态变换得

$$m\Phi_{\mathrm{R}}\ddot{\eta}_{\mathrm{R}} + m\Phi_{\mathrm{E}}\ddot{\eta}_{\mathrm{E}} + k\Phi_{\mathrm{R}}\eta_{\mathrm{R}} + k\Phi_{\mathrm{E}}\eta_{\mathrm{E}} = p \tag{10.4.5}$$

将 $\boldsymbol{\Phi}^{\mathrm{T}}=[\boldsymbol{\Phi}_{\mathrm{R}}\quad \boldsymbol{\Phi}_{\mathrm{E}}]^{\mathrm{T}}$ 前乘(10.4.5)式得

$$\begin{bmatrix}\boldsymbol{\Phi}_{\mathrm{R}}^{\mathrm{T}}\\ \boldsymbol{\Phi}_{\mathrm{E}}^{\mathrm{T}}\end{bmatrix}\boldsymbol{m}\boldsymbol{\Phi}_{\mathrm{R}}\ddot{\eta}_{\mathrm{R}}+\begin{bmatrix}\boldsymbol{\Phi}_{\mathrm{R}}^{\mathrm{T}}\\ \boldsymbol{\Phi}_{\mathrm{E}}^{\mathrm{T}}\end{bmatrix}\boldsymbol{m}\boldsymbol{\Phi}_{\mathrm{E}}\ddot{\eta}_{\mathrm{E}}+\begin{bmatrix}\boldsymbol{\Phi}_{\mathrm{R}}^{\mathrm{T}}\\ \boldsymbol{\Phi}_{\mathrm{E}}^{\mathrm{T}}\end{bmatrix}\boldsymbol{k}\boldsymbol{\Phi}_{\mathrm{R}}\eta_{\mathrm{R}}+\begin{bmatrix}\boldsymbol{\Phi}_{\mathrm{R}}^{\mathrm{T}}\\ \boldsymbol{\Phi}_{\mathrm{E}}^{\mathrm{T}}\end{bmatrix}\boldsymbol{k}\boldsymbol{\Phi}_{\mathrm{E}}\eta_{\mathrm{E}}=\begin{bmatrix}\boldsymbol{\Phi}_{\mathrm{R}}^{\mathrm{T}}\\ \boldsymbol{\Phi}_{\mathrm{E}}^{\mathrm{T}}\end{bmatrix}\boldsymbol{p} \tag{10.4.6}$$

通过矩阵分块运算得到两个式子。

第一个式子为

$$\boldsymbol{\Phi}_{\mathrm{R}}^{\mathrm{T}}\boldsymbol{m}\boldsymbol{\Phi}_{\mathrm{R}}\ddot{\eta}_{\mathrm{R}}+\boldsymbol{\Phi}_{\mathrm{R}}^{\mathrm{T}}\boldsymbol{m}\boldsymbol{\Phi}_{\mathrm{E}}\ddot{\eta}_{\mathrm{E}}+\boldsymbol{\Phi}_{\mathrm{R}}^{\mathrm{T}}\boldsymbol{k}\boldsymbol{\Phi}_{\mathrm{R}}\eta_{\mathrm{R}}+\boldsymbol{\Phi}_{\mathrm{R}}^{\mathrm{T}}\boldsymbol{k}\boldsymbol{\Phi}_{\mathrm{E}}\eta_{\mathrm{E}}=\boldsymbol{\Phi}_{\mathrm{R}}^{\mathrm{T}}\boldsymbol{p} \tag{10.4.7}$$

由正交性得，第二、四项为零；由刚体模态不提供应变能，得第三项为零。于是

$$M_{\mathrm{R}}\ddot{\eta}_{\mathrm{R}}=\boldsymbol{\Phi}_{\mathrm{R}}^{\mathrm{T}}\boldsymbol{p} \tag{10.4.8}$$

对式(10.4.8)进行两次积分即可得到刚体坐标 η_{R} 为

$$\eta_{\mathrm{R}}(t)=\int_0^t\int_0^\tau\frac{1}{M_{\mathrm{R}}}\varphi_{\mathrm{R}}^{\mathrm{T}}p(\xi)\,\mathrm{d}\xi\,\mathrm{d}\tau+t\dot{\eta}_{\mathrm{R}}(0)+\eta_{\mathrm{R}}(0)\quad(\mathrm{R}=1,2,\cdots,N_{\mathrm{R}})$$

第二个式子为

$$\boldsymbol{\Phi}_{\mathrm{E}}^{\mathrm{T}}\boldsymbol{m}\boldsymbol{\Phi}_{\mathrm{R}}\ddot{\eta}_{\mathrm{R}}+\boldsymbol{\Phi}_{\mathrm{E}}^{\mathrm{T}}\boldsymbol{m}\boldsymbol{\Phi}_{\mathrm{E}}\ddot{\eta}_{\mathrm{E}}+\boldsymbol{\Phi}_{\mathrm{E}}^{\mathrm{T}}\boldsymbol{k}\boldsymbol{\Phi}_{\mathrm{R}}\eta_{\mathrm{R}}+\boldsymbol{\Phi}_{\mathrm{E}}^{\mathrm{T}}\boldsymbol{k}\boldsymbol{\Phi}_{\mathrm{E}}\eta_{\mathrm{E}}=\boldsymbol{\Phi}_{\mathrm{E}}^{\mathrm{T}}\boldsymbol{p} \tag{10.4.9}$$

由正交性得，第一项、第三项为零，于是

$$M_{\mathrm{E}}\ddot{\eta}_{\mathrm{E}}+K_{\mathrm{E}}\eta_{\mathrm{E}}=\boldsymbol{\Phi}_{\mathrm{E}}^{\mathrm{T}}\boldsymbol{p} \tag{10.4.10}$$

那么这个方程也就是前面所熟悉的、以模态坐标表示的动力学基本方程。对这个方程可以应用模态叠加法求解。

2. 模态位移法

对弹性模态进行截断，易知

$$\hat{u}(t)=\boldsymbol{\Phi}_{\mathrm{R}}\eta_{\mathrm{R}}+\hat{\boldsymbol{\Phi}}_{\mathrm{E}}\hat{\eta}_{\mathrm{E}} \tag{10.4.11}$$

由于刚体位移(刚体模态)不提供应力，所以动应力为

$$\hat{\sigma}(t)=\hat{s}_{\mathrm{E}}\hat{\eta}_{\mathrm{E}}=\sum_{r=1}^{\hat{N}_{\mathrm{E}}}s_r\eta_r \tag{10.4.12}$$

其中 $\hat{s}_{\mathrm{E}}$ 为内部应力向量，$\hat{\eta}_{\mathrm{E}}$ 为弹性模态。

3．模态加速度法

在前面的模态加速度法中有 K^{-1} 项，但对于有刚体位移的情况 K^{-1} 是不存在的。由于使得 K^{-1} 不存在的因素是刚体模态的存在，则如果去掉刚体位移的影响，仅考虑与弹性位移对应的 k_E，那么 k_E^{-1} 存在。由

$$u = \Phi_R \eta_R + \Phi_E \eta_E \tag{10.4.13}$$

其中，η_R 一项已由式(10.4.9)求得，这里仅把模态加速度法用于 η_E。

由上面的推导知

$$m_E \ddot{\eta}_E + k_E \eta_E = \Phi_E^T p$$

所以

$$\eta_E = k_E^{-1} \varphi_E^T p - k_E^{-1} M_E \ddot{\eta}_E \tag{10.4.14}$$

代入式(10.4.13)得

$$u = \Phi_R \eta_R + \Phi_E k_E^{-1} \Phi_E^T p - \Phi_E k_E^{-1} M_E \ddot{\eta}_E$$

模态加速度法的核心就是截断，刚体模态全部保留

$$\tilde{u} = \Phi_R \eta_R + a_E p - \hat{\Phi}_E \hat{k}_E^{-1} \hat{M}_E \ddot{\hat{\eta}}_E \tag{10.4.15}$$

第一项刚体模态的个数是有限的，第三项因为截断计算量也是有限、较少的。但第二项计算较困难，其中

$$a_E = \Phi_E k_E^{-1} \Phi_E^T \tag{10.4.16}$$

现在，主要的工作是确定 a_E。一方面 Φ_E 的维数较高，另一方面高阶模态精度低，所以如果直接求解式(10.4.16)难度较大。

如果将 $u = u_R + u_E$ 代入动力学基本方程，即

$$m\ddot{u}_E + m\ddot{u}_R + ku_R + ku_E = p \tag{10.4.17}$$

注意到 $ku_R = 0$，所以刚体位移不提供弹性能。

令

$$p_E = p - m\ddot{u}_R \tag{10.4.18}$$

那么

$$m\ddot{u}_E + ku_E = p_E \tag{10.4.19}$$

而

$$\ddot{u}_{\mathrm{R}}=\varPhi_{\mathrm{R}}\ddot{\eta}_{\mathrm{R}}=\varPhi_{\mathrm{R}}M_{\mathrm{R}}^{-1}\varPhi_{\mathrm{R}}^{\mathrm{T}}p \tag{10.4.20}$$

弹性力为

$$p_{\mathrm{E}}=p-m\varPhi_{\mathrm{R}}M_{\mathrm{R}}^{-1}\varPhi_{\mathrm{R}}^{\mathrm{T}}p=(I-m\varPhi_{\mathrm{R}}M_{\mathrm{R}}^{-1}\varPhi_{\mathrm{R}}^{\mathrm{T}})p\triangleq Rp \tag{10.4.21}$$

其中

$$R=I-m\varPhi_{\mathrm{R}}M_{\mathrm{R}}^{-1}\varPhi_{\mathrm{R}}^{\mathrm{T}} \tag{10.4.22}$$

注意到 R 中只包含刚体模态，而刚体模态的个数又是有限的，因而可通过 R 来简化计算。

定义柔度矩阵 a，如果只考虑弹性模态或弹性位移，就相当于求有约束条件下的静位移，用 W 表示静弹性位移，那么

$$W=ap_{\mathrm{E}} \tag{10.4.23}$$

则把刚体位移约束后就成为静问题 $ku=p$，即

$$\begin{bmatrix} p_1\\ p_2\\ p_3\\ \vdots\\ p_n \end{bmatrix}=\begin{bmatrix} k_{11} & k_{12} & \cdots & k_{1n}\\ k_{21} & k_{22} & \cdots & k_{2n}\\ k_{31} & k_{32} & \cdots & k_{3n}\\ \vdots & \vdots & & \vdots\\ k_{n1} & k_{n2} & \cdots & k_{nn} \end{bmatrix}\begin{bmatrix} W_1\\ W_2\\ \vdots\\ u_{\mathrm{E}} \end{bmatrix} \tag{10.4.24}$$

$$p=k_{\mathrm{R}}u_{\mathrm{R}}+k_{\mathrm{E}}u_{\mathrm{E}}$$

其中，$k_{\mathrm{R}}u_{\mathrm{R}}=0$。所以解这个方程只需 $(N-N_{\mathrm{R}})$ 个方程。故得到划去 N_{R} 行、N_{R} 列的矩阵 k_{E}，则

$$W=\begin{bmatrix} W_1\\ W_2\\ u_3\\ \vdots\\ u_n \end{bmatrix}=\begin{bmatrix} 0 & 0 & \cdots & 0\\ 0 & 0 & \cdots & 0\\ \vdots & \vdots & K_{\mathrm{E}}^{-1} & \vdots\\ 0 & 0 & \cdots & \end{bmatrix}\begin{bmatrix} p_{E1}\\ p_{E2}\\ p_{E3}\\ \vdots\\ p_{En} \end{bmatrix} \tag{10.4.25}$$

因为 W_1，W_2 对应的是约束位移，即 $W_1=W_2=0$ 与在求 k_{E}^{-1} 时消去的行、列位移上设零得到的结果一致，这样也就给出了 a 的求法，即由在 k 中消去 u_{R} 所对应

的行和列得到的矩阵求逆得 K_{E}^{-1}，然后再在原来行列上添零即可。

由于 W 中还包括刚体模态，因此令

$$W_{\mathrm{E}} = W - \Phi_{\mathrm{R}} C_{\mathrm{R}} \tag{10.4.26}$$

其中，C_{R} 为这样的量，它使得

$$\Phi_{\mathrm{R}}^{\mathrm{T}} m W_{\mathrm{E}} = 0 \tag{10.4.27}$$

亦即 W_{E} 与刚体模态是正交的。

令

$$\Phi_{\mathrm{R}}^{\mathrm{T}} m W_{\mathrm{E}} = \Phi_{\mathrm{R}}^{\mathrm{T}} m W - \Phi_{\mathrm{R}}^{\mathrm{T}} m \Phi_{\mathrm{R}} C_{\mathrm{R}} = \Phi_{\mathrm{R}}^{\mathrm{T}} m W - M_{\mathrm{R}} C_{\mathrm{R}} = 0 \tag{10.4.28}$$

得

$$C_R = M_R^{-1} \Phi_{\mathrm{R}}^{\mathrm{T}} m W \tag{10.4.29}$$

则

$$W_{\mathrm{E}} = W - \Phi_{\mathrm{R}} M_{\mathrm{R}}^{-1} F_{\mathrm{R}}^{\mathrm{T}} m W = (I - \Phi_{\mathrm{R}} M_{\mathrm{R}}^{-1} \Phi_{\mathrm{R}}^{\mathrm{T}} m) W = R^{\mathrm{T}} W = a_{\mathrm{E}} p \tag{10.4.30}$$

$$R^{\mathrm{T}} W = R^{\mathrm{T}} a p_{\mathrm{E}} = R^{\mathrm{T}} a R p = a_{\mathrm{E}} p \tag{10.4.31}$$

比较等式两端得

$$a_{\mathrm{E}} = R^{\mathrm{T}} a R \tag{10.4.32}$$

动应力为

$$\tilde{\sigma}(t) = \sigma_{ps} - \sum_{r=1}^{\hat{N}} \left(\frac{1}{\omega_r^2} \right) S_r \ddot{\eta}_r(t) \tag{10.4.33}$$

其中，静应力项 σ_{ps} 是由 p_{E} 得到。

4. 例子

例 10.4.1　分析如图 10.4.1 所示的系统。

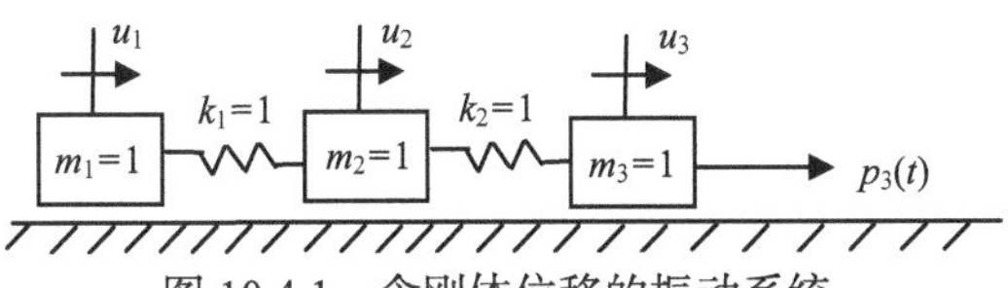

图 10.4.1　含刚体位移的振动系统

解　(1) 建立基本方程，然后求频率、模态，并确定 M_r, K_r。

$$\begin{bmatrix}1&0&0\\0&1&0\\0&0&1\end{bmatrix}\begin{bmatrix}\ddot{u}_1\\\ddot{u}_2\\\ddot{u}_3\end{bmatrix}+\begin{bmatrix}1&-1&0\\-1&1+1&-1\\0&-1&1\end{bmatrix}\begin{bmatrix}u_1\\u_2\\u_3\end{bmatrix}=\begin{bmatrix}0\\0\\p_0\end{bmatrix} \tag{1}$$

令

$$u=\varphi\cos(\omega t) \tag{2}$$

得代数特征值方程为

$$\begin{bmatrix}1-\omega^2&-1&0\\-1&2-\omega^2&-1\\0&-1&1-\omega^2\end{bmatrix}\begin{bmatrix}\varphi_1\\\varphi_2\\\varphi_3\end{bmatrix}=0 \tag{3}$$

由

$$\det\begin{bmatrix}1-\omega^2&-1&0\\-1&2-\omega^2&-1\\0&-1&1-\omega^2\end{bmatrix}=0$$

得

$$\omega^2(\omega^4-4\omega^2+3)=0 \tag{4}$$

其三个根为

$$\omega_1^2=0,\quad \omega_2^2=1,\quad \omega_3^2=3 \tag{5}$$

$$\varphi_1=\begin{bmatrix}1\\1\\1\end{bmatrix},\quad \varphi_2=\begin{bmatrix}1\\0\\-1\end{bmatrix},\quad \varphi_3=\begin{bmatrix}1\\-2\\1\end{bmatrix} \tag{6}$$

其中 φ_1 为刚体模态，表示每个质点运动相同的部分。如果把系统看作刚体，将没有 φ_2 和 φ_3，那么系统的运动符合在理论力学中得到的结论：

$$M_r=\phi_r^{\mathrm{T}}m\varphi_r=\varphi_r^{\mathrm{T}}\varphi_r \tag{7}$$

$$K_r=\omega_r^2 M_r \tag{8}$$

因此

$$\begin{cases} M_1 = 3, & M_2 = 2, & M_3 = 6 \\ K_1 = 0, & K_2 = 2, & K_3 = 18 \end{cases} \tag{9}$$

(2) 确定初始条件。

由于系统在 $t = 0$ 时是静止的，因此

$$\eta_r(0) = \dot{\eta}_r(0) = 0 \quad (r = 1,2,3) \tag{10}$$

(3) 计算广义力。

$$P_r(t) = \varphi_r^{\mathrm{T}} p(t) \tag{11}$$

$$\begin{cases} P_1 = p_3(t) = p_0 \\ P_2 = -p_3(t) = -p_0 \\ P_3 = p_3(t) = p_0 \end{cases} \tag{12}$$

(4) 求模态响应。

以模态坐标表示的解耦的动力学方程

$$\begin{cases} 3\ddot{\eta}_1 = p_0 \\ 2\ddot{\eta}_2 + 2\eta_2 = -p_0 \quad (t \geqslant 0) \\ 6\ddot{\eta}_3 + 18\eta_3 = p_0 \end{cases} \tag{13}$$

可以求得这三个微分方程的解为

$$\begin{cases} \eta_1 = \dfrac{p_0 t^2}{6} \\ \eta_2 = -\dfrac{p_0}{2}\left[1 - \cos(\omega_2 t)\right] \\ \eta_3 = \dfrac{p_0}{18}\left[1 - \cos(\omega_3 t)\right] \end{cases} \tag{14}$$

从后两式可得

$$\begin{cases} \ddot{\eta}_2 = \dfrac{p_0}{2}(-\omega_2^2)\cos(\omega_2 t) = -\dfrac{p_0}{2}\cos(\omega_2 t) \\ \ddot{\eta}_3 = \dfrac{p_0}{18}(\omega_3^2)\cos(\omega_3 t) = \dfrac{p_0}{6}\cos(\omega_3 t) \end{cases} \tag{15}$$

(5) 决定应力模态 S_r。

下面从弹簧力开始分析(弹簧力就是要算的内应力)：

第一个弹簧内有

$$\sigma_1 = k_1(u_2 - u_1) \tag{16}$$

第二个弹簧内有

$$\sigma_2 = k_2(u_3 - u_2) \tag{17}$$

写成矩阵为

$$\begin{bmatrix} \sigma_1 \\ \sigma_2 \end{bmatrix} = \begin{bmatrix} -1 & 1 & 0 \\ 0 & -1 & 1 \end{bmatrix} [\varphi_1 \quad \varphi_2 \quad \varphi_3] \begin{bmatrix} \eta_1 \\ \eta_2 \\ \eta_3 \end{bmatrix} \tag{18}$$

$$s = \begin{bmatrix} s_1 \\ s_2 \end{bmatrix} = \begin{bmatrix} -1 & 1 & 0 \\ 0 & -1 & 1 \end{bmatrix} \begin{bmatrix} 1 & 1 & 1 \\ 1 & 0 & -2 \\ 1 & -1 & 1 \end{bmatrix} \tag{19}$$

因此得

$$s_1 = \begin{bmatrix} 0 \\ 0 \end{bmatrix}, \quad s_2 = \begin{bmatrix} -1 \\ -1 \end{bmatrix}, \quad s_3 = \begin{bmatrix} -3 \\ 3 \end{bmatrix} \tag{20}$$

（6）模态位移法。

$$\hat{\sigma}_r = \sum_{r=2}^{\hat{N}} s_r \eta_r(t) \tag{21}$$

现在总共就两个弹性模态，截断一个取 $\hat{N} = 1$，则

$$\hat{\sigma}(t) = s_2 \eta_2(t) \tag{22}$$

其中不截断的精确解为

$$\sigma(t) = s_2 \eta_2 + s_3 \eta_3 \tag{23}$$

所以

$$\begin{aligned} \hat{\sigma}(t) &= \begin{bmatrix} \hat{\sigma}_1 \\ \hat{\sigma}_2 \end{bmatrix} = \begin{bmatrix} -1 \\ -1 \end{bmatrix} \left(-\frac{p_0}{2} \right) \left[1 - \cos(\omega_2 t) \right] \\ &= \frac{p_0}{2} \begin{bmatrix} 1 \\ 1 \end{bmatrix} \left[1 - \cos(\omega_2 t) \right] + \frac{p_0}{6} \begin{bmatrix} -1 \\ 1 \end{bmatrix} \left[1 - \cos(\omega_3 t) \right] \end{aligned} \tag{24}$$

$$\sigma(t) = \frac{p_0}{2} \begin{bmatrix} 1 \\ 1 \end{bmatrix} \left[1 - \cos(\omega_2 t) \right] + \frac{p_0}{6} \begin{bmatrix} -1 \\ 1 \end{bmatrix} \left[1 - \cos(\omega_3 t) \right] \tag{25}$$

（7）模态加速度法。

$$p_{\mathrm{E}} = p - m\ddot{u}_{\mathrm{R}} \tag{26}$$

$$u_{\mathrm{R}} = \Phi_{\mathrm{R}}\eta_{\mathrm{R}} = \begin{bmatrix} 1 \\ 1 \\ 1 \end{bmatrix} \frac{p_0 t^2}{6} \tag{27}$$

$$\ddot{u}_{\mathrm{R}} = \begin{bmatrix} 1 \\ 1 \\ 1 \end{bmatrix} \frac{p_0}{3} \tag{28}$$

$$p_{\mathrm{E}} = \begin{bmatrix} -\dfrac{p_0}{3} \\ -\dfrac{p_0}{3} \\ \dfrac{2p_0}{3}\left(= p_0 - \dfrac{p_0}{3}\right) \end{bmatrix} \tag{29}$$

将分析结果作图，如图 10.4.2 所示。

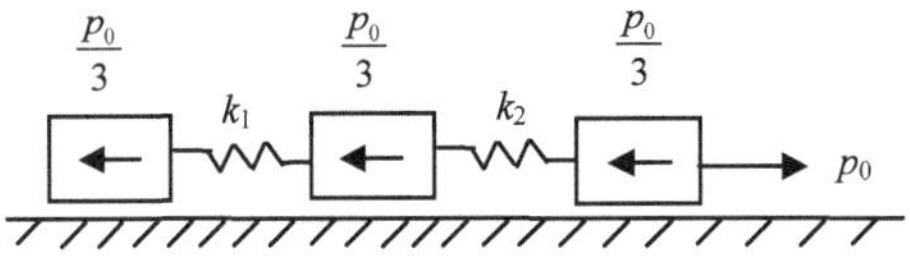

图 10.4.2 模态力系

从图 10.4.2 可知，它是一个自相平衡的力系，因此 p_{E} 又称作自平衡载荷，伪静力即是在这个平衡力系下分析弹簧的受力情况而得到的。通过取自由体分析受力图得

k_1 中的力为

$$\sigma_{(1)_{ps}} = \frac{p_0}{3} \tag{30}$$

k_2 中的力为

$$\sigma_{(2)_{ps}} = \frac{2p_0}{3} \tag{31}$$

所以

$$\begin{Bmatrix} \sigma_1 \\ \sigma_2 \end{Bmatrix}_{ps} = \begin{Bmatrix} \dfrac{p_0}{3} \\ \dfrac{2p_0}{3} \end{Bmatrix} \tag{32}$$

通过以上分析，得出了确定 σ_{ps} 的步骤。

考虑截断 $\hat{N}=1$，则

$$\tilde{\sigma}=\sigma_{ps}-\frac{1}{\omega_2^2}s_2\ddot{\eta}_3 \tag{33}$$

如果两个弹性模态都考虑，则

$$\tilde{\sigma}\equiv\sigma=\sigma_{ps}-\frac{1}{\omega_2^2}s_2\ddot{\eta}_2-\frac{1}{\omega_3^2}s_3\ddot{\eta}_3 \tag{34}$$

最后得

$$\tilde{\sigma}=\begin{bmatrix}\tilde{\sigma}_1\\ \tilde{\sigma}_2\end{bmatrix}=\frac{p_0}{3}\begin{bmatrix}1\\2\end{bmatrix}-\frac{p_2}{2}\begin{bmatrix}1\\1\end{bmatrix}\cos\omega_2 t \tag{35}$$

$$\sigma=\begin{bmatrix}\sigma_1\\ \sigma_2\end{bmatrix}=\frac{p_0}{3}\begin{bmatrix}1\\2\end{bmatrix}-\frac{p_0}{2}\begin{bmatrix}1\\1\end{bmatrix}\cos\omega_2 t+\frac{p_0}{6}\begin{bmatrix}1\\-1\end{bmatrix}\cos\omega_3 t \tag{36}$$

思考题与习题

10-1　图 E10.1 是三自由度的弹簧振子系统，在左边的一个质量上作用有激励力 $P_1(t)=P_0\sin(\omega t)$，其中 $\omega=1.7(k/m)^{0.5}$，试求系统的稳态响应。

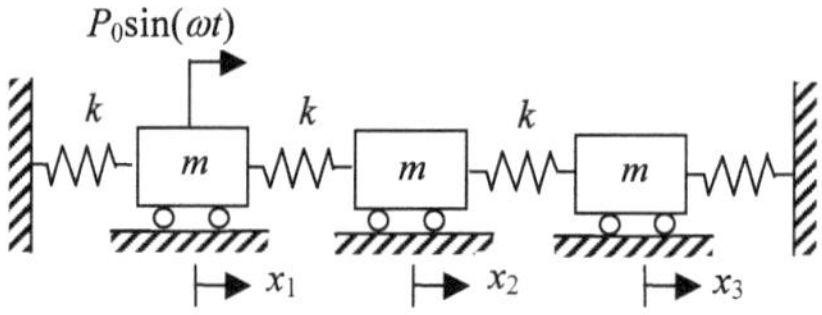

图 E10.1

10-2　一轻型飞行器的水平稳定器被简化为 3 个集中质量系统的模型，见图 E10.2(a)其刚度、质量矩阵和固有频率及模态形状已经求出。若飞行器遇到一突然的阵风，其产生的阶跃力为 $p(t)=[500\ \ 100\ \ 100]^{\mathrm{T}}f(t)$，其中 $f(t)$为单位阶跃力，如图 E10.2(b)所示。试用模态位移法求解：

(1) 确定模态响应 $\eta_r(t)$表达式，假设 $V(0)=\dot{V}(0)=0$；

(2) 确定 $V_1(0)$响应的表达式，并指出各模态的贡献。

其中

$$K=\begin{bmatrix}0.0656 & -0.1538 & 0.1220\\ -0.1538 & 0.4797 & -0.5843\\ 0.1220 & -0.5843 & 1.2593\end{bmatrix}\times 10^5,\ M=\begin{bmatrix}4&0&0\\0&6&0\\0&0&8\end{bmatrix}\times\frac{1}{386}$$

$$\begin{cases}\omega_1^2=59900\\ \omega_2^2=1330000,\\ \omega_3^2=8400000\end{cases}\quad \varphi=\begin{bmatrix}8.31 & -4.96 & 1.70\\ 4.08 & 5.36 & -4.35\\ 1.10 & 3.80 & 5.71\end{bmatrix}$$

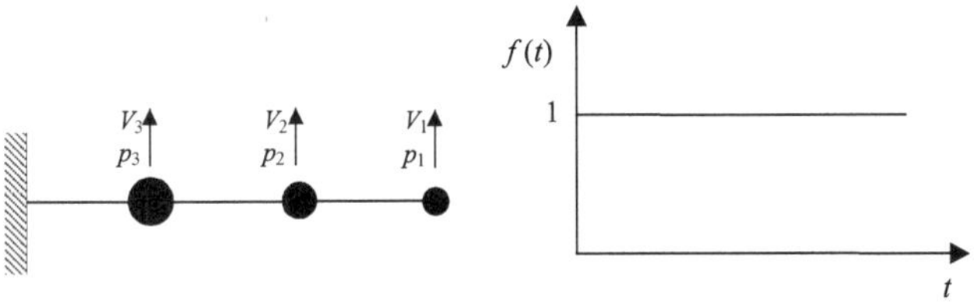

(a) (b)

图 E10.2

10-3 一栋三层楼房，如图 E10.3 所示，其刚度、质量矩阵和固有频率及振型如下：

$$K=\begin{bmatrix}800 & -800 & 0\\ -800 & 2400 & -1600\\ 0 & -1600 & 4000\end{bmatrix},\quad M=\begin{bmatrix}1 & 0 & 0\\ 0 & 2 & 0\\ 0 & 0 & 2\end{bmatrix}$$

$$\begin{cases}\omega_1^2=251.1\\ \omega_2^2=1200.0,\\ \omega_3^2=2548.9\end{cases}\quad \varphi=\begin{bmatrix}1.00000 & 1.00000 & 0.31386\\ 0.68614 & -0.50000 & -0.68614\\ 0.31386 & -0.50000 & 1.00000\end{bmatrix}$$

(1) 确定模态质量、模态刚度矩阵 M_r, K_r；

(2) 若 $p(t)=[100\ 100\ 100]^{\mathrm{T}}\cos(\Omega t)$，确定模态力 F_r；

(3) 确定稳态响应 η_r 的表达式；

(4) 用模态位移法确定 u_1 的响应，并指出各阶模态对响应的贡献，列出当激励频率分别为 $\Omega=0, \Omega=0.5\omega_1, \Omega=0.5(\omega_1+\omega_3)$时，$u_1$ 的振幅随截取模态数变化的表格。

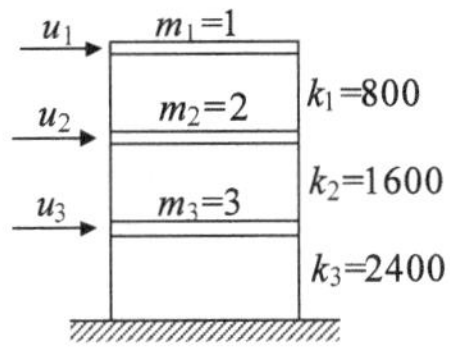

图 E10.3

10-4 若上题中的柔度矩阵为

$$a=\begin{bmatrix}2.29167 & 1.04167 & 0.41667\\ 1.04167 & 1.04167 & 0.41667\\ 0.41667 & 0.41667 & 0.41667\end{bmatrix}\times 10^{-3}$$

（1）用模态加速度法，确定 u_1 响应的表达式；

（2）列出当激励频率分别为 $\Omega=0$，$\Omega=0.5\omega_1$，$\Omega=0.5(\omega_1+\omega_3)$时，$u_1$ 的振幅随截取模态数变化的表格，并对结果加以分析。

10-5　试用模态叠加法求图 E10.4 所示系统在简谐激励作用下的稳态响应。已知 $k_1=k_2=k_3=k$，$m_1=m_2=m_3=m$。

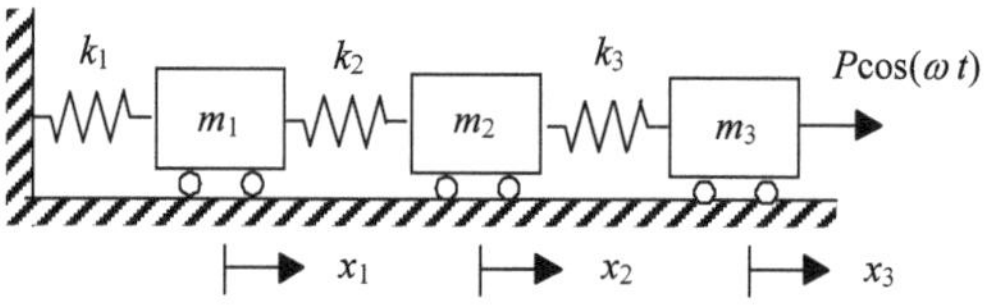

图 E10.4

10-6　在图 E10.5 中的三层楼建筑中，假设地面的水平运动加速度为 $\ddot{x}_s=a\sin(\omega t)$，试求各层楼房相对地面的稳态强迫振动。

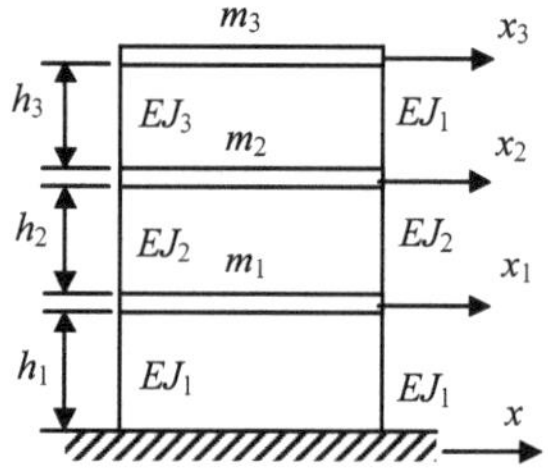

图 E10.5

10-7　在图 E10.6 所示系统中，已知 m,c,k,ω 和 $F_i(i=1,2)$。用模态叠加法求系统的稳态响应。

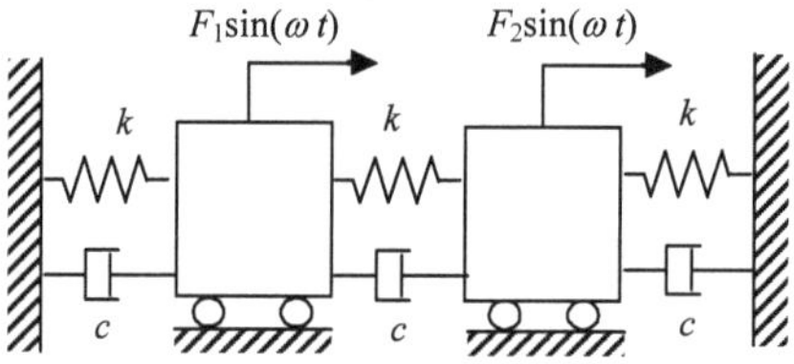

图 E10.6

10-8　图 E10.7 中两端自由的等直杆轴向振动的刚度和质量矩阵为

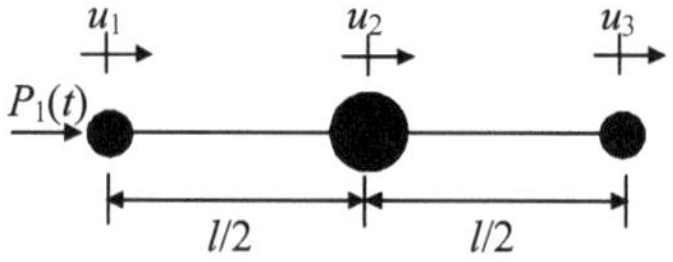

图 E10.7

$$K=k\begin{bmatrix}1&-1&0\\-1&2&-1\\0&-1&1\end{bmatrix},\quad M=m\begin{bmatrix}1&0&0\\0&2&0\\0&0&1\end{bmatrix}$$

其中 $m=\rho AL/4$ ， $k=2AE/L$ 。现在其左端作用激励力 $P_1(t)=p_0\cos\Omega t$ (提示： $\omega_1=0$)。

(1) 确定对于两个弹性模态的模态轴向应力 $S_1=[s_1,s_2]^{\mathrm{T}}$ 和 $S_2=[s_1,s_2]^{\mathrm{T}}$ ，其中 s_1 为联结质量 m_1 和 m_2 之间的杆中轴向应力， s_2 为联结质量 m_2 和 m_3 之间的杆中轴向应力。

(2) 令 $\sigma=[\sigma_1(t),\sigma_2(t)]^{\mathrm{T}}$ 为两杆中的轴向动应力。利用模态位移法估计稳态应力矢量 $\sigma(t)$ ，并分析两个弹性模态各自的贡献。

(3) 利用模态加速度法估计稳态应力矢量 $\sigma(t)$ ，并分析两个弹性模态各自的贡献。

第 11 章　一维连续系统的动力学建模与分析

11.1　概　　述

本章所研究对象的质量和弹性都是在结构中连续分布的，这些结构体假设是均匀和各向同性的，并在弹性范围内服从胡克定律。为了说明弹性体内每一质点的位置，需要无限多数目的坐标，所以，这类物体具有无限多个自由度，它的自由振动包含无限多个主振型。这样的连续系统又叫分布参数系统，其运动规律由偏微分方程描述。

本章将分析一维的基本弹性体结构振动问题。研究对象包括：弦、杆、梁以及环的振动。振动形式涉及横向振动、纵向振动、扭转振动及组合振动。因为在分析工程中的实际结构时，往往根据其结构的几何特征及载荷特点而简化成一些基本的元件模型或基本元件的组合体模型。因此，研究基本元件的振动既是实际问题的需要，同时又是研究复杂结构振动的基础。

11.2　弦 的 振 动

一根单位长度质量为 ρ 的挠性弦在张力 T 下被张紧。假设弦的横向挠度 y 很小，因而随挠度而变的张力变动很小，可以不予考虑。

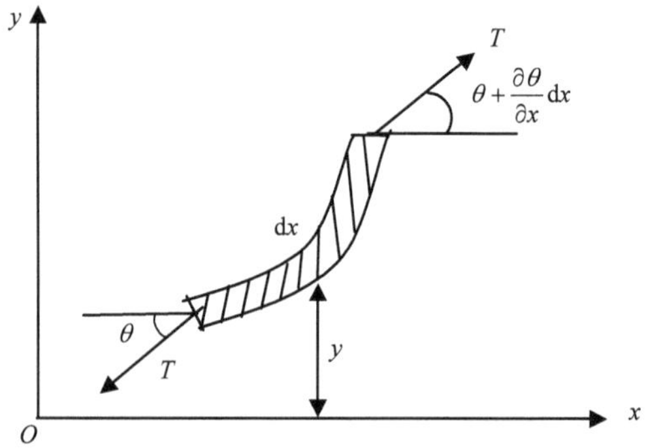

图 11.2.1　横向振动中的弦单元体

图 11.2.1 表示一段长度为 dx 的弦分离体图。假设挠度和斜率很小，则 y 方向的运动方程为(由牛顿第二定律)

$$T\left(\theta+\frac{\partial\theta}{\partial x}\mathrm{d}x\right)-T\theta=\rho\mathrm{d}x\frac{\partial^2 y}{\partial t^2}$$

或

$$\frac{\partial\theta}{\partial x}=\frac{\rho}{T}\cdot\frac{\partial^2 y}{\partial t^2} \tag{11.2.1}$$

因为弦的斜率是

$$\theta=\frac{\partial y}{\partial x} \tag{11.2.2}$$

那么式(11.2.1)可简化为

$$\frac{\partial^2 y}{\partial x^2}=\frac{1}{c^2}\cdot\frac{\partial^2 y}{\partial t^2} \tag{11.2.3}$$

其中, $c=\sqrt{T/\rho}$ 可被证明为沿弦传播的波速。

方程式(11.2.3)的一般解可用下列形式来表示:

$$y=F_1(ct-x)+F_2(ct+x) \tag{11.2.4}$$

其中, F_1 和 F_2 为满足连续性要求的任意函数。不管函数 $F_i(i=1,2)$ 的形式如何，对自变量 $(ct\pm x)$ 微分后就得到方程式

$$\frac{\partial^2 F_i}{\partial x^2}=\frac{1}{c^2}\cdot\frac{\partial^2 F_i}{\partial t^2}\quad(i=1,2) \tag{11.2.5}$$

因而微分方程被满足。

分析 根据数学分析中复合函数求导的方法，如果

$$f(x)=F[g(x)]$$

那么

$$\frac{\mathrm{d}F}{\mathrm{d}x}=\frac{\mathrm{d}F}{\mathrm{d}g}\cdot\frac{\mathrm{d}g}{\mathrm{d}x}$$

$$\frac{\mathrm{d}F}{\mathrm{d}g}=\frac{\mathrm{d}F}{\mathrm{d}x}\cdot\frac{1}{\dfrac{\mathrm{d}g}{\mathrm{d}x}}$$

在式(11.2.4)中，记

$$\varphi_1=ct-x\,,\qquad \varphi_2=ct+x$$

则

$$\frac{\partial y}{\partial\varphi_1}=\frac{\mathrm{d}F_1}{\mathrm{d}\varphi_1}=\frac{\mathrm{d}F_1}{\mathrm{d}x}\cdot\frac{1}{\dfrac{\mathrm{d}\varphi_1}{\mathrm{d}x}}=-\frac{\mathrm{d}F_1}{\mathrm{d}x}$$

$$\frac{\partial^2 y}{\partial\varphi_1^2}=\frac{\partial^2 F_1}{\partial x^2}$$

同理

$$\frac{\partial^2 y}{\partial\varphi_2^2}=\frac{\partial^2 F_2}{\partial x^2}$$

$$\frac{\partial y}{\partial\varphi_1}=\frac{\partial F_1}{\partial t}\cdot\frac{1}{\dfrac{\partial\varphi_1}{\partial t}}=\frac{1}{c}\cdot\frac{\partial F_1}{\partial t}$$

$$\frac{\partial^2 y}{\partial\varphi_1^2}=\frac{1}{c^2}\frac{\partial^2 F_1}{\partial t^2}$$

$$\frac{\partial^2 y}{\partial\varphi_2^2}=\frac{1}{c^2}\frac{\partial^2 F_2}{\partial t^2}$$

因此不论 F 是什么形式，也不论是对$(ct-x)$或$(ct+x)$求微分，都得到式(11.2.5)的结果。

分析组成项 $y=F_1(ct-x)$。它的数值是由自变量$(ct-x)$决定的，因而也就是由一系列 t 和 x 的数组决定的。例如，假使 $c=10$，则方程式 $y=F_1(100)$将被 $t=0, x=-100$; $t=1, x=-90$; $t=2, x=-80$ 等所满足，所以波形以速度 c 沿 x 轴的正方向运动。按同样方式，可以证明 $F_2(ct+x)$代表以速度 c 沿 x 轴负方向运动的波，这就是 c 作为波速的意义。

解偏微分方程的方法之一是变量分离法。在这一方法中，解被假设为如下形式：

$$y(x,t)=Y(x)G(t) \tag{11.2.6}$$

将式(11.2.6)代入方程式(11.2.3)中，得

$$\frac{1}{Y}\frac{\mathrm{d}^2Y}{\mathrm{d}x^2}=\frac{1}{c^2}\frac{1}{G}\frac{\mathrm{d}^2G}{\mathrm{d}t^2} \tag{11.2.7}$$

因为这个方程的左边与t无关，右边与x无关，因而如果式(11.2.7)恒成立，那么等式两边必须是一常量。令这一常量为$-(\omega/c)^2$，于是得到下列两个常微分方程：

$$\frac{\mathrm{d}^2Y}{\mathrm{d}x^2}+\left(\frac{\omega}{c}\right)^2Y=0 \tag{11.2.8}$$

$$\frac{\mathrm{d}^2G}{\mathrm{d}t^2}+\omega^2G=0 \tag{11.2.9}$$

易知这两个齐次微分方程的通解为

$$Y=A\sin\left(\frac{\omega}{c}x\right)+B\cos\left(\frac{\omega}{c}x\right) \tag{11.2.10}$$

$$G=C\sin(\omega t)+D\cos(\omega t) \tag{11.2.11}$$

其中A,B,C,D为任意常数，由边界条件和初始条件所决定。

若弦被张紧于相距l的两固定点之间，则边界条件为

$$y(0,t)=0 \tag{11.2.12}$$

$$y(l,t)=0 \tag{11.2.13}$$

由式(11.2.12)得$B=0$，则解的形式为

$$y=\left[C\sin(\omega t)+D\cos(\omega t)\right]\sin\left(\frac{\omega}{c}x\right) \tag{11.2.14}$$

由式(11.2.13)导致方程式

$$\sin\frac{\omega l}{c}=0 \tag{11.2.15}$$

则

$$\frac{\omega_n l}{c} = \frac{2\pi l}{\lambda_n} = n\pi\,, \quad n = 1,2,\cdots \tag{11.2.16}$$

其中，$\lambda_n = c / f_n$ 为波长，f_n 为振荡频率。所以式(11.2.15)即为频率方程。式(11.2.16)中的每一个 n 表示一种主振型的振动，其固有频率取决于下列方程式：

$$f_n = \frac{\omega_n}{2\pi} = \frac{n\pi \cdot c}{l \cdot 2\pi} = \frac{n}{2l} \cdot c = \frac{n}{2l}\sqrt{\frac{T}{\rho}}\,, \quad n = 1,2,\cdots \tag{11.2.17}$$

可以看到，振型曲线是正弦曲线，其分布为

$$Y = \sin\left(n\pi\frac{x}{l}\right) \tag{11.2.18}$$

式(11.2.18)即为弦的振型函数，易知此三角函数是正交函数。

在更一般的情形中，解将包含所有的主振型，而位移方程可写成

$$y(x,t) = \sum_{n=1}^{\infty}\left(C_n \sin\omega_n t + D_n \cos\omega_n t\right)\sin\frac{n\pi x}{l} \tag{11.2.19}$$

$$\omega_n = \frac{n\pi c}{l}$$

其中，C_n 及 D_n 由初始条件 $y(x,0)$ 及 $\dot{y}(x,0)$ 决定。

例 11.2.1　一根长度为 l 的匀质弦，两端固定并用张力 T 张紧。假如弦被变形为任意形状 $y(x,0)$ 然后释放，求方程式(11.2.19)中的系数 C_n 和 D_n。

解　当 t=0 时，位移和速度为

$$y(x,0) = \sum_{n=1}^{\infty} D_n \sin\frac{n\pi x}{l}$$

$$\dot{y}(x,0) = \sum_{n=1}^{\infty} \omega_n C_n \sin\frac{n\pi x}{l} = 0$$

利用三角函数的正交性，第一个方程乘以 $\sin\frac{k\pi x}{l}$，并从 x=0 到 x=l 积分，则除 n=k 项外，右边所有的项将变成零。于是，

$$D_k = \frac{2}{l}\int_0^l y(x,0)\sin\frac{k\pi x}{l}\mathrm{d}x$$

$$C_k = 0\,,\ \ k = 1,2,3,\cdots$$

11.3 杆的纵向振动

假设杆是细的和沿其长度是匀质的。由于轴向力的作用，沿杆将产生位移u，这个位移将是位置x和时间t两者的函数。因为连续杆有无限多个固有振型，因而位移的分布将随每一振型而不同。

研究图 11.3.1 中长度为 dx 的一个杆单元。

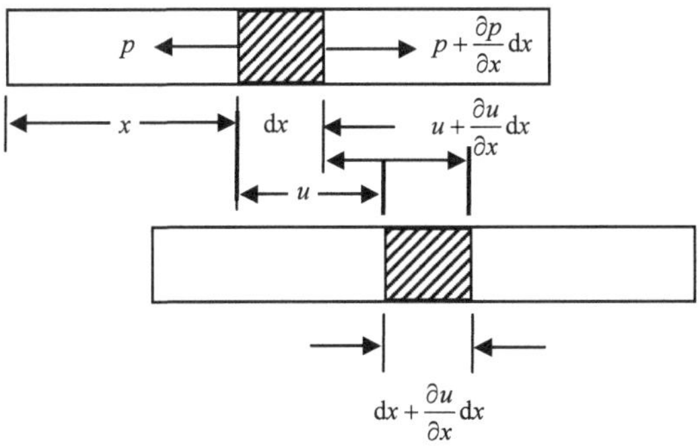

图 11.3.1 杆单元的位移

设u为x处的位移，则$x+\mathrm{d}x$处的位移为$u+(\partial u/\partial x)\mathrm{d}x$。于是，单元 d$x$ 在新的位置上将有数量为$(\partial u/\partial x)\mathrm{d}x$的长度变动，因而单位形变为$\partial u/\partial x$。根据胡克定律：

$$\frac{\partial u}{\partial x}=\frac{P}{AE} \tag{11.3.1}$$

其中，A为杆的横截面积，E为材料的弹性模量。对x求导可得

$$AE\frac{\partial^2 u}{\partial x^2}=\frac{\partial P}{\partial x} \tag{11.3.2}$$

对单元 dx 用牛顿第二定律得

$$\rho A\mathrm{d}x\frac{\partial^2 u}{\partial t^2}=P+\frac{\partial P}{\partial x}-P \tag{11.3.3}$$

其中，ρ为单位体积的质量密度。将式(11.3.2)代入式(11.3.3)并消去 dx，得

$$\frac{\partial^2 u}{\partial t^2}=\frac{E}{\rho}\frac{\partial^2 u}{\partial x^2} \tag{11.3.4}$$

或

$$\frac{1}{c^2}\frac{\partial^2 u}{\partial t^2}=\frac{\partial^2 u}{\partial x^2} \tag{11.3.5}$$

这一方程与弦的振动方程式(11.2.3)相似。杆中波的传播速度为

$$c=\sqrt{\frac{E}{\rho}} \tag{11.3.6}$$

设解的形式为

$$u(x,t)=U(x)G(t) \tag{11.3.7}$$

将得出与式(11.2.10)及式(11.2.11)类似的两个常微分方程为

$$U(x)=A\sin\left(\frac{\omega}{c}x\right)+B\cos\left(\frac{\omega}{c}x\right) \tag{11.3.8}$$

$$G(t)=C\sin(\omega t)+D\cos(\omega t) \tag{11.3.9}$$

同理，可以求得问题的解。

例 11.3.1　求一个自由–自由杆的固有频率和振型形式。

解　首先分析边界条件。

对于自由一自由的边界条件很易得知力的边界条件为：其端部的应力为零。由式(11.3.1)应力为

$$\frac{P}{A}=E\cdot\frac{\partial u}{\partial x} \tag{a}$$

所以推得位移边界条件为

$$\left(\frac{\partial u}{\partial x}\right)_{x=0}=0 \tag{b}$$

及

$$\left(\frac{\partial u}{\partial x}\right)_{x=l}=0 \tag{c}$$

于是，得到两个方程

$$A\frac{\omega}{c}\left[C\sin(\omega t)+D\cos(\omega t)\right]=0 \tag{d}$$

$$\frac{\omega}{c}\left[A\cos\left(\frac{\omega l}{c}\right)-B\sin\left(\frac{\omega l}{c}\right)\right]\cdot\left[C\sin(\omega t)+D\cos(\omega t)\right]=0 \tag{e}$$

因为这两个方程对任意时刻 t 成立，所以从第一个方程(d)得

$$A=0$$

又因为 B 必须是有限的，所以方程(e)需满足的条件是

$$\sin\left(\frac{\omega l}{c}\right)=0$$

或

$$\frac{\omega_n l}{c}=\omega_n l\sqrt{\frac{\rho}{E}}=n\pi,\quad n=0,1,2,3,\cdots$$

这就是自由–自由杆纵向振动的频率方程，由此可得振动频率为

$$\omega_n=\frac{n\pi}{l}\sqrt{\frac{E}{\rho}}$$

$$f_n=\frac{n}{2l}\sqrt{\frac{E}{\rho}}$$

其中，n 代表振型的次数。起始位移为零时，自由–自由杆的解可以写成

$$u=u_0\cos\left(\frac{n\pi}{l}x\right)\sin\left(\frac{n\pi}{l}x\sqrt{\frac{E}{\rho}}t\right)$$

所以，沿杆的纵向振动的振幅是具有 n 个结点的余弦波，其中 u_0 可由下面的关系推得

$$u(x,t)=\cos\left(\frac{\omega}{c}x\right)\left[C\sin(\omega t)+D\cos(\omega t)\right]$$

由初始条件

$$u(x,0)=0$$

得

$$D\cos\left(\frac{\omega}{c}x\right)=0$$

所以

$$D=0$$
$$u(x,t)=C\cos\left(\frac{\omega}{c}x\right)\sin(\omega t)$$
$$\dot{u}(x,t)=\cos\left(\frac{\omega}{c}x\right)\cdot\left[C\omega\cos(\omega t)\right]$$
$$\dot{u}(x,0)=C\omega\cos\left(\frac{\omega}{c}x\right)$$

利用三角函数的正交性，得

$$C=\frac{2}{\omega l}\int_0^l \dot{u}(x,0)\cos\left(\frac{\omega}{c}x\right)\mathrm{d}x \triangleq u_0$$

11.4　杆的扭转振动

令 x 是沿杆的长度方向的坐标，则在杆的任一长度 $\mathrm{d}x$ 上，由扭矩 T 引起的转角为

$$\mathrm{d}\theta=\frac{T}{I_{\mathrm{P}}G}\mathrm{d}x \tag{11.4.1}$$

其中，$I_{\mathrm{P}}G$ 是由横截面面积的极惯矩 I_{P} 和剪切模量 G 的乘积给出的扭转刚度。作用于单元两个端面上的扭矩分别为 T 和 $T+(\partial T/\partial x)\mathrm{d}x$，如图 11.4. 1 所示。

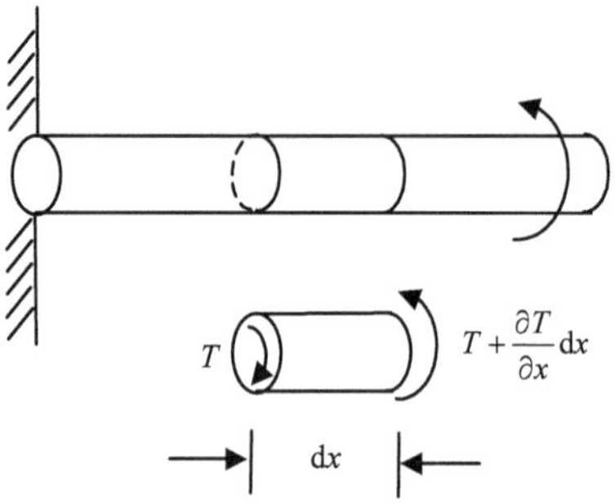

图 11.4.1　作用于单元体 dx 上的扭矩

该单元体的惯性矩是 $\rho I_{\mathrm{P}}\mathrm{d}x$，角加速度是 $\dfrac{\partial^2\theta}{\partial t^2}$，合力矩为 $(\partial T/\partial x)\mathrm{d}x$，由式(11.4.1)可得

$$\frac{\partial T}{\partial x}=I_{\mathrm{P}}G\frac{\partial^2\theta}{\partial t^2} \tag{11.4.2}$$

由动量矩定理得

$$\rho I_{\mathrm{P}}\mathrm{d}x\cdot\frac{\partial^2\theta}{\partial t^2}=I_{\mathrm{P}}G\frac{\partial^2\theta}{\partial x^2}\mathrm{d}x \tag{11.4.3}$$

或

$$\frac{\partial^2\theta}{\partial t^2}=\frac{G}{\rho}\frac{\partial^2\theta}{\partial x^2} \tag{11.4.4}$$

这一方程与杆的纵向振动方程具有相同的形式，其一般解可直接解出

$$\theta(x,t)=\left[A\sin\left(\omega\sqrt{\frac{\rho}{G}}x\right)+B\cos\left(\omega\sqrt{\frac{\rho}{G}}x\right)\right]\cdot\left[C\sin(\omega t)+D\cos(\omega t)\right] \tag{11.4.5}$$

同理，可由边界条件确定频率和振型，由初始条件确定常数C和D。

例 11.4.1 求图 11.4.2 所示一端固定、一端自由的匀质杆扭转振动时的固有频率方程。

解 设$t=0$时，$\theta=0$，有D=0，则由式(11.4.5)知

$$\theta=\left[A\sin\left(\omega\sqrt{\frac{\rho}{G}}x\right)+B\cos\left(\omega\sqrt{\frac{\rho}{G}}x\right)\right]\sin(\omega t)$$

边界条件为

(1) $x=0,\quad \theta=0;$

(2) $x=l,\quad T=0,$ 即 $\dfrac{\partial\theta}{\partial x}=0$

因此

$$B=0$$

$$\theta=A\sin\left(\omega\sqrt{\frac{\rho}{G}}x\right)\sin(\omega t)$$

$$\cos\left(\omega\sqrt{\frac{\rho}{G}}l\right)=0$$

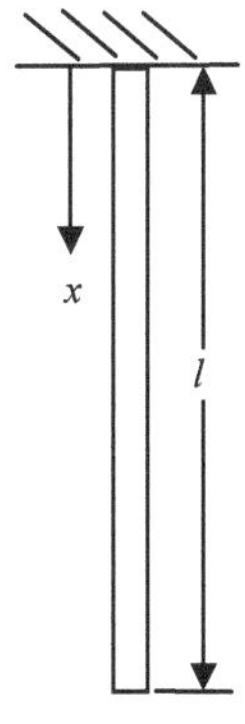

图 11.4.2 悬臂杆的扭振模型

$$\omega_n\sqrt{\frac{\rho}{G}}l=\frac{\pi}{2},\frac{3\pi}{2},\cdots,\left(n+\frac{1}{2}\right)\pi$$

频率由下面的方程决定

$$\omega_n=\left(n+\frac{1}{2}\right)\frac{\pi}{l}\sqrt{\frac{G}{\rho}},\quad n=0,1,\cdots$$

例 11.4.2　一个油井的钻管下端与装有钻头的钻杆联结在一起。假设钻管是均匀的，其上端固定，钻杆和钻头可用惯矩为 J_0 的终端质量来代表，如图 11.4.3 所示。求固有频率的计算公式。

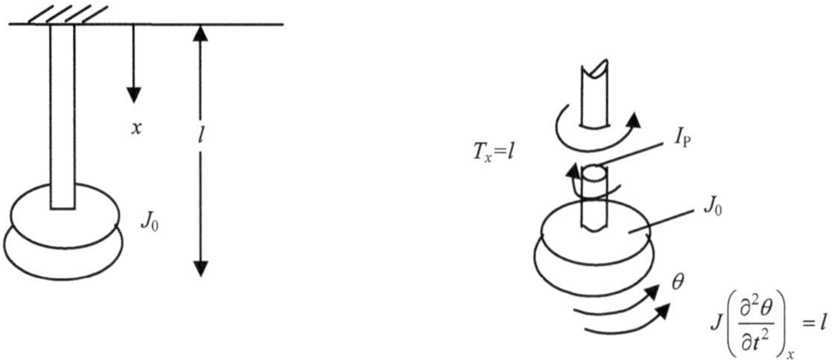

图 11.4.3　一端有集中质量的杆的扭振模型

解　由上端边界条件 $x=0$，$\theta=0$ 导出 $B=0$；下端边界条件是力的边界条件，但可转换成位移边界条件。

在 $x=l$ 处，由于圆盘的存在，扭矩不再等于零，而应等于扭转振动的惯性矩，即

由分离体得到扭矩为

$$T_{x=l}=GI_P\left(\frac{\partial\theta}{\partial x}\right)_{x=l}$$

圆盘的惯性矩为

$$J_0\left(\frac{\partial^2\theta}{\partial t^2}\right)_{x=l}=J_0\omega^2\theta_{x=l}$$

由达朗贝尔原理或由动量矩定理得

$$GI_P\left(\frac{\partial\theta}{\partial x}\right)_{x=l}=J_0\omega^2\theta_{x=l}$$

将 $\theta = A\sin\left(\omega\sqrt{\frac{\rho}{G}}x\right)\sin(\omega t)$ 代入上式得

$$GI_{\mathrm{P}}\cdot\omega\sqrt{\frac{\rho}{G}}\cos\left(\omega\sqrt{\frac{\rho}{G}}l\right)=J_0\omega^2\sin\left(\omega\sqrt{\frac{\rho}{G}}l\right)$$

整理得

$$\tan\left(\omega l\sqrt{\frac{\rho}{G}}\right)=\frac{GI_{\mathrm{P}}}{J_0\omega}\sqrt{\frac{\rho}{G}}=\frac{I_{\mathrm{P}}}{J_0\omega}\sqrt{G\rho}$$

$$=\frac{I_{\mathrm{P}}\rho l}{J_0\omega l}\sqrt{\frac{G}{\rho}}=\frac{J_{\text{杆}}}{J_0\omega l}\sqrt{\frac{G}{\rho}}$$

其中，$J_{\text{杆}}=I_{\mathrm{P}}\rho l$ 为杆的惯性距。这个方程属于如下形式的方程：

$$\beta\tan\beta=\frac{J_{\text{杆}}}{J_0}$$

其中

$$\beta=\omega l\sqrt{\frac{\rho}{G}}$$

对于这类方程通常可由图解法或查表法或其他数值方法求解。

11.5　轴系的扭转振动

对轴系扭振的设计及特性分析，一般采用传统的解析法、等效集中质量法、有限元法、传递矩阵法等，它们均有一定的不足。这里介绍一种四端网络方法，应用机械阻抗原理，从系统的输入阻抗入手，分析轴系的谐振特征、频率方程、各阶模态等性能。四端网络法的模型精确、算法简便迅捷，易于实现计算机辅助设计和性能仿真。

1. 扭转系统的四端网络模型

1）扭振运动方程及其求解

假设有一均质变截面杆，长为 L，横截面对中心的极惯性矩为 $I_{\mathrm{P}}(x)$，质量密度为 ρ，剪切弹性模量为 G。建立如图 11.5.1 所示的坐标系，图中 M 表示扭矩，θ 表示扭转角，Z_R 为输出端的负载。

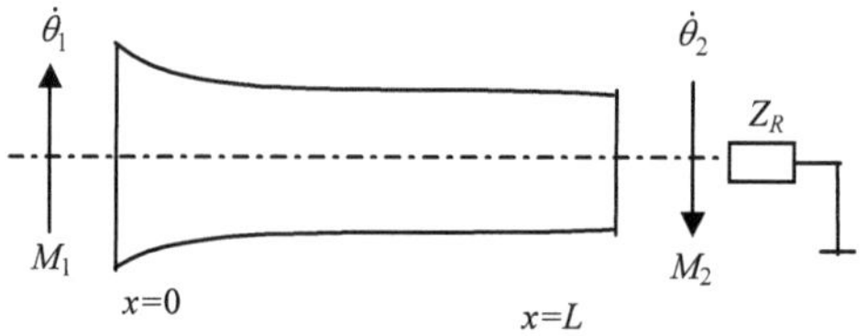

图 11.5.1　变截面杆作扭转振动的示意图

显然，x 截面的扭转角位移θ是坐标 x 和时间 t 两个变量的函数，即$\theta=\theta(x,t)$，不难得到其扭转振动的运动控制方程为

$$\frac{\partial^2\theta}{\partial x^2}+\frac{1}{I_{\mathrm{P}}}\frac{\mathrm{d}I_{\mathrm{P}}}{\mathrm{d}x}\frac{\partial\theta}{\partial x}=\frac{1}{C_s^2}\frac{\partial^2\theta}{\partial t^2} \tag{11.5.1}$$

其中，$C_s=\sqrt{G/\rho}$ 为杆中扭振波速。

如果变截面杆受角频率为ω的简谐激励，则方程式(11.5.1)变为

$$\frac{\mathrm{d}^2\theta}{\mathrm{d}x^2}+\frac{1}{I_{\mathrm{P}}}\frac{\mathrm{d}I_{\mathrm{P}}}{\mathrm{d}x}+\frac{\mathrm{d}\theta}{\mathrm{d}x}+k^2\theta=0 \tag{11.5.2}$$

其中，$k=\omega/C_s$ 称为波数。

对方程式(11.5.2)作变换 $\theta=\dfrac{y}{\sqrt{I_{\mathrm{P}}}}$,可得到

$$\frac{\mathrm{d}^2y}{\mathrm{d}x^2}+k_1^2y=0 \tag{11.5.3}$$

其中，$k_1^2=k^2-\dfrac{1}{\sqrt{I_{\mathrm{P}}}}\dfrac{\mathrm{d}^2\left(\sqrt{I_{\mathrm{P}}}\right)}{\mathrm{d}x^2}$。

显然只有当 k_1^2 为正常数时，方程式(11.5.3)才有简谐解

$$y=A\sin(k_1x)+B\cos(k_1x)$$

此时

$$\theta=\frac{1}{\sqrt{I_{\mathrm{P}}}}\left[A\sin(k_1x)+B\cos(k_1x)\right] \tag{11.5.4}$$

2）四端网络的模型结构

根据变截面杆两端的边界条件，可得到其机械运动方程组为

$$M_1 = -\frac{\rho C_s}{\mathrm{j}2k}\frac{\mathrm{d}I_{\mathrm{P1}}}{\mathrm{d}x}\dot{\theta}_1 - \frac{\rho C_s k_1 I_{\mathrm{P1}}}{\mathrm{j}k\tan(k_1 L)}\dot{\theta}_1 - \frac{\rho C_s k_1\sqrt{I_{\mathrm{P1}}I_{\mathrm{P2}}}}{\mathrm{j}k\sin(k_1 L)}\dot{\theta}_2 \tag{11.5.5a}$$

$$M_2 = \frac{\rho C_s k_1\sqrt{I_{\mathrm{P1}}I_{\mathrm{P2}}}}{\mathrm{j}k\sin(k_1 L)}\dot{\theta}_1 - \frac{\rho C_s k_1 I_{\mathrm{P2}}}{\mathrm{j}k\tan(k_1 L)}\dot{\theta}_2 + \frac{\rho C_s}{\mathrm{j}2k}\frac{\mathrm{d}I_{\mathrm{P2}}}{\mathrm{d}x}\dot{\theta}_2 \tag{11.5.5b}$$

方程组(11.5.5a)和(11.5.5b)可化为

$$\begin{bmatrix}\dot{\theta}_2\\ M_2\end{bmatrix} = \begin{bmatrix}\alpha_{11} & \alpha_{12}\\ \alpha_{21} & \alpha_{22}\end{bmatrix}\begin{bmatrix}\dot{\theta}_1\\ M_1\end{bmatrix} \tag{11.5.6}$$

由矩阵方程式(11.5.6)知，任意单一截面杆可等效为一四端网络，如图 11.5.2 所示，方程式(11.5.6)称为传输特性方程。

定义 $A=\begin{bmatrix}\alpha_{11} & \alpha_{12}\\ \alpha_{21} & \alpha_{22}\end{bmatrix}$ 为四端网络传输矩阵；相应地，称 $\alpha_{11},\alpha_{12},\alpha_{21},\alpha_{22}$ 为四端网络传输参数，它们仅与截面杆的形状参数有关。

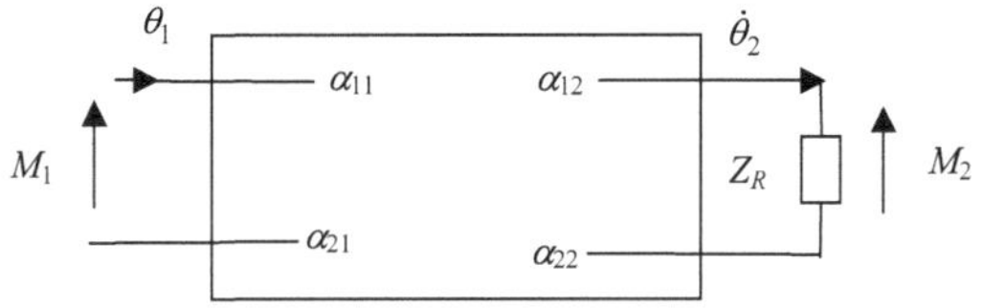

图 11.5.2 单一变截面杆的等效四端网络

在实际应用中，扭振系统往往是由多个单一截面轴单元组合而成的复合系统。如果将组成系统的每一个环节都等效为一四端网络，然后将相应各传输矩阵连续相乘，就可得到系统的整体四端网络及其传输矩阵，如图(11.5.3)所示。扭振系统的性能取决于其整体四端网络传输矩阵。

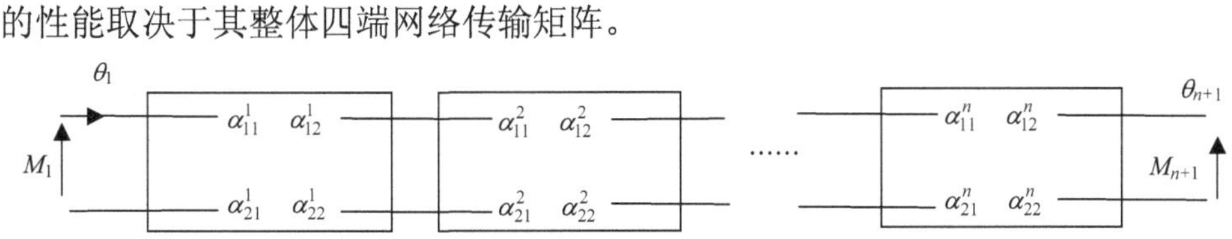

图 11.5.3 组合式扭振系统的等效四端网络串联图

按其组合的顺序，将各级传输矩阵连续相乘，可得到复合扭振系统的整体传输矩阵为

$$\begin{bmatrix}\alpha_{11} & \alpha_{12}\\ \alpha_{21} & \alpha_{22}\end{bmatrix}=\begin{bmatrix}\alpha_{11}^{n} & \alpha_{12}^{n}\\ \alpha_{21}^{n} & \alpha_{22}^{n}\end{bmatrix}\begin{bmatrix}\alpha_{11}^{n-1} & \alpha_{12}^{n-1}\\ \alpha_{21}^{n-1} & \alpha_{22}^{n-1}\end{bmatrix}\cdots\begin{bmatrix}\alpha_{11}^{1} & \alpha_{12}^{1}\\ \alpha_{21}^{1} & \alpha_{22}^{1}\end{bmatrix} \tag{11.5.7}$$

3）轴单元类型及其四端网络传输参数

在扭振系统中，为保证其有简谐解，一般采用等截面、圆锥型、指数型、悬链线型等单元，它们对应不同的四端网络传输参数。

2．扭振系统的设计及特性分析

由扭振系统的四端网络传输特性方程，可得到其输入阻抗和频率方程，从而可计算其准确的固有频率；或在固有频率已知的情况下，准确设计系统的结构尺寸。此外，还可分析扭振系统的阻抗特性、频率特性及各阶模态等。

1）阻抗分析

假设扭振系统输出端的负载为 Z_R，根据四端网络传输特性方程式(11.5.7)，可得到系统的输入阻抗为

$$Z_{\text{in}}=\frac{\alpha_{11}Z_R-\alpha_{21}}{\alpha_{22}-\alpha_{12}Z_R} \tag{11.5.8}$$

当振动系统的输出端自由(空载)时，即 $Z_R=0$ 其输入阻抗为

$$Z_{\text{in}}=-\frac{\alpha_{21}}{\alpha_{22}} \tag{11.5.9}$$

2）频率方程和两端扭转角速度比

振动系统的频率方程可从系统输入阻抗的表达式直接得到。广义地说，振动系统可以有半波长和四分之一波长两种谐振特征，它们对应着不同的频率方程。在实际应用中，常用的是半波长谐振特征的扭振系统，因此仅给出这一特殊情形。

所谓半波长谐振特征，是指空载时输入阻抗 $Z_{\text{in}}=0$ 的情形，由式(11.5.9)得频率方程为

$$\alpha_{21}=0 \tag{11.5.10}$$

当振动系统的输出端具有负载时，其输入阻抗为

$$Z_{\text{in}}=\frac{\alpha_{11}Z_R}{\alpha_{22}-\alpha_{12}Z_R} \tag{11.5.11}$$

3）模态分析

假设系统的输入状态向量已知，那么由四端网络传输特性方程，可以求出扭振系统任意位置上状态向量的精确值，由此可得到系统的振型函数和应力分布。

振型函数反映的是一种比例关系，与输入到系统的功率无关；而应力分布与输入到系统的功率大小直接有关。

3．应用举例

由于四端网络具有统一的模型结构，各种形状的轴单元又有其特定的传输参数，从而使系统串联网络个数减到最少，因而非常容易实现计算机辅助设计和分析。特别是四端网络传输矩阵的阶数低(只有四阶)，其参数又有精确的表达式，从而克服了有限元等数值方法庞大的运算工作量和精度限制等缺陷。

例 11.5.1 试分析下列组合式轴系统，其几何形状如图 11.5.4 所示，$D_1=D_5=200\text{mm}$, $D_2=D_4=300\text{mm}$, $D_3=400\text{mm}$, $L_1=L_5=4500\text{mm}$,$L_2=L_4=6500\text{mm}$, $L_3=8000\text{mm}$,材料密度为 $\rho=7850\text{kg/m}^3$，剪切弹性模量为 $G=815\times10^9\text{N/m}^2$ 。

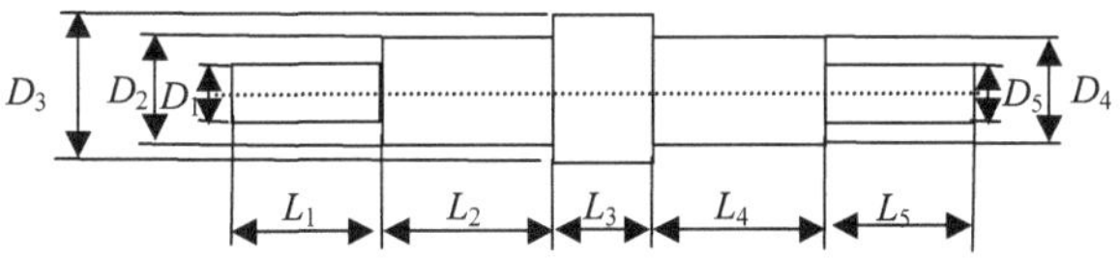

图 11.5.4 组合式轴系的结构简图

解 按四端网络方法，图 11.5.4 所示轴系可等效为图 11.5.5 所示的四端网络串联图，其中 $a_{11}^i,a_{12}^i,a_{21}^i,a_{22}^i$ 分别为第 i 段轴单元对应的四端网络传输参数，$i=1,2,\cdots,5$ 。这样，系统的整体传输矩阵为

$$\begin{bmatrix}\alpha_{11} & \alpha_{12}\\ \alpha_{21} & \alpha_{22}\end{bmatrix}=\begin{bmatrix}\alpha_{11}^5 & \alpha_{12}^5\\ \alpha_{21}^5 & \alpha_{22}^5\end{bmatrix}\begin{bmatrix}\alpha_{11}^4 & \alpha_{12}^4\\ \alpha_{21}^4 & \alpha_{22}^4\end{bmatrix}\cdots\begin{bmatrix}\alpha_{11}^1 & \alpha_{12}^1\\ \alpha_{21}^1 & \alpha_{22}^1\end{bmatrix}$$

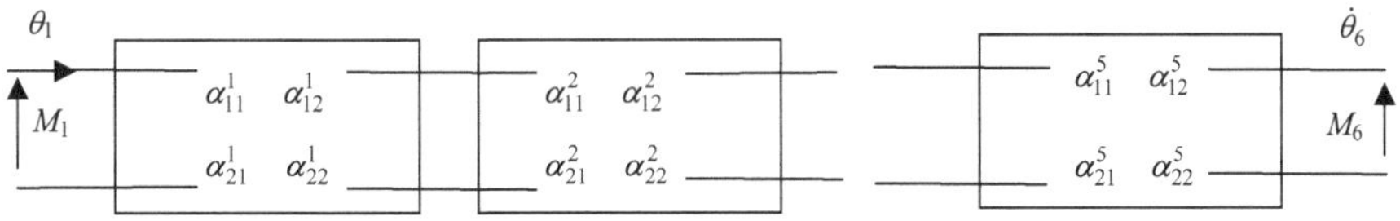

图 11.5.5 组合式轴系的等效四端网络串联图

根据频率方程式(11.5.10)，可以求得系统的各阶固有频率，其前四阶的扭振固有频率为

$$f_1=88.589\text{Hz},\quad f_2=117.547\text{Hz},\quad f_3=176.508\text{Hz},\quad f_4=196.468\text{Hz}$$

当输出端自由时，系统的输入阻抗由式(11.5.9)给出，其频率特性如图 11.5.6 所示。

假设系统的输入状态向量为

$$z_1 = \begin{bmatrix} \dot{\theta} \\ M_1 \end{bmatrix} = \begin{bmatrix} 1 \\ 0 \end{bmatrix}$$

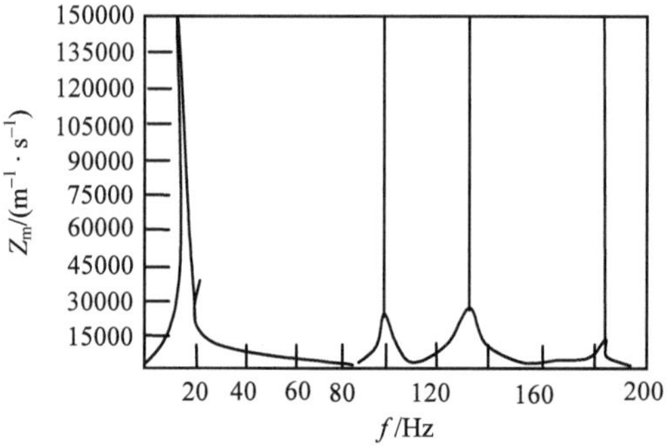

图 11.5.6 空载时系统输入阻抗的频率特性

根据四端网络传输特性方程，可求得轴系任意截面上状态向量的精确值，由此可得到系统的各阶模态，图 11.5.7 给出了其前 4 阶位移模态的仿真结果。

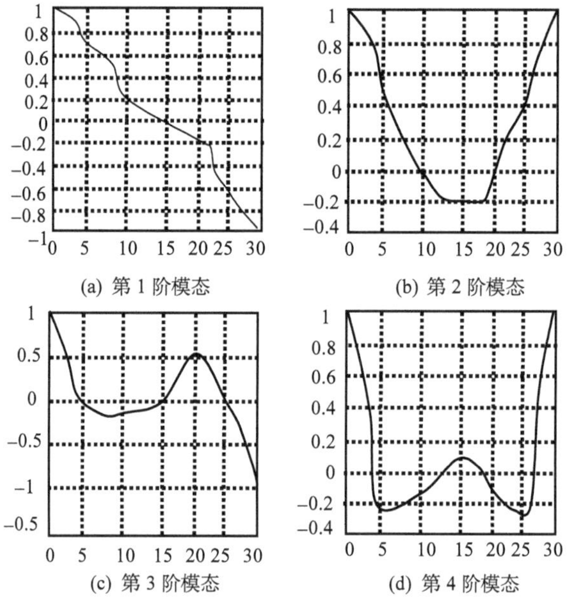

图 11.5.7 系统前 4 阶位移模态的仿真结果

11.6 梁横向振动的一般情况

1. 梁振动的运动微分方程

1）欧拉梁的定义

(1) x 轴即中性轴，无拉伸也无压缩；

(2) 保持平面假设，即变形前后保持横截面与中性轴垂直，忽略剪切变形的影响；

(3) 材料是线弹性的，梁是各向同性的；

(4) σ_y 和 σ_z 相对 σ_x 来讲可以忽略不计；

(5) x-y 平面是主平面，梁在主平面内振动；

(6) 忽略转动惯量的影响。

以上假设中，最本质的是不考虑剪切变形和转动惯量的影响。

2）运动方程

为了确定梁的横向振动微分方程，研究图 11.6.1 中所示的作用于梁的一个单元上的力和力矩。

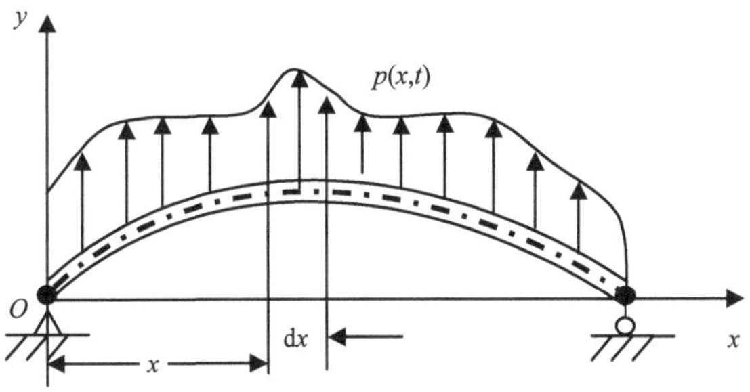

(a) 载荷作用下梁的弯曲

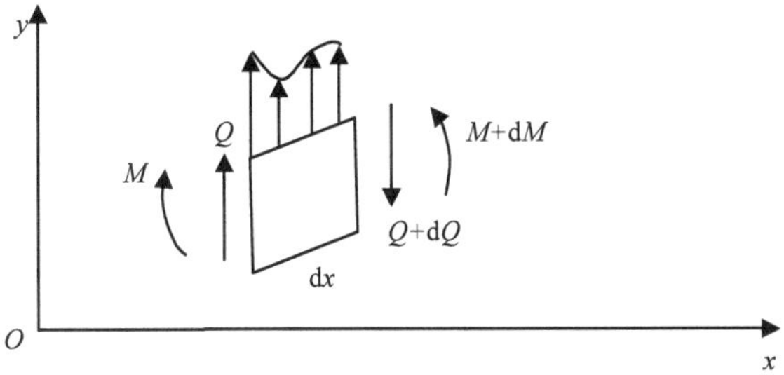

(b) 作用于单元体上的力

图 11.6.1 承受横向动载荷的梁

那么根据材料力学的知识可得

$$EI\frac{d^2y}{dx^2}=M \tag{11.6.1}$$

其中，EI 为梁的抗弯刚度，M 为截面上的弯矩。

进一步可以根据单元体的受力情况推得

$$\frac{dM}{dx}=Q$$

$$\frac{dQ}{dx}=p(x,t)$$

则

$$\frac{d^2}{dx^2}\left(EI\frac{d^2y}{dx^2}\right)=p(x,t) \tag{11.6.2}$$

假设 $p(x,t)$ 是梁横向振动的惯性力，那么

$$p(x,t)=-\rho A\frac{\partial^2 y}{\partial t^2} \tag{11.6.3}$$

其中 ρ 为梁的质量密度。

将式(11.6.3)代入式(11.6.2)得梁的横向振动微分方程(梁的欧拉方程)为

$$\frac{\partial^2}{\partial x^2}\left(EI\frac{\partial^2 y}{\partial x^2}\right)=-\rho A\frac{\partial^2 y}{\partial t^2} \tag{11.6.4}$$

如果 EI 沿梁长保持常值，则得到

$$EI\frac{\partial^4 y}{\partial x^4}=-\rho A\frac{\partial^2 y}{\partial t^2} \tag{11.6.5}$$

记

$$\alpha=\sqrt{\frac{EI}{\rho A}} \tag{11.6.6}$$

则

$$\frac{\partial^2 y}{\partial t^2}+\alpha^2\frac{\partial^4 y}{\partial x^4}=0 \tag{11.6.7}$$

3) *方程的解*

对于偏微分方程式(11.6.7)，同样可用分离变量的方法。令

$$y(x,t)=X(x)G(t) \tag{11.6.8}$$

当梁按主振型振动时，各点的变化是时间的简谐函数，即

$$y=X[A\sin(\omega t)+B\cos(\omega t)] \tag{11.6.9}$$

其中，X 即为振型函数．它是 x 的函数，确定了梁的主振动的形状。

将式(11.6.9)代入式(11.6.7)得

$$\frac{\partial^4 X}{\partial x^4}=\frac{\omega^2}{\alpha^2}X \tag{11.6.10}$$

记

$$k^4=\frac{\omega^2}{\alpha^2}=\frac{\omega^2 A\rho}{EI} \tag{11.6.11}$$

容易验证 $\sin(kx)$, $\cos(kx)$, $\sinh(kx)$, $\cosh(kx)$ 都是式(11.6.10)的特解，于是该方程的通解为

$$X=C_1\sin(kx)+C_2\cos(kx)+C_3\sinh(kx)+C_4\cosh(kx) \tag{11.6.12}$$

其中，$C_1\sim C_4$ 四个常数由梁的边界条件决定。

对于简支端，挠度和弯矩都为零，即

$$X=0\,,\quad \frac{\mathrm{d}^2 X}{\mathrm{d}x^2}=0 \tag{11.6.13}$$

对于固支端，挠度和曲线斜率为零，即

$$X=0\,,\quad \frac{\mathrm{d}X}{\mathrm{d}x}=0 \tag{11.6.14}$$

对于自由端，弯矩和剪力为零，即

$$\frac{\mathrm{d}^2 X}{\mathrm{d}x^2}=0\,,\quad \frac{\mathrm{d}^3 X}{\mathrm{d}x^3}=0 \tag{11.6.15}$$

一根平面静定梁总共有四个端点条件，这四个端点条件是由式(11.6.13)～式(11.6.15)的某种组合。根据这四个条件可以确定各常数之间的比值，还可以得到

频率方程。这样各个振型及频率都可以求出来。把一切可能的振型叠加在一起，得到欧拉梁的横向振动一般表达式为

$$y(x,t)=\sum_{i=1}^{\infty}X_i\left[A_i\sin(\omega_i t)+B_i\cos(\omega_i t)\right] \tag{11.6.16}$$

下面讨论各种端条件下式(11.6.12)的通解。

2．几种典型边界条件下欧拉方程的通解

1）两端铰支梁

为了解题的方便，将通解式(11.6.12)改写为如下形式：

$$\begin{aligned}X=&C_1\left[\cos(kx)+\cosh(kx)\right]+C_2\left[\cos(kx)-\cosh(kx)\right]\\&+C_3\left[\sin(kx)+\sinh(kx)\right]+C_4\left[\sin(kx)-\sinh(kx)\right]\end{aligned} \tag{11.6.17}$$

对于简支梁，两端铰支的边界条件是

(1) $X_{x=0}=0$；

(2) $\left(\dfrac{\mathrm{d}^2X}{\mathrm{d}x^2}\right)_{x=0}=0$；

(3) $X_{x=l}=0$；

(4) $\left(\dfrac{\mathrm{d}^2X}{\mathrm{d}x^2}\right)_{x=l}=0$。

由条件(1)和(2)得

$$C_1=C_2=0$$

由条件(3)和(4)得

$$C_3=C_4$$

及

$$\sin(kl)=0 \tag{11.6.18}$$

式(11.6.18)即为简支梁振动的频率方程(或特征方程)，而

$$kl=\pi,2\pi,3\pi,\cdots \tag{11.6.19}$$

是这个方程的根(即特征根)。

按照式(11.6.11)，主振型的圆频率是

$$\begin{cases} \omega_1 = \alpha k_1^2 = \dfrac{\alpha \pi^2}{l^2} \\ \omega_2 = \dfrac{4\alpha\pi^2}{l^2} \\ \omega_3 = \dfrac{4\alpha\pi^2}{l^2} \\ \quad\vdots \end{cases} \tag{11.6.20}$$

而任一主振型的频率为

$$f_n = \frac{\omega_n}{2\pi} = \frac{n^2 \pi}{2l^2}\sqrt{\frac{EI}{A\rho}} \tag{11.6.21}$$

由式(11.6.21)可见，振动周期与杆长的平方$\left(l^2\right)$成正比，与截面积的回转半径$\left(\sqrt{I/A}\right)$成反比。那么，在几何上相似的杆子，振动周期与杆长的平方成正比增加。

对于这个问题，振型函数为

$$X(x) = D\sin(kx) \tag{11.6.22}$$

对于各个k值有

$$X_1 = D_1 \sin\frac{\pi x}{l}$$

$$X_2 = D_2 \sin\frac{2\pi x}{l}$$

$$X_3 = D_3 \sin\frac{3\pi x}{l}$$

$$\vdots$$

可见，在这种端点条件下的主振动是一系列正弦曲线。各种振型下全杆长上的半波形数目是1,2,3,…把这些正弦振动曲线叠加起来，任何初始条件所引起的自由振动可表示为

$$y(x,t) = \sum_{i=1}^{\infty} \sin\frac{i\pi x}{l}\left[A_i \sin(\omega_i t) + B_i \cos(\omega_i t)\right] \tag{11.6.23}$$

其中，A_i, B_i 由具体的初始条件决定。

如果初始条件为

$$(y)_{t=0} = f(x), \quad (\dot{y})_{t=0} = f_1(x)$$

将此条件代入式(11.6.23)，得

$$(y)_{t=0} = f(x) = \sum_{i=1}^{\infty} B_i \sin\frac{i\pi x}{l}$$

$$(\dot{y})_{t=0} = f_1(x) = \sum_{i=1}^{\infty} A_i \omega_i \sin\frac{i\pi x}{l}$$

上式中，系数可按通常求解三角级数系数的方法求解。用 $\sin(i\pi x/l)$ 分别乘以上两式的左右两端，然后从 $x=0$ 到 $x=l$ 积分，得

$$A_i = \frac{2}{l\omega_i}\int_0^l f_1(x)\sin\frac{i\pi x}{l}\mathrm{d}x \tag{11.6.24}$$

$$B_i = \frac{2}{l}\int_0^l f(x)\sin\frac{i\pi x}{l}\mathrm{d}x \tag{11.6.25}$$

将式(11.6.24)及式(11.6.25)求解，即得简支梁振动系数的通式。

例 11.6.1　设 $t=0$ 时，梁是直的，外来的冲击使距左端为 c 的一小段 δ 梁长上得到一个初速 v，这种情况下有

$$f(x) = 0, \quad 0 \leqslant x \leqslant l$$

$$f_1(x) = \begin{cases} v, & |x-c| \leqslant \delta \\ 0, & \text{其他} \end{cases}$$

将此条件代入到式(11.6.24)及式(11.6.25)得

$$B_i = 0$$

$$A_i = \frac{2}{l\omega_i} v\delta \sin\frac{i\pi c}{l}$$

$$y = \frac{2v\delta}{l}\sum_{i=1}^{\infty}\frac{1}{\omega_i}\sin\frac{i\pi c}{l}\sin\frac{i\pi x}{l}\sin(\omega_i t)$$

如果$c=\dfrac{l}{2}$，即撞击在杆的中点上，则

$$y=\frac{2v\delta}{l}\left[\frac{1}{\omega_1}\sin\frac{\pi x}{l}\sin\left(\omega_1 t\right)-\frac{1}{\omega_3}\sin\frac{3\pi x}{l}\sin\left(\omega_3 t\right)+\frac{1}{\omega_5}\sin\frac{5\pi x}{l}\sin\left(\omega_5 t\right)-\cdots\right]$$

$$=\frac{2v\delta l}{\alpha\pi^2}\left[\frac{1}{1}\sin\frac{\pi x}{l}\sin\left(\omega_1 t\right)-\frac{1}{9}\sin\frac{3\pi x}{l}\sin\left(\omega_3 t\right)+\frac{1}{25}\sin\frac{5\pi x}{l}\sin\left(\omega_5 t\right)-\cdots\right]$$

由此可见，这时只有与中点对称的那些振型才会发生，而且各阶振型的振幅与$\left(1/i^2\right)$成比例地下降。

2）两端自由的梁

自由–自由梁的边界条件为

(1) $\left(\dfrac{\mathrm{d}^2X}{\mathrm{d}x^2}\right)_{x=0}=0$；

(2) $\left(\dfrac{\mathrm{d}^3X}{\mathrm{d}x^3}\right)_{x=0}=0$；

(3) $\left(\dfrac{\mathrm{d}^2X}{\mathrm{d}x^2}\right)_{x=l}=0$；

(4) $\left(\dfrac{\mathrm{d}^3X}{\mathrm{d}x^3}\right)_{x=l}=0$。

由条件(1)和(2)得

$$C_2=C_4=0$$

所以

$$X=C_1\left[\cos(kx)+\cosh(kx)\right]+C_3\left[\sin(kx)+\sinh(kx)\right]$$

由条件(3)和(4)得

$$\begin{cases}C_1\left[-\cos\left(kl\right)+\cosh\left(kl\right)\right]+C_3\left[-\sin\left(kl\right)+\sinh\left(kl\right)\right]=0\\ C_1\left[\sin\left(kl\right)+\sinh\left(kl\right)\right]+C_3\left[-\cos\left(kl\right)+\cosh\left(kl\right)\right]=0\end{cases}$$

因为C_1,C_3为非零解的条件是方程组的系数行列式为零，据此得其频率方程为

$$\left[-\cos\left(kl\right)+\cosh\left(kl\right)\right]^2-\left[\sin\mathrm{h}^2\left(kl\right)\right]-\left[\sin^2\left(kl\right)\right]=0 \tag{11.6.26}$$

已知

$$\cosh^2(kl) - \sinh^2(kl) = 1$$

$$\cos^2(kl) + \sin^2(kl) = 1$$

频率方程式(11.6.26)可进一步化简为

$$\cos(kl)\cosh(kl) = 1 \tag{11.6.27}$$

方程(11.6.27)的前 6 个根是

$$k_1 l = 0\,,\quad k_2 l = 4.730\,,\quad k_3 l = 7.853$$

$$k_4 l = 10.996\,,\quad k_5 l = 14.137\,,\quad k_6 l = 17.279$$

各阶频率为

$$f_1 = 0\,,\quad f_2 = \frac{\omega_2}{2\pi} = \frac{k_2^2 \alpha}{2\pi}\,,\quad f_3 = \frac{k_3^2 \alpha}{2\pi}, \cdots$$

其中 f_1 对应刚体位移的频率。将 $\omega_1 = 0$ 代入微分方程式(11.6.25)得

$$\frac{\mathrm{d}^4 X}{\mathrm{d}x^4} = 0 \tag{11.6.28}$$

对其积分并考虑端条件(1)～(4)，得

$$X = a + bx \tag{11.6.29}$$

这代表了平动与转动的组合运动。这个刚体位移可叠加到自由振动中去。

3）两端固定的梁

边界条件为

(1) $X_{x=0} = 0$；

(2) $\left(\dfrac{\mathrm{d}X}{\mathrm{d}x}\right)_{x=0} = 0$；

(3) $X_{x=l} = 0$；

(4) $\left(\dfrac{\mathrm{d}X}{\mathrm{d}x}\right)_{x=l} = 0$。

由(1)和(2)得

$$C_1 = C_3 = 0$$

由(3)和(4)得

$$\begin{cases} C_2\left[\cos(kl) - \cosh(kl)\right] + C_4\left[\sin(kl) - \cosh(kl)\right] = 0 \\ C_2\left[\sin(kl) + \cosh(kl)\right] + C_4\left[-\cos(kl) + \cosh(kl)\right] = 0 \end{cases}$$

同样由系数行列式为零的条件可以得到与式(11.6.27)相同的频率方程，这就意味着两端固定与两端自由的梁具有完全相同的频率。只是根据边界条件和式(11.6.27)，在两端固定的情况下没有相对于 $k_1 l = 0$ 的运动。

4) 一端固定一端自由的梁

边界条件为

(1) $X_{x=0} = 0$；

(2) $\left(\dfrac{\mathrm{d}X}{\mathrm{d}x}\right)_{x=0} = 0$；

(3) $\left(\dfrac{\mathrm{d}^2 X}{\mathrm{d}x^2}\right)_{x=l} = 0$；

(4) $\left(\dfrac{\mathrm{d}^3 X}{\mathrm{d}x^3}\right)_{x=l} = 0$。

由条件(1)和(2)得

$$C_1 = C_3 = 0$$

由条件(3)和(4)，可得频率方程

$$\cos(kl)\cosh(kl) = -1 \tag{11.6.30}$$

方程(11.6.30)的前 6 个根为

$$k_1 l = 1.875\,,\quad k_2 l = 4.694\,,\quad k_3 l = 7.855$$

$$k_4 l = 10.996\,,\quad k_5 l = 14.137\,,\quad k_6 l = 17.279$$

可以看到，频率越高，这些根与前述的自由-自由梁的根越接近。

我们知道，任一振型的频率为

$$f_i = \frac{\omega_i}{2\pi} = \frac{k_i^2 \alpha}{2\pi}$$

基频为

$$f_1 = \frac{\alpha}{2\pi}\left(\frac{1.875}{l}\right)^2$$

振动周期

$$\tau_1 = \frac{1}{f_1} = \frac{2\pi}{3.515}\sqrt{\frac{A\rho l^4}{EI}}$$

这个结果将在后续的讨论中与瑞利法的结果作比较。

5）一端固定、一端简支的梁

边界条件为

(1) $X_{x=0} = 0$；

(2) $\left(\frac{\mathrm{d}X}{\mathrm{d}x}\right)_{x=0} = 0$；

(3) $X_{x=l} = 0$；

(4) $\left(\frac{\mathrm{d}^2X}{\mathrm{d}x^2}\right)_{x=l} = 0$。

由条件(1)和(2)得

$$C_1 = C_3 = 0$$

由条件(3)和(4)得

$$\begin{cases} C_2\left[\cos(kl) - \cosh(kl)\right] + C_4\left[\sin(kl) - \sinh(kl)\right] = 0 \\ C_2\left[-\cos(kl) - \cosh(kl)\right] + C_4\left[-\sin(kl) - \sinh(kl)\right] = 0 \end{cases}$$

由系数行列式为零得

$$\left[\cos(kl) - \cosh(kl)\right]\left[\sin(kl) + \sinh(kl)\right] - \left[\sin(kl) - \sinh(kl)\right]\left[\cos(kl) + \cosh(kl)\right] = 0 \tag{11.6.31}$$

经整理化简得频率方程为

$$\tan(kl) = \tanh(kl) \tag{11.6.32}$$

其根为

$$k_1 l = 3.927,\quad k_2 l = 7.069,\quad k_3 l = 10.210$$

$$k_4 l = 13.352,\quad k_5 l = 16.493, \cdots$$

这些根可由相当准确的公式求得

$$k_i l = \left(i + \frac{1}{4} \right) \pi \tag{11.6.33}$$

现将典型端条件下频率方程的根的平方列于表 11.6.1 中以便分析和使用。

表 11.6.1 典型端条件下的$(k_i l)^2$的值

	1 (基本振型)	2 (第二振型)	3 (第三振型)
铰支–铰支	9.87	39.5	88.9
固定–自由	3.52	22.4	61.7
自由–自由	22.4	61.7	121.0
固定–固定	22.4	61.7	121.0
固定–铰支	15.4	50.0	104.0
铰支–自由	0	15.4	50.0

11.7 梁横向振动的特殊情况

1. 考虑剪切变形与转动惯量的影响

在以上的讨论中，假设梁截面的尺寸与梁长相比甚小，梁的变形曲线可以简单地由微分方程式(11.6.1)表示。现在把截面尺寸对频率的影响计入，也就是在梁的横向振动中考虑剪切变形的影响。在研究梁的高频振动时，这种修正是很重要的。而且对于一些实际的结构，其长度方向的尺寸并不比横截面尺寸大许多，这使得剪切变形的影响成为不可忽视的因素。又由于在振动中每个横截面不仅有位移而且有转动，因此在振动微分方程中还应考虑转动惯量的影响。在分析中考虑了转动惯量和剪切变形影响的梁即是铁摩辛柯梁。

图 11.7.1 表示梁单元体的分离体图和单元变形几何形状示意图。

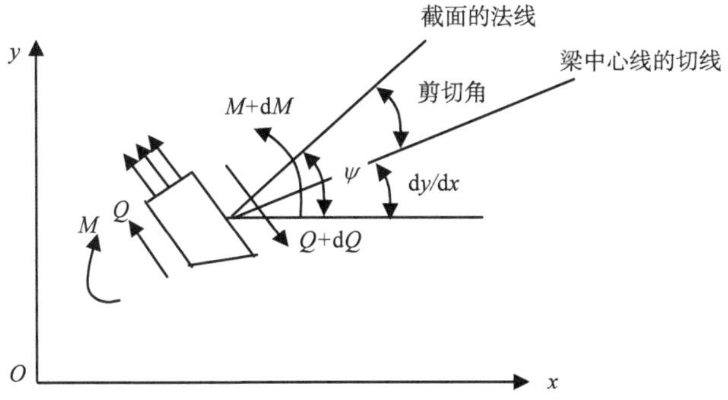

图 11.7.1 剪切变形示意图

如果剪切变形为零，则梁单元体的中心线将与截面的法线重合。由于剪力的作用，长方形单元体将在截面不转动的情况下趋向为菱形，中心线的斜率被剪切角$\left(\psi-\dfrac{\mathrm{d}y}{\mathrm{d}x}\right)$所减小。如果定义：$y$ 为梁中心线的挠度，$\dfrac{\mathrm{d}y}{\mathrm{d}x}$ 为梁中心线的斜率，ψ 为由于弯曲而引起的斜率，$\psi-\dfrac{\mathrm{d}y}{\mathrm{d}x}$ 为斜率损失，等于剪切角，那么梁的弹性方程有两个，分别为

$$\psi-\frac{\mathrm{d}y}{\mathrm{d}x}=\frac{Q}{k'AG} \tag{11.7.1}$$

$$\frac{\mathrm{d}\psi}{\mathrm{d}x}=\frac{M}{EI} \tag{11.7.2}$$

其中，A 为横截面面积，G 为剪切模量，k' 是与横截面的形状相关的系数，EI 为弯曲刚度。

另外，考虑横截面的转动后有两个动力方程

$$J\ddot{\psi}=\frac{\mathrm{d}M}{\mathrm{d}x}-Q \tag{11.7.3}$$

$$m\ddot{y}=-\frac{\mathrm{d}Q}{\mathrm{d}x}+p(x,t) \tag{11.7.4}$$

其中，J 为单位长度梁的转动惯量，$m=\rho A$ 为单位长度梁的质量。

将弹性方程代入动力方程，得

$$\frac{\mathrm{d}}{\mathrm{d}x}\left(EI\frac{\mathrm{d}\psi}{\mathrm{d}x}\right)+k'AG\left(\frac{\mathrm{d}y}{\mathrm{d}x}-\psi\right)-J\ddot{\psi}=0 \tag{11.7.5}$$

$$m\ddot{y}-\frac{\mathrm{d}}{\mathrm{d}x}\left[k'AG\left(\frac{\mathrm{d}y}{\mathrm{d}x}-\psi\right)\right]-p(x,t)=0 \tag{11.7.6}$$

这是梁的运动耦合方程，是运动微分方程的一般形式。

如果消去ψ，而且截面保持常值，即E,I,A等沿 x 方向不变，则式(11.7.5)和式(11.7.6)可以简化成一个单一的方程为

$$\begin{aligned}&EI\frac{\partial^4 y}{\partial x^4}+m\frac{\partial^2 y}{\partial t^2}-\left(J+\frac{EIm}{k'AG}\right)\frac{\partial^4 y}{\partial x^2\partial t^2}+\frac{Jm}{k'AG}\frac{\partial^4 y}{\partial t^4}\\&=p(x,t)+\frac{J}{k'AG}\frac{\partial^2 p}{\partial t^2}-\frac{EI}{k'AG}\frac{\partial^2 p}{\partial x^2}\end{aligned} \tag{11.7.7}$$

式(11.7.7)是包含转动惯量和剪切变形均匀梁振动的一般方程。如果不计转动惯量和剪切变形，由式(11.7.7)得到

$$EI\frac{\partial^4 y}{\partial x^4}+m\frac{\partial^2 y}{\partial t^2}=p(x,t) \tag{11.7.8}$$

这就是前面推导的欧拉梁的振动方程。因此，欧拉方程是一般方程式(11.7.7)的一种特殊情况。

对由式(11.7.5)和式(11.7.6)所表示的振动系统，正交性由下式表示：

$$\int[m(x)\varphi_j\varphi_i+J(x)\psi_j\psi_i]\mathrm{d}x=\begin{cases}0 & (i\neq j)\\ M_i & (i=j)\end{cases} \tag{11.7.9}$$

证 用广义坐标表示挠度和斜率，有

$$y=\sum_j q_j(t)\varphi_j(x) \tag{11.7.10}$$

$$\psi=\sum_j q_j(t)\psi_j(x) \tag{11.7.11}$$

代入梁方程得

$$J\sum_j \ddot{q}_j\psi_j=\sum_j q_j\left[\frac{\mathrm{d}}{\mathrm{d}x}(EI\psi_j')+k'AG(\varphi_j'-\psi_j)\right] \tag{11.7.12}$$

$$m\sum_j \ddot{q}_j\varphi_j=\sum_j q_j\frac{\mathrm{d}}{\mathrm{d}x}\left[k'AG(\varphi_j'-\psi_j)\right]+p(x,t) \tag{11.7.13}$$

对于主振型的振动(如第 j 个主振型)，有

$$y=\varphi_j(x)\mathrm{e}^{\mathrm{i}\omega_j t} \tag{11.7.14}$$

$$\psi=\psi_j(x)\mathrm{e}^{\mathrm{i}\omega_j t} \tag{11.7.15}$$

对于自由振动有

$$-\omega_j^2 J\psi_j=\frac{\mathrm{d}}{\mathrm{d}x}(EI\psi_j')k'AG(\varphi_j'-\psi_j) \tag{11.7.16}$$

$$-\omega_j^2 m\varphi_j=\frac{\mathrm{d}}{\mathrm{d}x}\left[k'AG(\varphi_j'-\psi_j)\right] \tag{11.7.17}$$

比较式(11.7.12)和式(11.7.13)，可见上面方程的右边就是强迫振动方程中广义坐标 q_j 的系数，有

$$J\sum_j \ddot{q}_j\psi_j = -\sum_j q_j\omega_j^2 J\psi_j \tag{11.7.18}$$

$$m\sum_j \ddot{q}_j\varphi_j = -\sum_j q_j\omega_j^2 m\varphi_j + p(x,t) \tag{11.7.19}$$

用式(11.7.18)乘以 $\psi_i\mathrm{d}x$，式(11.7.19)乘以 $\varphi_i\mathrm{d}x$，二式相加，并积分，得

$$\begin{aligned}&\sum_j \ddot{q}_j\int_0^l (m\varphi_j\varphi_i + J\psi_j\psi_i)\mathrm{d}x + \sum_j q_j\omega_j^2\int_0^l (m\varphi_j\varphi_i + J\psi_j\psi_i)\mathrm{d}x \\ &= \int_0^l p(x,t)\varphi_i\mathrm{d}x\end{aligned} \tag{11.7.20}$$

在这些方程中，假如 q_i 是广义坐标，则它们必须是独立坐标，由拉格朗日方程可以推得这些坐标满足方程

$$\ddot{q}_i + \omega_i^2 q_i = \frac{1}{M_i}\int_0^l p(x,t)\varphi_i\mathrm{d}x \tag{11.7.21}$$

因此，在式(11.7.20)中只有在下列情况下式(11.7.21)才得到满足，即

$$\int_0^t (m\varphi_j\varphi_i + J\psi_j\psi_i)\mathrm{d}x = \begin{cases}0 & (i \neq j)\\ M_i & (i = j)\end{cases}$$

上式表示包括转动惯量和剪切变形时梁的正交性。

2. 多支点梁的振动

如图 11.7.2 所示，一连续梁，共有 n 个跨度，梁的两端及 $(n-1)$ 个中间支点都是简支的。

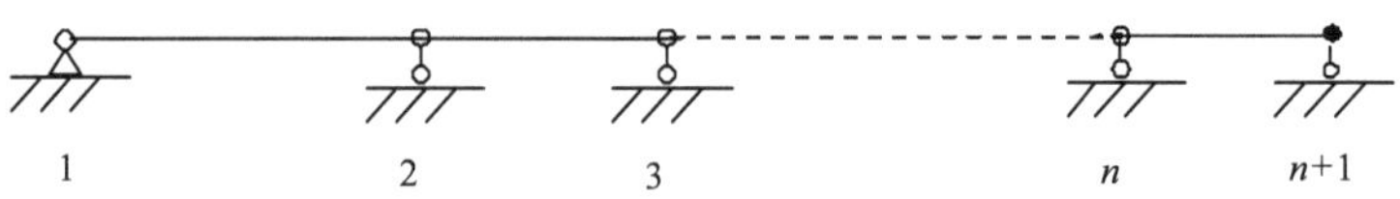

图 11.7.2　多跨连续梁

令 $l_1, l_2, \cdots, l_n$ 分别代表 n 个跨度的长度，并设各跨抗弯刚度相同，取各跨左端点为坐标原点。在振动中，各跨的振型由式(11.6.12)表示。研究第 r 个跨度的振动，因其左端 $(r=0)$ 的位移为零，第 r 个跨度的振型函数为

$$X_r(x) = a_r\left[\cos(kx) - \cosh(kx)\right] + c_r \sin(kx) + d_r \sinh(kx) \tag{11.7.22}$$

$$X_r' = -a_r k\left[\sin(kx) + \sinh(kx)\right] + c_r k\cos(kx) + d_r k\cosh(kx) \tag{11.7.23}$$

其中，a_r, b_r, c_r 由边界条件决定。由式(11.7.22)得

$$X_r''(x) = -a_r k^2\left[\cos(kx) + \cosh(kx)\right] - c_r k^2 \sin(kx) + d_r k^2 \sinh(kx) \tag{11.7.24}$$

将 $x=0$ 代入式(11.7.23)和式(11.7.24)，得

$$(X_r')_{x=0} = k(c_r + d_r) \tag{11.7.25}$$

$$(X_r'')_{x=0} = -2k^2 a_r \tag{11.7.26}$$

可见 $c_r + d_r$ 与支座处曲线的斜率成正比，a_r 与支座处的弯矩成正比。由梁两端简支的条件，有

$$a_1 = a_{n+1} = 0 \tag{11.7.27}$$

再考虑第 r 跨右端的边界条件，得

$$(X_r)_{x=l_r} = 0 \tag{11.7.28}$$

$$(X_r')_{x=l_r} = (X_{r+1}')_{x=0} \tag{11.7.29}$$

$$(X_r'')_{x=l_r} = (X_{r+1}'')_{x=0} \tag{11.7.30}$$

将式(11.7.22)～式(11.7.24)代入式(11.7.28)～式(11.7.30)，得

$$a_r\left[\cos(kl_r) - \cosh(kl_r)\right] + c_r \sin(kl_r) + d_r \sinh(kl_r) = 0 \tag{11.7.31}$$

$$-a_r\left[\sin(kl_r) + \sinh(kl_r)\right] + c_r \cos(kl_r) + d_r \cosh(kl_r) = c_{r+1} + d_{r+1} \tag{11.7.32}$$

$$a_r\left[\cos(kl_r) + \cosh(kl_r)\right] + c_r \sin(kl_r) - d_r \sinh(kl_r) = 2a_{r+1} \tag{11.7.33}$$

式(11.7.31)与式(11.7.33)相加得

$$a_r \cos(kl_r) + c_r \sin(kl_r) = a_{r+1} \tag{11.7.34}$$

式(11.7.33)与式(11.7.31)相减得

$$a_r \cos(kl_r) - d_r \sinh(kl_r) = a_{r+1} \tag{11.7.35}$$

只要 $\sin(kl_r)$ 不等于零，就可以得出

$$c_r = \frac{a_{r+1} - a_r \cos(kl_r)}{\sin(kl_r)} \tag{11.7.36}$$

$$d_r = \frac{-a_{r+1} + a_r \cos(kl_r)}{\sinh(kl_r)} \tag{11.7.37}$$

及

$$c_r + d_r = a_r\left[\operatorname{ctan}(kl_r) - \operatorname{ctan}(kl_r)\right] - a_{r+1}\left[\operatorname{csch}(kl_r) - \csc(kl_r)\right] \tag{11.7.38}$$

记

$$\begin{cases} \varphi_r = \operatorname{ctanh}(kl_r) - \operatorname{ctan}(kl_r) \\ \psi_r = \operatorname{csch}(kl_r) - \csc(kl_r) \end{cases} \tag{11.7.39}$$

则

$$c_r + d_r = a_r\varphi_r - a_{r+1}\psi_r \tag{11.7.40}$$

同样地，对于第 $r+1$ 跨的梁有

$$c_{r+1} + d_{r+1} = a_{r+1}\varphi_{r+1} - a_{r+2}\psi_{r+1} \tag{11.7.41}$$

将式(11.7.36)、式(11.7.37)及式(11.7.40)代入式(11.7.41)，得

$$a_r\varphi_r - a_{r+1}(\varphi_r + \varphi_{r+1}) + a_{r+2}\psi_{r+1} = 0 \tag{11.7.42}$$

对中间各支点都可以写出一个类似的方程式，得出下列一组 $(n-1)$ 个方程式：

$$\left.\begin{array}{c} -a_2(\varphi_1 + \varphi_2) + a_3\psi_2 = 0 \\ a_2\psi_2 - a_3(\varphi_2 + \varphi_3) + a_4\psi_3 = 0 \\ \cdots \\ a_{n-1}\psi_{n-1} - a_n(\varphi_{n-1} + \varphi_n) = 0 \end{array}\right\} \tag{11.7.43}$$

由这组方程式的系数行列式为零，便得出多跨连续梁振动的频率方程。

上述求连续梁振动频率的方法也可用来研究刚架的振动问题。如果刚架的横向运动被约束如图 11.7.3 所示，则这个系统的振动问题就和三个跨度的连续梁相同，可以应用上述的理论来求解。如果刚架可以有横向的运动则不能直接用上述的连续梁理论，而要用其他的解法，如瑞利法或有限元法等方法。

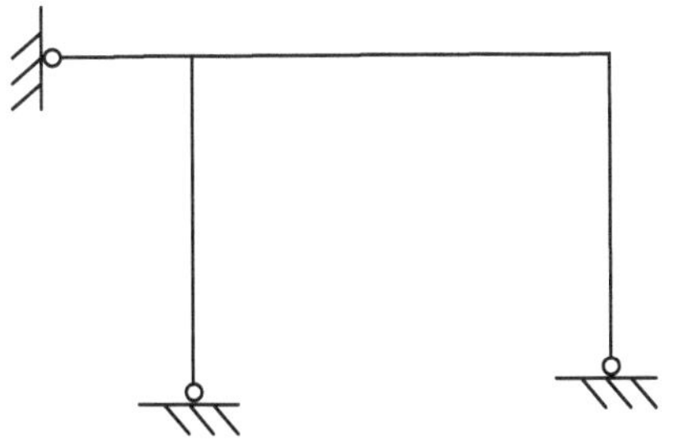

图 11.7.3 刚架振动模型

3．轴向力对横向振动的影响

设一振动梁受到轴向压力 N 的作用，如图 11.7.4 所示，梁在横向静载荷下的挠曲线微分方程为

$$EI\frac{\mathrm{d}^2 y}{\mathrm{d}x^2}=M-N\cdot y \tag{11.7.44}$$

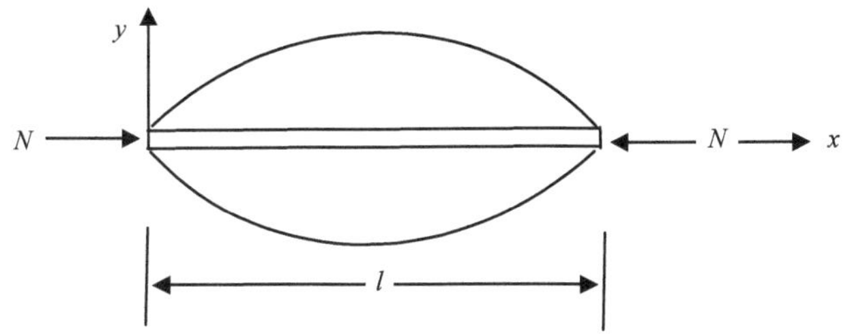

图 11.7.4 附加轴向载荷时梁的振动

将式(11.7.44)微分两次得到

$$\frac{\mathrm{d}^2}{\mathrm{d}x^2}\left(EI\frac{\mathrm{d}^2 y}{\mathrm{d}x^2}\right)=p(x,t)-N\frac{\mathrm{d}^2 y}{\mathrm{d}x^2} \tag{11.7.45}$$

为了求出横向振动的动力学运动微分方程式，用惯性力代替 $p(x,t)$，这样就得到

$$\frac{\partial^2}{\partial x^2}\left(EI\frac{\partial^2 y}{\partial x^2}\right)+N\frac{\partial^2 y}{\partial x^2}=-\rho A\frac{\partial^2 y}{\partial t^2} \tag{11.7.46}$$

对于均匀梁有

$$EI\frac{\partial^4 y}{\partial x^4}+N\frac{\partial^2 y}{\partial x^2}=-\rho A\frac{\partial^2 y}{\partial t^2} \tag{11.7.47}$$

取其解的形式为

$$y=X(x)\left[A\sin(\omega t)+B\cos(\omega t)\right] \tag{11.7.48}$$

将式(11.7.48)代入式(11.7.47)，得

$$EI\frac{\mathrm{d}^4 X}{\mathrm{d}x^4}+N\frac{\mathrm{d}^2 X}{\mathrm{d}x^2}=\rho A\omega^2 X \tag{11.7.49}$$

所以能满足规定边界条件式(11.7.49)的解就是这种边界条件下的振型函数。

例如，两端简支的梁，取下列形式的函数能满足方程：

$$X_i=\sin\frac{i\pi x}{l}, \quad i=1,2,\cdots \tag{11.7.50}$$

将式(11.7.50)代入式(11.7.49)得

$$EI\left(\frac{i\pi}{l}\right)^4 X_i-N\left(\frac{i\pi}{l}\right)^2 X_i=\rho A\omega_i^2 X_i$$

由于 $X_i\neq 0$，有

$$EI\left(\frac{i\pi}{l}\right)^4-N\left(\frac{i\pi}{l}\right)^2=\rho A\omega_i^2$$

$$\omega_i=\frac{\alpha(i\pi)^2}{l^2}\sqrt{1-\frac{Nl^2}{EI(i\pi)^2}} \tag{11.7.51}$$

其中 $\alpha^2=\dfrac{EI}{\rho A}$。

已知压杆失稳的欧拉临界力为 $EI\left(\dfrac{i\pi}{l}\right)^2$。有轴向压力存在时的振动频率比没有轴向力时的频率小，它的值取决于 $\dfrac{Nl^2}{(i\pi)^2 EI}$ 的大小。这个比值是轴向力与欧拉临界载荷的比。如果这个比值趋近于 1，即轴向力接近于欧拉临界力，最低振型的频率将近于零，杆发生横向弯折是静载荷作用下压杆失稳的情况。

如果 N 不是一个压力而是一个张力，那么振动频率就增大，且

$$\omega_i = \frac{\alpha(i\pi)^2}{l^2}\sqrt{1+\frac{Nl^2}{(i\pi)^2 EI}} \tag{11.7.52}$$

如果杆非常柔软，如一根钢丝，式(11.7.52)中根号内当i^2不大时，第二项将比 1 大很多，所以可以取

$$\omega_i \approx \frac{\alpha(i\pi)^2}{l^2}\sqrt{\frac{Nl^2}{(i\pi)^2 EI}} = \frac{i\pi}{l}\sqrt{\frac{N}{\rho A}} \tag{11.7.53}$$

则自由振动的通解为

$$y = \sum_{i=1}^{\infty}\sin\frac{i\pi x}{l}\left[A_i\sin(\omega_i t) + B_i\cos(\omega_i t)\right] \tag{11.7.54}$$

4．弹性基础上的梁的振动

假定梁的两端简支，其余长度由连续弹性基础所支撑，基础的刚度由基础弹性模量k表示，k是使基础产生单位变形所加在单位梁长上的载荷。假设振动时基础的质量可以略去不计，见图 11.7.5。

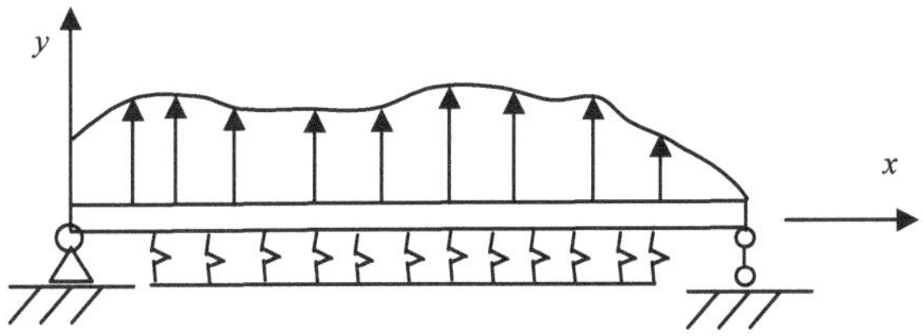

图 11.7.5 弹性基础上的梁

对于这种振动，静变形的微分方程是

$$EI\frac{\mathrm{d}^4 y}{\mathrm{d}x^4} = p(x) - Ky \tag{11.7.55}$$

如果$p(x)$是惯性力，则得到横向振动微分方程为

$$EI\frac{\partial^4 y}{\partial x^4} + Ky = -\rho A\frac{\partial^2 y}{\partial t^2} \tag{11.7.56}$$

振动如下式所示：

$$y = X\left[A\sin(\omega t) + B\cos(\omega t)\right] \tag{11.7.57}$$

将式(11.7.57)代入式(11.7.56)得

$$EI\frac{\mathrm{d}^4X}{\mathrm{d}x^4}+KX=\rho A\omega^2X \tag{11.7.58}$$

最简单的情况(如梁两端是简支的)，取

$$X_i=\sin\frac{i\pi x}{l} \tag{11.7.59}$$

是满足边界条件的解。将式(11.7.59)代入式(11.7.58)得

$$EI\left(\frac{i\pi}{l}\right)^4+K=\rho A\omega^2$$

$$\omega^2=\alpha^2\left(\frac{i\pi}{l}\right)^4+\frac{1}{\rho A}K=\frac{\alpha^2\pi^4}{l^4}(i^4+\beta) \tag{11.7.60}$$

式中

$$\alpha^2=\frac{EI}{\rho A}\ ,\ \beta=\frac{Kl^4}{EI\pi^4}$$

于是弹性基础梁的自由振动一般表达式为

$$y=\sum_{i=1}^{\infty}X_i[A_i\sin(\omega_it)+B_i\cos(\omega_it)] \tag{11.7.61}$$

当初位移和初速度给定后，可求出 A_i 和 B_i。

从式(11.7.60)可以看出，该振动的频率不但取决于梁的刚度，而且还取决于基础的刚度 K。

5．梁的弯曲连带扭转的振动

前面所讨论的杆的横向振动中，都假定杆在其对称平面内振动。现在研究一根槽形梁(图 11.7.6)在与对称面垂直的 xy 平面内的振动，作为这一类振动的例子。在讨论槽形梁受到静载荷作用发生横向弯曲时，已知只有当铅直载荷分布在剪力中心轴 $O\text{-}O$ 上时，才只有铅直面内的弯曲，而不伴随着扭曲，轴 $O\text{-}O$ 与槽形梁的重心轴线相平行并在梁的对称平面内。现取轴 $O\text{-}O$ 为 x 轴，它与腹板中间平面的距离 e 可以按下列公式计算：

$$e=\frac{b^2h^2t}{4I_z} \tag{11.7.62}$$

其中，b 为凸缘的宽度，h 为两凸缘中心的距离，t 为凸缘及腹板的厚度，在这种分布的剪力中心轴线上载荷的作用下，变形曲线的微分方程是

$$EI_z \frac{d^4 y}{dx^4} = p \tag{11.7.63}$$

其中，p 为分布载荷的强度，EI_z 为杆在铅直平面内的抗弯刚度。

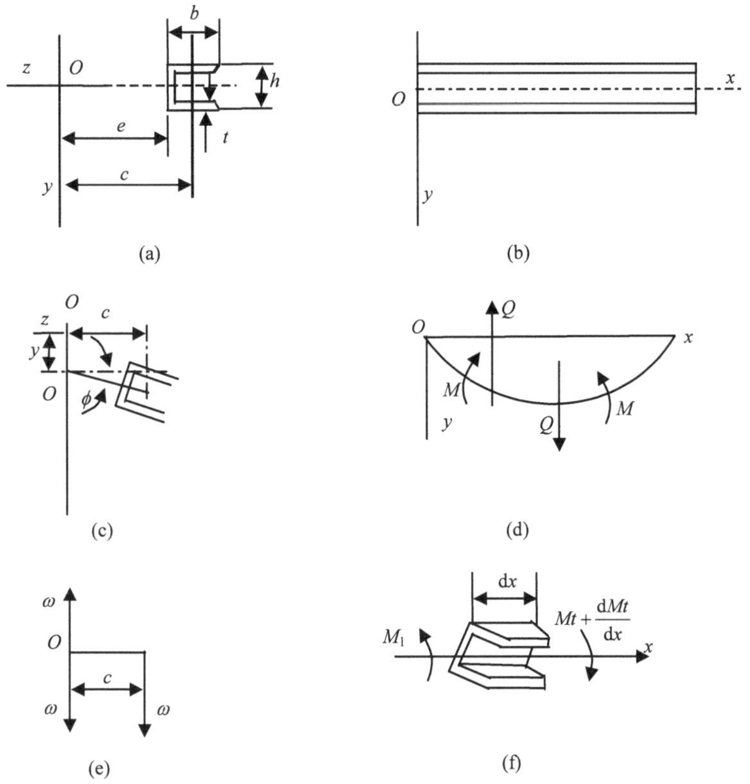

图 11.7.6 弯、扭组合振动模型

如果载荷分布在重心轴线上，可以按图 11.7.6(e)所示的方法处理，即将原有载荷移到剪力中心轴 x 上，加上沿着 x 轴，强度为 $p \cdot c$ 的扭矩来代替原有的载荷。这样，就得到下列的组合：①式(11.7.63)所确定的弯曲；②对于剪力中心 x 轴的扭转。由于扭转是变化的，变化的扭矩 M_t 和扭转角 φ 之间的关系由下面方程式给定：

$$M_t = C\frac{d\varphi}{dx} - C_1 \frac{d^3\varphi}{dx^3} \tag{11.7.64}$$

其中，C 为均匀扭曲的抗扭刚度，而 C_1 为扭歪刚度。把这个方程式对 x 微分，并注意扭矩的正方向，如图 11.7.6(f)所示，得

$$C\frac{\mathrm{d}^2\varphi}{\mathrm{d}x^2}-C_1\frac{\mathrm{d}^4\varphi}{\mathrm{d}x^4}=-pc \tag{11.7.65}$$

方程式(11.7.63)和式(11.7.65)确定了当一个静载荷分布在重心轴线上时，杆的弯曲和伴随着的扭转。

当杆振动时，考虑所产生的惯性力，其强度为

$$-\rho A\frac{\partial^2}{\partial t^2}(y+c\varphi)$$

其中，ρA 为杆每单位长度的质量，而转动产生的惯性力引起的惯性扭矩的强度是

$$-\rho I_{\mathrm{P}}\frac{\partial^2\varphi}{\partial t^2}$$

其中，I_{P} 为截面对于其重心的极转动惯量。

在方程式(11.7.63)及式(11.7.65)中，用惯性力来代替静载荷，得到下列杆作弯曲连带扭转振动的微分方程式：

$$\begin{cases}EI_z\dfrac{\partial^4 y}{\partial x^4}=-\rho A\dfrac{\partial^2 y}{\partial t^2}-\rho Ac\dfrac{\partial^2\varphi}{\partial t^2}\\ C\dfrac{\partial^2\varphi}{\partial x^2}-C_1\dfrac{\partial^4\varphi}{\partial x^4}=\rho Ac\dfrac{\partial^2}{\partial t^2}(y+c\varphi)+\rho I_{\mathrm{P}}\dfrac{\partial^2\varphi}{\partial t^2}\end{cases} \tag{11.7.66}$$

假定杆按某一固有振型振动，令

$$y=X\sin(\omega t),\quad \varphi=X_1\sin(\omega t) \tag{11.7.67}$$

其中，ω 为振动的频率，而 X 及 X_1 是正函数。把式(11.7.67)代入方程式(11.7.66)，得到求 X 及 X_1 的方程式如下：

$$\begin{cases}EI_zX^{(4)}=\rho A\omega^2(X+cX_1)\\ C_1X_1^{(4)}-CX_1''=\rho A\omega^2c(X+cX_1)+\rho I_{\mathrm{P}}\omega^2X_1\end{cases} \tag{11.7.68}$$

在每一具体问题中，必须求出能够满足杆的规定端点条件以及方程式(11.7.68)中 X 及 X_1 的解。

最简单的例子是一根两端简支的杆子，其端点条件为

$$y=\frac{\partial^2 y}{\partial x^2}=\varphi=\frac{\partial^2\varphi}{\partial x^2}=0 \quad (当x=0及x=l)$$

取

$$X=y_0\sin\left(\frac{i\pi x}{l}\right),\quad X_1=\varphi_0\sin\left(\frac{i\pi x}{l}\right)$$

边界条件能得到满足，其中 y_0 及 φ_0 均为常数。

把它们代入方程式(11.7.68)，并引用下列符号：

$$\frac{EI_z i^4\pi^4}{l^4 A\rho}=\omega_b^2,\quad \frac{C_i^2\pi^2 l^2+C_1 i^4\pi^4}{l^4\rho(I_\mathrm{P}+Ac^2)}=\omega_t^2,\quad \frac{Ac}{I_\mathrm{P}+Ac^2}=\lambda \tag{11.7.69}$$

得

$$\begin{cases}(\omega_b^2-\omega^2)y_0-\omega^2 c\varphi_0=0\\ -\lambda\omega^2 y_0+(\omega_t^2-\omega^2)\varphi_0=0\end{cases} \tag{11.7.70}$$

只有使这两个方程式的系数行列式等于零才能得出不等于零的 y_0 及 φ_0 的解，根据这一条件得出频率方程式如下：

$$(\omega_b^2-\omega^2)(\omega_t^2-\omega^2)-\lambda\omega^4 c=0 \tag{11.7.71}$$

解此频率方程式，得

$$\omega^2=\frac{(\omega_t^2+\omega_b^2)\pm\sqrt{(\omega_t^2-\omega_b^2)^2+4\lambda\omega_b^2\omega_t^2}}{(1-\lambda c)} \tag{11.7.72}$$

在其他情况下，当杆有一个对称面而杆在与对称面垂直的平面内振动时，所得的结果和上式相类似。

如果 c 等于零，剪力中心与重心相重合，得

$$\omega^2=\frac{\omega_t^2+\omega_b^2}{2}\pm\frac{\omega_t^2-\omega_b^2}{2}$$

得到两个频率是

$$\omega_1^2=\omega_b^2,\quad \omega_2^2=\omega_b^2 \tag{11.7.73}$$

从式(11.7.69)可以看到，这两个频率对应于不相连贯的扭振和弯曲振动频率，

在目前的情况下，它们是互相独立的。如果 c 不等于零，从式(11.7.72)就可以得到两个 ω^2 值，其中一个值较式(11.7.73)所给的值大，另一个值较式(11.7.73)所给的小。对于较大的 ω^2 值，从方程式(11.7.70)看出，y_0 及 φ_0 的符号相反；而对于较小的 ω^2 值，y_0 及 φ_0 符号是相同的。对应的振动形状如图 11.7.7 所示。对于其他的端条件，所得的结果也是相类似的。但是这时方程式(11.7.68)的解比较复杂，仍可以用瑞利法计算这两种连带振动频率的近似值。

图 11.7.7　c 不等于零时的振型

如果杆没有对称面，问题就更复杂了，这时扭振和两个主平面内的弯曲振动连带在一起，将得出三个像方程式(11.7.66)的微分方程式，而不是两个了。

在实际应用问题中，还有更为复杂的问题，如变截面的不对称杆的扭转连带弯曲的振动。这种问题在分析涡轮叶片，飞机机翼及螺旋桨振动时会遇到，解这类问题通常用近似方法。例如，在分析涡轮叶片振动时，通常只考虑弯曲振动，虽然事实上扭转可能对振动频率有相当大的影响。

11.8　圆环的振动

研究各种电机所产生的噪音时，必须研究各种圆环状结构物的振动频率，这就是一个圆环的振动问题。下面讲到几种简单的圆环振动，环都是等截面的，并且假定截面的尺寸和环的中心线半径比起来甚小，每一截面均有位于圆环平面内的对称轴。

1. 纯径向振动

在这种情况下，圆环的中心线形成一个半径呈周期性变化的圆周，所有各截面只有径向的运动而没有转动。

参看图 11.8.1，设 r 为圆环中心线的半径，u 代表径向位移，各截面都相同，A 代表圆环的截面积。则圆环在圆周方向的单位伸延等于 $-\dfrac{u}{r}$。这时纯张力的变形势能等于

$$V = \frac{AEu^2}{2r^2} \cdot 2\pi r \tag{11.8.1}$$

而振动的动能是

$$T = \frac{\rho A}{2} u^2 \cdot 2\pi r \tag{11.8.2}$$

根据式(11.8.1)及式(11.8.2)得

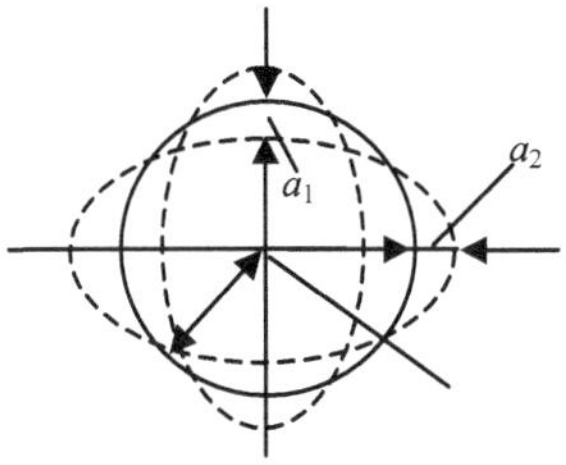

图 11.8.1 圆环的纯径向振动

$$\ddot{u} + \frac{E}{\rho} \frac{1}{r^2} u = 0$$

解之，得出

$$u = C_1 \cos(\omega t) + C_2 \sin(\omega t)$$

其中

$$\omega = \sqrt{\frac{E}{\rho r^2}}$$

所以纯径向振动的频率等于

$$f = \frac{\omega}{2\pi} = \frac{1}{2\pi} \sqrt{\frac{E}{\rho r^2}} \tag{11.8.3}$$

圆环也有类似于棱柱形杆的纵振振型。令 i 代表圆周上的波数，则圆环的高次伸延振动的频率可由下式决定：

$$f_i = \frac{1}{2\pi} \sqrt{\frac{E}{\rho r^2}} \sqrt{1 + i^2} \tag{11.8.4}$$

2．扭振

现在来看一种最简单的扭振。在这种振动中圆环的中心线不变形，各截面有相同的扭转角(图 11.8.2)。这样一转，原来距环的中间平面为 y 的某一点 M 现在有了径向位移 $y\varphi$，其对应的圆周方向的伸延便约等于 $\dfrac{y\varphi}{r}$。这时圆环的变形势能为

$$V = 2\pi r\int_A \frac{E}{2}\left(\frac{y\varphi}{r}\right)^2 \mathrm{d}A = \frac{\pi E I_x \varphi^2}{r} \tag{11.8.5}$$

振动时的动能为

$$T = 2\pi r\frac{I_{\mathrm{P}}\rho}{2}\dot{\varphi}^2 \tag{11.8.6}$$

其中，I_{P} 为截面的极转动惯量，I_x 为截面对于 x 轴的截面矩。

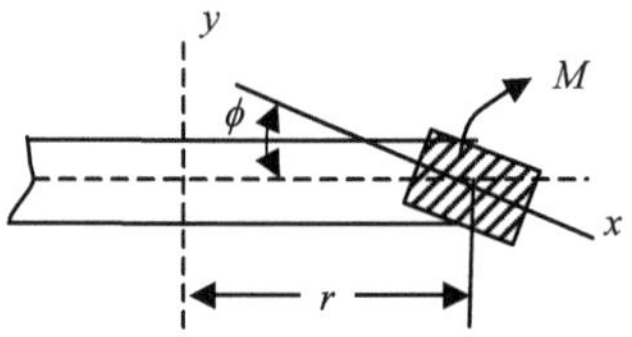

图 11.8.2　圆环的扭转振动

由式(11.8.5)及式(11.8.6)得

$$\ddot{\varphi} + \frac{E}{\rho r^2}\frac{I_x}{I_{\mathrm{P}}}\varphi = 0$$

由上式解出

$$\varphi = C_1\cos(\omega t) + C_2\sin(\omega t)$$

其中

$$\omega = \sqrt{\frac{E}{\rho r^2}\frac{I_x}{I_{\mathrm{P}}}}$$

扭振的频率便等于

$$f=\frac{1}{2\pi}\sqrt{\frac{E}{\rho r^2}\frac{I_x}{I_{\mathrm{P}}}} \tag{11.8.7}$$

比较式(11.8.7)和式(11.8.3)，可以断定扭振与纯径向振动的频率之比等于$\frac{I_x}{I_{\mathrm{P}}}$。如果环的截面是圆的，那么它的高次扭振频率公式是

$$f_i=\frac{1}{2\pi}\sqrt{\frac{E}{2\rho r^2}}\sqrt{1+i^2} \tag{11.8.8}$$

又已知

$$\sqrt{\frac{E}{\rho r^2}}=\frac{a}{r}$$

其中，a为杆中音波传播速度。可见伸延振动及扭振通常频率总是很高。如果考虑圆环的弯曲振动，可以得到较低次的频率。

3．圆环的弯曲振动

圆环的弯曲振动可分为两类：第一类弯曲振动，振动发生在圆环平面内，第二类弯曲振动包括与环面垂直的位移及扭转。分析在环平面里的弯曲振动时，(图11.8.1)令θ为环中心线上某一点的坐标角；u为径向位移，向心为正；v为切线方向的位移，沿θ增大的方向为正；I为截面对于与环面垂直的一个惯性主轴的转动惯量。

由于有位移u和v的存在，中心线上某一点的单位伸延等于

$$e=-\frac{u}{r}+\frac{1}{r}\frac{\partial v}{\partial \theta} \tag{11.8.9}$$

曲率的变化便是

$$\frac{1}{r+\Delta r}-\frac{1}{r}=\frac{1}{r^2}\frac{\partial^2 u}{\partial \theta^2}+\frac{u}{r^2} \tag{11.8.10}$$

在最一般的弯曲振动中，径向位移u可表示为三角级数的形式：

$$u=a_1\cos\theta+a_2\cos 2\theta+\cdots+b_1\sin\theta+b_2\sin 2\theta+\cdots \tag{11.8.11}$$

其中，系数$a_1,a_2,\cdots,b_1,b_2,\cdots$均为时间的函数。

对于没有伸延的弯曲振动，则由式(11.8.9)得

$$u = \frac{\partial v}{\partial \theta} \tag{11.8.12}$$

解式(11.8.12)得

$$v = a_1 \sin\theta + \frac{1}{2}a_2 \sin 2\theta + \cdots + b_1 \cos\theta + \frac{1}{2}b_2 \cos 2\theta + \cdots \tag{11.8.13}$$

环上任何一截面的弯矩是

$$M = \frac{EI}{r^2}\left(\frac{\partial^2 u}{\partial \theta^2} + u\right)$$

因此，弯曲的势能等于

$$V = \frac{EI}{2r^4}\int_0^{2\pi}\left(\frac{\partial^2 u}{\partial \theta^2} + u\right)^2 r\mathrm{d}\theta$$

以级数式(11.8.11)代替 u，并用下列几个公式：

$$\int_0^{2\pi}\cos(m\theta)\cos(n\theta)\mathrm{d}\theta = 0\text{，}\quad \int_0^{2\pi}\sin(m\theta)\sin(n\theta)\mathrm{d}\theta = 0 \quad (\text{当} m \neq n)$$

$$\int_0^{2\pi}\cos(m\theta)\sin(m\theta)\mathrm{d}\theta = 0\text{，}\quad \int_0^{2\pi}\cos^2(m\theta)\mathrm{d}\theta = \int_0^{2\pi}\left[1-\sin^2(m\theta)\right]\mathrm{d}\theta = \pi$$

则势能可写成

$$V = \frac{EI\pi}{2r^3}\sum_{i=1}^{\infty}(1-i^2)^2\left(a_i^2 + b_i^2\right) \tag{11.8.14}$$

振动环的动能等于

$$T = \frac{A\rho}{2}\int_0^{2\pi}(\dot{u}^2 + \dot{v}^2)r\mathrm{d}\theta$$

用式(11.8.11)及式(11.8.13)代 u 及 v，上式可写成：

$$T = \frac{\pi r A\rho}{2}\sum_{i=1}^{\infty}\left(1 + \frac{1}{i^2}\right) = a_i^2 + b_i^2 \tag{11.8.15}$$

按照处理直梁问题相同的步骤，并设虚位移 $\delta u = \delta a_i \cos(i\theta)$，$\delta v = \dfrac{\delta a_i}{i}\sin(i\theta)$，

就可得出如下任何一种振型的微分方程式：

$$\pi rA\rho\left(1+\frac{1}{i^2}\right)\ddot{a}_i+\frac{EI\pi}{r^3}(1-i^2)^2a_i=0$$

或

$$\ddot{a}_i+\frac{E}{\rho}\frac{I}{Ar^4}\frac{i^2(1-i^2)^2}{1+i^2}a_i=0$$

因此任一种振型的频率都可由下式决定：

$$f_i=\frac{1}{2\pi}\sqrt{\frac{E}{\rho}\frac{I}{Ar^4}\frac{i^2(1-i^2)^2}{1+i^2}} \tag{11.8.16}$$

当 $i=1$ 得 $f_1=0$ 。这时，$u=a_1\cos\theta$ ，$v=a_1\sin\theta$ ，圆环做刚体运动，a_1 是它沿 x 轴负方向的位移，见图 11.8.1。$i=1$ 时，圆环做弯曲的基本振动。图 11.8.1 中的虚线表示这种振动中圆环的极限位置。

如果圆环的截面是正圆的，而且它的弯曲振动包括与环面垂直方向的位移及扭转，则各种主振型的频率可由下列方程式求出：

$$f_i=\frac{1}{2\pi}\sqrt{\frac{E}{\rho}\frac{I}{Ar^4}\frac{i^2(i^2-1)^2}{i^2+1+\nu}} \tag{11.8.17}$$

其中 ν 为泊松比(Poisson's ratio)。

比较式(11.8.16)与式(11.8.17)，可见即使在最低次的振动($i=1$)，这两类的弯曲振动的频率相差也极微小。

思考题与习题

11-1 传输线长 15m，其线密度为 5kg/m，且横向振动的第 1 阶固有频率是 100rad/s，求传输线中的张力是多大？假设为简支。

11-2 等截面圆杆在 $x=0$ 端固定，$t=0$ 时在 $x=L$ 端给定一个绕 x 轴的初始扭转角 θ_0。然后，杆从这种状态被释放。试证明在固定端产生的扭矩为

$$M=\frac{4GJ_d\theta_0}{\pi L}\sum_n\left[\frac{(-1)^{n+1}}{2n-1}\cos\frac{(2n-1)\pi ct}{2L}\right]$$

其中 $c=\sqrt{G/\rho}$ 。

11-3 如图 E11.1 所示阶梯杆，两杆质量密度均为 ρ，杨氏模量均为 E。试求系统纵向振动频率方程。

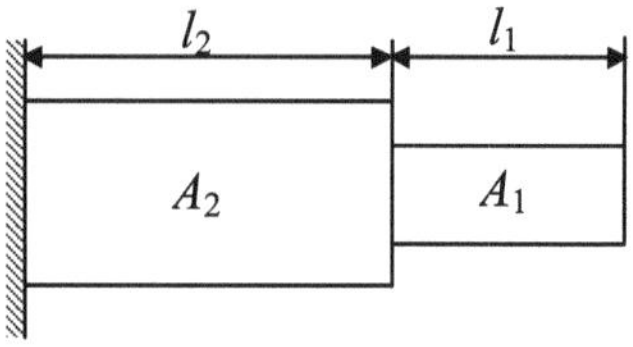

图 E11.1

11-4 将转动惯量为 1.85kg/m^2 滑轮安装在 80cm 钢轴的一端（$G=80\times10^9$N/m^2, $E=210\times10^9$N/m^2, $\rho=7800$kg/m^3），轴的直径为 30cm。求滑轮扭转振动的前两阶固有频率是多少？

11-5 求图 E11.2 所示的轴端部的稳态振动。

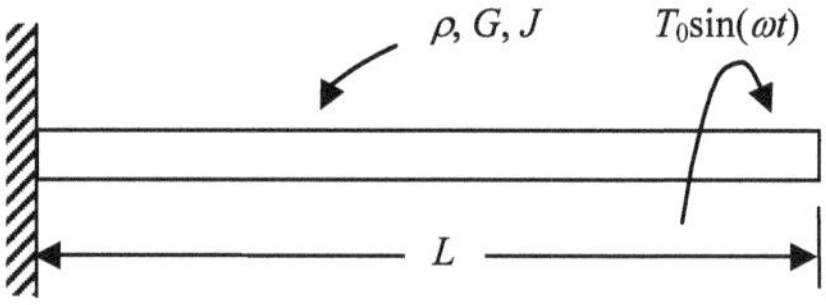

图 E11.2

11-6 图 E11.3 为长度为 L，截面为矩形的杆，一端固定，另一端自由。试求其纵向振动、沿 Oy 轴横向振动、沿 Oz 轴横向振动以及扭转振动的基频，并排列其大小。说明这样的关系对工程应用有怎样的意义。

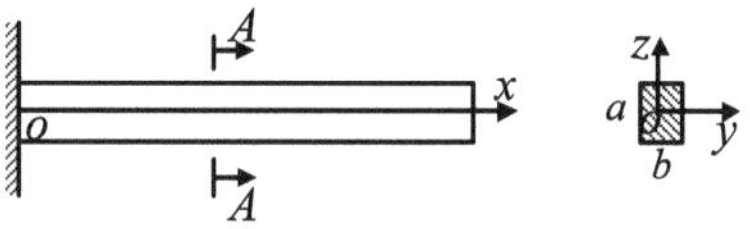

图 E11.3

11-7 求长为 L 的均质等截面简支梁的固有频率。梁的弹性模量为 E，密度为 ρ，横截面积为 A，惯性矩为 I。

11-8 试求具有下列边界条件等截面梁的横向弯曲振动频率方程及主振型：

(1) 两端固定；

(2) 一端固定，一端简支；

(3) 一端简支，一端自由。

11-9 如图 E11.4 所示的均质梁，弯曲刚度 EI，单位长度质量为 ρA。试求系统的频率方程。

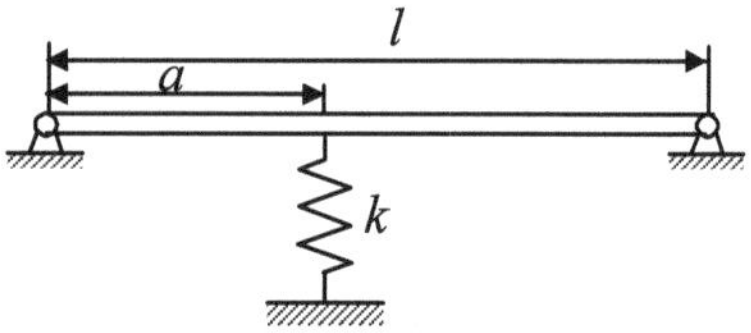

图 E11.4

11-10 试计算半径为 r，截面积为 A 的圆环纯径向振动、扭振和弯曲振动的基频，并排列其大小。

第 12 章　二维连续系统的动力学建模与分析

12.1　概　　述

本章主要研究二维弹性结构的振动问题，主要涉及的结构形式包括：薄膜、矩形板、圆形板、圆筒形壳以及扁壳。在相关小节中以适当的方法建立以上二维弹性结构的振动微分方程，并寻求方程的解析解或近似解。限于篇幅，本章中只涉及较为常用的里茨(Ritz)变分法和伽辽金(Galerkin)变分法两种近似求解方法，感兴趣的读者可以参考相关文献。此外对有限元方法在求解壳体振动问题中的应用也进行了简要介绍。

12.2　薄膜的振动

薄膜没有弯曲刚度，作用在它上面的横向荷载仅由薄膜自身的张力来抵抗，它的运动方程可用类似于在弦中用过的方法和步骤导出。不同的是这里是二维问题。

假设薄膜受到单位长度上张力为 T 的作用(如图 12.2.1(a)所示)，这一张力很大，以致由于横向挠度引起的变化很小，可以忽略不计。设薄膜的平衡位置在 $\mathrm{d}x\mathrm{d}y$ 平面内，并令 W 为横向挠度，现在分析图 12.2.1(b)中所示的单元体 $\mathrm{d}x\mathrm{d}y$ 上的力。

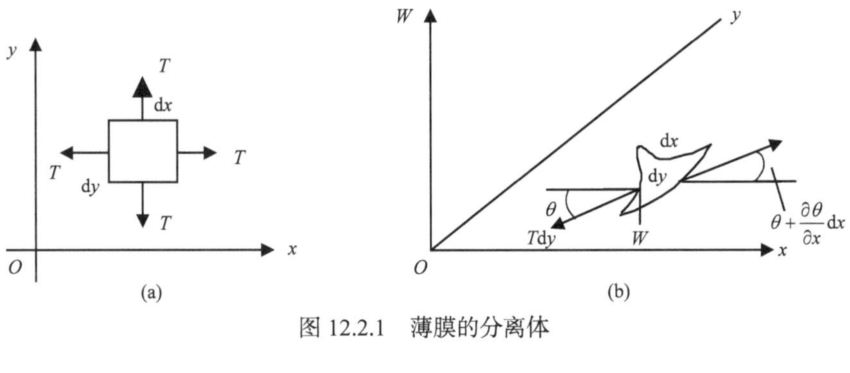

图 12.2.1　薄膜的分离体

$\mathrm{d}y$ 边上的张力在 W 方向引起的合力为

$$T\mathrm{d}y\left(\theta+\frac{\partial\theta}{\partial x}\mathrm{d}x\right)-T\mathrm{d}y\cdot\theta=T\frac{\partial\theta}{\partial x}\mathrm{d}y\mathrm{d}x \tag{12.2.1}$$

同理，作用在 dx 边上的张力引起的分力为

$$T\frac{\partial\varphi}{\partial y}\mathrm{d}y\mathrm{d}x$$

因为 x 和 y 方向的斜率为

$$\theta=\frac{\partial W}{\partial x},\quad \varphi=\frac{\partial W}{\partial y}$$

故由张力引起的总的横向力为

$$T\left(\frac{\partial^2 W}{\partial x^2}+\frac{\partial^2 W}{\partial y^2}\right)\mathrm{d}x\mathrm{d}y$$

令ρ为薄膜单位面积的质量，$p(x,y,t)$ 为施加的横向压力，则运动方程变为

$$\rho\mathrm{d}x\mathrm{d}y\frac{\partial^2 W}{\partial t^2}=T\left(\frac{\partial^2 W}{\partial x^2}+\frac{\partial^2 W}{\partial y^2}\right)\mathrm{d}x\mathrm{d}y+p(x,y,t)\mathrm{d}x\mathrm{d}y \tag{12.2.2}$$

即

$$\frac{\partial^2 W}{\partial t^2}=c^2\nabla^2 W+\frac{1}{\rho}p(x,y,t) \tag{12.2.3}$$

其中

$$\nabla^2=\frac{\partial^2}{\partial x^2}+\frac{\partial^2}{\partial y^2} \tag{12.2.4}$$

$$c=\sqrt{\frac{T}{\rho}} \tag{12.2.5}$$

式(12.2.3)也适合于其他坐标系，只是 ∇^2 应是与坐标系相适应的表达式。

对于主振型振动，$p(x,y,t)=0$，$\frac{\partial^2 W}{\partial t^2}=-\omega^2 W$，微分方程简化为

$$\nabla^2 W+\left(\frac{\omega}{c}\right)^2 W=0 \tag{12.2.6}$$

对于如图 12.2.2 所示长方形薄膜 $(x, y) = (a, b)$，可以用分离变量达到求解的目的。

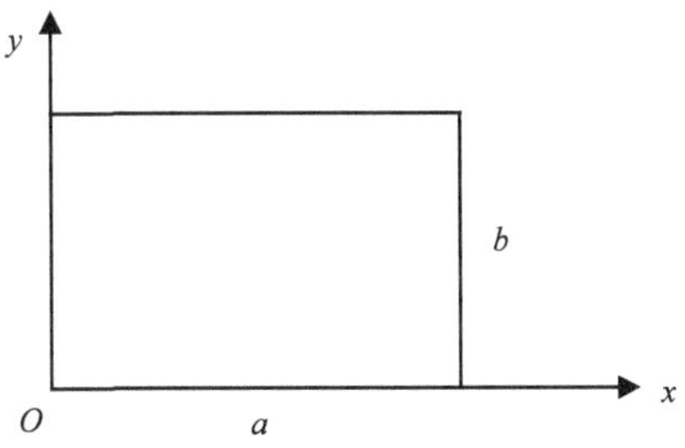

图 12.2.2 长方形薄膜 (a, b)

令

$$W(x, y) = X(x)Y(y) \tag{12.2.7}$$

并代入方程式(12.2.6)，容易证明有如下形式的解

$$X(x) = C_1 \sin(\alpha x) + C_2 \cos(\alpha x) \tag{12.2.8a}$$

$$Y(y) = C_3 \sin(\beta x) + C_4 \cos(\beta x) \tag{12.2.8b}$$

其中

$$\alpha^2 + \beta^2 = (\omega / c)^2 \tag{12.2.9}$$

且 $C_1 \sim C_4$ 由边界条件决定。

12.3 板的横向振动

1. 基本假定和公式

这一节主要是考察由简单周界(矩形或圆形)围成的、等厚度 h 的均匀板的横向振动。同时，采用如下假定作为研究的基础。

(1) 假定板在振动时的弯曲变形是符合胡克定律的微小弹性变形。

(2) 假定板中存在着所谓中性层，当板的挠度很小时，中性层上各点间的距离保持不变。在均匀板中，中性层与把板平分为两半的中央面相重合。在板的未变形状态下与中性层重合的平面，把它取作坐标平面 Oxy，板上各元素的偏移将由此平面开始计算。如图 12.3.1 所示。

(3) 开始时假定：板在挠曲时，中性层上所有点都平行于轴 Oz 移动，并且

位于中性层 Ox 同一法线 MN 上的各点仍然保持在此法线上；而当板挠曲时，这些点就随法线绕着它与中性层的变点 A 转动(在图 12.3.2 上，点 M , N , A 分别转移到点 M' , N' , A')。

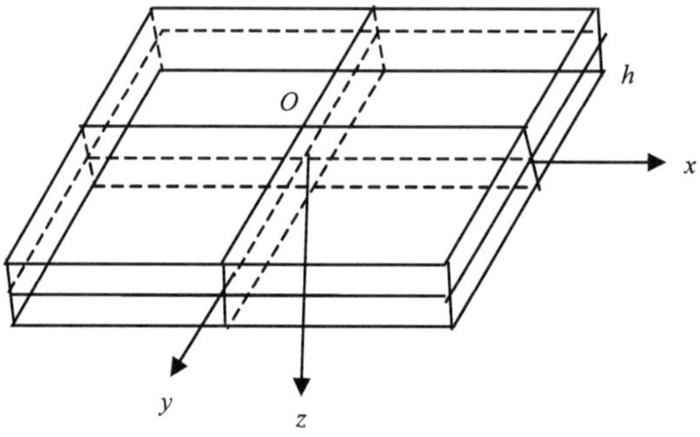

图 12.3.1　板模型

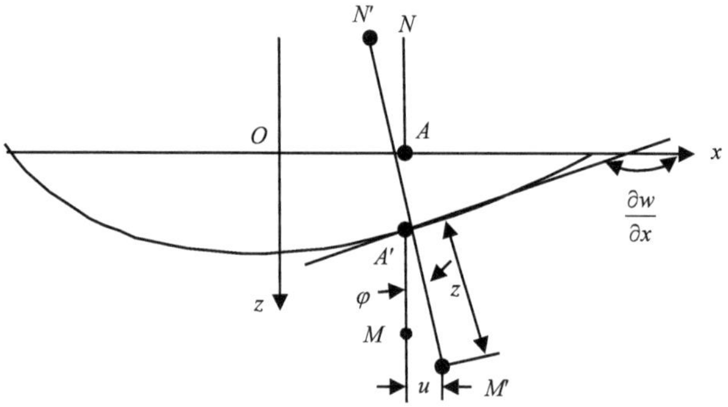

图 12.3.2　板弯曲变形模式

(4) 假定位于中性层同一法线上所有点的平行于轴 Oz 的位移彼此相同，并等于中性层上对应点(也即位于该点法线上的点)的位移。

从以上引用的假定中，可以看出：如果用 u , v , w 分别表示点 $M(x,y,z)$ 的位移沿诸轴 Ox, Oy, Oz 的分量；用 u_0 , v_0 , w_0 分别表示中性层上对应点 A 的位移沿同一组轴的分量，那么

$$u_0 = v_0 = 0, \quad w = w_0 \tag{12.3.1}$$

其中 $w = w_0 = f(x,y,t)$ 与坐标 z 无关。至于 u 和 v ，则由图 12.3.2 可以看出

$$\begin{cases} u = z\sin\varphi = z\varphi = -z\dfrac{\partial w_0}{\partial x} \\ v = z\sin\psi = z\psi = -z\dfrac{\partial w_0}{\partial y} \end{cases} \tag{12.3.2}$$

其中，φ和ψ分别为点 A'的切线对于轴 x 和轴 y 的倾斜角。按弹性理论中的著名公式，变形分量为

$$\begin{cases} e_{xx}=\dfrac{\partial u}{\partial x}=-z\dfrac{\partial^2 w_0}{\partial x^2}, \quad e_{yy}=\dfrac{\partial u}{\partial y}=-z\dfrac{\partial^2 w_0}{\partial y^2}, \quad e_{zz}=0 \\ e_{xy}=\dfrac{\partial u}{\partial y}+\dfrac{\partial u}{\partial x}=-2z\dfrac{\partial^2 w_0}{\partial x\partial y}, \quad e_{xz}=e_{yz}=0 \end{cases} \tag{12.3.3}$$

相应的应力分量 $X_x, Y_y, X_y=Y_x$ 分别为

$$\begin{cases} X_x=\dfrac{E}{1-\sigma^2}(e_{xx}+\sigma e_{yy})=\dfrac{E}{1-\sigma^2}\left(\dfrac{\partial^2 w_0}{\partial x^2}+\sigma\dfrac{\partial^2 w_0}{\partial y^2}\right) \\ Y_y=\dfrac{E}{1-\sigma^2}(e_{yy}+\sigma e_{xx})=-\dfrac{E}{1-\sigma^2}\left(\dfrac{\partial^2 w_0}{\partial x^2}+\sigma\dfrac{\partial^2 w_0}{\partial x^2}\right) \\ X_y=Y_x=-\dfrac{E}{1+\sigma}\dfrac{\partial^2 w_0}{\partial x\partial y}=Ge_{xy} \end{cases} \tag{12.3.4}$$

其中，E 为弹性模量，G 为剪切模量，σ为泊松比。

2. 板的势能和动能

当板有弹性变形时，微分体积所积聚的势能按上述假定具有如下表达式：

$$\mathrm{d}U=\frac{1}{2}(X_x e_{xx}+Y_y e_{yy}+Z_z e_{zz})\mathrm{d}x\mathrm{d}y\mathrm{d}z$$

或将变形分量式(12.3.3)和应力分量式(12.3.4)代入上式后，得出

$$\begin{aligned} \mathrm{d}U=\frac{1}{2}\Bigg[&\frac{Ez^2}{1-\sigma^2}\frac{\partial^2 w_0}{\partial x^2}\left(\frac{\partial^2 w_0}{\partial x^2}+\sigma\frac{\partial^2 w_0}{\partial y^2}\right) \\ &+\frac{Ez^2}{1-\sigma^2}\frac{\partial^2 w_0}{\partial y^2}\left(\frac{\partial^2 w_0}{\partial y^2}+\sigma\frac{\partial^2 w_0}{\partial x^2}\right)+\frac{2Ez^2}{1+\sigma^2}\left(\frac{\partial^2 w_0}{\partial x\partial y}\right)\Bigg]\mathrm{d}x\mathrm{d}y\mathrm{d}z \end{aligned}$$

整个板势能为

$$\begin{aligned} 2U=\iiint\frac{Ez^2}{1-\sigma^2}\Bigg[&\left(\frac{\partial^2 w_0}{\partial x^2}\right)^2+\left(\frac{\partial^2 w_0}{\partial y^2}\right)2+2\sigma\frac{\partial^2 w_0}{\partial x^2}\frac{\partial^2 w_0}{\partial y^2} \\ &+2(1-\sigma)\left(\frac{\partial^2 w_0}{\partial x\partial y}\right)^2\Bigg]\mathrm{d}x\mathrm{d}y\mathrm{d}z \end{aligned}$$

对于等厚度 h 的板有

$$2U = D\iint\left\{\left(\frac{\partial^2 w_0}{\partial x^2}+\frac{\partial^2 w_0}{\partial y^2}\right)^2 - 2(1-\sigma)\left[\frac{\partial^2 w_0}{\partial x^2}\frac{\partial^2 w_0}{\partial y^2}-\left(\frac{\partial^2 w_0}{\partial x \partial y}\right)^2\right]\right\}\mathrm{d}x\mathrm{d}y \tag{12.3.5}$$

其中

$$D = \frac{Eh^3}{12(1-\sigma^2)} \tag{12.3.6}$$

叫做抗弯刚度。如果板上还作用着表面密度为 $q(x,y,t)$ 的分布外载荷，那么

$$\begin{aligned}2U = {} & D\iint\left\{\left(\frac{\partial^2 w_0}{\partial x^2}+\frac{\partial^2 w_0}{\partial y^2}\right)^2 - 2(1-\sigma)\left[\frac{\partial^2 w_0}{\partial x^2}\frac{\partial^2 w_0}{\partial y^2}-\left(\frac{\partial^2 w_0}{\partial x \partial y}\right)^2\right]\right\}\mathrm{d}x\mathrm{d}y \\ & -2\iint q(x,y,t) w_0 \mathrm{d}x\mathrm{d}y\end{aligned} \tag{12.3.7}$$

式(12.3.5)和式(12.3.7)中的二重积分是沿中性层曲面来进行的。

对于板元素 $h\mathrm{d}x\mathrm{d}y$ 具有质量$\rho h\mathrm{d}x\mathrm{d}y$，其中$\rho$为单位体积质量(kg/cm^3)，此元素的动能等于

$$\frac{\rho h}{2}\left(\frac{\partial w_0}{\partial t}\right)^2 \mathrm{d}x\mathrm{d}y$$

整个板的动能为

$$T = \frac{\rho h}{2}\iint\left(\frac{\partial w_0}{\partial t}\right)^2 \mathrm{d}x\mathrm{d}y \tag{12.3.8}$$

当板作某一主振动时，则有

$$w_0(x,y,z) = w(x,y)\sin(\omega t+\alpha)$$

对于这种振动，势能和动能的极大值将有如下表达式：

$$U_{\max} = \frac{D}{2}\iint\left\{\left(\frac{\partial^2 w}{\partial x^2}+\frac{\partial^2 w}{\partial y^2}\right)^2 - 2(1-\sigma)\left[\frac{\partial^2 w}{\partial x^2}\frac{\partial^2 w}{\partial y^2}-\left(\frac{\partial^2 w}{\partial x \partial y}\right)^2\right]\right\}\mathrm{d}x\mathrm{d}y$$

$$T_{\max} = \frac{\rho h \omega^2}{2}\iint w^2 \mathrm{d}x\mathrm{d}y \tag{12.3.9}$$

3. 板的横向振动的变分方程

若在有相同周期$\frac{2\pi}{\omega}$的主振动的集合上，考察哈密顿泛函

$$S=\int_{t_A}^{t_B}(T-U)\mathrm{d}t \tag{12.3.10}$$

并在区间$t_B-t_A=\frac{2\pi}{\omega}$上对时间进行积分后，可以得到变分式

$$\delta(T_{\max}-U_{\max})=0 \tag{12.3.11}$$

板的实际主振动的固有形式必须满足这个方程。

把极大动能和极大势能式(12.3.9)代入这个方程，并计算两者之差的变分。现从计算势能的变分开始：

$$\begin{aligned}\delta U_{\max}=D\iint\Bigg\{&\Delta w\left[\delta\left(\frac{\partial^2 w}{\partial x^2}\right)+\delta\left(\frac{\partial^2 w}{\partial y^2}\right)\right]\\&-(1-\sigma)\left[\frac{\partial^2 w}{\partial x^2}\delta\left(\frac{\partial^2 w}{\partial y^2}\right)+\frac{\partial^2 w}{\partial y^2}\delta\left(\frac{\partial^2 w}{\partial x^2}\right)-2\frac{\partial^2 w}{\partial x\partial y}\delta\left(\frac{\partial^2 w}{\partial x\partial y}\right)\right]\Bigg\}\mathrm{d}x\mathrm{d}y\end{aligned}$$

其中用Δ表示拉普拉斯算符。

(1) 将被积函数的每一项进行两次分部积分后，得出

$$\begin{aligned}\iint\frac{\partial^2 w}{\partial x^2}\delta\left(\frac{\partial^2 w}{\partial y^2}\right)\mathrm{d}x\mathrm{d}y=&-\oint\frac{\partial^2 w}{\partial x^2}\delta\left(\frac{\partial w}{\partial y}\right)\mathrm{d}x+\oint\frac{\partial^3 w}{\partial x^2\partial y}\delta w\mathrm{d}x\\&+\iint\frac{\partial^4 w}{\partial x^2\partial y^2}\delta w\mathrm{d}x\mathrm{d}y\end{aligned} \tag{12.3.12}$$

其中右边前面的两个积分是沿板的外周界进行的回线积分；

(2) 类似于式(12.3.12)，有

$$\begin{aligned}\iint\frac{\partial^2 w}{\partial y^2}\delta\left(\frac{\partial^2 w}{\partial x^2}\right)\mathrm{d}x\mathrm{d}y=&\oint\frac{\partial^2 w}{\partial y^2}\delta\left(\frac{\partial w}{\partial x}\right)\mathrm{d}y-\oint\frac{\partial^3 w}{\partial x\partial y^2}\delta w\mathrm{d}x\\&+\iint\frac{\partial^4 w}{\partial x^2\partial y^2}\delta w\mathrm{d}x\mathrm{d}y\end{aligned} \tag{12.3.13}$$

(3) 用简单的记号交换法，由式(12.3.12)和式(12.3.13)求得

$$\iint \frac{\partial^2 w}{\partial x^2}\delta\left(\frac{\partial^2 w}{\partial x^2}\right)\mathrm{d}x\mathrm{d}y = \oint \frac{\partial^2 w}{\partial x^2}\delta\left(\frac{\partial w}{\partial x}\right)\mathrm{d}y - \oint \frac{\partial^3 w}{\partial x^3}\delta w\mathrm{d}y + \iint \frac{\partial^4 w}{\partial x^4}\delta w\mathrm{d}x\mathrm{d}y \tag{12.3.14}$$

$$\iint \frac{\partial^2 w}{\partial y^2}\delta\left(\frac{\partial^2 w}{\partial y^2}\right)\mathrm{d}x\mathrm{d}y = -\oint \frac{\partial^2 w}{\partial y^2}\delta\left(\frac{\partial w}{\partial x}\right)\mathrm{d}x + \oint \frac{\partial^3 w}{\partial y^3}\delta w\mathrm{d}x + \iint \frac{\partial^4 w}{\partial y^4}\delta w\mathrm{d}x\mathrm{d}y \tag{12.3.15}$$

(4) 恰好相同的

$$\begin{aligned}\iint \frac{\partial^2 w}{\partial x\partial y}\delta\left(\frac{\partial^2 w}{\partial x\partial y}\right)\mathrm{d}x\mathrm{d}y &= \iint \frac{\partial^2 w}{\partial x\partial y}\frac{\partial}{\partial x}\left(\delta\frac{\partial w}{\partial y}\right)\mathrm{d}x\mathrm{d}y \\ &= \oint \frac{\partial^2 w}{\partial x\partial y}\delta\left(\frac{\partial w}{\partial y}\right)\mathrm{d}y + \oint \frac{\partial^3 w}{\partial x\partial y}\delta w\mathrm{d}x \\ &\quad + \iint \frac{\partial^4 w}{\partial x^2\partial y^2}\delta w\mathrm{d}x\mathrm{d}y\end{aligned} \tag{12.3.16}$$

这个表达式也可由如下等式得出：

$$\iint \frac{\partial^2 w}{\partial x\partial y}\delta\left(\frac{\partial^2 w}{\partial x\partial y}\right)\mathrm{d}x\mathrm{d}y = \iint \frac{\partial^2 w}{\partial x\partial y}\frac{\partial}{\partial y}\left(\delta\frac{\partial w}{\partial x}\right)\mathrm{d}x\mathrm{d}y$$

借助于上述各公式，可以求得

$$\begin{aligned}&\iint\left(\frac{\partial^2 w}{\partial x^2}+\frac{\partial^2 w}{\partial y^2}\right)\left[\delta\left(\frac{\partial^2 w}{\partial x^2}\right)+\delta\left(\frac{\partial^2 w}{\partial y^2}\right)\right]\mathrm{d}x\mathrm{d}y \\ &= \oint \Delta w\delta\left(\frac{\partial w}{\partial x}\right)\mathrm{d}y - \oint \Delta w\delta\left(\frac{\partial w}{\partial y}\right)\mathrm{d}x \\ &\quad -\oint\left(\frac{\partial \Delta w}{\partial x}\mathrm{d}y - \frac{\partial \Delta w}{\partial y}\mathrm{d}x\right)\delta w + \iint \Delta^2 w\delta w\mathrm{d}x\mathrm{d}y\end{aligned} \tag{12.3.17}$$

其中

$$\Delta^2 w = \frac{\partial^4 w}{\partial x^4} + 2\frac{\partial^4 w}{\partial x^2\partial y^2} + \frac{\partial^4 w}{\partial y^4} \tag{12.3.18}$$

现在，将式(12.3.17)、式(12.3.12)、式(12.3.13)和式(12.3.16)代入$\delta U_{\max}$的表达式。经整理后，得出

$$\begin{aligned}\frac{1}{D}\delta U_{\max}=&\oint\left[\left(\frac{\partial^2 w}{\partial x^2}+\sigma\frac{\partial^2 w}{\partial y^2}\right)\mathrm{d}y-(1-\sigma)\frac{\partial^2 w}{\partial x\partial y}\mathrm{d}x\right]\delta\left(\frac{\partial w}{\partial x}\right)\\&+\oint\left[-\left(\frac{\partial^2 w}{\partial y^2}+\sigma\frac{\partial^2 w}{\partial x^2}\right)\mathrm{d}y+(1-\sigma)\frac{\partial^2 w}{\partial x\partial y}\mathrm{d}y\right]\delta\left(\frac{\partial w}{\partial y}\right)\\&-\oint\left(\frac{\partial\Delta w}{\partial x}\mathrm{d}y-\frac{\partial\Delta w}{\partial y}\mathrm{d}x\right)\delta w+\iint\Delta^2 w\delta w\mathrm{d}x\mathrm{d}y\end{aligned}\tag{12.3.19}$$

用θ表示外法线n与轴Ox之间的夹角，并设周界切线l的方向如图12.3.3所示，于是，在板的周界上有

$$\begin{cases}\mathrm{d}x=-\mathrm{d}l\sin\theta,\quad \mathrm{d}y=\mathrm{d}l\cos\theta\\ \dfrac{\partial}{\partial x}=\cos\theta\dfrac{\partial}{\partial n}-\sin\theta\dfrac{\partial}{\partial l}\\ \dfrac{\partial}{\partial y}=\sin\theta\dfrac{\partial}{\partial n}+\cos\theta\dfrac{\partial}{\partial l}\end{cases}\tag{12.3.20}$$

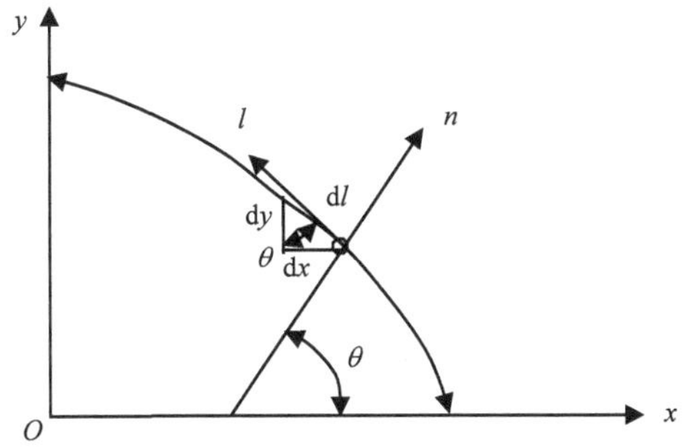

图 12.3.3 板边界处的几何关系

利用这些公式，可以将表达式(12.3.19)转换成如下形式：

$$\begin{aligned}\frac{1}{D}\delta U_{\max}=&\iint\Delta^2 w\delta w\mathrm{d}s-\oint\frac{\partial\Delta w}{\partial n}\delta w\mathrm{d}l+\oint\left[\left(\frac{\partial^2 w}{\partial x^2}+\sigma\frac{\partial^2 w}{\partial y^2}\right)\cos^2\theta\right.\\&\left.+\left(\frac{\partial^2 w}{\partial y^2}+\sigma\frac{\partial^2 w}{\partial x^2}\right)\sin^2\theta+(1-\sigma)\frac{\partial^2 w}{\partial x\partial y}\sin^2\theta\right]\delta\left(\frac{\partial w}{\partial n}\right)\mathrm{d}l\end{aligned}$$

$$+\oint\left[(1-\sigma)\left(\frac{\partial^2 w}{\partial y^2}-\frac{\partial^2 w}{\partial x^2}\right)\frac{\sin 2\theta}{2}+\frac{\partial^2 w}{\partial x\partial y}\cos 2\theta\right]\delta\left(\frac{\partial w}{\partial l}\right)\mathrm{d}l$$

由弹性理论可以知道，表达式

$$-D\left[\left(\frac{\partial^2 w}{\partial x^2}+\sigma\frac{\partial^2 w}{\partial y^2}\right)\cos^2\theta+\left(\frac{\partial^2 w}{\partial y^2}+\sigma\frac{\partial^2 w}{\partial x^2}\right)\sin^2\theta+(1-\sigma)\frac{\partial^2 w}{\partial x\partial y}\sin 2\theta\right]=M_L \tag{12.3.21}$$

代表板的周界上的弯矩。第三个环路积分符号下的表达式若乘以 D，则为

$$D\left[(1-\sigma)\left(\frac{\partial^2 w}{\partial y^2}-\frac{\partial^2 w}{\partial x^2}\right)\frac{\sin 2\theta}{2}+\frac{\partial^2 w}{\partial x\partial y}\cos 2\theta\right]=H_L \tag{12.3.22}$$

就是板的周界上的扭矩。最后

$$-D\frac{\partial\Delta w}{\partial n}=N_L \tag{12.3.23}$$

代表板的周界上的切力。

在第三个环路积分中完成部分积分后，将它转换成如下形式：

$$\oint H_L\frac{\partial}{\partial l}(\delta w)\mathrm{d}l=-\oint\frac{\partial H}{\partial l}\delta w\mathrm{d}l \tag{12.3.24}$$

经上述一切变换后，可将势能的变分表示成如下最终形式：

$$\delta U_{\max}=D\iint\Delta^2 w\delta w\mathrm{d}s-\oint M_L\delta\left(\frac{\partial w}{\partial n}\right)\mathrm{d}l+\oint\left(N_L-\frac{\partial H}{\partial l}\right)\delta w\mathrm{d}l \tag{12.3.25}$$

动能的变分为

$$\delta T_{\max}=\rho h\omega^2\iint_{(s)} w\delta w\mathrm{d}s \tag{12.3.26}$$

现在，若注意到式(12.3.25)和式(12.3.26)，就可写出板的横向振动固有形式的变分方程：

$$\iint\left(D\Delta^2 w-\rho h\omega^2 w\right)\delta w\mathrm{d}s-\oint M_L\delta\left(\frac{\partial w}{\partial n}\right)\mathrm{d}l+\oint\left(N_L-\frac{\partial H}{\partial l}\right)\delta w\mathrm{d}l=0 \tag{12.3.27}$$

其中 ds 为中性层的曲面元素。

4. 板的横向振动形式的微分方程和边界条件

能实现式(12.3.27)条件的形式 $w(x,y)$ 应该满足如下方程：

$$D\left(\frac{\partial^4 w}{\partial x^4}+2\frac{\partial^4 w}{\partial x^2\partial y^2}+\frac{\partial^4 w}{\partial y^4}\right)-\rho h\omega^2 w=0 \tag{12.3.28}$$

并且使包含在式(12.3.27)中的环路积分变成零，也即满足如下条件：

$$\oint M_L\frac{\partial}{\partial n}(\partial w)\mathrm{d}l-\oint\left(N_L-\frac{\partial H}{\partial l}\right)\partial w\mathrm{d}l=0 \tag{12.3.29}$$

容易证明，方程式(12.3.28)就是泛函

$$\iint\limits_{(s)}\left(\rho h\omega^2 w^2-D\left\{\left(\frac{\partial^2 w}{\partial x^2}+\frac{\partial^2 w}{\partial y^2}\right)^2-2(1-\sigma)\left[\frac{\partial^2 w}{\partial x^2}\frac{\partial^2 w}{\partial y^2}-\left(\frac{\partial^2 w}{\partial x\partial y}\right)^2\right]\right\}\right)\mathrm{d}s$$

的欧拉方程。因而，方程式(12.3.28)代表板的横向振动方程。式(12.3.29)表示问题的边界条件的最普遍形式。在下列情况下，这些边界条件将能满足：

(1) 如果板边刚性固定，在这种边上有

$$(\partial w)_{(L)}=\delta\left(\frac{\partial w}{\partial n}\right)_{(L)}=0 \tag{12.3.30}$$

(2) 如果板边铰链支承，则有

$$(\partial w)_{(L)}=0,\quad M_L=0$$

(3) 如果板边是自由的，这时有

$$M_L=0,\quad N_L-\frac{\partial H}{\partial l}=0$$

对变分 δw 和 $\delta\left(\frac{\partial w}{\partial n}\right)$ 施加限制的条件称为几何条件；对边界力矩和边界切力施加限制的条件，也即对 M_L 和 $\left(N_L-\frac{\partial H}{\partial l}\right)$ 施加限制的条件称为动力条件。

对于具有平行于轴 Ox 和轴 Oy 的边界的矩形板(图 12.3.4)，在平行于轴 Oy

的边上，根据式(12.3.20)~式(12.3.23)有

$$\theta=0, \quad \frac{\partial}{\partial x}=\frac{\partial}{\partial y}, \quad \frac{\partial}{\partial y}=\frac{\partial}{\partial l}$$

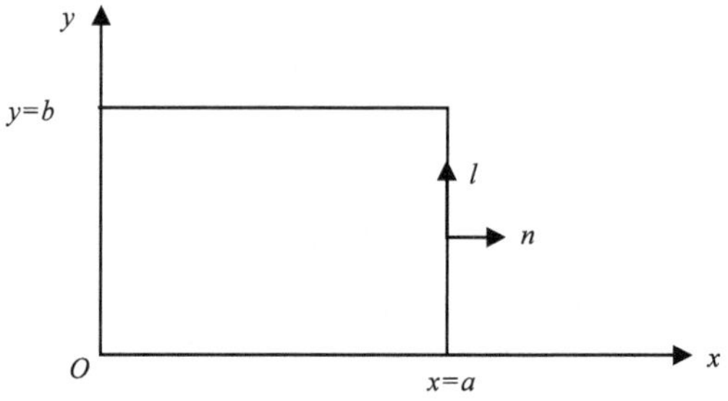

图 12.3.4 边界平行于坐标轴的矩形板

因而

$$M_L=-D\left(\frac{\partial^2 w}{\partial x^2}+\sigma\frac{\partial^2 w}{\partial y^2}\right), \quad H_L=D(1-\sigma)\frac{\partial^2 w}{\partial x\partial y}, \quad N_L=-D\left(\frac{\partial^3 w}{\partial x^3}+\frac{\partial^3 w}{\partial x\partial y^2}\right)$$

因此，如果平行于轴 Oy 的边是铰链支承，那么有

$$w=0, \quad M_L=-D\left(\frac{\partial^2 w}{\partial x^2}+\sigma\frac{\partial^2 w}{\partial y^2}\right)=0$$

或者

$$w=0, \quad \frac{\partial^2 w}{\partial x^2}+\sigma\frac{\partial^2 w}{\partial y^2}=0 \tag{12.3.31}$$

如果这些边是刚性固定的，有

$$w=0, \quad \frac{\partial w}{\partial x}=0 \tag{12.3.32}$$

如果平行于 Oy 轴的边是自由的，则在这些边上有

$$\frac{\partial^2 w}{\partial x^2}+\sigma\frac{\partial^2 w}{\partial y^2}=0, \quad \frac{\partial^3 w}{\partial x^3}+(2-\sigma)\frac{\partial^3 w}{\partial x\partial y^2}=0 \tag{12.3.33}$$

对平行于轴 Ox 的边界，其条件可以由 x 代替 y，y 代替 x 而得到。

当密度为

$$F(x,y,t)=f(x,y)\sin(\omega_0 t)$$

的简谐外载荷作用在板上时，则板的横向受迫振动形式的方程可写成如下形式：

$$D\Delta^2 w-\rho h{\omega_0}^2 w-f(x,y)=0 \tag{12.3.34}$$

也可以导出变刚度(或变厚度)板的横向自由振动方程为

$$\Delta(D\Delta w)-(1-\sigma)\left(\frac{\partial^2 D}{\partial x^2}\frac{\partial^2 w}{\partial y^2}+\frac{\partial^2 D}{\partial y^2}\frac{\partial^2 w}{\partial x^2}-2\frac{\partial^2 D}{\partial x\partial y}\frac{\partial^2 w}{\partial x\partial y}\right)-\mu(x,y)\omega^2 w=0 \tag{12.3.35}$$

在这里和下文，$\mu(x,y)=\rho h$ 都表示中性层单位面积上的质量。

5. 板的固有振动形式的若干性质

板的横向振动形式的方程式(12.3.28)可以解释为板的固有载荷

$$\mu(x,y)\omega^2 w(x,y)$$

作用下的挠度方程。

根据位移的互等原理，可以建立起板的固有形式的一个极重要的性质——正交性。假设在固有载荷 $\mu\omega_i^2 w_i$ 作用下，板得到挠度 w_i；而在固有载荷 $\mu\omega_k^2 w_k$ 作用下，则得到挠度 w_k。于是载荷 $\mu\omega_k^2 w_k$ 对位移 w_i 的功应该等于载荷 $\mu\omega_i^2 w_i$ 对位移 w_k 的功，这个条件可以写成如下形式：

$$\iint\limits_{(s)}\mu\omega_i^2 w_i w_k \mathrm{d}s=\iint\limits_{(s)}\mu\omega_k^2 w_k w_i \mathrm{d}s$$

由此得到

$$(\omega_i^2-\omega_k^2)\iint\limits_{(s)}\mu w_k w_i \mathrm{d}s=0$$

如果 $\omega_i^2\neq\omega_k^2$，那么就有

$$\iint\limits_{(s)}\mu w_k w_i \mathrm{d}s=0 \tag{12.3.36}$$

对于板的横向振动形式，展开定理成立。板的固有形式就是满足如下方程的函数 $w_i(x,y)$：

$$D\Delta^2 w_i - \mu\omega_i^2 w_i = 0 \qquad (i = 1,2,3,\cdots)$$

上述按固有形式展开的级数具有如下形式：

$$w(x,y) = \sum_{i=1}^{\infty} a_i w_i(x,y) \tag{12.3.37}$$

其中系数 a_i 为

$$a_i = \frac{\iint\limits_{(s)} \mu w(x,y) w_i(x,y) \mathrm{d}s}{\iint\limits_{(s)} \mu w_i^2(x,y) \mathrm{d}s} \tag{12.3.38}$$

对于已按规则

$$\iint\limits_{(s)} \mu w_i^2(x,y) \mathrm{d}s = 1$$

标准化的固有形式，其系数 a_i 将有如下表达式：

$$a_i = \iint\limits_{(s)} \mu w(x,y) w_i(x,y) \mathrm{d}s \tag{12.3.39}$$

对于矩形板，固有形式 $w_i(x,y)$ 通常有两个函数的乘积：其中一个只依赖于 x，而另一个只依赖于 y，则

$$w_{ik}(x,y) = X_i(x) Y_k(y)$$

在此情况下，级数式(12.3.37)将有如下形式：

$$w(x,y) = \sum_{i,k=1}^{\infty} \alpha_{ik} X_i(x) Y_k(y) \tag{12.3.40}$$

在主振动时，由曲线族

$$w_i(x,y) = 0$$

把板的表面划分成以相同位相或相反位相做振动的几部分，这些曲线称为节线。在一点固定的(通常是中心固定的)方板上，撒上细砂，并使其发生振动，节线就形成著名的“赫拉尼”图。

例 12.3.1 矩形板的两对边铰链支承，而另两边的边界条件任意，求其横向振动。

解 这个问题由式(12.3.28)能得到精确解。假设铰支边$(x=0, x=a)$平行于轴Oy(图 12.3.4)。

设$k^4=\dfrac{\rho h\omega^2}{D}$，寻求微分方程

$$\frac{\partial^4 w}{\partial x^4}+2\frac{\partial^4 w}{\partial x^2\partial y^2}+\frac{\partial^4 w}{\partial y^4}-k^4 w=0 \tag{12.3.41}$$

的级数形式的解

$$w(x,y)=\sum_{i=1}^{\infty}F_i(y)\sin\frac{i\pi x}{a} \tag{12.3.42}$$

其中$F_i(y)$为未知函数，应当由式(12.3.41)来确定。容易看到，函数$w(x,y)$满足在铰支边上的边界条件，因为在这些边上($x=0$ 和 $x=a$ 处)有

$$w(x,y)=0\,,\quad \frac{\partial^2 w}{\partial x^2}=0$$

将式(12.3.42)代入式(12.3.41)后，得到$F_i(y)$的方程为

$$F_i^{(4)}-\frac{2i^2\pi^2}{a^2}F_i''+\left(\frac{i^4\pi^4}{a^4}-k^4\right)F_i=0 \tag{12.3.43}$$

为了解出方程(12.3.43)，写出特征方程

$$z^4-\frac{2i^2\pi^2}{a^2}z^2+\left(\frac{i^4\pi^4}{a^4}-k^4\right)=0 \tag{12.3.44}$$

算出特征方程的根

$$z_1=-z_3=\sqrt{\frac{i^2\pi^2}{a^2}-k^2}$$

$$z_2=-z_4=\sqrt{\frac{i^2\pi^2}{a^2}+k^2}$$

就求得式(12.3.43)的一般解为

$$F_i(y) = A_i \mathrm{sh}(z_1 y) + B_i \mathrm{ch}(z_1 y) + C_i \mathrm{sh}(z_2 y) + D_i \mathrm{ch}(z_2 y)$$

其中常数 A_i, B_i, C_i, D_i 由平行于轴 Ox 的边上的边界条件来确定，在这些边界上

$$y=0, \quad y=b$$

例如，设 $y=0$ 的边为铰链支承；而 $y=b$ 的边为刚性固定。于是，对于 $y=0$

$$w(x,0) = 0, \quad \frac{\partial^2 w}{\partial y^2} = 0$$

由此得到

$$B_i = D_i = 0$$

对于 $y=b$，有

$$A_i \mathrm{sh}(z_1 b) + C_i \mathrm{sh}(z_2 b) = 0$$

$$A_i z_1 \mathrm{ch}(z_1 b) + C_i z_2 \mathrm{ch}(z_2 b) = 0$$

消去 A_i 与 C_i 后，得到频率方程

$$\begin{vmatrix} \mathrm{sh}(z_1 b) & \mathrm{sh}(z_2 b) \\ z_1 \mathrm{ch}(z_1 b) & z_2 \mathrm{ch}(z_2 b) \end{vmatrix} = 0$$

即

$$\frac{1}{z_1} \mathrm{th}(z_1 b) = \frac{1}{z_2} \mathrm{th}(z_2 b)$$

对于实数的 z_1 和 z_2，这个解成立。

当两边 $y=0$ 和 $y=b$ 铰链支承时(板的各边铰链支承的情形)，在特征方程式(12.3.43)的根 z_1 和 z_3 为虚数的条件下，得到问题的非平凡解。在此情形下，式(12.3.43)的一般解应取如下的形式：

$$F_i(y) = A_i \sin(k_1 y) + B_i \cos(k_1 y) + C_i \mathrm{sh}(k_1 y) + D_i \mathrm{ch}(k_1 y)$$

其中

$$k_1 = \sqrt{k - \frac{i^2 \pi^2}{a^2}}$$

由边界条件

$$w(x,0)=0\,,\quad \frac{\partial^2 w(x,0)}{\partial y^2}=0$$

$$w(x,b)=0\,,\quad \frac{\partial^2 w(x,b)}{\partial y^2}=0$$

求得

$$B_i=C_i=D_i=0$$

$$\sin(k_1 b)=0$$

最后一个方程就是板的频率方程。

由这个方程得到

$$k_1 b=j\pi \quad (j=1,2,3,\cdots)$$

$$k^2=\left(\frac{i^2}{a^2}+\frac{j^2}{b^2}\right)\pi^2\,,\quad \omega_{ij}=\pi^2\left(\frac{i^2}{a^2}+\frac{j^2}{b^2}\right)\sqrt{\frac{D}{\rho h}} \quad (i,j=1,2,3,\cdots)$$

和

$$F_i(y)=A_j\sin\frac{j\pi y}{b}$$

确定板的振动形式的级数式(12.3.42)，将有如下形式：

$$w(x,y)=\sum_{i,j=1}^{\infty}a_{ij}\sin\frac{i\pi x}{a}\sin\frac{j\pi y}{b} \tag{12.3.45}$$

若考察级数式(12.3.45)中的各项，并将与它相对应的各振型线性叠加起来，就可得出关于在各边铰链支承的板上节线分布的情况。比如，级数式(12.3.45)的第一项

$$w_{11}(x,y)=a_{11}\sin\frac{\pi x}{a}\sin\frac{\pi y}{b}$$

在板内任何地方都不为零，$w_{11}(x,y)$将只在板的边上等于零。因而，形式$w_{11}(x,y)$在板上没有节线，板的各元素按如下方程振动：

$$w(x,y,t)=w_1(x,y)\sin(\omega t+\alpha)=a_{11}\sin\frac{\pi x}{a}\sin\frac{\pi y}{b}\sin(\omega t+\alpha)$$

这些元素将向同一面偏移，同时达到极大(振幅)偏移. 并同时通过平衡位置。所以，这是板的第一主振动或第一固有振动，其频率为

$$\omega_{11}=\frac{\pi^2(a^2+b^2)}{a^2b^2}\sqrt{\frac{D}{\rho h}}$$

设 $i=2, j=1$，或相反地，设 $i=1, j=2$，将得到顺次的一些形式。在这些情况下，对应的振动形式，将有平行于轴 Oy(图 12.3.5(a))或平行于轴 Ox(图 12.3.5(b))的一条节线。振型 $w_{22}(x,y)$ 的节线，位置如图 12.3.5(c)所示。若将图 12.3.5(a)和(c)所示的两个固有振型叠加，并适当地选取这些振型的常数 a_{ij}，就可得到具有沿板对角线的节线的振动形式。

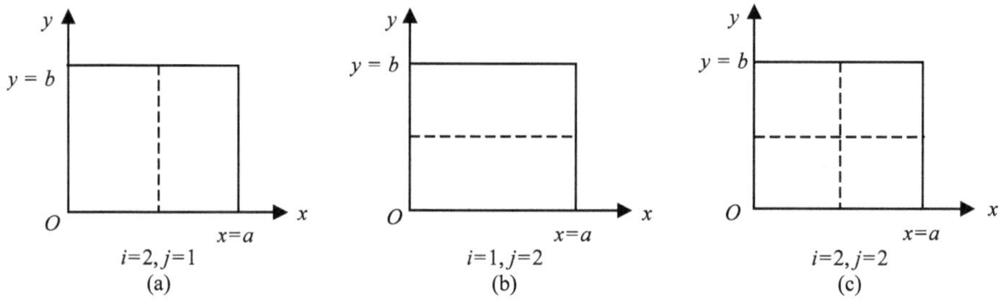

图 12.3.5　方板节线示意图

6. 计算板的横向振动固有振型和固有频率的近似方法

在例 12.3.1 中考察过的两对边铰链支承的矩形板的振动问题，实质上就是目前已知的能应用所谓精确方法比较简单地导出完整解答的情况。在其他情况下，计算固有频率和固有振型就不得不应用近似方法。经验表明，在这些近似方法中，里茨变分法和伽辽金变分法是最有效的。正是为了进行板或“薄板”的近似计算，才创立出这些变分方法。目前，变分法已被详细地研究过，适用于解任意边界条件下板的振动问题。

为了按里茨法解变分问题，也就是说，为了寻求满足如下变分方程的板的振动形式：

$$\delta(T_{\max}-U_{\max})=0 \tag{12.3.46}$$

就要构成有限级数形式的极小化形式

$$w(x,y)=\sum_{i=1}^{\infty}a_i w_i(x,y) \tag{12.3.47}$$

其中 $w_i(x,y)$ 为基础函数，也即按照问题的边界条件来选取的已知函数，a_i 为一些参数，其值应在式(12.3.47)代入式(12.3.46)后，由函数$(T_{max}-U_{max})$的极小值条件来确定，即由如下方程来确定：

$$\frac{\partial}{\partial a_i}(T_{\max}-U_{\max})=0 \quad (i=1,2,\cdots,n) \tag{12.3.48}$$

其中

$$T_{\max}=\frac{\rho\omega^2}{2}\iint_{(s)} hw^2\mathrm{d}x\mathrm{d}y$$

$$U_{\max}=\frac{1}{2}\iint_{(s)} D\left\{(\Delta x)^2-2(1-\sigma)\left[\frac{\partial^2 w}{\partial x^2}\frac{\partial^2 w}{\partial y^2}-\left(\frac{\partial^2 w}{\partial x\partial y}\right)^2\right]\right\}\mathrm{d}s \tag{12.3.49}$$

在选择基础函数时，可以只限于满足几何条件。以后，将使按照这些几何条件来选取的基础函数服从式(12.3.46)，这样，它们也就能满足动力条件，这一点可以由写成如式(12.3.27)型的变分方程看出

$$\iint_{(s)}\left(D\Delta^2 w-\frac{\gamma h}{g}p^2 w\right)\delta w\mathrm{d}s-\oint M_L\frac{\partial}{\partial n}(\delta w)\mathrm{d}l+\oint\left(N_L-\frac{\partial H_L}{\partial l}\right)\delta w\mathrm{d}l=0 \tag{12.3.50}$$

事实上，如果板边是自由的，那么在板边的 δw 和 $\delta\left(\frac{\partial w}{\partial n}\right)$ 是任意的。在板的周界以内，δw 的值也是任意的。因此，如果 $w_i(x,y)$ 满足方程式(12.3.46)或式(12.3.27)，那么对于这样的形式，方程

$$D\Delta^2 w-\mu\omega^2 w=0$$

和动力边界条件

$$M_L=0,\quad N_L-\frac{\partial H_L}{\partial l}=0$$

也将成立。因此利用里茨法时，没有必要选取满足所有边界条件(几何条件和动力条件)的基础函数。

至于基础函数本身的组成成分，正像上面所指出的，通常可以将它们作成两个函数乘积的形式：其中一个只是 x 的函数，而另一个则只是 y 的函数

$$w_{ij}(x,y)=X_i(x)Y_j(y) \tag{12.3.51}$$

函数 $X_i(x)$ 和 $Y_i(y)$ 是简单的多项式，或者是均匀杆（或梁）的固有振动形式（梁函数），这些形式满足对应于板边固定方法的边界条件。

$$\begin{cases} X_i(x) = \sin\dfrac{\lambda_i x}{a} + A_i\cos\dfrac{\lambda_i x}{a} + B_i \mathrm{sh}\dfrac{\lambda_i x}{a} + C_i \mathrm{ch}\dfrac{\lambda_i x}{a} \\ Y_j(y) = \sin\dfrac{\lambda_j y}{b} + A_j\cos\dfrac{\lambda_j y}{b} + B_j \mathrm{sh}\dfrac{\lambda_j y}{b} + C_j \mathrm{ch}\dfrac{\lambda_j y}{b} \end{cases} \tag{12.3.52}$$

其中

$$\lambda_i = k_i a,\quad \lambda_j = k_j b,\quad k^4 = \frac{\mu\omega^2}{EJ}$$

a，b 分别为平行于轴 Ox 和轴 Oy 的边长。常数 $A_i, B_i, C_i, A_j, B_j, C_j, \lambda_i, \lambda_j$ 均可由 X_i 和 Y_j 的边界条件求得。

在选定基础函数以后，应该将由这些基础函数构成的极小化形式代入 $T_{\max}$ 和 $U_{\max}$ 的表达式。关于 $U_{\max}$ 的计算，应该注意：对于各边铰链支承或刚性固定的板，表达式

$$\iint\limits_{(s)}\left[\frac{\partial^2 w}{\partial x^2}\frac{\partial^2 w}{\partial y^2} - \left(\frac{\partial^2 w}{\partial x\partial y}\right)^2\right]\mathrm{d}s$$

（叫做高斯全曲率）等于零。

包含在 $T_{\max}$ 和 $U_{\max}$ 式中的二重积分的计算可归结为标准形式的简单积分计算。比如，对于基础函数式(12.3.51)，这些积分通常是如下几种类型：

$$\int_0^l X_i^2 \mathrm{d}x,\quad \int_0^l X_i'^2 \mathrm{d}x,\quad \int_0^l X_i''^2 \mathrm{d}x$$

$$\int_0^l X_i' X_j' \mathrm{d}x = -\int_0^l X_i X_j'' \mathrm{d}x$$

例 12.3.2　求各边刚性固定的矩形板的基本振动频率。问题的边界条件是：在平行于轴 Oy 的板边有

$$w = 0,\quad \frac{\partial w}{\partial x} = 0$$

而在平行于轴 Ox 的板边有

$$w = 0,\quad \frac{\partial w}{\partial y} = 0$$

解 为了做单项的第一次近似，取函数

$$w_1(x,y)=X_1(x)Y_1(y)$$

作为极小化形式，式中 $X_1(x)$ 和 $Y_1(y)$ 是梁函数，它们满足两端刚性固定梁的边界条件

$$X_1(0)=X_1(a)=0\,,\quad X_1'(0)=X_1'(a)=0$$

$$Y_1(0)=Y_1(a)=0\,,\quad Y_1'(0)=Y_1'(a)=0$$

极大动能为

$$T_{\max}=\frac{\rho h\omega^2}{2}\iint w^2\mathrm{d}x\mathrm{d}y=\frac{\rho h\omega^2}{2}\int_0^a X_1^2\mathrm{d}x\int_0^b Y_1^2\mathrm{d}y$$

求得其值为

$$T_{\max}=1.0359^2\,\frac{\rho h\omega^2 ab}{2}$$

极大势能为

$$\begin{aligned}2U_{\max}&=D\int_0^a\int_0^b\left(\frac{\partial^2 w}{\partial x^2}+\frac{\partial^2 w}{\partial y^2}\right)^2\mathrm{d}x\mathrm{d}y\\&=D\int_0^a X_1''^2\mathrm{d}x\int_0^b Y_1^2\mathrm{d}y+2D\int_0^a X_1X_1''\mathrm{d}x\int_0^b Y_1Y_1''\mathrm{d}y+D\int_0^a X_1{}^2\mathrm{d}x\int_0^b Y_1''^2\mathrm{d}y\\&=D\left(\frac{518.52\times1.0359b}{a^3}+2\times\frac{12.775^2}{ab}+\frac{518.52\times1.0359b}{b^3}\right)\end{aligned}$$

为了简化计算，设 $a=b$，即假设板是方形的，于是

$$2U_{\max}=\frac{1400.672D}{a^2}$$

$$2T_{\max}=1.0731\rho h\omega^2 a^2$$

因而

$$\omega_1=\frac{36}{a^2}\sqrt{\frac{D}{h\rho}}$$

例 12.3.3 矩形板的一边刚性固定，而其余各边自由，求其基本振动频率。

解 为在第一次近似下解此问题，取

$$w(x,y)=X_1(x)Y_1(y)$$

作为极小化形式，式中 $X_1(x)$ 满足 $x=0$ 的一端固定而另一端自由的杆的边界条件，而 $Y_1(y)$ 则满足两端自由的杆的边界条件。后面这种杆的第 1 阶振动频率等于零，而第 1 阶形式为常数

$$Y_1(y)=\text{常数}$$

取此常数等于 1。因此，在板的各边有

$$\frac{\partial w}{\partial y}=\frac{\partial^2 w}{\partial y^2}=\frac{\partial^2 w}{\partial x\partial y}=0$$

$$U_{\max}=\frac{D}{2}\int_0^a\int_0^b\left(\frac{\partial^2 w}{\partial x^2}+\frac{\partial^2 w}{\partial y^2}\right)^2\mathrm{d}x\mathrm{d}y=\frac{D}{2}\int_0^b Y_1^2\mathrm{d}y\int_0^a X_1^{\prime\prime 2}\mathrm{d}x=22.933\frac{Db}{2a^3}$$

$$T_{\max}=\frac{\rho h\omega^2}{2}\int_0^a\int_0^b X_1^2Y_1^2\mathrm{d}x\mathrm{d}y=1.8556\frac{\rho h\omega^2 ab}{2}$$

由此得出

$$\omega_1=\frac{3.52}{a^2}\sqrt{\frac{D}{\rho h}}$$

在第一次近似时，基本频率与尺寸 b 无关，因而与均匀悬臂杆横向振动的基本频率相同。

例 12.3.4　均匀方形板的各边铰链支承，除了本身质量以外，还承受四个相同的质量 M，分布在坐标为 $\left(\dfrac{a}{4},\dfrac{a}{4}\right)$；$\left(\dfrac{a}{4},\dfrac{3a}{4}\right)$；$\left(\dfrac{3a}{4},\dfrac{a}{4}\right)$；$\left(\dfrac{3a}{4},\dfrac{3a}{4}\right)$的点 1，2，3，4 上(图 12.3.6)；求板做横向振动的第 1 阶频率。

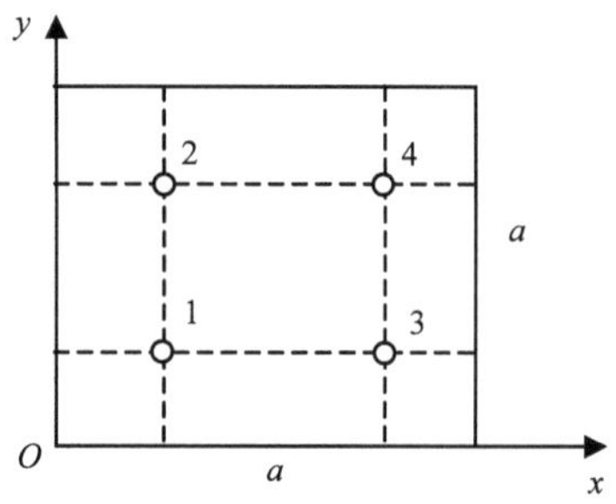

图 12.3.6　作用集中质量的方板

解 板的单位面积质量 ρ =常数。显然，板势能将与各边铰链支承的均匀板的势能相同。所附加的集中质量只影响到动能。在单项的第一次近似中，根据例 12.3.1 的结果，可设

$$w(x,y)=\sin\frac{\pi x}{a}\sin\frac{\pi y}{a}$$

极大势能可按如下公式求得

$$U_{\max}=\frac{D}{2}\int_0^a\int_0^a\left(\frac{\partial^2 w}{\partial x^2}+\frac{\partial^2 w}{\partial y^2}\right)^2\mathrm{d}x\mathrm{d}y$$

因为在这里

$$\iint\limits_{(s)}\left[\frac{\partial^2 w}{\partial x^2}\frac{\partial^2 w}{\partial y^2}-\left(\frac{\partial^2 w}{\partial x\partial y}\right)^2\right]\mathrm{d}x\mathrm{d}y=0$$

算出关于 x 和 y 的二阶导数

$$\frac{\partial^2 w}{\partial x^2}=\frac{\partial^2 w}{\partial y^2}=-\frac{\pi^2}{a^2}\sin\frac{\pi x}{a}\sin\frac{\pi y}{a}$$

就可求得

$$U_{\max}=\frac{D\pi^4}{2a^2}$$

极大动能将等于板的极大动能 $\dfrac{\rho\omega^2a^2}{8}$ 与集中质量 M 的极大动能

$$\frac{M\omega^2}{2}\sum_{i=1}^{4}w_i^2$$

之和，其中 $w_i(i=1,2,3,4)$ 为函数

$$\sin\frac{\pi x}{a}\sin\frac{\pi y}{a}$$

在质量固定点坐标的值。对于点 $1\left(x=\dfrac{a}{4},y=\dfrac{a}{4}\right)$，此值等于 $w_1=\dfrac{1}{2}$，在其余各点的位 w_i 也是一样，所以

$$2T_{\max}=\frac{\rho\omega^2a^2}{4}+M\omega^2$$

令 $T_{\max}$ 与 $U_{\max}$ 的值相等，得出

$$\omega_1=\frac{2\pi^2}{a^2}\sqrt{\frac{D}{\rho+\frac{4M}{a^2}}}$$

例 12.3.5　求各边自由的方形板的第 1 阶振动频率。

解　各边自由板的振动问题属于最困难的问题。里茨曾对此利用自己的变分法给出问题的近似解。对于边长为 a 的方形板，里茨已算出了前面的 35 个频率，其中第 1 阶频率为

$$\omega_1=\frac{14.10}{a^2}\sqrt{\frac{D}{\rho h}}$$

里茨在其计算中，取如下函数作为基础函数：

n 为偶数时

$$w_n=\frac{\operatorname{ch}\gamma_n\cos\gamma_nx+\cos\gamma_n\operatorname{ch}\gamma_nx}{\sqrt{\operatorname{ch}^2\gamma_n+\cos^2\gamma_n}}$$

其中

$$\tan\gamma_n+\operatorname{th}\gamma_n=0$$

n 为奇数时

$$w_n=\frac{\operatorname{sh}\gamma_n\sin\gamma_nx+\sin\gamma_n\operatorname{sh}\gamma_nx}{\sqrt{\operatorname{sh}^2\gamma_n-\sin^2\gamma_n}}$$

其中

$$\tan\gamma_n-\operatorname{th}\gamma_n=0$$

瑞利曾假设第 1 阶固有振动对应有两条节线的形式，这两条节线就是垂直于方形的边并通过中心的两条直线。瑞利根据这个假定，借助于极小化形式 $w=xy$ 给出了板的简化计算方法。

把所假设的节线，取作坐标 Ox 和 Oy（图 12.3.7）。对于函数 xy. 在板上各点都有

$$\frac{\partial^2 w}{\partial x^2}=\frac{\partial^2 w}{\partial y^2}=0\,,\quad \frac{\partial^2 w}{\partial x\partial y}=1$$

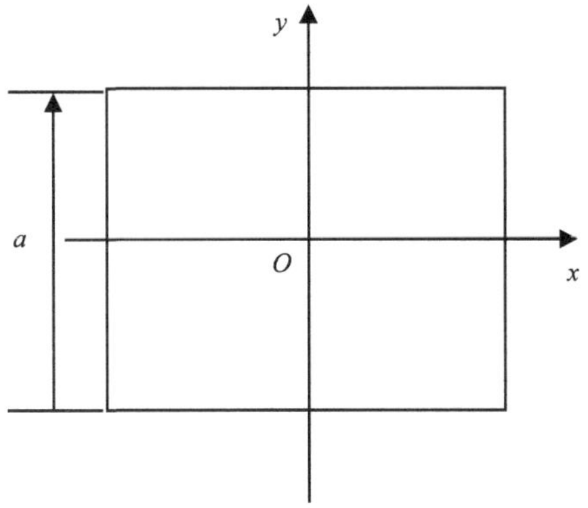

图 12.3.7 假设节线与坐标轴重合模型

因而

$$U_{\max}=D(1-\sigma)a^2$$

$$T_{\max}=\frac{\rho h\omega^2}{2}\int_{-\frac{a}{2}}^{\frac{a}{2}}\int_{-\frac{a}{2}}^{\frac{a}{2}}x^2y^2\mathrm{d}x\mathrm{d}y=\frac{\rho h\omega^2a^6}{288}$$

若如里茨所做，设 $\sigma=0.225$ ，就可得出

$$\omega_1=\frac{14.9}{a^2}\sqrt{\frac{D}{\rho h}}$$

这个值与里茨用同样的σ值求得的第一频率相差约 6%。

伽辽金法也像里茨法一样，将极小化形式写成基础函数的有限线性和的形式，即

$$w(x,y)=\sum_{i=1}^{n}a_iw_i(x,y) \tag{12.3.53}$$

此极小化形式必须满足伽辽金变分方程

$$\iint\limits_{(s)}\left(D\Delta^2w-\rho\omega^2w\right)\delta w\mathrm{d}s=0 \tag{12.3.54}$$

并满足问题的一切边界条件(几何条件和动力条件)。在此情况下，有

$$\oint M_L \delta\left(\frac{\partial w}{\partial n}\right)\mathrm{d}l - \oint\left(N_L - \frac{\partial H_L}{\partial l}\right)\delta w \mathrm{d}l = 0 \tag{12.3.55}$$

在这些条件下，函数 $w(x, y)$ 能近似地确定板的实际振动形式。

将

$$w(x,y) = \sum_{i=1}^{n} a_i w_i(x,y)\ ,\quad \delta w(x,y) = \sum_{i=1}^{n} w_i(x,y)\delta a_i$$

代入方程式(12.3.54)后，就可把它变换成如下方程：

$$\sum_{i=1}^{n}\left[\sum_{k=1}^{n} a_k \iint_{(s)}\left(D\Delta^2 w_k - \rho h\omega^2 w_k\right) w_i \mathrm{d}s\right]\delta a_i = 0$$

由于变分 δa_i 的任意性，由此得到

$$\sum_{k=1}^{n} a_k \iint_{(s)}\left(D\Delta^2 w_k - \rho h\omega^2 w_k\right) w_i \mathrm{d}s = 0\ ,\quad i = 1,2,\cdots,n \tag{12.3.56}$$

引入记号

$$\iint_{(s)} D\Delta^2 w_k w_i \mathrm{d}s = A_{ik}\ ,\qquad \iint_{(s)} \mu w_k w_i \mathrm{d}s = B_{ik} \tag{12.3.57}$$

可将方程式(12.3.56)改写成如下形式：

$$(A_{i1} - \omega^2 B_{i1})a_1 + \cdots + (A_{in} - \omega^2 B_{in})a_n = 0,\quad i = 1,2,\cdots,n$$

由此得到

$$\begin{vmatrix} A_{11} - \omega^2 B_{11} & \cdots & A_{1n} - \omega^2 B_{1n} \\ A_{21} - \omega^2 B_{21} & \cdots & A_{2n} - \omega^2 B_{2n} \\ \cdots & \cdots & \cdots \\ A_{n1} - \omega^2 B_{n1} & \cdots & A_{nn} - \omega^2 B_{nn} \end{vmatrix} = 0 \tag{12.3.58}$$

这样，就得到板的伽辽金频率方程。由这个方程. 可以求得 n 个 ω^2 值，其中最小值给出偏高的第 1 阶频率近似值。

例 12.3.6　求周界刚性固定的方形板的第 1 阶振动频率。

取板的中心为坐标原点，坐标轴如图 12.3.8 所示。

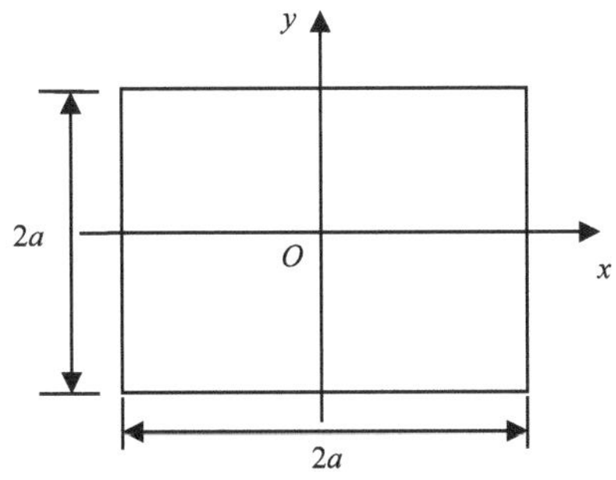

图 12.3.8 周界固支方板模型

解 若限于单项的第一次近似，可选如下函数为极小化形式：

$$w_1(x,y)=(x^2-a^2)^2(y^2-a^2)^2$$

这个形式满足问题的一切边界条件，因为对 $x=\pm a$，$y=\pm a$，有

$$w_1=\frac{\partial w_1}{\partial x}=\frac{\partial w_1}{\partial y}=0$$

按公式(12.3.57)计算 A_{11} 和 B_{11}，得

$$A_{11}=\iint\limits_{(s)}D\Delta^2 w_1 w_1\mathrm{d}s=D\int_{-a}^{a}\int_{-a}^{a}\left(\frac{\partial^4 w_1}{\partial x^4}+2\frac{\partial^4 w_1}{\partial x^2\partial y^2}+\frac{\partial^4 w_1}{\partial y^4}\right)w_1\mathrm{d}x\mathrm{d}y=\frac{65536Da^{14}}{1225}$$

$$B_{11}=\rho h\iint\limits_{(s)}w_1^2\mathrm{d}s=\rho h\int_{-a}^{a}\int_{-a}^{a}(x^2-a^2)^4(y^2-a^2)^4\mathrm{d}x\mathrm{d}y=\frac{65536a^{18}\rho h}{99225}$$

对于第一次近似，频率方程式(12.3.58)将有如下形式：

$$A_{11}-\omega^2 B_{11}=0$$

由此求得

$$\omega_1=\frac{9}{a^2}\sqrt{\frac{D}{\rho h}}$$

7. 圆板的横向振动方程

将直角坐标系原点放在板的中心，并用 r 和 θ 分别表示中性面上某点的矢径和极角则可利用算符

$$\begin{cases}\dfrac{\partial}{\partial x}=\cos\theta\dfrac{\partial}{\partial r}-\dfrac{\sin\theta}{r}\dfrac{\partial}{\partial\theta}\\ \dfrac{\partial}{\partial y}=\sin\theta\dfrac{\partial}{\partial r}+\dfrac{\cos\theta}{r}\dfrac{\partial}{\partial\theta}\end{cases}\tag{12.3.59}$$

将势能和动能的表达式变换成极坐标（图 12.3.9）形式，然后将前面用直角坐标表示的所有公式，都变换成极坐标形式。

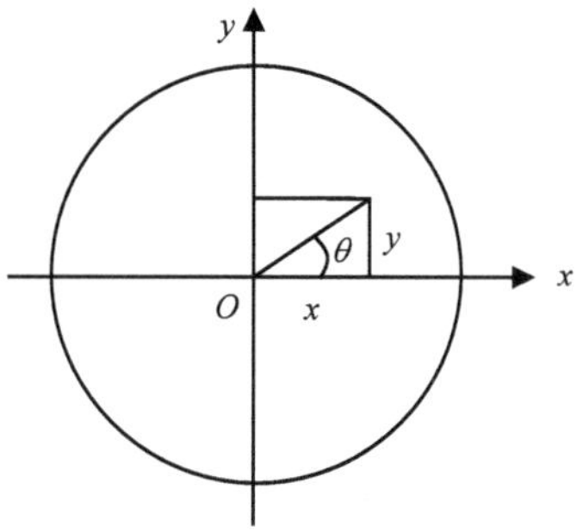

图 12.3.9　圆板模型

为了把极大势能

$$U_{\max}=\frac{D}{2}\iint\limits_{(s)}\left[\left(\frac{\partial^2 w}{\partial x^2}+\frac{\partial^2 w}{\partial y^2}\right)^2-2(1-\sigma)\left\{\frac{\partial^2 w}{\partial x^2}\frac{\partial^2 w}{\partial y^2}-\left(\frac{\partial^2 w}{\partial x\partial y}\right)^2\right\}\right]\mathrm{d}s$$

变换成极坐标形式，必须求出 w 对 x 和 y 的二阶导数的极坐标形式，利用算符式 (12.3.59)，可以求出

$$\frac{\partial^2 w}{\partial x^2}=\frac{\partial^2 w}{\partial r^2}\cos^2\theta-\frac{\sin 2\theta}{r}\frac{\partial^2 w}{\partial r\partial\theta}+\frac{\sin 2\theta}{r^2}\frac{\partial w}{\partial\theta}+\frac{\sin^2\theta}{r}\frac{\partial w}{\partial r}+\frac{\sin^2\theta}{r^2}\frac{\partial^2 w}{\partial\theta^2}$$

$$\frac{\partial^2 w}{\partial y^2}=\frac{\partial^2 w}{\partial r^2}\sin^2\theta+\frac{\sin 2\theta}{r}\frac{\partial^2 w}{\partial r\partial\theta}-\frac{\sin 2\theta}{r^2}\frac{\partial w}{\partial\theta}+\frac{\cos^2\theta}{r}\frac{\partial w}{\partial r}+\frac{\cos^2\theta}{r^2}\frac{\partial^2 w}{\partial\theta^2}$$

$$\frac{\partial^2 w}{\partial x\partial y}=\frac{\partial^2 w}{\partial r^2}\sin\theta\cos\theta+\frac{\cos 2\theta}{r}\frac{\partial^2 w}{\partial r\partial\theta}-\frac{\cos 2\theta}{r^2}\frac{\partial w}{\partial\theta}-\frac{\sin\theta\cos\theta}{r}\frac{\partial w}{\partial r}-\frac{\sin\theta\cos\theta}{r^2}\frac{\partial^2 w}{\partial\theta^2}$$

代入 U_{max} 的表达式后，得出

$$U_{\max}=\frac{D}{2}\int_0^{2\pi}\int_0^a\left[\left(\frac{\partial^2 w}{\partial r^2}+\frac{1}{r}\frac{\partial w}{\partial r}+\frac{1}{r^2}\frac{\partial^2 w}{\partial \theta^2}\right)^2\right.$$

$$\left.-2(1-\sigma)\left\{\left[\frac{\partial^2 w}{\partial r^2}\left(\frac{1}{r}\frac{\partial w}{\partial r}+\frac{1}{r^2}\frac{\partial^2 w}{\partial \theta^2}\right)\right]-\left[\frac{\partial}{\partial r}\left(\frac{1}{r}\frac{\partial w}{\partial \theta}\right)\right]^2\right\}\right]r\mathrm{d}\theta\mathrm{d}r \qquad (12.3.60)$$

应该注意二阶导数

$$\frac{\partial^2 w}{\partial x^2},\quad \frac{\partial^2 w}{\partial y^2},\quad \frac{\partial^2 w}{\partial x\partial y}$$

在 $\theta=0$ 的值为

$$\begin{cases}\left(\dfrac{\partial^2 w}{\partial x^2}\right)_{\theta=0}=\dfrac{\partial^2 w}{\partial r^2}\\[2mm]\left(\dfrac{\partial^2 w}{\partial y^2}\right)_{\theta=0}=\dfrac{1}{r}\dfrac{\partial w}{\partial r}+\dfrac{1}{r^2}\dfrac{\partial^2 w}{\partial \theta^2}\\[2mm]\left(\dfrac{\partial^2 w}{\partial x\partial y}\right)_{\theta=0}=\dfrac{\partial}{\partial r}\left(\dfrac{1}{r}\dfrac{\partial w}{\partial \theta}\right)\end{cases} \qquad (12.3.61)$$

对于极大动能可求得

$$T_{\max}=\frac{\rho h\omega^2}{2}\int_0^{2\pi}\int_0^a w^2 r\mathrm{d}\theta\mathrm{d}r \qquad (12.3.62)$$

将均匀圆板横向自由振动形式的极坐标方程写成如下形式：

$$\left(\frac{\partial^2}{\partial r^2}+\frac{1}{r}\frac{\partial}{\partial r}+\frac{1}{r^2}\frac{\partial^2}{\partial \theta^2}\right)\left(\frac{\partial^2 w}{\partial r^2}+\frac{1}{r}\frac{\partial w}{\partial r}+\frac{1}{r^2}\frac{\partial^2 w}{\partial \theta^2}\right)-\frac{\rho h\omega^2}{D}w=0 \qquad (12.3.63)$$

或

$$\Delta(\Delta w)-\frac{\rho h\omega^2}{D}w=0$$

其中

$$\Delta=\frac{\partial^2}{\partial r^2}+\frac{1}{r}\frac{\partial}{\partial r}+\frac{1}{r^2}\frac{\partial^2}{\partial \theta^2} \qquad (12.3.64)$$

对于非均匀圆板，其振动形式方程为如下形式：

$$\Delta(D\Delta w)-\frac{1-\sigma}{r}\left[\frac{\mathrm{d}D}{\mathrm{d}r}\frac{\partial^2 w}{\partial r^2}+\frac{\mathrm{d}^2 D}{\mathrm{d}r^2}\left(\frac{\partial w}{\partial r}+\frac{1}{r^2}\frac{\partial^2 w}{\partial \theta^2}\right)\right]-\rho h\omega^2 w=0 \quad (12.3.65)$$

若注意到板的周界上有

$$\frac{\partial}{\partial n}=\frac{\partial}{\partial r}, \quad \frac{\partial}{\partial l}=\frac{\partial}{r\partial \theta}$$

圆板横向振动的变分方程可写成如下形式：

$$\iint_{(s)}(D\Delta^2 w-\rho h\omega^2 w)\delta w r\mathrm{d}\theta\mathrm{d}r-\oint M_L\delta\left(\frac{\partial w}{\partial r}\right)r\mathrm{d}\theta+\oint\left(N_L-\frac{1}{r}\frac{\partial H_L}{\partial \theta}\right)\delta w r\mathrm{d}\theta=0 \quad (12.3.66)$$

在板的周界上有

$$\begin{cases} M_L=-D\left[\dfrac{\partial^2 w}{\partial r^2}+\sigma\left(\dfrac{\partial w}{\partial r}+\dfrac{1}{r^2}\dfrac{\partial^2 w}{\partial \theta^2}\right)\right] \\ H_L=D(1-\sigma)\dfrac{\partial}{\partial r}\left(\dfrac{1}{r}\dfrac{\partial w}{\partial r}\right) \\ N_L=-D\dfrac{\partial}{\partial r}\left(\dfrac{\partial^2 w}{\partial r^2}+\dfrac{\partial w}{\partial r}+\dfrac{1}{r^2}\dfrac{\partial^2 w}{\partial \theta^2}\right) \end{cases} \quad (12.3.67)$$

8. 均匀圆板的振型

若满足方程

$$\Delta w+k^2 w=0, \quad \Delta w-k^2 w=0$$

或

$$\frac{\partial^2 w}{\partial r^2}+\frac{1}{r}\frac{\partial w}{\partial r}+\frac{1}{r^2}\frac{\partial^2 w}{\partial \theta^2}\pm k^2 w=0 \quad (12.3.68)$$

则函数 w 必将满足均匀圆板的振型方程：

$$\Delta^2 w-k^4 w=0$$

其中

$$k^4 = \frac{\rho h \omega^2}{D}$$

设两个函数 $R(r)$ 和 $\Phi(\theta)$ 的乘积形式是满足方程式(12.3.68)的函数

$$w(r,\theta) = R(r)\Phi(\theta) \tag{12.3.69}$$

其中第 1 个只是 r 的函数，而第 2 个只是 θ 的函数。把这个函数代入方程式(12.3.68)后，得到

$$\left(\frac{\partial^2 R}{\partial r^2} + \frac{1}{r}\frac{\partial R}{\partial r}\right)\Phi + \frac{1}{r^2}\frac{\partial^2 \Phi}{\partial \theta^2} \pm k^2 R\Phi = 0$$

由此得到

$$\frac{\dfrac{\partial^2 R}{\partial r^2} + \dfrac{1}{r}\dfrac{\partial R}{\partial r} \pm k^2 R}{-\dfrac{R}{r^2}} = \frac{\dfrac{\partial^2 \Phi}{\partial \theta^2}}{\Phi} = -n^2 \tag{12.3.70}$$

因为第 1 个比式仅与 r 有关，而第 2 个比式仅与 θ 有关，所以只有在两个比式都等于同一个常数的条件下，它们才能恒相等。设这个常数等于 $-n^2$，因为若假定此数为正值，就会使 Φ 变成无限增大。因此，由式(12.3.70)可得到如下两个方程：

$$\begin{cases} \dfrac{\partial^2 \Phi}{\partial \theta^2} + n^2 \Phi = 0 \\ \dfrac{\partial^2 R}{\partial r^2} + \dfrac{1}{r}\dfrac{\partial R}{\partial r} + \left(\pm k^2 - \dfrac{n^2}{r^2}\right) R = 0 \end{cases} \tag{12.3.71}$$

适当地选择初始条件后，由第 1 个方程求得

$$\Phi(\theta) = \alpha \sin(n\theta) \tag{12.3.72}$$

第 2 个方程是贝塞尔方程。

首先考察在 k^2 前取正号的方程

$$\frac{\partial^2 R}{\partial r^2} + \frac{1}{r}\frac{\partial R}{\partial r} + \left(k^2 - \frac{n^2}{r^2}\right) R = 0$$

中设 $x=kr$，就把这个方程转换成如下形式：

$$\frac{\partial^2 R}{\partial x^2}+\frac{1}{x}\frac{\partial R}{\partial x}+\left(1-\frac{n^2}{x^2}\right)R=0 \tag{12.3.73}$$

这个方程的解是 n 阶第一类贝塞尔函数

$$R_1(r)=\mathrm{J}_n(kr)$$

第二类贝塞尔函数也是这个方程的解，但是这些函数在 $r=0$ 处变成无穷大，因此不能作为中心无孔圆盘的振动形式的组成部分。

现在考察在 k^2 前取负号的情况，在方程

$$\frac{\partial^2 R}{\partial r^2}+\frac{1}{r}\frac{\partial R}{\partial r}+\left(-k^2-\frac{n^2}{r^2}\right)R=0$$

中设 $y=\mathrm{i}kr(\mathrm{i}=\sqrt{-1})$，就得出方程

$$\frac{\partial^2 R}{\partial y^2}+\frac{1}{y}\frac{\partial R}{\partial y}+\left(1-\frac{n^2}{y^2}\right)R=0$$

上式与方程式(12.3.73)在形式上没有任何区别。这个方程的解是有虚宗量的 n 阶第一类贝塞尔函数 $R_1(r)=\mathrm{J}_n(\mathrm{i}kr)$。为了使 kr 取正值时得到实值的解，取修正的 n 阶第一类贝塞尔函数 $\mathrm{I}_n(kr)$

$$R_2(r)=\mathrm{i}^{-n}\mathrm{J}_n(\mathrm{i}kn)=\mathrm{I}_n(kr)$$

因此。方程式(12.3.71)中第二式的一般积分将是

$$R(r)=A\mathrm{J}_n(kr)+B\mathrm{I}_n(kr)$$

其中 A,B 为任意常数。注意到上述一切，方程式(12.3.68)的一般积分可写成如下形式：

$$w(r,\theta)=\alpha\sin(n\theta)[\mathrm{J}_n(kr)+\lambda\mathrm{I}_n(kr)] \tag{12.3.74}$$

常量α和λ由边界条件求得，也即由板边的固定条件求得。因为讨论的是实心圆盘，这种边界条件有两个。把式(12.3.74)代入这些条件，消去α和λ以后，就得出关于 k 的一个超越方程，这个方程的根可由贝塞尔函数表查得，这些根确定了板的固有振动频率。

函数式(12.3.74)的零点的几何位置表示板上的节线。由方程

$$\sin(n\theta)[\mathrm{J}_n(kr)+\lambda\mathrm{I}_n(kr)]=0$$

可以看出，圆板上可能有两组节线，其中一组节线满方程

$$\sin(n\theta)=0$$

它的根

$$\theta=0,\frac{\pi}{n},\frac{2\pi}{n},\ \cdots$$

将对应于所谓节直径，节直径的数目等于 n。

方程

$$\mathrm{J}_n(kr)+\lambda\mathrm{I}_n(kr)=0$$

的根 $r_1,r_2,r_3,\cdots$ 确定第二组节线，这些节线是半径为 $r_1,r_2,r_3,\cdots$ 的同心圆（图 12.3.10）。

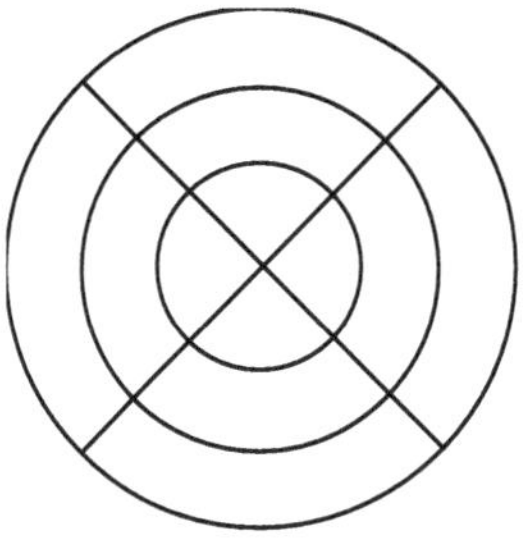

图 12.3.10 圆板的节圆与节直径

对于半径为 a 而沿周界固定的板，有

$$w_a=0\ ,\quad \left(\frac{\partial w}{\partial r}\right)_a=0 \tag{12.3.75}$$

在此情况下，在式(12.3.71)的第二式中设

$$w=R(r)$$

就可以求得没有节直径($n=0$)的形式。因为在此情况下，确定这个形式的函数显然是与θ无关的。这一假设导出了方程

$$\frac{\partial^2 R}{\partial r^2}+\frac{1}{r}\frac{\partial R}{\partial r}\pm k^2R=0$$

的解是零阶第一类贝塞尔函数，这个方程的一般解是

$$w(r) = A\mathrm{J}_0(kr) + B\mathrm{I}_0(kr)$$

对于 $r = a$，即在板的外边，边界条件是刚性固定的，有

$$A\mathrm{J}_0(ka) + B\mathrm{I}_0(ka) = 0$$

$$A\mathrm{J}_0'(ka) + B\mathrm{I}_0'(ka) = 0$$

或由公式

$$\mathrm{J}_0'(ka) = -\mathrm{J}_1(ka), \quad \mathrm{I}_0'(ka) = -\mathrm{I}_1(ka) \tag{12.3.76}$$

化成

$$A\mathrm{J}_0(ka) + B\mathrm{I}_0(ka) = 0$$

$$-A\mathrm{J}_1'(ka) + B\mathrm{I}_1'(ka) = 0$$

由此得到

$$\mathrm{J}_0(ka)\mathrm{I}_1(ka) + I_0(ka)\mathrm{J}_1(ka) = 0 \tag{12.3.77}$$

瑞利求得这个方程最小根的值为

$$ka = 3.20$$

由此得出

$$\omega_1 = \frac{10.24}{a^2}\sqrt{\frac{D}{\rho h}}$$

对应的第 1 阶振动形式(没有节直径)表示在图 12.3.11 上。

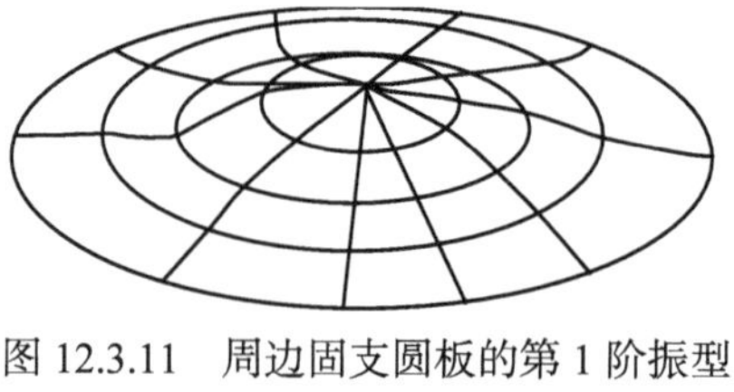

图 12.3.11 周边固支圆板的第 1 阶振型

在一般情况下，边界条件式(12.3.75)导出方程

$$A\mathrm{J}_n(ka) + B\mathrm{I}_n(ka) = 0$$

$$AJ'_n(ka) + BI'_n(ka) = 0$$

借助于递推公式

$$J'_n(kr) = \frac{1}{2}k\left[J_{n-1}(kr) - J_{n+1}(kr)\right]$$

$$I'_n(kr) = \frac{1}{2}k\left[I_{n-1}(kr) + I_{n+1}(kr)\right]$$

由此消去 A 和 B 后，得到频率方程为

$$\begin{vmatrix} J_n(ka) & I_n(ka) \\ J_{n-1}(ka) - J_{n+1}(ka) & I_{n-1}(ka) + I_{n+1}(ka) \end{vmatrix} = 0$$

对于每一个 n 值，方程式(12.3.77)给出无限多个根，确定了对称的节圆。当 $n=0$ 时，像前面指出过的，只有同心圆是节线。对于周界固定圆板的前面几个振型，ka 值列在表 12.3.1 中。

表 12.3.1　不同 m 和 n 组合下对应的固定圆盘 ka 值

节圆数目	节直径数目		
	$n=0$	$n=1$	$n=2$
$m=0$	3.19	4.61	5.90
$m=1$	6.30	7.81	9.40
$m=2$	9.43	10.98	12.60

图 12.3.12 表示出如下两种情况下板的振动形式：

(1)　$n=0, m=1$；

(2)　$n=1, m=0$。

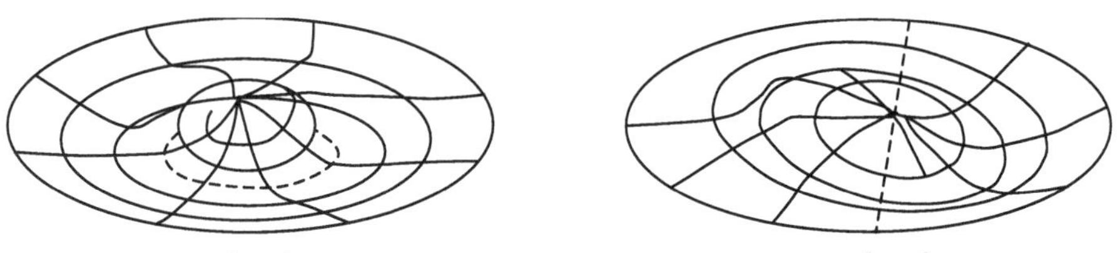

$n=0,\ m=1$

(a)

$n=1,\ m=0$

(b)

图 12.3.12　周边固支圆板不同振型的节线形式

对于刚性固定的半径为 $b(b<a)$ 的轴上的均匀圆盘，沿固定圆周有

$$(w)_{r=b}=0\,,\qquad \left(\frac{\partial w}{\partial r}\right)_{r=b}=0 \tag{12.3.78}$$

在此情况下，方程式(12.3.73)的一般解将包含第一类贝塞尔函数和第二类、第三类贝塞尔函数，而且任意常量的数目不是 2，而是 4。

$$w(r,\theta)=\alpha\sin(n\theta)[\mathrm{J}_n(kr)+A\mathrm{N}_n(kr)+B\mathrm{I}_n(kr)+C\mathrm{K}_n(kr)]$$

其中 N_n 为 n 阶第二类贝塞尔函数(诺伊曼函数)，K_n 为修正的 n 阶第三类贝塞尔函数(汉克尔函数)。

这些常量由 4 个边界条件来确定，在内边有两个条件，即式(12.3.78)，在外边也有两个条件，其形式取决于外周界的固定方法。

例 12.3.7　求外周界固定的均匀圆板的第 1 阶振动频率(按里茨法)。

解　这个板的极大势能可按如下公式计算：

$$2U_{\max}=D\int_0^{2\pi}\int_0^a\left(\frac{\partial^2 w}{\partial r^2}+\frac{1}{r}\frac{\partial w}{\partial r}+\frac{1}{r^2}\frac{\partial^2 w}{\partial\theta^2}\right)^2 r\mathrm{d}\theta\mathrm{d}r \tag{12.3.79}$$

取表达式

$$w(r,\theta)=\alpha r^s(a^2-r^2)\cos(n\theta) \tag{12.3.80}$$

作为有 n 条节直径的极小化形式，其中 s 为参数，其值由第 1 阶频率平方的极小值条件来选择。

把式(12.3.80)代入式(12.3.79)并对 θ 积分后，得到

$$2U_{\max}=D\pi\int_0^a\left(\frac{\partial^2 w_0}{\partial r^2}+\frac{1}{r}\frac{\partial w_0}{\partial r}-\frac{n^2}{r^2}w_0\right)r\mathrm{d}r$$

其中

$$w_0=\alpha r^s(a^2-r^2)^2$$

计算括号中的被积表达式得

$$\begin{aligned}&\frac{\partial^2 w_0}{\partial r^2}+\frac{1}{r}\frac{\partial w_0}{\partial r}-\frac{n^2}{r^2}w_0\\&=\alpha[a^4r^{s-2}(s^2-n^2)]-2a^2r^s((s+2)^2-n^2)+r^{s+2}((s+4)^2-n^2)]\end{aligned}$$

首先考察 n=0 时的没有节直径的对称振动。在此情况下，有

$$\int_0^a \left(\frac{\partial^2 w_0}{\partial r^2} + \frac{1}{r}\frac{\partial w_0}{\partial r} \right)^2 r\mathrm{d}r = \alpha^2 a^{2s+6} \left[\frac{s^4}{2s-2} + \frac{4(s+2)^4}{2s+2} \right.$$

$$\left. + \frac{(s+4)^4}{2s+6} - \frac{4s^2(s+2)^2}{2s} + \frac{2s^2(s+2)^2}{2s+2} - \frac{4(s+2)^2(s+4)^2}{2s+4} \right]$$

求得极大动能为

$$\begin{aligned} 2T_{\max} &= \pi\rho h\omega^2 \int_0^a w_0^2 r\mathrm{d}r \\ &= \pi\rho h\omega^2\alpha^2 \int_0^a (a^4 r^s - 2a^2 r^{s+2} + r^{s+4})^2 r\mathrm{d}r \\ &= \pi\rho h\omega^2\alpha^2 \left[\frac{1}{2s+2} + \frac{6}{2s+6} + \frac{1}{2s+10} - \frac{4}{2s+4} - \frac{4}{2s+8} \right] a^{2s+10} \end{aligned}$$

按瑞利公式求得第 1 阶频率平方为

$$\omega_1^2 = \frac{U_{\max}}{T_{\max}}$$

频率值中将包含尚未确定的参数 s，这个参数将由 ω_1^2 的极小值条件来选择。找到这个极小值后，求得极小值出现在 $s=0$ 时。但是在此情况下，有

$$2U_{\max} = \frac{32}{3}D\pi\alpha^2 a^6, \quad 2T_{\max} = \frac{\pi\rho h\omega^2\alpha^2 a^{10}}{10}$$

因而

$$\omega_1^2 = \frac{320}{3a^4}\frac{D}{h\rho}, \quad \omega_1 = \frac{10.33}{a^2}\sqrt{\frac{D}{h\rho}}$$

如果 n=1，那么 s 不能取小于 1 的值，因为在 $s<1$ 的情况下，导数

$$\frac{\partial w_0}{\partial r} = \alpha[a^4 s r^{s-1} - 2a^2(s+2)r^{s+1} + (s+4)r^{s+3}]$$

在 r=0 时变成无穷大。

计算表明：当 $r=0$ 增大时，频率也随之增加。因此，为了计算具有一条节直径的频率，应取 $s=1$。这时

$$2U_{\max} = 8\alpha^2 D\pi a^8, \quad 2T_{\max} = 0.0167\alpha^2\pi\rho h\omega^2 a^{12}$$

因而

$$\omega_1 = \frac{21.9}{a^2}\sqrt{\frac{D}{h\rho}}$$

在有两条节直径($n=2$)的情况下，计算给出对于某些 s 值的频率值如下：

$$s = 1.5,\ 1.75,\ 2.0,\ 3.0$$

$$\omega_1 a^2\sqrt{\frac{\rho h}{D}} = 36.2,\ 35.5,\ 36.5,\ 45.8$$

因此，在 $s=1.7$ 时，可得到最接近精确值的频率为

$$\omega_1 = \frac{35.4}{a^2}\sqrt{\frac{D}{h\rho}}$$

例 12.3.8　沿周界刚性固定而半径为 a 的圆板上，作用着沿板均匀分布而密度为

$$f = A\sin(\omega_0 t)$$

的简谐扰动力，求板的受迫振动。

解　在所考察情况下，板的受迫振动形式的微分方程有如下形式：

$$D\Delta^2 w - \rho h \omega_0{}^2 w = A \tag{12.3.81}$$

设齐次方程的一般解是

$$R_1(r) = C_1\mathrm{J}_0(kr) + C_2\mathrm{I}_0(kr)$$

方程式(12.3.81)的特殊积分为

$$R_2 = -\frac{A}{Dk^4}$$

式中

$$k^4 = \frac{\rho h\omega^2}{D}$$

则方程式(12.3.81)的一般积分为

$$w = R_1 + R_2 = C_1\mathrm{J}_0(kr) + C_2\mathrm{I}_0(kr) - \frac{A}{Dk^4} \tag{12.3.82}$$

在板的外周界上有

$$w(a)=0, \quad w'(a)=0$$

首先借助于式(12.3.82)把这些边界条件表示成如下方程：

$$C_1\mathrm{J}_0(ka)+C_2\mathrm{I}_0(ka)=\frac{A}{Dk^4}$$

$$C_1\mathrm{J}_0'(ka)+C_2\mathrm{I}_0'(ka)=0$$

然后利用式(12.3.76)，由上述条件得出

$$C_1\mathrm{J}_0(ka)+C_2\mathrm{I}_0(ka)=\frac{A}{Dk^4}$$

$$-C_1\mathrm{J}_1'(ka)+C_2\mathrm{I}_1'(ka)=0$$

由此得到

$$C_1=\frac{A}{Dk^4}\frac{\mathrm{I}_1(ka)}{\mathrm{J}_0(ka)\mathrm{I}_1(ka)+\mathrm{J}_1(ka)\mathrm{I}_0(ka)}$$

$$C_2=\frac{A}{Dk^4}\frac{\mathrm{J}_1(ka)}{\mathrm{J}_0(ka)\mathrm{I}_1(ka)+\mathrm{J}_1(ka)\mathrm{I}_0(ka)}$$

所以受迫振动形式将有如下方程：

$$w(r)=\frac{A}{Dk^4}\left[\frac{\mathrm{J}_0(kr)\mathrm{I}_1(ka)+\mathrm{I}_0(kr)\mathrm{J}_1(ka)}{\mathrm{J}_0(ka)\mathrm{I}_1(ka)+\mathrm{I}_0(ka)\mathrm{J}_1(ka)}-1\right] \tag{12.3.83}$$

当

$$\mathrm{J}_0(ka)\mathrm{I}_1(ka)+\mathrm{I}_0(ka)\mathrm{J}_1(ka)=0$$

时，板的固有振动频率与扰动力频率相重合，这可从式(12.3.77)推知，此时将发生共振现象，若没有阻力，则共振时的振幅将无限增大。

12.4 壳 的 振 动

壳的振动问题比相应的梁或板的振动问题复杂得多，这主要是曲率对壳体方程式和动力学形态的影响而引起的。对于梁和板，可以分别考虑其弯曲振动和拉

伸振动，而对于一些复杂的问题，只需要将这些影响叠加起来就可以了。但对于壳体来说，变形是耦合的，因为耦合作用，必须考虑三个互相垂直的位移分量。这样，可以得到用这些位移分量来表示的三个平衡方程式，但是，没有一组普遍可接受的方程式。事实上，存在着许多组有微小差别的方程式，这种差别取决于在推导时所作的一些假设。

一般壳体理论的推导超出了本书的范围，并且只对某些特定情况才有解。在下面的分析中，分别给出了圆柱形壳和扁壳的能量表达式，以便用瑞利–里茨法来求固有频率。在这两种情况中，对于一定的边界条件，这些解在特定的壳体理论范围内是精确的，即得到的频率与从解壳体方程式得到的频率相同。

同梁和板一样，壳也存在若干包括横向剪切变形和转动惯量的高阶理论。根据三维弹性理论，对于圆柱形壳得到了某些数值结果。

1. 圆筒形壳

1）基本方程

下面只讨论在结构部件中经常出现的圆筒形壳的一些振动模式。若 w 是壳体中面的径向位移，那么，在这些模式中，w 和 $\cos(n\theta)$ 成比例，其中 θ 为角坐标（图 12.4.1），n 是整数。在某个特定的壳体横剖面上，对于 $n=1, 2, 3$ 这三种情况，绕着圆周线的径向位移的变化示于图 12.4.1 中，相应于 $n=2, 3$ 以及较高 n 值的模态代表了壳体振动的特性。图 12.4.1 表示了在一个典型横剖面上的振动形状，但是，对于所有实际的端部条件，径向位移是轴向坐标的函数。此外，壳体的中面还有切向和轴向的位移分量，虽然在圆柱形结构有可能被激起的一些模态中，这些分量的极大值小于径向位移的极大值。与矩形板类似，探讨圆筒形壳的振动有两种

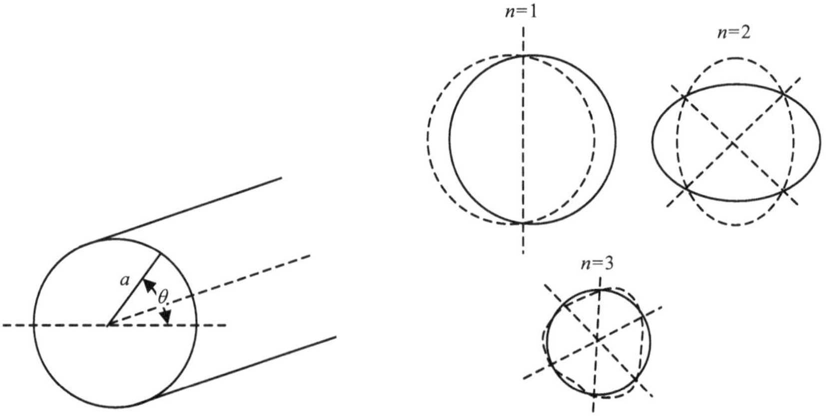

(a) 圆筒形壳　　(b) 圆周线模态的一些例子

图 12.4.1　圆筒壳典型横截面上的振型

方法。一种方法是考虑某个单元体的平衡，并用三个位移分量来表示其上的力和力矩，就可以得到三个运动方程式，假设振动形式必须满足这些方程式及圆筒两端的边界条件。对于许多实际的端部条件，求解是很复杂的，故在此不予介绍。这里提出另一个可供选择的方法，这种方法用位移分量将应变能和动能表示为积分，并对这些分量假设合理的振动形式，再用瑞利–里茨法来求固有频率。

图 12.4.2 表示一个平均半径为 a，均匀厚度为 h 和长为 $\mathrm{d}x$ 的圆筒形壳的单元体，其中 h/a 假设是小量。坐标取向：x 为轴向，θ 为切线方向(图 12.4.3)，z 为径向，并从中面量起向外为正。中面上一点在 x,θ,z 方向的位移分量分别为 u,v 和 w。同薄板一样，假设法向应力 σ_z 和剪应变 $\varepsilon_{xz},\varepsilon_{\theta z}$ 为零。离中面距离为 z 处的应变等于中面处的相应应变加上由于曲率或扭率变化而产生的应变。应该注意，并没有假设中面是不能伸展的，因为这种假设将导出一个有限长壳体所不能用的理论。

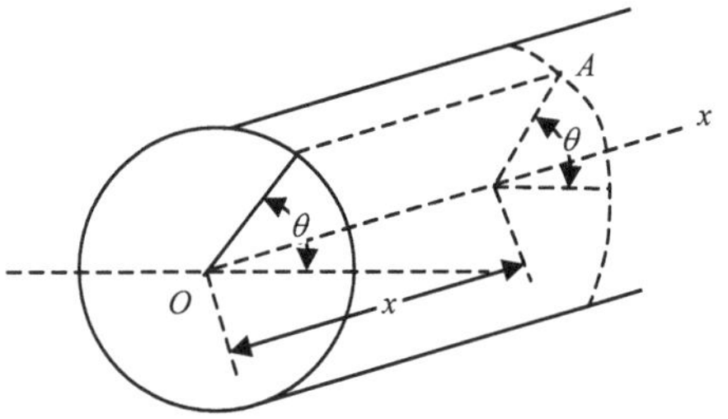

图 12.4.2 圆筒形壳的单元体

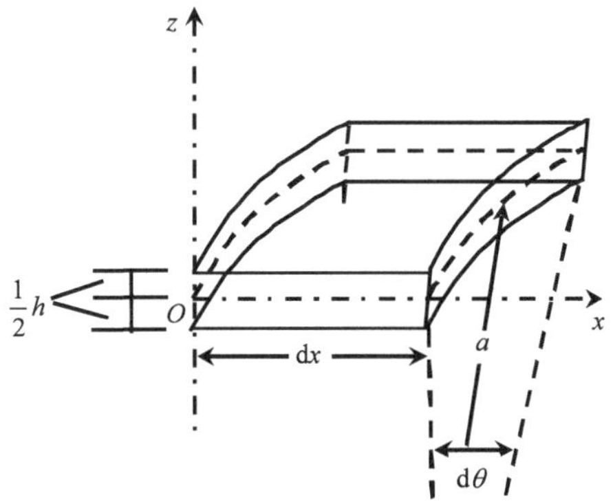

图 12.4.3 圆柱形极坐标

$\varepsilon_x',\varepsilon_\theta'$ 和 $\varepsilon_{x\theta}'$ 分别是距离中面为 z 处、沿 x 和 θ 方向的法向应变和剪应变，对于中面上的点，$\varepsilon_x,\varepsilon_\theta$ 是 x 和 θ 方向的应变；κ_x,κ_θ 是 x 和 θ 方向上的曲率变化；$\varepsilon_{x\theta},\kappa_{x\theta}$ 是剪应变和扭率。因此，离中面距离为 z 处的应变近似为

$$\varepsilon_x' = \varepsilon_x + z\kappa_x,\quad \varepsilon_\theta' = \varepsilon_\theta + z\kappa_\theta,\quad \varepsilon_{x\theta}' = \varepsilon_{x\theta} + 2z\kappa_{x\theta}$$

其中

$$\varepsilon_x = \frac{\partial u}{\partial x}, \quad \varepsilon_\theta = \frac{1}{a}\frac{\partial u}{\partial \theta} + \frac{w}{a}, \quad \varepsilon_{x\theta} = \frac{\partial v}{\partial x} + \frac{1}{a}\frac{\partial u}{\partial \theta}$$

$$\kappa_x = -\frac{\partial^2 w}{\partial x^2}, \quad \kappa_\theta = -\frac{1}{a^2}\left(\frac{\partial^2 w}{\partial \theta^2} - \frac{\partial v}{\partial \theta}\right), \quad \kappa_{x\theta} = -\frac{1}{a}\left(\frac{\partial^2 w}{\partial x \partial \theta} - \frac{\partial v}{\partial x}\right) \tag{12.4.1}$$

注意到中面的半径为 a, κ_x 的表达式和 κ_θ, $\kappa_{x\theta}$ 表达式中的第一项可以根据板理论中所得到的类似关系式来推断。κ_θ 和 $\kappa_{x\theta}$ 中的第二项由单元体的曲率引起，这种曲率也使 ε_θ 中出现 w/a 这项。

一个弹性体内的应变能为

$$U = \int_v \frac{1}{2}(\sigma_x\varepsilon_x + \sigma_y\varepsilon_y + \sigma_z\varepsilon_z + \sigma_{xy}\varepsilon_{xy} + \sigma_{yz}\varepsilon_{yz} + \sigma_{zx}\varepsilon_{zx})\mathrm{d}V$$

注意到 σ_z, ε_{xz} 和 $\varepsilon_{\theta z}$ 已假设为零，并且忽略与 x 轴相垂直的单元体两个面的梯形形状，则可得应变能为

$$U = \int_{-h/2}^{h/2}\int_0^l\int_0^{2\pi} \frac{1}{2}(\sigma_x\varepsilon_x' + \sigma_\theta\varepsilon_\theta' + \sigma_{x\theta}\varepsilon_{x\theta}')a\,\mathrm{d}\theta\,\mathrm{d}x\,\mathrm{d}z \tag{12.4.2}$$

由应力–应变关系

$$\sigma_x = \frac{E}{1-\nu^2}(\varepsilon_x' + \nu\varepsilon_\theta'), \quad \sigma_\theta = \frac{E}{1-\nu^2}(\varepsilon_\theta' + \nu\varepsilon_x'), \quad \sigma_{x\theta} = \frac{E}{2(1+\nu)}\varepsilon_{x\theta}' \tag{12.4.3}$$

将式(12.4.1)和式(12.4.3)代入式(12.4.2)中，并对 z 求积分，则有

$$\begin{aligned} U = \int_0^l\int_0^{2\pi} \frac{Eh}{2(1-\nu^2)}\Bigg[&\left(\frac{\partial u}{\partial x}\right)^2 + \frac{1}{a^2}\left(\frac{\partial v}{\partial \theta} + w\right)^2 + \frac{2\nu}{a}\frac{\partial u}{\partial \theta}\left(\frac{\partial v}{\partial \theta} + w\right) \\ &+ \frac{1}{2}(1-\nu)\left(\frac{\partial v}{\partial x} + \frac{1}{a}\frac{\partial u}{\partial \theta}\right)^2 + \frac{h^2}{12}\left\{\left(\frac{\partial^2 w}{\partial x^2}\right)^2 + \frac{1}{a^4}\left(\frac{\partial^2 w}{\partial \theta^2} - \frac{\partial v}{\partial \theta}\right)^2\right. \\ &\left.+ \frac{2\nu}{a^2}\frac{\partial^2 w}{\partial x^2}\left(\frac{\partial^2 w}{\partial \theta^2} - \frac{\partial v}{\partial \theta}\right) + \frac{2(1-\nu)}{a^2}\left(\frac{\partial^2 w}{\partial x \partial \theta} - \frac{\partial v}{\partial x}\right)\right\}\Bigg]a\,\mathrm{d}\theta\,\mathrm{d}x \end{aligned} \tag{12.4.4}$$

对 z 求积分后，动能式为

$$T = \int_0^l\int_0^{2\pi} \frac{1}{2}\rho h\left[\left(\frac{\partial u}{\partial t}\right)^2 + \left(\frac{\partial v}{\partial t}\right)^2 + \left(\frac{\partial w}{\partial t}\right)^2\right]a\,\mathrm{d}\theta\,\mathrm{d}x \tag{12.4.5}$$

式(12.4.5)只有在假设了 u, v 和 w 的振动形式后才能对 θ 和 x 积分。前面曾经指出过， w 和 $\cos n\theta$ 成比例，此处整数 n 是周向波数。因此，假设

$$\begin{aligned} u &= U(t) f_u(x)\cos(n\theta) \\ v &= V(t) f_v(x)\sin(n\theta) \\ w &= W(t) f_w(x)\cos(n\theta) \end{aligned} \tag{12.4.6}$$

f_u, f_v 和 f_w 的形式和端部条件有关。为了用瑞利–里茨法，必须满足所有位移和转角条件。 f_w 的适当形式即为与圆筒形壳有相同端部条件的等截面梁的振动形式(u, v 和 w 的更一般表达式，在讨论响应时给出)。

2)简支圆筒形壳的固有频率

为了说明这个方法，我们研究 $x=0$ 和 $x=l$ 两端为“简支”的圆筒形壳的固有频率。在圆筒形壳的一个简支端，径向位移和切向位移为零，轴向力和力矩为零。但是，轴向位移 u 不等于零，这与一个简支梁的端部允许有轴向移动的情况相类似。故可假设

$$\begin{aligned} u &= U(t)\cos\frac{j\pi x}{l}\cos(n\theta) \\ v &= V(t)\sin\frac{j\pi x}{l}\sin(n\theta) \\ w &= W(t)\sin\frac{j\pi x}{l}\cos(n\theta) \end{aligned} \tag{12.4.7}$$

其中整数 j 为轴向的半波数。因此，整数 j 和 n 规定了节点的形式。由式(12.4.1)、式(12.4.3)和式(12.4.7)，在壳体的两端取 σ_x 为零。因此，轴向力和力矩也为零，故式(12.4.7)满足所有边界条件。将式(12.4.7)代入式(12.4.4)和式(12.4.5)，并对 x 和 θ 求积分，则有

$$\begin{aligned} U = \frac{\pi E h}{4a(1-\nu^2)}\Big[& \lambda^2 U^2 + (nV+W)^2 - 2\nu\lambda U(W+nV) + \frac{1}{2}(1-\nu)(\lambda V - nU)^2 \\ & + \frac{h^2}{12a^2}\left\{\lambda^4 W^2 + (nV+n^2 W)^2 + 2\nu\lambda^2 W(n^2 W + nV) + 2(1-\nu)(\lambda V + \lambda n W)^2\right\}\Big] \end{aligned} \tag{12.4.8}$$

而

$$T = \frac{1}{4}\pi\rho h l a(\dot{U}^2 + \dot{V}^2 + \dot{W}^2) \tag{12.4.9}$$

其中

$$\lambda = \frac{j\pi a}{l}$$

假设任意一个位移分量都是简谐运动(其中 $U(t) = U\sin(\omega t)$，$V(t) = V\sin(\omega t)$ 和 $W(t) = W\sin(\omega t)$)，由 $U_{\max} = T_{\max}$ 得到一个关于 ω^2 的方程式，并以下列形式用瑞利–里茨法

$$\frac{\partial\omega^2}{\partial U} = \frac{\partial\omega^2}{\partial V} = \frac{\partial\omega^2}{\partial W} = 0 \tag{12.4.10}$$

或者用关于 $U(t)$，$V(t)$ 和 $W(t)$ 的拉格朗日方程式，然后再假设简谐运动，结果是一样的。这样就可以得到下列三个方程式：

$$\begin{aligned}
&\left[\lambda^2 + \frac{1}{2}(1-\nu)n^2 - \Delta\right]U - \frac{1}{2}(1+\nu)\lambda nV - \nu\lambda W = 0\\
&-\frac{1}{2}(1+\nu)\lambda nU + \left[\frac{1}{2}(1-\nu)\lambda^2 + n^2 - \Delta + \beta\{n^2 + 2(1-\nu)\lambda^2\}\right]V\\
&+[n + \beta\{n^3 + (2-\nu)\lambda^2 n\}]W = 0\\
&-\nu\lambda U + [n + \beta\{n^3 + (2-\nu)\lambda^2 n\}]V + [1 - \Delta + \beta(\lambda^2 + n^2)^2]W = 0
\end{aligned} \tag{12.4.11}$$

其中

$$\Delta = \frac{\rho a^2(1-\nu^2)\omega^2}{E}, \quad \beta = \frac{h^2}{12a^2}$$

由式(12.4.11)，无因次频率因子 Δ 是 4 个参数(即厚度与半径之比 h/a 、周向波数 n 、轴向波长参数 λ (等于平均圆周线与轴向波长之比)及泊松比 ν 的函数。消去 U，V 和 W 可导出 Δ 的三次方程式，因此，对于 4 个参数的任一组特定数值，有三个 Δ 的值，每一个 Δ 值相应于 $U:V:W$ 的不同比值。对结构感兴趣的只是 Δ 的最小值。对这个值，$W \approx nV$ 和 $V > U$，即位移的径向分量是最大的。但是，其他两个分量也不能够忽略。

Δ 的三次方程式为

$$\Delta^3 - K_2\Delta^2 + K_1\Delta - K_0 = 0 \tag{12.4.12}$$

其中

$$\begin{aligned}
K_0 = &\frac{1}{2}(1-\nu)^2(1+\nu)\lambda^4 + \frac{1}{2}(1-\nu)\beta[(\lambda^2 + n^2)^4 - 2(4-\nu^2)\lambda^4 n^2\\
&-8\lambda^2 n^4 - 2n^6 + 4(1-\nu^2)\lambda^4 + 4\lambda^2 n^2 + n^4]
\end{aligned} \tag{12.4.13}$$

$$K_1 = \frac{1}{2}(1-\nu)(\lambda^2+n^2)^2 + \frac{1}{2}(3-\nu-2\nu^2)\lambda^2 + \frac{1}{2}(1-\nu)n^2$$
$$+\beta\left[\frac{1}{2}(3-\nu)(\lambda^2+n^2)^3 + 2(1-\nu)\lambda^4 - (2-\nu^2)\lambda^2 n^2 \right. \tag{12.4.14}$$
$$\left. -\frac{1}{2}(3+\nu)n^4 + 2(1-\nu)\lambda^2 + n^2\right]$$

$$K_2 = \frac{1}{2}(3-\nu)(\lambda^2+n^2) + 1 + \beta[(\lambda^2+n^2)^2 + 2(1-\nu)\lambda^2 + n^2] \tag{12.4.15}$$

因为对于薄壳来讲，$\beta = h^2/12a^2$ 是一个小量，故在 K_i 式中忽略了 β 的乘幂项。当壳的尺寸和泊松比给定时，对于任意一个用整数 j 和 n 来描述的模态，可以求得式(12.4.12)的最小根。注意到固有频率与 $\Delta^{1/2}$ 成比例，故对于壳体和模态参数的大多数数值来说，可以略去 K_i 表达式中方括号内的某些小项而近似地求得式(12.4.12)的最小根为

$$\Delta = \frac{K_0}{K_1} + \frac{K_2}{K_1}\left(\frac{K_0}{K_1}\right)^2 \tag{12.4.16}$$

由上述理论所得到的结果对于这些端部条件，因为所假定的振动形式式(12.4.17)满足壳体方程和所有边界条件，因此在用瑞利–里茨法时不存在误差。

对于①两端固定；②两端自由；③一端固定而另一端自由的圆筒形壳的三种情况，在用了由梁理论所提出的式(12.4.6)中的 $f_u(x)$，$f_v(x)$ 和 $f_w(x)$ 的近似表达式及瑞利–里茨法后，就已经求得了其固有频率。将这些结果和满足壳体方程式及所有边界条件的那些答案相比较，可以看到，这些频率是足够精确的。

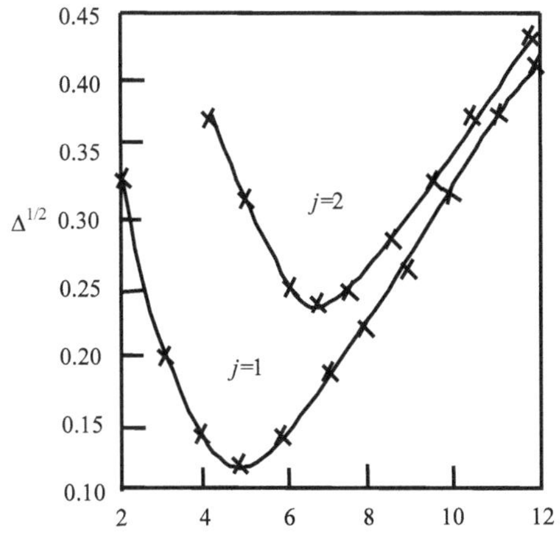

图 12.4.4 有两个简支端的圆筒形壳的频率因子

$h/a = 0.01, 1/a = 2, \nu = 0.3$

图 12.4.4 表示$l/a=2$，$h/a=0.01$和$\nu=0.3$的简支圆筒形壳对$j=1,2$和不同n值时频率因子$\Delta^{1/2}$的情况。为了阐明趋势，对两个j值绘出了两根$\Delta^{1/2}$和n的关系曲线。虽然，对于一个完整的壳体来说，相应于非整数的n值的频率是没有物理意义的。对于特定的n值，当轴向半波数j增加时，固有频率也增加，反之则不然。实际上，对这个例子，最低的那个固有频率是与模态$j/n=1/5$相应的。而弯曲模态($n=1$)和轴对称模态($n=0$)的固有频率则高于图中$\Delta^{1/2}$的数值范围。

3）响应

简支圆筒形壳对于个单位面积上作用径向力$p(x,\theta)\cdot f(t)$的响应，可以用模态叠加法来求得。假设

$$u=\sum_j\sum_n U_{jn}\cos\frac{j\pi x}{l}\cos(n\theta)\cdot q_{jn}(t) \tag{12.4.17}$$

$$v=\sum_j\sum_n V_{jn}\sin\frac{j\pi x}{l}\sin(n\theta)\cdot q_{jn}(t) \tag{12.4.18}$$

$$w=\sum_j\sum_n \sin\frac{j\pi x}{l}\cos(n\theta)\cdot q_{jn}(t) \tag{12.4.19}$$

其中U_{jn}和V_{jn}分别为关于模态j/n和固有频率ω_{jn}的U/W和V/W值。在式(12.4.17)中，假设作用力关于$\theta=0$线对称分布(对于$\theta=0$反对称分布的情况，上式中的$\sin n\theta$和$\cos n\theta$要互相交换位置)。将式(12.4.17)~式(12.4.19)代入式(12.4.4)和式(12.4.5)，对x和θ求积，并用固有模态的性质及关于q_{jn}的拉格朗日方程式，就可得到非耦合的方程组

$$\frac{1}{2}b_n\pi\rho hla(U_{jn}^2+V_{jn}^2+1)(\ddot{q}_{jn}+\omega_{jn}^2q_{jn})=Q_{jn} \tag{12.4.20}$$

其中Q_{jn}为与q_{jn}相应的广义力。对于$n>0$，则$b_n=1$；对于$n=0$，则$b_n=2$。对某个增量δq_{jn}用虚功原理，可以证明

$$Q_{jn}=f(t)\int_0^l\int_0^{2\pi}p(x,\theta)\sin\frac{j\pi x}{l}\cos(n\theta)a\mathrm{d}\theta\,\mathrm{d}x$$

因此

$$\ddot{q}_{jn}+c\omega_{jn}^2q_{jn}+\omega_{jn}^2q_{jn}=K_{jn}f(t) \tag{12.4.21}$$

在式(12.4.21)中分别用$E[1+c(\partial/\partial t)]$和$G[1+c(\partial/\partial t)]$代替$E$和$G$，从而引入内阻尼，其中

$$K_{jn}=\frac{\int_0^{2\pi}\int_0^l p(x,\theta)\sin\frac{j\pi x}{l}\cos(n\theta)\,\mathrm{d}x\,\mathrm{d}\theta}{\frac{1}{2}b_n\pi\rho hl(U_{jn}^2+V_{jn}^2+1)} \tag{12.4.22}$$

式(12.4.21)的解可用 Duhamel 积分来求得。然后，由式(12.4.17)~式(12.4.19)求出响应。若激励是频率为ω的简谐激励，可以在式(12.4.21)中用ξ/ω代换c而计及迟滞阻尼。若激励是作用在$x=x_1$和$\theta=0$处的一个径向力$Pf(t)$，则式(12.4.22)中K_{jn}的分子要用$(P/a)\sin(j\pi x_1/l)$来取代。

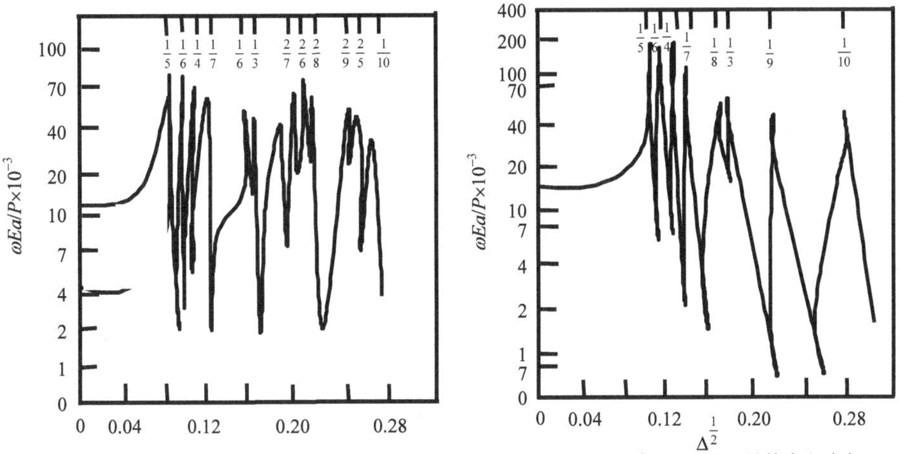

(a) 在 $x=l/4$ 和 $\theta=0$ 处的力和响应　(b) 在 $x=l/2$, $\theta=0$ 处的力和响应

图 12.4.5　有两个简支端的圆筒形壳对于径向简谐力的响应

$h/a=0.01$，$l/a=2$，$\nu=0.3, \mu=0.01$

图 12.4.5 表示一个简支的圆筒形壳，在受径向简谐力$P\sin(\omega t)$激励时，以无因次形式$|\omega Ea/P|$表示径向位移分量的响应对于频率因子

$$\Delta^{1/2}=\omega a\{(1-\nu^2)\rho/E\}^{1/2}$$

的关系曲线。壳体尺寸和图 12.4.4 中一样，即$l/a=2$，$h/a=0.01$，$\nu=0.3$，迟滞阻尼系数$\xi=0.01$。曲线表示在激励点(图 12.4.5(a)为($l/4,0$)，图 12.4.5(b)为($l/2,0$))处的响应，这两条曲线表明了壳体响应的相对复杂性。图 12.4.5(a)的上部标出了$\Delta_{jn}^{1/2}=\omega_{jn}a[(1-\nu^2)\rho/E]^{1/2}$的数值(其中$\omega_{jn}$为模态$j/n$的固有频率)，这些与固有频率相应的因子和图 12.4.4 所表示的那些值是完全相同的。若激励在$x_1=l/2$处，那么，因为$\sin(j\pi x_1/l)=0$，故$j=2$模态没有响应。因此，只在图 12.4.5(a)中才出现和$j=2$相联系的共振。

对于不是简支的一些边界条件，可以用瑞利–里茨法近似地确定响应。假设

$$u = \sum_j \sum_n U_{jn} f_{ju}(x)\cos(n\theta)\Gamma_{jn}(t) \tag{12.4.23}$$

$$v = \sum_j \sum_n V_{jn} f_{jv}(x)\sin(n\theta)\Gamma_{jn}(t) \tag{12.4.24}$$

$$w = \sum_j \sum_n V_{jn} f_{jw}(x)\cos(n\theta)\Gamma_{jn}(t) \tag{12.4.25}$$

其中U_{jn}和V_{jn}分别为固有频率为ω_{jn}的模态j/n的U/W和V/W值，而U_{jn}, V_{jn}及W_{jn}则用求固有频率的瑞利–里茨法来求得。将式(12.4.23)~式(12.4.25)代入应变能和动能表达式(12.4.4)和式(12.4.5)，对x和θ求积分，并对于每个广义坐标Γ_{jn}（$j, n=1, 2, 3, \cdots$）应用拉格朗日方程，便可得到下列矩阵方程式：

$$\boldsymbol{M}\ddot{\boldsymbol{g}} + \boldsymbol{K}\boldsymbol{g} = \boldsymbol{p} \tag{12.4.26}$$

其中矢量 $\boldsymbol{g}$ 为由各坐标Γ_{jn}构成的一个列向量。对于每一组函数f_{ju}, f_{jv}和f_{jw}可以用适当的梁的模态函数，并可以对作用力用虚功原理来求得广义矢量$\boldsymbol{p}$的元素。

2. 扁壳

扁壳可以看作一种小曲率的板，扁壳上任一点的最小曲率半径都大于沿壳体中面所量得的最大长度，或者将扁壳定义为一薄壁结构，此结构在其所覆盖的基础平面上有一较小的隆起。例如，对于有矩形地板平面的结构，其隆起高度或壳上任一点到支撑壳体的基底平面的最大高度应不大于矩形短边的1/5。对于一个有圆基底的球帽，若隆起高度小于基底直径的1/8，那么这个壳即为扁壳。

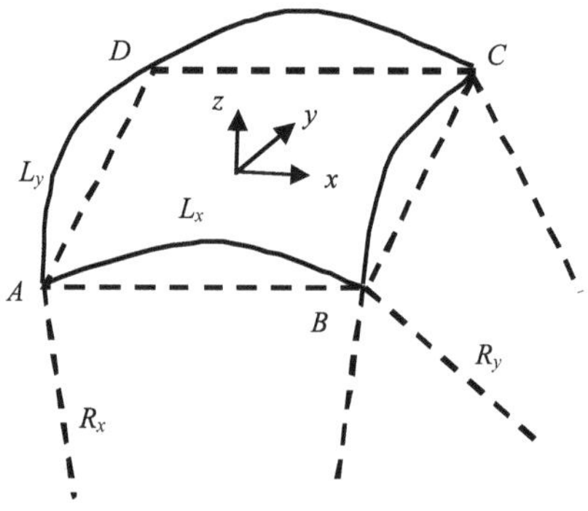

图 12.4.6　扁壳

图 12.4.6 表示一个在基底平面上的投影为矩形 $ABCD$ 的扁壳。壳体中面上的点由曲线坐标x和y来规定，中面的弧长为l_x和l_y。若为扁壳，那么这些弧长只能比基底矩形的对应边大一个很小的百分数。中面上任一点处的曲率半径为R_x和

R_y，假设它们是常数。中面位移分量u,v,w（u和v分别为x和y方向的位移分量，w为垂直于表面方向的位移分量）是坐标x,y和时间t的函数。如同对圆筒形壳那样的分析，这里将列出应变能和动能表达式而并不建立其平衡方程式。距中面z处的应变与中面应变及曲率变化有关，并由式(12.4.1)来联系，如考虑到双曲率，中面应变为

$$\varepsilon_x=\frac{\partial u}{\partial x}+\frac{w}{R_x},\quad \varepsilon_y=\frac{\partial v}{\partial y}+\frac{w}{R_y},\quad \varepsilon_{xy}=\frac{\partial v}{\partial x}+\frac{\partial u}{\partial y}\tag{12.4.27}$$

曲率和扭率的变化为

$$\kappa_x=-\frac{\partial^2 w}{\partial x^2},\quad \kappa_y=-\frac{\partial^2 w}{\partial y^2},\quad \kappa_{xy}=-\frac{\partial^2 w}{\partial x\partial y}\tag{12.4.28}$$

将应力–应变关系式(12.4.3)及式(12.4.27)和式(12.4.28)代入应变能表达式(12.4.2)，并对z求积分，则应变能力为

$$\begin{aligned}U=\frac{Eh}{2(1-\nu^2)}\int_0^{l_x}\int_0^{l_y}\Bigg[&\left(\frac{\partial u}{\partial x}+\frac{w}{R_x}\right)^2+\left(\frac{\partial v}{\partial y}+\frac{w}{R_y}\right)^2+2\nu\left(\frac{\partial u}{\partial x}+\frac{w}{R_x}\right)\left(\frac{\partial u}{\partial y}+\frac{w}{R_y}\right)\\&+\left(\frac{1-\nu}{2}\right)\left(\frac{\partial v}{\partial x}+\frac{\partial u}{\partial y}\right)^2+\frac{h^2}{12}\Bigg\{\left(\frac{\partial^2 w}{\partial x^2}\right)^2+\left(\frac{\partial^2 w}{\partial y^2}\right)^2\\&+2\nu\frac{\partial^2 w}{\partial x^2}\frac{\partial^2 w}{\partial y^2}+2(1-\nu)\left(\frac{\partial^2 w}{\partial x\partial y}\right)^2\Bigg\}\Bigg]\mathrm{d}y\,\mathrm{d}x\end{aligned}\tag{12.4.29}$$

在推导动能表达式时，只考虑了位移的横向分量。这相当于在相应的平衡方程式中忽略了平面内的惯性分量。因此

$$T=\frac{1}{2}\rho h\int_0^{l_x}\int_0^{l_y}\left(\frac{\partial w}{\partial t}\right)^2\mathrm{d}y\mathrm{d}x\tag{12.4.30}$$

可以将瑞利–里茨法连同式(12.4.29)和式(12.4.30)按照矩形板中所给出的方法来求固有频率。被选择来近似u,v和w的函数必须满足所有的几何边界条件。梁的模态函数对于横向位移w是适宜的。对于平面内的分量u和v，可在完全约束和零约束这两种简单边界条件中任选一种，因此，与杆的拉伸振动和扭转振动的相应边界条件所建立的函数相类似，这里用简谐函数也是适宜的。

若扁壳的所有四条边都简支，在平行于Ox的两条边上，u和w为零；在平行

于 Oy 的两条边上，v 和 w 为零，这样，u, v 和 w 恰当的表达式为

$$u = U(t)\cos\frac{j\pi x}{l_x}\sin\frac{n\pi y}{l_y} \tag{12.4.31}$$

$$v = V(t)\sin\frac{j\pi x}{l_x}\cos\frac{n\pi y}{l_y} \tag{12.4.32}$$

$$w = W(t)\sin\frac{j\pi x}{l_x}\sin\frac{n\pi y}{l_y} \tag{12.4.33}$$

其中 j 和 n 为确定固有振型的整数。将式(12.4.33)代入式(12.4.29)和式(12.4.30)求积分，对于自由振动，令 $\ddot{W} = -\omega^2 W$，由得到的三个方程式中消去 U, V 和 W，则模态 j/n 的固有频率 ω_{jn} 由下式给出

$$\rho\frac{\omega_{jn}^2}{E}(\lambda_x^2+\lambda_y^2)^2 = \left(\frac{\lambda_x^2}{R_x}+\frac{\lambda_y^2}{R_y}\right) + \frac{h^2}{12(1-\nu^2)}(\lambda_x^2+\lambda_y^2)^4 \tag{12.4.34}$$

其中

$$\lambda_x = \frac{j\pi}{l_x}, \quad \lambda_y = \frac{n\pi}{l_y}$$

式(12.4.31)~式(12.4.33)满足扁壳的平衡方程式和所有边界条件，因此，对于这种特定的边界条件，频率方程式(12.4.34)是扁壳理论的精确解。但是，对于其他边界条件，则不可能得到式(12.4.34)这种形式的简单解。

式(12.4.34)可以用来说明由于小的曲率而造成的一块板基频的明显增加。现在研究具有方形基底形状的扁球壳的基频模态。由于

$$R_x = R_y = R, \quad l_x = l_y = l, \quad j = n = 1$$

因此，由式(12.4.34)有

$$\rho\frac{\omega_{11}^2}{E} = \frac{1}{R^2} + \frac{h^2}{11(1-\nu^2)}\left(\frac{2\pi^2}{l^2}\right)^2 \tag{12.4.35}$$

若 z_c 是中面的中心在基底平面上的(最大)的隆起高度，那么，当 z_c/l 较小(即 $\leqslant 0.05$)时，近似有

$$2Rz_c = \left(\frac{l}{2}\right)^2 \tag{12.4.36}$$

将式(12.4.36)代入式(12.4.35)，消除 R 并重新整理后可得

$$\omega_{11}^2=\omega_0^2\left[1+\frac{192(1-\nu^2)}{\pi^4}\left(\frac{z_c}{h}\right)^2\right] \tag{12.4.37}$$

其中 ω_0 为边长为 l 简支方形平板的弯曲时的基频，它可由式(12.4.35)中令 $R\to\infty$ 求得。

对于少数几个 z_c/h 值和 $\nu=0.3$ 的情况。表 12.4.1 给出了 ω_{11}/ω_0 的值，式(12.4.36)的原有假设(即左边删除 $-z_c^2$ 项，右边用弧长而不用弦长)使得表 12.4.1 的频率比值中，对于 $z_c/l\leqslant 0.05$ 引起一个小于或等于 1.2%的微小误差。表中也包括了为满足 $z_c/l\leqslant 0.05$ 所需要的 l/h 和类似平板的 ω^2 值在 j/n 模态时相差 $E/\rho R^2$ 。因此，对于较高的一些模态来说，扁壳的 ω_{jn} 和相应平板的 ω_{jn} 之比小于表 12.4.1 中对特定的 z_c/h 值所给出的结果。

表 12.4.1 隆起高度与厚度之比对于有正方形基底和边缘简支的扁球壳的基谐调频率的影响

(ν=0.3)

z_c/h	0.5	1	2	3
ω_{11}/ω_0	1.203	1.671	2.859	6.771
l/h 的极小值	10	20	40	100

若将扁壳理论用到圆柱形曲板格($R_x\to\infty$ 及 $R_x=a$)，并将式(12.4.34)得出的频率和根据薄壳理论所得的数值相比较，对于几何上扁的板格，两者有合理的一致性。只有当隆起高度和短边边长之比非常小时，才应该用矩形基底的边长来代替式(12.4.34)中的 l_x 和 l_y 这个附加的假设和简化。

3. 壳体振动的有限元法

解壳体问题的一种方法是采用三角形或四边形的平板单元体理想化模型，这一模型可以用一个弯曲单元体和一个平面内单元体的任何适当组合来得到。因此，在壳中允许弯曲应力和膜应力同时存在。假如用很大数目的单元体，可使理想化模型的人为几何不连续性有所减低，那么，就可以得到较精确的固有频率。

现在已经发展了一些单曲或双曲的、基底形状为三角形或矩形的单元体，其中有一些以扁壳理论为基础，另一些则以一般壳体理论为基础。在发展一般的双曲形壳单元体方面已经作了相当的研究，这种单元体能够以合理的精度和经济的计算来预计由壳、板和梁所组成的复杂结构的动力学特性。

在许多问题中，壳体的几何形状对于某一根轴是对称的，如冷却塔、烟筒、

压力容器等。对于这些旋转型壳，可以用比较简单的概念和单元体，只是应该注意：因为要用级数分析来处理非对称的载荷和振动，因此，壳体的几何形状必须是轴对称的。若 θ 是环向的角坐标，位移分量、应力和作用力可以展开为这个坐标的傅里叶级数。例如，位移的法向分量 w 以及单元面积上沿法线方向的作用力可分别写为

$$w = \sum_n [w_n \cos(n\theta) + w_n' \sin(n\theta)] \tag{12.4.38}$$

及

$$p = \sum_n [p_n \cos(n\theta) + p_n' \sin(n\theta)] \tag{12.4.39}$$

其中，w_n, w_n', p_n 和 p_n' 均为子午线坐标和时间的函数。对规定的激励 p_n 和 p_n' 求得响应 w_n 和 w_n'，并对 n 求和而求得总响应，也就是对各个 n 值的计算是“非耦合”的。

图 12.4.7 表示一个轴对称单元体的子午线，完整的单元体是将 ABC 线对于 x 轴旋转而得。这类单元体中最简单的就是圆锥形单元体，这是当 ABC 为直线时所产生的。一般 ABC 是曲线，且子午线的曲率半径 $r_s = PB$ 在单元体的整个长度上是可以变化的。因此，这样的单元体能够用来表示实际壳体的精确几何形状。或者，对于某个特定的单元体，可以把 r_s 当作常数而给出此壳体的近似表达式。若 u 和 w 是子午线方向和法线方向的位移分量(图 12.4.7)，v 是切向分量，以指向纸里面为正，则

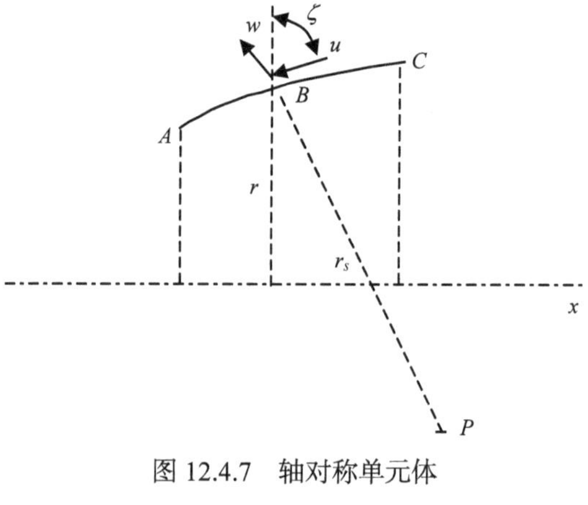

图 12.4.7　轴对称单元体

$$u = \sum_n u_n \cos(n\theta) \tag{12.4.40}$$

$$v = \sum_n v_n \sin(n\theta) \tag{12.4.41}$$

$$w = \sum_n w_n \cos(n\theta) \tag{12.4.42}$$

此处 v 和 θ 的正向是一致的。如果必要，可以将式(12.4.40)~式(12.4.42)加以扩展，而将诸如 $w'_n \sin(n\theta)$ 等一些分量包含在内。随后的分析只考虑单元的简谐分量，即 $u_n \cos(n\theta), v_n \sin(n\theta)$ 和 $w_n \cos(n\theta)$，并应记住，对于自由振动问题来说，简谐分量是无耦合的。而对于响应问题来说，作用力必须由式(12.4.39)借它们的傅里叶分量来表示。位移假设是：

$$\boldsymbol{u} = \begin{bmatrix} u_n \cos(n\theta) \\ v_n \sin(n\theta) \\ w_n \cos(n\theta) \end{bmatrix} = \begin{bmatrix} \boldsymbol{g}\cos(n\theta) & 0 & 0 \\ 0 & \boldsymbol{g}\sin(n\theta) & 0 \\ 0 & 0 & \boldsymbol{g}^+ \cos(n\theta) \end{bmatrix} a \tag{12.4.43}$$

对于图 12.4.7 所示的单元体，仅在 A 和 C 处有结点，其中 $\boldsymbol{g} = [1, s]$ 及 $\boldsymbol{g}^+ = [1, s, s^2, s^3]$，而对于有一个边中央结点的单元体，$\boldsymbol{g} = [1, s, s^2]$ 及 $\boldsymbol{g}^+ = [1, s, s^2, s^3, s^4, s^5]$。应该注意到分别用于梁拉伸和梁弯曲的表达式 $\boldsymbol{g}$ 和 $\boldsymbol{g}^+$ 的类似性。矢量 $\boldsymbol{a}$ 用结点变量矢量 $\boldsymbol{u}_e$ 来求得，后者规定为结点处的 u_n, v_n 和 w_n 的值和转角 β_n 的值：

$$\beta_n = \frac{\partial w_n}{\partial s} - \frac{u_n}{r_s}$$

对整个厚度积分后，动能式为

$$T_e = \frac{1}{2}\int_0^l \int_0^{2\pi} \dot{\boldsymbol{u}}^{\mathrm{T}} \rho h \dot{\boldsymbol{u}} r \, \mathrm{d}\theta \, \mathrm{d}s \tag{12.4.44}$$

利用式(12.4.43)并作类似的处理，则 T_e 可用关于 s 的积分和矢量 $\boldsymbol{u}_e$ 来表达。最后，为了保证相邻壳单元体之间的适当连续条件以及能把这种单元体和其他类型(用笛卡儿坐标规定结点位移)的单元体连接起来，要将矢量 $\boldsymbol{u}_e$ 几何地变换到 δ_e，后者由各个结点轴向的、切向的、径向的位移和转角排成列向量而得到(也就是在图 12.4.7 中，由 s 和 r_s 方向转换到 x 和 r 方向)。对于结点 j 有

$$[\delta_e]_j = \begin{bmatrix} \sin\zeta_j & 0 & -\cos\zeta_j & 0 \\ 0 & 1 & 0 & 0 \\ \cos\zeta_j & 0 & \sin\zeta_j & 0 \\ 0 & 0 & 0 & 1 \end{bmatrix} \begin{bmatrix} u_n \\ v_n \\ w_n \\ \beta_n \end{bmatrix}$$

其中 ζ_j 为图 12.4.7 中所规定的结点 j 处的 ζ 值。

从一些检验的结果来看，回转壳有适当精度的固有频率可以用该族中最简单的单元体，即只在两端部有结点环的单元体来求得。但是，在确定动应力时需要用有一个或多个中间结点环的那些高阶单元体，当应力沿轴向坐标变化很迅速时尤其如此。

在对结构组装成刚度矩阵和质量矩阵后，用拉格朗日方程建立矩阵方程式，并按适当方法求解此方程，那么，就可以得到壳体对于规定激励的响应。这时对于单傅里叶激励分量的响应，例如，对于单位面积上沿法线方向的作用力 $p_n(s,t)\cos(n\theta)$ 的响应，在一般作用力下，必须重复计算对响应的重大贡献的 n 个值，而总的响应则用适当的求和来求得。

思考题与习题

12-1　应用有限元方法计算长为 a，宽为 b 的薄膜基频，如图 E12.1，且薄膜厚度沿长度方向按 $t=(\varepsilon/a)x$ 规律变化，沿宽度方向厚度不变。如果换成半径为 r，厚度沿径向按 $t=(\varepsilon/r)x$（原点与圆心重合）规律变化的圆膜结果又将如何？

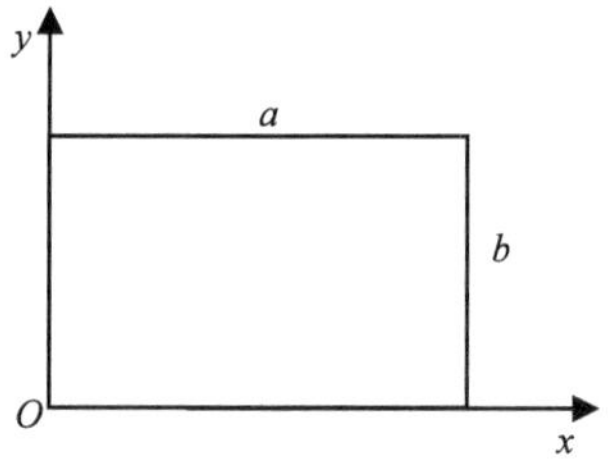

图 E12.1

12-2　求解四边简支矩形板的自由振动。

12-3　假设长宽分别为 a, b 的四边简支矩形板在中央点 $(a/2,b/2)$ 受到常力 F_0 的作用而发生静变形，试确定 F_0 突然去掉时薄板的自由振动。

12-4　如果长宽分别为 a, b 的矩形板受均匀分布力 $p(x,y,t)=p_0\cos(\omega t)$的作用，其中 p_0 为常数，激励频率 ω 不与板的固有频率重合，试求薄板的稳态振动。

12-5　已知矩形薄板厚 h，材料密度为 ρ，弹性模量为 E，泊松比为γ，长度为 a 的两边固定，长度为 b 的两边简支。试求薄板的固有频率方程，并求 $a=b$ 时的基频。

12-6　用瑞利—里茨法计算周边固定，半径为 a 的实心圆板的基频。

12-7　求长为 L 的均质等截面轴扭振的固有频率和振型，其中轴的线密度为 ρA，截面的极惯性矩为 J，且轴为一端固定，一端自由。

12-8 图 E12.2 为一根长为 $2L$，外径为 a 的阶梯圆筒形壳，设其两端边界为简支，试求其基频？

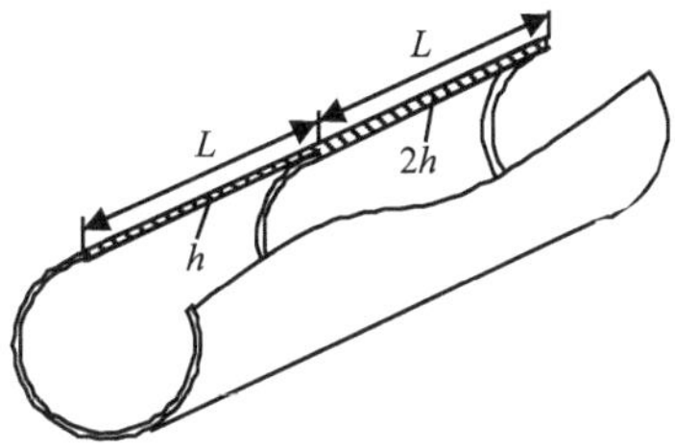

图 E12.2

第 13 章　固液耦合系统的动力学建模与分析

13.1　概　　述

盛液容器的振动将引起液体的晃动，液体的晃动又会影响容器的振动特性，二者互相影响，在耦合作用下表现出一个含液体的容器结构的动态品质。运载火箭的盛液储箱是壳体结构，液体燃料在其内部晃动。这一章将以运载火箭为研究对象，讨论这种特殊的容器结构与液体燃料的固液耦合振动问题，包括本征值问题与动力相应问题。在研究圆柱壳及扁球壳的轴向振动固有特性的基础上，研究盛液储箱固液耦合下的纵向振动问题，建立箭体横向振动与液体晃动计算模型，并给出近似计算方法。本章中建立的模型和提出的方法也适合分析卫星的液固耦合动力学问题。

13.2　液体储箱壳体的固有特性

1. 封闭圆筒壳体固有频率的计算

封闭圆筒壳体的轴对称自然振动方程有如下形式：

$$\frac{h^2}{12}\frac{\partial^4 w}{\partial x^4}+\frac{1-\mu^2}{R^2}w=-\frac{1-\mu^2}{E}\rho\frac{\partial^2 w}{\partial t^2} \tag{13.2.1}$$

或

$$D\frac{\partial^4 w}{\partial x^4}+\frac{Eh}{R^2}w=-m_0\frac{\partial^2 w}{\partial t^2} \tag{13.2.2}$$

该方程与弹性支承梁的振动方程类似。壳体沿环向的拉伸刚度与弹性支承梁的刚度相似。

在轴对称振动情况下，壳体任意横截面都保持圆形。那么，简支圆筒壳体轴对称振动的自然频率可用下述公式表示：

$$\omega_n^2=\left(\frac{n^4\pi^4}{l^4}+12\frac{1-\mu^2}{R^2h^2}\right)\frac{D}{m_0} \tag{13.2.3}$$

其中括号里的两项分别为：第一项表征母线的弯曲势能；第二项是壳体沿环向的拉伸势能。对于长壳体的低阶振动，弯曲能的影响一般是较小的，因此，边界条件对振动频率的影响很小。例如，当 $n=1$ 和 $l=20\sqrt{Rh}$ 时，弯曲能仅为拉伸能的2%。

内压力和轴向力对轴对称振动频率的影响是比较简单的。在这种情况下，可化为求解弹性支承梁的横向振动，并认为轴向力是作用在梁上，而内压力是作用在弹性支座上。对于长壳体，边界条件对第 1 阶频率的影响是很小的，因此，弹性支座的位移不影响自然频率。轴向拉力会增加壳体的自然频率，而压缩力则与此相反。

确定壳体非对称振动的自然频率是一个非常复杂的问题，因为在这种情况下，将出现环向波，而且受内(外)压力的影响也很大。当内压力减小时，促使壳体保持为圆形的力即随之减小。在有内压力存在的情况下，自然频率将随振动的非对称性而增加。如果没有内压力，第 1 阶频率所对应的环向波不是两个，而是三个、四个、五个甚至更多。在有外压力存在的情况下，非对称振动的自然频率会降低。如果外压力等于临界压力，第 1 阶自然频率即等于零。

2. 扁球壳体轴对称固有振动的计算

这种振动的方程形式是

$$\nabla^4 w+\frac{Eh}{DR^2}w+\frac{r_0^2}{D}\rho_0 h\frac{\partial^2 w}{\partial t^2}=4\frac{r_0^2}{DR}(C_2+C_4\ln\rho) \tag{13.2.4}$$

其中，R,h,ρ_0 分别为壳体的曲率半径、厚度和材料的密度，r_0 为边界半径(壳体周边的半径)，r 为壳体上任一点至对称轴的距离，$\rho=\dfrac{r}{r_0}$。

假设振动的固有振型之一是 $w_i(\rho)$，则从方程式(13.2.4)得

$$\nabla^4 w_i-k_i^4 w_i=4\frac{r_0^4}{DR}(C_2^*+C_4^*\ln\rho) \tag{13.2.5}$$

其中

$$k_i^4=\frac{r_0^4}{D}Eh\left(\frac{\rho_0 w_i^2}{E}-\frac{1}{R^2}\right) \tag{13.2.6}$$

对于周边固支的壳体，边界条件是

$$\rho=1,\quad w_i=0,\quad w'_i=0,\quad \varepsilon_\varphi=0 \tag{13.2.7}$$

其中，ε_φ 为环向应变。

这里只给出了在条件式(13.2.7)下，方程式(13.2.5)的解的结果。固有频率可借助于确定特征值 k_i 的下述特征方程得到

$$\begin{aligned}&\mathrm{J}_0(k_i)\mathrm{I}_1(k_i)+\mathrm{I}_0(k_i)\mathrm{J}_1(k_i)\left[\frac{R^2h^2k_i^4}{12r_0^4(1-\mu^2)}+1\right]\\&+\frac{2}{1-\mu}\left[\frac{2(1+\mu)\mathrm{J}_1(k_i)\mathrm{I}_1(k_i)}{k_i}-(\mathrm{J}_0(k_i)\mathrm{I}_1(k_i)+\mathrm{I}_0(k_i)\mathrm{J}_1(k_i))\right]=0\end{aligned} \tag{13.2.8}$$

其中，$\mathrm{J}_0,\mathrm{J}_1$ 分别为第 1 类贝塞尔函数，$\mathrm{I}_0,\mathrm{I}_1$ 分别为修正的第 1 类贝塞尔函数。

对于比值为 $\frac{h}{r_0}\leqslant\frac{1}{30}$ 和 $\frac{H_1}{2r_0}\leqslant\frac{1}{10}$ 的小扁度薄壳体，在第 1 阶振动的情况下，方程(13.2.8)中的分量为

$$\frac{R^2h^2k_i^4}{12r_0^4(1-\mu^2)}$$

与 1 相比是可以忽略的。因此，该方程可简化为

$$-\mathrm{J}_0(k_i)\mathrm{I}_1(k_i)+\mathrm{I}_0(k_i)\mathrm{J}_1(k_i)+\frac{4\mathrm{J}_1(k_i)\mathrm{I}_1(k_i)}{k_i}=0 \tag{13.2.9}$$

从式(13.2.6)可得计算固有频率的下述公式：

$$\omega_i^2=\frac{E}{\rho_0}\left[\frac{1}{R^2}+\frac{k_i^4h^2}{12r_0^4(1-\mu^2)}\right] \tag{13.2.10}$$

方程式(13.2.8)具有一个零根，即 $k_0=0$，这相当于振型没有节点。球形壳体的曲率半径将随所有点的振动同时增加或同时减小，与这个根相应的频率是

$$\omega^2=\frac{E}{\rho_0R^2} \tag{13.2.11}$$

计算结果表明，如果 $\frac{H_1}{2r_0}>\frac{1}{10}$，则第 2 阶固有频率的误差与式(13.2.8)和式(13.2.10)比较不超过 1%；当扁度很大时，误差也会增加，甚至达到 20%。

现以数值例子来说明式(13.2.10)括号中第二项的影响。假设 $R=2\mathrm{m}$，$h=3\times10^{-3}\mathrm{m}$，$r_0=1\mathrm{m}$，$\mu=0.3$，则由方程式(13.2.8)算得的第一个非零根是 $k_1=5.9$，与这个根相应的固有振型在支承处有一个节线圆，亦即周边固支的壳体

的振动是第 1 阶振动。由此得

$$\frac{1}{R^2}+\frac{k_i^4h^2}{12r_0^2(1-\mu^2)}=\frac{1}{4}+\frac{(5.9)^2\times9\times10^{-6}}{12\times1\times(1-0.09)}$$

在这种情况下，考虑边界效应的第二项比第一项小 250 倍。

从这个例子可以看出，确定火箭储箱这类薄壁壳体的第 1 阶固有频率可以忽略边界效应，因而可以认为这种壳体是无力矩壳体。

13.3 盛液储箱固液耦合下的纵向振动

1. 盛液储箱轴对称振动时第 1 阶固有频率的计算

1） 假设前提

求盛液储箱固有振型和频率的精确解是很复杂的。现在近似确定下述情况的第 1 阶固有频率。

现作如下假设：

（1） 储箱壁和底是对称的等厚度的无力矩薄壁壳体；

（2） 储箱盛满了理想的不可压缩液体；

（3） 液体径向运动的动能小于沿圆筒轴向运动的动能；

（4） 液体质点沿纵轴方向的速度与半径无关；

（5） 自由液面的波动可以忽略；

（6） 箱壁的动能小于液体的动能；

（7） 储箱是圆筒壳体，储箱底呈球形，底高与直径之比很小，$\frac{H_1}{2r_0}\leqslant0.2$。

储箱的外形、特征尺寸和连接方法如图 13.3.l(a)所示。由于有液体静压力的作用，在储箱壁和底上都会出现径向静位移。

2） 用瑞利法计算第 1 阶自由频率

（1） 现来计算储箱壁和箱底由于液体静压力作用引起的变形势能。储箱壁的比势能是

$$U_\varepsilon=\frac{E}{2}\varepsilon^2,\quad \varepsilon=\frac{\gamma xR_1}{Eh_1}$$

其中，γ 为液体的比重。

储箱壁的总势能是

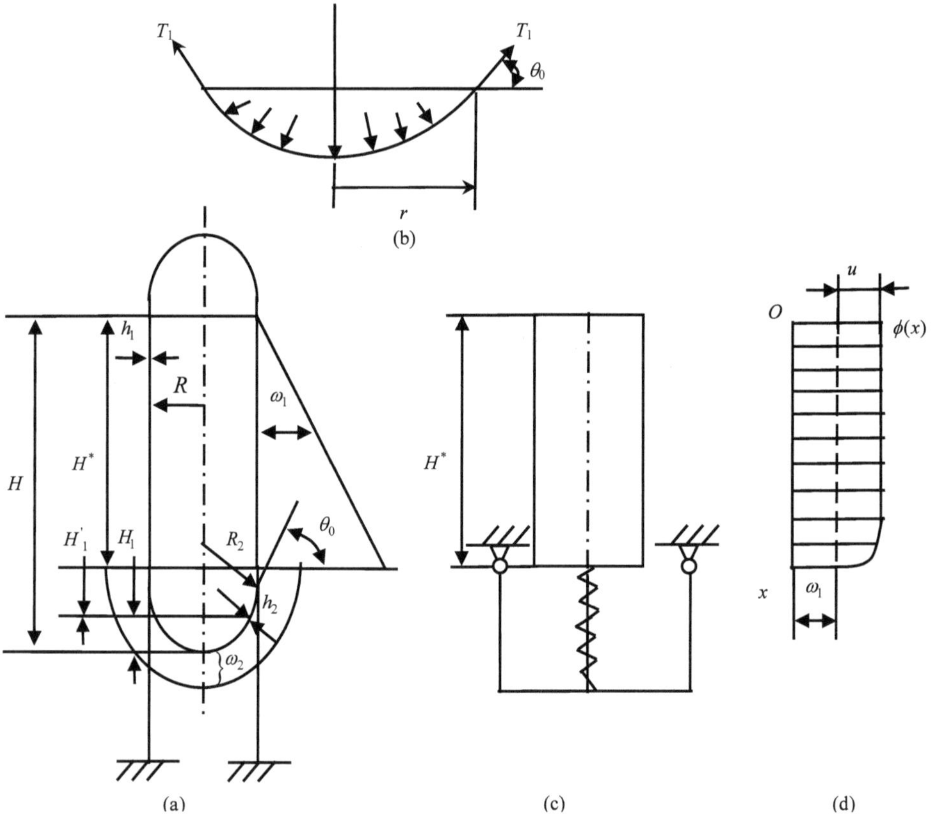

图 13.3.1　盛液储箱纵向振动模型

$$U_1 = \iiint_V U_\varepsilon \mathrm{d}V = 2\pi R_1 h_1 \int_0^{H-H_1} U_\varepsilon \mathrm{d}x = \frac{\pi\gamma^2 R_1^3 (H-H_1)^3}{3Eh_1} \tag{13.3.1}$$

由于球底高度较小，为了简便起见，假设球底任一点的液体静压力与底顶点的压力相等，则比势能是

$$U_\varepsilon = \frac{E\varepsilon^2}{1-\mu},\quad \varepsilon = \frac{\gamma H R_2}{2Eh_2}(1-\mu) = \frac{\omega_2}{R_2} \tag{13.3.2}$$

球壳的体积是

$$V = 2\pi R_2 H_1 h_2,\quad H_1 = R_2 - \sqrt{R_2^2 - R_1^2}$$

$$U_2 = U_\varepsilon V = \frac{\pi R_2^3 \gamma^2 H^2 H_1}{2Eh_2}(1-\mu) \tag{13.3.3}$$

(2) 下面计算支撑环的势能。液柱的重量由底周边的径向力 T_1 平衡，即

$$\pi R_1^2 H^* \gamma = 2\pi R_1 T_1 \sin\theta_0 \tag{13.3.4}$$

支撑环上的力 T_1 所引起的径向载荷是

$$q_x = T_1 \cos\theta_0 = \frac{R_1 H^* \gamma}{2\sin\theta_0}\cos\theta_0 \tag{13.3.5}$$

支撑环横截面上的压力是

$$S = q_x R_1 \tag{13.3.6}$$

支撑环的势能是

$$U_3 = \frac{1}{2}\frac{S^2 \cdot 2\pi R_1}{EF_K} = \frac{\pi R_1^3 \gamma^3 H^{*2} \cos^2\theta_0}{4EF_K \sin^2\theta_0} \tag{13.3.7}$$

系统的等效刚度在数值上等于势能的两倍，故

$$k_{IIp} = 2(U_1 + U_2 + U_3) \tag{13.3.8}$$

(3) 计算液体等效质量。为了简便起见，假设液柱是由若干层薄圆盘构成，球底内的液体与液柱连接处的半径为 R_1，底内液体的等效高度是

$$H_1' = \frac{1}{R_1^2}\int_0^{H_1}(2R_2 x - x^2)\,\mathrm{d}x \tag{13.3.9}$$

因此，液柱的总高度是

$$H^* = H - H_1 + H_1' \tag{13.3.10}$$

任一层沿纵轴方向的位移可由两部分表示：① 液柱连同底一起的位移 w_2；② 由于直径增加使各层厚度减小而引起的位移。

由液体静压力引起储箱壁径向位移和各层厚度减小是与坐标 x 成正比的，因此，液体各层的第二部分位移与可压缩液柱在重力作用下的位移相同。换句话说，可以用径向绝对刚性的储箱壁和可压缩的液柱(弹性模量已知)代替挠性储箱壁和不可压缩的液体。由此可以确定：液层高度由于压力 γx 使储箱壁膨胀所引起的减小应当等于同一层由于液柱的可压缩性而引起的高度减小。

储箱壁的径向位移是

$$w_1 = \frac{\gamma x R_1^2}{F h_1} \tag{13.3.11}$$

液层高度的减小(初始高度取为 1)是

$$\Delta = \frac{2\pi R_1 w_1}{\pi R_1^2} = \frac{2\gamma x R_1}{E h_1} \tag{13.3.12}$$

由于液层的可压缩性有

$$\Delta = \frac{\gamma x \pi R_1^2}{E_{IIp} \pi R_2^2} = \frac{\gamma x}{E_{IIp}} \tag{13.3.13}$$

因此，得

$$E_{IIp} = E\frac{h}{2R_1} \tag{13.3.14}$$

其中，E 为储箱壁材料的弹性模量。

图 13.3.1(c)示出了计算液层位移的盛液储箱的计算模型(底的弹性由弹簧模拟)；图 13.3.1(d)是这种位移 $\varphi(x)$ 的图形，即

$$\varphi(x) = w_2 + u\left(1 - \frac{x^2}{H^{*2}}\right) \tag{13.3.15}$$

其中

$$w_2 = \frac{\gamma H R_2^2}{2E h_2}(1-\mu), \quad u = \frac{\gamma H^{*2}}{2E_{IIp}} = \frac{\gamma H^{*2} R_1}{E h_1} \tag{13.3.16}$$

液体的等效质量由下述公式计算

$$m_{IIp} = \int_0^{H^*} \frac{\pi R_1^2 \gamma}{g} \varphi^2(x)\,\mathrm{d}x = \frac{\pi R_1^2 H^* \gamma}{g}\left(w_2^2 + \frac{4}{3} w_2 u + \frac{8}{15} u^2\right) \tag{13.3.17}$$

固有频率为

$$\omega^2 = \frac{k_{IIp}}{m_{IIp}} \tag{13.3.18}$$

如果储箱是悬挂在上承力框上，那么，在液体静压力作用下，储箱壁即处于双向应变状态，因此，由于储箱壁的伸长将会引起液层产生附加位移。在确定 k_{IIp}

和 m_{IIp} 时，这种附加位移是需要加以考虑的。

3）用瑞利–格拉梅尔法计算第 1 阶固有频率

在流体力学中，所谓速度势函数 $\Phi(x,y,z,t)$ 是很重要的，如果已知速度势，则液体的运动过程和液柱任意点的压力都可以知道。速度势是根据边界条件和初始条件由拉普拉斯方程确定的。

为了得到问题的近似解，速度势可表示为

$$\Phi = Ax\cos(\omega t), \quad v_x = \frac{\partial \Phi}{\partial x} \tag{13.3.19}$$

其中，A 为任意常数。

该方程能满足连续方程和自由液面（$p_{x=0}=0$）的动力边界条件。液体的动压力 p 由下述公式确定：

$$p = -\rho\frac{\partial \Phi}{\partial t} \quad \left(\rho = \frac{\gamma}{g}\right) \tag{13.3.20}$$

现来计算储箱底在非均匀压力下的势能。径向拉力 T_1 可由所有的力在 Ox 轴上的投影和求得(图 13.3.1(b))，即

$$T_1 = \frac{1}{r_0\sin\theta_0}\int_0^{r_0} pr\,\mathrm{d}r \tag{13.3.21}$$

为了确定环向力 T_2，可运用拉普拉斯公式。代入式(13.3.19)，由式(13.3.20)算出 p 后，得

$$T_1 = T_2 = \frac{\rho R_2}{2}A\omega x\sin(\omega t) \quad (H - H_1 \leqslant x \leqslant H) \tag{13.3.22}$$

考虑到双向应变状态后，底的势能是

$$U_2 = \frac{\pi R_2^2}{Eh_2}\int_0^{\theta_0}(T_1^2 + T_2^2 - 2\mu T_1T_2)\sin\theta\,\mathrm{d}\theta \tag{13.3.23}$$

积分后，得

$$\begin{aligned} U_2 = \frac{\pi\rho^2A^2\omega^2R_2^4(1-\mu)}{2Eh_2}\Bigg[&B^2(1-\cos\theta_0) + \frac{BR_2}{2}(1-\cos 2\theta_0) \\ &+ \frac{R_2^2}{3}(1-\cos^3\theta_0)\sin^2(\omega t)\Bigg] \quad (B = H - R_2) \end{aligned} \tag{13.3.24}$$

储箱壁的变形势能由式(13.3.1)确定，若假设压力为$\gamma x = p$，则

$$U_1 = \frac{\pi\rho^2 A^2\omega^2 R_1^3 (H_1 - H)^3}{3Eh_1}\sin^2(\omega t) \tag{13.3.25}$$

现确定支撑环的变形势能。由底壁对支撑环的作用所引起的分布载荷在支撑环的平面内表示为

$$q_K = T_1\cos\theta_0 \tag{13.3.26}$$

由这种载荷在支撑环截面上引起的力是

$$S = q_K R_1 \tag{13.3.27}$$

支撑环的变形势能是

$$U_3 = \frac{S^2\cdot\pi R_1}{EF_K} = \frac{\pi\rho^2 A^2\omega^2 R_1^2 R_2^2 (H - H_1)^2\cos^2\theta_0}{4EF_K} \tag{13.3.28}$$

系统的总势能是

$$U = U_1 + U_2 + U_3 = \omega^2 (U_1^* + U_2^* + U_3^*) \tag{13.3.29}$$

为了计算动能，将整个液体分为两部分：圆筒段部分和球底部分。因此

$$T = \frac{\rho}{2}\left[\pi R_1^2\int_0^{H-H_1}\left(\frac{\partial\Phi}{\partial x}\right)^2 \mathrm{d}x + \pi\int_0^{H_1}(2R_2 x - x^2)\left(\frac{\partial\Phi}{\partial x}\right)^2 \mathrm{d}x\right]$$

经计算，得

$$T = \frac{\pi\rho}{2}A^2\cos^2(\omega t)\left[R_1^2(H - H_1) + R_2 H_1^2 - \frac{1}{3}H_1^3\right] \tag{13.3.30}$$

根据等式$U_{\max} = T_{\max}$，得第 1 阶自然频率为

$$\omega^2 = \frac{T_{\max}}{(U_1^* + U_2^* + U_3^*)_{\max}} \tag{13.3.31}$$

2. 盛液储箱轴对称强迫振动的计算

假设支撑环与储箱底和弹体连在一起，储箱沿轴向的强迫振动规律是

$$u(t) = u_0\sin(pt) \tag{13.3.32}$$

现需要讨论液体的强迫振动和确定储箱底上液体的动压力，这里只考虑第 1 阶振动。

为了求解，可运用如图 13.3.1（c）所示的模型。假设液体相对于支撑环的振型与静位移式(13.3.15)相同，则

$$\psi(x)=1+\alpha\left(1-\frac{x^2}{H^{*2}}\right),\quad \alpha=\frac{u}{w_2} \tag{13.3.33}$$

任意液层的总势能由下述形式表示：

$$u(x,t)=u(t)+\psi(x)q(t) \tag{13.3.34}$$

液柱的动能是

$$T=\frac{1}{2}\pi R_1^2\frac{\gamma}{g}\int_0^{H^*}(\dot{u}+\psi\dot{q})^2\,\mathrm{d}x \tag{13.3.35}$$

建立势能表达式后，运用拉格朗日方程，即得到广义坐标 $q(t)$ 表示的下述强迫振动方程：

$$\begin{cases}\ddot{q}+\omega^2 q=-b\ddot{u}(t)\\ b=\dfrac{\displaystyle\int_0^{H^*}\psi(x)\,\mathrm{d}x}{\displaystyle\int_0^{H^*}\psi^2(x)\,\mathrm{d}x}\end{cases} \tag{13.3.36}$$

该方程的特解是

$$q=\frac{bu_0p^2}{\omega^2-p^2}\sin(pt)\quad (\omega\neq p) \tag{13.3.37}$$

因此，按照表达式(13.3.34)和式(13.3.37)，任意液层在固定坐标系中的强迫振动规律是

$$u(x,t)=u_0\left(1+\psi\frac{bp^2}{\omega^2-p^2}\right)\sin(pt) \tag{13.3.38}$$

振动期间，液柱横截面上的轴向力等于该截面以上所有液层惯性力之和，即

$$N_x=\frac{\pi R_1^2\gamma}{g}\int_0^x\ddot{u}(x,t)\,\mathrm{d}x \tag{13.3.39}$$

力的振幅是

$$N_x = p^2 u_0 \frac{\pi R_1^2 \gamma}{g} \int_0^x \left(1 + \psi \frac{bp^2}{\omega^2 - p^2}\right) \mathrm{d}x \tag{13.3.40}$$

考虑到式(13.3.33)后，得

$$N_x = p^2 u_0 \frac{\pi R_1^2 \gamma x}{g} \left\{1 + \frac{bp^2}{\omega^2 - p^2}\left[1 + \alpha\left(1 - \frac{x^2}{3H^{*2}}\right)\right]\right\} \tag{13.3.41}$$

假设 $x = H^*$，便得到作用于底上的动载荷，即

$$N_H^* = p^2 u_0 \frac{\pi R_1^2 H^* \gamma}{g} \left[1 + \frac{bp^2}{\omega^2 - p^2}\left(1 + \frac{2}{3}\alpha\right)\right] \tag{13.3.42}$$

将力 N_x 除以面积 πR_1^2，即得到振动期间液体在 x 截面上的附加压力。

13.4　考虑固液耦合时箭体的纵向振动

1. 火箭体纵向固有振型与频率

为了计算火箭体纵向固有振动的振型和频率，可假设弹体是一根非均匀的直杆。为了考虑液体推进剂相对储箱下底和发动机质量相对发动机机架对接面的纵向振动，可将这些质量通过弹簧对称地悬挂在杆上(图 13.4.1)，这是一个具有一个自由度的等效系统。在所示的每个截面上，可能有几个这样的质量悬挂着。等效系统是相应连续系统振动的力学模型。例如，储箱内液体的等效系统与连续系统的固有频率是相同的。在悬挂液体的截面上，所有悬挂质量的和等于储箱内液体的质量，而所有悬挂质量与非均匀杆的质量之和即等于火箭质量。问题是在一段壳体内悬挂多少质量才能使等效系统与弹体的固有频率相等。

如果对盛液储箱要求考虑几阶而不是第 1 阶振动，那么，为了确定悬挂质量的值和它的固有频率，就需要预先求解弹性容器内液体的振动问题。

正如盛液储箱，还应当确定发动机质量相对火箭体纵轴方向的固有频率。假设发动机是绝对刚体，发动机的悬挂件没有质量，可粗略估算第 1 阶频率。在计算静挠度时，需要考虑悬挂支点的挠性。第 1 阶频率较好的近似值可以用瑞利法得到。计算值与悬挂件的结构有关。如果发动机是悬挂在弹体的横梁上，仅考虑发动机质量的第 1 阶振动，那么等效质量即取发动机质量。

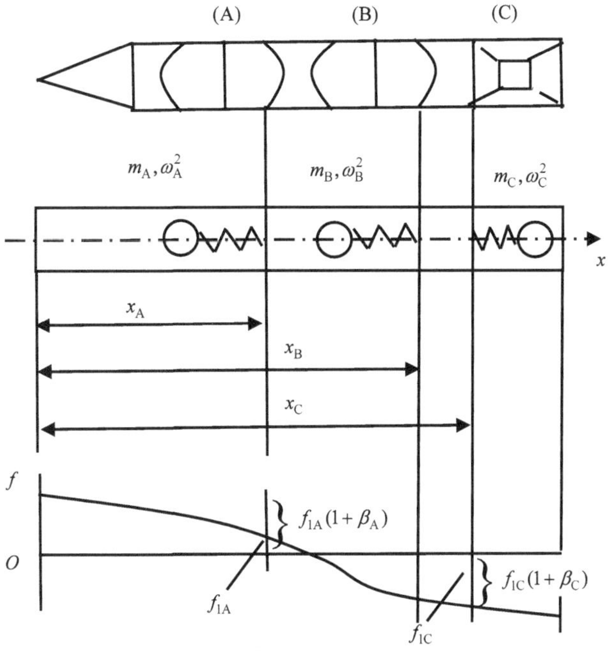

图 13.4.1 箭体纵向振动模型

2. 用逐次近似法计算火箭体固有振型和频率

这里，仅考虑弹性悬挂质量与非均匀杆连接有关的附加特点。假设只考虑储箱和发动机的第 1 阶振动。因此，在图 13.4.1 模型中只有 m_A,m_B(储箱 A 和 B 内液体的质量)、m_C(发动机质量)、$\omega_A,\omega_B,\omega_C$(由一次近似计算确定的固有频率)。

与前面的区别是：在计算截面 $x=x_A$, $x=x_B$ 和 $x=x_C$ 的轴向力时，需要加上质量 m_A, m_B 和 m_C 的集中惯性力，故应变为

$$N_{1x}=\int_0^x m_x f_n \mathrm{d}x+\sum_{(j)} N_{1j} \tag{13.4.1}$$

其中，m_x 为不计储箱内液体质量和发动机质量的火箭体单位长度的质量。

如果 $x<x_j$ ($j=\mathrm{A,B,C}$)时，$N_{1j}=0$，则计算集中力 N_{1A} 和 N_{1B} 的公式可由式(13.3.42)得到。例如，用 f_{nj} 表示 $x=x_j$ 时的固有振型值，假设 $p=\omega_n$，得

$$N_{1j}=m_j f_{nj}(1+\beta_j)\,,\quad \beta_j=\frac{b_j\omega_n^2}{\omega_j^2-\omega_n^2}\left(1+\frac{2}{3}\alpha_j\right) \tag{13.4.2}$$

其中，$f_{nj}(1+\beta_j)$为质量m_j的固有振型值，ω_n为箭体的固有频率，b_j和α_j为系数，由式(13.3.16)、式(13.3.33)和式(13.3.36)确定。

在只计算盛液储箱的第 1 阶振动时，有

$$m_j = \frac{\pi R_{1j}^2 H_j^* \gamma_j}{g} \quad (j = \mathrm{A}, \mathrm{B}) \tag{13.4.3}$$

悬挂截面(主隔框)的位移差f_{nj}实质上取决于箭体纵向固有振动频率与盛液储箱振动频率之比。这些频率越接近，储箱底和壁上的动载荷就越大，因而上述位移差也越大。

若用$f_{n\mathrm{C}}$表示发动机机架对接面的自然振型值，则有

$$N_{1\mathrm{C}} = m_{\mathrm{C}} f_{n\mathrm{C}}(1+\beta_{\mathrm{C}}), \quad \beta_{\mathrm{C}} = \frac{\omega_n^2}{\omega_{\mathrm{C}}^2 - \omega_n^2} \tag{13.4.4}$$

由于存在集中质量，则

$$\int_0^l m_x f_n \mathrm{d}x + \sum_{(j)} m_j f_{nj}(1+\beta_j) = 0 \tag{13.4.5}$$

记

$$\int_0^x \frac{N_{1x}}{EF_x} \mathrm{d}x = \psi(x)$$

则

$$\begin{cases} f_n = -\omega_n^2[\psi(x) + D] \\ f_{nj}(1+\beta_j) = -\omega_n^2[\psi_j(1+\beta_j) + D] \end{cases} \tag{13.4.6}$$

将f_n和f_{nj}的值代入关系式(13.4.5)，得

$$D = -\frac{1}{m}\left[\int_0^l m_x \psi(x) \mathrm{d}x + \sum_{(j)} m_j \psi_j (1+\beta_j)\right] \tag{13.4.7}$$

其中

$$m = \int_0^l m_x \mathrm{d}x + \sum_{(j)} m_j \quad (j = A, B, C) \tag{13.4.8}$$

为了计算系数 β_j，在每一次近似计算之后，还需要确定固有频率，即

$$\left\{\begin{aligned}&\omega_n^2=\frac{m_n}{k_n'},\quad k_n'=\frac{k_n}{\omega_n^4}\\&m_n=\int_0^l m_x f_n^2\mathrm{d}x+\sum_{(j)}m_j f_{nj}^2(1+\beta_j)^2\\&k_n=\omega_n^4\int_0^l\frac{N_{1x}^2}{EF_x}\mathrm{d}x+\sum_{(j)}\omega_j^2 m_j f_{nj}^2\beta_j^2\quad(j=A,B,C)\\&=\omega_n^4\left[\int_0^l\frac{N_{1x}^2}{EF_x}\mathrm{d}x+\sum_{(j)}\omega_j^2 m_j f_{nj}^2\beta_j^{*2}\right]\\&\beta_j=\omega_n^2\beta_j^*\end{aligned}\right. \tag{13.4.9}$$

其中，式 k_n 中的 β_j 值取自前一次近似计算。

第 1 阶固有振型的图形如图 13.4.1(c)所示。如果 $\omega_j<\omega_n$，质量 m_j 的振动相对于悬挂点是反相的，因此，$\beta_j<0$。

3. 用初始参数法计算固有振动

截面 $x=x_j$（$j=A,B,C$）是彼此独立的截面，且 $FE_x=\infty$，$m_x=0$。假设在截面 i 与 $i+1$ 间有一个截面是 $x=x_j$，截面 i 与 $i+1$ 的连接条件应符合下述等式(图 13.4.2)。

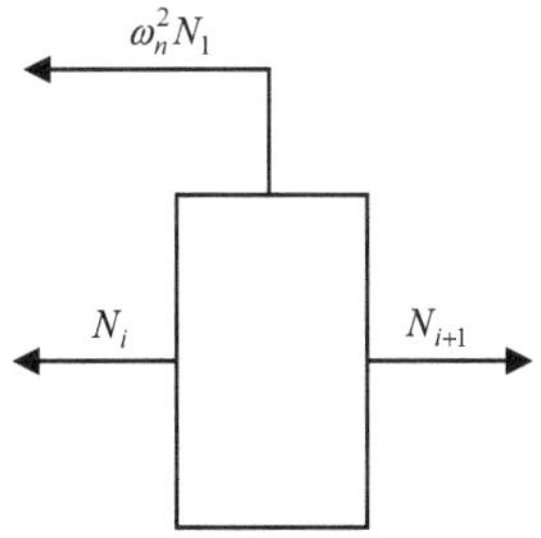

图 13.4.2 截面协调条件

当 $x_i=l_i$，$x_{i+1}=0$ 时，有

$$f_{ni}=f_{ni+1} \tag{13.4.10}$$

$$(EF_x f_n')_i+N_{1j}\omega_n^2=(EF_x f_n')_{i+1} \tag{13.4.11}$$

4. 长导管内液体轴向自然频率的计算

这里，假设液体是理想的可压缩液体。所讨论的是注有可压缩液体的刚性导管，而不是弹性导管。确定可压缩液体等效模量的条件是：刚性导管中，液柱的挠性等于弹性导管中液体沿轴向的挠性。液体径向运动和导管壁运动的动能很小，可忽略不计。由于液柱的总挠性等于各液层的挠性之和，故

$$E=\frac{E_1E_2}{E_1+E_2},\qquad E_2=\frac{Eh}{2R} \tag{13.4.12}$$

其中，E_1 为液体的压缩模量；E, h, R 分别为导管的弹性模量、壁厚和半径。

现在求可压缩液柱的等效音速。设 $E_1=\rho_0c_0^2$，其中 ρ_0 为液体密度，c_0 为液体中的音速，于是

$$c^2=\frac{E_1}{\rho_0}=\frac{c_0^2}{1+\nu},\qquad \nu=\frac{\rho_0c_0^2\,2R}{Eh} \tag{13.4.13}$$

导管的封闭端对应于杆的固支端，开口端对应于杆的自由端。已知，一端固定和一端自由的杆，第 n 阶振动的波长与杆长 l 的关系是

$$\lambda_n=\frac{4l}{2n-1}\quad (n=1, 2, 3, \cdots) \tag{13.4.14}$$

振动周期是

$$T_n=\frac{\lambda_n}{c} \tag{13.4.15}$$

频率是

$$\omega_n=\frac{2\pi}{T_n}=\pi\frac{2n-1}{2l}c \tag{13.4.16}$$

当导管两端都开口时，则

$$\omega_n=\pi\frac{n}{l}c \tag{13.4.17}$$

如果导管中未扰动液体的流速为 v_0，则自然频率即由下述公式确定

$$\omega_n^*=(1-M^2)\omega_n,\qquad M=\frac{v_0}{c} \tag{13.4.18}$$

5. 箭体强迫振动的计算

如果发动机推力 $P(t)$ 的变化如图 13.4.3a 所示，当 $t>\tau$ 时，对于第 n 阶振动，广义坐标的振幅是

$$\begin{cases}(q_n)_{\max}=\dfrac{P_0 f_{n\mathrm{C}}(1+\beta_{\mathrm{C}})}{\omega_n^2 m_n}\dfrac{T_n}{\pi\tau}\left|\sin\dfrac{\pi\tau}{T_n}\right| \\ T_n=\dfrac{2\pi}{\omega_n}\end{cases} \tag{13.4.19}$$

设发动机推力为简谐规律 $P(t)=P_0\sin(pt)$，箭体的纵向振动是

$$(q_n)_{\max}=\frac{P_0 f_{n\mathrm{C}}(1+\beta_{\mathrm{C}})}{m_n(\omega_n^2-p^2)}\quad(\omega_n\neq p) \tag{13.4.20}$$

对于弹体的第 n 阶振动，储箱底的振幅是

$$a_n=f_{nj}(1+\beta_j)(q_n)_{\max} \tag{13.4.21}$$

如果推力按图 13.4.3 所示的规律下降，按上述公式即可确定发动机关机时储箱底的振幅，在这种情况下，式(13.4.19)中的 τ 应当用 τ^* 替换。

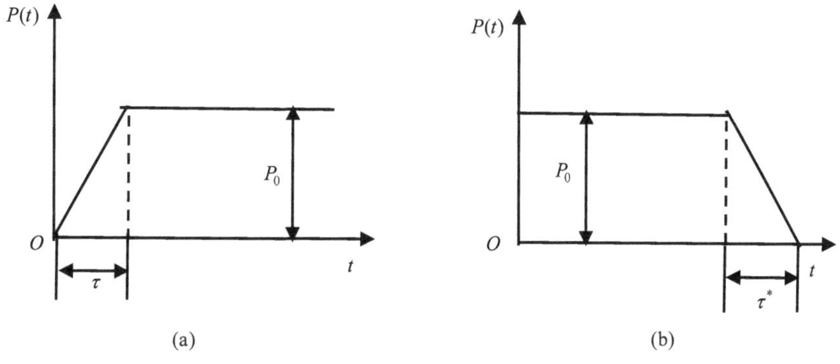

图 13.4.3　推力曲线图

在分离级沿轴对称分离时，如果已知作用在分离级侧面的力的下降规律，也可以运用这种方法确定振幅。实际上，如果这种规律如图 13.4.3(b)所示，储箱底的振幅即可由式(13.4.19)确定，其中，$f_{n\mathrm{B}}(1+\beta_{\mathrm{B}})$ 用火箭其余部分(不包括分离级)的振型值 $(f_n)_{x=l}$ 替换。

弹体的纵向振动将引起所有弹性悬挂质量强迫振动。为了使这种振动不致于过分严重，就需要使这些悬挂质量的自然频率与弹体纵向振动的自然频率不相等。

6. 动载荷的计算

对于第 n 阶振动，箭体任意截面上的轴向动载荷最大值

$$N_x = (q_n)_{\max}\omega_n^2 N_{1x} \tag{13.4.22}$$

其中，N_{1x} 可按表达式(13.4.1)计算。

推力增加或下降时储箱壁上液体压力的动载荷系数公式推导如下。距自由液面 x 处的储箱壁上的静压力是

$$p_{\mathrm{CT}} = p_0 + \gamma x n_{x1} \tag{13.4.23}$$

按照式(13.3.42)对于第 n 阶振动的动压力的振幅，即

$$p_{\mathrm{C}} = \omega_n^2 (q_n)_{\max} f_{nj} \frac{\gamma x}{g}\left\{1+\frac{b_j\omega_n^2}{\omega_j^2-\omega_n^2}\left[1+\alpha_j\left(1-\frac{x^2}{3H_j^{*2}}\right)\right]\right\} \tag{13.4.24}$$

其中，$(q_n)_{\max}$ 按式(13.4.19)计算，系数 α_j 和 b_j 按式(13.3.16)、式(13.3.33)和式(13.3.36)计算。动载荷系数是

$$\eta_{\mathrm{C}} = 1+\frac{p_{\mathrm{C}}}{p_0+\gamma x n_{x1}} \tag{13.4.25}$$

对于箭体第 n 阶振动，悬挂点的振幅由下述公式计算：

$$u_0 = f_n (q_n)_{\max} \tag{13.4.26}$$

其中，$(q_n)_{\max}$ 按式(13.4.19)或式(13.4.20)确定。如果悬挂点置于储箱的下底，则式(13.4.26)中的 f_n 必须用 $f_{nj}(1+\beta_j)$ 替换。

系统的自然频率低于分系统第 1 阶自然频率 ω_{B}^2。

在所讨论的例子中，考虑了储箱壁和底的径向挠性后，弹体纵向振动频率的平方等于不考虑这种特性时所算得的频率平方的1/2。

13.5　箭体的横向振动与液体晃动问题

1. 盛液刚性圆筒横向振动的计算

由于液体是连续系统，故它的固有振型和固有频率是无限的，而且与容器外形有关。当横向振动较小时，自由液面将出现一些波纹。如果是圆筒储箱，径向波型可用第一类贝塞尔函数表示，环向波型可认为是按函数 $\sin\eta$ 的规律变化。

图 13.5.1 示出的是一个具有平底的直圆筒储箱。箱内盛有理想的可压缩液体，

液体的固有晃动频率可按下述公式计算：

$$\omega_n = \sqrt{\frac{g\xi_n}{R}\operatorname{th}\left(\xi_n \frac{H}{R}\right)} \tag{13.5.1}$$

其中，ξ_n 为方程

$$\frac{\mathrm{d}J_1\left(\xi_n \frac{r}{R}\right)}{\mathrm{d}r} = 0 \tag{13.5.2}$$

的根，其中，$\xi_1 = 1.8412$, $\xi_2 = 5.3315$, $\xi_3 = 8.5363$,…，固有晃动频率与液体密度无关，但随储箱半径减小而增加。当 $H/R \geqslant 1$ 时，频率与液面高度无关。随着振型阶数增加，液体的固有晃动频率也增加。

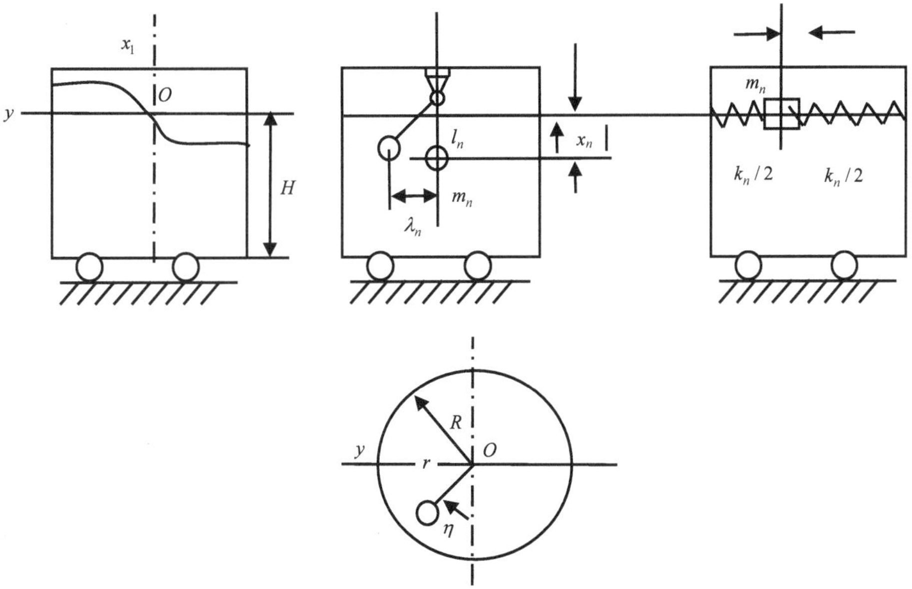

图 13.5.1 液体晃动模型

在飞行中，火箭圆筒储箱内液体推进剂的自然晃动频率是

$$\omega_n = \sqrt{\frac{a_{x1(-g)}\xi_n}{R}\operatorname{th}\left(\xi_n \frac{H}{R}\right)} \tag{13.5.3}$$

其中，$a_{x1(-g)} = n_{x1}g$ 。

正如弹性系统一样，液体的每一阶固有振型都有相应的等效质量 m_n 。对于直

圆筒有，

$$m_n = \pi R^3 \rho \frac{2}{\xi_n(\xi_n^2 - 1)} \operatorname{th}\left(\xi_n \frac{H}{R}\right) \tag{13.5.4}$$

其中，ρ 为液体密度。

对第 1 阶晃动，$m_1 \approx 0.45\pi R^3 \rho$；第 2 阶晃动时，$m_2$ 比 m_1 小 30 倍。

如果力 $P_y(t)$ 沿 Oy 轴方向作用于储箱上，而储箱可以沿水平面无摩擦地移动，那么，盛液圆筒储箱在固定坐标系 xOy 内的运动方程是

$$\begin{cases} m\ddot{y} + \sum_{n=1}^{\infty} m_n \ddot{\lambda}_n = P_y \\ \ddot{\lambda}_n + \omega_n^2 \lambda_n = -\ddot{y} \end{cases} \tag{13.5.5}$$

其中，y 为储箱轴的位移，λ_n 为液体晃动的广义坐标，m 为盛液储箱的质量。

若假设 $P_y(t) = 0$，则按方程式(13.5.5)可计算储箱–液体系统的固有频率。在只计算液体的第 1 阶晃动时，有

$$\omega_1^* = \frac{\omega_1}{\sqrt{1 - \mu_1}}, \quad \mu_1 = \frac{m_1}{m} \tag{13.5.6}$$

当储箱固定时，液体的自然晃动频率比储箱不固定时要大。

如果 $P_y(t)$ 已给定，则根据式(13.5.5)可得到由于晃动引起的储箱位移 $y(t)$、广义坐标 $\lambda_n(t)$ 和由液体压力对储箱壁引起的附加力 $m_n \lambda_n$。

式(13.5.5)是根据微小振动情况得到的。因此，只有当自由液面沿储箱轴向的最大晃动为 $x_{\max} \leqslant 0.1R$ 时，该方程才是有效的。在液体实际晃动期间有能量耗散，因此，试验表明，即使在共振期间，液体的晃幅也是有限的。可以指出，液体的晃幅不会超过储箱半径。实际上，最大晃幅是在共振亦即是按自然频率晃动时出现的，在这种情况下，最大加速度是 $x_{\max}\omega_n^2$。只要某部分液体的这种加速度大于不计地球重力场时的火箭加速度 $a_{x(-g)}$，它就会与其余液体分离，而且波浪也开始衰减。因此，应当是

$$x_{\max}\omega_n^2 \leqslant a_{x1(-g)}$$

考虑到式(13.5.3)，得

$$x_{\max} \leqslant \frac{R}{\xi_n \operatorname{th}\left(\xi_n \frac{H}{R}\right)} \tag{13.5.7}$$

对于第 1 阶晃动，$\xi_1 = 1.8412$。当$H/R < 1$时，最大晃幅是

$$x_{\max} \leqslant \frac{R}{\xi_1} = \frac{R}{1.84} \tag{13.5.8}$$

为了近似确定共振时液体的晃动，应在方程中引入与速度成正比的阻尼力，因此，可用下述方程替换方程式(13.5.5)的第二式：

$$\ddot{\lambda}_n + \varepsilon_n \dot{\lambda}_n + \omega_n^2 \lambda_n = -\ddot{y} \tag{13.5.9}$$

2. 液体晃动的力学模型

液体晃动的力学模型可以用摆(数学摆或弹簧摆)来实现(图 13.5.1)，每一阶振动都有自己的相应摆。摆的质量等于晃动液体的等效质量式(13.5.4)，数学摆的长度和弹簧的刚度是

$$\begin{cases} l_n = \dfrac{R}{\xi_n \operatorname{th}\left(\xi_n \dfrac{H}{R}\right)} \\ k_n = m_n \omega_n^2 = \dfrac{2a_{x1(-g)}\pi R^2 \rho}{\xi_n^2 - 1} \end{cases} \tag{13.5.10}$$

摆的质量在储箱内的位置是由晃动引起的液体压力在储箱壁上的合力作用点确定的。在圆筒储箱内，摆的质量距静自由液面的距离是

$$x_n = -\frac{2R}{\xi_n} \operatorname{th}\left(\xi_n \frac{H}{2R}\right) \tag{13.5.11}$$

其余的液体质量可视为“固化”质量，其力学模型的运动方程与式(13.5.5)相同。

现在，系统固有晃动频率的公式(13.5.6)可以用力学模型的质量在固有晃动时不产生位移的条件得到。力学模型也用于求复杂储箱形状的等效质量、固有晃动频率和由晃动引起的液体合成压力在储箱壁上的作用点位置。

火箭的弯曲振动可以用非均匀杆的形式来研究。在火箭技术中，杆理论的应用范围是适用于有弹性的火箭体，弹性系数较小时是不适用的。在这种情况下，所研究的主要问题是结构元件的局部振动和储箱内液体推进剂的晃动。当箭体固有弯曲振动的第 1 阶频率远大于储箱内液体的第 1 阶自然晃动频率时，由弹体弯曲振动和液体晃动引起的横向动过载系数，可分别用以下模型计算，即① 刚体——考虑到液体晃动；② 弹性体——考虑到“固化”液体。

如果上述频率很接近，就可以用具有摆的非均匀弹性杆计算。

1）考虑液体晃动的刚体

在这种情况下，箭体与自动稳定装置构成为封闭系统，这时出现的自激振动频率，有可能接近于储箱内液体的固有晃动频率。如果自激振动可能发生，而且它们的范围也可以确定，则作用于箭体上的横向动过载系数即可以按刚体计算。

2）考虑“固化”液体的弹性体

“固化”液体这一术语的含意是指储箱内的液体不出现晃动，而且不受储箱壁的约束，也绝不能增加储箱的弯曲刚度，就好像是一根绝对柔软的理想光滑杆。在储箱内，可以把各种光滑杆想象地分成若干液柱。在计算弯曲振动时，储箱的线性质量应加上推进剂的线性质量。在这种情况下，计算模型就是一根非均匀的弹性杆。

3. 具有摆的非均匀弹性杆自然频率的计算

1）计算模型

在储箱内，某横截面距静自由液面的距离是

$$x_i = \frac{2R_i}{\xi_1}\operatorname{th}\left(\xi_1 \frac{H_i}{2R_i}\right) \quad (i = A, B) \tag{13.5.12}$$

质量(图 13.5.2)为

$$m_i = \pi R_i^3 \rho_i \frac{2}{\xi_1(\xi_1^2 - 1)}\operatorname{th}\left(\xi_1 \frac{H_i}{R_i}\right) \quad (i = A, B) \tag{13.5.13}$$

悬挂弹簧的刚度是

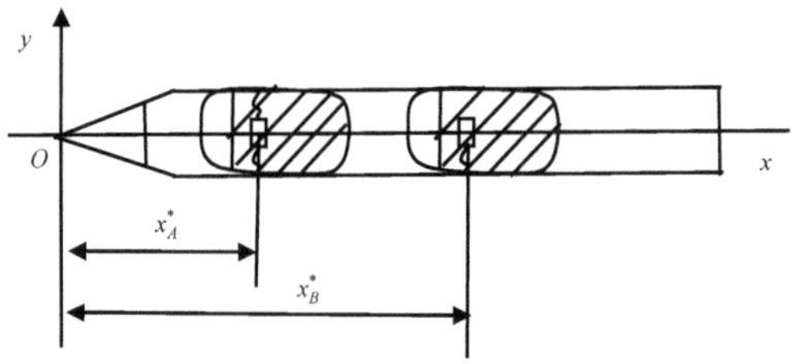

图 13.5.2　液体晃动力学模型

$$k_i = m_i \omega_1^2 = \frac{2a_{x1(-g)}\pi R_i^2 \rho_i}{\xi_1^2 - 1} \quad (i = A, B) \tag{13.5.14}$$

其中，质量可近似地模拟液体晃动对储箱壁的作用力。

如果火箭顶点至静自由液面的距离用 L_i 表示，则质量 m_i 至顶点的距离是

$$x_i^* = L_i + x_i = L_i + \frac{2R_i}{\xi_i}\text{th}\left(\xi_i \frac{H_i}{2R_i}\right) \tag{13.5.15}$$

其余的液体可认为是“固化”液体。

在计算固有晃型和频率时，在 x_i^* 截面处，要考虑由于质量 m_i 相对于杆轴的位移所引起的附加集中力。

假设 $f_n(x)$ 是弹性体(杆)横向自然振动的未知振型，f_{ni} 表示质量 m_i 所在截面的固有晃型的值。如果认为横向振动是以频率 ω_n 做简谐振动，即可求得质量 m_i 相对于弹性体的最大位移(图 13.5.3)，即

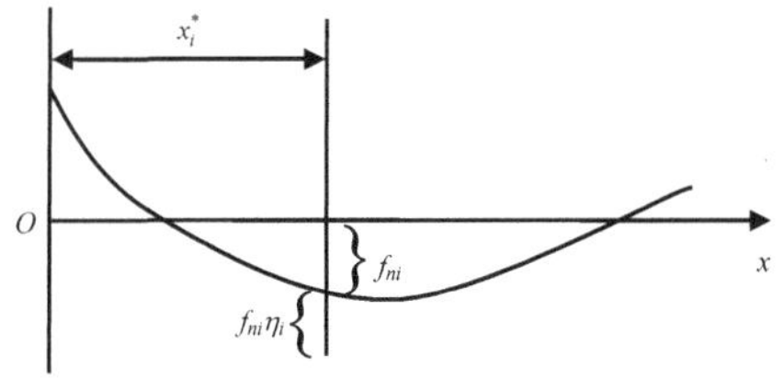

图 13.5.3 液体晃动时箭体的振型

$$f_{ni}\eta_i = \frac{f_n\omega_n^2}{\omega_i^2 - \omega_n^2}, \quad \omega_i = \frac{k_i}{m_i} \tag{13.5.16}$$

因此，质量 m_i 的总位移是

$$f_{ni}^* = f_{ni} + f_{ni}\eta_i \tag{13.5.17}$$

质量 m_i 的惯性载荷是

$$p_{ni} = m_i\omega_n^2(f_{ni} + f_{ni}\eta_i) \tag{13.5.18}$$

它是由两个分量组成的。由于载荷 $m_i\omega_i^2 f_{ni}$ 与杆的固有振型和杆的线性载荷成正比，因此，可认为质量 m_i 中已包括了杆的线性质量。

截面 x_i 处的附加集中力与液体的固有晃动频率 ω_i 与弹体固有频率 ω_n 有关，附加集中力是 $m_i\omega_n^2 f_{ni}\eta_i$，其中

$$\eta_i = \frac{\omega_n^2}{\omega_i^2 - \omega_n^2} \tag{13.5.19}$$

2）逐次近似法

微分方程

$$\begin{cases}\dfrac{\mathrm{d}}{\mathrm{d}x}\left(EJ_x\dfrac{\mathrm{d}^2 f_n}{\mathrm{d}x^2}\right)=\omega_n^2\left(\displaystyle\int_0^x m_x f_n \mathrm{d}x+\sum_{i=1}^{k} m_i f_{ni}\eta_i + C_i\right)\\ M_{1x}=\displaystyle\int_0^x\int_0^x m_x f_n \mathrm{d}x^2+\sum_{i=1}^{k} m_i f_{ni}\eta_i(x-x_i^*)+C_{1x}+C_2\end{cases} \tag{13.5.20}$$

其中，k 为盛有部分液体的储箱质量，m_x 为包括整个液体质量的箭体线性质量。

当 $x<x_i^*$ 时，$m_i=0$；当 $x>x_i^*$ 时，$m_i\neq 0$。

由于质量 m_i 相对箭体的位移是 $f_{ni}\eta_i$，附加分量由下式计算：

$$\begin{cases}A_1D_1+A_2D_2=-\displaystyle\int_0^l m_x\psi_n(x)\mathrm{d}x-\sum_{i=1}^{k} m_i\psi_n x_i^*\eta_i\\ A_3D_1+A_1D_2=-\displaystyle\int_0^l m_x\psi_n(x)(x-x_T)\mathrm{d}x-\sum_{i=1}^{k} m_i\psi_n x_i^*(x_i^*-x_T)\eta_i\\ A_1=\displaystyle\sum_{i=1}^{k} m_i(x_i^*-x_T);\quad A_2=m+\sum_{i=1}^{k} m_i\\ A_3=I+\displaystyle\sum_{i=1}^{k} m_i(x_i^*-x_T)^2\end{cases} \tag{13.5.21}$$

其中

$$\psi(x)=\int_0^x\int_0^x\frac{M_{1x}}{EJ_x}\mathrm{d}x^2 \tag{13.5.22}$$

考虑到弹簧上的集中质量后，公式还需稍加修改，以便计算等效质量 m_n 和等效刚度 k_n。由式(13.5.17)得

$$\begin{cases}m_n=\displaystyle\int_0^l m_x f_n^2\mathrm{d}x+\sum_{i=1}^{k} m_i(f_{ni}^2\eta_i^2+2f_{ni}\eta_i)\\ k_n=\omega_n^4\displaystyle\int_0^l\frac{M_{1x}^2}{EJ_x}\mathrm{d}x+\sum_{i=1}^{k} k_i f_{ni}^2\eta_i^2\end{cases} \tag{13.5.23}$$

为了计算系数 m_n 和 k_n，还需要知道箭体的固有频率，它可以在最后一次近似计算中得到。

4. 箭体强迫弯曲振动的计算

在飞行期间，阵风或横向控制力都可能引起箭体的强迫弯曲振动，箭体的强迫弯曲振动由下式表示：

$$y(x,t)=y_0(t)+y_1(t)(x-x_0)+\sum_{n=1}^{\infty}f_n(x)q_n(t) \tag{13.5.24}$$

其中，广义坐标 $q_n(t)$ 由解耦的模态方程确定。

由控制装置引起的箭体稳态弯曲振动有以下两种情况：

(1) 由弹性箭体与自动稳定装置组成的封闭系统，其固有振动频率 ω_a 接近于箭体的固有弯曲振动频率。首先用 q_a（箭体参考点的自激振幅）乘式(13.5.20)，再与 $\omega_a^2 q_a$ 相乘后，即可确定箭体任意横截面上的横向力 Q 和弯矩 M。

(2) 自动稳定装置操纵机构的自激振动是一个由控制装置(特别是悬挂式摆动发动机)操纵元件和反馈电路组成的封闭系统的振动。这种自激振动的频率 ω_{ca} 与箭体的弯曲频率无关。它与摆动发动机的固有振动频率相差很小，摆动发动机以频率 ω_{ca} 的振动可能引起火箭体强迫振动，这种振动可由下式确定：

$$\ddot{q}_n+2\xi_n\omega_n\dot{q}_n+\omega_n^2q_n=\frac{1}{m_n}P_n \tag{13.5.25}$$

其中，力 $P_n(t)$ 的形式为

$$P_n(t)=R_P f_{nP}\delta_a\sin\omega_{ca}t \tag{13.5.26}$$

其中，R_P 为控制力的变化梯度，f_{nP} 为控制力作用截面处横向振型的值，δ_a 为摆动发动机的自激振幅。

在这种情况下，由于箭体强迫振动的振幅取决于 ω_{ca} 与 ω_n 之比，因此，需要使悬挂式摆动发动机的固有频率远离箭体第 1 阶弯曲振动的固有频率。此外，由于箭体的弯曲振动还会引起导管和其他弹性悬挂质量的强迫振动，因此，也不允许弹性悬挂质量和导管的固有频率接近箭体固有弯曲振动的频率。

思考题与习题

13-1 边界条件对封闭圆筒壳体和扁球壳体轴对称振动的影响很小的原因是什么？

13-2 盛液储箱轴对称振动第 1 阶固有频率计算中的六条假设使问题的哪些方面得到了简化？

13-3 纵向振动为什么要计算液体的等效质量？采用怎样的计算模型？

13-4　如何建立考虑推进剂相对储箱底和发动机相对机架的纵向振动时火箭体纵向振动模型？

13-5　何为“‘固化’液体”？其具有哪些特性？

13-6　火箭体横向振动中怎样建立液体晃动的力学模型？

13-7　固液耦合时箭体纵向和横向振动的基频哪一个比较低？建立力学模型过程中等效液体运动对箭体的影响有哪些不同？

13-8　储箱横向运动对液体的晃动频率有怎样的影响？

13-9　是否可以采用模态综合法计算固液耦合火箭体的固有频率？如果可以，简述模态综合法的计算过程。

第 14 章　航天器空间桁架结构动力学建模与分析

14.1　概　　述

本章首先提出空间桁架结构的简化模型，并建立了两个具有代表性的桁架模型结构：架设式桁架和可展桁架。架设式桁架主要由梁、杆结构组成，典型代表是国际空间站主桁架；可展桁架主要由梁、杆、弦结构组成，而且展开状态下弦结构是张紧的，有预紧力。在有限元动力学方程的基础上，分别进行了模态分析，和结构对脉冲激励和周期激励响应。并对简化的五种桁架模型(统称为结构桁架)进行了动力学特性的对比分析，得到了一些有意义的结果和有价值的结论。

认为与航天器连接的桁架节点边界条件为固接，空间桁架上搭载的其他结构，如顶端电子设备、挠性太阳能电池翼等，可以忽略其对整个系统刚度的贡献，仅考虑其质量分布的贡献而把它们简化成等效集中质量加载到桁架节点上。

14.2　简 化 模 型

相比复杂的截面构型来讲，桁架结构的空间构型较为简单。目前实际应用的桁架架构主要是一字形，因为一字形桁架构型简单，成本低，稳定性好，基本可以满足现阶段的承载要求。除了一字形桁架，还有 T 字形桁架和工字形桁架。这些空间桁架正越来越多地应用到航天器结构中。

桁架结构具有复杂性，由于工程实际需要，桁架结构的设计多种多样，力学建模只能是根据具体的桁架结构，难于建立普适的模型。与地面上应用的桁架相比，航天结构中应用的桁架具有一些特殊的结构，如各种形式的铰链接头、对角张力元件等，不同的杆件可承受的应力形式也不同。航天结构所用桁架在材料上也具有特殊性，复合材料在桁架结构中的应用带来了材料的非线性问题。

空间桁架力学建模的难点主要有：对角张力元件的力学建模；铰链副的精确建模；热–结构耦合动力学问题；大位移非线性问题；屈曲效应造成的非线性；桁架模型参数的不确定性等。将这些问题简化处理，本节建立了以下几种简单的物理模型。

1. 一字形构型

1) 一字形三角桁架

NASA 早期进行的太空试验桁架采用正三角形的截面构型，空间构型为一字形。图 14.2.1 所示为其桁架完全展开状态，始端在航天飞机的展开筒中展开，末端连接电子设备(抛物面天线、光学望远镜等)。桁架采用石墨环氧树脂材料，为连续实心杆，每节长 1.124m，两节构成一个基本模块单元，27 个基本模块单元构成了整体 54 节的桁架，其在 1,12,24,30,38,44 节分别固定了感应器。在 54 节(末端)固定主作动器，在 12,30,44 节固定次作动器。作动器是激励源，感应器是搜集桁架的应变信息，并送给中央处理器。

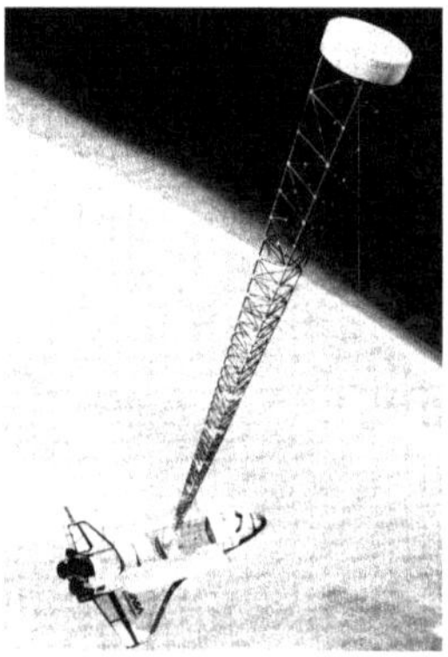

图 14.2.1　NASA 太空试验桁架

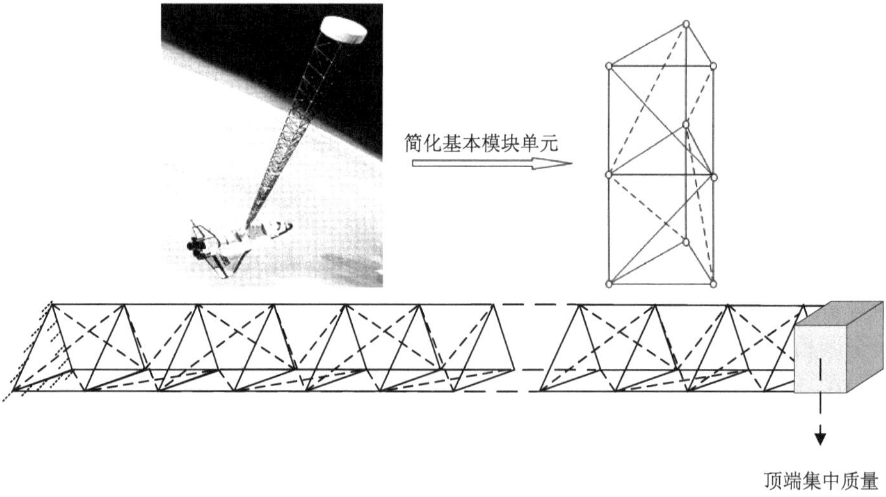

图 14.2.2　一字形三角桁架简化模型

这些作动器和感应器本身具有一定的质量，由于研究的状态是完全展开状态，因此忽略铰链的非线性，认为只是单纯的集中质量点，并假设其质量平均分配到全部的接头处。同时，由于桁架是可展桁架，斜杆和部分横杆中间是用铰链连接，将这些铰链的质量平均分配到两端接头处，杆假设为连续杆。简化模型如图 14.2.2 所示。

2）一字形方形桁架

以“奋进”号航天飞机全球三维地图测绘系统中的空间桁架为例，如图 14.2.3 所示。

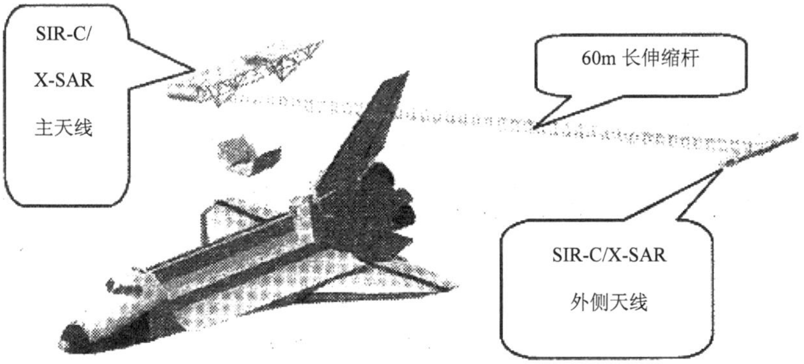

图 14.2.3 “奋进”号航天飞机全球三维地图测绘系统示意图

桁架为可展开桁架，采用正方形的截面构型，空间构型为一字形，由杆(弦)、铰链等结构组成，一端与航天飞机连接，另一端与电子仪器设备连接。工作环境为太空环境。忽略次要因素影响，进行如下简化：

(1) 与桁架结构相连的飞行器一般质量较大，桁架结构是大挠性，相比于航天器质量轻得多，因此可把与航天器连接一端边界条件简化为固支；

(2) 桁架结构末端电子设备简化为集中质量；

(3) 铰链简化为集中质量，不考虑非线性和刚度等影响；

(4) 整体桁架结构由杆结构、弦结构组成，弦有预紧力；

(5) 空间环境简化为真空环境。

简化后的模型如图 14.2.4 所示。

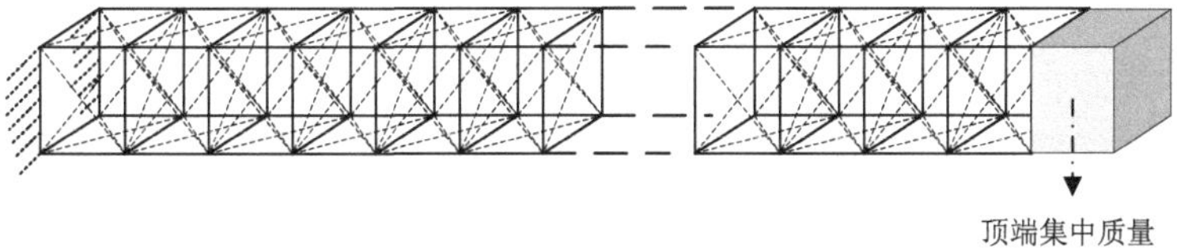

图 14.2.4 一字形方形桁架简化模型

2. T 字形桁架

1) T 字形桁架的例子

比较典型的例子是早期在航天飞机上开展的验证性实验(图 14.2.5)，以及国际空间站支撑挠性太阳能电池翼的空间桁架结构(图 14.2.6)。

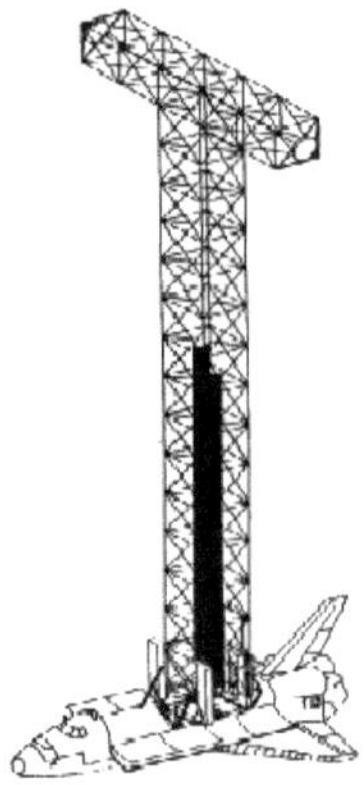

图 14.2.5 空间站结构组装验证实验结构

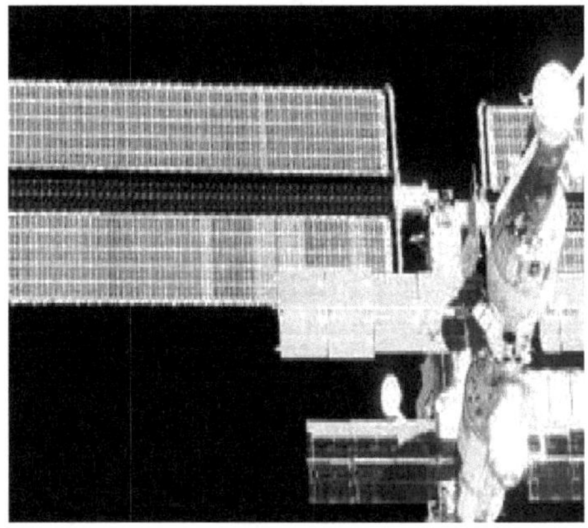

图 14.2.6 国际空间站空间桁架

2) T 字形桁架简化模型

考虑国际空间站支撑挠性太阳能电池翼的空间桁架结构。桁架为可展开桁架，由杆、弦、铰链等结构组成。截面为正方形构型，桁架两侧面连接挠性太阳能电池翼，桁架中间通过 T 字形梁结构与空间站主体相连。工作环境为太空环境。将主桁架结构+太阳能电池翼支撑桁架等效为 T 字形桁架结构。挠性太阳能电池翼简化为集中质量均匀加在横向桁架的铰链处，不考虑铰链非线性影响，看作集中质量。由于实际结构中与 T 字形梁连接的空间站主体质量很大，可把纵向桁架边界条件简化为固支。横向桁架由杆、弦结构组成，弦有预紧力，纵向桁架仅由杆件构成。简化后的模型如图 14.2.7 所示。

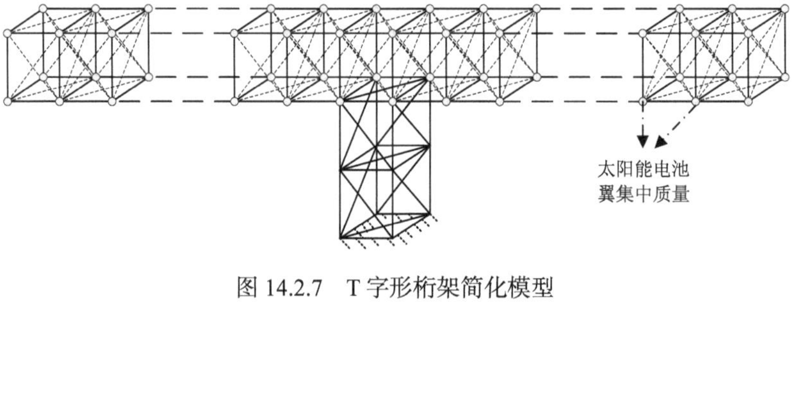

图 14.2.7 T 字形桁架简化模型

3. 工字形桁架

1）复杂桁架的例子

NASA 的空间起重机和空间站概念设计中的复杂构型都可以看作由基本的 T 字形桁架和工字形桁架所组成。图 14.2.8 是国际空间站的复杂桁架结构示意图。

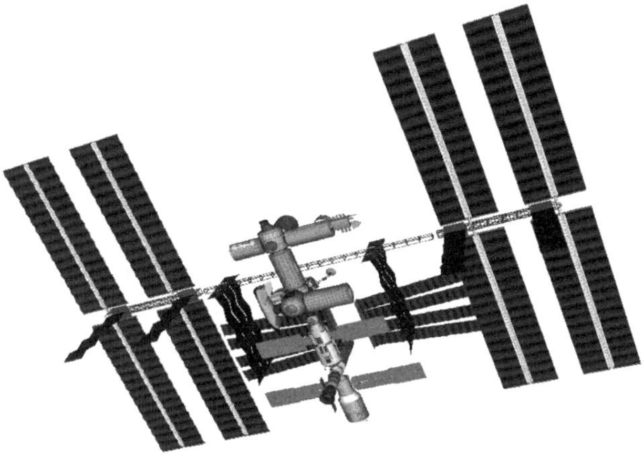

图 14.2.8 空间复杂桁架结构

从图 14.2.8 中可以看出，支撑太阳能电池翼的桁架与作为平台的桁架垂直连接形成了工字形桁架。

2）工字形桁架简化模型

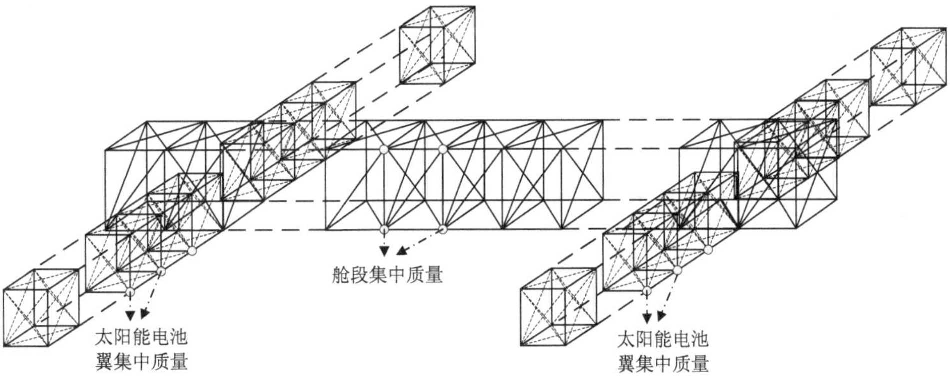

图 14.2.9 工字形桁架简化模型

考虑整个国际空间站结构。国际空间站由主桁架结构、各个舱段、太阳能电池翼结构等部分组成。太阳能电池翼通过支撑它的可展开桁架与主桁架相连，各个舱段也通过各自连接结构与主桁架相连。这些桁架均采用了正方形截面构型，整体结构可等效为自由边界的工字形桁架结构。可将整体空间站结构等效为工字形桁架结构。挠性太阳能电池翼简化为集中质量均匀加在横向桁架的铰链处，不考虑铰链非线性影响，看作集中质量。边界条件为自由边界。各个舱段简化为集中质量加在主桁架铰链处。简化后的模型如图 14.2.9 所示。

14.3　直梁式架设桁架动力学分析

1. 架设桁架分析模型

图 14.3.1 为架设的空间桁架模型示意图，空间桁架仅由直杆和斜杆搭建而成，杆件匀直。空间桁架与航天器连接的一端视为固接，接头为固定接头，忽略其刚度的影响，仅简化为集中质量，顶端承载结构简化为集中质量。

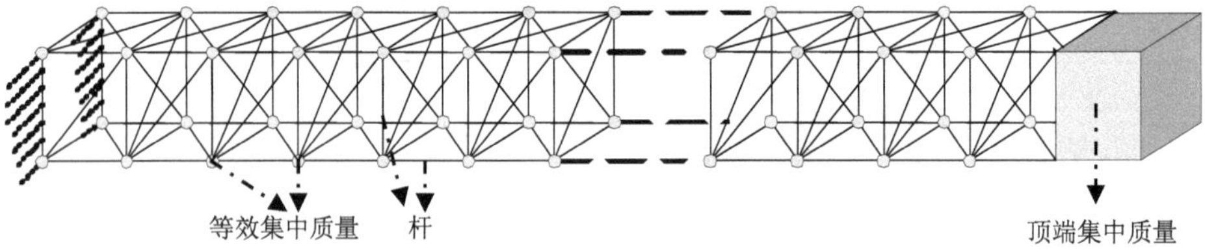

图 14.3.1　直梁式架设桁架模型示意图

2. 架设桁架参数设计

对图 14.3.1 所示的空间直梁式架设桁架模型进行仿真研究。该桁架结构尺寸为 0.4m×0.4m×4.8m，由 213 根杆件组装而成。杆件采用铝合金材料，弹性模量为 $72.7\text{GN}/\text{m}^2$，密度为 $3100\text{kg}/\text{m}^3$。杆结构设计为空心管状结构，外直径为 0.012m，内直径为 0.008m，等效横截面积 $A=6.283\times10^{-5}\text{m}^2$。接头质量为 0.4kg。桁架顶端带有 20kg 的质量块。杆件的惯性矩为

$$I_z=\iint R^3\sin\theta^2\mathrm{d}R\mathrm{d}\theta=8.1681\times10^{-10}\text{m}^4 \tag{14.3.1}$$

$$I_y=I_z=8.1681\times10^{-10}\text{m}^4 \tag{14.3.2}$$

极惯矩为

$$J=\iint R^3\mathrm{d}R\mathrm{d}\theta=1.6336\times10^{-9}\text{m}^4 \tag{14.3.3}$$

3. 架设桁架单元划分

应用有限元方法将整体桁架结构离散成 68 个节点、213 个杆单元/梁单元、68 个集中质量单元，集中质量单元是为了模拟接头的质量和顶端质量块。前四个节点固支以模拟空间中桁架结构与大质量相连接的情况。建立有限元仿真模型如图 14.3.2 所示。

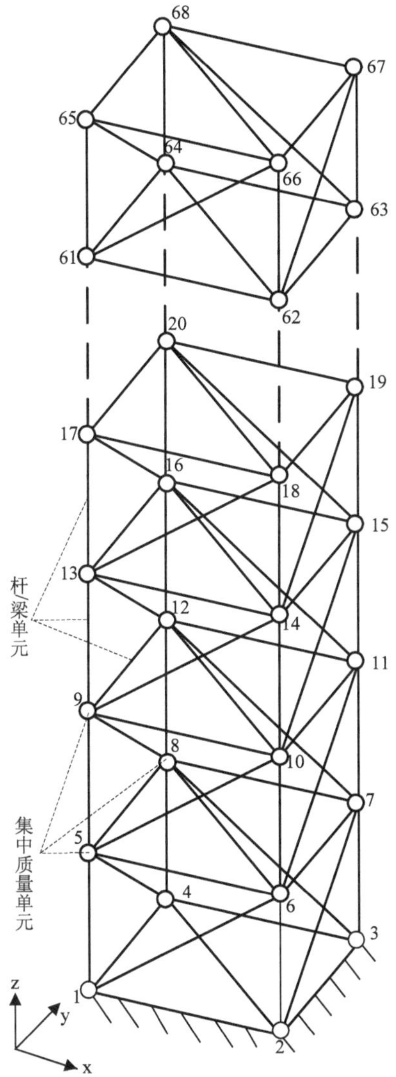

图 14.3.2 空间直梁式架设桁架有限元模型

如果不考虑铰链接头的弯曲、扭转刚度贡献，可以把桁架的杆件简化为杆单元，有限元仿真模型就为空间杆系模型；如果假设铰链接头为固定接头，就可以把桁架的杆件简化为梁单元，有限元仿真模型就为空间梁系模型。

4. 架设桁架的模态计算

求解特征方程，杆系模型前8阶自由振动频率如表14.3.1所示；梁系模型前8阶自由振动频率如表14.3.2所示。

表14.3.1 直梁式架设桁架空间杆系模型振动频率

模态阶数	1	2	3	4	5	6	7	8
频率/Hz	2.5503	2.5504	14.5081	19.2355	19.2382	49.5858	50.3747	51.6109

表14.3.2 直梁式架设桁架空间梁系模型振动频率

模态阶数	1	2	3	4	5	6	7	8
频率/Hz	2.5518	2.5519	14.556	19.226	19.228	49.646	50.364	51.312

为分析顶端质量块对结构自由振动频率的影响，分别针对顶端质量块质量为10kg、20kg、40kg三种情况来求解自由振动频率，计算的结果如表14.3.3所示。

表14.3.3 顶端质量块对振动频率的影响

模态阶数	1	2	3	4	5	6	7	8
M=10kg	3.0776	3.0777	16.998	20.265	20.269	53.123	53.129	53.323
M=20kg	2.5503	2.5504	14.5081	19.2355	19.2382	49.5858	50.3747	51.6109
M=40kg	1.9984	1.9984	11.624	18.412	18.414	40.661	46.957	50.149

5. 架设桁架的动态响应

1）脉冲激励响应

大型挠性桁架在轨工作时，可能会受到空间碎片、陨石的冲击而引起振动，这种冲击作用时间短、冲击载荷大，可认为是脉冲激励。因此，研究大型挠性桁架脉冲激励响应很有现实意义。

设系统阻尼为瑞利阻尼，前两阶振动阻尼比设为$\xi_1=0.005, \xi_2=0.005$。进一步利用可求得3~10阶模态的阻尼比为

$$\xi=(\xi_3,\cdots,\xi_{10})=(0.015,0.0233,0.0233,0.051,0.0588,0.0628,0.0628,0.1103) \quad (14.3.4)$$

假设桁架顶端受到x轴正方向的冲击力，大小为100N,作用时间为0.01s。选

取节点 30 作为响应点。其 x 方向位移响应如图 14.3.3 所示。

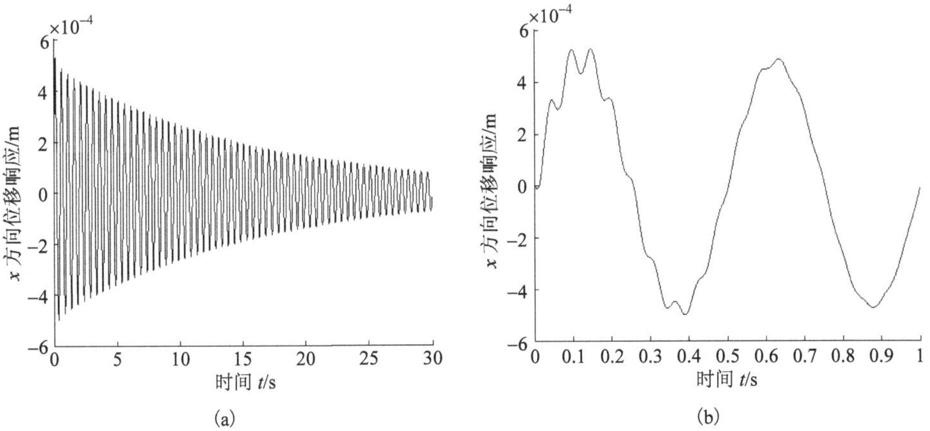

图 14.3.3 空间桁架瞬态激励响应示意图

2) 简谐激励响应

假设桁架顶端 x 轴正方向受到周期正弦激励 $F = F_0 \sin(\omega t)$，其中 $F_0 = 10\text{N}$，$\omega = 2\pi f$。分别针对振动频率 $f = 2\text{Hz}$，$f = 4\text{Hz}$，$f = 8\text{Hz}$，$f = 10\text{Hz}$ 四种情况进行仿真研究。选取节点 30 作为响应点，其 x 方向位移响应如图 14.3.4 所示。

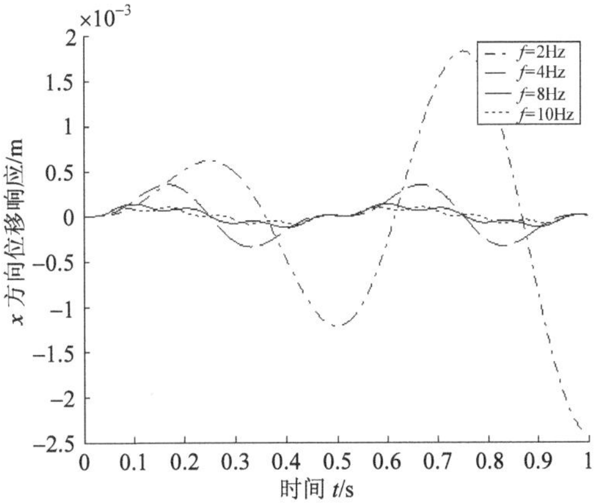

图 14.3.4 空间桁架瞬态激励响应示意图

6. 架设桁架动力学特性分析

(1) 模型低阶振动频率较低(如顶端带有 20kg 的质量块的模型一阶频率仅为 2.55Hz)，且分布较密集，存在集团密频模态，如模型的 1 和 2 阶频率、4 和 5 阶频率、6, 7 和 8 阶频率。

(2) 直梁式架设桁架简化为空间杆系和空间梁系两种模型，计算结果相差较小。从表 14.3.1、表 14.3.2 可以看出不同的模型计算得到的前 6 阶振动频率相差不足 0.2%。

(3) 顶端质量块对频率影响很大，是造成整体模型低频的重要因素。如表14.3.3 所示，末端质量块由 10kg 提高到 20kg，一阶频率由 3.0776Hz 减小为 2.5503Hz，减小了近 17.1%。

(4) 可展桁架中对角弦的初始张紧力对系统振动频率的影响不可忽略，初始张紧力越大，振动频率越低，近似成线性关系。这种影响对扭转模态影响更为明显。

(5) 如图 14.3.3(a)显示，桁架结构受到脉冲激励产生振动，仅依靠自身阻尼衰减耗时很长(30s 时振幅衰减不足 80%)，图 14.3.3(b)显示，激起的振动以一阶弯曲为主，高阶振动衰减明显比低阶振动快。

(6) 如图 14.3.4 显示，桁架结构受到周期激励产生振动，当周期激励频率与结构自身频率接近时，激起的振幅很大，有共振现象发生。

14.4　直梁式可展桁架动力学仿真

1. 展开桁架分析模型

图 14.4.1 为可展空间桁架展开状态下的模型示意图，整个桁架由直杆和对角弦组成。展开状态下弦是张紧的，有预紧力。空间桁架与航天器连接的一端视为固接，接头为铰链接头，忽略其刚度的影响，仅简化为集中质量，顶端承载结构简化为集中质量。

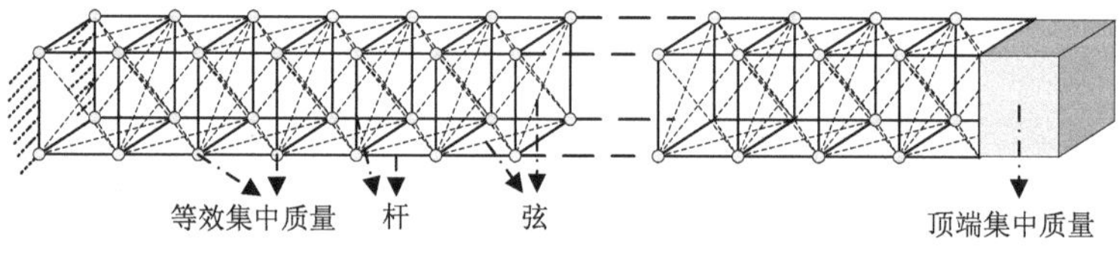

图 14.4.1　直梁式展开桁架模型示意图

2. 展开桁架参数设计

针对图 14.4.1 所示的空间直梁式可展桁架模型进行仿真研究。该桁架结构尺寸为 0.4m×0.4m×4.8m，由 132 根杆件组装而成。杆件采用铝合金材料，弹性模量为 72.7GN/m^2，密度为 3100kg/m^3。杆等效横截面积 A=6.283×10^{-5}m^2，接头质量为 0.2kg。桁架顶端带有 20kg 的质量块。桁架对角线上有交叉的弦结构，单根弦等效刚度 $k=1\times10^6$，等效质量为 0.04kg，张紧力 $T=100\text{N}$。

3. 展开桁架单元划分

应用有限元方法将整体桁架结构离散成 68 个节点、132 个杆单元、162 个弹簧单元、68 个集中质量单元，集中质量单元是为了模拟接头的质量、顶端质量块以及对角弦等效质量，弹簧单元是模拟对角弦的刚度。前 4 个节点固支以模拟空间中桁架结构与大质量相连接的情况。建立有限元仿真模型如图 14.4.2 所示。

4. 展开桁架的模态分析

对角弦结构的张力，相当于对除弦结构外的空间杆系结构施加了外力的作用，这个外力将使杆系结构产生一定的初位移，也使得杆系的有限元模型发生变化。基于非线性有限元方法，可以得到变形后杆系的刚度矩阵，集合弦结构等效弹簧的刚度矩阵，就可以建立整体可展桁架的有限元模型。

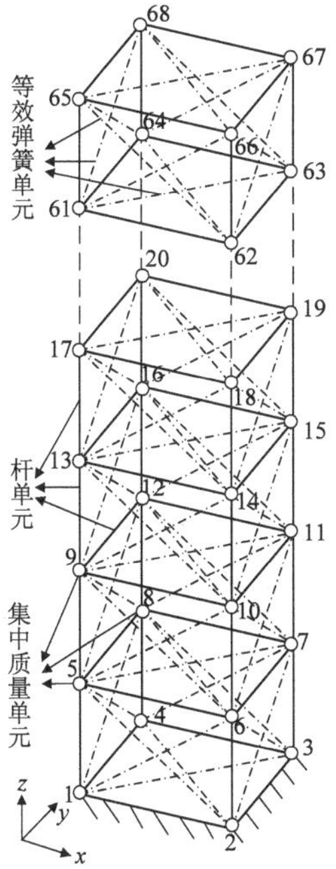

图 14.4.2 空间直梁式可展桁架有限元仿真模型

基于这个模型对空间直梁式可展桁架进行模态分析，求得模型前 8 阶自由振动频率如表 14.4.1 所示。其中第 1，2 阶为弯曲振动频率，第 3 阶为扭转振动频率。

表 14.4.1　直梁式可展桁架振动频率

模态阶数	1	2	3	4	5	6	7	8
频率/Hz	2.696	2.696	9.2251	20.279	20.279	38.364	49.786	49.786

为分析可展桁架对角弦结构的预紧力对结构自由振动频率的影响分别针对预紧力T取 0,10,20,⋯,200N 等情况来求解自由振动频率，计算的结果如图 14.4.3 所示。

通过图 14.4.3 可以看出，空间可展桁架对角弦结构的初始张紧力对整体结构的自由振动频率影响较大，初始张紧力越大，低阶振动频率越小，且近似成线性关系。对比可以看出，对扭转模态频率的影响要大于对弯曲模态的影响。

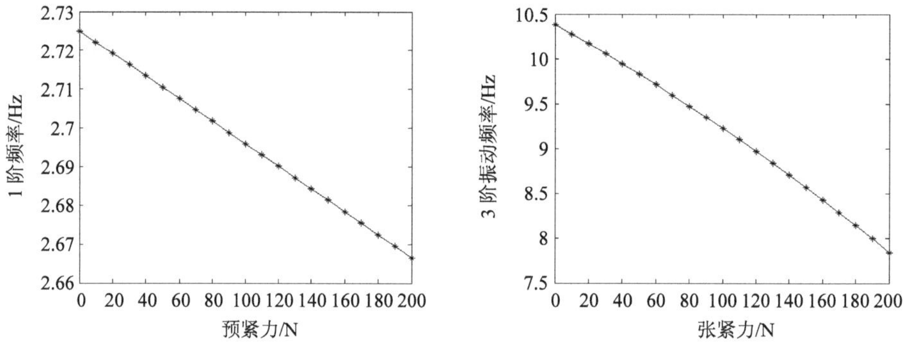

图 14.4.3　对角弦结构预紧力对自由振动频率影响示意图

14.5　结构桁架的模态分析

将 14.2 节中讨论的五种不同构型的桁架统称为结构桁架。为了对比不同的结构形式所具有的不同的动力学特性，将他们的特征值问题放在一起讨论。考虑他们受到同样的载荷下对比分析他们的动力响应。

1. 结构桁架的频率

一字形石墨环氧三角桁架自重约 830kg，每节长 1.124m，共 54 节，总长达 60 余米；一字形石墨环氧方桁架总长近 60m，也由 54 节桁架单元组成；一字形铝合金方桁架每节长宽高为均为 5m，共由 23 节组成，总长 115m，188 根纵杆和横杆，116 根斜杆、96 个接头，总质量约 100t；T 字形方桁架，由一字形铝合金方桁架在中部加上 4 节的一字形桁架组成，自重约 120t；工字形方桁架，由两个

T 字形方桁架组成，自重约 240t。

对顶端空载的一字形石墨环氧三角桁架、一字形石墨环氧方桁架、一字形铝合金方桁架、T字形桁架和工字形桁架的频率进行计算，得其前6阶频率如表14.5.1所示。

表 14.5.1　五种不同类型桁架空载频率对比表

阶数	一字形石墨环氧三角桁架	一字形石墨环氧方桁架	一字形铝合金方桁架	T 字形铝合金方桁架	工字形铝合金方桁架
1	0.34159	0.3994	35.901	0.2929	0.2783
2	0.34174	0.3994	36.551	0.4398	0.2876
3	2.1306	2.4829	41.751	0.8407	0.4209
4	2.1315	2.4829	95.071	0.9940	0.4329
5	5.9217	6.8653	118.87	1.7863	0.6154
6	5.9242	6.8654	136.54	2.2785	0.8213

2. 结构桁架的振型

对于振型而言，采用了不同材料的一字形方桁架和一字形石墨环氧三角桁架相同，因此只给出一字形三角桁架、T 字形方桁架和工字形方桁架的前 6 阶振型，如图 14.5.1、图 14.5.2、图 14.5.3 所示。

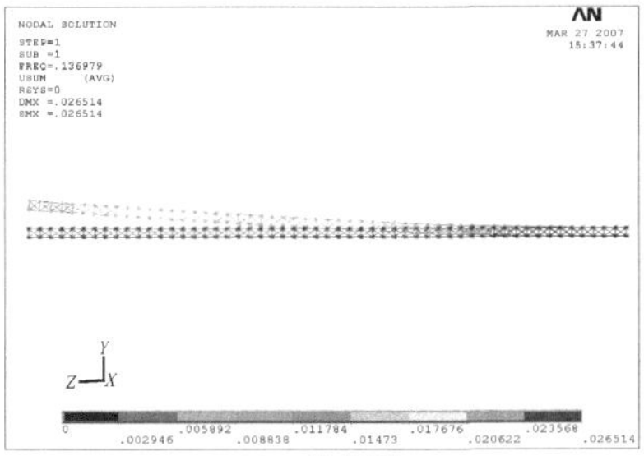

(a) 1 阶振型

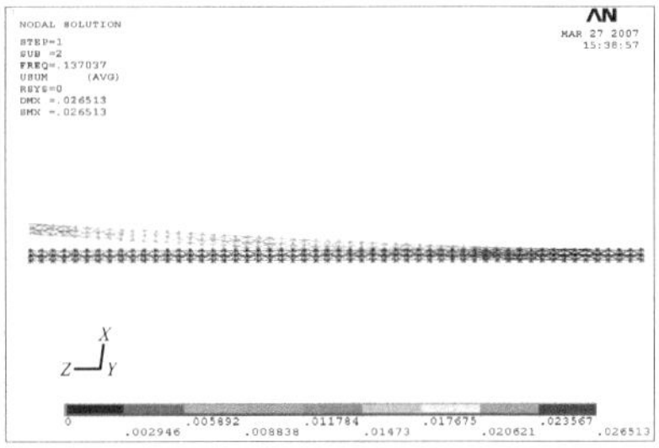

(b) 2 阶振型

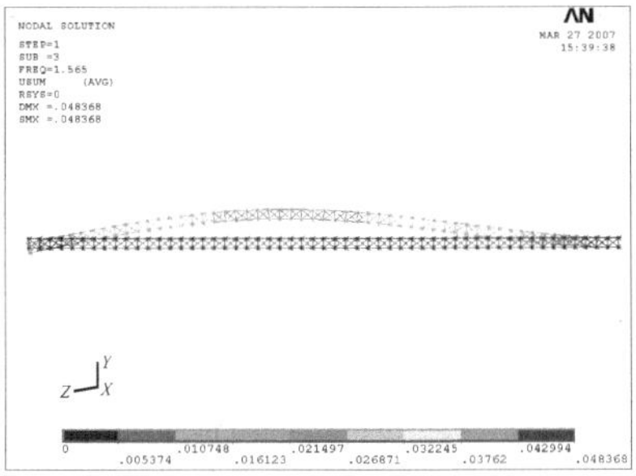

(c) 3 阶振型

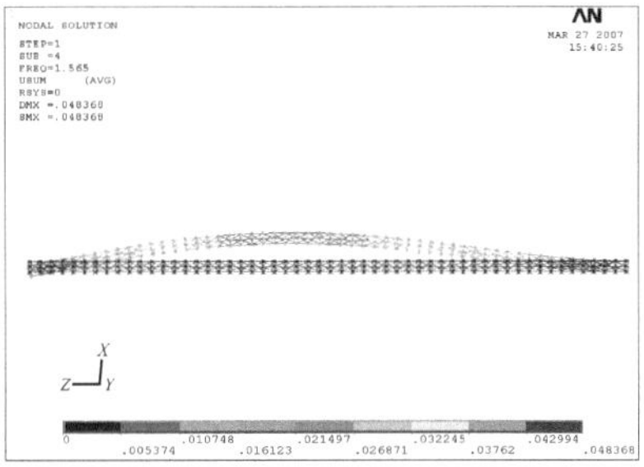

(d) 4 阶振型

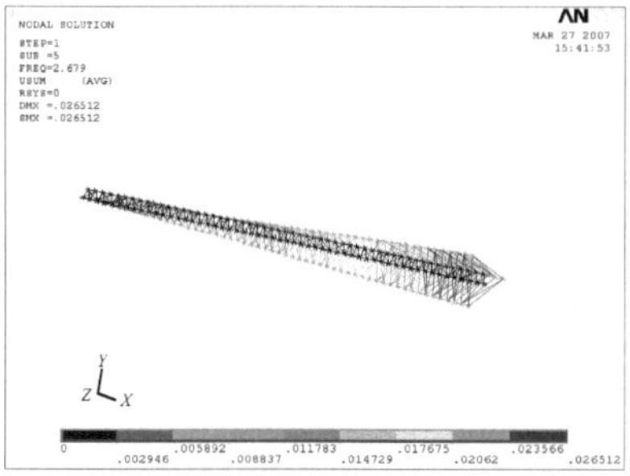

(e) 5 阶振型

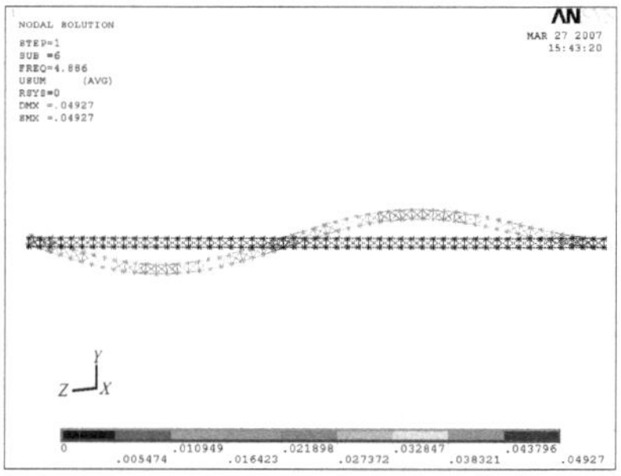

(f) 6 阶振型

图 14.5.1　一字形三角桁架前 6 阶振型图

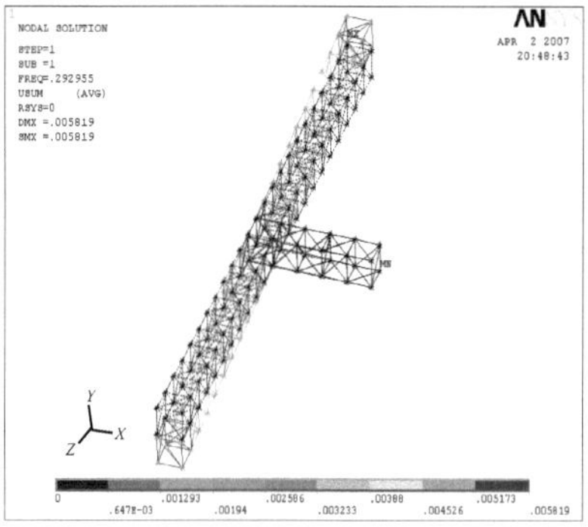

(a) 1 阶振型

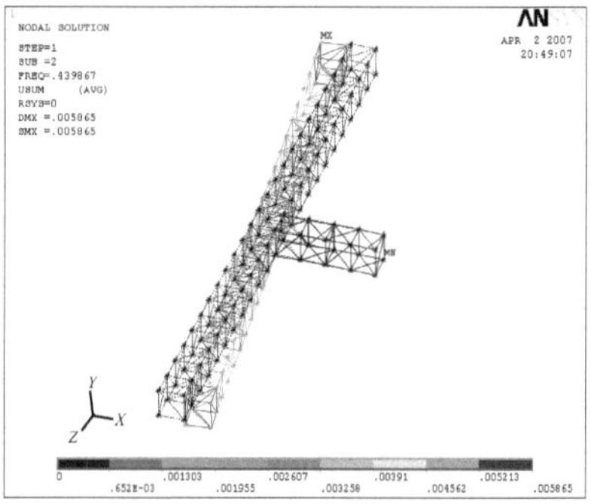

(b) 2 阶振型

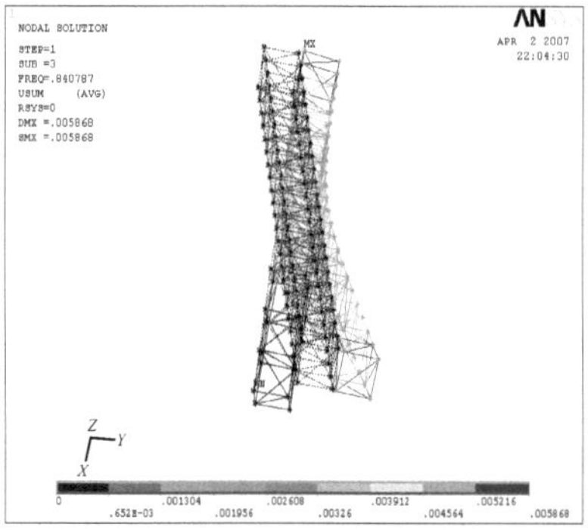

(c) 3 阶振型

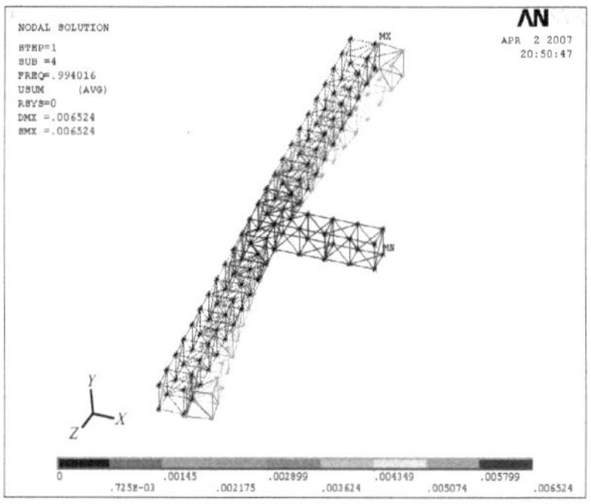

(d) 4 阶振型

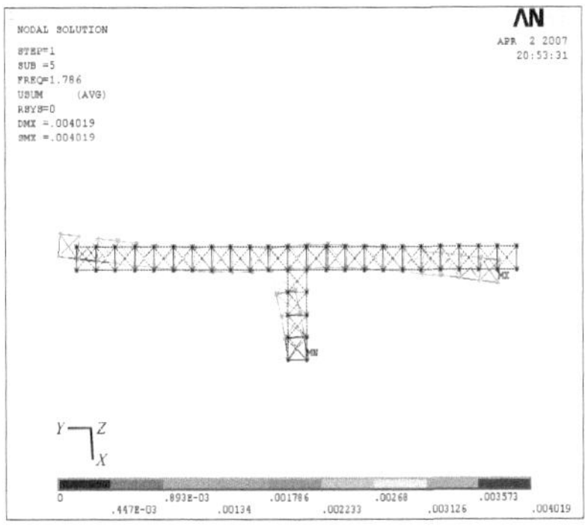

(e) 5 阶振型

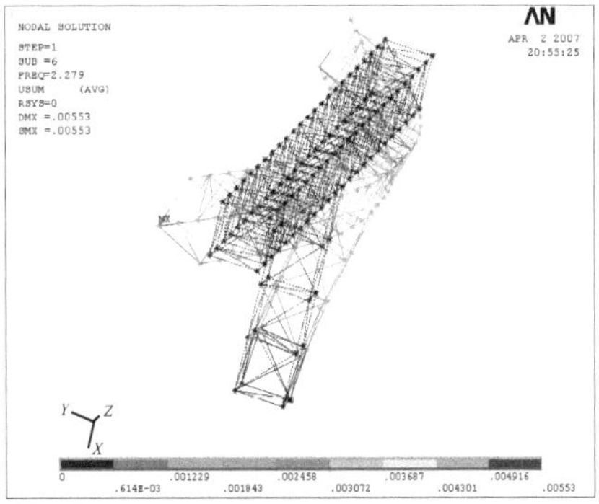

(f) 6 阶振型

图 14.5.2　T 字形桁架前 6 阶振型图

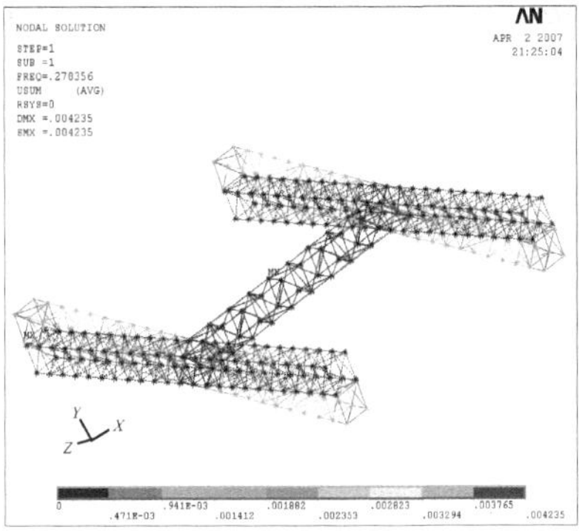

(a) 1 阶振型

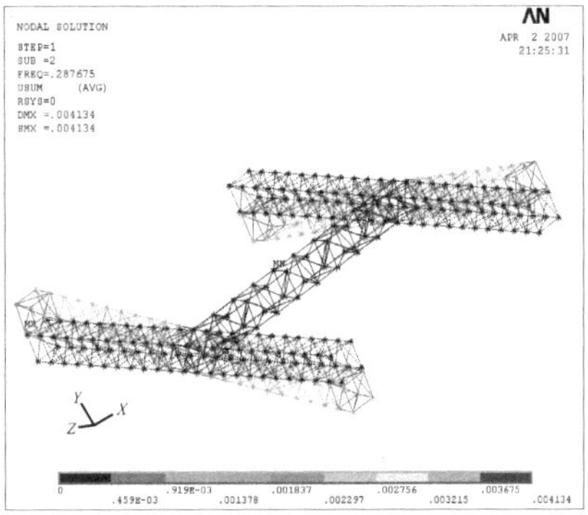

(b) 2 阶振型

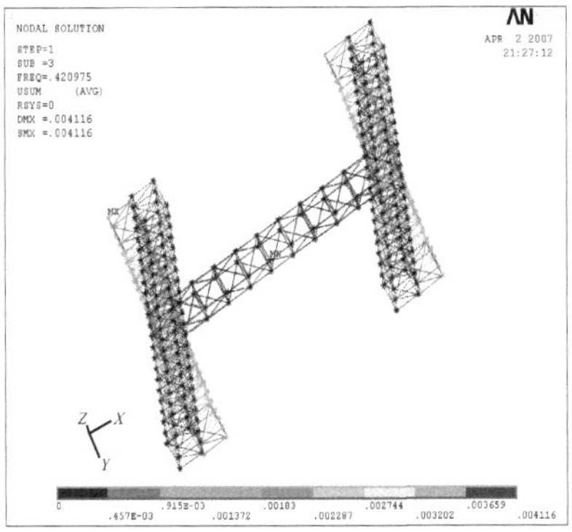

(c) 3 阶振型

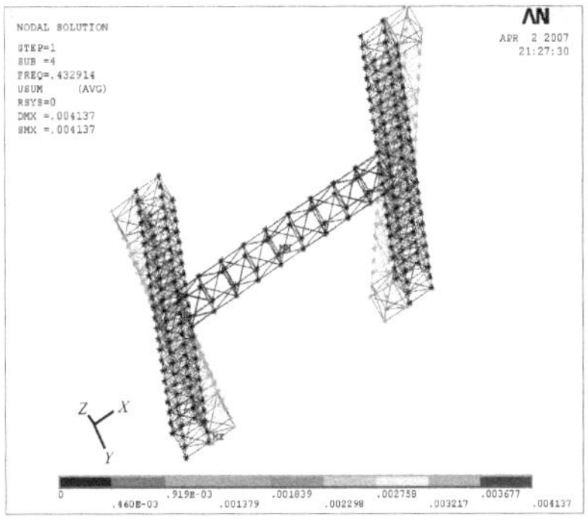

(d) 4 阶振型

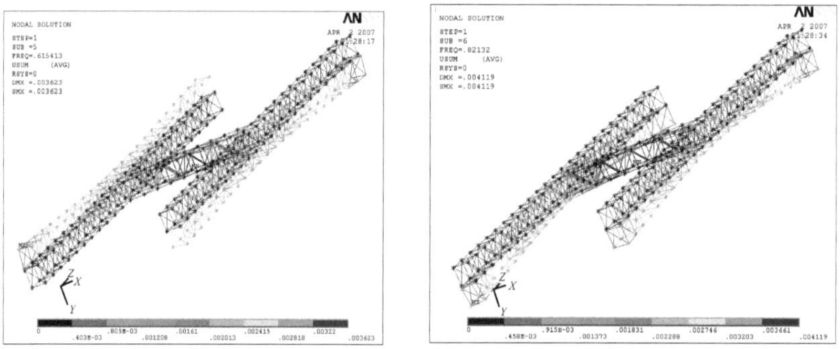

(e) 5 阶振型　　(f) 6 阶振型

图 14.5.3　工字形桁架前 6 阶振型图

3. 结构桁架模态特性分析

(1) 桁架呈明显低频、密频特点，除一字形铝合金方桁架不明显外，其余模型较明显，在 10Hz 内，多达 6 阶频率。

(2) 一字形石墨环氧三角桁架、一字形石墨环氧方桁架和工字形铝合金方桁架由于其结构的对称性，其固有频率成对出现，呈现一定的规律性。

(3) 比较一字形石墨环氧三角桁架和一字形石墨环氧方桁架，同等材料、同等几何尺寸的方形桁架较之于三角桁架频率高，在同样的外界干扰下，相对来说不容易激振，更稳定，这也是工程实际当中普遍采用方桁架的原因之一。同时，方桁架在空间结构扩展有着三角桁架不可比拟的优势。

(4) 一字形石墨环氧三角桁架、一字形石墨环氧方桁架、T 字形铝合金方桁架及工字形铝合金方桁架仿真所采用的物理参数来源航天应用桁架的真实参数，模型具有真实性，计算得到的频率同样具有真实可信性。其中工字形铝合金方桁架模拟空间站的实际结构，1Hz 以内具有 6 阶频率，说明了空间站等大型挠性桁架结构的低频密模动力学特点。

(5) 一字三角桁架的 1 阶和 2 阶振型为 1 阶弯曲，3 阶和 4 阶振型为 2 阶弯曲，5 阶振型为 1 阶扭转，6 阶振型为 2 阶弯曲，其余高阶振型为高阶弯曲和扭转。不同材料的一字三角桁架和一字方桁架振型具有一致的规律，这里不再赘述。

(6) 一字三角桁架的 1 阶、2 阶振型一致，分别在 YZ 平面和 XZ 平面弯曲；3 阶、4 阶振型一致，分别在 YZ 平面和 XZ 平面弯曲，除扭转模态外，高阶模态的振型也成对称性。

(7) 一字三角桁架各阶模态振幅较小，只有几个厘米(0.02~0.05m)，1 阶模态末端振幅最大，高阶模态主要在脊部达到最大振幅。

(8) T 字形桁架 1 阶、2 阶振型分别为长梁在 YZ 和 XZ 平面内一阶弯曲，短梁基本无弯曲；3 阶、4 阶振型分别为长梁在 YZ 和 XZ 平面内 2 阶弯曲，短梁基本无弯曲；5 阶振型为长梁 *XZ* 平面 3 阶弯曲和短梁 *XZ* 平面 1 阶弯曲的组合；6 阶振型为长梁 *YZ* 平面内 2 阶弯曲和短梁 *XY* 平面内 1 阶弯曲的组合。

(9) 其余高阶模态振型分别是长梁和短梁的高阶振型的组合，比较复杂。

(10) 工字形桁架在空间结构的对称性导致了其各阶模态振型的对称性。1 阶、2 阶振型为长梁各自在 *YZ* 平面内的 1 阶弯曲的两种组合方式，同面组合和异面组合；3 阶、4 阶振型为长梁各自在 *XZ* 平面内的 1 阶弯曲的两种组合方式，同面组合和异面组合；5 阶、6 阶振型为长梁各自在 *YZ* 平面内的 2 阶弯曲的两种组合方式，同面组合和异面组合；同理，高阶振型可以类推。

工字形桁架短梁在低阶模态中不发生振动，只有在某些高阶模态中才出现其 2 阶弯曲，无 1 阶弯曲，呈现间断性。

14.6 结构桁架的谐激励响应

谐响应分析的目的就是随着激振频率变化，观察桁架的稳态响应，研究定量分析在什么频率下桁架发生谐响应，以便于设计人员能预测桁架结构的大挠性持续动力学特性，从而使设计人员能够验证其设计能否成功地克服共振、疲劳及其他受迫振动引起的有害后果。同时也为桁架结构的振动控制策略提供理论指导。

为便于观察比较，对一字形石墨环氧三角桁架、一字形石墨环氧树脂方桁架、一字形铝合金方桁架、T 字形铝合金方桁架和工字形铝合金方桁架的谐相应分析，均采取末端加载，末端观察(即观察点为外载作用点)的方式，外界激励为幅值为 1N，频率渐增的正弦力，作用方向与 y 轴平行。以此代表性的加载方式和代表性的观察方式来揭示不同材料、不同构型的桁架的共同的规律。

1. 谐响应结果

仿真结果如图 14.6.1 中图 14.6.1(a)~图 14.6.1(e)所示。

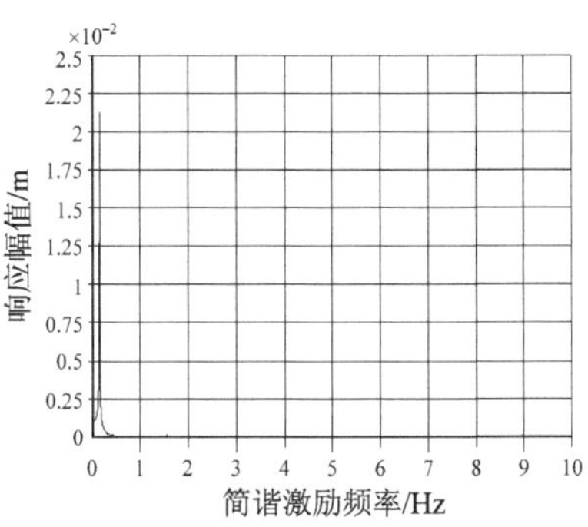

(a) 一字形石墨环氧三角桁架

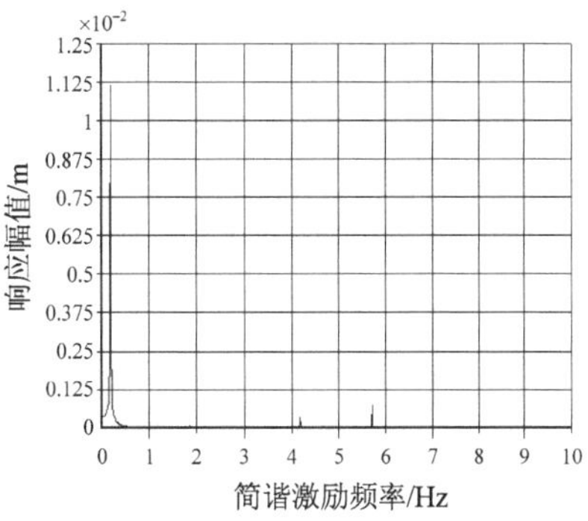

(b) 一字形石墨环氧方桁架

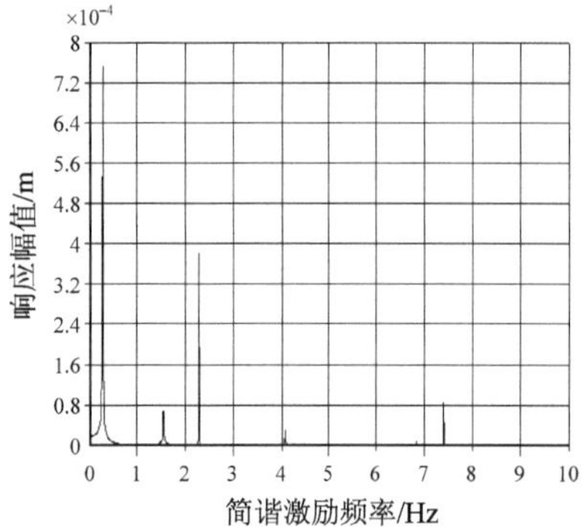

(c) 一字形铝合金方桁架

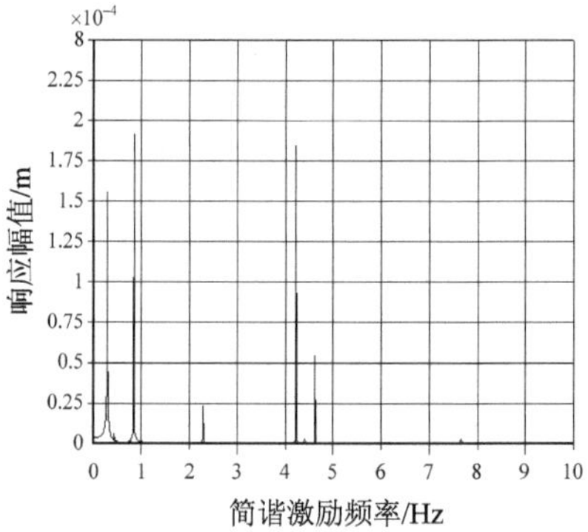

(d) T 字形铝合金方桁架

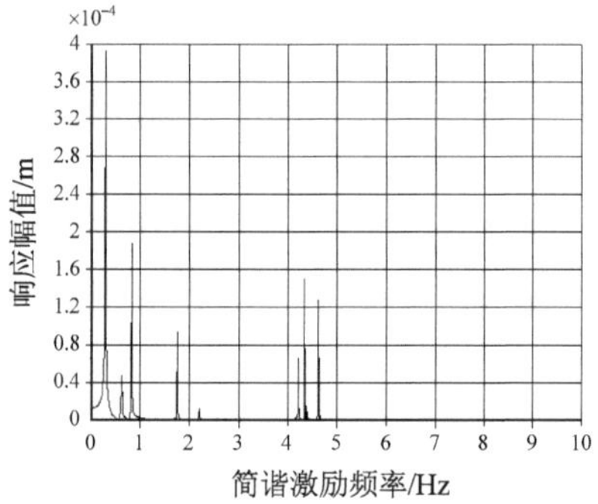

(e) 工字形铝合金方桁架

图 14.6.1 不同材料、不同构型的桁架谐响应曲线图

2. 谐响应分析

(1) 一字形石墨环氧三角桁架谐响应图 14.6.1 (a)中，在 10Hz 以下存在 4 个谐响应频率，分别为一字形三角桁架的固有频率中的 1,2 阶频率：0.14Hz；3,4 阶频率：1.56Hz；6,7 阶频率：4.88Hz；8,9 阶频率：9.98Hz；其中前两个谐响应频率处桁架稳态幅值较大，分别为 0.2128×10^{-1}m，0.1010×10^{-3}m。4.88Hz 和 9.98Hz 处幅值较小，从曲线图中无法明显看出。

(2) 从图 14.6.1 (b)中可以看出，一字形石墨环氧树脂方桁架的谐响应频率分别为 0.19Hz, 1.86Hz, 4.18Hz, 5.71Hz，它们分别为桁架的 1,2 阶频率，3,4 阶频率，5 阶频率和 6,7 阶频率，外界激振频率为 0.19Hz 时，桁架共振幅值最大，达到 0.01112m。

(3) 从图 14.6.1 (c)中可以看出，一字形铝合金方桁架谐响应频率为 0.26Hz, 1.54Hz, 2.28Hz, 4.08Hz, 6.84Hz, 7.41Hz，它们分别对应于桁架固有频率的 1 和 2 阶、3 和 4 阶、5,6 和 7 阶、9,10 和 11 阶。外界激振频率为 0.26Hz 时，桁架共振幅值最大，达到 0.7512×10^{-4}m。

(4) 从图 14.6.1 (d) 中可以看出，T 字形铝合金方桁架谐响应频率为：0.29Hz, 0.43Hz, 0.84Hz, 2.28Hz, 4.23Hz, 4.4Hz, 4.62Hz, 7.65Hz, 分别对应桁架固有频率的 1 阶、2 阶、3 阶、6 阶、7 阶、8 阶、9 和 10 阶、12 阶频率，外界激振频率为 0.84Hz 时，桁架共振幅值最大，达到 0.6139×10^{-3}m。

(5) 从图 14.6.1 (e) 中可以看出，工字形铝合金方桁架在 10Hz 以内存在 8 阶谐响应频率，其中 0~1Hz 和 4~5Hz 为共振频率密集区，共振频率分别为：0.28Hz, 0.62Hz, 0.82Hz, 1.76Hz, 2.2Hz, 4.22Hz, 4.34Hz, 4.62Hz, 分别对应桁架固有频率的 1 阶、5 阶、6 阶、11 阶、12 阶、13 阶、15 阶、18 阶频率。外界激振频率为 0.28Hz 时，桁架共振幅值最大，达到 0.3929×10^{-3}m。

14.7 结构桁架的瞬态响应

在 14.6 节研究了桁架在频率变化的正弦激励下的稳态响应，为全面考察桁架对于各种外界激励的响应情况，本节对桁架施加了单位脉冲作用，进一步研究了桁架的瞬态响应，及在瞬态载荷作用下桁架的衰减性能。

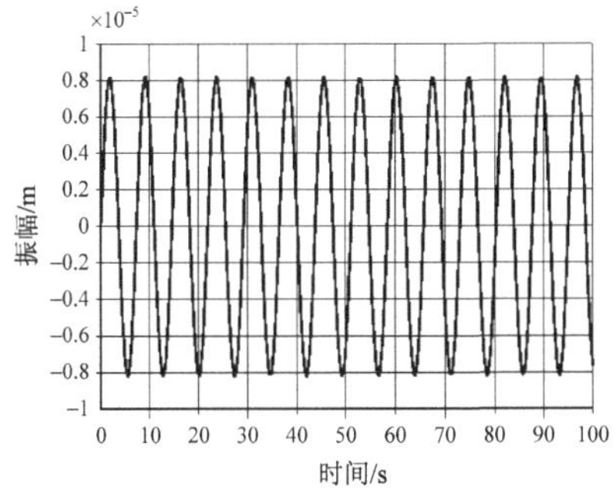

(a) 一字形石墨环氧三角桁架真空谐响应图

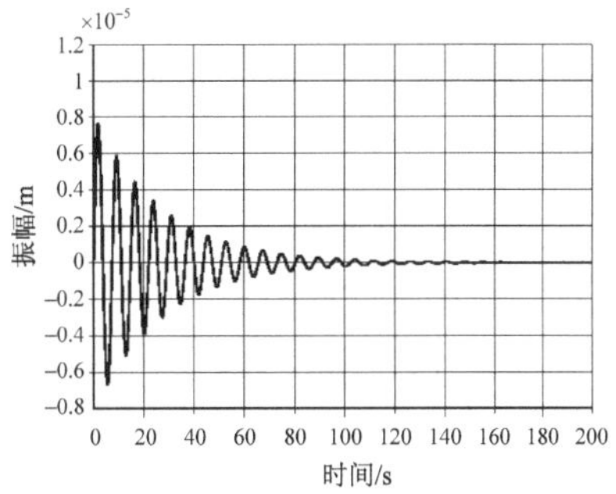

(b) 一字形石墨环氧三角桁架谐响应图

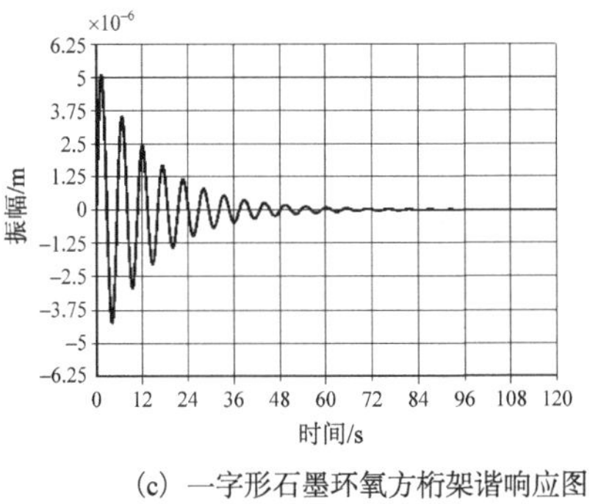

(c) 一字形石墨环氧方桁架谐响应图

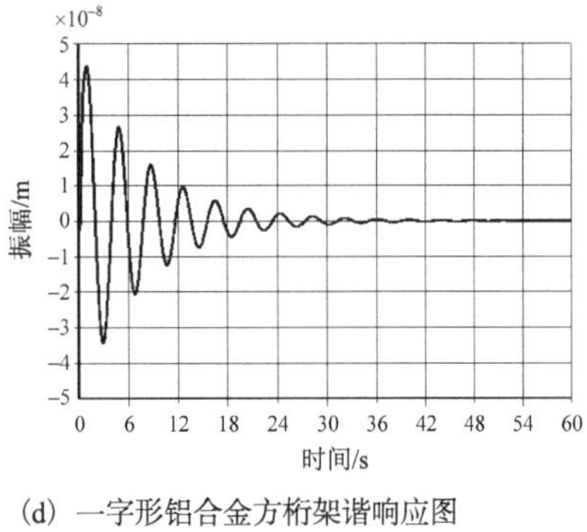

(d) 一字形铝合金方桁架谐响应图

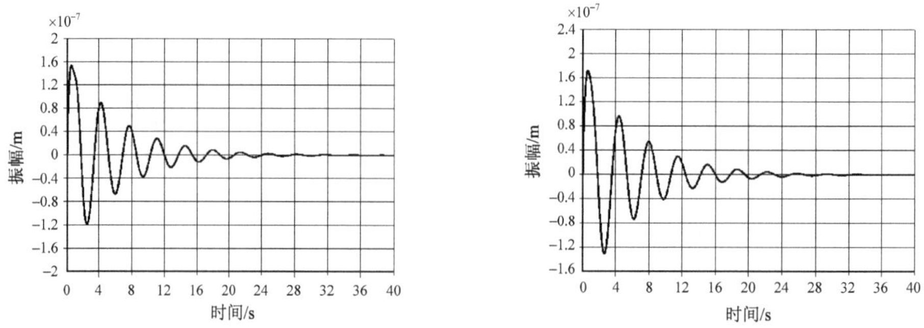

(e) T 字形铝合金方桁架谐响应图　　(f) 工字形铝合金方桁架谐响应图

图 14.7.1　不同材料、不同构型的桁架瞬态响应图

1. 瞬态响应结果

为便于观察比较，对桁架仍然采取末端加载末端观察的方式，脉冲大小为 1N，方向为 y 轴正方向，忽略桁架的质量阻尼，认为桁架的瑞利阻尼仅由刚度决定，刚度阻尼系数取 0.1，同时研究了模拟真空环境下的桁架自由振动衰减情况。不同材料、不同构型的桁架瞬态分析曲线图如图 14.7.1 所示。

2. 瞬态响应分析

(1) 图 14.7.1 (a) 中，模拟桁架在真空无外界阻尼情况下，桁架持续振动，基本无衰减。

(2) 图 14.7.1 (b) 中，一字形石墨环氧三角桁架在阻尼系数为 0.1 的情况下，历时 200s 才基本完成衰减。

(3) 图 14.7.1 (c) 中，一字形石墨环氧方桁架在同样阻尼情况下，耗时 90s 即完成衰减，衰减幅度达 95% 以上。

(4) 图 14.7.1 (d) 中，一字形铝合金方桁架较之一字形石墨环氧方桁架衰减更快，仅用 40s，这主要是由于其节数少，材料模量大，整体刚度大的原因。

(5) 图 14.7.1 (e) 中，T 字形铝合金方桁架在 40s 内完成衰减，衰减时间基本和同等材料的一字形方桁架相等。其最大振幅为 1.6×10^{-7}m，比一字形桁架要大（一字形铝合金桁架的最大振幅为 4.4×10^{-8}m）。

(6) 图 14.7.1 (f) 中，工字形铝合金方桁架和一字形、T 字形铝合金方桁架基本具有相同的衰减时间，均在 40s 内完成，振幅 1.72×10^{-7}m，较小。

14.8　小　　结

本章讨论了直梁式架设桁架和直梁式展开桁架振动频率以及结构系统对脉冲

激励和周期激励的响应。研究了不同材料、不同空间构型的各类结构桁架的特征问题以及结构桁架的谐响应和瞬态响应的规律，并得到以下结论：

(1) 空间大型桁架结构呈低频、密频、大挠性等特点，是典型的空间大型挠性结构。桁架的谐响应频率基本为桁架的各阶固有频率。

(2) 空间桁架结构的前几阶模态主要为弯曲模态，复杂桁架结构为不同弯曲模态的组合。

(3) 扭转模态主要出现在二阶弯曲之后，桁架的振动主要由前两阶弯曲模态构成，扭转模态相对起次要影响。

(4) 外界脉冲激励作用方向变化时，桁架的衰减耗时也发生变化，这主要是是由于不同方向上桁架的质量和刚度不同所致。

(5) 外界脉冲激励大小变化时，仅仅影响振动幅值，不影响衰减时间。振动幅值和外界激励大小呈线性关系。

(6) 桁架的振动衰减主要是由其自身的刚度、结构阻尼所决定，其衰减时间与施力大小、施力点位置关系不大。

本章主要工作：对大型挠性空间桁架进行了频率计算和模态振型仿真分析，证明了大型挠性空间桁架结构的低频、密频的大挠性特点，同时研究了各阶模态振型，揭示了不同材料、不同构型桁架的振型规律；对大型挠性空间桁架结构进行了谐响应分析，研究了在频率变化的外界正弦载荷作用下桁架的振动情况，结论表明当外界正弦载荷的频率接近或者达到桁架的固有频率时，桁架振动明显加剧，发生共振；对大型挠性空间桁架结构进行了瞬态分析，研究了在外界载荷为矩形脉冲情况下桁架的振动衰减情况，结果证明在外太空近真空环境下仅靠桁架自身结构阻尼衰减较为困难，必须对其实施振动控制，以迅速衰减，减小振动，恢复正常的工作状况。

思考题与习题

14-1 空间桁架力学问题的难点是什么？有哪几种通用的物理模型？

14-2 直梁架设式桁架的动力学特性有什么特点？

14-3 直梁式可展桁架动力学仿真的一般步骤和注意事项有哪几点？

14-4 结构桁架模态分析的一般方法是什么？

14-5 试分析一字形石墨环氧三角桁架和一字形石墨环氧方桁架的模态特性的异同点。

14-6 试分析结构桁架谐激励响应和瞬态响应分析方法和响应特性的异同点？

14-7 试归纳大型挠性空间桁架结构在不同激励下动力学响应的特性。

第 15 章　航天器太阳能电池翼结构动力学建模与分析

15.1　概　　述

太阳能电池翼(也称太阳能电池阵、太阳帆板)是目前卫星及飞船上普遍采用的供电装置。基于铝蜂窝复合材料的太阳能电池翼结构是当前或今后一段时期内太阳能电池翼的主流结构。太阳能电池翼一般都具有挠性、多体、大跨度等特点，导致其具有频率低、阻尼弱、低频模态密集等复杂动力学特性。

空间太阳能电池翼结构可分为电子元件和机械元件两部分。电子元件主要包括太阳能电池片、电子线路等，其主要功能是在太阳的照射下，产生电能；机械元件主要包括基板、展开锁定机构、定向驱动机构，其主要功能是为电池片提供机械支撑和安装定位，以及空间太阳能电池翼的展开、锁定和对太阳的定向。对太阳能电池翼的结构动力学特性分析来说，机械元件及其装配关系，以及空间展开后的拓扑构型是分析任务关心的重点。

本章根据太阳能电池翼的结构特点，研究太阳能电池翼基板连接刚度的识别方法、电池翼基板半解析解、建立太阳能电池翼和整星的动力学特性分析模型，并分析各自在不同情况下的动力学特性，为卫星的挠性姿态动力学稳定性分析与仿真计算任务提供所需的结构动力学特性参数。

15.2　太阳能电池翼基板连接刚度的参数识别

大面积太阳能电池翼在发射阶段处于折叠状态，入轨后再展开锁定成工作状态。图 15.2.1 给出了太阳能电池翼两种展开锁定接头的结构示意简图。实践表明，这种展开锁定机构会显著减少太阳能电池翼基板间的连接刚度，从而影响大面积太阳能电池翼的结构动力学特性，包括引起翼板的固有频率下降和模态振型畸变。对于图 15.2.1 所示的两种展开锁定接头来说，旋转铰会显著降低连接部位的转动刚度，而滑动铰会显著降低部位的拉伸刚度。

关于太阳能电池翼展开锁定机构的建模方法，国内外许多学者对该问题进行了探讨，并根据研究问题的不同需要，提出线性连接动力学模型，其主要包括两种不同的形式：一种是用弹簧、质量、阻尼等集中参数模型来描述，如图 15.2.2 所示；另一种是建立连接结构的有限元模型，包括等效弹簧连接模型、等效梁单元连接模型、等效板单元模型、等效非线性弹簧模型以及三维实体有限元模型等。这两种不同形式的连接结构线性模型都可方便地用于分析整体结构的固有特性，并可以用参数辨识的方法识别这类模型的具体结构参数。

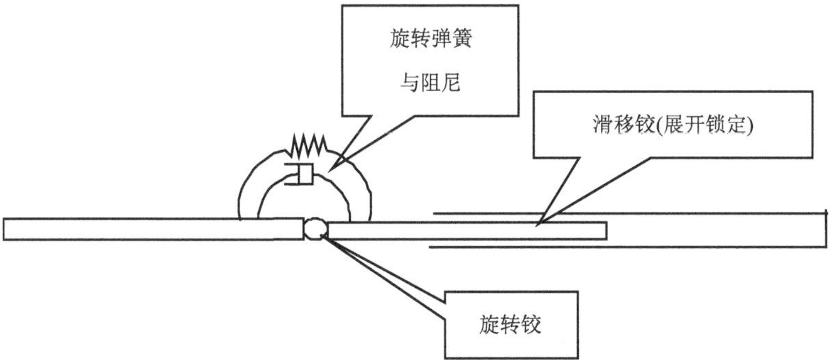

图 15.2.1 太阳能电池翼的两种展开锁定接头示意图

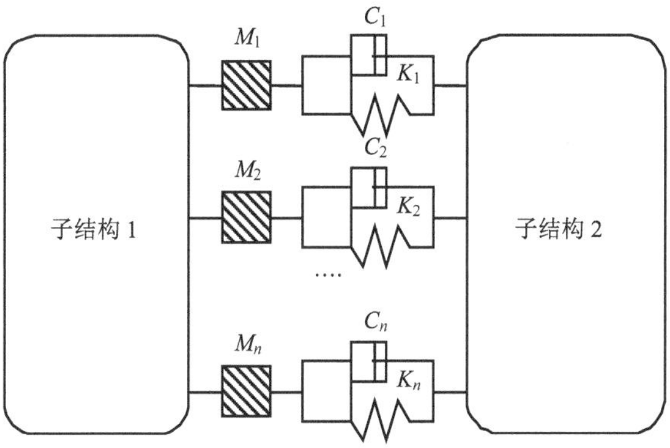

图 15.2.2 连接结构的集中参数模型

本节以一类卫星太阳能电池翼的模态实验数据为基础，对电池翼的连接铰链副刚度参数进行了识别。首先将连接铰链副等效为均匀无质量梁单元，通过连接子结构动柔度矩阵特征方程，建立了以界面节点内力和界面节点位移为未知数的动平衡方程，然后通过子结构上的可测自由度振型来计算连接界面节点力和节点位移，通过求解动平衡方程，得到连接铰链副的刚度参数。

显然，试图利用等效模型完全反映连接机构对结构动力学特性的影响是非常困难的，但由于连接结构主要是显著减小基板的连接刚度，从而影响整体结构的动力学特性。因此在分析中，将连接结构等效为均匀梁单元，并对该等效梁单元的质量矩阵和阻尼矩阵作如下假设：

(1) 连接机构的单元质量矩阵可以采用分布质量矩阵或集中质量矩阵，但认为该单元质量矩阵是已知的；

(2) 单元阻尼矩阵满足线性黏性阻尼假设。

根据以上假设，该等效梁单元的参数识别问题，就变成了等效梁单元的刚度矩阵的参数识别问题，从而简化了问题的难度。

1. 连接刚度的动力学建模

不失一般性，这里仅考虑两块组合基板，如图 15.2.3(a)所示。太阳能电池翼的基板 R 和基板 S 通过两个铰链副 *rs* 和 *pq* 连接。取连接铰链副 *rs* 为研究对象，其等效梁单元的单元坐标系和节点自由度的方向如图 15.2.3(b)所示，其中单元坐标系的原点为 *r* 点，*r* 与 *s* 的连线为单元坐标系的 *x* 轴，在太阳能电池翼平面内垂直于 *x* 轴指向上的方向为 *y* 轴，*z* 轴垂直与电池翼平面，且 *xyz* 坐标系构成右手系。

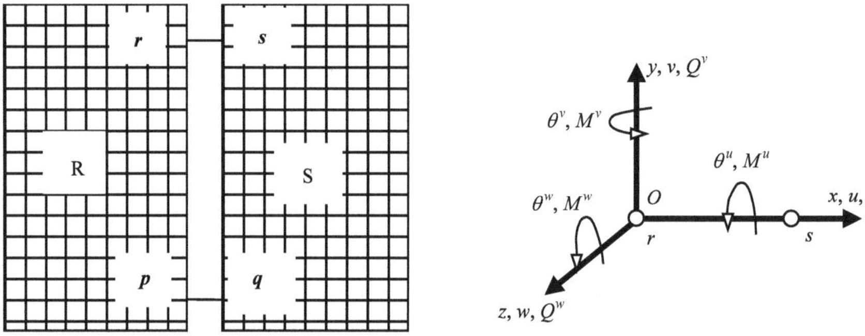

(a) 两块基板 R 和 S 及其连接元件 *rs*　　(b) 连接元件的坐标系、节点内力和自由度

图 15.2.3　铰链副简化为均匀梁单元及单元自由度示意图

对空间梁单元而言，每一个节点有 6 个自由度，按图 15.2.3(b)中的符号记法，等效梁单元 *rs* 的节点位移列向量定义为

$$[\delta]_{rs}=\left[u_r,v_r,w_r,\theta_r^u,\theta_r^v,\theta_r^w,u_s,u_s,w_s,\theta_s^u,\theta_s^v,\theta_s^w\right]^{\mathrm{T}} \tag{15.2.1}$$

其中，下标 *r* 和 *s* 分别表示和节点 *r* 与 *s* 有关的位移分量。u, v, w 和 $\theta^u,\theta^v,\theta^w$ 分别是沿坐标系 x, y, z 方向的平动位移分量和转动位移分量。

相应的单元节点内力向量定义为

$$[Q]_{rs}=\left[N_r,Q_r^v,Q_r^w,M_r^u,M_r^v,M_r^w,N_s,Q_s^v,Q_s^w,M_s^u,M_s^v,M_s^w\right]^{\mathrm{T}} \tag{15.2.2}$$

其中，N 表示单元节点轴向拉压内力，Q^v 表示节点 y 向剪力，Q^w 表示节点 z 向剪力，M^u, M^v 和 M^w，分别表示节点内力矩在三个坐标方向的分量，其中 M^u 为扭矩，M^v 为 *rxz* 平面内的弯矩，M^w 为 *rxy* 平面内的弯矩。

根据以上符号定义，空间均匀梁单元 *rs* 和 *pq* 在其局部坐标系下的单元刚度

矩阵均为

$$[K]_{rs}=\begin{bmatrix} \frac{EA}{l} & & & & & & & & & & & \\ 0 & \frac{12EI_z}{l^3} & & & & & & & & & & \\ 0 & 0 & \frac{12EI_y}{l^3} & & & & & & & & & \\ 0 & 0 & 0 & \frac{GJ}{l} & & & & & & & & \\ 0 & 0 & -\frac{6EI_y}{l^2} & 0 & \frac{4EI_y}{l} & & & & & & & \\ 0 & \frac{6EI_z}{l^2} & 0 & 0 & 0 & \frac{4EI_z}{l} & & & & & & \\ -\frac{EA}{l} & 0 & 0 & 0 & 0 & 0 & \frac{EA}{l} & & & & & \\ 0 & -\frac{12EI_z}{l^3} & 0 & 0 & 0 & -\frac{6EI_z}{l^3} & 0 & \frac{12EI_z}{l^3} & & & & \\ 0 & 0 & -\frac{12EI_y}{l^3} & 0 & \frac{6EI_y}{l^2} & 0 & 0 & 0 & \frac{12EI_y}{l^3} & & & \\ 0 & 0 & 0 & -\frac{GJ}{l} & 0 & 0 & 0 & 0 & 0 & \frac{GJ}{l} & & \\ 0 & 0 & -\frac{6EI_y}{l^2} & 0 & \frac{2EI_y}{l} & 0 & 0 & 0 & 0 & 0 & \frac{4EI_y}{l} & \\ 0 & \frac{6EI_z}{l^2} & 0 & 0 & 0 & \frac{2EI_z}{l} & 0 & -\frac{6EI_z}{l^2} & 0 & 0 & 0 & \frac{4EI_z}{l} \end{bmatrix} \tag{15.2.3}$$

其中，EA，EI_y，EI_z 和 GJ 分别是梁单元截面的抗拉刚度、抗弯刚度(EI_y)、抗弯刚度(EI_z)和扭转刚度，这 4 个参数就是需要利用试验数据进行识别的参数。因此，本节方法又可称为连接刚度的四参数等效梁单元方法。

如果等效梁单元的质量矩阵采用集中质量矩阵假设，则其质量矩阵为

$$[M]_{rs}=\begin{bmatrix} [M]_1 & & & \\ & \mathbf{0} & & \\ & & [M]_1 & \\ & & & \mathbf{0} \end{bmatrix} \in \mathbf{R}^{12\times12} \tag{15.2.4}$$

其中

$$[M]_1=\begin{bmatrix} 0.5m & & & \\ & 0.5m & & \\ & & 0.5m & \\ & & & 0.5m \end{bmatrix} \in \mathbf{R}^{4\times4}$$

m 为铰链副的质量。显然，该单元质量矩阵是已知矩阵，不需要进行参数识别。

2. 子结构连接刚度识别算法

采用有限元方法，可以建立组合太阳能电池翼的自由振动运动微分方程：

$$[K][\delta]+[C][\delta]+[M][\ddot{\delta}]=0 \tag{15.2.5}$$

其中，$[K]$, $[C]$ 和$[M]$为组合基板(包括基板 R、基板 S 和铰链 rs 与 pq)的总体刚度矩阵、总体阻尼矩阵和总体质量矩阵，$[\delta]$为总体位移列向量。将该运动微分方程按基板 R、基板 S，以及基板与铰链相连的界面自由度分块，可得

$$\begin{bmatrix} K_{RR} & K_{RB} & 0 \\ K_{BR} & K_{BB} & K_{BS} \\ 0 & K_{SB} & K_{SS} \end{bmatrix}\begin{bmatrix} \delta_R \\ \delta_B \\ \delta_S \end{bmatrix}+\begin{bmatrix} C_{RR} & C_{RB} & 0 \\ C_{BR} & 0 & C_{BS} \\ 0 & C_{SB} & C_{SS} \end{bmatrix}\begin{bmatrix} \dot{\delta}_R \\ \dot{\delta}_B \\ \dot{\delta}_S \end{bmatrix}+\begin{bmatrix} M_{RR} & M_{RB} & 0 \\ M_{BR} & M_{BB} & M_{BS} \\ 0 & M_{SB} & M_{SS} \end{bmatrix}\begin{bmatrix} \ddot{\delta}_R \\ \ddot{\delta}_B \\ \ddot{\delta}_S \end{bmatrix}=0 \tag{15.2.6}$$

其中，下标 R,S,B 分别表示与基板 R、基板 S 和界面有关的量。由于在式(15.2.6)中的总体刚度矩阵中还有和铰链 rs 与 pq 相关的单元刚度矩阵元素没有确定，因此，还不能用式(15.2.6)直接计算组合太阳能电池翼的动力学特性参数。

为了对铰链 rs 与 pq 的刚度参数进行估计，这里假设已通过模态试验方法测量得到了组合太阳能电池翼的前几阶结构动力学特性参数，包括固有频率 ω_i，模态振型$[u_i]$和模态阻尼比ξ_i。

假设基板 R 的阻尼矩阵也是线性黏性阻尼情况，当组合结构系统以第 i 阶固有频率 ω_i 做自由振动时，其子结构 R 的运动微分方程为

$$\left([K]_R+\mathrm{j}\omega_i[C]_R-\omega_i^2[M]_R\right)\{u_i\}_R=\{Q_B\}_R \tag{15.2.7}$$

其中，j 为复数符号，$[K]_R$，$[C]_R$ 和 $[M]_R$ 分别为基板 R 的刚度矩阵、阻尼矩阵和质量矩阵，$[u_i]_R$ 对应于 ω_i 的模态位移向量，$\{Q_B\}_R$ 为两个铰链副作用于基板构 R 的内力，下标 B 表示基板 R 与两铰链相连的界面。定义如下动刚度矩阵：

$$[D]_R=[K]_R+\mathrm{j}\omega_i[C]_R-\omega_i^2[M]_R \tag{15.2.8}$$

对动刚度矩阵求逆，可得结构系统的动柔度矩阵为

$$[F]_R=[D]_R^{-1} \tag{15.2.9}$$

由于 ω_i 是组合太阳能电池翼的自由振动固有频率，因此式(15.2.7)的求逆运算是成立的。根据式(15.2.9)，式(15.2.7)可以写成：

$$[u_i]_{\mathrm{R}}=[F]_{\mathrm{R}}\{Q\}_{\mathrm{R}} \tag{15.2.10}$$

一般情况下，基板 R 内部节点自由度的模态平动位移可以在试验测量中，但模态转角位移直接测量比较困难。同样，连接部位的界面位移也比较难测量。因此，为分析方便，可以将基板 R 的模态向量按内部节点的可测自由度与不可测自由度，以及界面节点位移进行分块，可得

$$\begin{bmatrix} u_{\mathrm{T}} \\ u_{\mathrm{N}} \\ u_{\mathrm{B}} \end{bmatrix}_{\mathrm{R}}=\begin{bmatrix} F_{\mathrm{TT}} & F_{\mathrm{TN}} & F_{\mathrm{TB}} \\ F_{\mathrm{NT}} & F_{\mathrm{NN}} & F_{\mathrm{NB}} \\ F_{\mathrm{BT}} & F_{\mathrm{BN}} & F_{\mathrm{BB}} \end{bmatrix}_{\mathrm{R}}\begin{bmatrix} Q_{\mathrm{T}} \\ Q_{\mathrm{N}} \\ Q_{\mathrm{B}} \end{bmatrix}_{\mathrm{R}} \tag{15.2.11}$$

其中，下标 T, N 分别表示子结构 R 的内部可测自由度和不可测自由度。对于自由振动分析，基板 R 所有内部节点自由度对应的节点力分量为零，即

$$[Q_{\mathrm{T}}]=0,\quad [Q_{\mathrm{N}}]=0 \tag{15.2.12}$$

根据式(15.2.11)可得

$$[F_{\mathrm{TB}}][Q_{\mathrm{B}}]_{\mathrm{R}}=[u]_{\mathrm{T}} \tag{15.2.13}$$

$$[F_{\mathrm{NB}}][Q_{\mathrm{B}}]_{\mathrm{R}}=[u]_{\mathrm{N}} \tag{15.2.14}$$

$$[F_{\mathrm{BB}}][Q_{\mathrm{B}}]_{\mathrm{R}}=[u]_{\mathrm{B}} \tag{15.2.15}$$

对于式(15.2.13)，$[u]_{\mathrm{T}}$ 是基板 R 上模态振型的可测自由度，是一个已知向量。因此可以利用该方程确定界面节点内力 $\{Q_{\mathrm{B}}\}_{\mathrm{R}}$。但由于式(15.2.13)是一个行数远大于列数的线性代数方程组，需要利用最小二乘法得到其近似解，即

$$[Q]_{\mathrm{B}}=[F_{\mathrm{TB}}^{\mathrm{T}}F_{\mathrm{TB}}]^{-1}[F]_{\mathrm{TB}}^{\mathrm{T}}[u]_{\mathrm{T}} \tag{15.2.16}$$

将式(15.2.16)代入式(15.2.14)，可得基板 R 上不可测自由度的模态振型为

$$[u]_{\mathrm{N}}=[F_{\mathrm{NB}}][F_{\mathrm{TB}}^{\mathrm{T}}F_{\mathrm{TB}}]^{-1}[F_{\mathrm{TB}}^{\mathrm{T}}][u]_{\mathrm{T}} \tag{15.2.17}$$

将式(15.2.16)代入式(15.2.15)，可得基板 R 与两铰链 rs 和 qp 相连的界面位移模态振型分量为

$$[u]_{\mathrm{B}}=[F_{\mathrm{BB}}][F_{\mathrm{TB}}^{\mathrm{T}}F_{\mathrm{TB}}]^{-1}[F_{\mathrm{TB}}^{\mathrm{T}}][u]_{\mathrm{T}} \tag{15.2.18}$$

这样，利用基板 R 的有限元模型，通过式(15.2.16)和式(15.2.18)，就得到了第 i 阶测量振型在界面节点 r 和 p 节点处的振型内力分量和位移分量。对基板 S

进行相同的处理，可以得到同阶振型在另外两个界面节点 s 和 q 处的振型内力分量和位移分量。

再继续取连接铰链 rs 的等效梁单元为研究对象，当该单元还是以第 i 阶固有频率 ω_i 做自由振动时，其单元运动微分方程为

$$\left([K]_{rs}+\mathrm{j}\omega_i[C]_{rs}-\omega_i^2[M]_{rs}\right)[u]_{rs}=[Q]_{rs} \tag{15.2.19}$$

在式(15.2.19)中，由于位移向量 $[u]_{rs}$ 和内力分量 $\{Q\}_{rs}$ 已经求出，而未知量仅是单元刚度矩阵中的四个刚度参数，即 EA，EI_y，EI_z 和 GJ，因此，可以利用式(15.2.19)获得这四个刚度参数的估计值，其等效形式为

$$[K]_{rs}[u]_{rs}=[Q]_{rs}+\omega_i^2[M]_{rs}[u]_{rs}-\mathrm{j}\omega_i[C]_{rs}[u]_{rs} \tag{15.2.20}$$

式(15.2.20)是一个 12 阶的线性代数方程组，但其中的未知常数只有四个，为求解这四个未知参数，需要对式(15.2.20)进行整理，然后利用最小二乘法进行求解。另外，式(15.2.20)是一个复数方程，具体计算时可以利用 Matlab 进行程序编写，以简化程序的编写难度。

在进行等效梁单元的刚度参数估计时，有以下几点需要说明：

(1) 为了使等效梁单元的“面内刚度参数”(即 EA 和 EI_z)的估计精度较高，需要利用组合基板的面内挥舞振动模态进行计算；而为了使等效梁单元的“横向刚度参数”(即 EI_z 和 GJ)的估计精度较高，需要利用组合基板的弯曲振动模态进行计算。

(2) 为了提高计算精度，可以利用多个模态振型数据对刚度参数进行估计多次，然后取平均值。

(3) 由于阻尼模型的引入，使得本节公式的计算复杂程度增加。由于实际测量中模态阻尼比非常小(大多小于 5%)，因此具体进行刚度参数识别时，可以不考虑阻尼的影响，而采用无阻尼自由振动分析模型进行参数识别。

(4) 对于本节所假设的四参数均匀等效梁单元模型，也可以推广成一些广义梁单元模型，如六刚度的广义弹簧单元模型等。这些多参数模型与上述公式的差别之处在于对式(15.2.20)的整理。本节之所以采用四参数梁单元模型，是为了在随后的太阳能电池翼整体有限元建模中可以采用 MSC/NASTRAN 的梁单元。

(5) 如果按通常的简化模型，即基板假设成为板单元，而铰链假设成梁单元，则界面连接节点出现面内转角(θ^w)不连续的现象，但对于本书研究模型来说，由于在基板的边界同时存一周梁单元，所以模型面内转角自由度是连续的。

3. 算例

采用以上连接刚度参数识别模型，利用模态参数测试数据对一类卫星的太阳能电池翼展开锁定机构的刚度进行了参数识别。以便为随后的太阳能电池翼整体结构动力学分析的有限元建模，提供较为精确的展开锁定结构刚度参数，从而提高卫星太阳能电池翼模态参数的预估精度。

1）验证性计算

为检验本方法的有效性，首先构造了如图 15.2.4 所示两块薄板的组合模型。假设：单块板的长度为 2m，宽度为 1m，厚度为 0.01m。板为为铝合金材料，杨氏模量为 70GPa，密度为 2700kg/m^3，泊松比为 0.3。板周边梁单元的截面尺寸为 0.005m×0.01m，材料也为铝合金材料。

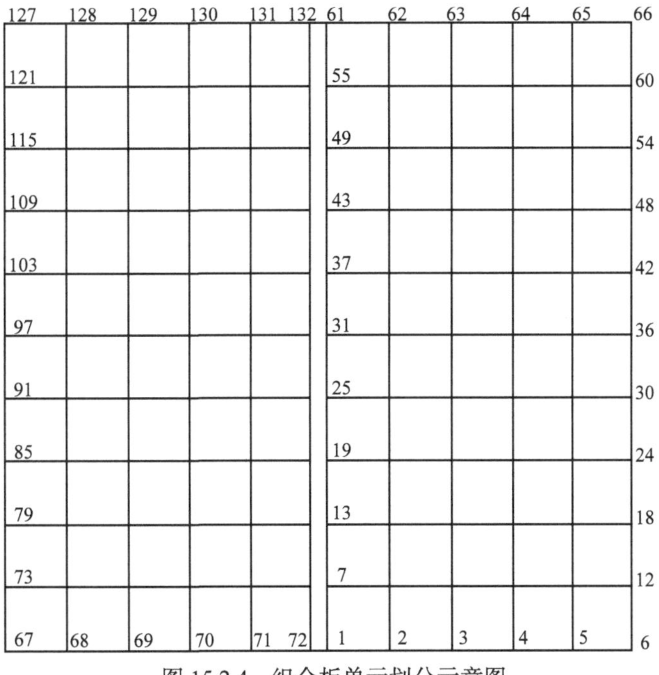

图 15.2.4 组合板单元划分示意图

计算模型中单块板被均匀划分为 50 个四边形四节点板单元，在双板模型的第 72 节点和第 1 节点、第 132 节点和第 61 节点之间连接有等效梁单元，梁单元的长度 L（即双板间距）为 0.05m。首先给定梁单元的轴向拉伸刚度为 $\dfrac{EA}{L}=7\times10^5$ N/m，垂面弯曲拉伸刚度为 $\dfrac{EI_y}{L}=2.1\times10^3$ Nm/rad，侧面挠曲刚度为

$\dfrac{EI_z}{L}=2.1\times10^4\,\text{Nm/rad}$，扭转刚度为 $\dfrac{GJ}{L}=1.4\times10^3\,\text{Nm/rad}$。

采用有限元方法计算得到了该双板模型的前 20 阶固有频率和相应的模态振型。最后选择第 1 阶、第 2 阶和第 4 阶振型识别连接梁单元的垂面(绕 y 轴，结合图 15.2.4)弯曲刚度，利用第 3 阶和第 7 阶振型识别梁单元的扭转刚度，而利用第 10 阶、第 13 和第 15 阶振型识别梁单元的拉伸和侧面(绕 z 轴)弯曲刚度。

由于本节算法是采用测量振型进行连接刚度识别，其振型就不可避免的含有测量误差。因此在进行连接刚度识别的算例分析中，分别对振型施加了一定的误差干扰。表 15.2.1 给出了不含干扰误差和含有 5%干扰误差情况下的识别结果。

表 15.2.1　双板模型连接梁单元的刚度识别结果

振型无干扰误差					
序号	刚度参数	单位	预估结果	理论值	误差
1	垂面弯曲(EI_y/L)	N·m/rad	2.105×10^3	2.10×10^3	0.25%
2	侧面挠曲(EI_z/L)	N·m/rad	2.051×10^3	2.10×10^3	2.5%
3	轴向扭转(GJ/L)	N·m/rad	1.376×10^3	1.40×10^3	1.7%
4	轴向拉压(EA/L)	N/m	6.974×10^5	7.00×10^5	0.37%
振型含 5%的干扰误差					
序号	刚度参数	单位	预估结果	理论值	误差
1	垂面弯曲(EI_y/L)	N·m/rad	2.116×10^3	2.10×10^3	0.78%
2	侧面挠曲(EI_z/L)	N·m/rad	2.211×10^3	2.10×10^3	5.3%
3	轴向扭转(GJ/L)	N·m/rad	1.331×10^3	1.40×10^3	4.9%
4	轴向拉压(EA/L)	N/m	7.06×10^5	7.00×10^5	0.86%

从表 15.2.1 中所给结果可以看出，连接梁单元的刚度识别精度还是较高的，特别是连接梁单元的拉伸刚度和垂面弯曲刚度，它们的识别误差均在 1%以下。但相比之下，扭转刚度和侧面弯曲刚度的识别精度要低一些。由于垂面弯曲刚度是影响组合板低频的主要因素，换句话说，组合板的振型和频率对垂面弯曲刚度非常敏感，且所计算出的低阶振型绝大多数(如第 1 阶、第 2 阶、第 4 阶、第 5 阶、第 6 阶等)都是组合板的垂面弯曲振型，因此这个刚度参数识别精度较高。对拉伸刚度而言，由于用于该刚度参数识别的第 10 阶、第 13 阶和第 15 阶振型是组合板的纯平面振型，振型的计算精度非常高，所以预估精度也高。同样，由于组合板的低阶振型对其侧向刚度和扭转刚度敏感度相对较低，因而识别的精度也相对低些。从表中还可以看出，振型误差对刚度的识别精度也是有一定影响的，当振型含有 5%的干扰误差时，侧向弯曲刚度和扭转刚度的识别误差已接近或超过了 5%。但对于拉伸刚度和垂面弯曲刚度来说，参数识别结果具有很强的抗干扰性。

2）应用例子

如图 15.2.5 所示的一类卫星太阳能电池翼的展开锁定机构，下面进行该结构的连接刚度识别。其模态数据由试验测试得到，具体计算时分别利用了前 4 阶弯曲振动模态和前 3 阶面内挥舞振动模态。由于试验所能获得的试验模态测点数较少，利用试验模态的扩展技术，可将组合基板的平动位移全部模态扩充来得到数据，而转角位移则被当做不可测自由度。另外在进行预估时采用的是无阻尼模型。连接刚度的参数辨识结果见表 15.2.2。

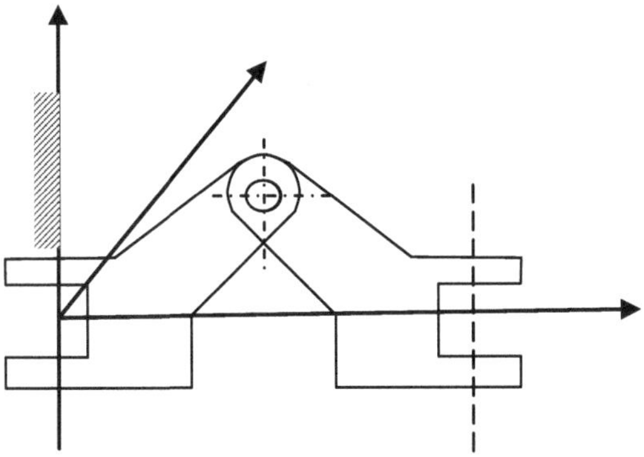

图 15.2.5 板间展开锁定机构坐标系

表 15.2.2 连接刚度的参数辨识结果

序号	刚度参数	预估结果	单位
1	垂面弯曲（EI_y/L） （绕 y 轴弯曲刚度）	1.67×10^3	N·m/rad
2	侧面挠曲（EI_z/L） （绕 z 轴弯曲刚度）	2.87×10^4	N·m/rad
3	轴向扭转（GJ/L） （绕 x 轴扭转刚度）	3.88×10^4	N·m/rad
4	轴向拉压（EA/L） （x 轴拉压刚度）	1.06×10^6	N/m

从刚度预估数据中可以看出，连接铰链副的垂面弯曲刚度是非常低的，它比侧面挠曲弯曲刚度小一个数量级。由于垂面刚度是引起太阳能电池翼挠性的最主要因素，因此，它的较精确预估是非常重要的。另外，连接铰链的轴向拉压刚度比较大，该刚度会影响太阳能电池翼的面内挥舞振动模态。

太阳能电池翼展开锁定机构的连接刚度数据是影响电池翼结构动力学分析建模的最重要因素，为此本节利用模态振型测试数据，建立了该连接刚度参数预估的理论模型，并用数值算例说明了该识别方法的有效性。

15.3　刚性组合基板的动力学建模与分析

有关太阳能电池翼结构动力学特性分析的数学建模问题，目前主要有解析建模和数值建模两种方法。解析建模主要将其简化为“等效梁、板模型”(针对刚性基板的太阳能电池翼)和“梁＋等效张力膜模型”(采用半刚性基板的太阳能电池翼)。

但相比之下，数值建模分析方法在工程实际中更为普遍。在挠性结构振动控制研究数学建模中，广泛采用等效梁、板模型。而在单纯的结构动力学特性分析中则大多采用有限元数值模型，同一结构但不同的分析任务会采用不同的分析模型，不同分析模型间又具有相互补充的作用。本节为风云卫星太阳能电池翼动特性分析建立了半解析模型，并计算得到了组合基板的结构动力学特性参数。

1. 运动微分方程

对于采用刚性基板的太阳能电池翼，可以采用简化的解析建模方法进行分析。例如，对于电池翼的弯曲振动，可以建立如下的解析分析模型。

(1) 两块基板，被等效为正交各向异性板，其自由振动微分方程为

$$D_{11}\frac{\partial^4 w_{Pi}}{\partial x^4}+4D_{16}\frac{\partial^4 w_{Pi}}{\partial x^3\partial y}+2(D_{12}+2D_{66})\frac{\partial^4 w_{Pi}}{\partial x^2\partial y^2}+4D_{26}\frac{\partial^4 w_{Pi}}{\partial x\partial y^3}$$

$$+D_{22}\frac{\partial^4 w_{Pi}}{\partial y^4}+\rho t\frac{\partial^2 w_{Pi}}{\partial t^2}=0\quad (i=\text{I, II}) \tag{15.3.1}$$

其中 $D_{11}, D_{16}, D_{12}, D_{66}, D_{26}, D_{22}$ 为基板的等效刚度参数，具体计算方法可参考任一复合材料力学教材，ρ, t 为等效为正交各向异性板的密度和厚度，w_{Pi} 为板的横向弯曲振动位移，下标 i=I, II 表示左右两块半刚性基板。

(2) 连接梁元件，包括弯曲振动和扭转振动两部分。

弯曲振动：
$$EI\frac{\partial^4 w_{Bj}}{\partial x^4}+\rho A\frac{\partial^2 w_{Bj}}{\partial t^2}=0$$

扭转振动：
$$G\frac{\partial^2 \theta_{Bj}}{\partial x^2}=\rho\frac{\partial^2 \theta_{Bj}}{\partial t^2}\quad (j=\text{I, II}) \tag{15.3.2}$$

其中，EI, G, ρ, A 分别为连接梁单元的弯曲刚度、剪切模量、密度和截面面积，w_{Bj} 为梁的横向弯曲振动位移，θ_{Bj} 为梁的扭转振动位移，下标 j =I, II 表示上下两个

连接梁元件。

(3) 位移连续条件。两块基板和两根连接梁元件在 A, B, C, D 四点位移及转角要连续。例如在 A 点应该有

挠度相等:

$$w_{P\mathrm{I}} = w_{B\mathrm{I}} \quad (A\text{ 点}) \tag{15.3.3}$$

转角相等:

$$w_{P\mathrm{I},x} = w_{B1,x}\,, \quad w_{P\mathrm{I},y} = B_j \quad (A\text{ 点}) \tag{15.3.4}$$

式中“□, x”,“□, y”分别表示某分量“□”对 x 和 y 的导数。

(4) 边界条件。梁元件不需要提供独立的边界条件。两块基板需要提供边界条件，如果是分析非约束模态，则基板四边取自由边界条件为

$$\left.\frac{\partial^2 w_{Pi}}{\partial x^2} + \mu \frac{\partial^2 w_{Pi}}{\partial y^2}\right|_{\Gamma} = 0 \quad (i = \mathrm{I}, \mathrm{II}) \tag{15.3.5}$$

$$\left[\frac{\partial^3 w_{Pi}}{\partial x^3} + (2-\mu)\left.\frac{\partial^3 w_{Pi}}{\partial \mathrm{x} \partial y^2}\right|_{\Gamma}\right] = 0 \quad (i = \mathrm{I}, \mathrm{II}) \tag{15.3.6}$$

其中，Γ表示四条自由边。

将以上微分方程式(15.3.1)和式(15.3.2)、位移连续条件式(15.3.3)和式(15.3.4)及边界条件式(15.3.5)和式(15.3.6)联合，经过复杂的数学推导，可以得到太阳能电池翼模态参数计算简化模型的解析或(半解析)解，其求解难点在于满足位移连续条件和基板边界条件两方面。

2. 半解析建模

同样针对电池翼的等效简化模型(图 15.3.1(a))，可以利用半解析方法求解电池翼的模态参数，如条形传递函数方法。之所以采用半解析方法分析电池翼的模态参数，是因为半解析方法比解析方法在处理复杂边界条件方面适应性强，且又比数值方法计算精度高。

就如图 15.3.1(a)所示的太阳能电池翼结构动特性分析的传递函数方法来说，只是两块基板需要划分为条形单元进行半解析求解，两根连接梁元件仍然是解析求解。

对基板 I 和基板 II,“○”表示边界结点，其边界条件已知;“•”表示与梁相连接的结点，称为公共结点，其结点内力与结点位移待求。

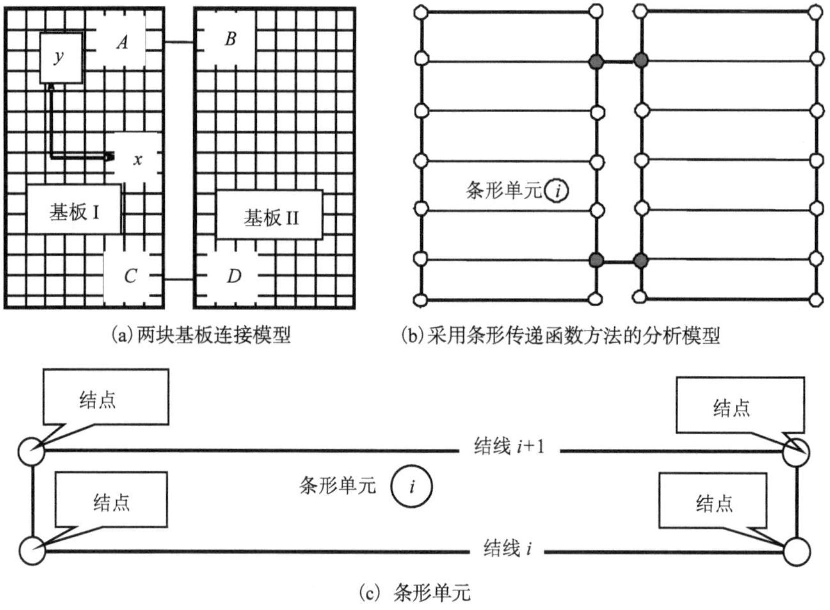

(a) 两块基板连接模型　(b) 采用条形传递函数方法的分析模型

(c) 条形单元

图 15.3.1　太阳能电池翼的半解析分析模型

下面通过传递函数方法分别建立得到梁元件和板元件间公共结点内力分量与位移分量之间的关系(图 15.3.2)。

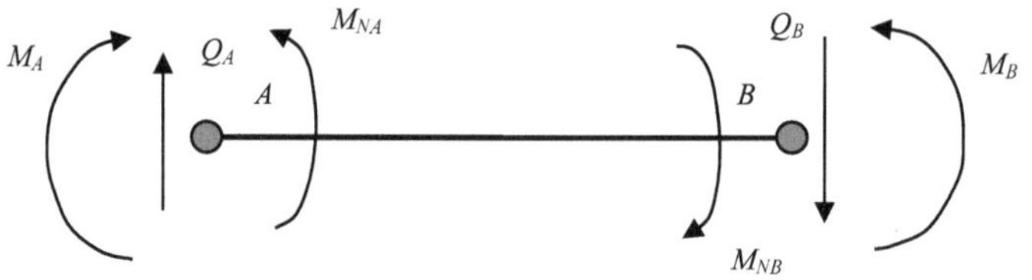

图 15.3.2　梁单元的节点内力

对于图 15.3.2 所示的梁单元 AB，设其端点 A 的位移向量是 $\boldsymbol{u}_A=\left[w_A,\left.\frac{\partial w}{\partial x}\right|_A,\theta_{NA}\right]^{\mathrm{T}}$，端点 B 的位移向量是 $\boldsymbol{u}_B=\left[w_B,\left.\frac{\partial w}{\partial x}\right|_B,\theta_{NB}\right]^{\mathrm{T}}$，两端点对应的结点内力向量 $\boldsymbol{N}_{\mathrm{B}A}$ 和 $\boldsymbol{N}_{\mathrm{B}B}$ 分别为 $\boldsymbol{N}_{\mathrm{B}A}=[Q_A,M_A,M_{NA}]^{\mathrm{T}},\boldsymbol{N}_{\mathrm{B}B}=[Q_B,M_B,M_{NB}]^{\mathrm{T}}$，其中 w 为梁的挠度，θ_{NA} 为梁扭转角，M 为弯矩，M_{NA} 为扭矩，下标“$_{,\mathrm{B}A}$”，“$_{,\mathrm{B}B}$”的第一个 B 表示是梁(beam)，第二个下标表示是梁的两个端点位置。利用传递函数法很容易建立梁单元内任一点的位移和内力分量与端点位移之间的传递关系为

$$\begin{bmatrix} w(x) \\ \dfrac{\mathrm{d}w(x)}{\mathrm{d}x} \\ \theta_N(x) \\ Q(x) \\ M(x) \\ M_N(x) \end{bmatrix} = \boldsymbol{H}_{\mathrm{I}}(x,\omega)\begin{Bmatrix} \boldsymbol{u}_A \\ \boldsymbol{u}_B \end{Bmatrix} = \begin{bmatrix} \boldsymbol{H}_{\mathrm{I}uA}(x,\omega) & \boldsymbol{H}_{\mathrm{I}uB}(x,\omega) \\ \boldsymbol{H}_{\mathrm{I}NA}(x,\omega) & \boldsymbol{H}_{\mathrm{I}NB}(x,\omega) \end{bmatrix}\begin{Bmatrix} \boldsymbol{u}_A \\ \boldsymbol{u}_B \end{Bmatrix} \tag{15.3.7}$$

其中 $\boldsymbol{H}_{\mathrm{I}}(x,\omega) \in \mathbf{R}^{6\times6}$ 是边界传递函数矩阵，它表示在端点 A 和 B 某一方向上施加单位位移，在梁内任一点 x 上所产生的变形和内力分量，$\boldsymbol{H}_{\mathrm{I}uA}(x, \omega)$ ，$\boldsymbol{H}_{\mathrm{I}uB}(x, \omega)$ ，$\boldsymbol{H}_{\mathrm{I}NA}(x, \omega)$ ，$\boldsymbol{H}_{\mathrm{I}NB}(x, \omega) \in \mathbf{R}^{3\times3}$ 为 $\boldsymbol{H}_{\mathrm{I}}(x, \omega)$ 的分块子矩阵，ω 为振动圆频率，下标 I 表示 AB 梁单元。式(15.3.7)中令 $x = x_A$ ，则等式左端向量变为

$$\left[\boldsymbol{w}(x_A),\quad \frac{\mathrm{d}\boldsymbol{w}(x_A)}{\mathrm{d}x},\quad \theta_N(x_A),\quad \boldsymbol{Q}(x_A),\quad \boldsymbol{M}(x_A),\quad \boldsymbol{M}_N(x_A)\right]^{\mathrm{T}}$$

该向量也就是由梁端点 A 的位移 $\boldsymbol{u}_A$ 和内力 $\boldsymbol{N}_{BA}$ 组成的列向量(图 15.3.3)，即

$$\left[\boldsymbol{w}(x_A),\quad \frac{\mathrm{d}\boldsymbol{w}(x_A)}{\mathrm{d}x},\quad \theta_N(x_A),\quad \boldsymbol{Q}(x_A),\quad \boldsymbol{M}(x_A),\quad \boldsymbol{M}_N(x_A)\right]^{\mathrm{T}} = \begin{bmatrix} \boldsymbol{u}_A \\ \boldsymbol{N}_{BA} \end{bmatrix} \tag{15.3.8}$$

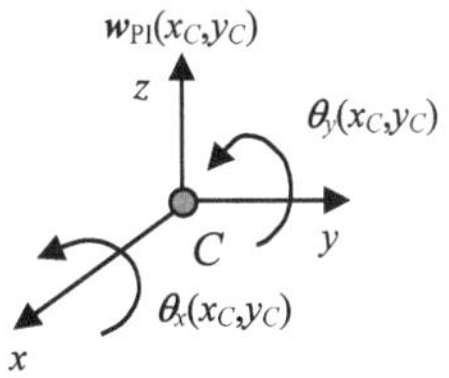

(a) 节点 C 的位移分量

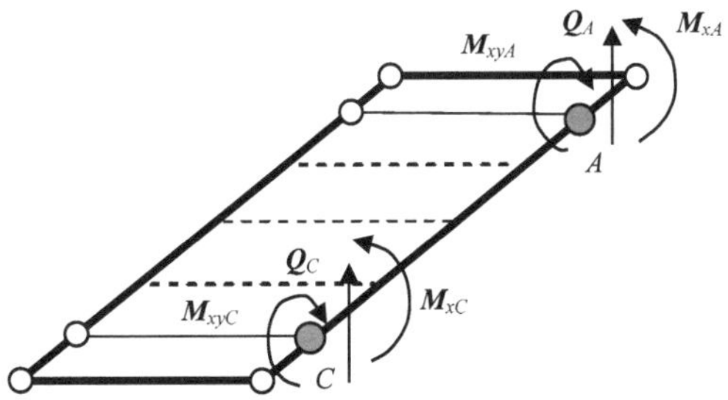

(b) 节点 A 和 C 的内力分量

图 15.3.3 公共点的内力与位移分量

这样，由(15.3.7)式可得梁 AB 之端点 A 的内力与该梁两端点 A 和 B 的位移满足如下关系式：

$$\boldsymbol{N}_{BA} = \boldsymbol{H}_{\mathrm{I}NA}(x_A,\omega)\,\boldsymbol{u}_A + \boldsymbol{H}_{\mathrm{I}NB}(x_A,\omega)\,\boldsymbol{u}_B \tag{15.3.9a}$$

同理，可得梁 AB 的端点 B、梁 CD 端点 C 和 D 的内力与端点位移之间的关系为

$$\boldsymbol{N}_{BB} = \boldsymbol{H}_{\mathrm{I}NA}(x_B,\omega)\,\boldsymbol{u}_A + \boldsymbol{H}_{\mathrm{I}NB}(x_B,\omega)\,\boldsymbol{u}_B \tag{15.3.9b}$$

$$\boldsymbol{N}_{BC} = \boldsymbol{H}_{\mathrm{I}NC}(x_C,\omega)\,\boldsymbol{u}_C + \boldsymbol{H}_{\mathrm{I}ND}(x_C,\omega)\,\boldsymbol{u}_D \tag{15.3.9c}$$

$$\boldsymbol{N}_{BD}=\boldsymbol{H}_{\mathrm{I}NC}(x_D,\omega)\,\boldsymbol{u}_C+\boldsymbol{H}_{\mathrm{I}ND}(x_D,\omega)\,\boldsymbol{u}_D \tag{15.3.9d}$$

其中，$\boldsymbol{H}_{\mathrm{I}NC}(x,\omega)$，$\boldsymbol{H}_{\mathrm{I}ND}(x_D,\omega)\in\mathbf{R}^{3\times3}$ 为梁 CD 的边界传递函矩阵 $\boldsymbol{H}_{\mathrm{II}}(x,\omega)\in\mathbf{R}^{3\times3}$ 的分块子矩阵，$\boldsymbol{H}_{\mathrm{II}}(x,\omega)$ 同样表示端点位移与梁任一点位移和内力之间的传递关系，下标II表示 CD 梁单元。

对于已划分成条形单元的两块基板，其传递函数分析方法比梁元件复杂，但仍然能建立公共结点的未知内力与公共结点的未知位移之间的传递关系。

对于如图 15.3.1(a)所示的基板 I，除公共结点 A 和 C 外，其他结点边界条件是已知的(为自由边界条件，边界无外力作用)。显然，如果我们假设基板 I 的公共结点 A 和 C 的位移已知，分别等于梁端点位移 $\boldsymbol{u}_A$ 和 $\boldsymbol{u}_C$(板梁间公共结点位移连续性要求)，则基板 I 的解唯一确定。利用传递函数方法可以推导出基板 I 内任一结线上的位移和内力分量与未知公共结点位移向量之间的关系为

$$\begin{bmatrix}\boldsymbol{w}(x,\bar{y})\\ \dfrac{\partial\boldsymbol{w}(x,\bar{y})}{\partial x}\\ Q_N(x,\bar{y})\\ Q(x,\bar{y})\\ \boldsymbol{M}(x,\bar{y})\\ \boldsymbol{M}_N(x,\bar{y})\end{bmatrix}=\begin{bmatrix}\boldsymbol{H}_{\mathrm{PI}uA}(x,\bar{y},\omega) & \boldsymbol{H}_{\mathrm{PI}uC}(x,\bar{y},\omega)\\ \boldsymbol{H}_{\mathrm{PI}NA}(x,\bar{y},\omega) & \boldsymbol{H}_{\mathrm{PI}NC}(x,\bar{y},\omega)\end{bmatrix}\begin{bmatrix}\boldsymbol{u}_A\\ \boldsymbol{u}_C\end{bmatrix} \tag{15.3.10}$$

其中，变量 y 上加“－”表示 y 只能取结线所在的特定 y 值。由式(15.3.10)令(x, $\bar{y}$)分别等于公共结点的坐标，可得结点内力与结点位移之间的关系为

$$\boldsymbol{N}_{\mathrm{P}A}=\boldsymbol{H}_{\mathrm{PI}NA}(x_A,y_A,\omega)\,\boldsymbol{u}_A+\boldsymbol{H}_{\mathrm{PI}NC}(x_A,y_A,\omega)\,\boldsymbol{u}_C \tag{15.3.11a}$$

$$\boldsymbol{N}_{\mathrm{P}C}=\boldsymbol{H}_{\mathrm{PI}NA}(x_C,y_C,\omega)\,\boldsymbol{u}_A+\boldsymbol{H}_{\mathrm{PI}NC}(x_C,y_C,\omega)\,\boldsymbol{u}_C \tag{15.3.11b}$$

同理，可得基板 II 公共结点 B 和 D 的内力与端点位移的关系为

$$\boldsymbol{N}_{\mathrm{P}B}=\boldsymbol{H}_{\mathrm{PI}NB}(x_B,y_B,\omega)\,\boldsymbol{u}_B+\boldsymbol{H}_{\mathrm{PI}ND}(x_B,y_B,\omega)\,\boldsymbol{u}_D \tag{15.3.11c}$$

$$\boldsymbol{N}_{\mathrm{P}D}=\boldsymbol{H}_{\mathrm{PI}ND}(x_D,y_D,\omega)\,\boldsymbol{u}_B+\boldsymbol{H}_{\mathrm{PI}ND}(x_D,y_D,\omega)\,\boldsymbol{u}_D \tag{15.3.11d}$$

其中，下标 P 表示板(plate)元件，下标 I 和 II 分别表示两块基板，下标 A, B, C, D 表示公共结点。根据公共结点 A, B, C, D 的力平衡条件，有

$$\begin{gathered}\boldsymbol{N}_{\mathrm{B}A}-\boldsymbol{N}_{\mathrm{P}A}=0,\quad \boldsymbol{N}_{\mathrm{B}B}-\boldsymbol{N}_{\mathrm{P}B}=0\\ \boldsymbol{N}_{\mathrm{B}C}-\boldsymbol{N}_{\mathrm{P}C}=0,\quad \boldsymbol{N}_{\mathrm{B}D}-\boldsymbol{N}_{\mathrm{P}D}=0\end{gathered} \tag{15.3.12}$$

综合式(15.3.9)、式(15.3.11)和式(15.3.12)，可得公共结点 A, B, C, D 的位移向量需要满足如下方程：

$$\begin{bmatrix} \boldsymbol{H}_{\mathrm{I}NA}(x_A,\omega)-\boldsymbol{H}_{\mathrm{PI}NA}(x_A,y_A,\omega) & \boldsymbol{H}_{\mathrm{I}NB}(x_A,\omega) & -\boldsymbol{H}_{\mathrm{PI}NC}(x_A,y_A,\omega) & 0 \\ \boldsymbol{H}_{\mathrm{I}NA}(x_B,\omega) & \boldsymbol{H}_{\mathrm{I}NB}(x_B,\omega)-\boldsymbol{H}_{\mathrm{PII}NB}(x_B,y_B,\omega) & 0 & -\boldsymbol{H}_{\mathrm{PII}ND}(\mathrm{x}_B,\mathrm{y}_B,\omega) \\ -\boldsymbol{H}_{\mathrm{PI}NA}(x_C,y_C,\omega) & 0 & \boldsymbol{H}_{\mathrm{II}NC}(x_C,\omega)-\boldsymbol{H}_{\mathrm{PI}NC}(x_C,y_C,\omega) & \boldsymbol{H}_{\mathrm{II}ND}(x_C,\omega) \\ 0 & -\boldsymbol{H}_{\mathrm{PII}NB}(x_D,y_D,\omega) & \boldsymbol{H}_{\mathrm{II}NC}(x_D,\omega) & \boldsymbol{H}_{\mathrm{II}ND}(x_D,\omega)-\boldsymbol{H}_{\mathrm{PII}ND}(x_D,y_D,\omega) \end{bmatrix}\begin{bmatrix}\boldsymbol{u}_A\\ \boldsymbol{u}_B\\ \boldsymbol{u}_C\\ \boldsymbol{u}_D\end{bmatrix}=0 \tag{15.3.13}$$

该式可记为

$$\boldsymbol{K}(\omega)\boldsymbol{u}=0 \tag{15.3.14}$$

其中 $\boldsymbol{u}=[\boldsymbol{u}_A, \boldsymbol{u}_B, \boldsymbol{u}_C, \boldsymbol{u}_D]^{\mathrm{T}}$ 为公共结点位移列向量，$\boldsymbol{K}(\omega)$ 为公共结点位移的刚度矩阵。

对于电池翼的自由振动问题，$\boldsymbol{u}$ 必须存在非零解，这要求刚度矩阵的行列式值为零，即

$$\det[\boldsymbol{K}(\omega)]=0 \tag{15.3.15}$$

求解方程(15.3.15)，则得太阳能电池翼的一系列固有频率值 ω_i 。

对于由多块基板组成的电池翼结构，其分析过程与上述过程完全一致，仅由于基板间连接梁单元增多，公共节点位移列向量式(15.3.14)中的 $\boldsymbol{u}$ 的维数增大而已。

3. 算例

采用以上太阳能电池翼组合基板模态参数计算模型，计算了太阳能电池翼组合基板的模态参数。表 15.3.1 给出了单块基板、两块基板和多块基板的模态参数计算结果。

表 15.3.1 中的有限元解采用 MSC/NASTRAN 软件计算得到。从计算结果可以看出条形传递函数解和有限元解是非常一致的。就单块基板的来说，其前 3 阶弹性振动频率的半解析解和有限元解仅相差 0.2%左右，第 10 阶频率两者相差最大，也仅为 1.8%。

关于太阳能电池翼基板的振动模态形状，有限元和半解析方法的计算结果基本上没有差别。图 15.3.4 给出了单块基板的前 4 阶振型图；图 15.3.5 给出了两块

表 15.3.1　太阳能电池翼组合基板固有频率

	单块基板		两块基板		三块基板		四块基板	
	半解析解	有限元解	半解析解	有限元解	半解析解	有限元解	半解析解	有限元解
1	12.505	12.487	6.678	6.667	3.769	3.759	2.167	2.163
2	26.252	26.200	7.465	7.449	4.334	4.320	3.169	3.160
3	37.510	37.432	15.620	15.582	8.629	8.599	5.590	5.569
4	65.310	64.856	20.040	19.879	10.242	10.162	7.2051	7.155
5	88.145	87.446	25.721	25.488	16.430	16.321	9.2442	9.181
6	88.912	88.032	29.824	29.459	18.178	17.900	12.4446	12.249
7	102.457	101.243	38.033	37.533	22.317	22.002	16.8987	16.695
8	109.030	108.425	48.415	48.323	25.318	25.273	17.0079	16.985
9	142.819	141.872	66.337	64.972	28.323	27.747	20.660	20.137
10	152.105	150.297	68.254	66.203	31.607	30.595	23.572	22.837

组合基板的前 4 阶振型图。图 15.3.6 给出了 4 块组合基板前四阶振型图，其第 1 阶振动频率为 2.167Hz，相应振型是弯曲振型，见图 15.3.6(a)；其第 2 阶振动频率为 3.169Hz，相应振型是扭转振型，见图 15.3.6(b)。从振型图上可以看出由于展开锁定机构的刚度与基板弯曲刚度相比较弱，使得在锁定机构连接处振型变化较大，特别是电池翼第 1 阶弯曲振型，其 4 块基板基本是刚体位移模式，弯曲变形主要体现在连接铰链处。

本节基于分布参数系统传递函数方法的基本理论，针对空间结构太阳能电池翼的特殊结构形式，通过将太阳能电池翼基板划分为条形单元，将基板间连接铰链副简化为均匀梁单元，并利用条形单元与梁单元公共结点间位移连续与力平衡条件,建立了太阳能电池翼动力学特性分析的半解析计算模型。得到了太阳能电池翼单块基板和多块组合基板的模态参数值,并将其结果与有限元结果进行了比较，两者计算结果非常一致。

(a) 1 阶振型(12.49Hz)，扭转振型

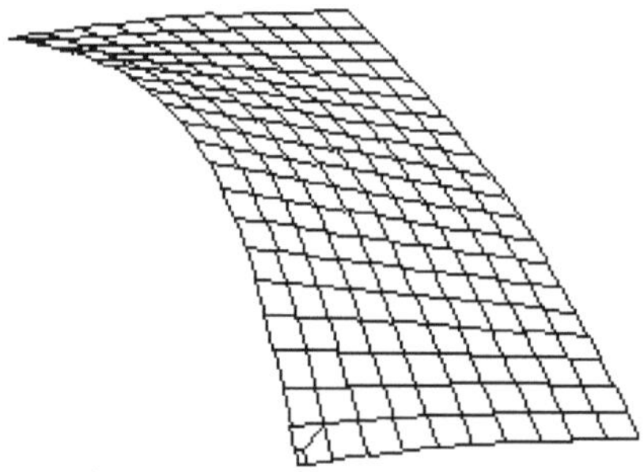

(b) 2 阶振型(26.20Hz)，弯曲振型

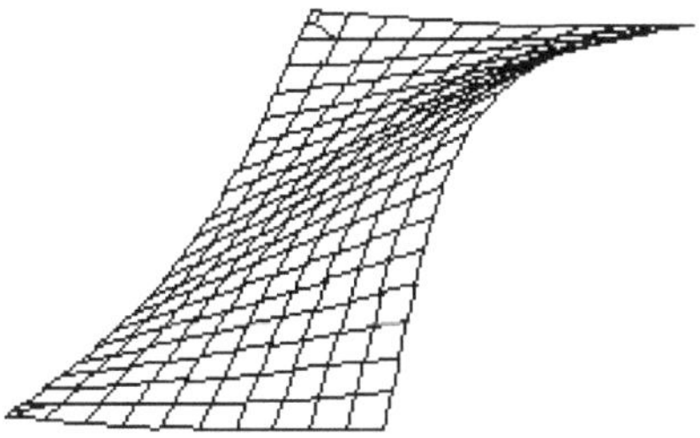

(c) 3 阶振型(37.43Hz)，弯曲振型

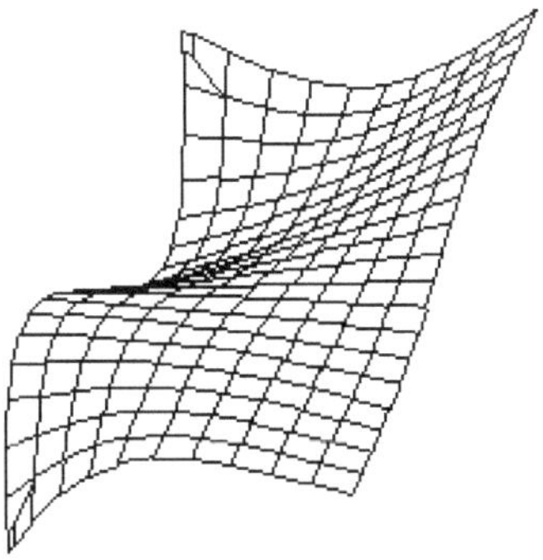

(d) 4 阶振型(64.86Hz)，弯曲振型

图 15.3.4 单块基板的前 4 阶振型图

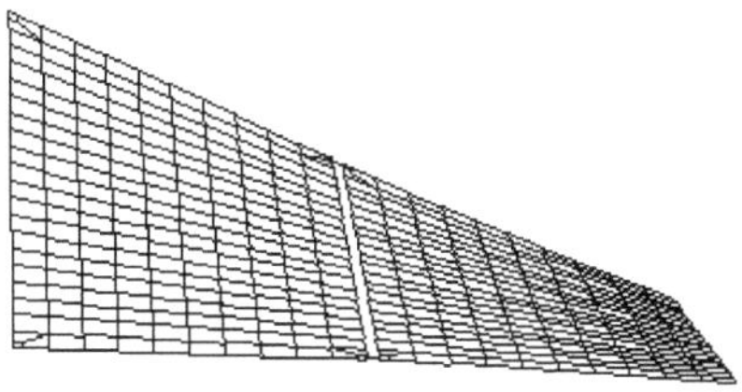

(a) 1 阶振型(6.67Hz)，扭转振型

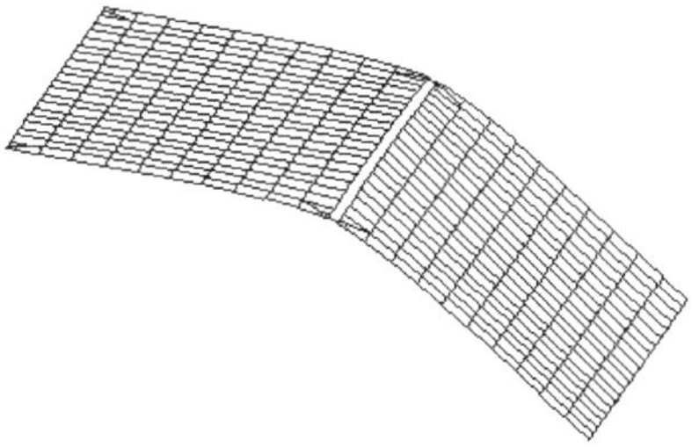

(b) 2 阶振型(7.45Hz)，弯曲振型

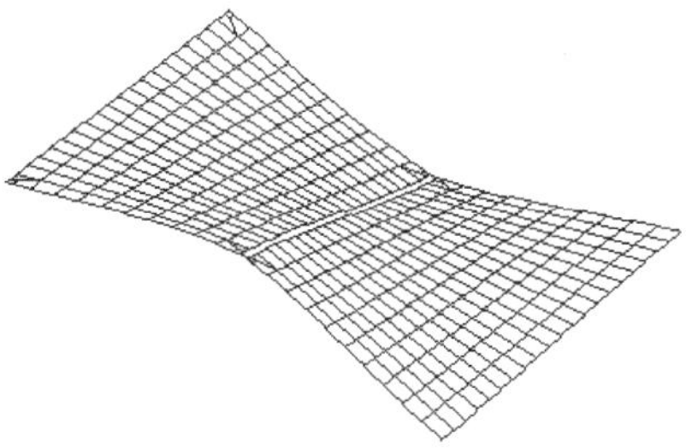

(c) 3 阶振型(15.58Hz)，扭转振型

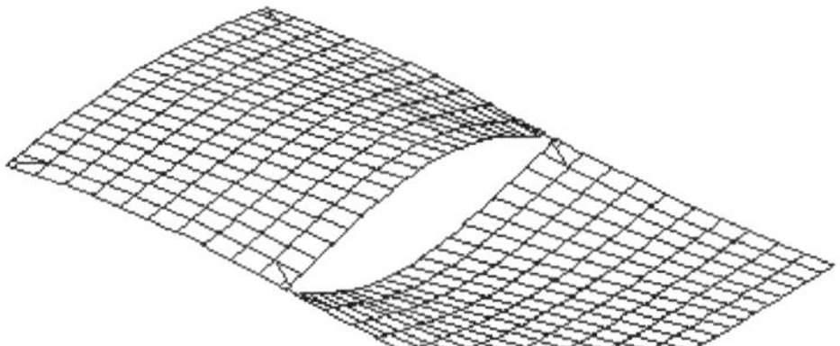

(d) 4 阶振型(19.88Hz)，弯曲振型

图 15.3.5 两块组合基板的振型图

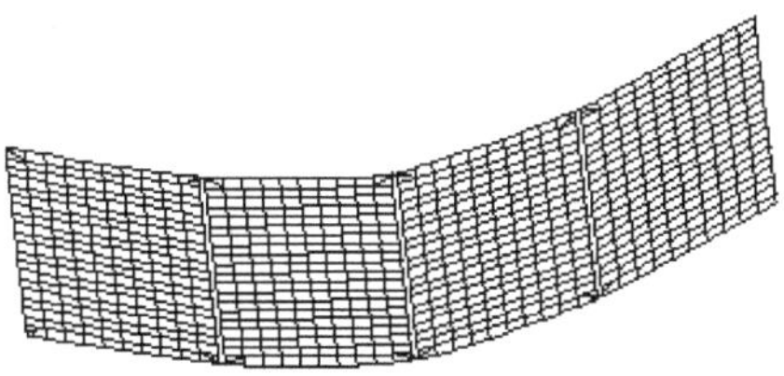

(a) 1 阶振型(2.16Hz)，弯曲振型

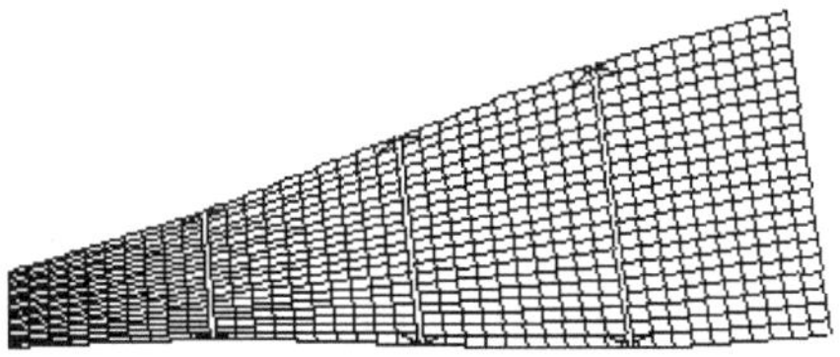

(b) 2 阶振型(3.16Hz)，扭转振型

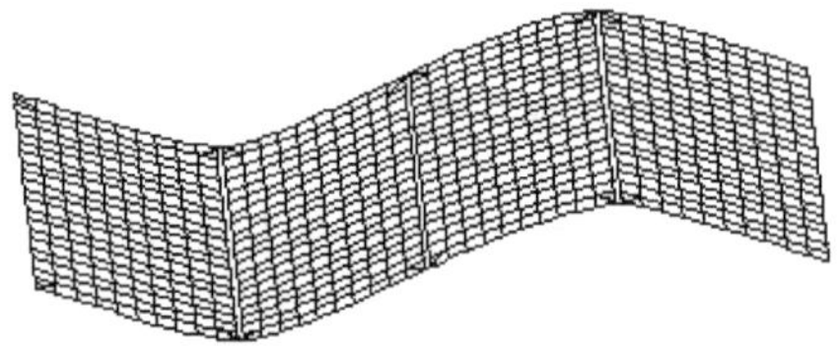

(c) 3 阶振型(5.57Hz)，弯曲振型

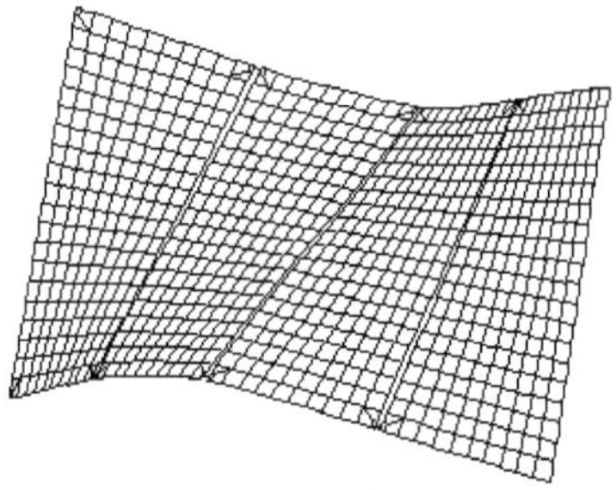

(d) 4 阶振型(7.16Hz)，扭转振型

图 15.3.6　4 块组合基板的振型图

15.4　柔性组合基板的动力学建模与分析

1. 单块电池翼模型

为减轻太阳能电池翼的重量，太阳能电池翼基板可采用半刚性基板设计，该半刚性基板由碳纤维复合材料边框和 Kevlar 纤维柔性网状“面板”组成，半刚性基板的 Kevlar 纤维网格上粘贴有单片面积相等的硅太阳能电池，如图 15.4.1 所示。

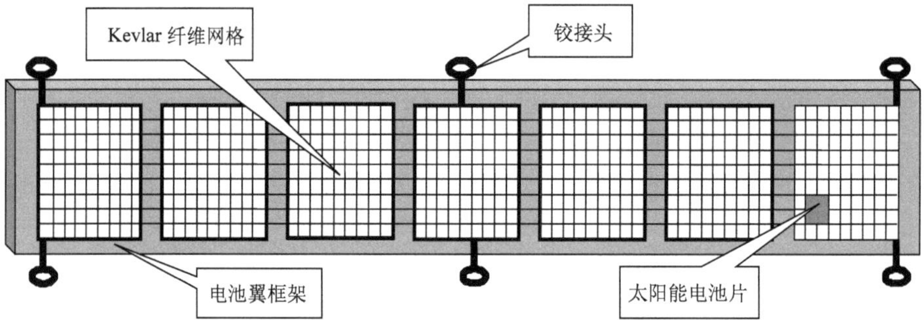

图 15.4.1　半刚性太阳能电池翼基板

在有限元法建模中，框架被用等效复合材料单元，Kevlar 纤维丝网材料被等效为均匀的薄板或薄膜进行处理，如图 15.4.2 所示。

太阳能电池翼采用柔性纤维丝组成的网状结构为基板，太阳能电池片就黏在纤维网的结点上，由于将纤维网等效为厚度仅 0.15mm 的均匀薄板，其弯曲刚度非常弱。此时粘贴其上的太阳能电池片刚度和等效薄板的刚度相比就不是小量了。为抑制纤维丝等效板的局部振动，必须考虑太阳能电池片的刚度贡献。为此，本节在计算过程将电池片简化为厚度为 0.55mm 的板单元，如图 15.4.3 所示。

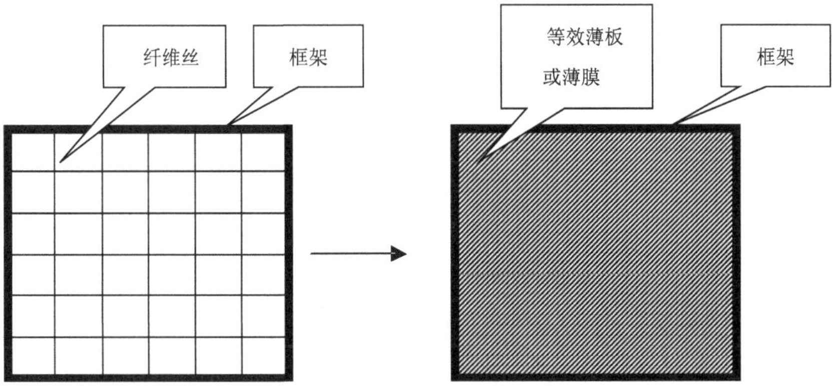

图 15.4.2 纤维丝网格材料被等效为均匀的薄板

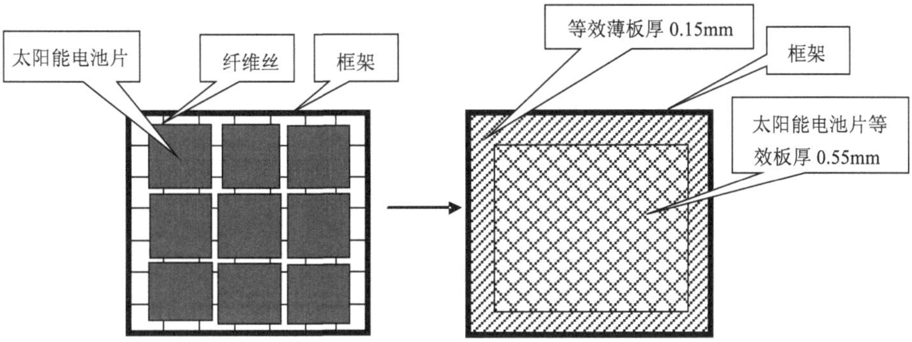

图 15.4.3 电池片等效薄板

一些研究还进行了单块翼板的力学特性试验，图 15.4.4 为该模拟试验件的结构图。本节利用该试验组的测试结果，进行了单块太阳能电池翼的模型修正工作，并利用修正后的模型，对单块太阳能电池翼的静变形和模态特性进行了分析。

2. 单块电池翼的静变形分析

如前所述，单块太阳能电池翼的框架简化为梁模型，柔性纤维丝按截面积相等等效为 0.15mm 厚的均匀薄板或薄膜。进一步为考虑太阳能电池片的刚度，将太阳能电池片等效为 0.55mm 厚的薄板。由于电池片是粘贴在纤维丝上，因此等效电池片单元的实际厚度为纤维丝等效厚度于电池片等效厚度之和，为 0.7mm。单块电池翼总质量为 6.63kg，设计试验件质量基本一致。其有限元模型共采用了 672 个四边形板单元(CQUAD4)和 222 个梁单元(CBAR2)。表 15.4.1 给出了单块太阳能电池翼板在不同边界条件下的对称加载和非对称加载时的测点位移值。从表中可以看出，在简支边界条件下，对称加载的计算结果比试验结果大，固支边界条件下，计算结果比试验结果小。当采用弹性支撑边界条件时，计算结果与试验结果一致。

图 15.4.4　太阳能电池翼单块基板模拟试验件

表 15.4.1　加载点位移

载荷工况	简支边界条件	固支边界条件	弹性支撑	试验值/mm
对称加载各 15N	54.9	13.7	42.8	42.24
非对称加载 15N	29.7	—	34.0	34.32

图 15.4.5 给出了对称加载示意图，图 15.4.6 给出了弹性支撑情况下，加载点的变形位移值。对单侧非对称加载情况，图 15.4.7 给出了该情况的加载示意图，而图 15.4.8 给出了两侧边弹性支撑下的变形图。从电池翼对称与非对称加载变形计算结果来看，当电池翼边界条件由简支(或固支)转变为弹性支撑时，计算结果与试验结果很接近，这与实际情况是相符的。因为当电池翼夹持于支座槽内时，严格来说既不是固支边界条件，也不是简支边界条件，而是一种弹性支撑条件。

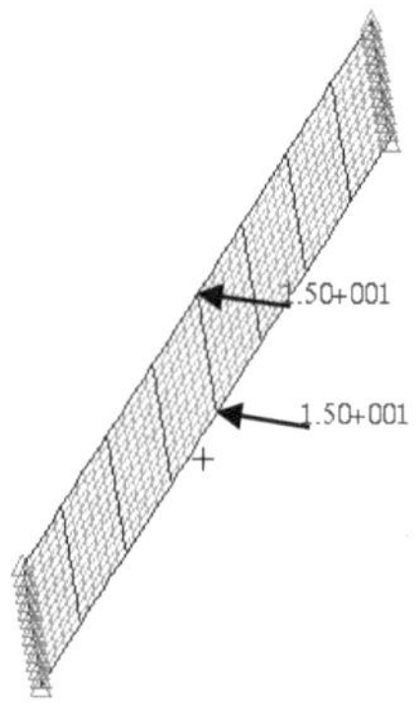

图 15.4.5　单块电池翼对称加载静变形计算图

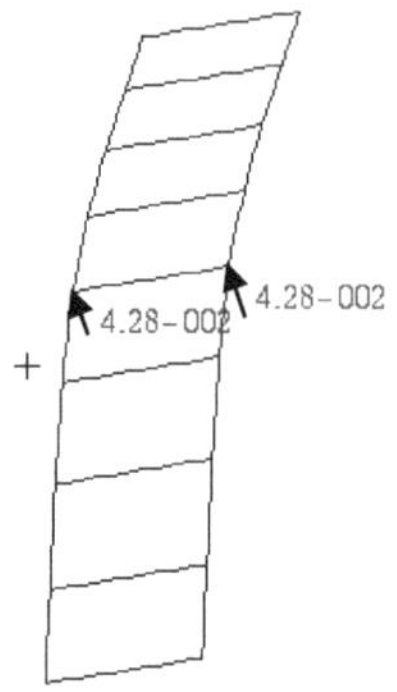

图 15.4.6　单块电池翼弹性支撑情况静变形图

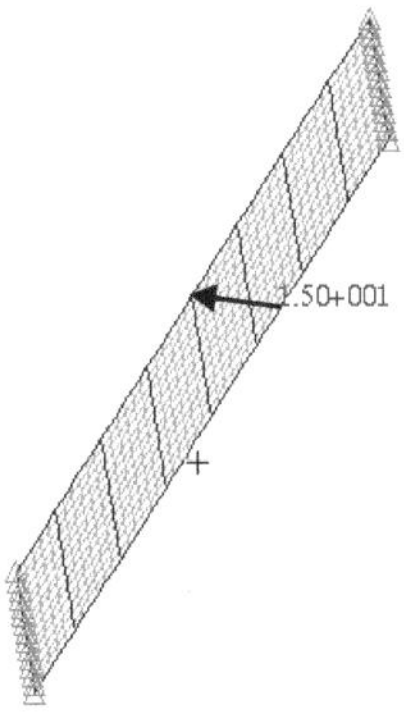

图 15.4.7 单块电池翼单侧加载示意图

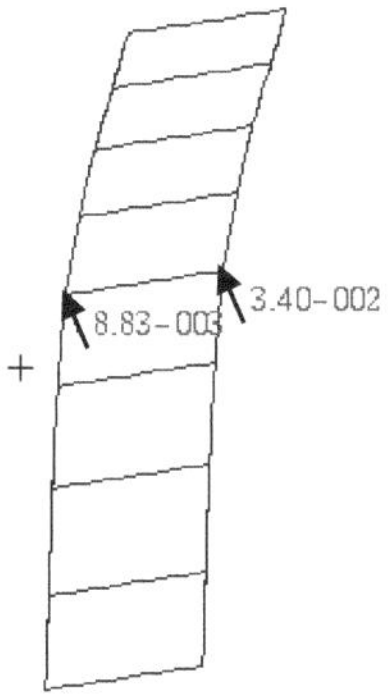

图 15.4.8 单块电池翼单侧加载弹性支撑时的静变形图

3. 单块电池翼的模态分析

通过静变形分析，说明单块电池翼的刚度特性建模是基本正确的。下面利用计算模型直接进行单块电池翼的动力学特性参数。表 15.4.2 给出了自由–自由单块电池翼的固有频率计算值与试验测试值，表中给出了以下 4 种模型的计算结果。

(1) 框架模型。为摸清单块电池翼的固有频率值，首先进行了框架的模态参数计算，在框架模态参数计算中将纤维丝和太阳能电池片的质量用非结构质量附加在框架梁单元上。

表 15.4.2 单块电池翼的固有频率值(单位：Hz)

阶次	框架	柔性基板	考虑成薄膜	考虑成薄板	试验值
1	4.311	4.39	5.009	4.125	4.3
2	9.165	10.12	10.838	5.389	9.94
3	11.903	11.43	13.807	5.418	12.21
4	19.25	20.90	22.758	5.422	—
5	19.75	26.384	26.923	8.9806	—
6	23.27	—	36.784	—	—
7	28.93	—	—	—	—
8	31.12	—	—	—	—

该模型避免了大量柔性纤维丝等效基板的局部振动，所得计算结果均为框架的总体振型，其前 4 阶振型见图 15.4.9。

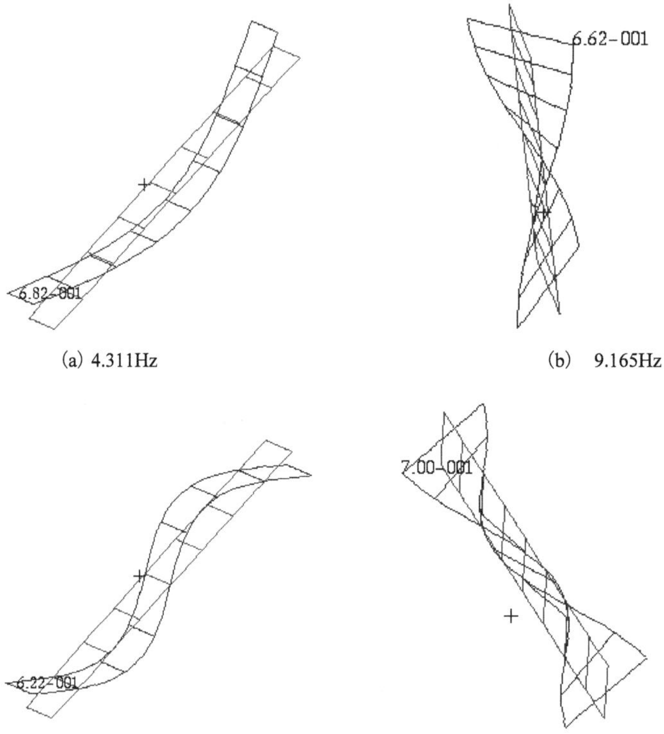

(a) 4.311Hz　(b) 9.165Hz

(c) 11.903Hz　(d) 19.25Hz

图 15.4.9　单块电池翼框架振型图

(2) 柔性基板模型。该模型将纤维丝基板等效为薄板，且考虑太阳能电池片的影响，将太阳能电池片也考虑成薄板。该模型由于考虑了太阳能电池片的刚度，使得柔性基板的刚度提高，和单纯考虑纤维丝等效薄板情况相比，避免了许多局部振型。

(3) 为考虑纤维丝柔性基板简化模型对计算结果的影响程度，将基板简化为薄膜进行计算，计算中不考虑太阳能电池片的刚度贡献。

(4) 将纤维丝基板简化为薄板进行计算，计算中同样不考虑太阳能电池片的刚度贡献。

为研究 Kevlar 纤维丝张力对电池翼固有频率的影响，本节计算了单块电池翼在侧边作用拉伸力情况下的频率变化情况，当电池翼在纵向和横向受不同大小载荷作用下的频率计算值由表 15.4.3 所示。从表中可以看出纵向张力对固有频率的计算结果影响较大，而横向载荷对计算结果的影响较小。其前 4 阶振型如图 15.4.10 所示。

表 15.4.3 张力作用下的频率计算值

阶次	简支边界条件	纵向张力 200N/m	纵向张力 300N/m	纵横向张力 300N/m
1	2.098	2.371	2.497	2.497
2	8.160	8.529	8.693	8.737
3	10.826	10.890	10.922	13.023
4	14.824	16.473	17.045	17.972
5	16.481	19.376	20.611	24.018
6	16.761	19.832	21.176	24.414
7	16.833	19.932	21.297	25.859
8	17.738	21.136	22.615	26.162
9	17.739	22.202	22.786	26.919
10	19.042	22.552	23.819	28.017

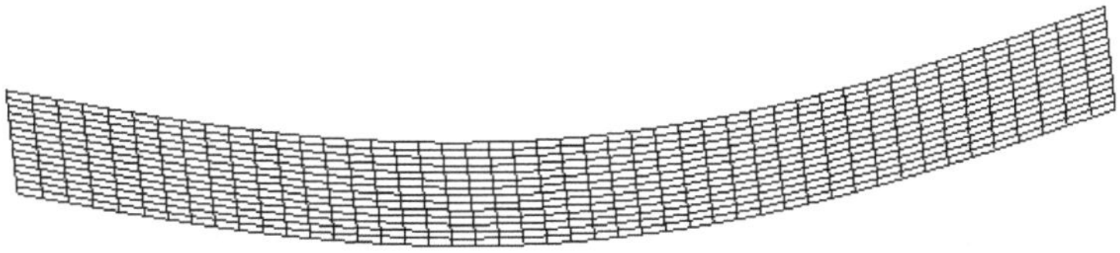

(a) 2.0983Hz

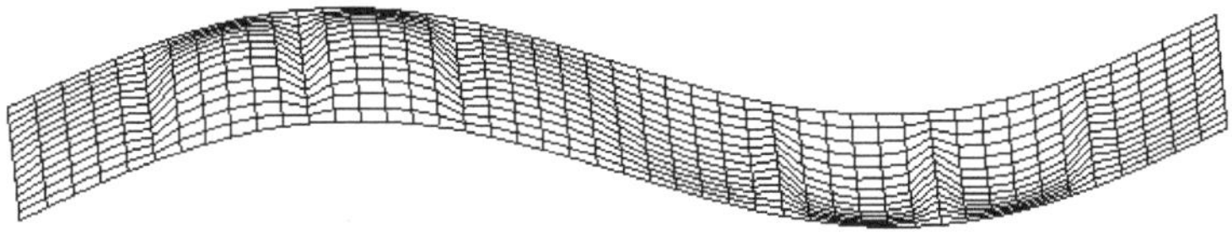

(b) 8.1596Hz

(c) 10.826Hz

(d) 14.822Hz

图 15.4.10 单块电池翼简支边界条件下的振型图

4. 组合电池翼的模态分析

以经过修正的单块太阳能电池翼为基础，采用子结构建模方法，分析两快组合基板的模态参数。表 15.4.4 给出了两块组合基板的前 10 阶固有频率值，图 15.4.11

给出了相应的前 4 阶振型图。

表 15.4.4　两块组合基板的频率计算值

模态阶数	频率值/Hz	振型说明
1	3.032	第 1 阶纵向弯曲振型
2	4.001	第 1 阶扭转振型
3	7.341	第 2 阶纵向弯曲振型
4	7.807	第 1 阶横向弯曲振型
5	7.945	第 2 阶扭转振型
6	8.149	第 2 阶横向弯曲振型

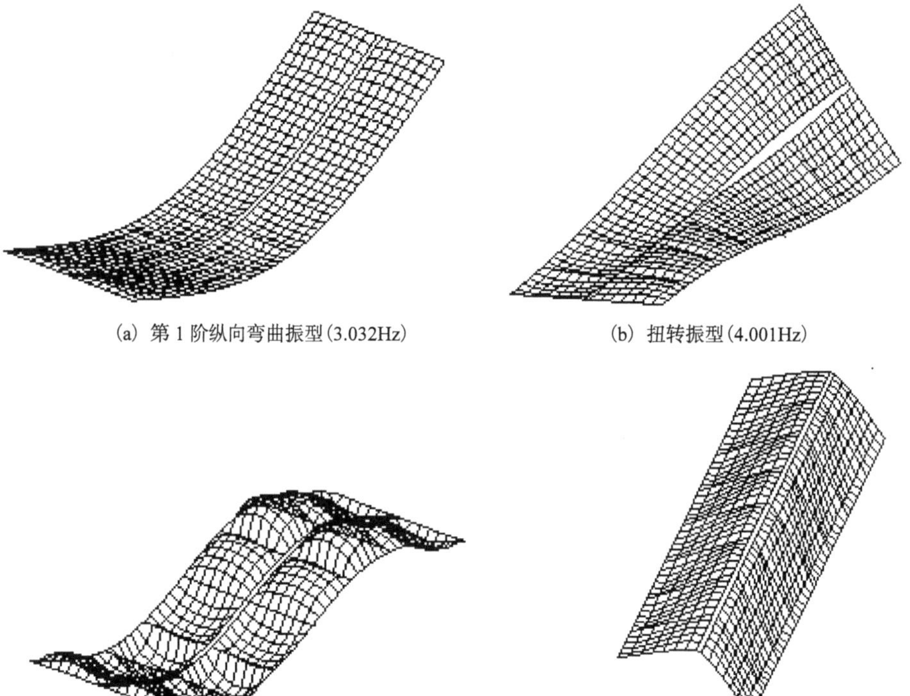

(a) 第 1 阶纵向弯曲振型(3.032Hz)　(b) 扭转振型(4.001Hz)

(c) 第 2 阶纵向弯曲振型(7.341Hz)　(d) 第 1 阶横向弯曲(7.807Hz)

图 15.4.11　组合翼板的前 4 阶振型图

本节以太阳能电池翼半刚性基板为研究对象，采用有限元方法建立了基板的初始动力学分析有限元模型，采用模态试验测试数据，对基板有限元模型进行了修正。采用修正后的基板有限元模型，分析了基板在外载荷作用下的静变形问题、基板的模态参数计算问题，还利用子结构方法，分析了组合基板的模态参数问题，所得计算结果与试验结果很接近。

15.5 一类卫星太阳能电池翼的结构动力学特性分析

对于一些结构形式比较简单的太阳能电池翼，其解析与半解析建模方法是非常有效的。但对于一些结构形式复杂的太阳能电池翼，采用解析或半解析模型计算翼板的结构动力学特性参数是不能满足工程精度要求的。因此以有限元方法为建模手段的太阳能电池翼数值建模技术在工程中的应用越来越普遍。

对于图 15.5.1 所示的太阳能电池翼组合板来说，如果采用有限元方法进行建模，可以充分考虑了集中质量、小开孔、局部刚性区等解析建模和半解析建模较难处理的影响因素。

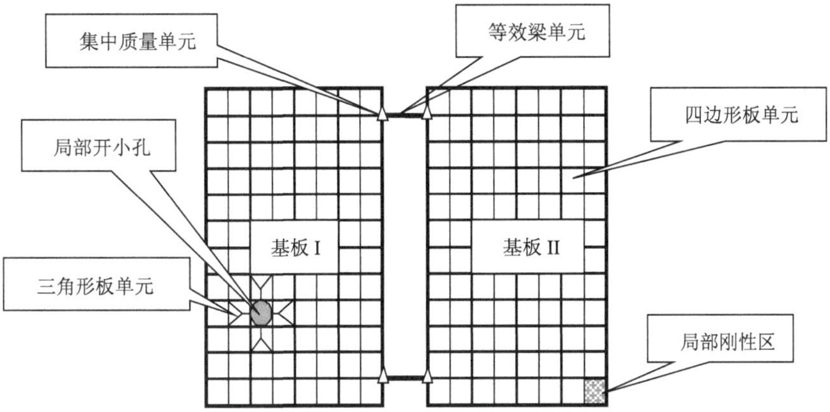

图 15.5.1 模拟电池翼板的有限元单元划分

下面将以一类太阳能电池翼为研究对象，采用有限元方法建立该卫星太阳能电池翼结构动力学特性分析的有限元模型，计算得到了卫星太阳能电池翼展开状态下的结构动力学特性参数，分析了连接刚度、质量偏心和基板刚度对计算结果的影响程度。

1. 卫星太阳能电池翼的结构模型

一般地，卫星主要由卫星星体结构、展开驱动机构、三角形连接架、太阳能电池翼等几大部分组成。卫星星体结构采用中心承力筒和框架结构，主要包括有效载荷舱、服务舱和推进舱三部分，该部分结构刚度较大，在姿态仿真模型中，卫星被视为刚体。卫星展开驱动机构主要包括驱动电机、驱动轴、主展开锁定机构等几部分。由于驱动电机与卫星星体通过多个螺栓紧密相连，且驱动电机及驱动轴的刚度很大，这两部分也可以当成刚体处理。主展开锁定机构是弱连接刚度部位，其连接刚度值对结构模态参数计算结果有较大影响。卫星三角形连接架采用钢管焊接而成，可以采用梁单元进行模拟。卫星太阳电池翼采用单翼非对称结构形式，由四块基板组成，单块板为蜂窝夹芯结构形式。卫星连接架和基板间、以及基板和基板间均通过铰链副相连，铰链副的锁定刚度较小，从而使得卫星电池翼的固有振动频率较低。

2. 卫星太阳能电池翼有限元模型

本节利用 MSC/NASTRAN 软件建立了一类卫星太阳能电池翼的有限元分析模型，该模型只包括太阳能电池翼的转动部分，主要包括由四块基板组成的太阳能电池翼、三角形连接架、伸展结构和驱动电机等几部分。为适应卫星挠性控制及动力学分析的需要，其太阳能电池翼的动力学特性分析有限元模型不能太复杂，因而，计算过程中对不同部件或元件进行了一定程度的简化处理，以适应姿态控制仿真分析的需要。

分析中主要采用了两节点梁单元(CBAR2)、四节点复合材料板弯曲单元(CQUAD4)、集中质量单元(CMASS)和部分多点约束单元(RBE2)，以适应卫星太阳能电池翼实际物理模型简化的需要，其中不同单元所模拟的部件见表 15.5.1。相应的有限元模型见图 15.5.2 所示。该有限元模型包括 1030 个结点，828 个四边形板单元，50 个梁单元，9 个锁定机构的模拟梁单元，16 个多点约束单元。

表 15.5.1　卫星太阳能电池翼不同部件的单元选择

部　件	单元选择	说明
基板	CQUAD4	厚度较薄，工程中通常简化为板单元
三角形连接架	CBAR	空心圆管，可以简化为梁单元
基板连接铰链副	CBAR 与 CMASS	梁单元模拟铰链副刚度，铰链副质量用集中质量单元模拟，放置在梁单元两端
伸展结构 梁板连接结点位移协调	RBE2	多点约束单元，模拟刚度较大的部件，如伸展结构。同时多点约束单元还协调部分梁单元与板单元对接时法向自由度连续的问题。

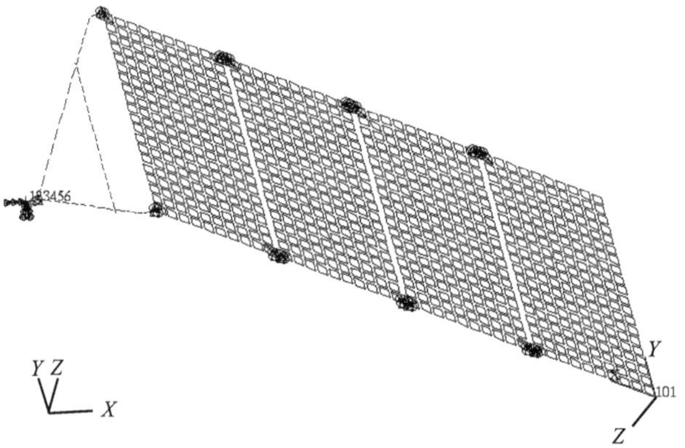

图 15.5.2　太阳能电池翼有限元模型

3. 基板建模

太阳能电池翼的基板采用蜂窝夹芯材料。在有限元法建模中，该蜂窝夹芯材料被等效为正交各向异性材料，且只考虑材料的横向剪切模量对刚度的贡献，而不考虑面内拉伸与压缩刚度和横向弯曲刚度。计算模型中基板采用层合复合材料板单元模型，即上下为面板中间为夹芯板，如图 15.5.3 所示。关于蜂窝夹芯材料的等效弹性模量的计算公式可参考相关文献。当然蜂窝夹芯材料的等效弹性模量也可以采用试验方法测量得到，表 15.5.2 给出了模型采用的两种典型蜂窝材料的等效弹性模量值。夹芯板的单元刚度矩阵计算公式为

$$[K]^{\mathrm{e}}=\sum_{k=1}^{3}\int_{-1}^{1}\int_{-1}^{1}[B]^{\mathrm{T}}[D]_k[B]\left|J\right|\mathrm{d}\eta\mathrm{d}\xi \quad (k=1,2,3,\cdots) \tag{15.5.1}$$

其中，$[B]$为单元应变矩阵，下标 $k(k=1,3)$ 分别表示夹芯板的上下面板和夹芯材料，$[D]_k$ 表示第 k 层材料（上下面板或夹芯）的弹性矩阵，J 表示 Jacobi 矩阵。

表 15.5.2　典型蜂窝夹芯材料的等效弹性模量

	蜂窝规格	模量 E_c/MPa	等效密度/(kg/m^3)
LF2Y 耐久无孔铝蜂窝夹芯	0.04×4 H_c=8~9	150	39
	0.04×4 H_c=15	174	
	0.04×4 H_c=28	207	
	0.05×5 H_c=5	161	41
	0.05×5 H_c=15	280	
	0.05×5 H_c=28	372	

夹芯板的单元质量矩阵计算公式为

$$[K]^{e}=\sum_{k=1}^{3}\rho_k t_k\int_{-1}^{1}\int_{-1}^{1}[N]^{\mathrm{T}}{}_k[N]\left|J\right|\mathrm{d}\eta\mathrm{d}\xi \tag{15.5.2}$$

其中，$[N]$为单元形状函数矩阵，ρ_k 和 t_k 分别表示第 k 层材料密度和厚度。

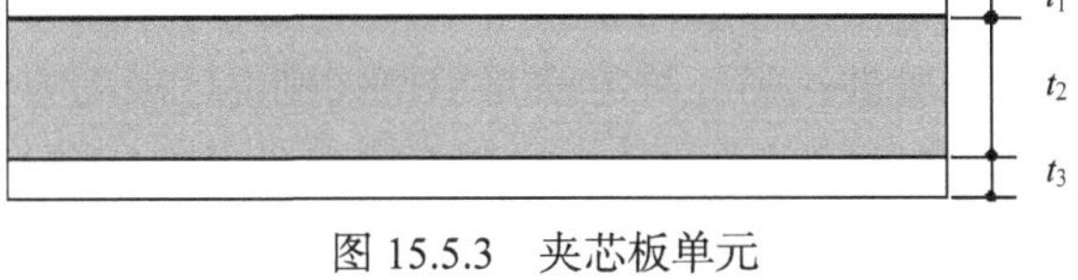

图 15.5.3　夹芯板单元

计算中不考虑电池片和电路的刚度贡献，而将其质量均匀分布在基板上，构成了 MSC/NASTRAN 软件中所谓的非结构质量。

4. 连接梁单元刚度参数

太阳能电池翼所有连接展开锁定机构均采用等效梁模型进行处理，见图 15.5.4 所示，而等效梁单元的刚度参数采用 15.2 节所识别的参数。

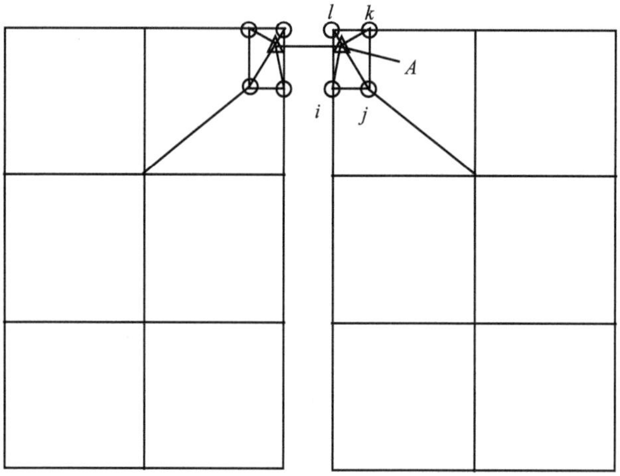

图 15.5.4　基板间铰链副的等效梁单元

5. 基板连接梁单元面内弯曲刚度的过渡

基板连接梁单元面内弯曲刚度的过渡问题是由于板壳理论的直法线假设引起的。由于平板单元不存在法向转动自由度，因此每个板单元节点只有五个自由度，这对基板的非“公共结点”来说，NASTRAN 软件会自动去掉这些结点的法向转动自由度，从而让非公共结点的法向转动自由度不参与计算。但对公共结点来说，由于梁单元在该结点位置存在六个自由度，有限元计算是不能随意去掉该结点法向转动自由度的。

这样对于板单元结点来说，其法向转动自由度对应的刚度为零，在该自由度上公共结点是一种铰接，法向转角在公共结点处不连续。计算过程中为避免该问题出现，需要为板单元的这种类型结点在法向转动自由度上提供一定的刚度。主要有两种方法，一是在该结点的法向自由度上人为增加一个扭簧单元，其单元的刚度系数具有一定的经验性；另一种方法是以增加刚性区域的方法实现法向转角的连续。即板单元四个结点 i, j, k, l 和连接梁单元结点 A 共五个结点组成刚性区域，该区域只能有刚体位移，不发生弹性变形，五个结点的三个转动位移值相同，其中法向转角与结点平动位移之间存在约束关系(约束相当于提供刚度)为

$$\theta_{ZA} = \frac{u_i - u_j}{y_i - y_j} = \frac{u_l - u_k}{y_l - y_k} = \frac{v_k - v_j}{x_k - x_j} = \frac{v_l - v_i}{x_l - x_i} \tag{15.5.3}$$

其中，u_h，v_h（$h=i, j, k, l$）表示结点在 x, y 方向上的位移分量，x_h，y_h（$h=i, j, k, l$）表示结点在 x, y 方向的坐标值。采用以上刚性区域的方法就很容易实现公共结点上法向转角的连续性要求。

6. 卫星太阳能电池翼模态参数计算结果

为了分析太阳能电池翼基板展开锁定机构的刚度特性对计算结果的影响程度，将不同部位的连接刚度(基板间连接刚度、三角架与基板间连接刚度、驱动电机与三角架间连接刚度)进行减半，减为 1/4 进行计算，其计算结果见表 15.5.3。

表 15.5.3 卫星太阳能电池翼频率计算结果

	本计算模型	基板间梁元件拉伸刚度减半	基板间梁元件弯曲刚度减半	三角架与基板间梁元件弯曲刚度减半	驱动电机与三角架间减半	全部减半	全部减为 1/4
1	0.1248017	0.1247974	0.1180122	0.1118164	0.1201872	0.1039776	0.0821
2	0.3353773	0.3352120	0.3353424	0.3350867	0.2626123	0.2624509	0.19684
3	0.7511546	0.7507763	0.6910836	0.7367547	0.6952232	0.6340563	0.49487
4	0.7679654	0.7678272	0.7484119	0.7595196	0.7493420	0.732560	0.69687
5	1.136236	1.135543	1.101320	1.076684	1.024713	0.9086098	0.7162
6	2.164634	2.162744	2.075136	2.160467	2.143492	2.004460	1.5924
7	2.389220	2.388237	2.139431	2.330158	2.384842	2.114771	2.0686
8	3.075619	3.071038	3.017028	3.023798	3.067111	2.956174	2.7445
9	4.144585	4.143518	3.496916	4.117818	4.143934	3.471703	2.8462
10	5.287120	5.281674	4.969098	5.219583	5.287058	4.901516	4.5368

为了分析太阳能电池翼基板刚度的对计算结果的影响程度，将基板面板材料的弹性模量分别减小 10%和 50%，然后计算太阳能电池翼的动特性计算。另外由于基板制造、安装上的误差会引起电池翼质量偏心，分析中需要考虑质量偏心对结果的影响程度。计算中在保持结构总质量不变的情况下，假设伸展机构的 7kg 质量发生了偏移，将该部分质量全部按非结构质量分配到与连接架相连的第一块基板上，这与原计算模型相比会造成 8cm 的质量偏心。考虑基板刚度变化和质量偏心影响的计算结果见表 15.5.4。

从表 15.5.3 可以看出，当基板间展开锁定机构的拉伸刚度减半，发现电池翼的固有频率计算结果几乎不受影响，这说明板间展开锁定结构的拉伸刚度较大，该刚度不是影响模态参数计算结果的主要因素。

就弯曲刚度对结构固有频率的影响，当基板间连接刚度减半时(拉伸刚度不变)，第 1 阶弯曲频率变为 0.1180122Hz，下降了 0.0068Hz(约下降了 6%)，第 2 阶固有频率化很小，这是由于第 2 阶频率对应的振型是基板的面内“挥舞”振动，该振动频率主要由基板面内刚度和板间连接梁的拉伸刚度决定，而受连接梁的弯曲刚度影响较小；当三角架与基板间连接梁的弯曲刚度减半时，第 1 阶弯曲频率变为 0.1118164Hz，下降了 0.0130Hz(约下降了 10%)，这说明该连接部位的弯曲刚度对计算结果的影响程度比基板间连接刚度的影响程度大一些，提高该部位的连接刚度更有利与提高太阳能电池翼的固有振动频率；当驱动电机与三角形连接架间连接部位的弯曲刚度减半时，结构第 1 阶振动频率变化不大，约下降 0.0042Hz，而第 2 阶振动频率下降明显，下降了 0.0728Hz，这说明该连接部位的弯曲刚度显著影响结构的第 2 阶振动频率(基板面内“挥舞”振动)；当所有连接部位的弯曲刚度减半时，结构的第 1 阶振动频率约下降 0.0208Hz。

表 15.5.4　基板刚度与电池翼质量偏心对太阳能电池翼固有频率计算结果的影响

	基板刚度减小 10%	基板刚度减半	偏心 8cm
1	0.1227027	0.1093479	0.1245989
2	0.3352542	0.3345533	0.3327501
3	0.7215866	0.5749254	0.7450364
4	0.7531883	0.6637384	0.7470648
5	1.124273	1.058586	1.098378
6	2.120940	1.834996	2.019847
7	2.326347	1.973613	2.275105
8	2.988704	2.636292	2.964760
9	4.030766	3.388824	4.005998
10	5.090197	4.120102	5.109054

进一步将所有连接部位的弯曲刚度减为原刚度的 1/4，则结构的第 1 阶振动频率变为 0.0821Hz，第 2 阶频率变为 0.19684Hz，对应的振型仍然不变，分别为弯曲振型和面内“挥舞”振型，第 3 阶振型由原来的扭转振型变为弯曲振型，频率为 0.49487Hz，而其第 1 阶扭转振型变为结构的第 5 阶振型，频率为 0.71621Hz，与原结构的第 1 阶扭转振型对应的频率(0.7512Hz)差别不大，这说明改变连接间弯曲刚度对结构第 1 阶扭转振动频率的影响较小。

从表 15.5.4 可以看出，基板本身的刚度和电池翼质量偏心对电池翼固有频率计算结果的影响程度。当基本刚度减半时，结构的第 1 阶固有频率变为 0.1093479Hz，频率下降 0.01545Hz，比所有连接部位的弯曲刚度减半情况的频率下降幅度小，这再一次说明了展开锁定机构的刚度比基板刚度对频率的影响大。

从表 15.5.4 还可以看出，当基板的质量偏心 8cm 时，结构的前 3 阶振动频率的变化幅度均小于 1%，仅第 6 阶频率(结构扭振)的变化幅度较大一些，为 6.67%。说明质量偏心对结构前几阶频率的影响是有限的。

关于模态振型计算结果，这里只给出了本计算模型的前 10 阶模态振型图，见图 15.5.5。

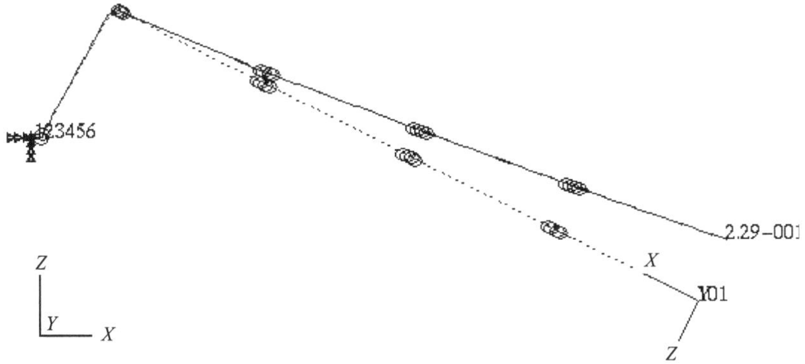

(a) 1 阶振型 *XY* 截面视图(弯曲振型)

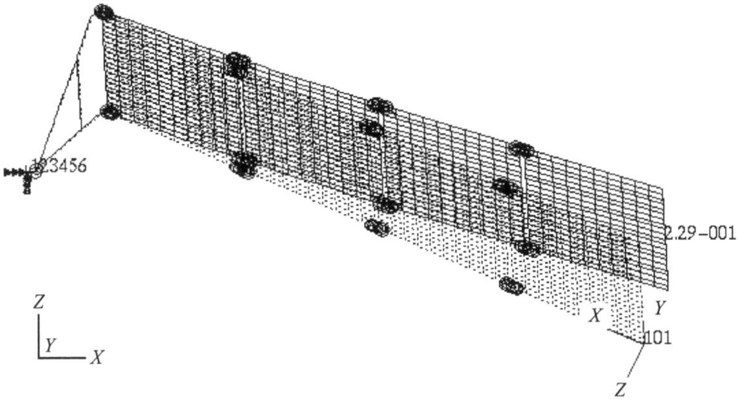

(b) 1 阶振型(0.1248Hz)，弯曲振型

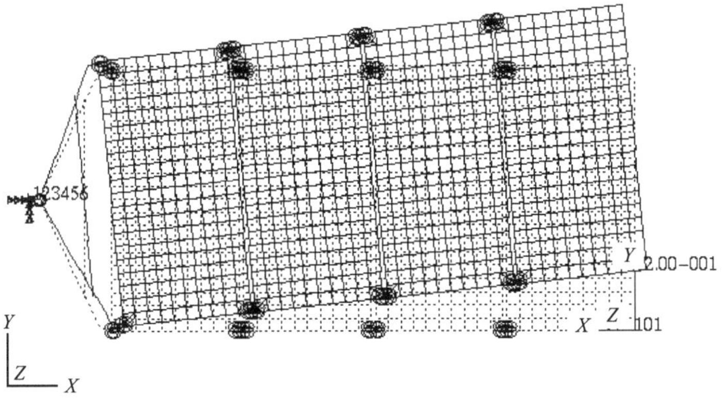

(c) 2 阶振型(0.3354Hz)，面内弯曲振型

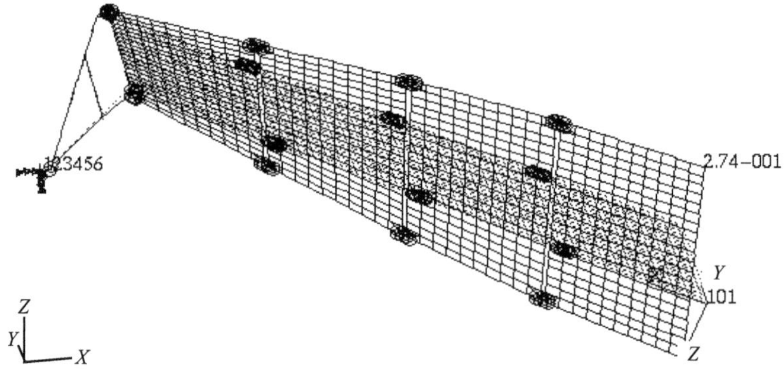

(d) 3 阶振型(0.7512Hz)，扭转振型

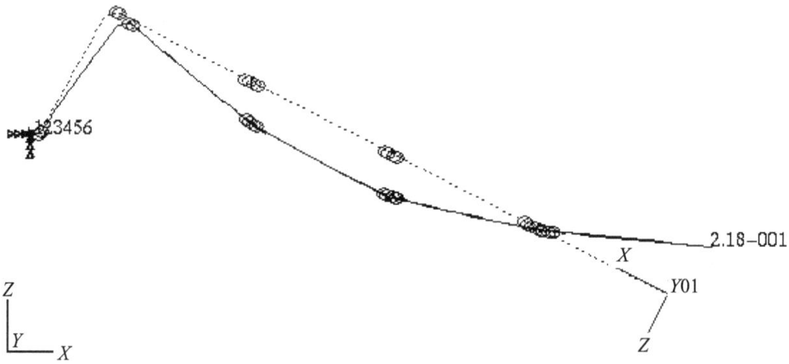

(e) 4 阶振型(0.7680Hz)，扭转振型

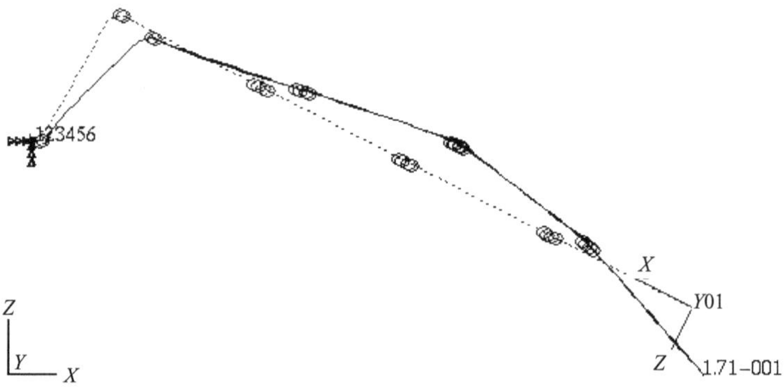

(f) 5 阶振型(1.136Hz)，弯曲振型

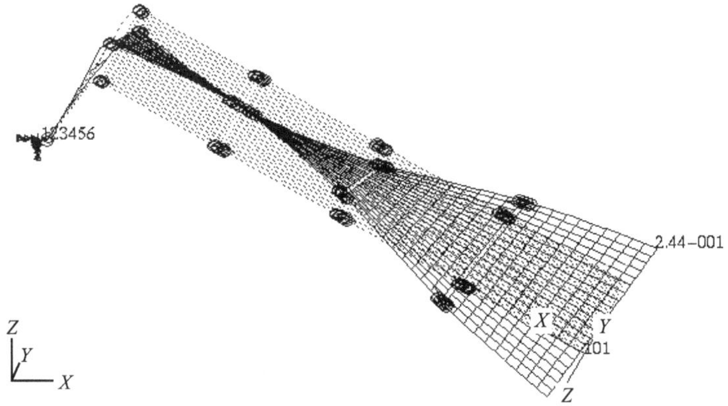

(g) 6 阶振型(2.165Hz)，扭转振型

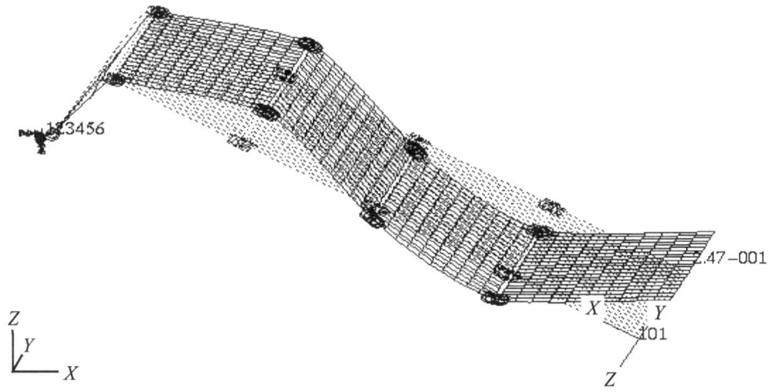

(h) 7 阶振型(2.389Hz)，弯曲振型

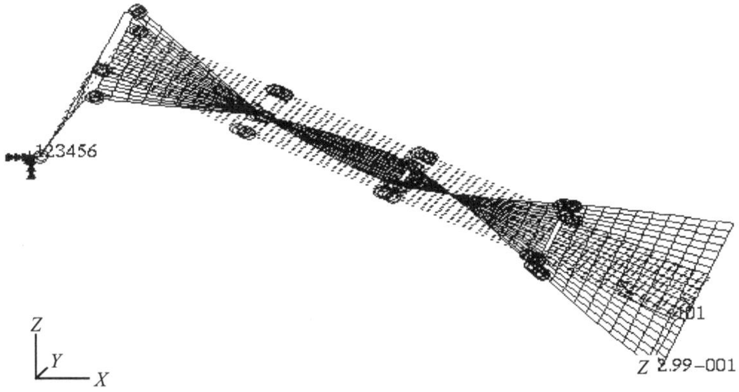

(i) 8 阶振型(3.076Hz)，扭转振型

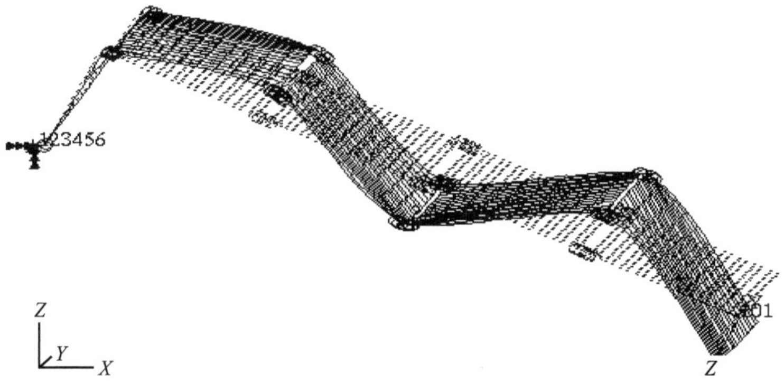

(j) 9 阶振型(4.145Hz)，弯曲振型

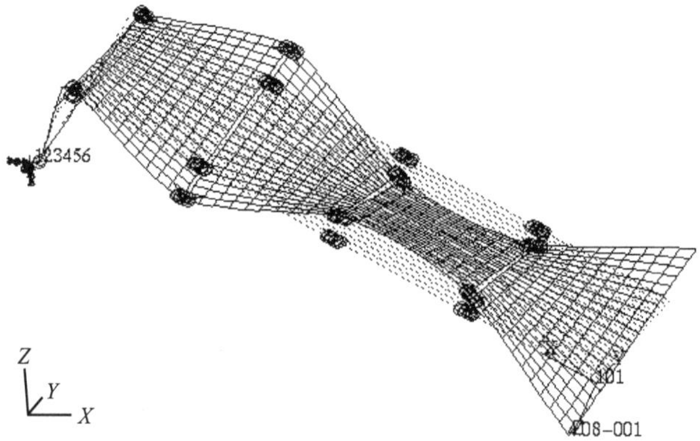

(k) 10 阶振型(5.287Hz)，扭转振型

图 15.5.5　卫星太阳能电池翼的振型图

本节主要建立了卫星太阳能电池翼展开状态下模态参数计算的有限元模型，介绍了卫星太阳能电池翼的结构模型、单元选择、单元划分、连接刚度的处理方法等几方面问题。获得了卫星太阳能电池翼模态参数计算结果。详细分析连接刚度、基板刚度、质量偏心对卫星太阳能电池翼振动模态参数的影响，结果表明连接部件的弯曲刚度比基板刚度对电池翼模态参数的影响更大一些，提高部位间的连接刚度有利于提高太阳能电池翼的弯曲固有振动频率；质量偏心对结构前几阶频率的影响有限；板间展开锁定结构的拉伸刚度较大时，该刚度对模态参数影响不大。

思考题与习题

15-1 太阳能电池翼展开锁定机构的建模方法有哪些，不同建模方法的区别和优缺点是什么？

15-2 太阳能电池翼基板连接刚度的辨识方法有哪些，其原理是什么？

15-3 刚性组合基板的建模方法原理是什么？

15-4 柔性组合基板和刚性组合基板在建模过程中的主要区别是什么？

15-5 对卫星太阳翼进行结构动力学特性分析的流程是什么？

附录A　课程设计题目

A-1　设计一个实用结构，使其第1阶固有频率为10Hz。

A-2　某板状结构的某阶固有频率为20Hz，结合工程实际提出几种改进设计方法，使结构的固有频率避开15Hz~25Hz范围。

A-3　若干个质量不等的仪器要安装在均匀梁(或板)上，请确定一种安装方式，使梁(或板)的第1阶或某给定阶固有频率最高。

A-4　若干个刚度不等的弹簧对均匀梁(或板)进行支撑，请确定一种支撑方式，使梁(或板)的第1阶或某给定阶固有频率最高。

A-5　考虑火箭飞行过程中气动力和推力对固有频率的影响，请确定火箭固有频率变化规律。

A-6　如下图所示均匀悬臂梁，在自由端有一个阻挡块，不考虑碰撞时能量损失，请确定在外载荷作用下梁的动力学响应。

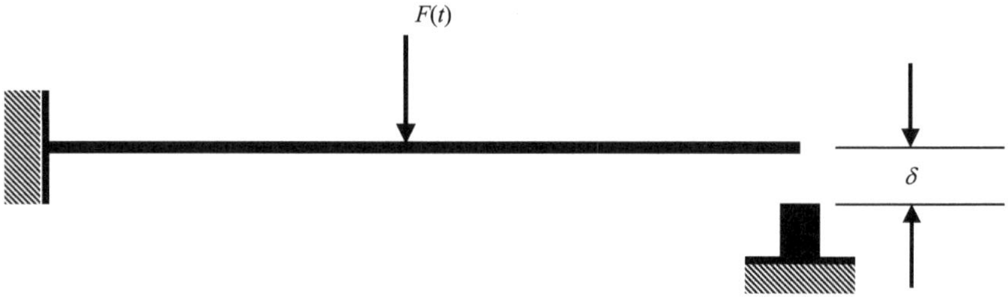

A-7　工程中经常将规则非均质材料(包括规则泡沫材料、点阵材料、蜂窝材料等)等效为均匀材料，再进行结构的力学性能分析；航天结构动力学分析中同样经常将一维桁架结构等效为均匀梁进行结构动力学特性分析。试采用某种等效方法，分析一维桁架结构的动力学特性。

A-8　起飞阶段，液体推进剂质量占运载火箭总质量的90%以上。在进行运载火箭结构动力学特性分析时，必须考虑液体推进剂的影响。试分析充液充压圆柱贮箱的结构动力学特性。

A-9　悬臂梁受基础激励作用下，在设计激励作用下该梁自由端的加速度响应峰值超过设计值20%。试采用被动或主动减振设计方案，在保持结构质量和第1阶固有频率变化不大的情况下使自由端的响应值不超过设计值。

A-10　悬臂梁中段某位置安装了一个有一定质量的仪器，考虑安装松紧程度

(仪器和梁连接刚度变化)，确定梁–仪器组合结构动力学特性的变化规律。

A-11　两个子结构串联式连接，要使子结构组合体的第 1 阶固有频率大于 20Hz，合理选择两个子结构的动力学特性参数。

A-12　周期性平面网状刚架，如果某根杆出现性能偏差(包括刚度与质量偏差)，分析该平面网状刚架的动力学特性参数变化规律。

附录B　部分习题答案

第 1 章：略

第 2 章：

2-1　$\left(m+\dfrac{1}{9r^2}\right)\ddot{x}+\dfrac{k}{9}x=0,\omega_n=\sqrt{\dfrac{kr^2}{I+9mr^2}}$

2-2　$\omega_n^2=\dfrac{k_1k_2k_4+k_1k_3k_4+k_2k_3k_4}{m(k_1k_2+k_1k_3+k_2k_3+k_1k_4+k_2k_4)}$

2-3　(1) 2cm;　(2) 4cm

2-4　1.39×10^6N/m

2-5　(1)　$\omega_n=\sqrt{\dfrac{6k}{7m}}$；　(2)　$\omega_n=\sqrt{\dfrac{6}{7}\left(\dfrac{k}{m}-\dfrac{2g}{l}\right)}$

2-6　$c_{\mathrm{c}}=\dfrac{2bl}{a^2}\sqrt{mk}$，　$\omega_{\mathrm{d}}=\dfrac{1}{2ml^2}\sqrt{4kmb^2l^2-c^2a^4}$

2-7　5s, $|x_{\max}|$=0.00124cm

2-8　$A=\dfrac{P_0}{k}\dfrac{1}{1-\bar{\omega}^2}$，其中 $\bar{\omega}=\omega/\omega_n=\omega\Big/\sqrt{\dfrac{k_1k_2}{m(k_1+k_2)}}$

2-9　(1) ξ=0.51，c=62.66N · s/m；(2) 2.48

2-10　0.60

2-11　$x(t)=\dfrac{1}{1-\bar{\omega}^2}\sin\left[\omega t+\arctan\left(\dfrac{ak}{F_0}\right)\right]\sqrt{\left(\dfrac{F_0}{k}\right)^2+a^2}$

2-12　1.51×10^3N

2-13　略

2-14　$x(t)=\sum\limits_{n=1}^{\infty}A_n\sin\left[(2n-1)\omega_nt-\theta_n\right]$，其中 $\theta_n=\arctan\left[\dfrac{(2n-1)c\omega_n}{k-(2n-1)^2m\omega_n^2}\right]$，

$$A_n=\frac{4(-1)^{n-1}}{\pi(2n+1)\sqrt{\left[k-(2n-1)^2m\omega_n^2\right]^2+\left[(2n-1)c\omega_n^2\right]^2}}$$

2-15 $\left[\frac{1}{2}\left(1\pm\sqrt{1-\frac{1}{M_{\max}^2}}\right)\right]^{1/2}$

2-16 无阻尼单自由度系统 $x(t)=\frac{F_0}{m\omega_n^2}(1-\cos(\omega_n t))$；

欠阻尼单自由度系统 $x(t)=\frac{F_0}{m\omega_n^2}\left[1-\mathrm{e}^{-\xi\omega_n t}\left(\frac{\xi}{\sqrt{1-\xi^2}}\sin(\omega_\mathrm{d}t)+\cos(\omega_\mathrm{d}t)\right)\right]$

2-17 无阻尼单自由度系统 $x(t)=\frac{F_0}{2m\omega_n^2}\sin(\omega t)-\frac{F_0}{2m\omega_n}t\cos(\omega_n t)$

欠阻尼单自由度系统 $x(t)=\frac{F_0}{m\left[\left(\omega_n^2-\omega^2\right)^2+\left(2\xi\omega\omega_n\right)^2\right]}$

$$\times\left\{2\xi\omega\omega_n\left[\cos(\omega_n t)-\cos(\omega t)\right]+\left(\omega_n^2-\omega^2\right)\left[\sin(\omega t)-\frac{\omega}{\omega_n}\sin(\omega_n t)\right]\right\}$$

2-18 (1) $x(t)=\frac{F_0}{k}\left(1-\cos(\omega_n t)-\frac{t}{t_1}+\frac{1}{\omega_n t_1}\sin(\omega_n t)\right),\quad 0\leqslant t\leqslant t_1$

$$x(t)=\frac{F_0}{k}\left\{-\cos(\omega_n t)+\frac{\sin(\omega_n t)-\sin[\omega_n(t-t_1)]}{\omega_n t_1}\right\},\quad t_1\leqslant t$$

(2) $$x(t)=\begin{cases}\frac{F_0}{k}\left[\frac{t}{t_1}-\frac{\sin(\omega_n t)}{\omega_n t_1}\right], & 0\leqslant t\leqslant t_1\\ \frac{F_0}{k}\left[\frac{t_2-t}{t_2-t_1}-\frac{\sin(\omega_n t)}{\omega_n t_1}+\frac{t_2\sin[\omega_n(t-t_1)]}{\omega_n t_1(t_2-t_1)}\right], & t_1\leqslant t\leqslant t_2\\ \frac{F_0}{k}\left[-\frac{\sin(\omega_n t)}{\omega_n t_1}+\frac{t_2\sin[\omega_n(t-t_1)]}{\omega_n t_1(t_2-t_1)}-\frac{\sin[\omega_n(t-t_2)]}{\omega_n(t_2-t_1)}\right], & t\geqslant t_2\end{cases}$$

2-19 $$x(t)=\begin{cases}\frac{F_0}{k}\left\{\left(1+\frac{2}{\omega_n^2t_1^2}\right)[1-\cos(\omega_n t)]-\frac{t^2}{t_1^2}\right\}, & 0\leqslant t\leqslant t_1\\ \frac{F_0}{k}\left[\frac{2}{\omega_n^2t_1^2}\left\{\cos\omega_n\left[(t-t_1)\right]-\cos(\omega_n t)\right\}-\frac{2}{\omega_n t_1}\sin\left[\omega_n(t-t_1)\right]-\cos(\omega_n t)\right], & t_1\leqslant t\end{cases}$$

2-20 $$x(t)=\begin{cases}a_1[1-\cos(\omega_n t)]-(a_1+a_2)\left(\frac{t}{t_1}-\frac{\sin(\omega_n t)}{\omega_n t_1}\right), & 0\leqslant t\leqslant t_1\\ -a_1\cos(\omega_n t)-a_2\cos[\omega_n(t-t_1)]-\frac{a_1+a_2}{\omega_n t_1}\left\{\sin[\omega_n(t-t_1)]-\sin(\omega_n t)\right\}, & t_1\leqslant t\end{cases}$$

2-21　$\dfrac{m\omega_n^2 x_{\max}}{F_0}=\begin{cases}2\sin\dfrac{\omega_n t_0}{2}, & t_0<\dfrac{\pi}{\omega_n}\\ 2, & t_0>\dfrac{\pi}{\omega_n}\end{cases}$

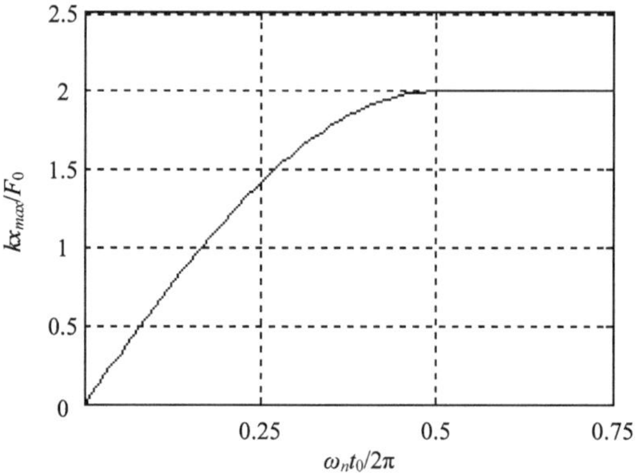

2-22　略

第 3 章：

3-1　(1) $K=\begin{bmatrix}2k & \dfrac{1}{4}kL\\ \dfrac{1}{4}kL & \dfrac{5}{16}kL^2\end{bmatrix}$；(2) $K=\begin{bmatrix}\dfrac{9}{16}k & \dfrac{3}{16}kL\\ \dfrac{3}{16}kL & \dfrac{17}{16}kL^2\end{bmatrix}$

3-2　$\dfrac{L}{3EI}\begin{bmatrix}\dfrac{L^2}{3} & \dfrac{L}{2}\\ \dfrac{L}{2} & 1\end{bmatrix}$

3-3　$\begin{bmatrix}I_1 & 0\\ 0 & I_2\end{bmatrix}\begin{bmatrix}\ddot{\theta}_1\\ \ddot{\theta}_2\end{bmatrix}+\begin{bmatrix}k_{\theta_1}+k_{\theta_2} & -k_{\theta_2}\\ -k_{\theta_2} & k_{\theta_2}\end{bmatrix}\begin{bmatrix}\theta_1\\ \theta_2\end{bmatrix}=\begin{bmatrix}M_1(t)\\ M_2(t)\end{bmatrix}$

3-4　$\sqrt{\dfrac{k_2+k_3}{m_1}}$，$\sqrt{\dfrac{k_5+k_6}{m_2}}$，

$$\sqrt{\frac{(m_1k_4+m_1k_7+m_2k_1+m_2k_4)\mp\sqrt{(m_1k_4+m_1k_7+m_2k_1+m_2k_4)^2-4m_1m_2(k_1k_4+k_4k_7+k_1k_7)}}{2m_1m_2}}$$

3-5　$\begin{bmatrix}\dfrac{1}{3}m_1l^2 & 0\\ 0 & m_2\end{bmatrix}\begin{bmatrix}\ddot{\varphi}\\ \ddot{x}\end{bmatrix}+\begin{bmatrix}(k_1\cos^2\theta_0+k_2\sin^2\theta_0)l & -k_2l\sin\theta_0\\ -k_2l\sin\theta_0 & k_2\end{bmatrix}\begin{bmatrix}\varphi\\ x\end{bmatrix}=\begin{bmatrix}0\\ 0\end{bmatrix}$

$$\omega^4-\left[\frac{k_2}{m_2}+\frac{3}{m_1}\left(k_1\cos^2\theta_0+k_2\sin^2\theta_0\right)\right]\omega^2+\frac{3k_1k_2}{m_1m_2}\cos^2\theta_0=0$$

3-6 $$\begin{bmatrix}1&0&0\\0&1&0\\0&0&1\end{bmatrix}\begin{bmatrix}\ddot{x}_1\\\ddot{x}_2\\\ddot{x}_3\end{bmatrix}+\frac{g}{l}\begin{bmatrix}5&-2&0\\-2&3&-1\\0&-1&1\end{bmatrix}\begin{bmatrix}x_1\\x_2\\x_3\end{bmatrix}=\begin{bmatrix}0\\0\\0\end{bmatrix}$$

$$\begin{bmatrix}3&2&1\\2&2&1\\1&1&1\end{bmatrix}\begin{bmatrix}\ddot{\theta}_1\\\ddot{\theta}_2\\\ddot{\theta}_3\end{bmatrix}+\frac{g}{l}\begin{bmatrix}3&0&0\\0&2&0\\0&0&1\end{bmatrix}\begin{bmatrix}\theta_1\\\theta_2\\\theta_3\end{bmatrix}=\begin{bmatrix}0\\0\\0\end{bmatrix}$$

$$\omega^6-9\frac{g}{l}\omega^4+18\frac{g^2}{l^2}\omega^2-6\frac{g^3}{l^3}=0$$

3-7 $\omega_1=1.13\sqrt{\dfrac{k}{m}},\omega_2=1.73\sqrt{\dfrac{k}{m}},\omega_3=2.18\sqrt{\dfrac{k}{m}}$

3-8 $\omega_1=\sqrt{\dfrac{g}{l}},\omega_2=\sqrt{\dfrac{g}{l}+\dfrac{kh^2}{ml^2}},\omega_3=\sqrt{\dfrac{g}{l}+\dfrac{3kh^2}{ml^2}};$

$(1,1,1)^{\mathrm{T}}$, $(-1,0,1)^{\mathrm{T}}$, $(1,-2,1)^{\mathrm{T}}$

3-9 $\omega_1=0.359\sqrt{\dfrac{k}{m}},\omega_2=\sqrt{\dfrac{k}{m}},\omega_3=1.97\sqrt{\dfrac{k}{m}}$

$$X_1=\frac{1}{\sqrt{m}}\begin{bmatrix}0.2819\\0.4044\\0.5447\end{bmatrix},X_2=\frac{1}{\sqrt{m}}\begin{bmatrix}0.4772\\0.4772\\-0.4772\end{bmatrix},X_3=\frac{1}{\sqrt{m}}\begin{bmatrix}-0.8491\\0.3695\\-0.0548\end{bmatrix}$$

3-10 提示：$X_i^{\mathrm{T}}MX_j=0 \quad (i,j=1,2,3;\text{且}\, i\neq j)$

3-11 略

3-12 $c<2.24\times10^3\,\mathrm{N\cdot s/m}$

3-13 $\dfrac{6.088}{l}\sqrt{\dfrac{EI}{(3m+12.355m_1)l}}$

3-14 $\dfrac{0.4804}{l}\sqrt{\dfrac{EI}{ml}}$

3-15 $0.4495\sqrt{\dfrac{k}{m}}$

3-16 $\omega_1^2=\dfrac{2\pi^4 EJ}{l^3\left(m+\dfrac{3}{8}\rho Al\right)}$， 证明略

第 4 章:

4-1 (1) $\begin{bmatrix} m & 0 \\ 0 & I \end{bmatrix}\begin{bmatrix} \ddot{x} \\ \ddot{\theta} \end{bmatrix}+\begin{bmatrix} 2k & \dfrac{1}{4}kL \\ \dfrac{1}{4}kL & \dfrac{5}{16}kL^2 \end{bmatrix}\begin{bmatrix} x \\ \theta \end{bmatrix}=\begin{bmatrix} 0 \\ M(t) \end{bmatrix}$;

(2) $\begin{bmatrix} \dfrac{m}{4}+\dfrac{I}{L^2} & \dfrac{m}{4}-\dfrac{I}{L^2} \\ \dfrac{m}{4}-\dfrac{I}{L^2} & \dfrac{m}{4}+\dfrac{I}{L^2} \end{bmatrix}\begin{bmatrix} \ddot{x}_1 \\ \ddot{x}_2 \end{bmatrix}+\begin{bmatrix} \dfrac{9}{16}k & \dfrac{3}{16}k \\ \dfrac{3}{16}k & \dfrac{17}{16}k \end{bmatrix}\begin{bmatrix} x_1 \\ x_2 \end{bmatrix}=\begin{bmatrix} -\dfrac{1}{L}M(t) \\ \dfrac{1}{L}M(t) \end{bmatrix}$

4-2 $\begin{cases} (m+M)\ddot{x}+Ml\ddot{\varphi}\cos\varphi-Ml\dot{\varphi}^2\sin\varphi=0 \\ Ml^2\ddot{\varphi}+Ml\ddot{x}\cos\varphi+Mgl\sin\varphi=0 \end{cases}$

4-3 $\begin{cases} M\ddot{r}-Mr\dot{\theta}^2-Mr\omega^2\sin^2\theta-Mg\cos\theta+k(r-l_0)=0 \\ (ml^2+Mr^2)\ddot{\theta}+2Mr\dot{r}\dot{\theta}-(ml^2+Mr^2)\omega^2\sin\theta\cos\theta+(ml+Mr)g\sin\theta=0 \end{cases}$

$M_1=2\left(ml^2+Mr^2\right)\omega\dot{\theta}\sin\theta\cos\theta+2Mr\dot{r}\omega\sin^2\theta$

4-4 $\begin{bmatrix} 3m & mL \\ mL & \dfrac{2}{3}mL^2 \end{bmatrix}\begin{bmatrix} \ddot{x} \\ \ddot{\theta} \end{bmatrix}+\begin{bmatrix} 2c & cL \\ cL & cL^2 \end{bmatrix}\begin{bmatrix} \dot{x} \\ \dot{\theta} \end{bmatrix}+\begin{bmatrix} 3k & 2kL \\ 2kL & 2kL^2+mgL \end{bmatrix}\begin{bmatrix} x \\ \theta \end{bmatrix}=\begin{bmatrix} 0 \\ 0 \end{bmatrix}$

4-5 $\begin{bmatrix} M+\dfrac{\rho AL}{3} & M+\dfrac{\rho AL}{4} \\ M+\dfrac{\rho AL}{4} & M+\dfrac{\rho AL}{5} \end{bmatrix}\begin{bmatrix} \ddot{q}_1 \\ \ddot{q}_2 \end{bmatrix}+\begin{bmatrix} \dfrac{k}{L^2} & 0 \\ 0 & \dfrac{4EI}{L^3} \end{bmatrix}\begin{bmatrix} q_1 \\ q_2 \end{bmatrix}=\begin{bmatrix} 0 \\ 0 \end{bmatrix}$

4-6 (1) 略;

(2) $\begin{bmatrix} \dfrac{\rho AL}{2} & 0 \\ 0 & \dfrac{\rho AL}{2} \end{bmatrix}\begin{bmatrix} \ddot{\eta}_1 \\ \ddot{\eta}_2 \end{bmatrix}+\begin{bmatrix} \dfrac{\pi^2 EA}{2L} & 0 \\ 0 & \dfrac{2\pi^2 EA}{L} \end{bmatrix}\begin{bmatrix} \eta_1 \\ \eta_2 \end{bmatrix}=\begin{bmatrix} \dfrac{2p_0L}{\pi} \\ 0 \end{bmatrix}$

4-7 $\begin{bmatrix} \dfrac{\rho Al}{5} & \dfrac{\rho Al}{6} \\ \dfrac{\rho Al}{6} & \dfrac{\rho Al}{7} \end{bmatrix}\begin{bmatrix} \ddot{\eta}_1 \\ \ddot{\eta}_2 \end{bmatrix}+\begin{bmatrix} \dfrac{4EJ}{l^3}-\dfrac{4T_0}{3l} & \dfrac{6EJ}{l^3}-\dfrac{3T_0}{2l} \\ \dfrac{6EJ}{l^3}-\dfrac{3T_0}{2l} & \dfrac{12EJ}{l^3}-\dfrac{9T_0}{5l} \end{bmatrix}\begin{bmatrix} \eta_1 \\ \eta_2 \end{bmatrix}=\begin{bmatrix} -\dfrac{p_0l}{3} \\ -\dfrac{p_0l}{4} \end{bmatrix}$

4-8 $\begin{cases}\ddot{x}_1=\dfrac{m_2 g\sin\alpha\cos\alpha}{m_2+m_1\sin^2\alpha}\\ \ddot{y}_1=-\dfrac{(m_1+m_2)g\sin^2\alpha}{m_2+m_1\sin^2\alpha}\end{cases}$, $\begin{cases}\ddot{x}_2=-\dfrac{m_1 g\sin\alpha\cos\alpha}{m_2+m_1\sin^2\alpha}\\ \ddot{y}_2=0\end{cases}$; $\begin{cases}R_1=\dfrac{m_1 m_2 g\cos\alpha}{m_2+m_1\sin^2\alpha}\\ R_2=\left(m_2+\dfrac{m_1 m_2\cos^2\alpha}{m_2+m_1\sin^2\alpha}\right)g\end{cases}$

4-9 $\dfrac{8m_1m_2m_3g}{m_1(m_2+m_3)+4m_2m_3}$; $\dfrac{m_1(m_2+m_3)-4m_2m_3}{m_1(m_2+m_3)+4m_2m_3}$

4-10 略

第 5 章:

5-1 $x_1=-3$，$x_2=1$，$x_3=2$，$x_4=1$

5-2 $x(t)=[1,2,3,4]^T$

5-3 $\lambda_1\approx 2.536\,532$, $x_1\approx[0.748\,2, 0.649\,7, 1]^T$

5-4 (1) $u=(0.707\,107\,96, -1, 0.707\,107\,96)^T$, $\lambda_1=3.414\,2$;

(2) $u=(1, 0.714\,316, -0.249\,895)^T$, $\lambda_2=6.000\,837$

5-5 特征矩阵为 $\begin{bmatrix}3&0&0\\0&0&0\\0&0&0\end{bmatrix}$

5-6 $\omega_1=10.95\sqrt{\dfrac{EJ}{\rho AL^4}}, \omega_2=50.20\sqrt{\dfrac{EJ}{\rho AL^4}}$

5-7 $K=\begin{bmatrix}5&4.1231&0&0\\4.1231&7.8823&-4.0276&0\\0&-4.0276&7.3941&2.3219\\0&0&2.3219&1.7236\end{bmatrix}$

5-8 两个，$\lambda_1=2$，$\lambda_2=4$ $(\lambda_3=6)$

5-9 $\lambda_1\approx 0.146\,447$, $\phi_1=[0.25\quad 0.50\quad 0.603553\quad 0.7071]$

5-10 略

5-11 略

第 6 章: 略

第 7 章:

7-1 略

7-2 略

7-3 略

7-4　$\frac{0.9415}{l^2}\sqrt{\frac{EI}{\rho_l}}$，$\frac{4.4335}{l^2}\sqrt{\frac{EI}{\rho_l}}$

7-5　$\omega_1=\omega_2=\omega_3=0$，$\omega_4^2=\frac{15k}{2m},\omega_5^2=\frac{9k}{m}$

7-6　略

7-7　$\omega_1=0.39018$，$\omega_2=0.76537$

7-8　$\omega_1{}^2=0.198$，$\omega_2{}^2=1.0$，$\omega_3{}^2=1.555$

第 8 章：略

第 9 章：

9-1　中心差分法的到各时刻位移(单位：s)：

时刻	Δt	$2\Delta t$	$3\Delta t$	$4\Delta t$	$5\Delta t$	$6\Delta t$	$7\Delta t$	$8\Delta t$	$9\Delta t$	$10\Delta t$
$a(t)$	0	0.0307	0.168	0.487	1.02	1.70	2.40	2.91	3.07	2.77
	0.392	1.45	2.83	4.14	5.02	5.26	4.90	4.17	3.37	2.78

9-2　略

9-3

Newmark 方法。

取时间步长为Δt=0.28s 时：

时刻	Δt	$2\Delta t$	$3\Delta t$	$4\Delta t$	$5\Delta t$	$6\Delta t$	$7\Delta t$	$8\Delta t$	$9\Delta t$	$10\Delta t$
$a(t)$	0.00673	0.0505	0.189	0.485	0.961	1.58	2.23	2.76	3.00	2.85
	0.364	1.35	2.68	4.00	4.95	5.34	5.13	4.48	3.64	2.90

取时间步长为Δt=28s 时：

时刻	Δt	$2\Delta t$	$3\Delta t$	$4\Delta t$	$5\Delta t$	$6\Delta t$	$7\Delta t$	$8\Delta t$	$9\Delta t$	$10\Delta t$
$a(t)$	1.99	0.028	1.94	0.112	1.83	0.248	1.67	0.429	1.47	0.648
	2.99	0.045	5.90	0.177	5.72	0.393	5.47	0.685	5.14	1.04

Wilson θ 方法。

取时间步长为Δt=0.28s 时：

时刻	Δt	$2\Delta t$	$3\Delta t$	$4\Delta t$	$5\Delta t$	$6\Delta t$	$7\Delta t$	$8\Delta t$	$9\Delta t$	$10\Delta t$
$a(t)$	0.00605	0.0525	0.196	0.490	0.952	1.54	2.16	2.67	2.92	2.82
	0.366	1.34	2.64	3.92	4.88	5.31	5.18	4.61	3.82	3.06

取时间步长为Δt=28s 时：

时刻	Δt	$2\Delta t$	$3\Delta t$	$4\Delta t$	$5\Delta t$	$6\Delta t$	$7\Delta t$	$8\Delta t$	$9\Delta t$	$10\Delta t$
$a(t)$	1.09	2.82	−2.61	5.86	−4.47	6.59	−4.38	5.97	−3.46	4.92
	1123	−834	674	−519	406	−308	242	−181	144	−105

9-4　取时间步长为Δt=0.28s 时：

时刻	Δt	$2\Delta t$	$3\Delta t$	$4\Delta t$	$5\Delta t$	$6\Delta t$	$7\Delta t$	$8\Delta t$	$9\Delta t$	$10\Delta t$
$a(t)$	0	0.0307	0.167	0.461	0.923	1.50	2.11	2.60	2.86	2.80
	0.392	1.45	2.80	4.08	5.02	5.43	5.31	4.77	4.01	3.24

取时间步长为Δt=28s 时：

时刻	Δt	$2\Delta t$	$3\Delta t$	$4\Delta t$	$5\Delta t$	$6\Delta t$	$7\Delta t$	$8\Delta t$	$9\Delta t$	$10\Delta t$
$a(t)$	2.19	2.92	1.00	1.00	1.00	1.00	1.00	1.00	1.00	1.00
	2.24	3.12	3.00	3.00	3.00	3.00	3.00	3.00	3.00	3.00

9-5　略

9-6　略

9-7　略

9-8　$-\dfrac{F_0}{m\omega_n^2(\alpha^2+\omega_n^2)}[\omega_n^2 \mathrm{e}^{-\alpha t}-\alpha^2-\omega_n^2+\alpha^2\cos\omega_n t+\alpha\omega_n\sin\omega_n t]$

9-9
$$x(t)=\begin{cases}\dfrac{2F_0}{m\omega_n^2 t_0}\left(t-\dfrac{1}{\omega_n}\sin\omega_n t\right), & t\leqslant t_0/2\\ \dfrac{2F_0}{m\omega_n^2 t_0}\left\{1-\dfrac{t}{t_0}+\dfrac{1}{\omega_n t_0}\left[2\sin\omega_n\left(t-\dfrac{1}{2}t_0\right)-\sin\omega_n t\right]\right\}, & t_0/2\leqslant t\leqslant t_0\\ \dfrac{2F_0}{m\omega_n^3 t_0}\left[2\sin\omega_n\left(t-\dfrac{1}{2}t_0\right)-\sin\omega_n t-\sin(t-t_0)\right], & t_0\leqslant t\end{cases}$$

9-10　(1)　$F(t)=\dfrac{4F_0}{\pi}\sum\limits_{n=1,3,\cdots}^{\infty}\dfrac{1}{n}(-1)^{\frac{n-1}{2}}\cos(n\omega t)$

(2)　$F(t)=\dfrac{1}{2}+\dfrac{4}{\pi^2}\left(\cos(\omega t)+\dfrac{1}{3^2}\cos(3\omega t)+\dfrac{1}{5^2}\cos(5\omega t)+\cdots\right)$

(3)　$F(t)=\dfrac{1}{2}-\sum\limits_{n=1}^{\infty}\dfrac{1}{n\pi}\sin(n\omega t)$

9-11　略

9-12　略

第 10 章:

10-1
$$x(t)=\begin{bmatrix}x_1\\x_2\\x_3\end{bmatrix}=-0.88\begin{bmatrix}1\\2\\1\end{bmatrix}\frac{P_0}{k}\sin(\omega t)-2.63\begin{bmatrix}-\sqrt{3}\\0\\\sqrt{3}\end{bmatrix}\frac{P_0}{k}\sin(\omega t)+0.21\begin{bmatrix}\sqrt{2}\\-\sqrt{2}\\\sqrt{2}\end{bmatrix}\frac{P_0}{k}\sin(\omega t)$$

10-2 略

10-3 略

10-4 略

10-5 $x(t)=\frac{P}{m}\cos\omega t\begin{bmatrix}0.242\frac{\beta_1}{\omega_1^2}-0.436\frac{\beta_2}{\omega_2^2}+0.194\frac{\beta_3}{\omega_3^2}\\0.436\frac{\beta_1}{\omega_1^2}-0.194\frac{\beta_2}{\omega_2^2}-0.242\frac{\beta_3}{\omega_3^2}\\0.543\frac{\beta_1}{\omega_1^2}-0.349\frac{\beta_2}{\omega_2^2}+0.108\frac{\beta_3}{\omega_3^2}\end{bmatrix}$，其中 $\beta_i=\frac{1}{1-\left(\frac{\omega}{\omega_i}\right)^2}, i=1,2,3$

$$\omega_1=0.445\sqrt{\frac{k}{m}},\omega_2=1.247\sqrt{\frac{k}{m}},\omega_3=1.802\sqrt{\frac{k}{m}}$$

10-6 $x_r(t)=-a\sin\omega t\begin{bmatrix}0.334\frac{\beta_1}{\omega_1^2}+0.333\frac{\beta_2}{\omega_2^2}+0.333\frac{\beta_3}{\omega_3^2}\\0.765\frac{\beta_1}{\omega_1^2}+0.450\frac{\beta_2}{\omega_2^2}+0.215\frac{\beta_3}{\omega_3^2}\\1.307\frac{\beta_1}{\omega_1^2}-0.348\frac{\beta_2}{\omega_2^2}+0.041\frac{\beta_3}{\omega_3^2}\end{bmatrix}$，其中 $\beta_i=\frac{1}{1-\left(\frac{\omega}{\omega_i}\right)^2}, i=1,2,3$

$$\omega_1^2=9.979\frac{EJ}{mh^3},\omega_2^2=55.07\frac{EJ}{mh^3},\omega_3^2=151\frac{EJ}{mh^3};\quad x_r=x-\begin{bmatrix}1 & 1 & 1\end{bmatrix}x_s$$

10-7 $\begin{bmatrix}x_1(t)\\x_2(t)\end{bmatrix}=\frac{(F_1+F_2)\sin\left(\omega t-\arctan\frac{c\omega}{k-m\omega^2}\right)}{2\sqrt{\left(k-m\omega^2\right)^2+c^2\omega^2}}\begin{bmatrix}1\\1\end{bmatrix}$

$$+\frac{(F_1-F_2)\sin\left(\omega t-\arctan\frac{3c\omega}{3k-m\omega^2}\right)}{2\sqrt{\left(3k-m\omega^2\right)^2+9c^2\omega^2}}\begin{bmatrix}1\\-1\end{bmatrix}$$

10-8 略

第 11 章:

11-1 1.14×10^6N

11-2 略

11-3 $\tan\frac{\omega l_1}{a}\tan\frac{\omega l_2}{a}=\frac{A_2}{A_1}$，其中 $a=\sqrt{\frac{E}{\rho}}$

11-4 4655rad/s；15000rad/s

11-5　$\dfrac{T_0}{\omega J\sqrt{\rho G}}\tan\left(\omega\sqrt{\dfrac{\rho}{G}}L\right)$

11-6　略

11-7　$\omega_n=(n\pi)^2\sqrt{\dfrac{EI}{\rho AL^4}}\quad(n=1,2,3,\cdots)$

11-8　（1）$\cos(\beta l)\mathrm{ch}(\beta l)=1$，$Y_i(x)=C_i\{\cos(\beta_i x)-\mathrm{ch}(\beta_i x)+r_i[\sin(\beta_i x)-\mathrm{sh}(\beta_i x)]\}$，其中 $r_i=-\dfrac{\cos(\beta_i l)-\mathrm{ch}(\beta_i l)}{\sin(\beta_i l)-\mathrm{sh}(\beta_i l)}$；

（2）$\tan(\beta l)=\mathrm{th}(\beta l)$，$Y_i(x)=C_i\{\cos(\beta_i x)-\mathrm{ch}(\beta_i x)+r_i[\sin(\beta_i x)-\mathrm{sh}(\beta_i x)]\}$

其中 $r_i=-\dfrac{\cos(\beta_i l)+\mathrm{ch}(\beta_i l)}{\sin(\beta_i l)+\mathrm{sh}(\beta_i l)}$；

（3）$\tan(\beta l)=\mathrm{th}(\beta l)$，$Y_i(x)=C_i[\sin(\beta_i x)+r_i\sin(\beta_i x)]$ 其中 $r_i=\dfrac{\mathrm{ch}(\beta_i l)}{\cos(\beta_i l)}$

11-9　$\dfrac{\sin[\lambda(l-a)]}{\sin[\lambda l]}\sin(\lambda a)-\dfrac{\sin[\lambda(l-a)]}{\sinh(\lambda l)}\sin(\lambda a)+\dfrac{2El\lambda^3}{k}=0$，其中 $\lambda^2=\omega\sqrt{\dfrac{\rho A}{EI}}$

11-10　略

第 12 章:

12-1　略

12-2　$\omega_{mn}=\sqrt{\dfrac{D}{\rho h}}k^2=\sqrt{\dfrac{D}{\rho h}}\pi^2\left[\left(\dfrac{m}{a}\right)^2+\left(\dfrac{n}{b}\right)^2\right]$

12-3　$w(x,y,t)=\dfrac{4P_0}{\pi^4 D_0 ab}\sum\limits_{i=1,3,\cdots}^{\infty}\sum\limits_{j=1,3,\cdots}^{\infty}\dfrac{(-1)^{\frac{i+j}{2}-1}}{\left(\dfrac{i^2}{a^2}+\dfrac{j^2}{b^2}\right)^2}\sin\dfrac{i\pi x}{a}\sin\dfrac{j\pi y}{b}\cos(\omega_{ij}t)$

12-4　$w(x,y,t)=\dfrac{16p_0\cos(\omega t)}{\pi^2}\sum\limits_{i=1,3,\cdots}^{\infty}\sum\limits_{j=1,3,\cdots}^{\infty}\dfrac{\sin\dfrac{i\pi x}{a}\sin\dfrac{j\pi y}{b}}{ij\left[\pi^4 D_0\left(\dfrac{i^2}{a^2}+\dfrac{j^2}{b^2}\right)^2-\rho h\omega^2\right]}$

12-5　$\lambda\tan\dfrac{\lambda b}{2}+\nu\,\mathrm{th}\dfrac{\nu b}{2}=0$，其中 $\lambda^2=-\left(\dfrac{i^2\pi^2}{a^2}-\omega\sqrt{\dfrac{\rho h}{D_0}}\right)$，$\nu^2=\dfrac{i^2\pi^2}{a^2}+\omega\sqrt{\dfrac{\rho h}{D_0}}$；

$\omega_{\min}=\dfrac{28.9}{a^2}\sqrt{\dfrac{D_0}{\rho h}}$

12-6　$\dfrac{10.33}{a^2}\sqrt{\dfrac{D_0}{\rho h}}$

12-7　$\omega_n = \dfrac{(2n-1)\pi}{2L}\sqrt{\dfrac{G}{\rho}}$；$X_n(x) = C_n \sin\left[\dfrac{(2n-1)\pi x}{2L}\right]$；$n$=1,2,3,…

12-8　略

第 13~16 章：略

主要参考文献

1 铁摩辛柯. 机械振动学. 翁心桐, 徐华舫译. 北京: 机械工业出版社, 1958.

2 巴巴科夫 И M. 振动理论. 蔡承文, 等译. 北京: 人民教育出版社, 1963.

3 Warburton G B. The dynamical behaviour of structures. London: Pergamon press, 1976.

4 Leonard Meirovitch. Computational methods in structural dynamics. The Netherlands: Sijthoff & Noordhoff Inc, 1980.

5 Craig R R. Structural dynamics. New York: John Wiley & Sons Inc, 1981.

6 汤姆逊 W T. 振动理论及其应用. 胡宗武, 等译. 北京: 煤炭工业出版社, 1981.

7 瓦拉布赫 Л И, 科列斯尼科夫 К С, 等. 火箭结构力学. 詹世斌, 邸晓华, 傅子智译. 北京: 国防工业出版社, 1982.

8 赛托 W W. 机械振动——理论与例题. 胡宗武译. 北京: 煤炭工业出版社, 1982.

9 居荣初, 曾心传. 弹性结构与液体的耦合振动理论. 北京: 地震出版社, 1983.

10 克拉夫 R W, 小彭津 J. 结构动力学. 王光远, 等译. 北京: 科学出版社, 1985.

11 王文亮, 杜作润. 结构振动与动态子结构法. 上海 : 复旦大学出版社, 1985.

12 邹经湘. 结构动力学. 哈尔滨: 哈尔滨工业大学出版社, 1995.

13 倪振华. 振动力学. 西安: 西安交通大学出版社, 1986.

14 胡海昌. 多自由度结构固有振动理论. 北京: 科学出版社, 1987.

15 俞载道. 结构动力学基础. 上海: 同济大学出版社, 1987.

16 张明达. 最优控制工程. 湖南: 中南工业大学出版社, 1989.

17 傅志方. 振动模态分析与参数辨识. 北京: 机械工业出版社, 1990.

18 顾煜炯. 挠性转子横向振动分析的传递矩阵法. 现代电力, 1997, 14(3): 6-11.

19 孙世贤, 黄圳圭, 等. 理论力学教程. 长沙: 国防科技大学出版社, 1997.

20 刘延柱, 陈文良, 陈立群. 振动力学. 北京: 高等教育出版社, 1998.

21 李东旭, 孙丕忠, 唐乾刚. 多体结构连接部件的有限单元模型. 国防科技大学学报, 2000, 6: 5-8.

22 叶敏, 肖龙翔. 分析力学. 天津: 天津大学出版社, 2001.

23 凯利 S M.全美经典学习指导系列——机械振动. 贾启芬, 刘习军译. 北京: 科学出版社, 2002.

24 张亚辉. 结构力学基础. 大连: 大连理工大学工程力学系, 2003.

25 雷勇军, 李东旭, 唐国金. 太阳能电池翼组合基板模态参数分析的半解析模型. 国防科技大学学报, 2003.

26 施吉林, 刘淑珍, 陈桂芝. 计算机数值方法. 北京: 高等教育出版社, 2005.

27 蒋建平, 李东旭. 航天器挠性附件刚柔耦合动力学建模与仿真. 宇航学报, 2005, 3: 25-30.

28 陈玲莉. 工程结构动力分析数值方法. 西安: 西安交通大学出版社, 2006.

29 王孚懋, 任勇生, 韩宝坤. 机械振动与造声分析基础. 北京: 国防工业出版社, 2006.

30 张雄 王天舒. 计算动力学. 北京: 清华大学出版社, 2007.

31 刘志臻, 李东旭. 弹性–粘弹性复合结构的 Krylov 子空间模型降阶方法. 振动与冲击, 2007, 6: 15-20.

32 Jiang J P, Li D X. A new finite element model for thermopiezoelastic laminated composite beam. Journal of Sound and Vibration, 2007: 306.

33 Jiang J P, Li D X. Finite element formulations for thermopiezoelastic laminated composite plates. Smart Materials &

Structures, 2008, 17.
34 李东旭. 大型挠性空间桁架结构动力学分析与模糊振动控制. 北京: 科学出版社, 2008.
35 李东旭. 挠性航天器结构动力学. 北京: 科学出版社, 2010.

《现代物理基础丛书·典藏版》书目

1. 现代声学理论基础	马大猷　著
2. 物理学家用微分几何（第二版）	侯伯元　侯伯宇　著
3. 计算物理学	马文淦　编著
4. 相互作用的规范理论（第二版）	戴元本　著
5. 理论力学	张建树　等　编著
6. 微分几何入门与广义相对论（上册·第二版）	梁灿彬　周　彬　著
7. 微分几何入门与广义相对论（中册·第二版）	梁灿彬　周　彬　著
8. 微分几何入门与广义相对论（下册·第二版）	梁灿彬　周　彬　著
9. 辐射和光场的量子统计理论	曹昌祺　著
10. 实验物理中的概率和统计（第二版）	朱永生　著
11. 声学理论与工程应用	何　琳　等　编著
12. 高等原子分子物理学（第二版）	徐克尊　著
13. 大气声学（第二版）	杨训仁　陈　宇　著
14. 输运理论（第二版）	黄祖洽　丁鄂江　著
15. 量子统计力学（第二版）	张先蔚　编著
16. 凝聚态物理的格林函数理论	王怀玉　著
17. 激光光散射谱学	张明生　著
18. 量子非阿贝尔规范场论	曹昌祺　著
19. 狭义相对论（第二版）	刘　辽　等　编著
20. 经典黑洞和量子黑洞	王永久　著
21. 路径积分与量子物理导引	侯伯元　等　编著
22. 全息干涉计量——原理和方法	熊秉衡　李俊昌　编著
23. 实验数据多元统计分析	朱永生　编著
24. 工程电磁理论	张善杰　著
25. 经典电动力学	曹昌祺　著
26. 经典宇宙和量子宇宙	王永久　著
27. 高等结构动力学（第二版）	李东旭　编著
28. 粉末衍射法测定晶体结构（第二版·上、下册）	梁敬魁　编著
29. 量子计算与量子信息原理	Giuliano Benenti　等　著
——第一卷：基本概念	王文阁　李保文　译

30. 近代晶体学（第二版） 张克从 著
31. 引力理论（上、下册） 王永久 著
32. 低温等离子体 B. M. 弗尔曼 И. M. 扎什京 编著
——等离子体的产生、工艺、问题及前景 邱励俭 译
33. 量子物理新进展 梁九卿 韦联福 著
34. 电磁波理论 葛德彪 魏 兵 著
35. 激光光谱学 W. 戴姆特瑞德 著
——第 1 卷：基础理论 姬 扬 译
36. 激光光谱学 W. 戴姆特瑞德 著
——第 2 卷：实验技术 姬 扬 译
37. 量子光学导论（第二版） 谭维翰 著
38. 中子衍射技术及其应用 姜传海 杨传铮 编著
39. 凝聚态、电磁学和引力中的多值场论 H. 克莱纳特 著 姜 颖 译
40. 反常统计动力学导论 包景东 著
41. 实验数据分析（上册） 朱永生 著
42. 实验数据分析（下册） 朱永生 著
43. 有机固体物理 解士杰 等 著
44. 磁性物理 金汉民 著
45. 自旋电子学 翟宏如 等 编著
46. 同步辐射光源及其应用（上册） 麦振洪 等 著
47. 同步辐射光源及其应用（下册） 麦振洪 等 著
48. 高等量子力学 汪克林 著
49. 量子多体理论与运动模式动力学 王顺金 著
50. 薄膜生长（第二版） 吴自勤 等 著
51. 物理学中的数学方法 王怀玉 著
52. 物理学前沿——问题与基础 王顺金 著
53. 弯曲时空量子场论与量子宇宙学 刘 辽 黄超光 编著
54. 经典电动力学 张锡珍 张焕乔 著
55. 内应力衍射分析 姜传海 杨传铮 编著
56. 宇宙学基本原理 龚云贵 编著
57. B介子物理学 肖振军 著